T0206279

Kölner Beiträge zur Didaktik der Mathematik

Reihe herausgegeben von

Nils Buchholtz, Institut für Mathematikdidaktik, Universität zu Köln, Köln, Nordrhein-Westfalen, Deutschland

Michael Meyer, Institut für Mathematikdidaktik, Universität zu Köln, Köln, Nordrhein-Westfalen, Deutschland

Birte Pöhler, Institut für Mathematikdidaktik, Universität zu Köln, Köln, Nordrhein-Westfalen, Deutschland

Benjamin Rott, Institut für Mathematikdidaktik, Universität zu Köln, Köln, Nordrhein-Westfalen, Deutschland

Inge Schwank, Institut für Mathematikdidaktik, Universität zu Köln, Köln, Nordrhein-Westfalen, Deutschland

Horst Struve, Institut für Mathematikdidaktik, Universität zu Köln, Köln, Nordrhein-Westfalen, Deutschland

Carina Zindel, Institut für Mathematikdidaktik, Universität zu Köln, Köln, Nordrhein-Westfalen, Deutschland

In dieser Reihe werden ausgewählte, hervorragende Forschungsarbeiten zum Lernen und Lehren von Mathematik publiziert. Thematisch wird sich eine breite Spanne von rekonstruktiver Grundlagenforschung bis zu konstruktiver Entwicklungsforschung ergeben. Gemeinsames Anliegen der Arbeiten ist ein tiefgreifendes Verständnis insbesondere mathematischer Lehr- und Lernprozesse, auch um diese weiterentwickeln zu können. Die Mitglieder des Institutes sind in diversen Bereichen der Erforschung und Vermittlung mathematischen Wissens tätig und sorgen entsprechend für einen weiten Gegenstandsbereich: von vorschulischen Erfahrungen bis zu Weiterbildungen nach dem Studium.

Diese Reihe ist die Fortführung der „Kölner Beiträge zur Didaktik der Mathematik und der Naturwissenschaften".

Anna-Katharina Zurnieden

Der Zehnerübergang zur Anbahnung eines Stellenwertverständnisses

Eine Entwicklungsforschungsstudie mit Blick auf den Förderschwerpunkt Hören und Kommunikation

Anna-Katharina Zurnieden
Universität zu Köln
Köln, Deutschland

Die vorliegende Veröffentlichung wurde von der Mathematisch-Naturwissenschaftlichen Fakultät der Universität zu Köln als Dissertation angenommen. Am 26.09.2023 fand die Abschlussprüfung als Disputation am Institut für Mathematikdidaktik statt.

ISSN 2661-8257　　　　　　　　ISSN 2661-8265　(electronic)
Kölner Beiträge zur Didaktik der Mathematik
ISBN 978-3-658-43999-6　　　　ISBN 978-3-658-44000-8　(eBook)
https://doi.org/10.1007/978-3-658-44000-8

Die Deutsche Nationalbibliothek verzeichnet diese Publikation in der Deutschen Nationalbibliografie; detaillierte bibliografische Daten sind im Internet über http://dnb.d-nb.de abrufbar.

Planung/Lektorat: Marija Kojic
Springer Spektrum ist ein Imprint der eingetragenen Gesellschaft Springer Fachmedien Wiesbaden GmbH und ist ein Teil von Springer Nature.
Die Anschrift der Gesellschaft ist: Abraham-Lincoln-Str. 46, 65189 Wiesbaden, Germany

Das Papier dieses Produkts ist recycelbar.

Danksagung

Mit dem Einreichen meiner Promotionsschrift endet für mich eine auf vielfältige Weise intensive Lebensphase: Einerseits konnte ich sehr viel lernen, indem ich mich umfangreich mit mathematikdidaktischen Fragestellungen auseinandersetzte. Andererseits erforderte diese Zeit von mir an vielen Stellen Disziplin und Durchhaltevermögen, um trotz gewisser Herausforderungen wie der Coronapandemie immer wieder nach neuen Lösungen zu suchen und mein Ziel weiter zu verfolgen. Dies hätte ich nicht ohne große Unterstützung von verschiedensten Seiten geschafft, für die ich mich an dieser Stelle explizit bedanken möchte.

Mein erster Dank gilt meiner Betreuerin Frau Prof.' Dr.' Inge Schwank. Sie hat bereits während meines Studiums mein Interesse für Mathematikdidaktik entfacht. Durch ihre Begeisterung war sie es, die mich in besonderer Weise ermutigt und darin bestärkt hat, in diesem Fachgebiet zu promovieren. Auch während der Promotion hat sie mich elementar begleitet, mich in meinem Vorhaben immer wieder durch neue Denkanstöße sowie durch gewinnbringende Ideen und Vorschläge unterstützt. Dadurch konnte ich von ihrer langjährigen Erfahrung profitieren.

Bei Prof.' Dr.' Birte Friedrich möchte ich mich für die Übernahme des Zweitgutachtens und für den fokussierten Blick auf die Sonderpädagogik bedanken.

Darüber hinaus bedanke ich mich bei der Arbeitsgruppe von Prof.' Dr.' Inge Schwank. Diese bot mir unter anderem einen Rahmen für einen kollegialen Austausch, durch den ich wertvolle und konstruktive Rückmeldungen erhalten habe. Auch dem Projekt *Zukunftsstrategie Lehrer*innenbildung (ZuS)* und dort insbesondere den *Assistive Technology (AT) Labs* danke ich für deren Einsatz im Zusammenhang mit meiner Promotion. Ein besonderer Dank gilt meinen (teilweise ehemaligen) Kolleg*innen: Carolina Brunnett Meireles, Lukas Erning,

Hannah Weck und vor allem Anna Breunig, Lea Jostwerner und Clara Laubmeister, die mich teilweise auch schon in meiner Zeit als wissenschaftliche Hilfskraft am Institut begleitet haben. Die unfassbar gute und positive Arbeitsatmosphäre, die kritischen sowie konstruktiven Nachfragen, die viele fachliche aber auch emotionale Unterstützung, die ich von euch erfahren durfte, waren ganz sicher mit ausschlaggebend für die erfolgreiche Vollendung meiner Promotion.

Ein Dank geht auch an die Schüler*innen und deren Eltern sowie an die Lehrkräfte, ohne die dieses Projekt gar nicht möglich gewesen wäre. Mit ihrer Hilfe konnten auch während der Coronapandemie Lösungen gefunden und die empirischen Erhebungen weitergeführt werden.

Zudem möchte ich mich beim *Cusanuswerk* für die Möglichkeit des Promotionsstipendiums und der damit verbundenen Begleitung bedanken. Unter anderem die Bildungsveranstaltungen im Rahmen des Stipendiums haben mir die Möglichkeit eröffnet, immer wieder meinen wissenschaftlichen Blick für andere Fachbereiche zu öffnen und so neue Impulse auch für meine eigene Forschung zu erlangen.

Außerdem möchte ich mich bei meinen Freunden, vor allem Susanne Breuer, und meiner Familie bedanken. Während der gesamten Zeit habt ihr mich mit viel Interesse, Verständnis, Geduld und Zuversicht gestärkt und begleitet. Ihr habt immer an mich geglaubt und mir dadurch das nötige Durchhaltevermögen gegeben. Auch für die notwendige Abwechslung und Ablenkung durch die vielen schönen gemeinsamen Stunden bin ich euch sehr dankbar und ich bin froh, euch zu haben.

Schließlich danke ich von Herzen meinem Mann Fabian. Deine große Unterstützung, dein Verständnis sowie deine Ruhe und Gelassenheit in turbulenten Zeiten haben mir letztendlich den Mut und die Kraft gegeben, meine Promotion abzuschließen.

Zusammenfassung

Das dezimale Stellenwertsystem ist unbestritten ein sehr zentraler Inhalt im Mathematikunterricht. Es handelt sich dabei um eine Verstehensgrundlage, da ein Verständnis des dezimalen Stellenwertsystems unter anderem im Bereich Arithmetik für das erfolgreiche (Weiter-)Lernen notwendig ist (Prediger, Freesemann et al., 2013, S. 13 f.). Somit ist das dezimale Stellenwertsystem für viele Inhaltsbereiche von besonderer Relevanz. Gleichzeitig stellt das Verständnis und die Anwendung des dezimalen Stellenwertsystems Schüler*innen verschiedener Jahrgangsstufen immer wieder vor große Herausforderungen und ist damit eine typische Hürde im Lernprozess (u. a. Freesemann, 2014, S. 171 ff.; Gervasoni & Sullivan, 2007, S. 45; Hanich et al., 2001, S. 623; Moser Opitz, 2013, S. 201 ff.). Forschungen zeigen zudem, dass sich bei Schüler*innen mit zusätzlichem Förderbedarf unter anderem aufgrund von Rechenschwierigkeiten und / oder Lesestörungen speziell im Bereich des Stellenwertverständnisses (Hanich et al., 2001, S. 623) sowie bei Schüler*innen mit Hörschädigungen im mathematischen Verständnis insgesamt verschärfte Herausforderungen abzeichnen (u. a. Govindan & Ramaa, 2014; Kramer, 2007; Pagliaro & Kritzer, 2013; Werner et al., 2019). Somit erscheint eine frühzeitige Förderung des Stellenwertverständnisses umso wichtiger, auch speziell bei Schüler*innen des Förderbedarfs Hören und Kommunikation. Hierfür eignet sich unter anderem der erste Zeitpunkt, an dem vom dezimalen Stellenwertsystem Gebrauch gemacht wird, also der Moment, in dem unser Ziffernvorrat von 0 bis 9 als eigenständige Zahlzeichen nicht ausreicht und ein Zehnerübergang von 9 auf 10 anhand des Codesystems, dem dezimalen Stellenwertsystem, vorgenommen wird. Hier müssen also das erste Mal zwei Ziffern des Ziffernvorrats kombiniert werden.

In der vorliegenden Entwicklungsforschungsstudie soll nun der Frage nachgegangen werden, wie ein erstes Stellenwertverständnis anhand der Erarbeitung des Zehnerübergangs von 9 auf 10 angebahnt werden kann und wie sich dabei insbesondere der Lernprozess von Schüler*innen mit dem Förderschwerpunkt Hören und Kommunikation gestaltet. In dem Zusammenhang wird zum einen ein Entwicklungsinteresse verfolgt, indem Design-Prinzipien mit speziellem Fokus auf Schüler*innen mit dem Förderschwerpunkt Hören und Kommunikation und ein Lehr-Lernarrangement zum Zehnerübergang entwickelt werden. Zum anderem wird dem Forschungsinteresse nachgegangen, erste lokale Theorien zum Lehr- und Lernprozess im Kontext des Lehr-Lernarrangements und damit in der Erarbeitung des Zehnerübergangs generieren zu können.

Forschungsmethodisch lässt sich die Arbeit im Bereich der Entwicklungsforschung verorten und da im Speziellem dem Dortmunder FUNKEN-Modell (u. a. Prediger & Link, 2012; Prediger et al., 2012) zuordnen. Dementsprechend wird der Lerngegenstand des Zehnerübergangs im Hinblick auf das dezimale Stellenwertsystem zunächst theoriebasiert spezifiziert und strukturiert. Der daraus abgeleitete intendierte Lernpfad sowie formulierte Design-Prinzipien dienen dann als Grundlage für eine erste theoretische Entwicklung eines Lehr-Lernarrangements. Dabei wird sich für die Entwicklung der Design-Prinzipien an didaktischen Prinzipien aus der Mathematikdidaktik und der allgemeinen Didaktik mit Fokus auf den Förderschwerpunkt Hören und Kommunikation orientiert. Im Rahmen von Design-Experimenten mit Schüler*innen des Förderbedarfs Hören und Kommunikation wird das Lehr-Lernarrangement ‚Herzlich willkommen im Diamantenland' schließlich empirisch erprobt. Die dabei gewonnenen Videodaten werden daran anknüpfend umfangreich ausgewertet und analysiert. Die entsprechenden Auswertungs- und Analyseverfahren werden dabei im Sinne des FUNKEN-Modells (Prediger et al., 2015, S. 883) gegenstandsspezifisch angepasst.

Auf Grundlage dessen können als Ergebnisse dieser Studie sowohl Entwicklungs- als auch Forschungsprodukte erzielt werden, wobei unter Ersteren zum einen die konkretisierten Design-Prinzipien und zum anderen das (weiter-) entwickelte Lehr-Lernarrangement zu zählen sind. Im Hinblick auf die entwickelten Design-Prinzipien lassen sich eine Vielzahl an Konkretisierungen aufzeigen, die sowohl herausfordernde Situationen im Kontext des Lerngegenstands als auch Strategien des Umgangs mit den Herausforderungen darstellen. Letztere zeigen konkrete Handlungsmöglichkeiten auf, die sich sicherlich auch auf andere Lerngegenstände und Zielgruppen übertragen und aus ihnen somit Implikationen für die Schulpraxis zur Gestaltung von Mathematikunterricht ableiten lassen. Konkrete Beispiele sind die Verwendung von Sprachgerüsten, durch die Strukturen unter anderem im Kontext von Fragestellungen als Sprachentlastung, im Kontext von Rechnungen oder für mentale Vorstellungen gegeben werden können. Auch Handlungen mit oder am (abgebildeten) Material können hilfreich sein und zudem eine Sprachentlastung erzielen. Im Zuge von Handlungen als solches erweist sich auch ein exemplarisches Handeln durch eine andere Person als unterstützend sowie ein vorerstes Übernehmen der Handlung als Entlastung. Insgesamt deuten die Ergebnisse darauf hin, dass die Aufforderung zur beziehungsweise der Einsatz von Darstellungsvernetzung einerseits mit Hürden verbunden sein kann. Andererseits können dadurch auch Hilfestellungen ermöglicht sowie Bezüge zwischen Materialien verstärkt fokussiert und darüber schließlich ein tieferes inhaltliches Verständnis angebahnt werden.

Auch verschiedene Funktionen von Handlungen, die gezielt im Unterrichtskontext eingesetzt und genutzt werden können, werden in dieser Arbeit herausgearbeitet. So können Handlungen selbst eine Hilfestellung darstellen, aber beispielsweise auch als Selbstkontrolle, als Erkundungsmöglichkeit, als Konkretisierung sprachlicher Erläuterungen, als Zahlraumerkundung oder als Vernetzungsaktivität dienen.

Darüber hinaus stellt das (weiter-)entwickelte Lehr-Lernarrangement ‚Herzlich willkommen im Diamantenland' eine erste Konzeption für eine Förderung des Zehnerübergangs zur Anbahnung eines Stellenwertverständnisses dar. Dieses setzt sich aus den Materialien der Rechenwendeltreppe (u. a. Schwank, 2003, S. 76; 2010; 2013a; 2013b, S. 127 ff.; Schwank, 2017; Schwank et al., 2005, S. 560 ff.) sowie dem Zähler (Müller & Wittmann, 1984, S. 269; Ruf & Gallin, 2014, S. 244 f.) zusammen. Zwar deuten die Ergebnisse darauf hin, dass es für eine erfolgreiche Verknüpfung beider Materialien einer festen, gleichbleibenden Struktur bedarf und auch die Bedienung des Zählers nicht intuitiv ist, allerdings können die Materialien schließlich von den Schüler*innen selbstständig für die inhaltliche Bearbeitung verwendet und erste Erkenntnisse bei den Lernenden erreicht werden. Damit können auch Schüler*innen mit besonderer Vulnerabilität für mathematische Schwierigkeiten, so zum Beispiel Schüler*innen mit dem Förderschwerpunkt Hören und Kommunikation, gezielt und frühzeitig im Hinblick auf das dezimale Stellenwertverständnis gefördert werden, was die Forschungsprodukte zeigen.

Als Forschungsergebnisse werden im Rahmen der vorliegenden Studie anhand der Daten Phänomene zum Lehr- und vor allem zum Lernprozess herausgearbeitet. Diese umfassen zum einen den kleinen Zahlenraum von 0 bis 9, zum anderen den erweiterten Zahlenraum 0 bis 19, sodass letzterer auch den Zehnerübergang berücksichtigt. Anhand der Phänomene werden sowohl mögliche Hürden als auch erste Erkenntnisse im Lernprozess aufgezeigt. Außerdem werden Bezüge zu den Design-Prinzipien hergestellt, sodass auch Erkenntnisse im Hinblick auf die Lehrprozesse als erste lokale Theorien und somit als Forschungsprodukte generiert werden. Da diese auf Grundlage von Daten im Kontext des Förderschwerpunkts Hören und Kommunikation entstanden, zeigen sie spezifische Hürden dieser Schüler*innengruppe auf. Es wird jedoch angenommen, dass eine Vielzahl der Phänomene auch auf Hürden bezüglich der Lehr- und Lernprozesse in heterogenen Lernsettings hindeutet, was jedoch weiterer vertiefender Forschung bedarf.

Die Forschungsergebnisse lassen deutlich werden, dass auch im Zahlenraum 0 bis 9 deutlicher Nachholbedarf im Hinblick auf ein grundlegendes Zahlverständnis festgestellt werden kann, so zum Beispiel beim Vergleich zweier Zahlen oder im Kontext von Nachbarschaftsbeziehungen. Der Zehnerübergang selbst gelingt über eine bewusste Nachfolger- beziehungsweise Vorgängerbildung ohne auffallende Hürden, sodass eine den Prozess fokussierende Sichtweise des Zehnerübergangs hilfreich zu sein scheint. Im Zahlenraum 0 bis 19 werden noch einige Hürden wie die Herausforderung der symbolischen Darstellung eines Zehners oder der Umgang mit sowie das Nutzen der Ziffer 0 offensichtlich. Es zeigt sich somit, dass der Lehr-Lernprozess zum Zehnerübergang nicht trivial ist und vertieften Förderbedarf beansprucht, um ein umfassendes Verständnis zur symbolischen Zahlkonstruktion anzubahnen.

Gleichzeitig weisen die Phänomene auch darauf hin, dass, unter anderem orientiert an den ersten Tätigkeiten zur Vorbereitung eines Stellenwertverständnisses nach Fromme (2017, S. 57 ff.), die Anbahnung eines Stellenwertverständnisses mit Hilfe des entwickelten Lehr-Lernarrangements gelingen kann, indem beispielsweise Partnerbeziehungen von Zahlen erkannt und Erkenntnisse zur Zahlkonstruktion erzielt werden.

Zusammenfassend zeigt diese Arbeit erste mögliche alternative Herangehensweisen zur Förderung des Zehnerübergangs auf, mit Hilfe derer unter anderem bei Schüler*innen des Förderbedarfs Hören und Kommunikation eine erste Anbahnung des Stellenwertverständnisses verfolgt werden kann. Somit kann möglicherweise ein Grundstein zur Ausbildung der Verstehensgrundlage des dezimalen Stellenwertverständnisses gesetzt werden und eine Reduktion gewisser

Hürden in der weiteren Ausbildung mathematischer Fähigkeiten, auch bei Schüler*innen mit dem Förderschwerpunkt Hören und Kommunikation, gelingen. Die
generierten lokalen Theorien zu Lehr- und Lernprozessen können für die Praxis
unter anderem als Anhaltspunkte dienen, welche Strategien sich im Kontext der
gegenstandsbezogenen Design-Prinzipien bei herausfordernden Situationen als
hilfreich erweisen können und welche Hürden im Lernprozess des Zehnerübergangs auftreten können und diesen deshalb frühzeitig begegnet werden sollte. Im
Hinblick auf die mathematikdidaktische Forschung bilden die lokalen Theorien
einen Ausgangspunkt für weitere vertiefende Studien zur Ausbildung und Entwicklung des Stellenwertverständnisses bei dessen frühzeitiger Thematisierung
anhand des Zehnerübergangs.

Inhaltsverzeichnis

Einleitung

Das Rechnen und damit der Umgang mit natürlichen Zahlen spielen sowohl im Alltag als auch im Mathematikunterricht eine essenzielle Rolle. Somit ist es nicht verwunderlich, dass das Themenfeld Arithmetik, in dem genau dieser Umgang im Zentrum steht (Walz, 2017, S. 110), einen großen Teil des Mathematikunterrichts in der Primarstufe einnimmt. Dazu zählt unter anderem auch die Anwendung des dezimalen Stellenwertsystems. Diesbezüglich besteht bei vielen Mathematikdidaktiker*innen Einigkeit darüber, dass dieses eine fundamentale Idee beziehungsweise Grundidee der Mathematik, speziell der Arithmetik darstellt (u. a. Winter, 2001, S. 1 / 3 ff.; Wittmann, 1995a, S. 20 f.). Thompson und Bramald (2002, S. 2) bezeichnen es sogar als „the most important and fundamental concept in early number work". Auch aus Perspektive der rechtlichen Grundlagen zum Fach Mathematik in der Primarstufe, den Bildungsstandards im Fach Mathematik der Kultusministerkonferenz für den Primarbereich von 2022, gilt das dezimale Stellenwertverständnis als eine inhaltsbezogene mathematische Kompetenz und wird im Bereich ‚Leitidee Zahl und Operation – Zahldarstellungen und Zahlbeziehungen verstehen' als ein Aspekt aufgeführt (Kultusministerkonferenz [KMK], 2022, S. 14). Dass das Stellenwertsystem und dessen Verständnis auch mit anderen Themenfeldern der Mathematik korreliert, stellen Prediger, Freesemann et al. (2013, S. 13 f.) klar. Sie ordnen das Verständnis für Zahlen und damit auch das Verständnis für den Aufbau des Stellenwertsystems als „unverzichtbare Verstehensgrundlagen" (Prediger, Freesemann et al., 2013, S. 13) ein, welche grundsätzlich für das erfolgreiche Weiterlernen von Nöten sind. Auch Van de Walle et al. (2020, S. 246) betrachten das dezimale Stellenwertsystem als Grundlage für die gesamte Repräsentation von ganzen Zahlen und Dezimalzahlen, wodurch dieses für das Mathematiklernen insgesamt von großer Bedeutung ist. Die Alltagsrelevanz des Stellenwertsystems und dem Umgang damit heben

A.-K. Zurnieden, *Der Zehnerübergang zur Anbahnung eines Stellenwertverständnisses*, Kölner Beiträge zur Didaktik der Mathematik, https://doi.org/10.1007/978-3-658-44000-8_1

Moeller et al. (2011, S. 1837) hervor und auch diese Autor*innen weisen auf die Bedeutung eines Verständnisses im Hinblick auf späteres Mathematiklernen, zum Beispiel bei mehrstelliger Addition und beim Größenvergleich von mehrstelligen Zahlen, hin (Moeller et al., 2011, S. 1839 f.). Bryant et al. (2008, S. 21) sehen ein Verständnis des dezimalen Stellenwertsystems als Grundlage zum Verstehen des WIEs und WARUMs von Rechenstrategien. Gleichzeitig verweisen sie jedoch ebenso darauf, dass bei der Vermittlung durchaus auch Schwierigkeiten auftreten können und betrachten es dementsprechend als kritischen Moment im Lernprozess (Bryant et al., 2008, S. 21). Beim Stellenwertsystem handelt es sich um ein sehr komplexes Gefüge, für dessen Einsicht und Verständnis zum Aufbau genügend Zeit eingeplant und geeignete Unterstützungsangebote bereitgestellt werden müssen (Moser Opitz, 2013, S. 91 f.). „The fact that it took such a long time for mankind to invent this important idea signals the fact that it is going to prove to be a difficult concept for children to understand" (Thompson, 2003, S. 181). Mit anderen Worten: Es bedarf eines sensiblen Umgangs und einer intensiven Vermittlung im Unterricht, um ein umfangreiches Verständnis vom dezimalen Stellenwertsystem bei den Schüler*innen erreichen zu können.

Darüber, wann das dezimale Stellenwertsystem als inhaltliches Thema im Mathematikunterricht erarbeitet wird, findet man jedoch unterschiedliche Ansichten. Hasemann und Gasteiger (2020, S. 120), die sich dabei auf Padberg und Benz (2011, S. 52 f.) beziehen, sowie Scherer und Moser Opitz (2010, S. 140) sehen in Klasse 1 und 2 hierfür noch keine Relevanz, da aufgrund des dort behandelten geringen Zahlenraums bis 20[1] beziehungsweise bis 100 das Prinzip der fortgesetzten Bündelung und das Stellenwertprinzip noch nicht deutlich sichtbar werden. Dies ist, den Autor*innen nach, erst bei einem Zahlenraum bis 1000 der Fall. Padberg und Benz (2021, S. 70 ff.) verweisen jedoch darauf, dass bereits in Klasse 1 eine gute Vorbereitung für das Stellenwertverständnis geschaffen werden muss. Hierzu zählen sie unter anderem die „Thematisierung der 10 als besondere Zahl" (Padberg & Benz, 2021, S. 71). Darunter verstehen die Autor*innen beispielsweise das Bündeln von unstrukturiertem Material oder die Auseinandersetzung mit Bündelungen beziehungsweise Sortierungen bei strukturiertem Material wie Mehrsystemblöcken. Außerdem verweisen die Autor*innen auf verschiedene Tätigkeiten nach Fromme (2017, S. 57 ff.) wie beispielsweise das Strukturieren, die bereits im Zahlenraum bis 20 vorbereitend für ein Stellenwertverständnis erarbeitet werden können (siehe Abschn. 3.1.3). Schöttler (2019,

---

[1] Bei der Schreibweise der Zahlen wird von der üblichen Vorgehensweise abgewichen, indem teilweise die Zahlzeichen, teilweise die Zahlwörter verwendet werden. Hierbei wird sich am inhaltlichen Kern der Arbeit orientiert (siehe auch Transkriptionsleitfaden im Anhang, der im elektronischen Zusatzmaterial einsehbar ist).

S. 73 f.) weist ebenfalls darauf hin, dass bereits in Klasse 1 grundlegende Prinzipien und Gesetzmäßigkeiten erarbeitet und verstanden werden sollten, die in den folgenden Klassenstufen weiter ausgebildet und vertieft werden. Hierzu zählt unter anderem der Zehnerübergang, der in Klasse 1 aufgrund des zu erarbeitenden Zahlenraums bis 20 grundsätzlich thematisiert wird.

Bei der Betrachtung der drei wesentlichen konzeptionellen Vorgehensweisen zur Einführung der ersten Zahlen im Unterricht nach Hasemann und Gasteiger (2020, S. 103 ff.) –

(1) schrittweises Einführen der Zahlen Eins bis Zehn,
(2) Einführung einiger Zahlen und Bearbeitung des begrenzten Zahlenraums, dann weitere (schrittweise) Einführung der restlichen Zahlen bis Zehn sowie
(3) die Betrachtung eines größeren Zahlenraum von 1 bis 10 oder 1 bis 20 „als Ganzes mit dem Ziel der Systematisierung und Präzisierung des vorhandenen Wissens über die Zahlen" (Hasemann & Gasteiger, 2020, S. 103)

– wird allerdings offensichtlich, dass der (erste) Zehnerübergang häufig als Grenze im Hinblick auf den zu erarbeitenden Zahlenraum genutzt, aber nicht im Hinblick auf das dezimale Stellenwertsystem thematisiert wird.

Andere Stimmen, zum Beispiel Bryant et al. (2008, S. 21), heben jedoch hervor, dass eine frühe Ausbildung und Förderung des Verständnisses des dezimalen Stellenwertsystems und gegebenenfalls eine Intervention besonders für Schüler*innen mit mathematischen Schwierigkeiten von großer Bedeutung sind. Ein frühzeitiges Beginnen mit komplexen Themengebieten wie dem dezimalen Stellenwertsystem ermöglicht einen leichteren Zugang und ein Durchdringen mathematischer Aspekte.

Somit erscheint nach Betrachtung unterschiedlicher Perspektiven insgesamt eine frühzeitige Intervention beziehungsweise Vorbereitung eines Stellenwertverständnisses aufgrund der dargelegten Relevanz als sinnvoll. Aus dem Grund soll in der vorliegenden Arbeit der Zehnerübergang als erster Moment, in dem vom dezimalen Stellenwertsystem Gebrauch gemacht wird, verstärkt in den Blick genommen werden.

Als unterstützendes Material zur Erarbeitung des Stellenwertsystems eignet sich das Dienes-Material, auch (Mehr-)Systemblöcke oder Zehnerblöcke genannt, sehr gut (u. a. Käpnick & Benölken, 2020, S. 189 f.; Kühme, 2020, S. 28; Padberg & Benz, 2021, S. 79 / 86 / 94 ff.; Schipper, 2011, S. 122). Die verschiedenen Stellenwerte werden durch Einerwürfel, Zehnerstangen, Hunderterplatten und Tausenderwürfel abgebildet. Damit können die Grundprinzipien des Stellenwertsystems, das Bündelungs- und das Stellenwertprinzip, dargestellt werden und die Materialien ermöglichen sowohl einen enaktiven als auch einen ikonischen Zugang (Käpnick & Benölken, 2020, S. 189 f.). Auch der Hunderter-Rechenrahmen sowie das Hunderterfeld werden als unterstützende Materialien zur Ausbildung eines Stellenwertverständnisses vorgeschlagen (Schipper, 2011, S. 122 f.). Vor dem Hintergrund des für die vorliegende Studie anvisierten Zahlenraums muss jedoch festgestellt werden, dass diese Materialien einen deutlich größeren Zahlenraum als 0 bis 19 umfassen, denn auch der Gedanke der Grundprinzipien wird erst, wie bereits beschrieben, bei einem Zahlenraum von mindestens 100 offensichtlich. Mit Blick auf den Zehnerübergang muss deshalb auf alternative Materialien als die üblicherweise im Kontext des Stellenwertsystems verwendeten zurückgegriffen werden, sodass ein konkreter Entwicklungsbedarf entsteht.

Ob und in welcher Form mathematische Schwierigkeiten in Bezug auf den fokussierten Lerngegenstand speziell bei Schüler*innen mit Hörschädigung vorliegen und wie sich Lernprozesse gestalten können, lässt sich auf Grundlage des aktuellen Forschungsstands nur sehr eingeschränkt sagen. Dieser fällt im Bereich von Schüler*innen mit Hörschädigung beziehungsweise dem Förderschwerpunkt Hören und Kommunikation (noch) sehr gering aus. Dennoch deuten einige Studien darauf hin, dass die mathematischen Fähigkeiten bei Schüler*innen mit Hörschädigung schwächer im Vergleich zu hörenden Schüler*innen sind und die „Math Gap" (Pagliaro & Kritzer, 2013) im Alter tendenziell zunimmt (siehe Abschn. 4.5). Wie sich jedoch genau die Entwicklung des Stellenwertverständnisses bei Schüler*innen mit Hörschädigung vollzieht beziehungsweise welche ersten Entwicklungsstufen zur Vorbereitung dessen durchlaufen werden und welche Hürden dabei auftreten können, ist bisher noch kaum erforscht. Hier wird eine Forschungslücke offensichtlich, der mit dieser Arbeit begegnet werden soll.

Mit der vorliegenden Forschungsarbeit soll nun im Rahmen einer Entwicklungsforschungsstudie, realisiert mit Hilfe des Dortmunder Modells FUNKEN der fachdidaktischen Entwicklungsforschung (u. a. Hußmann et al., 2013; Prediger, Komorek et al., 2013; Prediger et al., 2012), unter anderem ein Lehr-Lernarrangement entwickelt werden, welches ein Angebot zur Erarbeitung des Zehnerübergangs mit Perspektive auf das dezimale Stellenwertsystem und dessen Verständnis darstellt. Als spezifische Zielgruppe werden die bislang in der mathematikdidaktischen Forschung vernachlässigten Schüler*innen des Förderschwerpunkts Hören und Kommunikation ausgewählt (siehe Kapitel 4). Als Schnittstelle der speziellen Zielgruppe und der Gestaltung des Lehr-Lernarrangements werden Design-Prinzipien entwickelt und konkretisiert, die der Entwicklung des Materials zugrunde gelegt werden. Somit entstehen schließlich differenzierte Design-Prinzipien sowie ein Lehr-Lernarrangement als

Entwicklungsprodukte dieser Arbeit. Darüber hinaus wird außerdem ein Forschungsinteresse verfolgt, indem die Lehr-Lernprozesse der Schüler*innen mit Förderbedarf Hören und Kommunikation genauer in den Blick genommen werden, um sowohl (spezifische) Hürden als auch Erkenntnisse und Fortschritte im Lernprozess zu erfassen und diese zudem im Hinblick auf den Lehrprozess zu berücksichtigen. Diese Erkenntnisse zu den Lehr-Lernprozessen bilden wiederum die Forschungsprodukte der vorliegenden Studie. Abbildung 1.1 gibt einen Überblick über die verschiedenen Forschungsphasen und den damit verbundenen Aufbau der Arbeit.

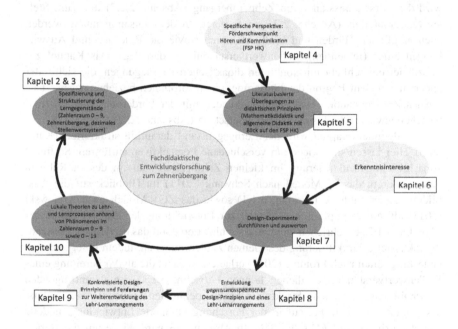

Abb. 1.1 Forschungsphasen und Aufbau der Arbeit (adaptiert nach Prediger et al., 2012, S. 453)

Der inhaltliche Aufbau der Arbeit orientiert sich eng am abgebildeten FUNKEN-Modell, weshalb auch die einzelnen Kapitel größtenteils jeweils entsprechend benannt sind und unter Umständen von üblichen Gliederungen abgewichen wird.

Inhaltliche Gliederung der Arbeit

Die Arbeit beginnt mit einem theoretischen Teil (Teil I). Darin wird zunächst der Lerngegenstand, der Zehnerübergang sowie das dezimale Stellenwertsystem, spezifiziert (Kapitel 2): Es wird die fachliche Perspektive auf die natürlichen Zahlen (Abschn. 2.1.1) sowie auf das Stellenwertsystem beziehungsweise die g-adische Darstellung natürlicher Zahlen vorgestellt (Abschn. 2.1.2). Anhand dessen kann die mathematische Bedeutung und Funktion des Stellenwertsystems geklärt werden. Die didaktische Betrachtung des Stellenwertsystems folgt im nächsten Abschnitt (Abschn. 2.2). Hier wird zum einen eine Begriffsklärung zum Stellenwertverständnis vorgenommen (Abschn. 2.2.1), zum anderen wird der Forschungsstand zum Zehnerübergang (Abschn. 2.2.2) und zum Stellenwertverständnis (Abschn. 2.2.3) aufgezeigt. In dem Zusammenhang werden auch möglichen Hürden und Einflussfaktoren sowie die Relevanz und Auswirkungen eines (fehlenden) Stellenwertverständnisses dargelegt. Das Kapitel zur Spezifizierung schließt mit konkreten didaktischen Überlegungen, die sich unter anderem mit dem Beginn der Förderung, einem ordinalen beziehungsweise kardinalen Zahlverständnis und damit verbunden mit der Förderung einer Prozessbeziehungsweise Objektsicht auseinandersetzen (Abschn. 2.2.4).

Im folgenden Kapitel wird der Lerngegenstand daraufhin strukturiert (Kapitel 3). Hier lassen sich wiederum verschiedene Perspektiven aufführen: So findet zunächst eine Strukturierung im kleinen Zahlbereich statt, in dessen Rahmen unter anderem das Z^4-Modell nach Schwank (2011) im Hinblick auf die Ausbildung einer Zahlidee (Abschn. 3.1.1) sowie das ZGV-Modell nach Krajewski (2013) als ein exemplarisches Modell zur Entwicklung des Zahlverständnisses (Abschn. 3.1.2) beschrieben werden. Es schließt eine auf das Stellenwertverständnis fokussierte Strukturierung des kleinen Zahlenraums an, indem unter anderem erste Tätigkeiten nach Fromme (2017) erläutert werden, die als Vorbereitung eines Stellenwertverständnisses dienen können (Abschn. 3.1.3). Im darauffolgenden Abschnitt wird dann eine Strukturierung des dezimalen Stellenwertverständnisses vorgenommen, wobei auf in der Forschung etablierte Entwicklungsmodelle zurückgegriffen wird (Abschn. 3.2). In Abschn. 3.3 wird wiederum die Herangehensweise und Erarbeitung des Zehnerübergangs in verschiedenen Mathematiklehrwerken der ersten beziehungsweise zweiten Klasse genauer untersucht und in Abschn. 3.4 schließlich ein Überblick über den Entwicklungsstand zu bereits entwickelten Design-Prinzipien und Lehr-Lernarrangements zur Förderung des Stellenwertverständnisses gegeben. Aus all diesen vorgenommenen Strukturierungen wird schließlich ein intendierter Lernpfad entwickelt, der für die Erarbeitung des Zehnerübergangs zur Anbahnung eines Stellenwertverständnis durchlaufen werden sollte und der die Grundlage für das entwickelte Lehr-Lernarrangement darstellt (Abschn. 3.5). Daran anknüpfend erfolgt eine Betrachtung der sonderpädagogischen Relevanz. Hier wird zunächst der rechtliche Rahmen (Abschn. 4.1) sowie die unterschiedlichen Begrifflichkeiten im Kontext von Hörschädigungen aufgezeigt und erläutert (Abschn. 4.2 und 4.3). Die Darstellung der Prävalenz (Abschn. 4.4) sowie des Forschungsstands (Abschn. 4.5) hebt die Relevanz mathematikdidaktischer Forschung im sonderpädagogischen Feld hervor (Abschn. 4.6).

Im letzten Kapitel des theoretischen Teils der Arbeit werden erste Überlegungen zur Design-Gestaltung vorgenommen, wobei sowohl mathematikdidaktische Prinzipien (Abschn. 5.1) als auch didaktische Prinzipien der allgemeinen Didaktik mit Blick auf den Förderschwerpunkt Hören und Kommunikation (Abschn. 5.2) beschrieben werden.

In Teil II der Arbeit liegt der Fokus auf dem Forschungsdesign. Als Folgerung aus den theoretischen Ausführungen findet eine Abgrenzung zu bestehenden Forschungen statt und es werden Erkenntnisfragen formuliert, die sich sowohl auf das Entwicklungs- als auch auf das Forschungsinteresse beziehen (Kapitel 6). Der methodologische Rahmen der vorliegenden Arbeit wird durch die Erläuterung der fachdidaktischen Entwicklungsforschung (Abschn. 7.1) sowie der generellen Relevanz und Spezifik qualitativer Forschung in der Mathematikdidaktik (Abschn. 7.2) gezogen. Im Abschnitt zur Datenerhebung und -auswertung werden schließlich die verwendeten Methoden der Datenerhebung (Abschn. 7.3.1) und die Vorgehensweise zur Datenauswertung (Abschn. 7.3.2) spezifiziert.

Das Entwicklungsinteresse wird im dritten Teil (Teil III) der Arbeit aufgegriffen, indem zunächst gegenstandsbezogene Design-Prinzipien formuliert (Abschn. 8.1) sowie die zugrunde gelegten Materialien ‚Rechenwendeltreppe' (Abschn. 8.2.1) und ‚Zähler' (Abschn. 8.2.2) beschrieben werden. Daraus wird dann ein Lehr-Lernarrangement, orientiert am intendierten Lernpfad (Abschn. 3.5), unter Berücksichtigung der formulierten Design-Prinzipien (Abschn. 8.4) entwickelt (Abschn. 8.3).

Die Darstellung empirischer Befunde zum Lehr-Lernarrangement findet im empirischen Teil (Teil IV) der Arbeit statt (Abschn. 9.1), in dem zusätzlich Erkenntnisse zu Konkretisierungen der Design-Prinzipien, beruhend auf den didaktischen Prinzipien der allgemeinen Didaktik mit Blick auf den Förderschwerpunkt Hören und Kommunikation, erarbeitet werden (Abschn. 9.2). Das Forschungsprodukt findet sich in Kapitel 10 wieder, in dem die Lehr- und Lernprozesse im Fokus stehen. Hier werden zunächst Hürden und erste Erkenntnisse im kleinen Zahlenraum 0 bis 9 mit Blick auf unterschiedliche mathematische

Themenfelder dargestellt (Abschn. 10.1) und daraufhin die Ergebnisse zu mentalen Zahlvorstellungen im Zahlenraum 0 bis 19, die auch Vorstellungen zum Zehnerübergang umfassen (Abschn. 10.2).

In einem abschließenden Fazit (Teil V) werden die Ergebnisse noch einmal zusammengefasst und reflektiert, indem unter anderem auf Grenzen der Forschung eingegangen wird (Abschn. 11.1). Schließlich findet ein Ausblick statt, in dessen Zusammenhang auch Implikationen für weitere fachdidaktische und sonderpädagogische Forschungen sowie für die Schulpraxis auf Grundlage der gewonnenen Erkenntnisse abgeleitet werden (Abschn. 11.2).

Teil I
Theoretischer Rahmen

In diesem Teil der Arbeit findet eine theoretische Auseinandersetzung mit dem Lerngegenstand statt, mit Hilfe derer die Entwicklungen sowie empirischen Untersuchungen der vorliegenden Forschungsarbeit legitimiert und eingeordnet werden können. Hierzu wird der Lerngegenstand entsprechend der fachdidaktischen Entwicklungsforschung (siehe Abschnitt 7.1) zunächst spezifiziert (Kapitel 2) sowie daraufhin strukturiert (Kapitel 3), sodass auf Grundlage dessen schließlich ein intendierter Lernpfad erstellt wird (Abschnitt 3.5). Gemäß dem ergänzenden sonderpädagogischen Forschungsfokus wird in Kapitel 4 dessen Relevanz aufgezeigt. Der theoretische Teil der Arbeit schließt mit einem Kapitel zu Überlegungen zum Design (Kapitel 5), in dem literaturbasiert didaktische Prinzipien sowohl mit Fokus auf der Mathematikdidaktik als auch der allgemeinen Didaktik beziehungsweise der Sonderpädagogik dargestellt werden, die wiederum die Grundlage für die Entwicklungsprodukte bilden.

Spezifizierung des Lerngegenstands 2

In diesem Kapitel soll nun der Lerngegenstand spezifiziert werden. Hierunter fällt nach dem Verständnis der fachdidaktischen Entwicklungsforschung (siehe Abschnitt 7.1) unter anderem die Identifikation relevanter inhaltlicher Aspekte, Fragestellungen und Herausforderungen im Kontext des Lerngegenstands (Hußmann & Prediger, 2016, S. 35 f.). Da sich der Zehnerübergang und auch das dezimale Stellenwertsystem in den natürlichen Zahlen verorten lässt, werden diese zunächst definiert und es wird auf den ordinalen und kardinalen Zahlaspekt genauer eingegangen (Abschnitt 2.1). Auf die mathematische Perspektive folgt die intensive Auseinandersetzung mit dem Lerngegenstand aus mathematikdidaktischer Perspektive (Abschnitt 2.2), wobei eine Begriffsklärung eines Stellenwertverständnisses vorgenommen wird (Abschnitt 2.2.1), der aktuelle Forschungsstand zum Zehnerübergang (Abschnitt 2.2.2) und zum dezimalen Stellenwertverständnis (Abschnitt 2.2.3) sowie didaktisch relevante Überlegungen im Zusammenhang mit dem Lerngegenstand (Abschnitt 2.2.4) beschrieben werden.

Eine Strukturierung des Zehnerübergangs, eine Zusammenstellung der Bearbeitung dessen in Mathematiklehrwerken und bereits entwickelter Lehr-Lernarrangements zum Stellenwertsystem sowie eine daraus folgende Erstellung eines intendierten Lernpfads werden im nächsten Kapitel (Kapitel 3) vorgenommen.

© Der/die Autor(en), exklusiv lizenziert an Springer Fachmedien Wiesbaden GmbH, ein Teil von Springer Nature 2024
A.-K. Zurnieden, *Der Zehnerübergang zur Anbahnung eines Stellenwertverständnisses*, Kölner Beiträge zur Didaktik der Mathematik, https://doi.org/10.1007/978-3-658-44000-8_2

2.1   Mathematische Perspektive

Folgend wird der Lerngegenstand aus der mathematischen Perspektive genauer beleuchtet. Hierzu wird sich auf zentrale und relevante Aspekte mit Blick auf den Zehnerübergang beschränkt. Diese Darstellung soll als eine Grundlage für die Entwicklungsprodukte fungieren.

2.1.1   Die natürlichen Zahlen

> *„In Rücksicht auf diese Befreiung der Elemente von jedem anderen Inhalt (Abstraktion) kann man die Zahlen mit Recht eine freie Schöpfung des menschlichen Geistes nennen."*
> *(Dedekind, 1965, S. 17).*

An diesem Zitat Dedekinds wird deutlich, dass die natürlichen Zahlen, seien sie auch noch so intuitiv und im Alltag grundlegend, doch ein menschliches Konstrukt sind, welches genauer beleuchtet und definiert werden muss. Dedekind war 1888 der erste Mathematiker, der zu den natürlichen Zahlen eine exakte Einführung durch Axiome darlegte.

Dedekind (1965, S. 5) definiert hierfür zunächst eine Abbildung φ:

> 21. Erklärung. Unter einer Abbildung φ eines Systems S wird ein Gesetz verstanden, nach welchem zu jedem bestimmten Element s von S ein bestimmtes Ding gehört, welches das Bild von *s* heißt und mit $\varphi(s)$ bezeichnet wird; wir sagen auch, das [*sic*] $\varphi(s)$ dem Element *s* entspricht, das [*sic*] $\varphi(s)$ durch die Abbildung φ aus s entsteht oder erzeugt wird, das [*sic*] s durch die Abbildung φ in $\varphi(s)$ übergeht. (Dedekind, 1965, S. 5)

Für Dedekind (1965, S. 5) steht somit der Produktionsaspekt bei der Erzeugung der Elemente im Vordergrund. Mit Hilfe dieser Abbildung φ entsteht ein geordnetes System a $\mathbb{N}$. Die Elemente dieses Systems bezeichnet Dedekind (1965, S. 17) als natürliche Zahlen oder auch Ordinalzahlen. Zentral für die Definition ist die Festlegung des Grundelements, er wählt hierfür die Zahl 1. Auf diese wird die Erzeugungsvorschrift beziehungsweise die Abbildung φ angewandt, sodass nach Dedekind (1965) Zahlen grundsätzlich durch eine Erzeugungsvorschrift konstruiert werden.

Peano entwickelt davon unabhängig später fünf Axiome, mit denen er die natürlichen Zahlen definiert. Grundsätzlich greift er jedoch auf Dedekinds Ausführungen zurück, sodass diese Axiome auch Dedekind-Peano-Axiome genannt werden (Hischer, 2021, S. 249 ff.):

1) $0 \in \mathbb{N}$
2) $\wedge_{n \in \mathbb{N}} v(n) \in \mathbb{N}$
3) $\wedge_{n \in \mathbb{N}} v(n) \neq 0$
4) $\wedge_{m,n \in \mathbb{N}} (v(m) = v(n) \rightarrow m = n)$
5) $\wedge_{T \subseteq \mathbb{N}} [(0 \in T \wedge (\wedge_n n \in T \rightarrow v(n) \in T)] \rightarrow T = \mathbb{N})$

In der Originalfassung Peanos stellt man fest, dass Peano (1889, S. 1) als Startelement die Zahl 1 bezeichnet, ebenso wie Dedekind (1965, S. 17). In späteren Fassungen anderer Mathematiker, die die Peano-Axiome darstellen, wie zum Beispiel Forster (2015), Remmert und Ullrich (2008, S. 13), Hischer (2021, S. 252) und Ebbinghaus (2021, S. 65), wird jedoch die Zahl 0 als Startelement festgelegt. Daran wird deutlich, dass grundsätzlich verschiedene Auffassungen des Startelements der natürlichen Zahlen bestehen, insbesondere die jüngeren Darstellungen des Axiomensystems jedoch die Zahl 0 als Grundelement ansehen.

Dedekind (1965, S. 17) bezeichnet die natürlichen Zahlen auch als Ordinalzahlen. Kardinalzahlen hingegen geben die Eigenschaft der Anzahl an Elementen einer Menge in einem endlichen System beziehungsweise einer Menge an. Die angenommene Voraussetzung hierfür ist, dass zu jedem endlichen System eine Zahl besteht, die diese Anzahl der in der Menge enthaltenen Elemente angibt (Dedekind, 1965, S. 44). Ebbinghaus (2021, S. 65) betrachtet natürliche Zahlen grundsätzlich unter zwei Aspekten, dem ordinalen und kardinalen Zahlaspekt. Diese beiden Aspekte sollen im Folgenden noch einmal ausführlicher dargestellt werden, da sie allgemein auch aus mathematikdidaktischer Perspektive und insbesondere für die vorliegende Dissertation relevant sind.

Ordinalzahlaspekt
Nach Ebbinghaus (2021, S. 65) steht bei diesem Zahlaspekt der Zählprozess im Vordergrund. Somit wird vorausgesetzt, dass man mit den natürlichen Zahlen zählen kann. Als Startelement wählt Ebbinghaus (2021, S. 65) im Gegensatz zu Dedekind (1965) und Peano (1889) die Zahl 0, von der aus der Zählprozess beginnt und jeweils der Nachfolger $n + 1$ einer Zahl n gebildet werden kann. Damit erhält man eine Reihenfolge und eine Ordnung der natürlichen Zahlen.

Kardinalzahlaspekt
Der Kardinalzahlaspekt gibt nach Ebbinghaus (2021, S. 65) die Mächtigkeit einer Menge, also die Anzahl der Elemente in einer Menge an. Somit entspricht der kardinale Zahlaspekt der Idee der Kardinalzahlen nach Dedekind (1965). Es steht bei diesem Zahlaspekt nicht der Prozess des Entstehens im Fokus, sondern ein aktueller Zustand beziehungsweise die Angabe über die Mächtigkeit.

2.1.2 Zehnerübergang – Dezimales Stellenwertsystem

Bezogen auf den Zehnerübergang wird bei dem Übergang vom Zahlwert 9 auf 10 nach Dedekind (1965, S. 5 ff.) die gleiche Abbildung φ auf die Zahl 9 angewendet wie für die Bildung des Nachfolgers einer jeden anderen natürlichen Zahl. Aus dieser Perspektive liegt hier somit keinerlei Besonderheit vor. Die symbolische Notation der Zahlen $n > 9$ und damit die Anwendung des dezimalen Stellenwertsystems bedarf jedoch aus mathematischer und mathematikdidaktischer Perspektive, wie sie in Abschnitt 2.2 dargestellt wird, einer intensiven Auseinandersetzung: Grundsätzlich können mit der Stellenwert- Notation mit „endlich vielen, mindestens aber zwei Zeichen, unter denen eine klare Reihenfolge festgelegt ist, Zeichenketten beliebiger Länge erzeugt und damit prinzipiell alle natürlichen Zahlen in eindeutiger Weise formal-symbolisch dargestellt werden." (Hefendehl-Hebeker & Schwank, 2015, S. 96). Diese Zeichenabfolge stellt Zahlen in jeweils um eins ansteigender Größe dar. Hier wird mit dem Zahlzeichen 0 begonnen und es geht geordnet bis zu einem Zahlzeichen z_e, welches im dezimalen Stellenwertsystem $z_e = 9$ ist. Insgesamt bestehen die Zahlzeichen 0, 1, 2, 3, 4, 5, 6, 7, 8, 9 in genau dieser Reihenfolge (Hefendehl-Hebeker & Schwank, 2015, S. 96). Falls nun der Wert $z_e + 1$ dargestellt werden soll, „wird links eine Stelle hinzugefügt, 1 notiert, und die erste Stelle zurück auf 0 gesetzt" (Hefendehl-Hebeker & Schwank, 2015, S. 97). Der Wert $z_e + 1$ ist der erste Wert, für den die Stellenwertschreibweise vonnöten ist.

Im folgenden Abschnitt wird die mathematische Grundlage, die g-adische Darstellung natürlicher Zahlen, genauer ausgeführt.

g-adische Darstellung natürlicher Zahlen
Für jede natürliche Zahl a mit $a \in \mathbb{N}\backslash\{0\}$ existiert folgende eindeutige g-adische Darstellung, wobei g eine natürliche Zahl ist mit $g \in \mathbb{N}$ und $g \geq 2$. g wird als Grundzahl bezeichnet und gibt die Basis des vorliegenden Systems an:

$$a = q_n \cdot g^n + q_{n-1} \cdot g^{n-1} + \ldots + q_1 \cdot g + q_0$$

mit

1) $n \in \mathbb{N}, q_0, q_1, \ldots, q_n \in \mathbb{N}$
2) $q_n \neq 0, 0 \leq q_v \leq g - 1$ *für alle* $v = 0, 1, \ldots, n$

(Remmert & Ullrich, 2008, S. 141)

Alternativ lässt sich die g-adische Darstellung in dieser ausführlicheren Form notieren:

$$a = q_n \cdot g^n + q_{n-1} \cdot g^{n-1} + \ldots + q_1 \cdot g^1 + q_0 \cdot g^0$$

Die g-adische Darstellung der Zahl $a = 10$ im Dezimalsystem ist somit folgende:

$$a = 1 \cdot 10 + 0 = 1 \cdot 10^1 + 0 \cdot 10^0 = 10$$

Im Vergleich hierzu die g-adische Darstellung der Zahl $a = 9$ im Dezimalsystem:

$$a = 9 \cdot 10^0 = 9$$

Zur Vollständigkeit wird im Folgenden auch die entsprechende Darstellung der Zahl 0 betrachtet, die im Satz zur g-adischen Darstellung nach Remmert & Ullrich (2008, S. 141) aufgrund der Eindeutigkeit ausgeschlossen wird (ein vergleichbares Vorgehen findet man bei Meijer (1967, S. 537) sowie bei Nathanson (2011, S. 2010) für die ganzen beziehungsweise rationalen Zahlen). Die Zahl $a = 0$ kann auf folgende Weise dargestellt werden:

$$a = 0 \cdot g^0 = 0 \text{ (In diesem Fall gilt } q_n = q_0 = 0)$$

Die g-adische Darstellung der Zahl $a = 0$ im Dezimalsystem ist dann:

$$a = 0 \cdot 10^0 = 0$$

Die verkürzende Schreibweise der natürlichen Zahl a wird g-adische Zifferndarstellung der Zahl a genannt. Bei dieser werden die g-adischen Ziffern $q_0, q_1, \ldots, q_n$ direkt aneinandergereiht: $a = (q_n q_{n-1} \ldots q_1 q_0)_g$ (Remmert & Ullrich, 2008, S. 144). Diese Schreibweise, allerdings ohne die Klammern und ohne die Ergänzung der Grundzahl g, ist die im Alltag geläufige, bei der jedoch das komplexe Darstellungssystem nicht mehr offensichtlich ist.

Da es sich bei der vorliegenden Dissertation um eine fachdidaktische Forschung handelt und der Fokus somit auf der didaktischen Umsetzung liegt, wird auf die Beweise zur Existenz und Eindeutigkeit der g-adischen Darstellung natürlicher Zahlen verzichtet und auf diese lediglich verwiesen (siehe hierzu u. a. Remmert & Ullrich, 2008, S. 142 ff.).

2.2 Fachdidaktische Perspektive

Grundsätzlich muss bei der Thematisierung und Erarbeitung des Zehnerübergangs und des dezimalen Stellenwertsystems bedacht werden, dass Zahlen lediglich als etwas mit Hilfe von φ Hergestelltes zu sehen sind und „sich letztlich nur aufgrund der ihnen eingebauten Entstehungsgeschichte und ihrer Rolle im Zahlenraum begreifen" (Schwank, 2013b, 95) lassen. Hefendehl-Hebeker und Schwank (2015, S. 78 ff.) beschreiben, wie sich die Zahldarstellung über mehrere Jahrtausende hinweg entwickelte hin zu unserem heutigen am häufigsten verwendeten und gängigen dezimalen Stellenwertsystem. Auch Sun et al. (2018, S. 99 ff.) beschreiben, wie sich verschiedene Zahldarstellungssysteme über die Zeit hinweg weiterentwickelten, mit dem Ziel, ökonomisch und somit möglichst leicht und übersichtlich auch große Zahlen darstellen zu können. Die Autor*innen beschreiben die Entwicklung über Systeme, die die tatsächliche Anzahl an Elementen eins zu eins wiedergeben und es sich somit um ein einstelliges Zahlsystem handelt, über additive Systeme und multiplikative Systeme hin zum dezimalen Stellenwertsystem, bei dem die additive und multiplikative Komponente verbunden werden. Schwank (2013b, S. 94) verweist darauf, dass die letztendliche Gestalt, die die Zahlen beziehungsweise vielmehr Zahlzeichen über ihre Entwicklung hinweg nun angenommen haben,

> nicht eine solche [ist], die aufgrund des visuellen Eindrucks unmittelbar auf die symbolisierte Anzahl schließen lässt; der Optimierungsprozess verlief vielmehr in die Richtung, dass eine Gestalt mit eingebautem Automatismus erschaffen wurde: ein ‚Räderwerk', von dem nur die jeweilige aktuelle Einstellung verschriftlicht ist, nicht jedoch der Vorgang des systematischen Um-eins-mehr-Werdens. (Schwank, 2013b, S. 94)

Die Zahlschrift und das Wissen und Verstehen ihrer Funktionalität ist ein grundlegendes Fundament für ein arithmetisches Verständnis, in der Umwelt und im Alltag der Schüler*innen treten solch universelle Konstruktionsprinzipien allerdings deutlich weniger auf (Schwank, 2013b, S. 97). Besonders die Struktur des dezimalen Stellenwertsystems und die damit verbundene Möglichkeit, Berechnungen mit einem immer gleichen Mechanismus durchführen zu können, kann nach Schwank (2013b, S. 96) auch zu großen Schwierigkeiten im Zahlverständnis führen. Häufig rückt das arithmetische Verständnis, das hinter diesen Prozessen steht, in den Hintergrund und wird so nicht ausgebildet. Schwank (2013b, S. 97) nennt das notwendige Verständnis das „‚einfache.' Dazu-Denken-Können", worin sich das Verständnis des Ordinalzahlprinzips nach Dedekind wiederfindet, indem die natürlichen Zahlen durch das Anwenden einer Abbildungsvorschrift zur Nachfolgerbildung erzeugt werden. Im Folgenden findet zunächst eine Begriffsklärung des dezimalen Stellenwertverständnisses statt, da dieses Verständnis die Zielperspektive des Lernprozesses, der mit der vorliegenden Dissertation verfolgt werden soll, darstellt. Sie ist damit zwar leitend, gleichzeitig muss jedoch hervorgehoben werden, dass die Vermittlung eines umfassenden dezimalen Stellenwertverständnisses im Rahmen der Arbeit in keiner Weise erreicht werden kann und soll, es geht vielmehr um eine erste Anbahnung dessen. Es schließt ein Überblick über den aktuellen Forschungsstand zunächst zum Zehnerübergang an, der dann auf den Forschungsstand zum dezimalen Stellenwertverständnis erweitert wird. In diesem Zusammenhang sollen auch mögliche Hürden und Einflussfaktoren auf ein Stellenwertverständnis und schließlich die Relevanz eines solchen beschrieben werden. Das Kapitel schließt mit didaktischen Überlegungen im Hinblick auf eine Förderung dessen.

2.2.1 Begriffsklärung Stellenwertverständnis

Fromme (2017) führte im Rahmen ihrer Dissertation empirische und theoretische Analysen zum Stellenwertverständnis im Zahlenraum bis 100 durch. In diesem Zuge entwickelt sie unter anderem eine mögliche Definition von Stellenwertverständnis im deutschsprachigen Raum:

> Stellenwertverständnis kann beschrieben werden als ein Inhalte übergreifendes effektives Nutzen von dezimalen Strukturen. Dieses effektive Nutzen von dezimalen Strukturen bezieht sich auf Übersetzungen zwischen Zahlrepräsentationen, aber vor allem auf gegenseitige Entsprechungen der einzelnen Repräsentationen und wird daher als repräsentationsübergreifend angesehen. (Fromme, 2017, S. 221)

Eine Diskussion zur Definition dieses Verständnisses würde an dieser Stelle den Rahmen der vorliegenden Dissertation sprengen. Dennoch soll hervorgehoben werden, welche Bedeutung nach dieser Definition dem Herstellen von Beziehungen zwischen verschiedenen Darstellungsebenen, welches auch beim didaktischen Prinzip der Darstellungsvernetzung (siehe Abschnitt 5.1) im Zentrum steht, zugesprochen werden kann. Von der Definition ausgehend liegt ein Verständnis des Dezimalsystems nur vor, wenn Verknüpfungen zwischen den verschiedenen Repräsentationsformen gezogen werden können. Aus diesem Grund sollen für die Erarbeitung des Zehnerübergangs im Hinblick auf die Anbahnung eines ersten Stellenwertverständnisses immer wieder Wechsel und Bezüge zwischen den Repräsentationsformen hergestellt und ein besonderes Augenmerk auch auf die Vernetzung der Darstellungsebenen gelegt werden.

Über die Begriffsklärung hinaus lassen sich in der Literatur außerdem unterschiedliche Darstellungen und Fokussierungen bezüglich eines Stellenwertverständnisses finden. Moser Opitz (2013, S. 90) führt vier verschiedene Eigenschaften des Stellenwertsystems auf, die ihrer Ansicht nach für ein gänzliches Verstehen kombiniert werden müssen: (1) Stellenwert, nach dem die Position der Ziffer innerhalb eines Zahlzeichens den Wert der Einheit bedingt und die Ziffer dann die „Anzahl der jeweiligen Einheiten" (Moser Opitz, 2013, S. 90) angibt. (2) Die Zehnerpotenzen, bei denen der Exponent nach rechts jeweils um eins abnimmt. (3) Die multiplikative Eigenschaft, durch die der „Wert einer einzelnen Stelle ... gefunden werden [kann], indem die Anzahl [an] Einheiten – repräsentiert durch die Ziffer – mit dem Wert der jeweiligen Einheit – repräsentiert durch die Position – multipliziert wird" (Moser Opitz, 2013, S. 90). Die vierte (4) ist die additive Eigenschaft, die sich auf den Wert der ganzen Zahl bezieht. Dieser kann durch die Addition der einzelnen Stellenwerte berechnet werden. (Moser Opitz, 2013, S. 90). Herzog et al. (2017, S. 266 f.) differenzieren in diesem Zuge zwischen den Prinzipien: Prinzip des Stellenwerts – die Position der Ziffer im Zahlzeichen gibt die jeweilige Größe des Bündels beziehungsweise der Einheit an –, dem Prinzip des Zahlenwerts – die Ziffer gibt die Anzahl des jeweiligen Bündels beziehungsweise der jeweiligen Einheit an – und dem Prinzip des fortgesetzten Bündelns – „immer gleich viele Bündel [beziehungsweise Einheiten] gleicher Größe [werden] zum nächsthöheren Bündel [beziehungsweise zur nächsthöheren Einheit] zusammengefasst". Die Autor*innen weisen zudem darauf hin, dass im Stellenwertsystem drei mathematische Operationen enthalten sind: Die Addition, die Multiplikation und Potenzen (Herzog et al., 2017, S. 267). Aus fachdidaktischer Perspektive sollte beziehungsweise muss das hinter der Codierung von Zahlen stehende komplexe System bei der Erarbeitung im Unterricht berücksichtigt werden. Im didaktischen Prinzip ‚Orientierung an mathematischen Grundideen' (siehe Abschnitt 5.1) lässt sich dieser Gedanke wiederfinden. Duval (2006, 106 f.) verweist auf die Tatsache, dass in der Mathematik die Besonderheit besteht, dass ein konstruierter Code, wie die Zifferndarstellung, für einen anderen Code, wie zum Beispiel die vollständige g-adische Darstellung und damit das dezimale Stellenwertsystem, steht. Dieser Herausforderung im Hinblick auf ein Stellenwertverständnis muss in der Mathematikdidaktik begegnet werden. Ein Zusammenhang entsteht an dieser Stelle zum didaktischen Prinzip der Darstellungsvernetzung (siehe Abschnitt 5.1).

Eine Differenzierung zwischen einem prozeduralem und einem konzeptuellen Wissen bezüglich Anforderungen zum Stellenwertverständnis findet man unter anderem bei Herzog et al. (2017, S. 268 f.) sowie bei Van de Walle et al. (2020, S. 248). Letztere verstehen unter einem Stellenwertverständnis die „*integration* [Hervorhebung v. Verf.] of new and sometimes difficult-to-construct concepts of grouping by tens (the base-ten concept) with procedural knowledge of how groups are recorded in our place-value system and how numbers are written and spoken" (Van de Walle et al., 2020, S. 248). Als prozedurales Wissen wird demnach die Sprech- und Schreibweise von Zahlen verstanden, wohingegen beim konzeptuellen Wissen die Zehnerbündelung im Vordergrund steht (Herzog et al., 2017, S. 269). Ferner verweist Van de Walle et al. (2020, S. 248) im Zuge des konzeptuellen Wissens auf die Verknüpfung des Zählens einzelner Elemente sowie der Bündelung zu zehn Elementen und der erhaltenen Gleichmächtigkeit von Anzahlen. Da insbesondere im deutschsprachigen Raum die Bildung der Zahlwörter sehr unregelmäßig und nicht durchgehend regelgeleitet anhand des Stellenwertsystems stattfindet (siehe Abschnitt 2.2.3), ordnet Schulz (2014, S. 151) diese nur als „eingeschränkt ... prozedural" ein. Anders verhält es sich bei dem Verständnis zu Zahlzeichen, die regelgeleitet dem Konzept des Stellenwertsystems folgen. Insgesamt wird jedoch die Ansicht vertreten, dass ein Stellenwertverständnis die Kombination des Wissens zur Schreibweise, zur Sprechweise und zum Bündelungskonzept voraussetzt beziehungsweise erfordert (Schulz, 2014, S. 151 f.; Van de Walle et al., 2020, S. 248). An dieser Stelle lässt sich wiederum ein Bezug zum didaktischen Prinzip der Darstellungsvernetzung feststellen (siehe Abschnitt 5.1), da dabei ebenfalls Beziehungen zwischen den Ebenen hergestellt werden sollen.

Eine weitere Differenzierung im Hinblick auf das konzeptuelle dezimale Stellenwertverständnis ist bei verschiedenen Autor*innen die Unterscheidung zwischen einem strukturorientiertem und einem positionsorientierten Verständnis (u. a. Freesemann, 2014, S. 92 ff.; Schöttler, 2019, S. 48 ff.). Beide Arten sind für ein vollständiges Stellenwertverständnis Voraussetzung. Unter dem strukturorientierten Verständnis wird das Wissen über den Aufbau und die Konstruktion des Stellenwertsystems verstanden. Darunter fielen beispielsweise die von Herzog et al. (2017, S. 266 f.) beschriebenen Prinzipien (Prinzip des Stellenwerts, Prinzip des Zahlenwerts, Prinzip des fortgesetzten Bündelns). In dem Zuge spielt auch die Schwierigkeit der Übersetzung zwischen Zahlzeichen und Zahlwort eine Rolle. Insgesamt wird bei diesem Verständnis der Kardinalzahlaspekt fokussiert (Freesemann, 2014, S. 92 ff.; Schöttler, 2019, S. 48 ff.). Der ordinale Zahlaspekt hingegen steht beim positionsorientierten Verständnis im Vordergrund. Bei diesem geht es um das Einordnen beziehungsweise Verorten von Zahlen an einem Zahlenstrahl, sodass die Orientierung im Zahlenraum fokussiert wird. Mit dem

Verständnis können Zahlen aufgrund der Struktur des dezimalen Stellenwertsystems eingeordnet werden und es wird über eine mentale Repräsentation verfügt (Freesemann, 2014, S. 96; Schöttler, 2019, S. 56). Nach Freesemann (2014, S. 96) baut ein solches Verständnis auf dem strukturorientierten Verständnis auf, insbesondere in größeren Zahlbereichen, bringt aber gleichzeitig bedeutende Informationen mit sich.

Da im geringen Zahlenraum 0 bis 19 das Prinzip der fortgesetzten Bündelung noch nicht relevant ist beziehungsweise noch nicht umfangreich erarbeitet werden kann (siehe Einleitung), wird in der vorliegenden Dissertation eine alternative Herangehensweise an die Anbahnung eines dezimalen Stellenwertverständnisses gesucht, die jedoch ebenfalls das Konzept des Stellenwertsystems berücksichtigen soll. Damit wird von den üblichen Ansätzen, die vor allem die Bündelungsidee fokussieren und darüber das Ausbilden eines dezimalen Stellenwertverständnis anstreben, abgewichen. In dem Zusammenhang lassen sich in der Literatur zwei grundlegende Perspektiven zum Verständnis des dezimalen Stellenwertsystems ausmachen: Bei der ersten Annahme werden die Zehnerpotenzen als Bündelungseinheiten verstanden. Nach dieser Vorstellung handelt es sich somit bei einer Zahl um eine Summe von Bündelungen in bestimmten Anzahlen. Vertreter*innen dieser Annahme sind unter anderem Padberg (2008, S. 143), Krauthausen (2018, S. 54 f.) und Moser Opitz (2013, S. 93). Dass diese Darstellung des Stellenwertverständnisses in der Literatur verbreiteter ist, zeigt sich auch im Unterkapitel zum Forschungsstand zum dezimalen Stellenwertverständnis (siehe Abschnitt 2.2.3). Die andere grundlegende Herangehensweise, das Verständnis vom Stellenwertsystem zu betrachten, vertreten. Hefendehl-Hebeker und Schwank (2015, S. 98). Nach diesen Autorinnen handelt es sich bei der Stellenwertsystem-Schrift explizit nicht um ein „Eintauschen, Bündeln von kleineren Einheiten zu größeren oder Entbündeln von größeren zu kleineren" (Hefendehl-Hebeker & Schwank, 2015, S. 98). Vielmehr stehen die Übergänge im Fokus, wenn kein weiteres größeres beziehungsweise kleineres Zeichen in der Abfolge folgt. Für den Zehnerübergang bedeutet dies dann „$9 + 1 = 9 - 9 + 10$ bzw. $10 - 1 = 10 - 10 + 9$" (Hefendehl-Hebeker & Schwank, 2015, S. 98). An dieser Darstellung kann auch verdeutlicht werden, dass die Zahl Null eine zentrale Rolle einnimmt: Sie ist, ergänzend zur 9, das andere Begrenzungszeichen. Hefendehl-Hebeker und Schwank (2015, S. 98) schlagen daher den Zahlenraum 0 bis 9 für den Anfangsunterricht vor und weisen auf die explizite Behandlung des Zehnerübergangs hin. Auf die Rollen der Zahl Null soll an späterer Stelle dieses Unterkapitels noch intensiver eingegangen werden.

In dieser Dissertation wird die Perspektive der Autorinnen Hefendehl-Hebeker und Schwank (2015, S. 98) vertreten. In Orientierung an der mathematischen

Grundidee des dezimalen Stellenwertsystems soll im Sinne der g-adischen Darstellung, wie sie bereits in Abschnitt 2.1.2 beschrieben wird, gerade der Übergang von 9 auf 10 im Fokus stehen. Deshalb wird verstärkt die Übergänge fokussierende Perspektive zum dezimalen Stellenwertverständnis, wie Hefendehl-Hebeker und Schwank (2015, S. 98) sie vertreten, eingenommen und erprobt. Es steht die Frage im Zentrum, was in der Zahlschrift an genau der Stelle des Übergangs von der Zahl 9 auf 10 passiert. Anhand des Zehnerübergangs soll ein erster Einblick in die Funktionsweise des Stellenwertsystems in der Hinsicht ermöglicht werden, dass auch auf symbolischer Ebene der Nachfolger zur Zahl Neun und der Vorgänger zur Zahl Zehn gebildet werden und somit eine bewusste Nachfolger- und Vorgängerbildung stattfindet.

Das zugrunde liegende Verständnis im Hinblick auf das dezimale Stellenwertsystem und der primäre Fokus der Förderung auf die Übergänge und der nur sekundäre Fokus auf Bündelungen weicht somit von anderen Forschungen ab. Im didaktischen Prinzip ‚Orientierung an mathematischen Grundideen' (siehe Abschnitt 5.1) wird diese Perspektive aufgegriffen. Gleichzeitig bedeutet die Herangehensweise nicht, dass ausschließlich die Prozesse fokussiert und Bündelungen in keiner Weise berücksichtigt werden. Hierüber soll insbesondere der Herausforderung begegnet werden, bereits im kleinen Zahlenraum 0 bis 19 und damit möglichst früh ein dezimales Stellenwertverständnis anbahnen zu können. Die Sichtweise zur Fokussierung der Übergänge bedingt auch die Entscheidung bezüglich der Fokussierung des kardinalen oder ordinalen Zahlaspekts, welche vor allem bei der Differenzierung des struktur- beziehungsweise positionsorientiertem Zahlverständnis von Bedeutung ist. Darauf wird an späterer Stelle (siehe Abschnitt 2.2.4) noch einmal konkret eingegangen.

Insgesamt zeigt sich bei den verschiedenen Ansätzen zum Stellenwertverständnisses, dass der Verknüpfung unterschiedlicher Repräsentationen eine zentrale Rolle zukommt, weshalb sie im didaktischen Prinzip der Darstellungsvernetzung (siehe Abschnitt 5.1) noch einmal aufgegriffen wird.

2.2.2 Forschungsstand zum Zehnerübergang

Der Forschungsstand zum Zehnerübergang als erster notwendiger Moment für das dezimale Stellenwertsystem und somit als zentraler Inhalt in Klasse 1 zur Anbahnung eines Stellenwertverständnisses, ist, wenn überhaupt, nur sehr gering. Vorwiegend lassen sich Studien und Gestaltungen von Arbeitsmitteln finden, die das Rechnen über den Zehner zwar als bedeutenden Lernschritt darstellen, allerdings fokussieren sie hauptsächlich mögliche Strategien, um über den Zehnerübergang als solchen rechnen zu können (u. a. Gaidoschik, 2012; 2017, S. 117 ff.; Gerster, 2009, S. 264 ff.; Steinbring, 1994, S. 192 ff.). Außen vor bleibt, welches grundlegende Codesystem hinter der Verwendung und Zusammensetzung der Ziffern im Moment des Zehnerübergangs steht.

Erste Tätigkeiten zur Anbahnung eines dezimalen Stellenwertverständnis lassen sich bei Fromme (2017, S. 57 ff.) wiederfinden. Dazu zählen das Zählen bis neun beziehungsweise zwölf als Grundlage und Voraussetzung für ein Stellenwertverständnis sowie das Strukturieren, bei dem es um das „Erkennen, Erstellen und Nutzen von Strukturen" (Fromme, 2017, S. 58) geht. Strukturen beziehen sich dabei sowohl auf die Zahlwörter als auch auf Materialien. Als dritte Tätigkeit führt Fromme (2017, S. 58) das Nutzen der Teil-Ganzes-Beziehung auf, bei der das Verständnis im Vordergrund steht, dass Zahlen auf unterschiedliche Arten zerlegt werden können, und als vierte Tätigkeit schließlich das Bündeln. Letzteres beschreibt Fromme (2017, S. 60) als *„Zusammenfassen von Objekten* bzw. *Bündeln* [Hervorhebung v. Verf.] in gleich- oder ungleichmächtige Gruppen", welches sie als „Voraussetzung und Bestandteil des Bündelungsprinzips" (Fromme, 2017, S. 60) ansieht. Der Zehnerübergang als solches wird nur indirekt im Zuge des Zählens aufgegriffen. Padberg und Benz (2021, S. 71 f.) konkretisieren diese Tätigkeiten wiederum als Voraussetzung und Vertiefung anhand der Zahl Zehn. Der Fokus liegt jedoch auf der Zehnerbündelung. Grundsätzlich wird allerdings bereits dem geringen Zahlenraum eine Bedeutung bezüglich einer ersten Förderung und Vorbereitung eines späteren dezimalen Stellenwertverständnisses zugeschrieben, sodass sich die Fokussierung des Zahlenraums bis 19 zur Anbahnung eines Stellenwertverständnisses durchaus legitimieren lässt.

Schulz (2009) macht deutlich, dass Kindern mit Rechenschwierigkeiten häufig die Einsicht in die Zahlzerlegung und ein kardinales Verständnis von Zahlen fehlt. Hierbei bezieht er sich konkret auf die Zehnerbündelungen, sowohl von Einern als auch von Zehnern. Dieses fehlende Verständnis führt wiederum dazu, dass sie häufig nur zählende Rechenstrategien anwenden (Schulz, 2009, S. 1). In Bezug auf Arbeitsmittel fordert Schulz (2009, S. 3 ff.), dass unter anderem die Zehnerstruktur aufgrund des dezimalen Stellenwertsystems deutlich wird. Es wird allerdings nicht weiter auf den Zehnerübergang als solchen im Hinblick auf das dezimale Stellenwertsystem eingegangen.

Thiel (2014, S. 70 f.) geht im Zuge der Darstellung eines beispielhaften Materials für die Erarbeitung des Zehnerübergangs auf die dadurch geförderte Einsicht in das Stellenwertsystem ein. Diese soll durch ein strukturiertes Material, bei dem Rechnungen mit Hilfe des Teilschrittverfahrens gelöst werden, ermöglicht werden. Allerdings wird auch hier die Zehnerbündelung vor allem genutzt, um die Strategie des Teilschrittverfahrens zu erarbeiten. Zum

Zehnerübergang an sich legt Thiel (2014, S. 65 ff.) einen klaren Fokus auf mögliche Strategien zur Überwindung dieser Grenze, nicht auf ein Anbahnen des Stellenwertverständnisses.

Bei der von Schwank (2017) entwickelten Lern- und Spielwelt der Rechenwendeltreppe (siehe Abb. 2.1) wird der Zehnerübergang explizit thematisiert und behandelt sowie durch das Material hervorgehoben. Der erste Zahlenraum umfasst hierbei die Zahlen 0 bis 9, die Erweiterung dann den Zahlenraum 0 bis 19. Ein deutlicher Wechsel, umgesetzt mit Hilfe eines Innen- und Außenkreises, erfolgt zwischen der Neun und der Zehn, sodass der Zehnerübergang explizit behandelt wird. Zahlen größer als Neun werden durch die Hinzunahme der Kugelfarbe Grün unterteilt in zehn grüne und jeweils der Einerstelle entsprechende Anzahlen oranger Kugeln. Auf dieses Material wird im Zuge der Entwicklung des Lehr-Lernarrangements zum Zehnerübergang in Abschnitt 8.2.1 noch genauer eingegangen.

Abb. 2.1 Kleine Rechenwendeltreppe (u. a. Schwank, 2013a)

Da zum einen der Forschungsstand zum Zehnerübergang im Hinblick auf die Anbahnung eines dezimalen Stellenwertverständnisses sehr gering ist, zum anderen die große Perspektive des Stellenwertsystems als Rahmen für diese Dissertation geklärt werden muss, soll folgend der Forschungsstand zum Verständnis des dezimalen Stellenwertsystems genauer beleuchtet werden. In dem Zusammenhang nimmt Fromme (2017, S. 11) hinsichtlich der bestehenden Literatur eine Unterteilung in drei große Richtungen vor, zu denen Forschung existiert. Diese sind zunächst die Beschreibung und Entwicklung von Stellenwertverständnis, die Erforschung von Faktoren wie der Sprache oder dem Zahlwortsystem, die wiederum ihrerseits das Stellenwertverständnis beeinflussen sowie die Auswirkungen eines Stellenwertverständnisses auf das mathematische Verständnis. Daran wird sich nachfolgend orientiert.

2.2.3 Forschungsstand zum Verständnis des dezimalen Stellenwertsystems

Im Primarbereich führten unter anderem Hanich et al. (2001) konkrete empirische Forschungen mit 210 Zweitklässler*innen in Delaware / USA durch. Im Rahmen einer umfangreichen Studie zum grundlegenden mathematischen Verständnis von Schüler*innen mit mathematischen Schwierigkeiten werden insbesondere mögliche Unterschiede zwischen Schüler*innen mit zusätzlichen und ohne Lesestörungen erfasst. Inhaltliche Bereiche ihrer Studie sind grundlegende Rechenkompetenzen, Runden, Problemlösen, Stellenwerte und mehrstellige schriftliche Rechnungen (Hanich et al., 2001, S. 615). Für die vorliegende Dissertation ist der Bereich zu Stellenwerten – das Stellenwertverständnis – relevant. Die Aufgaben für diesen Bereich umfassen Zählen und Zahlidentifikation, wobei Anzahlen von Chips bestimmt und entsprechende Zahlwörter zu gezeigten Zahlzeichen genannt werden müssen. Darüber hinaus wird Stellenwertwissen insofern abgefragt, dass die Ziffern der Einer-, Zehner- oder Hunderterstelle zugeordnet werden müssen, und Stellenwertzusammenhänge, indem das Verständnis von Zahlen in der Standardzerlegung und der Nicht-Standardzerlegung erfasst wird. Für die Standardzerlegung soll zunächst die Ziffer an der Einerstelle mit Hilfe von Chips dargestellt werden und dann die Ziffer an der Zehnerstelle (bei der Zahl Sechzehn wären es zunächst sechs Chips für die Einer und dann zehn Chips für den einen Zehner). Für den Vergleich von Standardzerlegungen und Nicht-Standardzerlegungen werden Abbildungen zum einen mit Standardzerlegungen und zum anderen mit Nicht-Standardzerlegungen gezeigt. Auf beiden sollen die Schüler*innen angeben, wofür die einzelnen Ziffern eines Zahlzeichens in der konkreten Abbildung stehen. Eine dritte Teilaufgabe zum Aspekt ‚Stellenwert-zusammenhänge' fokussiert ausschließlich Nicht-Standardzerlegungen, indem beispielsweise die Zahl Sechsundzwanzig in der ikonischen Darstellung mit Hilfe von in Vierergruppen angeordneten Sternen repräsentiert wird. Die Schüler*innen sollen auch hier bestimmen, wofür die Ziffer 6 steht, die entsprechende Anzahl an Sternen einkreisen und im Folgenden angeben, wofür die Ziffer 2 steht und auch hierfür die entsprechende Anzahl an Sternen einkreisen (Hanich et al., 2001, S. 619 f.). Als Ergebnisse stellen die Autor*innen fest, dass in den Bereichen zum Zählen und zur Zahlidentifikation nur ein kleiner Anteil an Schüler*innen Schwierigkeiten aufweist; es zeigen sich fast ausschließlich Schwächen bei drei-stelligen Zahlzeichen (Hanich et al., 2001, S. 623). Anders fallen die Ergebnisse zu den Bereichen ‚Stellenwertwissen' und ‚Stellenwertzusammenhänge' aus. Hier zeigen besonders die Gruppe der Schüler*innen mit Rechenschwierigkeiten und noch stärker die der Schüler*innen mit Rechenschwierigkeiten und Lesestörun-gen deutliche Defizite. Aber auch Schüler*innen ohne Rechenschwierigkeiten und Lesestörungen erzielen nur geringe Werte mit korrekten Ergebnissen. Im Vergleich der Standard- und Nicht-Standardzerlegung können bei den Aufga-ben mit Standardzerlegung höhere Werte erreicht werden (Hanich et al., 2001, S. 623). Eine grundsätzliche Erkenntnis ist, dass Zweitklässler*innen im Bereich des Stellenwertverständnisses noch große Lücken aufweisen, die sich durch eine mögliche zusätzliche Lesestörung noch verschärfen können.

Ein anderes Forschungsinteresse haben Gervasoni und Sullivan (2007). Ihnen geht es um eine mögliche Gefährdung im Bereich des Zahlenlernens von Schüler*innen der ersten und zweiten Klasse. Diese erhoben sie anhand von Meilensteinen zur mathematischen Entwicklung, wobei ‚Stellenwerte' einen Teil-bereich dieser Entwicklung darstellen (Gervasoni & Sullivan, 2007, S. 43 f.). Für den Beginn des ersten Schuljahres besteht für diesen Teilbereich der Meilen-stein: „can read, write, order and interpret one digit numbers" (Gervasoni & Sullivan, 2007, S. 44), für den Start in der zweiten Klasse der Meilenstein: „can read, write, order and interpret two digit numbers" (Gervasoni & Sulli-van, 2007, S. 44). An ihrer Studie nahmen 1497 Schüler*innen der ersten Klasse und 1538 Schüler*innen der zweiten Klasse aus Schulen in Victoria / Austra-lien teil (Gervasoni & Sullivan, 2007, S. 43). Sie stellen fest, dass im ersten Schuljahr 10 % der Schüler*innen im Bereich des Stellenwertsystems deutli-che Schwächen zeigen und somit eine Vulnerabilität aufweisen. Im Vergleich zu den anderen drei Bereichen ‚Zählen', ‚Additions- und Subtraktionsstrategien' sowie ‚Multiplikations- und Divisionsstrategien' ist die Vulnerabilität im Bereich des Stellenwertverständnisses am geringsten. Dies ändert sich jedoch im zweiten

Schuljahr, in dem dieser Bereich mit 27 % die deutlich größte Vulnerabilität aufweist (Gervasoni & Sullivan, 2007, S. 45). Die Autor*innen schließen aus ihren Ergebnissen unter anderem, dass Interventionen und Förderungen möglichst früh einsetzen und besonders diese grundlegenden Inhalte als Basis für komplexe Themen und Sachverhalte ausgebildet werden sollten (Gervasoni & Sullivan, 2007, S. 47 f.).

Sowohl die Studie von Hanich et al. (2001) als auch die von Gervasoni und Sullivan (2007) zeigen mit ihren Ergebnissen auf, dass bereits in den ersten Jahrgangsstufen Hürden im Bereich des Stellenwertverständnisses auftreten können. Somit gilt danach, dass dieses möglichst früh ausgebildet werden und die Vermittlung des mathematischen Inhalts sehr sensibel erfolgen sollte. Insbesondere Schüler*innen, die mit zusätzlichen Herausforderungen wie einer Lesestörung umgehen müssen, welche unter anderem im Kontext von Hörschädigungen häufig vorzufinden ist (siehe Kapitel 4), bedürfen einer zielgerichteten Förderung. In diesem Sinne sollte der Zehnerübergang als erster Moment, in dem vom Stellenwertsystem Gebrauch gemacht wird, dafür genutzt werden, ein solches Verständnis von Anfang an anzubahnen und zu fördern.

Eine jahrgangsübergreifende Studie führten Cawley et al. (2007) durch. Sie stellen zunächst mit Hilfe unterschiedlicher Studien heraus, dass Schüler*innen häufig kein Verständnis des dezimalen Stellenwertsystems haben, obwohl sie zweistellige Zahlen identifizieren und in Zehnerschritten zählen können. Dieses Wissen ist dann oft nur auswendig gelernt und nicht mit einem tiefgründigen Verständnis dafür verbunden (Cawley et al., 2007, S. 24). Bei ihrer Studie untersuchten sie bei 128 Schüler*innen aller Altersklassen mit leichten Behinderungen die Entwicklung des Stellenwertverständnis (Cawley et al., 2007, S. 25 f.). Die nachfolgend aufgelisteten verwendeten Aufgabenformate orientieren sich dabei an dem von Ross (u. a. 1986; 1989; siehe auch Abschnitt 3.2) entwickelten hierarchischen Modell zum dezimalen Stellenwertverständnis:

– Aufgabe zum Zählen in Zehnerschritten
– Aufgabe zum effizienten Zählen durch Bündelungen
– Aufgabe zur Bedeutung der Stellen im Hinblick darauf, dass das Zahlzeichen die Anzahl der vorhandenen Elemente repräsentiert
– Aufgabe zur Anzahlerhaltung der Elemente bei anderer Aufteilung
– Aufgabe zum Zusammenhang der Ziffern an jeweiliger Stelle und der entsprechenden Anzahlen
– Aufgabe zum Stellenwertprinzip, dass jede Stelle einen bestimmten Wert impliziert (Cawley et al., 2007, S. 26 f.)

Die Autor*innen stellen fest, dass das Schulniveau der Hierarchie der möglichen Leistungsstufen der einzelnen Aufgaben entspricht und somit ältere Schüler*innen höhere Stufen erreichen. Eine Ausnahme zeigt sich bei Aufgaben zum effizienten Zählen und bei Aufgaben zur Anzahlerhaltung durch andere Bündelungen. Hier sind Schüler*innen der mittleren Altersklasse stärker als Schüler*innen der höheren Klassenstufen (Cawley et al., 2007, S. 27 f.). Cawley et al. (2007, S. 28 ff.) schlussfolgern aus ihren Ergebnissen, dass der Stellenwert wichtige und zu wenig genutzte Aspekte für die Arithmetik beinhaltet und verweisen besonders auf die vorzufindenden Lücken in der Vermittlung. Als Beispiel nennen sie unter anderem im Bereich „Place value and alternative algorythms" (Cawley et al., 2007, S. 29 f.) die größtenteils in der Praxis vorzufindende ausschließliche Anwendung eines festen Algorithmus, der bei der schriftlichen Addition und Subtraktion spaltenweise von rechts nach links durchgeführt wird. Um ein besseres Stellenwertverständnis auszubilden und vor allem eine konkrete Anwendung dessen zu fördern, wären Variationen dieses Algorithmus sinnvoller. Durch die unterschiedlichen Bearbeitungen einer Aufgabe und das Erfahren von Wechselbeziehungen kann ein tatsächliches Verständnis ausgebildet und nicht nur ein Auswendiglernen von Regeln gefördert werden (Cawley et al., 2007, S. 29 ff.).

Die alternative Herangehensweise der vorliegenden Dissertation zur Anbahnung eines Stellenwertverständnisses durch die Förderung des Zehnerübergangs soll an dieser Stelle ansetzen, indem durch einen anderen Förderfokus von traditionellen Förderansätzen abgewichen wird und neue Sichtweisen und Perspektiven sowie eine umfangreichere Grundlage zur Ausbildung eines Stellenwertverständnis für die Schüler*innen eröffnet werden.

Die folgenden dargestellten Studien beziehen sich auf ältere Jahrgangsstufen aus der Sekundarstufe I. Mit Hilfe eines Mathematiktests in der fünften und achten Klasse, in dem unter anderem Aufgaben zum Dezimalsystem enthalten sind, stellt Moser Opitz (2013, S. 201 ff.) fest, dass eben diese Aufgaben sowohl für rechenschwache Schüler*innen der fünften als auch der achten Klasse enorme Schwierigkeiten aufweisen. Konkrete Inhalte, die im Bereich des Dezimalsystems abgefragt werden, sind Aufgaben zum Bündeln, in denen man beliebig angeordnete Plättchen in Zehnerbündel sortiert, Aufgaben zum Zahlaufbau wie „Was bedeutet die 2 beziehungsweise die 3 in der Zahl 1234?" (Moser Opitz, 2013, S. 202), Aufgaben zum Entbündeln, zum Stellenwert wie zum Beispiel 3 T, 2 H, 0Z, 7E = 3207 und zu Größenbeziehungen, indem Zahlen am Zahlenstrahl angeordnet werden sollen. Als Ergebnis lässt sich festhalten, dass bereits die Aufgaben zum Bündeln lediglich von etwa 71 % der Fünftklässler*innen und von nur 75 % der Achtklässler*innen korrekt gelöst werden können. Moser Opitz

(2013, S. 201) selbst bewertet das Ergebnis als „erschreckend", da es sich eigent-
lich um Unterrichtsstoff der zweiten Klasse handelt und das Bündeln nach ihrem
Verständnis die Grundlage für das Stellenwertverständnis bildet. Die Aufgaben
zum Zahlaufbau werden mit etwa 80 % der Schüler*innen der fünften und achten
Klasse am besten gelöst, wohingegen Aufgaben zum Entbündeln und zum Stellenwert scheinbar eine besondere Herausforderung darstellen. Nur ca. 25 % der
Fünftklässler*innen und 18 % der Achtklässler*innen lösen die Aufgaben zum
Entbündeln und 19 % der Schüler*innen der fünften und 20 % der Schüler*innen
der achten Klasse die Aufgaben zum Stellenwert (Moser Opitz, 2013, S. 202).
Aus den Ergebnissen lassen sich große Defizite für Schüler*innen der fünften und
achten Klasse mit Rechenschwäche im Bereich des Dezimalsystems schlussfolgern, die sich innerhalb der drei Jahre auch nicht sehr verändern und vermutlich
starke Auswirkungen auf die anderen inhaltlichen Bereiche haben werden.

Ähnliche Ergebnisse erhält auch Freesemann (2014) anhand eines von ihr
selbst entwickelten Mathematiktests mit Inhalten der zweiten bis fünften Klasse
für die primäre Zielgruppe der Haupt- und Förderschüler*innen in der Sekundarstufe I. Der Test soll den mathematischen Basisstoff, wozu nach Freesemann
(2014, S. 2) unter anderem auch das Verständnis des Dezimalsystems zählt,
überprüfen und umfasst das gesamte Leistungsspektrum. Er dient als Messin-
strument für ihre Interventionsstudie (Freesemann, 2014, S. 134). Die Ergebnisse
des Mathematiktests zeigen, dass die Schüler*innen große Schwierigkeiten im
mathematischen Basisstoff aufweisen, auch nach der durchgeführten Intervention im Nachtest (Freesemann, 2014, S. 171 f.). Auf die Intervention wird
in Abschnitt 3.4 im Zuge der Darstellung des Entwicklungsstands zu Design-
Prinzipien sowie Lehr-Lernarrangements zur Förderung des Stellenwertverständnisses noch genauer eingegangen. Sie schließt daraus, dass „die Lücken im
Lernstoff der Grundschule innerhalb des 5. Schuljahres nicht ausreichend auf-
gearbeitet werden konnten" (Freesemann, 2014, S. 172). Bei der Betrachtung
individueller Lösungen zum Verständnis des dezimalen Stellenwertsystems stellt
Freesemann (2014, S. 176 f.) fest, dass vor der durchgeführten Intervention
teilweise noch kein Verständnis für das Stellenwertprinzip vorhanden ist. Beim
Eintragen einer Zahl in die Stellentafel werden die Stellenwerte nicht berücksichtigt. Nach der Intervention gelingt es zwar, allerdings treten hier Hürden
in der Notation der Zahl ohne Stellentafel, indem unter anderem die Ziffer 0
nicht berücksichtigt wird (Freesemann, 2014, S. 176 f.). Bei Aufgaben zum
Bündelungsprinzip weisen die Schüler*innen große Schwierigkeiten bei Nicht-
Standardzerlegungen auf. Vor allem die Übersetzung aus der Darstellung in der
Stellenwerttafel in das entsprechende Zahlzeichen stellt eine Hürde dar. Häufig
wird nicht korrekt gebündelt und die Anzahl der Punkte in der Stellenwerttafel

eins zu eins als Zahl für die jeweilige Stelle übernommen (Freesemann, 2014, S. 177 f.). Für die Vermittlung und Förderung der mathematischen Inhalte kann aus den Ergebnissen gefolgert werden, dass diese möglichst frühzeitig stattfinden müssen und dabei die mathematischen Hintergründe von Anfang an vertieft werden. Für das Verständnis des dezimalen Stellenwertsystems kann das bedeuten, dass bereits der Zehnerübergang entsprechend diesem System genutzt wird, um ein solches Verständnis anzubahnen.

Eine Studie zum Dezimalbruchverständnis bei Schüler*innen des sechsten Jahrgangs einer Realschule führte Heckmann (2006) durch. Anhand einer Teilaufgabe speziell zum Stellenwertverständnis wird dieses unabhängig analysiert. Der Fokus der Studie liegt zwar auf dem Umgang mit Nachkommastellen, dem liegt jedoch das grundlegende Stellenwertprinzip zugrunde und entspricht dem dortigen Jahrgangsniveau der sechsten Klasse (Heckmann, 2006, S. 329 ff.). Als Ergebnisse kann Heckmann (2006, S. 329 ff.) feststellen, dass die Schüler*innen große Lücken in diesem Bereich aufweisen. Mit Hilfe von Interviews mit den Schüler*innen über ihre Lösungen kann sie bei einzelnen Schüler*innen ein „gänzlich fehlendes Verständnis für den Begriff des Stellenwerts" (Heckmann, 2006, S. 332) ausmachen, da als Antwort zur Frage nach den Zehnteln und nach den Hundertsteln die gleiche Stelle angegeben wird. Auch im Rahmen dieser Studie wird deutlich, wie relevant und notwendig eine intensive und gute Förderung für das korrekte Ausbilden eines Stellenwertverständnisses ist (Heckmann, 2006, S. 331).

Mögliche Hürden und Einflussfaktoren für die Ausbildung eines Stellenwertverständnisses
Mögliche Hürden für die Ausbildung eines Stellenwertverständnisses sind nach verschiedenen Autor*innen unter anderem das Prinzip der fortgesetzten Bündelung und im Besonderen die Sprache. Im Hinblick auf das Prinzip der fortgesetzten Bündelung können Hürden entstehen, wenn die Zahlen nicht als Angaben zur Mächtigkeit einer Menge angesehen werden, was dem Kardinalzahlaspekt entspricht (siehe Abschnitt 2.1.1), sondern lediglich der ordinale Zahlaspekt betrachtet wird, nach dem Zahlen als „Elemente der Zahlwortreihe beziehungsweise Endpunkt einer Abzählsequenz verstanden werden" (Schulz, 2014, S. 167). In diesem Fall fällt die Zerlegung und damit das Teil-Ganzes-Konzept entsprechend schwer, da die Einsicht hierzu fehlt. Allerdings ist diese Hürde abhängig von der Perspektive auf und Herangehensweise an das dezimale Stellenwertsystem (siehe Abschnitt 2.2.1), da nicht zwangsläufig vom Bündelungsprinzip als zentrales Prinzip für ein Stellenwertverständnis ausgegangen werden muss. Unter anderem Schulz (2014, S. 167) erachtet das Prinzip der

fortgesetzten Bündelung als grundlegend für die Konstruktion des Stellenwert-systems, sodass in diesem Kontext Hürden im Hinblick auf die fortgesetzte Bündelung auftreten können.

Wie bereits in Abschnitt 2.2.1 zur Begriffsklärung des dezimalen Stellenwert-verständnisses dargelegt, wird ein Stellenwertverständnis oft als „*Zusammenspiel* [Hervorhebung v. Verf.] des Bündelungskonzepts, des Wissens um die Schreib-weise der Zahlen und der Zahlwortbildung" (Schulz, 2014, S. 152) angesehen. An dem Zitat wird deutlich, dass die Bildung der Zahlzeichen und der Zahlwörter eine weitere Grundlage darstellen. Diese wird jedoch besonders im deutschspra-chigen Raum erschwert, da die Zahlwörter keine einheitliche Regelmäßigkeit aufweisen. So sind die Zahlwörter zu den Zahlzeichen 11 und 12 eigene neue Begriffe ‚Elf' und ‚Zwölf', obwohl es sich nach Stellenwertkonstruktion ledig-lich um Zehn und Eins beziehungsweise Zehn und Zwei handelt. Eine nächste Schwierigkeit ist die im Vergleich zur Zahlschrift meistens inverse Sprechweise. So lautet das Zahlwort zum Zahlzeichen 27 nicht Zwanzigundsieben, sondern Siebenundzwanzig. Somit wird das Stellenwertprinzip nicht eins zu eins durch die Zahlwörter abgebildet (u. a. Schulz, 2014, S. 168 ff.). Mit Blick auf den ersten zu erlernenden Zahlenraum in der Schule, häufig bis 20, fällt zudem auf, dass zum einen bei den Zahlwörtern von Dreizehn bis Neunzehn das verbindende ‚und' zwischen der Einerziffer und der Zehnerziffer entfällt und zum anderen die Zehnerstelle nicht mit dem gesprochenen ‚zig' endet, sondern mit ‚zehn'. Somit bilden diese Zahlwörter eine zusätzliche Ausnahme der sonstigen Zahlwortbil-dung (Gaidoschik, 2010, S. 146; Schulz, 2014, S. 172 f.; Wartha & Schulz, 2019, S. 52 f.).

Im Hinblick auf die Zahlwortbildung stellen Miura et al. (1994) in ihrer Stu-die die Hypothese auf, dass Charakteristika des Zahlwortsystems die kognitive Zahlrepräsentation beeinflussen. Hierfür führten die Autor*innen Untersuchungen mit Erstklässler*innen in asiatischen und nicht-asiatischen Sprachräumen durch. Dabei weisen asiatische Sprachräume im Gegensatz zu den nicht-asiatischen die Besonderheit auf, dass in den Zahlwörtern das dekadische Stellenwertsystem berücksichtigt und ‚abgebildet' wird und somit eine transparente Zahlwortbil-dung besteht (Miura et al., 1994, S. 402 ff.). Inhaltlich wird ein Verständnis des dezimalen Stellenwertsystems mit Hilfe von symbolischen Zahldarstellungen beziehungsweise Zahlzeichen, zu denen das Zahlwort genannt werden soll, und materialgebundenen Zahldarstellungen mit Mehrsystemblöcken geprüft, indem das abgebildete Zahlzeichen mit Hilfe der Mehrsystemblöcke dargestellt wer-den soll (Miura et al., 1994, S. 405 f.). Mit ihren Ergebnissen zeigen sie eine Abhängigkeit zwischen der Zahlrepräsentation und der Struktur der Sprache und können einen Einfluss der Sprache auf die Zahlvorstellungen und Zahldarstellungen, beispielsweise am Material, ausmachen. Sie stellen fest, dass Schüler*innen aus asiatischen Sprachräumen Zahlen am Material dekadisch strukturiert darstellen, wohingegen Schüler*innen aus nicht-asiatischen Sprachräumen die Zahlen vorwiegend mit Einerwürfeln darstellen und damit nicht die dekadische Struktur zugrunde legen (Miura et al., 1994, S. 408 ff.). Sie schlussfolgern aus ihren Ergebnissen, dass Kinder aus dem asiatischen Raum über ein besseres Stellenwertverständnis verfügen als amerikanische, schwedische und französische, die den nicht-asiatischen Sprachraum repräsentieren (Miura et al., 1994, S. 406 ff.). Somit kann festgehalten werden, dass die Sprache und mit ihr die Zahlwortbildung einen zentralen Einfluss auf das Stellenwertverständnis ausübt. Auch Sun und Bartolini Bussi (2018, S. 40 / 43 f. / 47 f.) fassen zusammen, dass die Konstruktion der Sprache Einfluss auf das Stellenwertverständnis hat. Dabei betonen sie wie Miura et al. (1994), dass die chinesische Sprache das Stellenwertverständnis klar unterstützt, da unter anderem die Zahlwörter dem Dezimalsystem entsprechend in Zehner und Einer beispielsweise zerlegt werden. So wird außerdem die Teil-Ganzes-Struktur bereits mit der Sprache hervorgehoben (Sun & Bartolini Bussi, 2018, S. 51 f.).

Schäfer (2005, S. 77 f.) stellt im Zuge einer empirischen Studie eine Art Liste mit vier „Festlegungen beziehungsweise Regeln" (Schäfer, 2005, S. 77) auf, die Kinder für ein Zählen im Zahlenraum bis 99 im deutschsprachigen Raum lernen müssen: (1) die Zahlwörter bis Zwölf, (2) die Bildung der Zahlwörter bei Zehnerzahlen, (3) die besondere Bildung der Zahlwörter von Dreizehn bis Neunzehn – erst Einerzahl, dann Zehnerzahl, (4) die Zahlwortbildung für Zahlen, die größer Zwanzig sind – erst Einerzahl, ‚und' hinzufügen, dann Zehnerzahl. An diesen Regeln kann die Komplexität und damit die Schwierigkeit des Erlernens unseres Zahlsystems auf sprachlicher Ebene deutlich gemacht werden.

Dass Probleme in der Sprachverarbeitung oder ein nicht exaktes Hören grundsätzlich zu Schwierigkeiten mit mathematischen Inhalten beziehungsweise Prozessen führen können, legt Nolte (2009, S. 214 / 216 f.) dar. Sie weist darauf hin, dass gewisse Erkenntnisse bei der Sprachentwicklung im Hinblick auf mathematische Zusammenhänge gewonnen werden müssen. Hierzu zählt unter anderem das Erkennen von Strukturen bei Zahlwortkonstruktionen oder die situative Zuordnung von Zahlwörtern zu Objekten. Als Beispiel nennt Nolte (2009, S. 217): „‚zwei' Bälle sind es nur so lange, bis ein dritter hinzukommt. Der ‚Zweite' hingegen hat zwar den gleichen Wortstamm, bezieht sich aber inhaltlich auf nur ein Objekt". Die Herausforderungen lassen sich sicherlich auf die Konstruktion und das Verständnis des Stellenwertsystems übertragen, indem die Sprache und die Zahlwortbildung relevante Faktoren im Ausbilden eines Stellenwertverständnisses darzustellen scheinen.

Schulz (2014, S. 175 f.) führt zusätzlich zur eigentlichen Konstruktion des Zahlworts die Schwierigkeit des Lesens und Schreibens von Zahlen als Problematik auf. Dabei geht es darum, dass unter anderem in der Übersetzung von Zahlwörtern in ein Zahlzeichen Schwierigkeiten aufgrund der bereits genannten inversen Sprechweise auftreten können. So wird bei einem zweistelligen Zahlwort zum Beispiel zunächst die Einerstelle und dann die Zehnerstelle genannt, die Schreibrichtung jedoch verläuft entgegengesetzt und es wird erst die Ziffer an der Zehnerstelle, dann die an der Einerstelle notiert (u. a. Gaidoschik, 2010, S. 144 f.). Diese Schwierigkeit der deutschen Sprache führt bei Kindern häufig zu ‚Zahlendrehern' (u. a. Schipper et al., 2016, S. 20; Schulz, 2014, S. 177) bei der Notation von Zahlen, also bei Zahlzeichen. Das wird aus Ergebnissen zur Normierung des Bielefelder Rechentests für das zweite Schuljahr (BIRTE 2) deutlich (Schipper et al., 2016, S. 177 ff.).

Auch Zuber et al. (2009, S. 67) können in ihrer Studie mit österreichischen Erstklässler*innen nachweisen, dass es sich bei der Hälfte aller Fehler im Rahmen eines Zahlendiktats mit diktierten Zahlwörtern, welche von den Schüler*innen als Zahlzeichen transkodiert werden sollen, um Inversionsfehler handelt. Außerdem zeigt sich bei ihren Ergebnissen, dass die Veränderung des Abstraktionsgrads von Zahlwörtern hin zu Zahlzeichen, bei der sich der Stellenwert allein durch die Position einer Ziffer innerhalb des Zahlzeichens ergibt, eine hohe Fehlerquote mit sich bringt (Zuber et al., 2009, S. 68). Konkret benennen die Autor*innen diesen Fehlertyp als „additive composition" (Zuber et al., 2009, S. 66) und verstehen darunter beispielsweise, dass das Zahlwort Hundertzweiundsechzig als 10.062 übersetzt wird (Zuber et al., 2009, S. 66). Auch beim Lesen eines Zahlzeichens und damit der Übersetzung eines Zahlzeichens in ein Zahlwort kann dieser Aspekt erschwerend wirken (Schulz, 2014, S. 175 f.).

In ihrem Review stellen Klein et al. (2013) ebenfalls fest, dass die gegebenenfalls vorhandene Transparenz der Sprache, insbesondere die dem Stellenwertsystem entsprechende Reihenfolge der Ziffern, zum einen Einfluss auf die Transkodierung und Verwendung von Zahlwörtern zu haben scheint. Zum anderen scheint sie ebenfalls Einfluss auf Aufgaben zu haben, die an sich nicht auf Sprache basieren, wie der Zahlengrößenvergleich und die Verortungen von Zahlzeichen am Zahlenstrahl (Klein et al., 2013, S. 2 f.). Sie kommen zu dem Schluss, dass die Konstruktion der Sprache, die sich unter anderem wie bereits beschrieben im Deutschen als sehr komplex darstellt, die Zahlentwicklung bei Kindern beeinflusst, besonders im Hinblick auf das dezimale Stellenwertsystem (Klein et al., 2013, S. 4 f.).

Die unterschiedlichen Voraussetzungen aufgrund der Sprache und insbesondere bezogen auf die Zahlwortbildung lassen vermuten, dass die Ausbildung des Stellenwertverständnisses in Tempo und Art verschieden ist. Einen besonderen Einfluss haben dabei individuelle sprachliche Kompetenzen oder auch eine andere Muttersprache (Schulz, 2014, S. 174). Der Aspekt rückt vor allem vor dem Hintergrund von Hörschädigungen stärker in den Vordergrund, worauf in Kapitel 4 noch genauer eingegangen wird.

Schipper et al. (2016, S. 20) weisen zudem im Hinblick auf Zahlzeichen auf die Schwierigkeit des fehlenden „Kontrollmechanismus" (Schipper et al., 2016, S. 20) für die Reihenfolge der einzelnen Ziffern eines Zahlzeichens hin: Bei einer anderen Reihenfolge der Ziffern verändert sich der Zahlwert als solches zwar unter Umständen eklatant, allerdings wird dennoch eine sinnmachende Zahl beziehungsweise ein sinnhaftes Zahlzeichen dargestellt. Anders ist es in der Sprache. Hier ist der Fehler offensichtlich, wenn die Buchstaben eines Wortes in der falschen Reihenfolge von rechts nach links notiert sind. Somit fällt ein ‚Zahlendreher' nicht offensichtlich auf (Schipper et al., 2016, S. 20). Diese Hürde lässt sich insbesondere bei der Verknüpfung der Sprech- und Schreibweise verorten und kann somit das Ausbilden eines Stellenwertverständnisses beeinflussen.

Schipper et al. (2016, S. 19) nennen auch die fehlende Orientierung im Zahlenraum als eine Hürde für die Entwicklung eines Stellenwertverständnisses. Hierzu zählen sie unter anderem das sichere Vorwärts- und Rückwärtszählen, das Bestimmen des Vorgängers beziehungsweise Nachfolgers einer Zahl, das Ordnen von Zahlen nach ihrer Größe, das Erkennen und Nutzen von Aufgabenbeziehungen und das korrekte Schreiben und Lesen von zwei- oder mehrstelligen Zahlen (Schipper et al., 2016, S. 19). Diese Aspekte lassen sich insbesondere in der Vorbereitung der Ausbildung eines dezimalen Stellenwertverständnisses verorten und sollen deshalb für die vorliegende Dissertation besondere Berücksichtigung finden (siehe Kapitel 3).

Relevanz und Auswirkungen
Schipper et al. (2016, S. 10 f.) stellen im Zuge des von ihnen entwickelten Tests BIRTE 2 konkrete typische Fallbeispiele von Schüler*innen mit Schwierigkeiten im Mathematikunterricht dar. Daran wird deutlich, dass häufig große Lücken im Stellenwertverständnis vorliegen und dies auch bereits beim Zehnerübergang. Weiterhin erachten die Autoren ein eingeschränktes Stellenwertverständnis als Symptom für Rechenstörungen, da dessen Fehlen Folgen für die grundsätzliche Kompetenz des Zahlenrechnens, worunter Schipper et al. (2016, S. 18) „ein Rechnen mit Zahlen und ihren Bedeutungen" verstehen, hat. Schüler*innen mit einer Rechenschwäche in diesem Bereich verfügen daher nicht über operative

Rechenstrategien, stattdessen entwickeln sie „*Ausweichverfahren* [Hervorhebung v. Verf.]" (Schipper et al., 2016, S. 18). Hierunter fällt unter anderem, dass die Schüler*innen bei Additionsaufgaben auf Arbeitsmittel wie die Hundertertafel zurückgreifen und dort dann in Einerschritten den zweiten Summanden addieren beziehungsweise abzählen (Schipper et al., 2016, S. 18 f.). Auch das Ziffern-rechnen fällt den Autor*innen nach unter ein ‚Ausweichverfahren'. Hierunter verstehen sie das schlichte Addieren beziehungsweise Subtrahieren der einzel-nen Ziffern der gleichen Stelle. Somit fällt die Bedeutung der Ziffer im Hinblick auf das dezimale Stellenwertsystem weg. Wenn jedoch ein Zehnerübergang erfol-gen muss (Zehnerübergang, da der Ziffernvorrat die Zahlzeichen 0 bis 9 umfasst und somit bei einem Rechnen mit Ziffern lediglich ein Zehnerübergang anfal-len kann, nie ein höherer), wird den Schüler*innen das fehlende Verständnis für die verschiedenen Stellen und deren Zusammenhang jedoch zum Verhängnis, da oft lediglich die einzelnen Teilergebnisse aneinandergereiht aufgeschrieben werden. Bei der Subtraktion werden zudem häufig bei kleinerer Einerstelle des Minuenden als des Subtrahenden die beiden Ziffern vertauscht, um dann die Einerstelle des Minuenden von der Einerstelle des Subtrahenden abzuziehen (Schipper et al., 2016, S. 19). Als Grundlage für die Anwendung operativer Rechenstrategien sehen die Autoren die arithmetischen Basiskenntnisse, worunter sie unter anderem das „Auswendigwissen aller Zerlegungen der Zahlen bis 10", „das Auswendigwissen aller Verdoppelungs- und Halbierungsaufgaben bis 20" und „das Auswendigwissen aller Additions- und Subtraktionsaufgaben im Zah-lenraum bis 10" (Schipper et al., 2016, S. 19) zählen. Zwar ist ihres Erachtens nach die Art und Weise des Rechnens bei Aufgaben mit Zehnerübergang von besonderer Bedeutung, bei ihrer Darstellung der arithmetischen Basiskenntnisse lässt sich jedoch kritisch hinterfragen, ob bei diesen das Verständnis eher zweit-rangig ist. Dennoch wird deutlich, welche Relevanz und vor allem welche Folgen ein fehlendes Stellenwertverständnis, auch bereits beim Zehnerübergang, mit sich bringt.

Moeller et al. (2011) führten eine Studie zum Einfluss eines frühen Stellen-wertverständnisses auf die späteren arithmetischen Fähigkeiten durch (Moeller et al., 2011, S. 1841). Bei ihrer Längsschnittstudie untersuchten sie bei 94 österreichischen Schüler*innen am Ende der Klasse 1 die Kompetenzen in Transkodierungsaufgaben und im Größenvergleich von Zahlen. Als Transkodie-rungsaufgaben werden Zahldiktate von ein- bis dreistelligen Zahlen verwendet, sodass hier eine Übersetzungskompetenz vom Zahlwort in das Zahlzeichen geför-dert wird, bei Aufgaben zum Größenvergleich werden Zahlzeichen gezeigt, die verglichen werden sollen (Moeller et al., 2011, S. 1841 f.). Zwei Jahre später in der dritten Klasse wurde die Rechenkompetenz der Schüler*innen mit Hilfe von zweistelligen Additionsaufgaben, wobei die Hälfte der Aufgaben mit einem Übertrag gelöst werden müssen, überprüft (Moeller et al., 2011, S. 1842). Aus ihrer Längsschnittstudie schlussfolgern die Autor*innen, dass es einen Zusammenhang zwischen den grundlegenden numerischen Fähigkeiten im ersten Schuljahr und den mentalen arithmetischen Fähigkeiten im dritten Schuljahr gibt. So zeigen beispielsweise Schüler*innen, die bei Aufgaben zum Größenvergleich viele Fehler machen, auch bei den Additionsaufgaben im dritten Schuljahr eine erhöhte Fehlerquote (Moeller et al., 2011, S. 1844 f.). Die Autor*innen schließen daraus, dass das Verständnis des Dezimalsystems im ersten Schuljahr einen klaren Prädiktor für arithmetische Fähigkeiten in Klasse 3 darstellt (Moeller et al., 2011, S. 1846). Sie heben jedoch auch hervor, dass das Stellenwertverständnis lediglich einen wichtigen Vorläufer für den Umgang mit mehrstelligen Zahlen darstellt (Moeller et al., 2011, S. 1847).

Eine weitere Studie, die den Zusammenhang zwischen dem Stellenwertverständnis und arithmetischen Fähigkeiten in den Blick nimmt, wurde von Ho und Cheng (1997) mit 45 chinesischen Schüler*innen der ersten Klasse durchgeführt. Zudem untersuchten sie in diesem Zuge, ob eine Förderung des Stellenwertverständnisses die arithmetischen Kompetenzen von rechenschwachen Schüler*innen verbessert (Ho & Cheng, 1997, S. 496 f.). Mit Hilfe von zwei Kontrollgruppen, von denen eine aus Schüler*innen mit schwachen arithmetischen Leistungen bestand und die andere aus Schüler*innen mit guten arithmetischen Kompetenzen, wurde bei der dritten Gruppe, im Gegensatz zu den beiden Kontrollgruppen, eine Förderung durchgeführt (Ho & Cheng, 1997, S. 497). Diese beinhaltet in der ersten Sitzung zunächst ein mündliches Zählen beziehungsweise Abzählen von Objekten. In der zweiten Sitzung folgen Aufgaben zum Bündeln. Hierbei müssen die Schüler*innen Strohhalme in Zehnerbündel zusammenfassen und dann wiederum zehn Zehnerbündel in einem Glas sammeln. Mit den Strohhalmen wird im Anschluss ‚gerechnet‘, indem einzelne Strohhalme hinzukommen oder entfernt werden. Somit finden ein Bündeln, Entbündeln und Handeln mit den Objekten statt (Ho & Cheng, 1997, S. 498). In der folgenden dritten Sitzung wird die Zahlschrift ergänzt. Die Schüler*innen sollen für eine gewisse Anzahl an Objekten die entsprechende Zahlzeichenkarte auswählen. Das Besondere dabei ist, dass die einzelnen Stellen separat voneinander bestimmt werden. So wird zunächst das entsprechende Zahlzeichen für eine gewisse Anzahl an Zehnerbündeln benannt, zum Beispiel 20 für zwei Zehnerbündel, und danach das entsprechende Zahlzeichen für die einzelnen Objekte, zum Beispiel 3 einzelne Strohhalme. Dann werden beide Mengen vereint und ebenso die Zahlzeichenkarten übereinander geschoben, sodass ein neues Zahlzeichen entsteht, für das

Beispiel entsprechend 23. In der vierten Sitzung wird dies mit dreistelligen Zahlen durchgeführt. Die letzte Sitzung dient als grundsätzliche Wiederholung und Sicherung (Ho & Cheng, 1997, S. 498 f.). Als Ergebnisse können sie einen signifikanten Zusammenhang zwischen Stellenwertverständnis und Additions- und Subtraktionskompetenzen feststellen (Ho & Cheng, 1997, S. 499). Demnach beeinflusst das Stellenwertverständnis die arithmetischen Fähigkeiten. Zudem zeigen ihre Ergebnisse, dass durch die Förderung deutliche Verbesserungen im Stellenwertverständnis und bei Additionsaufgaben erzielt werden können. Daraus schließen die Autorinnen, dass die Förderung des Stellenwertverständnisses indirekt auch die Additionskompetenzen verbessert (Ho & Cheng, 1997, S. 500). Sie heben jedoch hervor, dass die Zahlwortstruktur Einflüsse auf das Stellenwertverständnis hat (Ho & Cheng, 1997, S. 503) und Fromme (2017, S. 35) stellt klar, dass diese Ergebnisse so nicht auf andere Zahlwortsysteme übertragbar sind. Die bereits dargestellte Studie von Miura et al. (1994) macht die individuellen Bedingungen zur Entwicklung des Stellenwertverständnis aufgrund der Zahlwortbildungen eben genau zwischen asiatischen und nicht-asiatischen Sprachräumen deutlich, sodass damit die Ansicht Frommes (2017) gestützt werden kann.

Einen anderen Fokus setzen Thompson und Bramald (2002), die mit ihrer Studie der Frage nachgehen, welcher Zusammenhang zwischen einem frühen Stellenwertverständnis und der Fähigkeit, mit zweistelligen Zahlen im Kopf zu rechnen, besteht (Thompson & Bramald, 2002, S. 2). Hierzu untersuchten sie bei 144 Schüler*innen der zweiten bis vierten Klasse mit verschiedenen Leistungsniveaus mit Hilfe von praktischen und schriftlichen abgestuften Aufgaben zunächst das Stellenwertverständnis. Es folgen zweistellige Aufgaben, die zunächst im Kopf gelöst werden sollen und zu denen die Schüler*innen im Anschluss ihre Lösungsstrategien erläutern sollen (Thompson & Bramald, 2002, S. 2 f.). Die Autoren stellen grundsätzlich fest, dass teilweise große Lücken im Stellenwertverständnis vorzufinden sind (Thompson & Bramald, 2002, S. 6 ff.). Beim Vergleich der zwei wichtigsten Aufgaben zum Stellenwertverständnis und der zentralen Aufgabe zum mentalen Rechnen zeigt sich, dass insgesamt lediglich die Hälfte der Schüler*innen, die die mentale Aufgabe korrekt lösen, auch die beiden Aufgaben zum Stellenwertverständnis erfolgreich bearbeiten. Dabei lässt sich erkennen, dass die erfolgreiche Bearbeitung bei höheren Jahrgängen zunimmt (Thompson & Bramald, 2002, S. 8 f.). Aus ihren Daten schlussfolgern die Autoren unter anderem, dass die Ausbildung eines Stellenwertverständnisses Zeit benötigt und gegebenenfalls erst in späteren Schuljahren voll ausgebildet ist. Sie plädieren daher für eine spätere Thematisierung und Bearbeitung der Idee des Stellenwertprinzips (Thompson & Bramald, 2002, S. 9 f. / 11). An dieser Stelle lässt sich jedoch kritisch hinterfragen, ob die Ausbildung eines Stellenwertverständnis nicht gerade diese lange Zeit benötigt und somit eine frühe Anbahnung dessen ausschlaggebend für die weitere Entwicklung ist. Unter Umständen wäre ohne die frühe Thematisierung des Stellenwertprinzips auch im vierten Schuljahr noch kein Stellenwertverständnis bei den Schüler*innen ausgebildet. Die Autoren schließen weiterhin aus ihren Ergebnissen, dass ein Unterschied zwischen dem *„quantity value* [Hervorhebung v. Verf.]" und dem *„column value* [Hervorhebung v. Verf.]" (Thompson & Bramald, 2002, S. 10) besteht. Darunter verstehen die Autoren, dass Schüler*innen häufig wissen, dass eine zweistellige Zahl, zum Beispiel 42, in vierzig und zwei aufgeteilt werden kann, ihnen jedoch nicht klar ist, dass es sich um vier Zehner und zwei Einer handelt (Thompson & Bramald, 2002, S. 10 f.). Im Hinblick auf eine zweistellige mentale Rechnung kann dies die Wirkung haben, dass sie trotz fehlendem Verständnis für die Bedeutung der einzelnen Stellen einer Zahl und damit letztendlich einem Stellenwertverständnis korrekt gelöst werden kann.

Hiebert und Wearne (1996) untersuchten im Rahmen einer Studie allgemein den Zusammenhang zwischen mathematischem Verständnis sowie Können bei Kindern mit dem Augenmerk auf Stellenwertverständnis und Additions- und Subtraktionsaufgaben. Dabei interessiert sie, welchen Einfluss unterschiedliche Arten von Instruktionen auf diesen Zusammenhang haben (Hiebert & Wearne, 1996, S. 251 / 253 f.). 72 Erstklässler*innen aus sechs Klassen einer Schule in der Mittelatlantik-Region der Vereinigten Staaten nahmen an der Studie teil, wobei vier Klassen und damit 48 Schüler*innen dieser Gruppe eine alternative Instruktion bezüglich des Stellenwertsystems und der mehrstelligen Addition und Subtraktion erhielten. Die restlichen 24 Schüler*innen, in zwei weiteren Klassen, bildeten die Kontrollgruppe und bekamen die konventionelle buchorientierte Instruktion. Die alternative Instruktion verlief über drei Jahre hinweg, wobei sich durch neue Zusammensetzungen der Klassen die genauen Schüler*innenanzahlen etwas veränderten. In der vierten Klasse wurden die Schüler*innen ausschließlich bewertet, es fand keine besondere Instruktion mehr statt (Hiebert & Wearne, 1996, S. 256). Im Rahmen der alternativen Instruktion werden verschiedene Aufgaben zum dezimalen Stellenwertsystem bearbeitet. Unter anderem beinhalten sie Aufgaben zum Bündeln, Entbündeln sowie zu verschiedenen Darstellungsformen. Zudem fordern sie zum Ausprobieren und Diskutieren unterschiedlicher Strategien und Materialien auf und lassen den Schüler*innen die Wahl des Rechenweges beim Lösen mehrstelliger Additions- und Subtraktionsaufgaben offen (Hiebert & Wearne, 1996, S. 257 f.). Als eine Beispielaufgabe für die alternative Instruktion beschreiben Hiebert und Wearne (1996, S. 258), dass die

Lehrperson beginnt, eine Geschichte zu erzählen, „perhaps about the produc-
tion of baseballs, with a daily total of 347. Students were asked to show the
amount with their base-10 blocks and then to show it another way" (Hiebert &
Wearne, 1996, S. 258). Bei der konventionellen Instruktion zum dezimalen Stellenwertsystem werden Aufgaben aus einem Arbeitsheft bearbeitet, bei denen
beispielsweise zu einer Anzahl an Zehnerblöcken die entsprechenden Zahlzeichen notiert und entschieden werden soll, welche Zahl größer oder kleiner als
die andere Zahl ist (Hiebert & Wearne, 1996, S. 259). Die Autor*innen können
zum Ende des dritten Schuljahres grundsätzlich einen Zusammenhang zwischen
der Art der Instruktion und dem Stellenwertverständnis der Lernenden feststellen
(Hiebert & Wearne, 1996, S. 263). Der Studie endsprechend führt die alternative
Instruktion verstärkt dazu, dass ein Verständnis des dezimalen Stellenwertsystems
mit Rechenfähigkeiten verknüpft wird und dieses auch für das Lösungsvorgehen
genutzt wird (Hiebert & Wearne, 1996, S. 271). Zudem erhöht die alternative
Instruktion das Verständnis für die Anwendung des dezimalen Stellenwertsystems
(Hiebert & Wearne, 1996, S. 272 ff.). Im Hinblick auf die schriftliche Addi-
tion können Schüler*innen mit einem Stellenwertverständnis die mathematischen
Begründungen zu Bündelungen im Algorithmus, die sie anwenden, angeben
(Hiebert & Wearne, 1996, S. 268). Hinsichtlich der Wirkung der alternativen
Instruktion auf die Rechenfähigkeiten bei mehrstelliger Addition beziehungsweise Subtraktion können Hiebert und Wearne (1996, S. 263 ff.) nach dem
ersten und zweiten Jahr keine signifikanten Unterschiede zwischen den Gruppen ausmachen, nach drei Jahren zeigen sich dann jedoch Auswirkungen. Somit
bestehen Effekte im Laufe der Zeit. Des Weiteren können die Autor*innen einen
Zusammenhang zwischen einem Stellenwertverständnis und der Anwendung
angemessener Strategien zur Addition beziehungsweise Subtraktion mehrstelliger Zahlen ausmachen (Hiebert & Wearne, 1996, S. 265 f.). Insgesamt schließen
Hiebert und Wearne (1996, S. 278 f.) aus ihren Ergebnissen, dass Schüler*innen
mit mathematischem Verständnis im Hinblick auf ein Stellenwertverständnis bei
unbekannten Aufgaben neue Strategien entwickeln beziehungsweise vorhandene
Strategien modifizieren können. Somit belegen sie einen Zusammenhang von
Stellenwertverständnis und Rechenfertigkeiten. Außerdem erleichtert ein Stellenwertverständnis das Verständnis von Recheninstruktionen, wie zum Beispiel
Algorithmen, und die inhaltliche Diskussion über Vorgehensweisen. Schließlich
schlussfolgern die Autor*innen aus ihren Ergebnissen, dass bei der alternativen
Instruktion, die eine intensive Förderung des Stellenwertverständnisses auch mit
Hilfe von Diskussionen anstrebt, das konzeptuelle Denken bei der Entwicklung
und Adaption von Rechenstrategien und -vorgehensweisen stärker berücksichtigt
und gefördert wird (Hiebert & Wearne, 1996, S. 279 f.). Einschränkend muss

an dieser Stelle ergänzt werden, dass sich die Gestaltung des Unterrichts in den letzten Jahren sehr verändert hat und somit die konventionelle Instruktion nicht mit der derzeit präferierten übereinstimmen muss. Dennoch zeigt diese Studie deutlich, welche Rolle ein Stellenwertverständnis für die grundsätzlichen Rechenkompetenzen einnimmt und welchen Einfluss auch die Art der Instruktion darauf nimmt.

Auch Carpenter et al. (1998) führten eine Längsschnittstudie zum Zusammenhang zwischen einem Verständnis des dezimalen Stellenwertsystems und dem Ausführen von Additions- und Subtraktionsaufgaben durch (Carpenter et al., 1998, S. 3). Hierzu interviewten sie 82 Schüler*innen zunächst im Winter der ersten Klasse und anschließend jeweils im Herbst und Frühling der zweiten und dritten Klasse (Carpenter et al., 1998, S. 7). Die Interviews enthalten Aufgaben zum Wissen über das dezimale Stellenwertsystem, zu Strategien zum Lösen von Additions- und Subtraktionstextaufgaben und Rechnungen, Aufgaben zur Fähigkeit, bestimmte erfundene Strategien konkret anzuwenden sowie zu Fähigkeiten, Additions- und Subtraktionsverfahren flexibel anzuwenden und zu erweitern (Carpenter et al., 1998, S. 8). Unter einer erfundenen Strategie, also einer „*invented strategy* [Hervorhebung v. Verf.]" (Carpenter et al., 1998, S. 4), verstehen die Autor*innen Strategien der Lernenden, die auf einer Verwendung von Material als Hilfe zur Zehnerbündelung beruhen. Da diese Unterstützung jedoch mit der Zeit nicht mehr benötigt wird, werden selbstständig diese Verfahren zur Addition und Subtraktion mehrstelliger Zahlen ohne tatsächliches Material entwickelt. Somit basieren die Strategien auf dem dezimalen Stellenwertsystem. Die dazugehörige Gegenkategorie der Autor*innen ist der Standard-algorithmus (Carpenter et al., 1998, S. 4 f.). Bezüglich der ‚invented strategies' stellen sich Carpenter et al. (1998, S. 5 f.) die Frage, ob sie erst mit einem Stellenwertverständnis entwickelt werden können oder ob diese selbst das Stellenwertverständnis ausbilden können. Die Aufgaben der Studie zum dezimalen Stellenwertsystem legen einen deutlichen Fokus auf das Bündelungsprinzip. Eine Aufgabe besteht unter anderem darin, die genaue Anzahl von Stöckchen, die bereits gebündelt sind, anzugeben und bei der Hinzugabe weiterer Zehnerbündel die neue Anzahl der Objekte ohne weiteres Abzählen zu nennen. Auch in den Textaufgaben wird das Stellenwertverständnis im Kontext von Bündelungen erhoben (Carpenter et al., 1998, S. 8). Mit ihrer Forschung können Carpenter et al. (1998, S. 14) im Hinblick auf das Stellenwertverständnis sowohl bei der Addition als auch bei der Subtraktion signifikante Unterschiede zwischen der Gruppe ‚invented strategies' und der Gruppe ‚algorithm' feststellen. Bereits zu Beginn der zweiten Klasse verfügen deutlich mehr Schüler*innen, die ‚invented strategies' anwenden, über ein Verständnis des dezimalen Stellenwertsystems und beim folgenden Messzeitpunkt im Frühling der zweiten Klasse weisen alle Schüler*innen dieser Gruppe ein Stellenwertverständnis auf, während ein Drittel der ‚algorithm group' dies noch nicht zeigt (Carpenter et al., 1998, S. 14). Somit können Carpenter et al. (1998, S. 15) einen Zusammenhang zwischen dem Einsatz von ‚invented strategies' und einem Stellenwertverständnis herausstellen. Sie schließen aus den Ergebnissen, dass die Gruppe der ‚invented strategies' bereits früher ein Stellenwertverständnis ausbildet als Schüler*innen, die den Standardalgorithmus anwenden. Allerdings lässt sich nicht klar bestimmen, ob für die Anwendung von ‚invented strategies' bereits ein gewisses Grundverständnis für das Stellenwertsystem vorhanden sein muss (Carpenter et al., 1998, S. 15). Im Hinblick auf fehlerhaft durchgeführte Algorithmen lässt sich aus den Ergebnissen der Studie erkennen, dass diese relativ unabhängig von den Lösungsstrategien sind; sie treten sowohl in der Gruppe der ‚invented strategies' auf, als auch in der ‚algorithm group'. Allerdings machen signifikant weniger Schüler*innen der Gruppe ‚invented strategies' mehr als einen Fehler beim Lösen der Aufgaben (Carpenter et al., 1998, S. 14 f.). Grundsätzlich zeigen die Ergebnisse der Studie, dass das Stellenwertverständnis für den Einsatz von ‚invented strategies' bereits in den ersten Jahrgangsstufen durchaus eine wichtige Rolle spielt.

Schmassmann (2009) stellt einen Zusammenhang zwischen den Inhalten der Primarstufe und Themen der weiterführenden Schule her. Das Erlernen und Vernetzen des Grundlagenwissens im Bereich Arithmetik mit den Untergebieten ‚Dezimalsystem, Zahlaufbau, Zahlenräume', ‚Grundoperationen', ‚Zählen, Anzahlerfassung, Zahlbeziehungen', ‚Größen und Sachrechnen' ist eine zentrale Grundlage für das erfolgreiche Mathematiklernen in der Sekundarstufe und ermöglicht einen Zugang beispielsweise zu Themengebieten wie Dezimalbrüchen, Größen und Runden (Schmassmann, 2009, S. 169). Mit ihrem Artikel weist sie auf den engen Zusammenhang des Basisstoffes in der Grundschule, zu dem auch der Aufbau des Stellenwertverständnisses zählt, und den Inhalten in der Sekundarstufe I hin (Schmassmann, 2009, S. 167 ff.). Diesen Zusammenhang kann auch Humbach (2009) mit ihrer Studie belegen. Sie stellt fest, dass eine eindeutige Korrelation zwischen arithmetischen Basiskenntnissen, zu denen das Verständnis des dekadischen Stellenwertsystems zählt, und Leistungen im Bereich der mathematischen Themen in der Sekundarstufe I besteht. Die Autorin schließt aus den Ergebnissen, dass „gute arithmetische Basiskenntnisse … eine *notwendige* [Hervorhebung v. Verf.], aber keineswegs *hinreichende* [Hervorhebung v. Verf.] Bedingung für tragfähige weiterführende schulmathematische Kenntnisse" (Humbach, 2009, S. 65) sind. Somit stellt sie klar, dass unter anderem das Stellenwertverständnis für die weitere schulische Laufbahn und ein mathematisches Verständnis grundlegend ist.

Konkret in der Altersklasse der Sekundarstufe führte Scherer (2009) in Deutschland eine Pilotstudie mit zwölf Schüler*innen aus dem fünften und sechsten Schuljahr einer Förderschule mit dem Förderschwerpunkt Lernen durch. Die Schüler*innen zeigen im Bereich ‚Zählen' Schwierigkeiten bei Übergängen wie zum Beispiel 100, 101, ..., wobei die Autorin auf die Möglichkeit der sprachlichen Barrieren hinweist. Es treten dabei häufiger Fehler bei größeren Zahlwerten und beim Rückwärtszählen auf (Scherer, 2009, S. 836). Die Zerlegung einer Zahl in die einzelnen Stellenwerte wird vom Großteil der Schüler*innen nicht von sich aus vorgenommen, nach Anregung lassen sich dabei jedoch unter anderem interessante Darstellungen für den jeweiligen Stellenwert finden, der nullmal vorhanden ist. Als Beispiele nennt Scherer (2009, S. 836): „$209 = 200 + 0 + 9$" oder „200, 00, 9". Grundsätzlich wird bei der Bestimmung von Zahlen, die in Stellenwerte zerlegt sind, häufig auf schriftliche Algorithmen zurückgegriffen, auch auf ikonischer Ebene mit Hilfe der Darstellung von zehn Objekten als Streifen und einzelne Punkte. Außerdem treten dabei gehäuft Fehler bei einer nicht dem Stellenwert entsprechenden Reihenfolge auf. Somit stellt Scherer (2009, S. 836 f.) grundsätzlich Schwierigkeiten fest, zwei oder drei Zahlen, die jeweils einem Stellenwert entsprechen, zusammenzufassen. Auch bei Additions- und Subtraktionsaufgaben nutzt ein Großteil der Schüler*innen den schriftlichen Algorithmus, bei dem sich jedoch häufig eine mechanische Anwendung mit fehlendem Verständnis für die Stellenwerte äußert, da lediglich ziffernweise gerechnet wird (Scherer, 2009, S. 837). Die Autorin zieht aus ihren Ergebnissen die Schlussfolgerung, dass korrekte Ergebnisse, besonders auch bei schriftlichen Rechnungen, ein tieferes Verständnis des dezimalen Stellenwertsystems vortäuschen können (Scherer, 2009, S. 837). Dieses kann im späteren Verlauf zu deutlichen Schwierigkeiten unter anderem bei eigentlich einfachen Rechnungen führen.

Eine Untersuchung, um im mathematischen Lernprozess typische Problembereiche und Hürden zu erfassen, führte Schäfer (2005, S. 31) mit 43 ‚rechenschwachen' Schüler*innen der fünften Klasse von 15 Hauptschulen in Baden-Württemberg durch. Als Aufgabe im Bereich ‚Verständnis zweistelliger Zahlen' soll eine Menge von bereits abgezählten Objekten in Zehner- und Einerportionen aufgeteilt werden. Die Aufgabenstellung hierzu lautet: „Wie viele Fächer werden voll, wenn in jedes Fach genau 10 dieser Plättchen, die du eben gezählt hast, gelegt werden?" (Schäfer, 2005, S. 92). Somit liegt der Fokus dieser Aufgabe klar auf dem Mengenaspekt und damit auf dem Bündelungsprinzip. Als Begründung für die Wahl dieser Aufgabe nennt Schäfer (2005, S. 93) das Erfassen des möglichen Verständnisses von einem Zehner-Teil und einem Einer-Teil einer zweistelligen Zahl. Sie weist darauf hin, dass dieses Verständnis bereits im ersten Schuljahr mit dem Zehnerübergang angebahnt und dann im zweiten

Schuljahr bei der Zahlraumerweiterung bis 100 vertieft wird. Die Ergebnisse der Studie bei dieser Aufgabe zeigen, dass knapp 21 % der Schüler*innen diese Aufgabe auch mit erster Hilfestellung nicht lösen. Die gezeigten Fehler lassen sich alle der Kategorie ‚Zahlverständnis' zuordnen (Schäfer, 2005, S. 99 f.), zu der als Unterkategorie unter anderem ‚Stellenwertfehler' und ‚Zahlendreher' zählen (Schäfer, 2005, S. 97). Somit wird deutlich, dass es sich spezifisch um Schwierigkeiten im Hinblick auf das Stellenwertsystem handelt. Bei Aufgaben zur Lernstandsanalyse der Addition werden über 50 % der Fehler der Fehlerkategorie ‚Zahlverständnis' zugeordnet, wobei hier verstärkt die Unterkategorien ‚Stellenwertverständnis', ‚Zahlauffassung' (Zahlendreher, Hörverständnisfehler), ‚Zahldarstellung' (Zahlwortbildung, Zahlschrift) sowie ‚Verlust der Orientierung' aufzufinden sind. Große Schwierigkeiten zeigen die Schüler*innen unter anderem besonders bei Additionsaufgaben mit Zehnerübergang (Schäfer, 2005, S. 287 / 294). Zu diesem Aufgabenpool zählen auch einstellige Additionen wie 7 + 6 (Schäfer, 2005, S. 268 f.). Im Bereich der Subtraktion können bei der Lernstandsanalyse nur 65 % der Schüler*innen die Aufgaben zum Bereich ‚Subtraktion mit Zehnerübergang' lösen. Sogar eine Subtraktionsaufgabe wie 13 − 7 wird nur von 86 % der Fünftklässler*innen korrekt gelöst. Die Fehler lassen sich nach Schäfer (2005, S. 306 f.) auch hier vor allem der Kategorie ‚Zahlverständnis' zuordnen. In dieser Studie zeigt sich, dass der Zehnerübergang im Hinblick auf das Stellenwertverständnis durchaus sehr relevant ist und seine Bedeutung auch für höhere Klassen und damit für die mathematische Entwicklung von Schüler*innen nicht unterschätzt werden sollte.

Die dargestellten Studien machen deutlich, welche Rolle ein Stellenwertverständnis insgesamt in der Entwicklung mathematischer Fähigkeiten einnimmt. Nicht ohne Grund sehen Prediger, Freesemann et al. (2013, S. 12 ff.) das Stellenwertverständnis als Verstehensgrundlage, worunter die Autor*innen Inhaltsbereiche verstehen, die für ein „verständiges Weiterlernen in der Arithmetik der Sekundarstufe" (Prediger, Freesemann et al., 2013, S. 12) nötig sind. Somit sehen sie die Förderung und Ausbildung eines dezimalen Stellenwertverständnisses als Grundvoraussetzung an, um auch in höheren Jahrgängen erfolgreich weiterlernen zu können (Prediger, Freesemann et al., 2013, S. 13 f.).

An dieser Annahme setzt die vorliegende Dissertation an, indem möglichst früh die Verstehensgrundlage des Stellenwertverständnis anhand des Zehnerübergangs gefördert wird.

2.2.4 Didaktische Überlegungen

Früher Beginn der Förderung
Um die Verstehensgrundlage des dezimalen Stellenwertverständnisses möglichst
für alle Schüler*innen ausbilden zu können, soll eine Förderung beziehungsweise
Anbahnung eines solchen Verständnisses im Rahmen der vorliegenden Dissertation möglichst früh in der schulischen Laufbahn ansetzen. Wie die Studienlage
zeigt, lassen sich zum einen bereits in den ersten Schuljahren Auswirkungen
eines fehlenden Stellenwertverständnisses auf andere Teilbereiche, wie arithmetische, feststellen. Zum anderen treten schon in den ersten Schuljahren Hürden
im Lernprozess des Stellenwertsystems auf beziehungsweise verstärkt sich die
Vulnerabilität in diesem Bereich (siehe Abschnitt 2.2.3). Aufgrund der frühen
Verortung der Förderung dieser Dissertation muss nach einer alternativen Herangehensweise als der Fokussierung des Bündelungsprinzips gesucht werden (siehe
Abschnitt 2.2.1), wodurch auch die üblicherweise vorausgesetzten Vorkennt-
nisse zum Teil-Ganzes-Verständnis weniger relevant sind und in den Hintergrund
rücken (hierzu weitere Ausführungen im Zuge der Strukturierung des dezimalen
Stellenwertverständnisses in Abschnitt 3.2).

Kardinales oder ordinales Zahlverständnis
Auch zu dieser Frage bestehen verschiedene Ansichten. Welches Zahlverständnis ist wichtiger beziehungsweise förderlicher für ein arithmetisches Verständnis?
Welches Zahlverständnis ist vor allem für das dezimale Stellenwertverständnis relevanter? Wie bereits in den vorherigen Abschnitten dargelegt wurde,
favorisieren einige Autor*innen den Bündelungsansatz im Hinblick auf das Stellenwertsystem. Dieser wiederum ist eng mit dem kardinalen Zahlverständnis
verknüpft. Es stehen Anzahlen von Elementen im Vordergrund und es geht um
Mengen und Teilmengen. Bereits im Zuge der Darstellung des Forschungsstands
zum Verständnis des dezimalen Stellenwertsystems (siehe Abschnitt 2.2.3) wird
beschrieben, dass ein fehlendes kardinales Verständnis als Hürde für ein Stellenwertverständnis angesehen wird, da es für die Einsicht in das Bündelungsprinzip
eine Voraussetzung darstellt. Weißhaupt und Peucker (2009, S. 72 f.) führen
verschiedene Autor*innen auf, die ein kardinales Zahlverständnis als zentralen
Lernabschnitt ansehen und die somit das ‚Anzahlverständnis‘, wie die Autorinnen es bezeichnen, als eine Entwicklungshürde im Vorschulalter anerkennen.
Auch sie sehen hier klare Folgen eines fehlenden Verständnisses im Hinblick
auf das Ausbilden eines Teil-Ganzes-Verständnisses und schreiben dem kardinalen Zahlverständnis zudem insgesamt eine bedeutendere Rolle als dem ordinalen
Zahlverständnis zu (Weißhaupt & Peucker, 2009, S. 72 f.).

Da nun in dieser Dissertation, wie in Abschnitt 2.2.1 zur Begriffsklärung des dezimalen Stellenwertverständnisses dargelegt, ein anderer Ansatz als der Bündelungsansatz, nämlich der prozessorientierte und Übergänge fokussierende Ansatz, verfolgt wird, hat dies zwangsläufig auch Auswirkungen auf die Frage, ob primär der kardinale oder der ordinale Zahlaspekt gefördert werden soll. Um eine Zahlraumstruktur und -erzeugung vermitteln zu können, soll bei dieser Dissertation vor allem auch das ordinale Zahlverständnis fokussiert und gefördert werden. Hinzu kommt, dass Dedekind (1965, S. 17) die natürlichen Zahlen auch als Ordinalzahlen bezeichnet, sodass auch aus mathematischer Sicht dieser Zahlaspekt besonders relevant ist (siehe Abschnitt 2.1.1) und somit die Entscheidung für die Ausbildung des ordinalen Zahlverständnisses als primäres Ziel schlüssig erscheint. Legitimieren lässt sich diese Wahl zudem mit Forschungen unter anderem von Brainerd (1979). Er kam bei seinen Untersuchungen zum Ursprung von Zahlkonzepten zu dem Schluss, dass der ordinale Zahlaspekt Grundlage für den Aufbau eines arithmetischen Verständnisses ist (Brainerd, 1979, S. 100). In diesem Zuge stellt er fest, dass sich ein Training der ordinalen Vorstellungen positiver auf ein arithmetisches Verständnis auswirkt als ein Training kardinaler Vorstellungen (Brainerd, 1979, Part II: The Development of Number). Auch Burscheid und Struve (2020, S. 130 ff.) bestätigen im Zuge ihrer Rekonstruktion des Theoriennetzes der Zahlaspekte die Position Brainerds (1979). Den Autoren nach existieren „kaum sachlogische Argumente ..., die eine Präferenz des kardinalen Aspekts stützen" (Burscheid & Struve, 2020, S. 141).

In einer Längsschnittstudie zur Vorhersage von Rechenleistungen in den ersten Schuljahren konnte Dornheim (2008, S. 355 ff.) feststellen, dass zahlbezogenes Vorwissen den bedeutsamsten Prädiktor darstellt, wohingegen konzeptuelles Mengenverständnis weniger relevant ist. Unter ‚Zahlen-Vorwissen' fasst Dornheim (2008, S. 283) das ‚Zählen und Abzählen', das ‚Anzahlen Erfassen' sowie das ‚Anwenden von Zahlen-Vorwissen', indem flexibel gezählt und gerechnet werden kann. Somit fällt unter diesen Prädiktor sowohl ein ordinales als auch ein kardinales Zahlverständnis, welche für die Rechenleistungen von Bedeutung sind. Allerdings lässt sich insbesondere aus der geringeren Relevanz des konzeptuellen Mengenverständnisses schließen, dass das ordinale Zahlverständnis keinesfalls dem kardinalen Zahlverständnis unterzuordnen ist.

Auch in Entwicklungsmodellen zu mathematischen Kompetenzen, wie zum Beispiel im Entwicklungsmodell von Fritz und Ricken (2008), wird die Ebene des ordinalen Zahlaspekts im Sinne eines mentalen Zahlenstrahls vor der Ebene des kardinalen Zahlaspekts verortet. Auf das alternative Entwicklungsmodell der

Zahl-Größen-Verknüpfung (ZGV-Modell) nach Krajewski (2013), bei dem ebenfalls die Zahlenfolge als Kompetenz vor der Verknüpfung von Zahlwörtern mit Größen eingeordnet ist, wird in Abschnitt 3.1.2 noch genauer eingegangen.

Auch im Hinblick auf Forschungen zu mathematischen Fähigkeiten bei Kindern mit einer Hörschädigung, die in Kapitel 4 genauer beleuchtet werden, zeigt sich ein Förderbedarf bezüglich des ordinalen Zahlaspekts.

Es ist darauf hinzuweisen, dass bei der vorliegenden Arbeit die Förderung des ordinalen Zahlverständnisses nicht gleichzusetzen ist mit der Förderung zählenden Rechnens. Vielmehr geht es um eine grundsätzliche Ausbildung mentaler Zahlvorstellungen im geringen Zahlenraum 0 bis 19, die nicht primär auf Mengenvorstellungen basieren, sondern auf einer Zahlraumorientierung und einem Zahlenkonstruktionssinn. Damit steht unter anderem das Bilden von Vorgänger- und Nachfolgerzahlen im Zentrum (siehe hierzu u. a. Schwank, 2018a, S. 1 f.).

Für die Entwicklung eines Lehr-Lernarrangements zum Zehnerübergang im Hinblick auf die Anbahnung eines Stellenwertverständnisses wird nun vorrangig das Ausbilden und Fördern eines ordinalen Zahlverständnisses in den Blick genommen. Gleichzeitig wird jedoch, unter anderem mit Rücksicht auf das didaktische Prinzip der Handlungsorientierung (siehe Abschnitt 5.2), auch der kardinale Zahlaspekt thematisiert. Es wird also die Möglichkeit der Fokussierung dieses Zahlaspektes und so den Schüler*innen Raum für eigene Erfahrungen und Erkenntnisse gegeben. Zudem können die Zahlaspekte in gewisser Weise miteinander verknüpft werden, indem vom kardinalen Zahlaspekt als statischer Zustand beziehungsweise als Darstellung einer Menge durch Anzahlen von Elementen ausgegangen wird und anhand dessen Nachfolger beziehungsweise Vorgänger gebildet werden, wodurch wiederum der ordinale Zahlaspekt in den Vordergrund rücken kann. Die Einbindung des ordinalen und kardinalen Zahlaspekts bietet überdies die Möglichkeit verschiedener Anschauungen mit und am Material, welche im Hinblick auf das didaktische Prinzip der Darstellungsvernetzung (siehe Abschnitt 5.1) relevant sind.

Prozess- oder Objektsicht
Bei der Übertragung des Ordinal- und Kardinalzahlaspekts auf mathematikdidaktische Settings und somit auf Handlungssituationen mit mathematikdidaktischem Material kann nach Schwank und Schwank (2015, S. 776) zwischen einer Objekt- und einer Prozesssicht unterschieden werden. Bei der Objektsicht liegt der Fokus auf den Objekten, mit denen gehandelt wird beziehungsweise die gezählt werden. Dabei muss jedoch immer das Problem bedacht werden, dass bei einem Hinzufügen von Objekten diese an einer anderen Stelle weggenommen werden. Somit handelt es sich an der einen Stelle um eine Addition, an der anderen

aber um eine Subtraktion, wodurch beide Mengen endlich sein müssen, was der unendlichen Menge der natürlichen Zahlen widerspricht (Jensen, 2016, S. 38 f.; Schwank & Schwank, 2015, S. 776). Die Prozesssicht hingegen fokussiert die Aktion des Zählprozesses. Beispielsweise führt ein*e Akteur*in eine Lern- und Spielwelt eine Bewegung durch, zum Beispiel Hüpfer, die den Prozess des Addierens oder Subtrahierens symbolisieren und damit das Vorwärtszählen oder Rückwärtszählen hervorheben (Schwank & Schwank, 2015, S. 776; siehe auch Zurnieden, 2020, S. 1077 ff.). Damit liegt mit der Handlung der Fokus auf dem zwei Zahlen verbindenden Prozess, der schließlich in einer Zahl als Ergebnis mündet. So spiegelt sich in der Prozesssicht das gezielte Erzeugen einer Ergebniszahl durch eine Handlung beziehungsweise ein Anwenden einer Vorschrift wider, was auch den Ordinalzahlaspekt nach Dedekind (1965, S. 5 ff.) bei den natürlichen Zahlen ausmacht (siehe Abschnitt 2.1.1). Mit Blick auf das didaktische Prinzip der Orientierung an mathematischen Grundideen (siehe Abschnitt 5.1) entspricht damit die Einnahme der Prozesssicht stärker dem mathematischen Kern der natürlichen Zahlen, der für diese Dissertation die Grundlage darstellt. Hinzu kommt, dass, wie bereits dargestellt und begründet, der Ordinalzahlaspekt im Fokus stehen und besonders gefördert werden soll. Auch der Übergänge fokussierenden Perspektive im Hinblick auf das dezimale Stellenwertsystem kann mit der Einnahme der Prozesssicht entsprochen werden, indem die Übergänge durch Prozesse aktiv erzeugt und darüber nachvollzogen werden. Deshalb wird bei dem zu entwickelnden Lehr-Lernarrangement insbesondere die Prozesssicht thematisiert. Deren Einnahme soll dabei nicht auf die enaktive und damit die handelnde Ebene beschränkt werden, sondern vielmehr auch auf ikonischer und symbolischer Ebene Berücksichtigung finden. Darüber hinaus soll die Fokussierung der Prozesssicht insbesondere auch in sprachlichen Formulierungen vorgenommen werden, wodurch eine Verknüpfung zum didaktischen Prinzip der Darstellungsvernetzung (siehe Abschnitt 5.1) herzustellen ist. Dem didaktischen Prinzip der Handlungs-orientierung entsprechend (siehe Abschnitt 5.2), wird insgesamt betont, dass immer die Einnahme sowohl der Prozess- als auch der Objektsicht ermöglicht werden und einen Gesprächsanlass bilden soll, sodass die Objektsicht als solche nicht ausgeschlossen wird. Stattdessen sollen über die Fokussierung der Prozesssicht neue Denkweisen angeregt und das mathematische Denken flexibler gestaltet werden, sodass den Herausforderungen des Stellenwertsystems unter Umständen leichter begegnet werden kann.

Rollen der Zahl Null

Dass die Rolle der Zahl Null auch aus mathematischer Sicht nicht klar zu bestimmen ist, wird bereits in Abschnitt 2.1.1 im Zuge der Darstellung der natürlichen Zahlen deutlich. Es besteht keine Einigkeit darin, ob die Null als Startelement der natürlichen Zahlen gilt oder die Eins. Diese Uneinigkeit spiegelt sich auch in der mathematikdidaktischen Auseinandersetzung wider. Häufig wird für den Anfangs- unterricht von einem Zahlenraum von 1 bis 10 beziehungsweise 1 bis 20 gesprochen (u. a. Becherer & Schulz, 2018). Auch Hasemann und Gasteiger (2020, S. 114) empfehlen, die Zahl Null nicht zu früh im Unterricht zu thematisieren, damit die Notwendigkeit dieser Zahl von den Schüler*innen selbst erkannt und angenommen werden kann. Im Gegensatz dazu präferieren Hefendehl-Hebeker und Schwank (2015, S. 98), wie bereits in Abschnitt 2.2.1 erläutert, den Zahlenraum 0 bis 9.

Insgesamt werden der Zahl Null verschiedene Rollen zugeordnet, die diese Zahl einnehmen kann. Padberg und Benz (2021, S. 67 f.) führen hierzu unter anderem die leere Menge im Hinblick auf den kardinalen Zahlaspekt auf. Dieses Verständnis stellt sich jedoch als nicht so leicht heraus, da man diese Menge nicht explizit mit Hilfe von Gegenständen zeigen kann, sondern sich dort eben gerade keine Elemente befinden. Die Zahl Null soll allerdings nicht als ‚Nichts‘ wahrgenommen, sondern als eigenständige Zahl begriffen werden (Hasemann & Gasteiger, 2020, S. 115). Im Kontext von Mengenzerlegungen kann die Null zudem die Rolle der Rechenzahl einnehmen, indem zu den jeweiligen Zerlegungen die entsprechende Rechnung festgehalten wird (Padberg & Benz, 2021, S. 69). Eine weitere Rolle nimmt die Zahl Null beim Rückwärtszählen oder beim typischen Countdown als Startsignal ein: Die Null wird als Zählzahl verwendet (Hasemann & Gasteiger, 2020, S. 113). Es wird darauf hingewiesen, dass grundsätzlich entsprechende Materialien und Vorgehensweisen bei Aufgaben im mathematischen Anfangsunterricht die Zahl Null explizit und intensiv behandeln und vor allem anbieten sollten und nicht davon ausgegangen werden darf, dass sie genauso ‚leicht begriffen‘ wird wie die anderen Zahlen (Hasemann & Gasteiger, 2020, S. 113 ff.).

In Mathematiklehrwerken wird die Zahl Null unterschiedlich intensiv erarbeitet. Exemplarisch soll an dieser Stelle auf zwei Mathematikbücher eingegangen werden, eine umfangreichere Betrachtung anderer Lehrwerke, unter anderem zum Gebrauch der Zahl Null, findet in Abschnitt 3.3 statt. Im Mathematikbuch *Zahlenzauber* wird die Zahl Null gleichwertig bearbeitet wie die anderen Zahlen, indem sie beispielsweise vom bearbeiteten Zahlenraum umfasst wird sowie häufig in Rechnungen enthalten ist (Betz et al., 2020, u. a. S. 4 f. / 8 / 10 f. / 18 f. / 29 ff.). Im Vergleich dazu wird im Mathematikbuch *Jo-Jo* der Zahlenraum 1 bis 10 gewählt und die Zahl Null gar nicht explizit thematisiert (Becherer & Schulz, 2018, S. 4 f. / 12 f.). Allerdings wird die Zahl Null bereits beim einfachen Addieren und Subtrahieren unter anderem als eigenständige Zahl zum Rechnen benötigt und, was im Kontext der vorliegenden Dissertation von besonderer Bedeutung ist, ein Verständnis dieser Zahl beziehungsweise Ziffer ist eine grundlegende Voraussetzung für das Stellenwertverständnis (Hefendehl-Hebeker & Schwank, 2015, S. 98; Padberg & Benz, 2021, S. 67 ff.; Schwank, 2011, S. 1170). In diesem Zuge weisen Schulz und Reinold (2017, S. 52 f.) auf den Gebrauch einer Stellenwert- beziehungsweise Sortierungstafel hin, mit deren Hilfe die fehlende Stelle innerhalb der Zahl hervorgehoben werden kann. Damit bekommt die Ziffer 0 die gleiche Funktion zugeschrieben wie die anderen Ziffern. Dennoch heben die Autoren hervor, dass der leere Platz explizit thematisiert werden muss, damit er beispielsweise nicht freigelassen wird. Da bei der vorliegenden Dissertation der Fokus auf den Übergängen und nicht auf Bündelungen liegen soll und auch der erarbeitete Zahlenraum sehr beschränkt ist, kann die Rolle der Null als Platzhalter außenvorgelassen werden. Dafür erhält sie als Ziffer innerhalb eines Zahlzeichens die gleiche Bedeutung und Relevanz wie die anderen Ziffern und muss für die Erzeugung von Zahlen ebenso berücksichtigt werden (siehe Abschnitt 2.2.1).

Aufgrund ihrer Bedeutung für das Stellenwertsystem wird für die vorliegende Arbeit die Null als Startelement gewählt und bei Aufgabenstellungen und Gesprächen während der Durchführung der Förderung im Besonderen berücksichtigt. Es wird angestrebt, den Umgang mit der Null von Anfang an zu fördern und so die Wahrnehmung einer besonderen Stellung dieser Zahl zu reduzieren. Hierbei soll unter anderem das didaktische Prinzip der Handlungsorientierung (siehe Abschnitt 5.2) greifen, um das individuelle Verhältnis zu der Zahl Null durch Handlungen und den Umgang mit der Zahl zu intensivieren und Diskussionen anzuregen.

Mögliche Schwierigkeiten
Die Schwierigkeiten, die bei der Vermittlung eines dezimalen Stellenwertverständnis auftreten können, sind größtenteils bereits in Abschnitt 2.2.3 im Zuge des Forschungsstands zum Verständnis des dezimalen Stellenwertsystems aufgeführt. Für die Erarbeitung des Zehnerübergangs im Rahmen eines Lehr-Lernarrangements sind dabei vor allem die inverse Sprechweise der Zahlwörter im Vergleich zu den Zahlzeichen als mögliche Schwierigkeit und besondere Lernetappe relevant. Insbesondere im Zahlenraum bis 20 gibt es einige Ausnahmefälle, wie Elf und Zwölf, und die Reihenfolge von Zehner und Einer beim Zahlwort stimmt nicht mit der Reihenfolge der Schreibweise der Ziffern des Zahlzeichens überein (u. a. Padberg & Benz, 2021, S. 82; Schulz, 2014, S. 147 ff.; siehe auch Abschnitt 2.2.3). Hinzu kommt, dass für Schüler*innen mit dem Förderbedarf Hören und Kommunikation unter Umständen

eine weitere Sprache, die Deutsche Gebärdensprache, oder zumindest unterstüt-
zende Gebärden im regulären Unterricht eingesetzt werden (siehe Kapitel 4).
Somit besteht für diese Zielgruppe ein besonderer Schweregrad im Erlernen der
Zusammenhänge von Zahlwort, Zahlzeichen und Zahlgebärde und schließlich der
Verknüpfung dieser Zahldarstellungen mit einer Zahlidee, die für alle Darstellungsformen das Ziel sein sollte. Lorenz (2016, S. 186) weist zudem auf die
Herausforderung der auditiven Speicherung von Informationen hin, die in gewissen Situationen im Unterricht gefordert wird. Hierzu kann unter anderem das
Ordnen oder Klassifizieren von Objekten nach gewissen Eigenschaften zählen,
aber auch das grundlegende Erlernen mathematischer Begriffe als neue Vokabeln
kann deutliche Schwierigkeiten darstellen. Hierbei handelt es sich zwar nicht um
eine spezifisch den Zehnerübergang beziehungsweise das dezimale Stellenwertsystem betreffende Schwierigkeit. Dennoch muss sie bei der Entwicklung eines
Lehr-Lernarrangements und der Gestaltung einer Förderung bedacht werden, insbesondere bei Schüler*innen mit dem Förderbedarf Hören und Kommunikation,
bei denen die auditive Wahrnehmung häufig eingeschränkt ist.

Eine weitere Schwierigkeit kann sich aus der Anforderung des Perspektiv-
wechsels zwischen Objekt- und Prozesssicht ergeben. Häufig werden in der
Schule, wie in Abschnitt 3.3 zur Bearbeitung des Zehnerübergangs sichtbar
wird, Aufgaben schwerpunktmäßig aus der Objektsicht heraus formuliert und
bearbeitet. Somit wird die Einnahme der Prozesssicht, wenn überhaupt, nur am
Rande gefördert. Das Einnehmen einer anderen beziehungsweise neuen Perspektive und vor allem ein Wechsel zwischen diesen beiden Sichten stellt eine große
Anforderung dar. Allerdings besteht an das geplante Lehr-Lern-arrangement wie
beschrieben eben dieser Anspruch, das Einnehmen beider Sichtweisen zu fördern.
Dabei wird berücksichtigt, dass Schüler*innen mit Hörschädigung insbeson-
dere im Bereich des ordinalen Zahlaspekts Schwierigkeiten aufweisen (siehe
Abschnitt 4.5), was unter Umständen auch zu Schwierigkeiten bei der Einnahme
der Prozesssicht führen kann. Schüler*innenorientiert soll an dieser Stelle den
Schwierigkeiten begegnet (siehe Abschnitt 5.2) und darüber das mathematische
Verständnis des Zahlenraums 0 bis 19 vertieft werden.

Strukturierung des Lerngegenstands 3

Im Kapitel zur Strukturierung sollen im Sinne der fachdidaktischen Entwicklungsforschung unter anderem die im Zuge der Spezifizierung herausgearbeiteten relevanten Aspekte zum Lerngegenstand in Relation gebracht und sequenziert werden (Hußmann & Prediger, 2016, S. 34 ff.). Hierzu wird zunächst die frühe Entwicklung eines Zahlverständnisses als Grundlage für ein Stellenwertverständnis genauer beleuchtet (Abschnitt 3.1). Somit findet eine Strukturierung des kleinen Zahlenraums statt. Daran schließt sich das Strukturieren der Entwicklung eines Stellenwertverständnisses an (Abschnitt 3.2). In den beiden folgenden Abschnitten werden sowohl verschiedene Mathematiklehrwerke hinsichtlich der Erarbeitung des Zehnerübergangs genauer untersucht (Abschnitt 3.3) als auch bereits entwickelte Design-Prinzipien sowie Lehr-Lernarrangements zur Förderung eines Stellenwertverständnisses (Abschnitt 3.4) beschrieben. Diese beiden Abschnitte sollen somit einen Einblick in gängige Herangehensweisen an den Zehnerübergang sowie vorhandene Fördermöglichkeiten des Stellenwertverständnisses geben. Auf Grundlage der in den verschiedenen Unterkapiteln herausgearbeiteten Strukturierungen beziehungsweise Herangehensweisen wird schließlich ein für die vorliegende Dissertation leitender intendierter Lernpfad erstellt (Abschnitt 3.5). Dem Verständnis der fachdidaktischen Entwicklungsforschung entsprechend bildet dieser das Ergebnis der chronologischen Verknüpfung der in der Spezifizierung und Strukturierung herausgearbeiteten Aspekte und Entwicklungen ab. Der intendierte Lernpfad umfasst dabei nicht nur einzelne Lernsequenzen, sondern zielt explizit auf längerfristige Lernprozesse ab (Hußmann & Prediger, 2016, S. 35 ff.; Pöhler, 2018, S. 37 f.). Dementsprechend setzt sich der in der vorliegenden Arbeit herausgearbeitete intendierte Lernpfad sowohl aus der Heranführung an den Zehnerübergang im Zahlenraum 0 bis 9 zusammen als auch aus dessen Erarbeitung und Anwendung (siehe Abschnitt 3.5). Er dient schließlich als Grundlage für die Entwicklung des Lehr-Lernarrangements

A.-K. Zurnieden, *Der Zehnerübergang zur Anbahnung eines Stellenwertverständnisses*, Kölner Beiträge zur Didaktik der Mathematik, https://doi.org/10.1007/978-3-658-44000-8_3

(Abschnitt 8.3), welches den herausgearbeiteten Lernpfad realisiert (Hußmann & Prediger, 2016, S. 38).

3.1   Strukturierung im kleinen Zahlenraum als Voraussetzung für ein Stellenwertverständnis

Da die vorliegende Dissertation im Zahlenraum von 0 bis 19 zu verorten ist und ein Stellenwertverständnis lediglich angebahnt werden soll, können die in der Literatur vorhandenen Modelle zur Ausbildung eines dezimalen Stellenwertverständnisses nur in geringem Maße als Grundlage für die Dissertation dienen. Vielmehr stehen das Ausbilden einer Zahlidee über eine Zahlraumorientierung als notwendige Grundlage für ein Stellenwertverständnis im Vordergrund, sodass über die Strukturierung des Stellenwertverständnisses (siehe Abschnitt 3.2) hinaus die grundlegende Zahlentwicklung und somit Modelle zur Zahlentwicklung betrachtet werden. Des Weiteren soll darüber eine Verortung des Forschungsvorhabens innerhalb der aktuellen Forschung erfolgen.

3.1.1   Allgemeine Entwicklung einer Zahlidee

Eine zentrale Voraussetzung für ein Anbahnen des dezimalen Stellenwertverständnisses stellt, insbesondere im geringen Zahlenraum, zunächst eine ausgebildete und umfassende Zahlidee beziehungsweise ein Zahlverständnis dar, worauf in diesem und den folgenden Abschnitten genauer eingegangen werden soll. Wenn dieses nicht vorliegt, kann nur schwer ein Verständnis für das komplexe System des Stellenwertes ausgebildet werden (u. a. Padberg & Benz, 2021, S. 73).

Hefendehl-Hebeker (2017, S. 172) beschreibt, dass die Zählhandlung als solche den Ursprung für die natürlichen Zahlen beziehungsweise unser Zahlensystem bildet. Dabei geht es zum einen um Anzahlen, zum anderen um Ordnungszahlen, wenn Objekte in einer bestimmten Reihenfolge gezählt werden. Gleichzeitig besteht eine feste Anordnung entsprechend der zeitlichen Reihenfolge des Zählens, durch die auch bestimmt werden kann, welche Zahl größer ist oder vielmehr einer größeren Anzahl an Elementen entspricht als eine andere beziehungsweise, aus ordinaler Sicht, welche Zahl sich unterhalb oder weiter links der anderen auf einem Zahlenstrahl befindet (Hefendehl-Hebeker, 2017, S. 172 f.). Allerdings muss die Frage gestellt werden, wie bei Schüler*innen ein solches grundlegendes Verständnis für natürliche Zahlen überhaupt erst ausgebildet werden kann und wie es sich entwickelt. Gerster (2009, S. 248 ff.) zeigt beispielhaft auf, welche Fehlvorstellungen bei Kindern entstehen können. Hierzu zählen unter anderem das Verständnis von Zahlen als Namen beziehungsweise Zuordnung zu Gegenständen. Somit wird bei der Subtraktionsaufgabe 12 − 12 das zwölfte Plättchen der Nummer Zwölf weggenommen, sodass das Ergebnis Elf lautet. Auch fehlende Vorstellungen zu Anzahlen, bei denen die Bestimmung von Anzahlen mit mehr als vier Elementen ausschließlich durch Abzählprozesse erfolgen kann, oder zum Bilden des Nachfolgers einer Zahl, indem dieser nur über die Abbildung durch Repräsentanten erzeugt werden kann, können bei Schüler*innen vorzufinden sein. Weiterhin kann der Vergleich von Mengen und damit ein Herstellen von Beziehungen zwischen Mengen mit Schwierigkeiten verbunden sein, indem ausschließlich die jeweilige Anzahl an Elementen angegeben wird. Auch das Erfassen des Teil-Ganzes-Konzepts, indem beispielsweise bei Subtraktionsaufgaben der Minuend nicht als Menge von Anzahlen wahrgenommen wird, die der Aufgabe entsprechend zerlegt werden kann, kann Schwierigkeiten hervorrufen (Gerster, 2009, S. 248 ff.).

Wie bereits in Abschnitt 2.2.3 im Zuge des Forschungsstands zum Verständnis des dezimalen Stellenwertsystems beschrieben, stellen die unterschiedlichen Zahldarstellungen eine zentrale Hürde bei der Entwicklung eines Stellenwertverständnisses dar und es wird aufgezeigt, wie komplex und verschieden die jeweiligen Zahldarstellungen sind. In diesem Sinne soll nun das von Schwank (2011, S. 1157) entwickelte Z^4-Modell (siehe Abb. 3.1) genauer beschrieben werden. Dabei handelt es sich um eine Erweiterung des *triple-code models* von Dehaene (1992, S. 30 ff.), um unter anderem die Differenzierung zwischen der externen und der internen Ebene stärker hervorzuheben.

Auf der externen Ebene können dabei verschiedene Repräsentationsformen verwendet werden, mit denen ‚Zahlidee bezogene Ereignisse' umgesetzt werden können. Auf der internen / externen Ebene wird zwischen dem ‚Zahlzeichen' und dem ‚Zahlwort' unterschieden (siehe Abb. 3.1). Hier bestehen und entstehen sowohl interne als auch externe Repräsentationen. Das reine Kennen und Reproduzieren von Zahlzeichen beziehungsweise Zahlwörtern muss noch nicht bedeuten, dass diese auch mit einem tiefgründigen Verständnis als interne Repräsenta-tionsform verknüpft sind, wodurch sich schließlich erst die Zahlidee, die interne Ebene, generieren lässt. Diese ist ausschließlich intern zu lokalisieren und ist nur sehr schwer zu messen oder zu erfassen. Letztendlich sollte jedoch das Ziel sein, dass Schüler*innen Zahlvorstellungen und -konstruktionen auf interner Ebene ausbilden können (Schwank, 2011, S. 1158). Das kann wiederum über Zahlidee bezogene Ereignisse gelingen. Eine mögliche Differenzierung auf dieser Ebene ist das EIS-Prinzip (**enaktiv, ikonisch, symbolisch**) nach Bruner (Schwank,

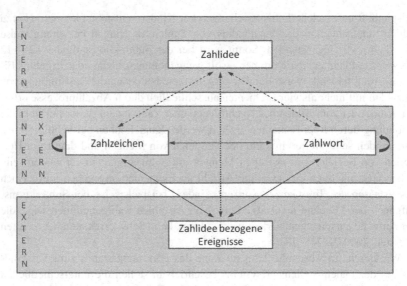

Abb. 3.1 Z^4-Modell (siehe Schwank, 2011, S. 1158; Schwank & Schwank, 2015, S. 774)

2008, S. 174). Die erste Darstellungsmöglichkeit ist die enaktive Repräsentationsform. Hierbei werden im Handeln mit Gegenständen mathematische Gedanken umgesetzt. Die zweite Möglichkeit ist die ikonische Darstellung, bei der die Inhalte durch Abbildungen bearbeitet werden. Bei der dritten, der symbolischen Darstellung, werden die Ideen ausschließlich durch Symbole wie beispielsweise Zahlzeichen erarbeitet (Bruner, 1974, S. 49; Schwank, 2008, S. 174; siehe auch Abschnitt 5.1). Grundsätzlich geht es bei der Komponente ,Zahlidee bezogene Ereignisse' des Z^4-Modells darum, eine Lernumgebung beziehungsweise Ereignisse zu schaffen, die eine Zahlidee ausbilden und fördern können (Schwank, 2011, S. 1158). Auch das dezimale Stellenwertsystem, konkret der Zehnerübergang, sind ein Teilaspekt der Zahlidee, sodass dieses Modell für die vorliegende Dissertation ebenfalls als Grundlage dient. Bezogen auf ein Verstehen des Zehnerübergangs beziehungsweise die Anbahnung eines dezimalen Stellenwertverständnisses bedeutet das, dass konkrete mathematische Lern- und Spielwelten oder vielmehr das zu entwickelnde Lehr-Lernarrangement, zu verorten auf der externen Ebene, von großer Bedeutung sind. Damit sollen mentale Vorstellungen auch auf interner Ebene ausgebildet werden. Einen Zugang zu den Lern- und Denkprozessen und damit der internen Ebene der Schüler*innen erhält man unter Voraussetzung diagnostischen Potenzials ebenfalls nur über die externe Ebene, sodass bei der Entwicklung des Lehr-Lernarrangements Möglichkeiten eröffnet werden müssen, die Rückschlüsse und Interpretationen zu den mentalen Zahlideen der Schüler*innen zulassen. Dabei spielt zum einen das didaktische Prinzip der Handlungsorientierung (siehe Abschnitt 5.2) eine zentrale Rolle. In Handlungen sowie Diskussionen und Gesprächen unter den Schüler*innen, aber auch im Dialog mit der Lehrkraft über Handlungen, können sich die Zahlideen der Schüler*innen zumindest in Ansätzen zeigen. Zum anderen übernimmt das Prinzip der Darstellungsvernetzung (siehe Abschnitt 5.1) eine wichtige Funktion, indem bei der Vernetzung von Ebenen unter Umständen durch sprachliche Erläuterungen mentale Vorstellungen offensichtlicher werden.

3.1.2 Entwicklung eines Zahlverständnisses: Zahl-Größen-Verknüpfung nach Krajewski

Als ein beispielhaftes Modell zur Zahlentwicklung soll das *Entwicklungsmodell zur Zahl-Größen-Verknüpfung (ZGV-Modell)* nach Krajewski (2013) genauer beleuchtet werden (siehe Abb. 3.2). Ein umfassendes Zahlverständnis wird hierbei als Prozess über drei Entwicklungsebenen beschrieben, bei dem zunehmend ein Zusammenhang zwischen Zahlwörtern, Mengen beziehungsweise Größen und Mengenrelationen beziehungsweise Größenrelationen hergestellt wird (Krajewski, 2013, S. 155).

Auf erster Ebene kann bereits eine Größenunterscheidung vorgenommen werden, indem eine Menge beziehungsweise Größe als kleiner / größer, viel / wenig etc. identifiziert werden kann. Sie findet allerdings noch ohne jeglichen Zahlbezug statt. Gleichzeitig werden die Zahlwörter erlernt beziehungsweise verwendet und können nach einer gewissen Zeit in der korrekten Zahlenfolge aufgesagt werden. Unter Umständen können die Zahlwörter auch bereits mit einem entsprechenden Zahlzeichen verbunden werden. Das Bewusstsein, dass diese Zahlen Größen beziehungsweise Mengen repräsentieren, ist noch nicht vorhanden. Die erste Kompetenzebene lässt sich im frühen Kindesalter verorten, wobei bei Zahlraumerweiterungen auch in höheren Jahrgangsstufen diese Ebene unter Umständen erneut präzisiert wird (Krajewski, 2013, S. 157).

Auf der zweiten Ebene ab dem Alter von durchschnittlich etwa drei Jahren bildet sich aus der Größenunterscheidung eine Größenrelation heraus, die jedoch immer noch ohne Zahlbezug ist. Es kann nun erfasst werden, dass Mengen in Teilmengen zerlegt und wieder zusammengefügt werden können. Es handelt sich somit um ein erstes Teil-Ganzes-Schema. Außerdem ist ein Bewusstsein für

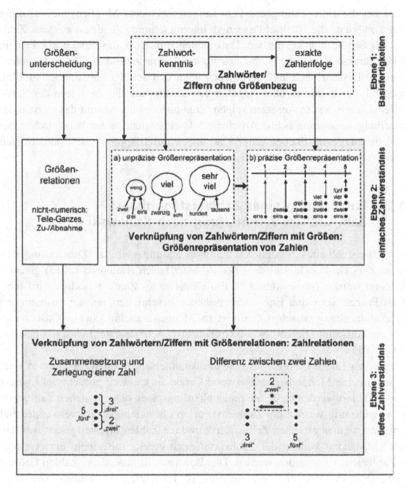

Abb. 3.2 Entwicklungsmodell der Zahl-Größen-Verknüpfung nach Krajewski (2013, S. 156)

die Mengeninvarianz vorhanden. Hierunter wird ein Verständnis darüber verstanden, dass sich eine Menge nicht verändert, wenn keine Elemente hinzugefügt oder weggenommen werden (Schneider et al., 2021, S. 32). Gleichzeitig entwickelt sich das Zahlverständnis insofern weiter, dass die bekannten Zahlwörter mit Mengen- beziehungsweise Größenrepräsentationen verbunden werden können. Diese Entwicklung unterteilt Krajewski (2013, S. 156 / 158) in zwei Phasen: „unpräzise Größenrepräsentation" und „präzise Größenrepräsentation" (Krajewski, 2013, S. 156). In der ersten Phase können Zahlwörter, unter Umständen aufgrund ihrer Position in der Zahlwortreihe, mit einer eher kleinen oder großen Menge verbunden werden. Bei aufeinander-folgenden Zahlen gelingt dies allerdings noch nicht. In der zweiten Phase findet dann eine präzise Zuordnung einer Menge zu einer Zahl statt. Somit wird bei diesem Entwicklungsschritt über ein Kardinalzahlkonzept verfügt und es können gezielt Mengen miteinander verglichen werden, indem eine Menge beziehungsweise Zahl als weniger oder mehr im Vergleich zu einer anderen Menge beziehungsweise Zahl eingeordnet wird (Krajewski, 2013, S. 158 f.). Krajewski (2013, S. 158 f.) weist darauf hin, dass auch diese Ebene bei Zahlraumerweiterungen erneut weiter ausdifferenziert werden muss und nennt in diesem Kontext explizit das dezimale Stellenwertverständnis. Sie erläutert in diesem Zuge, dass die einzelnen Ziffern einer mehrstelligen Zahl, abhängig von ihrer Position, verschiedene Mächtigkeiten repräsentieren. Erst bei einem ausgebildeten Verständnis für die präzise Größenrelation auch von mehrstelligen Zahlen im Hinblick auf das Stellenwertsystem kann ein „verständnisbasierte[r] Größenvergleich von Zahlen wie 518 und 581" (Krajewski, 2013, S. 158) stattfinden.

Auf der dritten Ebene, die etwa ab Schuleingang ausgebildet wird, können schließlich konkrete Zahlwörter mit Mengen- beziehungsweise Größenrelationen in Verbindung gebracht werden. Dazu zählt zum einen, dass sich eine Zahl als Repräsentation einer Anzahl an Elementen einer Menge in kleinere Zahlen beziehungsweise Teilmengen unterteilen lässt und diese auch wieder zusammengesetzt werden können. Somit können das Zerlegen und Zusammensetzen nun präzise mit Zahlen bestimmt werden. Es liegt also ein Teil-Ganzes-Schema auch für Zahlen vor. Zum anderen kann auf dieser Entwicklungsebene die Differenz zweier Zahlen präzise als Zahl angegeben werden (Krajewski, 2013, S. 159 f.).

Wie bereits beschrieben, weist Krajewski (2013) darauf hin, dass die dargestellten Entwicklungsstufen nicht jeweils endgültig abgeschlossen werden, sondern vielmehr im Laufe der Entwicklung noch weiter ausdifferenziert und unterschiedlich schnell durchlaufen werden. Da es sich bei der Erarbeitung des Zehnerübergangs im Hinblick auf die Anbahnung eines Stellenwertverständnisses um einen neuen mathematischen Input und somit um eine gewisse Erweiterung des bisherigen Wissens handelt, sollen die drei Kompetenzebenen des Modells in gewisser Weise auch innerhalb der vorliegenden Arbeit aufgegriffen werden. Zwar liegt der Fokus dabei nicht auf durch Anzahlen von Elementen abgebildeten Mengen, sondern auf Prozessen und damit den erzeugenden Handlungen, dennoch müssen auch diese Anzahlen der durchzuführenden Prozesse mit Zahl-wörtern beziehungsweise Zahlzeichen verknüpft und in Verbindung gebracht werden. Außerdem soll auch der Kardinalzahlaspekt beim entwickelten Lehr-Lernarrangement nicht gänzlich vernachlässigt werden (siehe Abschnitt 2.2.4), sodass schließlich ein möglichst tiefes Zahlverständnis mit der Kompetenz zu Zahlrelationen in dem geringen Zahlenraum 0 bis 9 erzielt werden soll. Da zunächst der Zahlenraum 0 bis 9 im Fokus steht und zu diesem bereits ein gewisses Zahlverständnis vorhanden sein sollte, wird beim Lehr-Lernarrangement nicht durchgehend die Reihenfolge der Ebenen entsprechend dem ZGV-Modell (Krajewski, 2013) eingehalten. Dennoch sollen die inhaltlichen Schwerpunkte der Zahlenfolge, bestehend aus Zahlwörtern und Zahlzeichen, der Größenrepräsenta-tion über die Objekt- und Prozesssicht und auch die Relationen in Verbindung mit Zahlwörtern und -zeichen, beispielsweise durch Partnerbeziehungen (hier zum Beispiel die Zahlen 3 und 13) im Hinblick auf die dezimale Struktur, aufgegrif-fen werden und als Orientierung unter anderem für den intendierten Lernpfad dienen.

3.1.3 Erste Schritte zur Anbahnung eines Stellenwertverständnisses

Zur spezifischeren Strukturierung des Zehnerübergangs und damit zur Weiter-führung des allgemeinen Modells zur Zahlentwicklung von Krajewski (2013) weisen Hefendehl-Hebeker und Schwank (2015, S. 98) auf die zentrale Bedeu-tung dieses Lernschritts hin (siehe Abschnitt 2.2.1). Vergleichbare Modelle für dessen Strukturierung, wie zum dezimalen Stellenwertverständnis, lassen sich in der Literatur jedoch nicht finden. Vielmehr stehen Rechenstrategien im Vorder-grund (siehe Abschnitt 2.2.2). Dennoch sollen an dieser Stelle noch einmal die ersten Tätigkeiten nach Fromme (2017, S. 57 ff.; siehe Abschnitt 2.2.2) und wei-tere inhaltlich relevante Aspekte im Hinblick auf eine mögliche Strukturierung aufgegriffen werden und eine Verbindung zum ZGV-Modell (Krajewski, 2013) hergestellt werden.

Als erste Tätigkeit nennt Fromme (2017, S. 57) das Zählen bis neun bezie-hungsweise zwölf. Hierunter fasst sie zum einen das Wissen und Anwenden der Zahlwortreihe, zum anderen aber auch das konkrete Abzählen von Objek-ten. Damit handelt es sich um Kompetenzen, die sowohl auf der ersten als auch auf der zweiten Ebene des ZGV-Modells zu verorten sind. Außerdem lässt sich innerhalb dieses Zahlbereichs noch einmal der Subitizing-Bereich abgren-zen. Clements (1999, S. 400) definiert es als „instantly seeing how many".

Grundsätzlich beschreibt er Subitizing als eine zentrale Kompetenz sowie einen wichtigen Faktor für die Entwicklung des Zahlensinns und arithmetischer Fähigkeiten (Clements, 1999, S. 401 f.). Er unterscheidet zwischen einem „Perceptual subitizing" und einem „Conceptual subitizing" (Clements, 1999, S. 401). Unter dem Erstgenannten versteht er das Erfassen von Mengen ohne jegliches erlernte mathematische Wissen. Der Zahlbereich für das ‚perceptual subitizing' umfasst nach verschiedenen Autor*innen bis zu vier Elemente (Lorenz, 2016, S. 18; Stangl, 2022; Weißhaupt & Peucker, 2009, S. 55). Beim ‚conceptual subitizing' hingegen wird auf das ‚perceptual subitizing' als Strategiegrundlage zurückgegriffen, sodass eine größere Anzahl an Elementen beispielsweise in Teilmengen unterteilt wird, die wiederum direkt erfasst werden können (Clements, 1999, S. 401).

Bei der Entwicklung des Lehr-Lernarrangements soll im Zuge der ersten Tätigkeit des Zählens bis neun beziehungsweise zwölf auch das Subitizing aufgegriffen werden, indem der Zahlenraum 0 bis 9 noch einmal unterteilt wird in einen Subitizingbereich, 0 bis 4, und den gesamten Zahlenraum 0 bis 9. Erst wenn in beiden Bereichen eine gute Orientierung vorhanden ist, soll dieser ausgeweitet werden auf den Zahlenraum 0 bis 19, der dann auch den Zehnerübergang beinhaltet.

Die Tätigkeit des Strukturierens (Fromme, 2017, S. 58) bezieht sich folgend auf das „Erkennen, Erstellen und Nutzen von Strukturen". Dieser Aspekt lässt sich um Ausführungen zu Nachbarschaftsbeziehungen und -strukturen ergänzen, welche für eine Zahlraumorientierung ebenfalls zentral sind. Sie können sich dabei sowohl auf Anzahlen von Elementen beziehen (Schwank, 2011, S. 1167 f.) als auch auf Prozesse und damit zum Beispiel erzeugende Handlungen (siehe Abschnitt 2.2.4). Über Nachbarschaftsbeziehungen können Zahlen „miteinander verknüpft und so der Zahlenkonstruktionssinn gestärkt" (Schwank, 2011, S. 1168) werden. Letztgenannter ist im Hinblick auf das dezimale Stellenwertsystem und damit auf das didaktische Prinzip ‚Orientierung an mathematischen Grundideen' (siehe Abschnitt 5.1) eine bedeutende Kompetenz, da das universelle Konstruktionsprinzip von Zahlen oder vielmehr Zahlzeichen, insbesondere von mehrstelligen (siehe Abschnitt 3.1.1), für eine umfassende Zahlidee durchdrungen werden muss. Die Strukturierung umfasst nach Fromme (2017, S. 58) auch das Strukturieren von Materialien entlang dezimaler Strukturen. So kann im Hinblick auf das Lehr-Lern-arrangement zum Zehnerübergang der Aspekt von Partnerbeziehungen dieser Tätigkeit zugeordnet werden, indem am Material die dezimale Struktur wiedererkannt wird. In Bezug zum ZGV-Modell ordnet Krajewski (2013, S. 157) zwar das Bilden von Vorgänger und Nachfolger einer Zahl der ersten Kompetenzebene zu. Allerdings steht an dieser Stelle noch nicht das gezielte Wissen der jeweiligen Bedeutung von $+1$ / -1 in Verknüpfung zu Mengen im Vordergrund, sondern es geht schlicht um die Zahlenfolge. Da es jedoch um konkrete Zahlrelationen mit Größen-, Zahlzeichen- und Zahlwortbezug geht, kann die Tätigkeit des Strukturierens im beschriebenen Verständnis vorwiegend auf der dritten Ebene eingeordnet werden.

Die dritte Tätigkeit zur Vorbereitung eines Stellenwertverständnisses, das Nutzen der Teil-Ganzes-Beziehung (Fromme, 2017, S. 58 f.), fokussiert die Fähigkeit, dass Mengen in Teilmengen zerlegt werden können. Auch diese Tätigkeit lässt sich im ZGV-Modell auf der dritten Ebene ansiedeln, da immer die numerischen Angaben von Mengen im Vordergrund stehen. Zu dieser Tätigkeit kann unter anderem das Zerlegen von Zahlen beziehungsweise Mengen in zehn Elemente und die jeweilige Menge restlicher Elemente zählen. Da bei der vorliegenden Arbeit der Fokus jedoch auf dem Ordinalzahl- aspekt liegt, wird diese Tätigkeit nicht durchgehend vordergründig thematisiert. Gleiches gilt für die vierte Tätigkeit, dem Bündeln (Fromme, 2017, S. 60), das im Rahmen des Lehr-Lernarrangements nicht erarbeitet wird. Das Bündeln lässt sich ebenfalls auf der dritten Ebene des ZGV-Modells verorten, wobei an dieser Stelle der Hinweis Krajewskis (2013, S. 158) berücksichtigt werden muss, dass diese Tätigkeit unter Umständen auf der zweiten Ebene noch einmal ausdifferenziert werden muss. Auf der zweiten Ebene kann beispielsweise zunächst ein reines Zählen von Bündeln stattfinden, die anschließend jedoch in Bezug zueinander gesetzt werden, wobei es sich dann um die dritte Ebene handelt.

Insgesamt lässt sich bei der Strukturierung der Tätigkeiten zur Vorbereitung des dezimalen Stellenwertverständnisses feststellen, dass insbesondere in den ersten Phasen die Fokussierung des Ordinalzahlaspekts eine Rolle spielen kann, indem unter anderem das Erzeugen von Vorgänger und Nachfolger sowie die Zahlkonstruktion bezüglich des dezimalen Stellenwertsystems relevant sind. Unter Berücksichtigung der Zielgruppe von Schüler*innen mit einer Hörschädigung (siehe Abschnitt 4.5 und 4.6) wird deshalb für eine stabile und vertiefte Grundlage bezüglich des Verständnisses vom Zehnerübergang eine Zahlraumorientierung mit dem Fokus auf ordinalen Zahlaspekten verfolgt (siehe Abschnitt 2.2.4). Da bei den letzten beiden Tätigkeiten nach Fromme (2017) primär die Bündelungsidee und letztendlich das Prinzip der fortgesetzten Bündelung anvisiert werden, rücken sie bei der Entwicklung eines Lehr-Lernarrangements zum Zehnerübergang eher in den Hintergrund.

3.2   Strukturierung des dezimalen Stellenwertverständnisses

In der vorliegenden Dissertation soll über die Erarbeitung des Zehnerübergangs ein dezimales Stellenwertverständnis angebahnt werden, sodass die Strukturierung im kleinen Zahlenraum und die Strukturierung des Stellenwertverständnisses ineinandergreifen. Deshalb muss im Hinblick auf die Erarbeitung eines intendierten Lernpfads auch letztere Strukturierung berücksichtigt werden. Da jedoch nicht der Anspruch besteht, ein voll umfassendes dezimales Stellenwertverständnis mit Hilfe des Lehr-Lern-arrangements auszubilden, wird lediglich ein kurzer Überblick über eine Auswahl an bestehenden Modellen zur Entwicklung des Stellenwertverständnisses und somit dessen Strukturierung gegeben.

Ross (1986, S. 34; 1989, S. 49) stellt beispielsweise das Erwerben des Stellenwertverständnisses in fünf aufeinander aufbauenden Stadien zur Interpretation zweistelliger Zahlen dar.

(1) Zunächst findet eine Anzahlbestimmung statt. Es wird verstanden, dass Zahlen eine Gesamtmenge repräsentieren. Dass der Position der einzelnen Ziffern innerhalb einer Zahl eine besondere Bedeutung zukommt, wird noch nicht erfasst.

(2) Im Stadium der Kennzeichnung der Stellenwerte kommt das Wissen hinzu, dass bei Zahlen die rechte Ziffer im Zahlzeichen die Anzahl der Einer angibt und die linke Ziffer für die Zehner steht. Allerdings kann noch kein Zusammenhang zur Menge der jeweiligen Ziffern hergestellt werden.

(3) Es folgt das Erkennen der Stellenwerte. In diesem Stadium können die einzelnen Ziffern als eigenständige Zahlen interpretiert werden, sodass bei der Arbeit mit Materialien die entsprechenden Gegenstände den jeweiligen Ziffern zugeordnet werden können, zum Beispiel Plättchen zur Einerziffer, Bündel zur Zehnerziffer. Dass ein Zehner jedoch aus zehn Einern besteht, wird noch nicht erfasst. Somit kann lediglich eine Standardzerlegung vorgenommen werden.

(4) Im Stadium der Einsicht in den Aufbau zweistelliger Zahlen entsteht das Wissen, dass die linke Ziffer einer Zahl die Anzahl an Zehnerbündeln angibt und die rechte Ziffer die übrigen Einer. Dieses Wissen ist allerdings noch nicht stabil.

(5) Erst im letzten Stadium mit vollständiger Einsicht besteht ein umfassendes Wissen zum Aufbau einer zweistelligen Zahl aus Zehnerbündeln und Einern und es können Mengen den einzelnen Stellen sicher zugeordnet werden.

Fuson et al. (1997, S. 130 f. / 138) arbeiten fünf Entwicklungsstufen heraus, die auf Erfahrungen verschiedener Forschungsprojekte zur Verringerung von Schwierigkeiten im Hinblick auf konzeptuelle Strukturen von mehrstelligen Zahlen durch neue Lehr- und Lernansätze basieren. Die Autor*innen sehen bei allen Entwicklungsstufen eine wechselseitige Beziehung von Zahlwort, Zahlzeichen und der entsprechenden Anzahl an Elementen (Fuson et al., 1997, S. 138). Damit lassen sich Parallelen zum triple-code model von Dehaene (1992, S. 30 ff.) und auch zum Z^4-Modell von Schwank (2011, S. 1158; siehe Abschnitt 3.1.1) feststellen, wobei die mentale Vorstellung einer Zahl durch die entsprechende Anzahl an Elementen im Z^4-Modell im Bereich der Zahlidee verortet ist.

Als grundlegende Voraussetzung für ein erfolgreiches Erlernen zweistelliger Zahlen sehen die Autor*innen einen gesicherten Zahlenraum bis 9. Die Zahlwörter und Zahlzeichen müssen bekannt sein und das Abzählen von entsprechend vielen Elementen beziehungsweise Zuordnen von Mengen zu einem Zahlwort oder Zahlzeichen darf keine Schwierigkeit mehr darstellen (Fuson et al., 1997, S. 138). Es muss erwähnt werden, dass sich die Untersuchungen der Autor*innen nicht auf den deutschsprachigen, sondern den englischsprachigen Raum beziehen, sodass gewisse sprachliche Unterschiede in der Zahlwortbildung vorzufinden sind, die sich wiederum auf die Entwicklung auswirken können (siehe Abschnitt 2.2.3). Die originären fünf Entwicklungsstufen sind folgende:

(1) *Unitary multidigit conception*: In dieser Stufe werden Zahlwörter, Zahlzeichen und eine Menge als feste Einheit aufgefasst, den einzelnen Ziffern wird dabei keine eigenständige Bedeutung beigemessen. Es kann noch keine Verknüpfung zwischen den Zahlzeichen und den entsprechenden Bedeutungen im Zahlwort hergestellt werden, bei dem Zahlzeichen 14 beispielsweise kann die Ziffer 1 nicht mit ‚Zehn' und die Ziffer 4 mit ‚Vier' im Zahlwort ‚Vierzehn' verknüpft werden (Fuson et al., 1997, S. 139 f.).

(2) *Decade and ones conception*: Hier kann zwischen Zehnern und Einern unterschieden werden. Allerdings findet noch keine Gliederung innerhalb der Zehner statt, vielmehr werden sie als Einheit erfasst. Somit können an dieser Stelle schnell Fehler beim Zahlzeichen entstehen, indem für das Zahlwort ‚Siebenundvierzig' beispielsweise bekannt ist, dass es sich in ‚Vierzig' und ‚Sieben' unterteilen lässt und somit mit dem Zahlzeichen 407 verknüpft wird (Fuson et al., 1997, S. 139 ff.).

(3) *Sequence-tens and ones conception*: Beim Erreichen dieser Entwicklungsphase können Zehner als gegliederte Menge aufgefasst werden. Dafür müssen ein Zählen in Zehnerschritten beherrscht und Mengen als in Zehnerbündel

gegliedert wahrgenommen werden, die wiederum abgezählt und der entsprechenden Ziffer im Zahlzeichen zugeordnet werden können. Die Einer werden durch Weiterzählen hinzugefügt (Fuson et al., 1997, S. 139 / 141).

(4) *Separate-tens and ones conception*: Hier werden Zehner als Bündelungen erfasst. So können ganze Bündel und nicht nur jedes einzelne Element abgezählt werden. Zehner und Einer werden dabei als zwei verschiedene Einheiten aufgefasst. Die Autor*innen weisen an der Stelle explizit darauf hin, dass diese Entwicklungsphase durch die europäischen Sprachen mit ihren Zahlwörtern nicht unterstützt wird, da im Zahlwort selbst die Einheit ‚Zehner‘ nicht mit genannt wird (Fuson et al., 1997, S. 140 ff.).

(5) *Integrated sequence-separate tens conception*: Mit Erreichen dieser Entwicklungsstufe sind Kinder in der Lage, zwischen den beiden vorigen Stufen hin- und herzuwechseln. Sie können in allen drei Repräsentationsformen – Zahlzeichen, Zahlwort und Menge – die Zehner als Einheit von Zehnerbündeln sowie als Menge von zehn Elementen wahrnehmen und diese der entsprechenden Ziffer und dem entsprechenden Wort zuordnen (Fuson et al., 1997, S. 140 ff.).

Die Autor*innen merken an, dass diese Entwicklungsstufen nicht von allen Kindern in gleicher Weise und Reihenfolge durchlaufen werden. Dies hängt vielmehr von individuellen Erfahrungen und von der Vermittlung im Unterricht ab (Fuson et al., 1997, S. 143). Im Rahmen des Modells zeichnet sich noch einmal die bereits in Abschnitt 2.2.3 dargestellte Herausforderung der Zahlwortbildung im deutschsprachigen Raum und dessen Einfluss auf die Ausbildung eines Stellenwertverständnisses ab.

Ein deutlich gröber gegliedertes Modell zum dezimalen Zahlverständnis entwickelte Resnick (1983). Sie bettet dieses in eine Theorie zur Entwicklung des Zahlverständnisses ein, bei der sie dabei auf die Vorschulzeit, die frühe Schulzeit und die spätere Grundschulzeit eingeht, wobei die Entwicklung eines Dezimalverständnisses in der späteren Grundschulzeit eingeordnet ist. Nach Resnicks (1983, S. 110 ff.) Theorie verfügen Kinder im Vorschulalter über die Zahlvorstellung eines mentalen Zahlenstrahls, welcher sowohl zur Bestimmung einer Menge durch Zählen als auch zum Vergleich zweier Mengen genutzt wird. Dabei besteht das Wissen, dass spätere Zahlen, also Zahlen, die auf dem mentalen Zahlenstrahl an späterer Stelle stehen, größer sind als die früheren Zahlen. Dies beschränkt sich jedoch auf einen kleinen Zahlenraum (Resnick, 1983, S. 111 ff.). In der frühen Grundschulzeit wird dieses Konzept weiterentwickelt und es bildet sich ein Teil-Ganzes-Konzept aus, sodass zu diesem Zeitpunkt Zahlen als eine Zusammensetzung aus anderen Zahlen aufgefasst werden können (Resnick,

1983, S. 114 f.). Das dezimale Zahlverständnis wird nun als Weiterentwicklung des Teil-Ganzes-Konzepts aufgefasst, wobei sich zweistellige Zahlen aus
Zehnern und Einern zusammensetzen (Resnick, 1983, S. 126). An dieser Stelle
muss darauf hingewiesen werden, dass Resnicks (1983) Modell vorwiegend auf
empirischen Erhebungen mit Materialien basiert, die den kardinalen Zahlaspekt
widerspiegeln. Zudem spielen Zahlzeichen erst im letzten Stadium eine zentrale
Rolle, bis zu diesem Zeitpunkt liegt der Fokus auf Zahlwörtern und deren Darstellung als Menge. Das Modell zum dezimalen Stellenwertverständnis besteht
aus drei Stadien (Resnick, 1983, S. 127 ff.):

(1) *Unique Partitioning of Multidigit Numbers*: Bei diesem neuen Stadium des
    Zahlverständnisses werden Zahlen als eine Zusammensetzung aus Einern
    und Zehnern aufgefasst, die mit Hilfe einer Zahlenstrahlvorstellung repräsentiert werden. Dabei wird auf einem Zahlenstrahl in Einerschritten, auf
    dem anderen in Zehnerschritten gezählt, sodass ein Teil der Zahlzusammensetzung (konkret die Zehnerziffer) ein Vielfaches von Zehn ist (Resnick,
    1983, S. 127 f.). Aufgrund der Zahlenstrahlrepräsentation überwiegt bei diesem Stadium das ordinale Zahlverständnis, es steht die Nachfolgerbildung
    durch „next-by-one" beziehungsweise „next-by-ten" (Resnick, 1983, S. 127)
    im Vordergrund. Dieses dezimale Zahlverständnis liegt nach Resnick (1983,
    S. 127) primär im Zuge der verbalen und mentalen Zählstruktur vor und kann
    noch nicht auf weitere Zahldarstellungen, wie das Bestimmen großer Anzahlen an Elementen oder das Gruppieren von Einern in Zehner, angewendet
    werden.
(2) *Multiple Partitionings of Multidigit Numbers*: In diesem Stadium kommt
    das Wissen hinzu, dass eine Zahl beziehungsweise vielmehr eine Menge
    sowohl in die durch die Zahlschrift festgelegte Standardzerlegung als auch in
    Nicht-Standardzerlegungen zerlegt werden kann. Dies ist auch als kardinale
    Zahldarstellung möglich. Grundlage hierfür ist wiederum das Teil-Ganzes-
    Konzept, durch das diese verschiedenen Zerlegungsmöglichkeiten begründbar
    sind (Resnick, 1983, S. 136). Das Wissen um Nicht-Standardzerlegungen bildet die Basis für schriftliches Rechnen, aber bereits bei Subtraktionsaufgaben
    mit Materialien wie den Mehrsystemblöcken müssen Entbündelungsprozesse
    vorgenommen werden. Diese geschehen zunächst durch Erfahrungen und
    eigenes Ausprobieren, indem zum Beispiel durch Auszählen die Gleichmächtigkeit zweier Mengendarstellungen festgestellt wird (Resnick, 1983,
    S. 136 f.). Im weiteren Entwicklungsverlauf wird dann über das sichere
    Wissen verfügt, dass ein Eintauschen von zehn Einern in einen Zehner beispielsweise die Gesamtmenge nicht verändert und dieser Austausch somit
    problemlos möglich ist (Resnick, 1983, S. 137 f.).

(3) *Application of Part-Whole to Written Arithmetic*: Hier kann nun das Wissen über Zahlzerlegungen aus Stadium (2) auch auf schriftliche Arithmetik angewendet werden. Das Teil-Ganzes-Konzept kann im Zuge von schriftlichen Rechenverfahren für die Vorgehensweise des Borgens und Übertragens genutzt werden (Resnick, 1983, S. 138 ff.).

Bei den dargestellten Entwicklungsmodellen zum dezimalen Stellenwertverständnis stehen die Prinzipien des Stellenwertsystems, insbesondere das Bündelungsprinzip, im Vordergrund. Somit wird auch das kardinale Zahlverständnis priorisiert. Ein weiteres Kompetenzmodell zum Stellenwertverständnis, welches im deutschsprachigen Raum empirisch geprüft wurde, stammt von Herzog et al. (2017, S. 279 ff.). Die Autor*innen differenzieren zwischen fünf Stufen:

(0) *Vorniveau: Zahlen ohne Stellenwerte*: Hier werden die einzelnen Ziffern und ihre Stellenwerte in Zahlen nicht wahrgenommen. Zahlen stellen auf diesem Niveau unzerlegbare Einheiten dar (Herzog et al., 2017, S. 279 f.).

(1) *Stellenwerte erkennen*: Es ist unter anderem das Wissen vorhanden, dass sich Zahlen aus einzelnen Ziffern zusammensetzen und deren Position ihren jeweiligen Stellenwert angibt. Im Zahlenraum bis 100 können sie die Stellen im Zahlzeichen korrekt zeigen und im Zahlenraum bis 1000000 die jeweiligen Stellen zumindest benennen. Darüber hinaus können Zahlen verglichen sowie über die Angaben zur Anzahl der jeweiligen Stellenwerte konstruiert werden unter der Voraussetzung, dass keine Null enthalten ist. Auch Additionen bis Tausend ohne Zehnerübergang können durch stellenweises Addieren gelöst werden (Herzog et al., 2017, S. 279 ff.).

(2) *Bündeln und Entbündeln bis 100 mit Visualisierung*: Auf diesem Niveau kann eine „Relation von Zehner und Einer" (Herzog et al., 2017, S. 280) im Zahlenraum bis 100 hergestellt und anhand von Visualisierungen ein Bündeln und Entbündeln umgesetzt werden. Damit einher geht auch die Fähigkeit, nicht-kanonische Bündelungen wahrzunehmen. Nun können außerdem die entsprechenden Stellen im Zahlzeichen ohne Zahlraumbegrenzung angezeigt werden. Bezüglich der Addition ohne Zehnerübergang besteht ebenfalls keine Zahlraumbegrenzung mehr, Subtraktionsaufgaben ohne Zehnerübergang sowie Additionsaufgaben mit Zehnerübergang hingegen können im Zahlenraum bis 100 gelöst werden (Herzog et al., 2017, S. 280 f.).

(3) *Bündeln und Entbündeln bis 100 ohne Visualisierung*: Hier ist keine unterstützende Visualisierung mehr notwendig, die dekadische Bündelungsstruktur kann für Teil-Ganzes-Beziehungen genutzt werden und „die Bündeleinheiten

werden als gleichabständige Strukturierung des Zahlenraums wahrgenommen" (Herzog et al., 2017, S. 280). Für Subtraktionsaufgaben mit Zehnerübergang besteht noch eine Zahlraumbegrenzung bis 1000, wohingegen Additionsaufgaben mit und Subtraktionsaufgaben ohne Zehnerübergang für alle Zahlen gelingen können (Herzog et al., 2017, S. 280 f.).

(4) *Bündeln und Entbündeln über 100*: Auch im erweiterten Zahlenraum werden Zusammenhänge der Bündeleinheiten erfasst und es kann mit nicht-kanonischen Bündelungen gearbeitet werden. Die Ziffer 0 kann auf dem Niveau als Platzhalter für das Vorhandensein von null Bündeleinheiten eingesetzt werden. Weder für Additions- noch für Subtraktionsaufgaben mit Zehnerübergang bestehen noch Zahlraumbegrenzungen (Herzog et al., 2017, S. 280 f.).

Damit fokussiert auch dieses Modell im Kontext des Stellenwertverständnisses primär die Bündelungskompetenz und deren Entwicklung, wobei die Autor*innen darauf hinweisen, dass für die Ausbildung eines umfangreichen Stellenwertverständnisses ordinale und kardinale Zahlaspekte verknüpft werden müssen. Auffallend bei dem Modell ist, dass es explizit einen größeren Zahlenraum als bis 100 aufgreift, auf die Zahlwortbildung allerdings nicht explizit eingegangen wird.

Insgesamt muss darauf hingewiesen werden, dass die Modelle die vollständige Entwicklung eines Stellenwertverständnisses abbilden und sich somit alle auf einen größeren Zahlenraum als den für die vorliegende Dissertation fokussierten beziehen. Sie sind damit bezüglich des Lernprozesses nach der Förderung des Zehnerübergangs anzusiedeln. Deshalb sollen vor allem jeweils die ersten Entwicklungsebenen genauer betrachtet werden. Diese sind zum einen die Anzahlbestimmung von Elementen (Fuson et al., 1997; Ross, 1986; 1989), wobei von einem gesicherten Zahlenraum bis 9 ausgegangen wird (Fuson et al., 1997, S. 138). Zum anderen entwickelt sich die bereits vorhandene Vorstellung eines mentalen Zahlenstrahls und damit des ordinalen Zahlaspekts weiter, sodass mehrstellige Zahlen als Zusammensetzung von Zehnern und Einern entlang eines Zahlenstrahls aufgefasst werden (Resnick, 1983). Somit werden insbesondere die erste und zweite Ebene nach Krajewski (2013) aufgegriffen, was ihrer Aussage entspricht, dass die Ebenen zur Zahlentwicklung für eine Zahlraumerweiterung jeweils erneut ausdifferenziert werden müssen (siehe Abschnitt 3.1.2). Für die vorliegende Dissertation dienen die dargestellten Inhaltsbereiche der ersten Ebenen der Entwicklungsmodelle zum Stellenwertverständnis als Zielperspektive, sodass mit Hilfe der Förderung anhand des Lehr-Lernarrangements eine gesicherte Grundlage für die jeweilige Entwicklung des Stellenwertverständnisses ausgebildet werden soll.

3.3 Der Zehnerübergang in verschiedenen Mathematiklehrwerken

Für eine Zusammenstellung der klassischen Aufgabentypen beziehungsweise Arbeitsmaterialien zum Zehnerübergang und dem dezimalen Stellenwertsystem im Zahlenraum 0 bis 19 wurden verschiedene Schulbücher analysiert. Im Folgenden sollen die dort zu findenden Aufgaben der Bücher jeweils kurz aufgezeigt werden. Für einen erleichternden Überblick über die chronologische Heranführung an den Zehnerübergang in der Addition und der Subtraktion werden die verschiedenen Aufgabenschwerpunkte des jeweiligen Mathematiklehrwerkes tabellarisch aufgeführt. Hierbei handelt es sich um eine Auswahl an dargestellten Seiten mit Blick auf den Zehnerübergang.

eins-zwei-drei. Mathematik – Cornelsen (2015)
Bei diesem Mathematikbuch handelt es sich um ein Buch, welches im Besonderen die sprachlichen Hürden zum Mathematiklernen erörtert und die Sprachkompetenz fördert (Cornelsen Verlag, 2023a). Hierzu lassen sich unter anderem immer am unteren Rand der Seite Hinweise für die Sprechweise finden (Demirel et al., 2015a; 2015b). Da die Sprache auch im Förderschwerpunkt Hören und Kommunikation eine wichtige Rolle spielt (siehe Kapitel 4), soll die Art und Weise, in der in diesem Buch der Zehnerübergang erarbeitet wird, vorgestellt werden.

Das Lehrwerk für die erste Klasse ist in zwei eigenständige Arbeitsbücher (Teil A und Teil B) aufgeteilt, wobei Teil A den Zahlenraum bis 10 und Teil B den Zahlenraum bis 20 umfasst. Der Zehnerübergang als solcher wird somit erst in Teil B speziell thematisiert. Als Hinführung hierzu bearbeiten die Schüler*innen auf den Seiten davor bereits Aufgaben, die den Zehner überschreiten, bei denen es sich allerdings immer um spezielle Aufgabentypen handelt. Dies sind zunächst Plusaufgaben mit Zehn (Demirel et al., 2015b, S. 12 f.), die mit Hilfe eines Zwanzigerfelds dargestellt werden. Auch Partneraufgaben zu einer einstelligen Rechnung im Einerbereich sollen bereits auf vorderen Seiten berechnet werden, zum Beispiel $6 + 2 = 8$ / $16 + 2 = 18$. . Damit wird immer beim ersten Summanden ein Zehner hinzugefügt, der sich dann auch im Ergebnis wiederfinden lässt (Demirel et al., 2015b, S. 32 f.). Die gleiche Bearbeitung findet auch im Vorhinein für den Zehnerübergang bei Subtraktionsaufgaben statt (Demirel et al., 2015b, S. 66 f.). Des Weiteren werden bereits vor der eigentlichen Einführung des Zehnerübergangs Verdopplungsaufgaben bearbeitet. Auch diese überschreiten den Zehner. Die Aufgaben werden mit ikonischen Darstellungen von Quadraten (strukturierte Legeweise), deren Anzahl mit Hilfe eines Spiegels

verdoppelt werden soll, bearbeitet. Für die Lösung können die Quadrate aus-
gezählt und das entsprechende Zahlzeichen beziehungsweise die entsprechende
Rechnung notiert werden (Demirel et al., 2015b, S. 34 f.). Vor dem Zehnerübergang durch Subtraktion lassen sich keine ähnlichen Aufgaben finden. Die
entsprechenden Halbierungsaufgaben werden erst im Anschluss daran bearbeitet
(Demirel et al., 2015b, S. 70). Auch Nachbaraufgaben werden lediglich vor dem
Zehnerübergang durch Addition erarbeitet. Bei diesen sollen Aufgaben berechnet
werden, bei denen entweder der erste oder der zweite Summand um eins erhöht
beziehungsweise verringert wird (Demirel et al., 2015b, S. 38 f.). Der Zehnerübergang als solches wird dann anhand von Additionsaufgaben thematisiert. Dabei
werden die einzelnen Summanden mit Hilfe von roten beziehungsweise blauen
Plättchen und Streifen (für fünf vorhandene Plättchen) dargestellt, wobei jeweils
die Fünferstreifen und die einzelnen Plättchen in rot und blau übereinandergelegt
werden. Daraus soll dann das Ergebnis abgelesen werden. Der entsprechende
Hinweis zur sprachlichen Begleitung lautet „Ich lege 8 als 5 und 3. Ich lege 6
als 5 und 1. 5 und 5 sind 10. 3 und 1 sind 4. Also 14" (Demirel et al., 2015b,
S. 40). Als didaktische Information wird empfohlen, die „Zahl quasi von hinten
nach vorne lesen [zu] lassen" (Demirel et al., 2015b, S. 40). Weiterhin sollen
die Schüler*innen dann mit Hilfe des Zwanzigerfelds den ersten Summanden
auffüllen und dann die restlichen Plättchen in die untere Zeile legen. So entstehen verliebte Zahlen, die in der Summe jeweils Zehn ergeben, zum Beispiel
8 + 2 (Demirel et al., 2015b, S. 41). Im Zuge einer „Zehnerübergang – Konferenz" (Demirel et al., 2015b, S. 42) sollen die Schüler*innen sich über ihre
präferierte Strategie zum Zehnerübergang – Nachbaraufgabe, Verdopplungsauf-
gabe, bis zum Zehner und dann weiter – austauschen (Demirel et al., 2015b,
S. 42 f.). Somit werden bei dieser Aufgabe das eigene Handeln sowie Begründen
und Reflektieren unterstützt. Bei der Erarbeitung des Zehnerübergangs im Zuge
der Subtraktion werden zunächst die Plättchen im Zwanzigerfeld einzeln dargestellt, der zweite Summand soll dann geteilt werden, indem erst bis zu Zehn
gerechnet wird und dann die fehlende Anzahl noch subtrahiert wird. Bei der folgenden Aufgabe werden jeweils fünf Plättchen wiederum als Streifen dargestellt,
der dann für die Subtraktion in fünf einzelne Plättchen eingetauscht werden soll.
Hierbei sollen die Schüler*innen die Darstellung der Plättchen verändern, die
Aufgabe jedoch nicht umformen, sondern direkt das Ergebnis angeben (Demirel
et al., 2015b, S. 68 f.). Im Anschluss an diese Aufgaben und eine Seite zu Halbierungsaufgaben findet auch hier eine „Zehnerübergang – Konferenz" (Demirel
et al., 2015b, S. 71 f.) statt. Auffallend ist, dass durch die Gestaltung der Aufgaben mit Plättchen ein kardinales Zahlverständnis geprägt und ausgebildet wird.
Es steht ein Bündeln und Entbündeln im Vordergrund. Somit wird das Einnehmen

einer Objektsicht fokussiert, ein Einnehmen der Prozesssicht hingegen wird nicht gefördert. Zum Ordinalzahlaspekt lässt sich unter anderem eine Doppelseite in Teil B finden, bei der es um die Zahlenreihe geht. In diesem Zuge werden auch Nachbarzahlen thematisiert (Demirel et al., 2015b, S. 14 ff.). Entsprechendes lässt sich auch zu Teil A feststellen, in dem aber ebenfalls nur ein sehr geringer Anteil an Aufgaben das ordinale Zahlverständnis im Speziellen ausbilden soll (Demirel et al., 2015a, S. 31 ff.). Auffallend ist die bereits dargestellte klare Trennung von Addition und Subtraktion. Auch im Zahlenraum bis 10 wird die Subtraktion erst deutlich später als die Addition erarbeitet. Dies lässt sich insofern hinterfragen, weil darüber unter Umständen eine nachrangigere Priorisierung der Subtraktion an die Schüler*innen vermittelt und die Subtraktion somit als schwieriger interpretiert wird. Weiterhin sticht bei diesem Mathematiklehrwerk heraus, dass die Null von vornherein intensiv berücksichtigt wird, sowohl als Zahlzeichen an sich als auch als Zahl, mit der gerechnet und gearbeitet wird (Demirel et al., 2015a, u. a. S. 8 / 31 / 52 / 57). Überblicksartig werden in Tabelle 3.1 die einzelnen inhaltlichen Schwerpunkte sowie das jeweils genutzte Material des Buches aufgezeigt. Für eine bessere Vergleichbarkeit der verschiedenen Lehrwerke wird möglichst ein einheitlicher Sprachgebrauch für die Inhalte verwendet, der teilweise vom vorzufindenden Sprachgebrauch in den jeweiligen Lehrwerken abweichen kann.

Tabelle 3.1 Überblick zum Mathematiklehrwerk *eins-zwei-drei. Mathematik 1, Teil B* (mit Zehnerübergang)

Inhalt	Material			
	Zwanzigerfeld / Zehnerfeld / Zehnerstreifen / Rechenschiff	Ikonische Darstellung von Mengen	Zahlenstrahl.	Sonstiges
Zahlen im Zahlenraum (ZR) 11–20 (S. 6–10)	x			
Addition im ZR bis 20 (ab S. 11)	x	x		Geld
Addition mit 10: 10 als Summand (S. 12–13)	x			

(Fortsetzung)

Tabelle 3.1 (Fortsetzung)

Inhalt	Material			
	Zwanzigerfeld / Zehnerfeld / Zehnerstreifen / Rechenschiff	Ikonische Darstellung von Mengen	Zahlenstrahl.	Sonstiges
Zahlenreihe 0–20 / Vorgänger und Nachfolger (S. 14–17)				Zahlenketten
Addition im ZR bis 20 (ohne Zehnerübergang (ZÜ)): Partneraufg. (S. 32–33)	x			
Addition im ZR bis 20 (mit ZÜ): Verdoppeln (S. 34–35)	x			strukturiertes Legen
ZÜ: Addition (S. 40–41)	x (u. a. Fünferstreifen)			
ZÜ – Konferenz (Nachbaraufg., Verdoppeln, Addieren bis 10 und dann weiter) (S. 42–43)	x (u. a. Fünferstreifen)			
Addition im ZR bis 20 (mit ZÜ): Tauschaufg., Entdeckerpäckchen, Ergänzungsaufg., Rechenmauern, Rechengeschichten (S. 44–51)	x	x		
Subtraktion im ZR bis 20 (ab. S. 66)	x (Fünferstreifen)			
Subtraktion im ZR bis 20 (ohne ZÜ): Partneraufg. (S. 66–67)	x			

(Fortsetzung)

Tabelle 3.1 (Fortsetzung)

Inhalt	Material			
	Zwanzigerfeld / Zehnerfeld / Zehnerstreifen / Rechenschiff	Ikonische Darstellung von Mengen	Zahlenstrahl.	Sonstiges
ZÜ: Subtraktion (S. 68–69)	x (Fünferstreifen)			
Subtraktion im ZR bis 20 (mit ZÜ): Halbieren (S. 70)	x			strukturiertes Legen
ZÜ – Konferenz (Halbieren, Subtrahieren bis 10 und dann weiter, Ergänzungsaufg.) (S. 71–72)	x (Fünferstreifen)			strukturiertes Legen
Subtraktion im ZR bis 20 (mit ZÜ): Umkehraufg., Aufgabenfamilien, Entdeckerpäckchen (S. 73–75)				

Klick! – Cornelsen (2007/2014)
Dieses Mathematiklehrwerk ist speziell für die Förderschule entwickelt. Es soll aktiv-entdeckend gelernt werden und gleichzeitig soll das operative Üben im Zentrum stehen. Bei der Wahl der Veranschaulichungsmittel wird sich entlang des Prinzips der Sparsamkeit explizit auf wenige beschränkt (Cornelsen Verlag, 2023b). Da für die vorliegende Dissertation das handlungsorientierte Lernen relevant ist und zudem Schüler*innen mit dem Förderschwerpunkt Hören und Kommunikation häufig Schwierigkeiten im Fach Mathematik aufweisen (siehe Kapitel 4), wodurch ein besonderer Förderbedarf in diesem Fach nicht ausgeschlossen ist, wird die Einführung und Erarbeitung des Zehnerübergangs in diesem Lehrwerk im Folgenden präsentiert (siehe Tabelle 3.2 für einen Überblick).

Im Arbeitsbuch 1 und 2 des ersten Schuljahres wird lediglich der Zahlenraum 0 bis 6 thematisiert (Burkhart et al., 2014a; 2014b). Erst im Mathematikbuch der Klasse 2 findet eine Zahlraumerweiterung zunächst bis 10 und schließlich bis 20 statt. Im Zahlenraum bis 10 lassen sich einige Übungen zu Additions- und Subtraktionsaufgaben finden. Bei diesen wird bei der Einführung sowohl der kardinale Zahlaspekt mit Hilfe der ikonischen Darstellung von Plättchen im Zwanzigerfeld als auch der ordinale Zahlaspekt am Zahlenstrahl thematisiert. Bei späteren Aufgaben hingegen wird vorwiegend der Kardinalzahlaspekt durch Abbildungen von entsprechenden Mengen fokussiert (Werner, 2007, S. 16 f. / 19 ff.). Zudem sind die Darstellungen so gestaltet, dass das Einnehmen der Prozesssicht häufig erschwert ist, indem seltener mögliche verändernde Handlungen abgebildet werden. Auf das Stellenwertsystem wird in diesem Zahlenraum nicht weiter eingegangen, die Zahl Zehn wird auf gleiche Weise wie die Zahlen bis Neun eingeführt (Werner, 2007, S. 7 f.). Die Zahlraumerweiterung bis 20 hingegen wird über Bündelungen eingeleitet. Konkret sollen ikonisch dargestellte unsortierte Anzahlen von Gegenständen wie Kartoffeln, Äpfeln oder Würfeln jeweils in Mengen von zehn Elementen gebündelt werden. Die Gesamtmenge soll dann als entsprechende Anzahl der Zehner und der übrigen Einer notiert werden (Werner, 2007, S. 26 ff.). Die vorgenommene Aufteilung wird auf das Zwanzigerfeld übertragen. Eine Teilaufgabe ist dabei die Einordnung von zweistelligen Zahlen bis Zwanzig an einen leeren Zahlenstrahl (Werner, 2007, S. 28). Nach Aufgaben zu Zahlenreihen und Nachbarzahlen sowie Ordnungszahlen von 1. bis 20. (Werner, 2007, S. 30 f.) folgen Aufgaben zur Strategie des Verdoppelns und Halbierens (Werner, 2007, S. 32 f.) sowie zur Addition von Zahlen bis Zwanzig, wobei jeweils die Partneraufgaben berechnet werden sollen: $1+3 = \ldots$ / $11+3 = \ldots$. Als ikonische Darstellungen werden das Zwanzigerfeld und ein Parkplatz mit stehenden und kommenden Autos gewählt (Werner, 2007, S. 38), sodass wieder vor allem der kardinale Zahlaspekt und das Einnehmen der Objektsicht betont werden. Auf der folgenden Seite werden die Partneraufgaben vertieft, wobei hier zwei Aufgaben durch eine Zahlenstrahldarstellung ikonisch unterstützt werden. Damit wird der ordinale Zahlaspekt dargestellt. Eine gleiche Herangehensweise lässt sich bei den anschließenden Aufgaben zur Subtraktion wiederfinden (Werner, 2007, S. 40 f.). In Vorbereitung auf das Rechnen mit Zehnerübergang lassen sich Aufgaben mit Zehn als Summe beziehungsweise Zehn als Summand finden. Hierbei werden ikonische Darstellungen des Zwanzigerfelds und von Bündelungen sowie Zahlenstrahle verwendet (Werner, 2007, S. 42). Für das Rechnen mit Zehnerübergang werden dann verschiedene Strategien erarbeitet. Zunächst soll immer bis Zehn gerechnet, dann der Rest ergänzt werden, sodass sich Parallelen zu den verliebten Zahlen in *eins-zwei-drei* (Demirel et al., 2015b, S. 41) herstellen lassen. Im Anschluss werden die Strategie der Verdopplung, der Zehnertrick, bei dem bei der Addition mit Neun zunächst $+10$ gerechnet wird und dann -1, und schließlich die Tauschaufgaben erarbeitet. Primär wird auch bei diesen Aufgaben die ikonische Darstellung des kardinalen Zahlaspekts genutzt (Werner, 2007, S. 43 ff.). Die gleiche Herangehensweise wird im Folgenden für Subtraktionsaufgaben mit Zehn (Werner, 2007, S. 47) sowie mit Zehnerübergang (Werner, 2007, S. 48 f.) vorgenommen. Es wird deutlich, dass vor allem Rechenstrategien zum Zehnerübergang erarbeitet werden. Bezüglich der Anbahnung eines Stellenwertverständnis lassen sich lediglich die Aufgaben zur strukturierten Darstellung der Zahlen Zehn bis Zwanzig in Bündeln ausmachen (Werner, 2007, u. a. S. 27 f.), der Zehnerübergang als solches hingegen wird in diesem Lehrwerk primär als Grenze für Rechenstrategien verwendet (Werner, 2007, u. a. S. 43 / 48; siehe Tabelle 3.2).

Zur Verwendung der Zahl Null lässt sich bei *Klick!* feststellen, dass sie in den Arbeitsbüchern der ersten Klasse sowohl als Zahlzeichen regulär eingeführt (Burkhart et al., 2014a, S. 36) sowie als Zahl zum Rechnen genutzt wird (Burkhart et al., 2014b, u. a. S. 29). Entsprechende Aufgaben findet man jedoch eher selten.

Tabelle 3.2 Überblick zum Mathematiklehrwerk *Klick! Mathematik 2*

Inhalt	Material			
	Zwanzigerfeld / Zehnerfeld / Zehnerstreifen / Rechenschiff	Ikonische Darstellung von Mengen	Zahlenstrahl.	Sonstiges
Einführung Zahl 10 (S. 8)	x	x		Linealabb.
Addition im ZR bis 10: u. a. Tauschaufg. (S. 16–18)	x	x	x	
Subtraktion im ZR bis 10 (S. 19–23)	x	x	x	Sachaufg.
Zahlen im ZR bis 20 (S. 26)		x		

(Fortsetzung)

Tabelle 3.2 (Fortsetzung)

Inhalt	Material			
	Zwanzigerfeld / Zehnerfeld / Zehnerstreifen / Rechenschiff	Ikonische Darstellung von Mengen	Zahlenstrahl.	Sonstiges
Bündelungen (S. 27)		x (gebündelt & ungebündelt; Ergänzung der Stellenwerttafel)		
Zwanzigerfeld (S. 28)	x (Ergänzung der Stellenwerttafel)	x (Ergänzung der Stellenwerttafel)	x	
Zahlenreihe 0–20 und Nachbarzahlen (S. 30)			x	Zahlenkette
Ordnungszahlen im ZR bis 20 (S. 31)				ikonische Darstellung eines Spielzuges
Addition und Subtraktion im ZR bis 20 (mit ZÜ): Verdoppeln, Halbieren (S. 32–33)	x	x		Tabelle
Addition im ZR bis 20 (ohne ZÜ): Partneraufg. (S. 38–39)	x	x	x	
Subtraktion im ZR bis 20 (ohne ZÜ): Partneraufg. (S. 40–41)	x	x	x	
Addition mit 10: 10 als Summand, 10 als Summe (S. 42)	x	x (gebündelt)	x	

(Fortsetzung)

Tabelle 3.2 (Fortsetzung)

Inhalt	Material			
	Zwanzigerfeld / Zehnerfeld / Zehnerstreifen / Rechenschiff	Ikonische Darstellung von Mengen	Zahlenstrahl.	Sonstiges
Addition im ZR bis 20 (mit ZÜ): Addieren bis 10 und dann weiter, Verdoppeln, Zehnertrick (+10-1), Tauschaufg., Nachbaraufg. (S. 43–46)	x		x	
Subtraktion mit 10: 10 als Minuend, 10 als Differenz (S. 47)	x	x (gebündelt)	x	
Subtraktion im ZR bis 20 (mit ZÜ): Subtrahieren bis 10 und dann weiter, Halbieren, Zehnertrick (-10+1), Nachbaraufg., Umkehraufg. (S. 48–51)	x		x	

Welt der Zahl – Schroedel (2015)

Bei dem Mathematiklehrbuch handelt es sich um ein gängiges Werk, welches erfahrungsbasiert häufig in Grundschulen eingesetzt wird. In *Welt der Zahl 1* wird zunächst der Zahlenraum 1 bis 10 erarbeitet (Rinkens et al., 2015, S. 4 f.), wobei die Null als Zahl dennoch im Ziffernschreibkurs zwischen den Zahlen Neun und Zehn erarbeitet wird (Rinkens et al., 2015, S. 16). Auf den folgenden Seiten stehen Zahlenreihen im Vordergrund. Hier ist auffallend, dass diese teilweise nach der Zahl Zwölf enden und immer erst bei Eins starten (Rinkens et al.,

2015, S. 18 f.). Die Addition wird getrennt von der Subtraktion eingeführt, wobei jeweils im Zahlenraum bis 10 gerechnet wird (Rinkens et al., 2015, S. 20 ff. / 38 ff.). Der Zehnerübergang an sich wird mit Hilfe der Zahlen Dreizehn und Fünfzehn eingeführt, indem diese Zahlen zunächst in die Zahlenreihe einsortiert werden. Auf dem Zahlenplakat zur Zahl Dreizehn befinden sich verschiedene Darstellungen dieser Zahl: mit Geld, mit den Fingern, mit Rechenschiffchen, mit Rechenstreifen, mit Würfeln, als Datum, als Ordnungszahl, mit ihrem Vorgänger und ihrem Nachfolger, als Zahlzeichen und als Zahlwort sowie in der Zahlenreihe von Eins bis Dreizehn. Das Zahlenplakat zur Zahl Fünfzehn soll analog selbstständig gestaltet werden (Rinkens et al., 2015, S. 62). Im Anschluss sollen Zahlenreihen ausgefüllt und bei weiteren Aufgaben jeweils der Vorgänger und der Nachfolger bestimmt werden (Rinkens et al., 2015, S. 63 f.). Somit steht bei diesen Aufgaben der ordinale Zahlaspekt verstärkt im Fokus. Der Übergang zu Zahlen größer als Zehn wird nicht primär über Bündelungen, wie es beispielsweise bei *Klick!* der Fall ist (Werner, 2007, u. a. S. 38), eingeführt, allerdings sollen nach einer kurzen Thematisierung der Eigenschaft von gerade und ungerade (Rinkens et al., 2015, S. 65) zunächst Zahlen zwischen Zwölf und Zwanzig in 10+ ... = ... aufgeteilt werden. Als Unterstützungen zum Zahlzeichen wird die ikonische Darstellung des Rechenstreifens genutzt. Dieser besteht aus abgebildeten seitlich aneinandergelegten Rechenschiffchen mit jeweils fünf Kreisen, wobei zwischen dem zweiten und dritten Rechenschiffchen, also nach zehn Kreisen, ein Strich eingezeichnet ist, an dem unterhalb das Zahlzeichen 10 notiert ist. Das Zahlzeichen 20 ist entsprechend zwischen dem vierten und fünften Rechenschiffchen ergänzt. Somit unterstützt er verstärkt das Einnehmen einer Objektsicht: Mit Hilfe von Stiften werden die Start- und Zielzahl angezeigt, sodass nicht der Weg und das Erzeugen der Zielzahl verdeutlicht werden, sondern die Anzahl von vorhandenen Elementen. Anschließend soll von Zahlen zwischen Elf und Zwanzig die jeweilige Anzahl an Einern beziehungsweise Zehn subtrahiert werden. Ikonisch wird dies durch die Darstellung von Eierkartons unterstützt (Rinkens et al., 2015, S. 66 f.). Somit wird auch hierbei der Kardinalzahlaspekt fokussiert und es werden Bündelungen dargestellt. Auf den folgenden Seiten sollen die Schüler*innen Additions- und Subtraktionsaufgaben lösen, die den Zahlenraum bis 26 umfassen, allerdings keinen Zehnerübergang beinhalten (Rinkens et al., 2015, S. 68 f.). Ebenso wie im Mathematiklehrwerk *eins-zwei-drei* (Demirel et al., 2015b, S. 34 f.) werden auch in *Welt der Zahl* Verdopplungsaufgaben unter anderem mit Zehnerübergang mit Hilfe von Spiegeln und Rechenschiffchen eingeführt und bearbeitet (Rinkens et al., 2015, S. 82 f.). Demnach wird erneut der kardinale Zahlaspekt vertieft. Im Anschluss daran stehen Rechenstrategien gezielt für den Zehnerübergang als solchen im Fokus. Zu bearbeitende Strategien sind Partneraufgaben wie $14 + 4 = \dots$ und $4 + 4 = \dots$, Tauschaufgaben, Nachbaraufgaben, schrittweises Addieren bis Zehn und dann weiter sowie bei der Addition $+9$ zunächst $+10$ zu rechnen (Rinkens et al., 2015, S. 84 ff.). Grundsätzlich fällt auf, dass verhältnismäßig selten unterstützende ikonische Darstellungen ergänzt sind. Beim schrittweisen Addieren aber wird sowohl die Darstellung am Rechenstreifen als auch am Rechenstrich verwendet, sodass sowohl der kardinale als auch der ordinale Zahlaspekt ikonisch dargestellt werden (Rinkens et al., 2015, S. 89). Allerdings muss an dieser Stelle kritisch angemerkt werden, dass bei der Darstellung der Rechnung am Rechenstrich die Verhältnisse der Pfeillängen nicht mit dem Summanden übereinstimmen, sondern alle Pfeile gleich lang sind. Daher stellen sie aus mathematischer Sicht nicht korrekt die immer gleiche Nachfolgerbildung von $+1$ dar.

Somit werden in *Welt der Zahl* wie auch in *eins-zwei-drei* (Demirel et al., 2015b, S. 32 ff.) verschiedene Rechenstrategien zum Zehnerübergang aufgezeigt, erarbeitet und es wird im Rahmen von eingebetteten Aufgaben mit einer Rechenkonferenz über die verschiedenen Strategien sowie deren jeweiligen Vor- und Nachteile diskutiert (Rinkens et al., 2015, S. 88). Des Weiteren wird der Zehnerübergang im Zusammenhang mit Rechnungen, wie auch in *eins-zwei-drei* (Demirel et al., 2015b, S. 40 ff.), zunächst nur für Additionsaufgaben erarbeitet. Der Zehnerübergang im Zuge von Subtraktionsaufgaben wird anschließend auf ähnliche Weise thematisiert, wobei nicht die Strategie des Halbierens behandelt wird (Rinkens et al., 2015, S. 96 ff.).

Zusammenfassend lässt sich für dieses Mathematiklehrwerk festhalten, dass die Eigenschaften des dezimalen Stellenwertsystems nur sehr am Rande thematisiert werden. Auch Bündelungen, wie sie in den anderen Mathematiklehrwerken oft verwendet werden, lassen sich seltener finden. Vor allem stehen die Auseinandersetzung mit Rechenstrategien für den Zehnerübergang im Vordergrund (siehe Tabelle 3.3). Im Verhältnis zu anderen Zahlen wird die Zahl Null seltener in Rechnungen verwendet, sie wird jedoch grundsätzlich genutzt (Rinkens et al., 2015, u. a. S. 69 / 83 ff.).

Tabelle 3.3 Überblick zum Mathematiklehrwerk *Welt der Zahl 1*

Inhalt	Material			
	Zwanzigerfeld / Zehnerfeld / Zehnerstreifen / Rechenschiff	Ikonische Darstellung von Mengen	Zahlenstrahl	Sonstiges
Zahlen im ZR 1–10 (S. 4–5)		x		
Ziffernschreib-kurs: Zahl 10 (S. 17)	x			Fingerdarstellung
Zahlenreihe 1–12 (S. 18–19)				aneinanderge-reihte Kinder mit Zahlzeichen
Addition im ZR bis 10 (S. 20–35)	x	x		Fingerdarstel-lung, Rechenstreifen
Subtraktion im ZR bis 10 (S. 38–49)	x	x		Rechenstreifen
Zahlen größer 10 (S. 62)				Zahlenplakat mit Rechenschiff, Zahlzeichen, Zahlwort, Finger-darstellung, Würfelaugen, Vorgänger / Nachfolger, Geld, Rechenstreifen, Datum, Zahlenreihe
Zahlenreihe 10–24, Nachbarzahlen (S. 63–64)				aneinanderge-reihte Kinder mit Zahlzeichen, Tabelle, Rechenstreifen

(Fortsetzung)

Tabelle 3.3   (Fortsetzung)

Inhalt	Material			
	Zwanzigerfeld / Zehnerfeld / Zehnerstreifen / Rechenschiff	Ikonische Darstellung von Mengen	Zahlenstrahl	Sonstiges
Addition und Subtraktion im ZR bis 20 (ohne ZÜ): Zahlzerlegung in $10+ \ldots = \ldots$, 10 als Subtrahend oder Differenz (S. 66–67)		x (gebündelt)		Rechenstreifen
Addition und Subtraktion im ZR bis 26 (ohne ZÜ) (S. 68–69)				aneinanderge-reihte Kinder mit Zahlzeichen
Addition im ZR bis 20 (mit ZÜ): Verdoppeln (S. 82–83)	x	x		
Addition im ZR bis 26 (mit ZÜ): u. a. Partneraufg., Tauschaufg., Addieren bis 10 und dann weiter, Tauschaufg., Zehnertrick $(+10-1)$ (S. 84–91)	x			Rechenstreifen, Rechenstrich
Subtraktion im ZR bis 26 (mit ZÜ): u. a. Partneraufg., Subtrahieren bis 10 und dann weiter, Zehnertrick $(-10+1)$, Nachbaraufg. (S. 96–103)	x			Rechenstreifen, Rechenstrich

Das Zahlenbuch – Klett (2017)

Das Zahlenbuch von Wittmann et al. (2017) soll vorgestellt werden, da in der vorliegenden Arbeit unter anderem im Kontext der Forschungsmethodik und insbesondere der didaktischen Prinzipien auf die Autoren Wittmann und Müller eingegangen wird.

Nach unter anderem einer Einführung der Zahlen im Zahlenraum von 0 bis 10 (Wittmann et al., 2017, S. 8 f.), Darstellungen von Zahlen im Zehnerfeld (Wittmann et al., 2017, S. 18 f.), einfachen Aufgaben im Rahmen der Kraft der Fünf (Anordnung von fünf Elementen zu einem Bündel) (Wittmann et al., 2017, S. 20 ff.) und Aufgaben zur Addition mit der Summe Zehn (Wittmann et al., 2017, S. 24 f.) erfolgt im *Zahlenbuch 1* eine Orientierung im Zwanzigerraum. Bei dieser werden zunächst die Zahlen Elf bis Zwanzig jeweils mit Zahlwort, Zahlzeichen, der Zerlegung in Zehner und Einer sowie der Darstellung der entsprechenden Menge über den Zehnerstreifen vorgestellt und erarbeitet (Wittmann et al., 2017, S. 36 f.). Dabei fällt die Fokussierung des kardinalen Zahlaspekts auf, da keinerlei Einordnung im Zahlenraum beispielsweise entlang eines Zahlenstrahls stattfindet. Es sticht jedoch auch die Verknüpfung der unterschiedlichen Zahldarstellungen durch unter anderem Zahlwort und Zahlzeichen sowie die Teilung in Zehner und Einer heraus, sodass das dezimale Stellenwertsystem und Grundlagen für ein Verständnis dessen im Sinne der Verknüpfung verschiedener Darstellungen (siehe Abschnitt 2.2.1) thematisiert werden. Auf den folgenden Seiten wird im Zwanzigerfeld gerechnet, indem Zehn immer ein Summand ist (Wittmann et al., 2017, S. 38 f.). Daraufhin werden Partneraufgaben im Zwanzigerfeld bearbeitet. Auch hierbei steht der Kardinalzahlaspekt und die Einnahme der Objektsicht im Vordergrund. Zudem wird durch das Material des Zwanzigerfelds eine Zehnerbündelung vorgenommen (Wittmann et al., 2017, S. 40 f.). Erst im Anschluss daran werden, anders als zum Beispiel in *Welt der Zahl* (Rinkens et al., 2015, S. 62 ff.), die Zahlenreihe von Eins bis Zwanzig und Nachbarzahlen eingeführt. An dieser Stelle steht der ordinale Zahlaspekt im Vordergrund, da es ausschließlich um eine Verortung in der Zahlenreihe geht (Wittmann et al., 2017, S. 44 ff.). Bevor der Zehnerübergang bei Rechnungen vertieft erarbeitet wird, lassen sich unter anderem Aufgaben mit Rechenaufgaben bis Zehn beziehungsweise mit Zehn als Summand finden. Zudem werden Strategien wie Nachbaraufgaben, Tauschaufgaben, Verdoppeln und Kraft der Fünf behandelt, wie sie größtenteils auch in den bereits vorgestellten Mathematikbüchern *Klick!* (Werner, 2007, S. 32 ff.) und *Welt der Zahl* (Rinkens et al., 2015, S. 82 ff.) vorzufinden sind. Dabei findet teilweise bereits ein Zehnerübergang statt. Die Fokussierung auf das

Material des Zwanzigerfelds bedingt, dass hierbei wieder der kardinale Zahlaspekt im Vordergrund steht und auch die Einnahme der Objektsicht unterstützt wird. Unter Umständen kann die Aufforderung, die Plättchen entsprechend der Rechnung zu legen, eine gewisse Einnahme der Prozesssicht unterstützen, da das Erzeugen in den Blick genommen werden kann. Allerdings wird sie nicht zwangsläufig fokussiert (Wittmann et al., 2017, S. 56 ff.). Im Zusammenhang mit schwierigen Plusaufgaben findet dann ein Zehnerübergang statt, der jedoch nicht explizit thematisiert wird. Es wird lediglich auf die Strategien zur Kraft der Fünf, zur Zehn als Summand oder zur Summe, zu Nachbaraufgaben, zu Partneraufgaben sowie zum Verdoppeln hingewiesen (Wittmann et al., 2017, S. 64 ff.). Erst auf Seite 76 werden Subtraktionsaufgaben mit Hilfe ikonischer Darstellungen von unterschiedlichen Situationen sowie dem Zwanzigerfeld eingeführt. Dabei wird direkt im Zahlenraum bis 20 gearbeitet. Auch hier sind die Aufgaben so formuliert, dass sie aktiv mit den Plättchen durchgeführt werden sollen, sodass die Einnahme der Prozesssicht ermöglicht wird, das Material als solches aber insbesondere die Objektsicht und den kardinalen Zahlaspekt fokussiert (Wittmann et al., 2017, S. 76 ff.). Auf den folgenden Seiten werden Strategien zur Subtraktion wie Umkehraufgaben, zur Zehn als Minuend, Subtrahend oder Differenz, zur Kraft der Fünf, zu Partneraufgaben oder Nachbaraufgaben erarbeitet (Wittmann et al., 2017, S. 80 ff.).

Das dezimale Stellenwertsystem an sich wird in diesem Lehrwerk nur am Rande im Zuge der Erweiterung des Zahlenraums bis 20 thematisiert. Vornehmlich stehen durch das Zwanzigerfeld die Zehnerbündelungen, damit gleichzeitig auch der Kardinalzahlaspekt sowie Strategien zum Rechnen im Vordergrund. Zahlenstrahlabbildungen als eine zentrale ordinale Darstellung findet man in diesem Lehrwerk nahezu nicht, lediglich in Form von Zahlenreihen (Wittmann et al., 2017, u. a. S. 44 / 111). Auffallend ist, dass die umfangreiche Einführung der Addition und Subtraktion direkt im Zahlenraum bis 20 stattfindet (siehe Tabelle 3.4), was sich beispielsweise von Mathematikbüchern wie *Klick!* (Werner, 2007, S. 17 ff.) und *Welt der Zahl* (Rinkens et al., 2015, S. 20 ff. / 38 ff.) unterscheidet. Die Zahl Null wird zwar bei Aufgaben verwendet und im Rahmen der ersten Zahlraumvorstellung zu Beginn erarbeitet. Insgesamt wird sie jedoch, wie auch in *Welt der Zahl* (Rinkens et al., 2015, u. a. S. 28 ff.), deutlich seltener bei Aufgaben verwendet (Wittmann et al., 2017, u. a. S. 8 / 58 ff.).

Tabelle 3.4 Überblick zum Mathematiklehrwerk *Das Zahlenbuch 1*

Inhalt	Material			
	Zwanzigerfeld / Zehnerfeld / Zehnerstreifen / Rechenschiff	Ikonische Darstellung von Mengen	Zahlenstrahl.	Sonstiges
Zahlen im ZR 0–10 (S. 8–9)	x	x		Fingerdarstellung, Zahlzeichen
Zehnerfeld (S. 18–19)	x			
Kraft der 5 (S. 20–23)	x	x		Fingerdarstellung
Addition mit 10: 10 als Summe (S. 24–25)	x	x		Geld, Fingerdarstellung, Würfelaugen
Orientierung im Zwanzigerraum (S. 36–37)	x	x (gebündelt)		Zahlwort, Zahlzeichen
Addition mit 10: 10 als Summand (S. 38–39)	x			
Addition im ZR bis 20 (ohne ZÜ): 10 oder 20 als Summe, u. a. Partneraufg. (S. 40–41)	x			
Zahlenreihe 1–20, Nachbarzahlen (S. 44–47)				Zwanzigerreihe
Addition im ZR bis 20 (teilweise mit ZÜ): Kraft der 5, 10 als Summe oder Summand, Nachbaraufg., Tauschaufg., Verdoppeln (S. 56–63)	x	x		

(Fortsetzung)

Tabelle 3.4 (Fortsetzung)

Inhalt	Material			
	Zwanzigerfeld / Zehnerfeld / Zehnerstreifen / Rechenschiff	Ikonische Darstellung von Mengen	Zahlenstrahl.	Sonstiges
Addition im ZR bis 20 (mit ZÜ): Kraft der 5, 10 als Summe oder Summand, Nachbaraufg., Partneraufg., Verdoppeln (S. 64–68)	x			
Subtraktion im ZR bis 20 (mit ZÜ): Umkehraufg., 10 als Minuend, Subtrahend oder Differenz, Kraft der 5, Nachbaraufg., Partneraufg. (S. 76–88)	x	x		

International Primary Maths – Oxford (2014)

Um einen internationalen Vergleich zu erhalten, wird auch ein englisches Mathematiklehrbuch genauer beleuchtet. Im *International Primary Maths 1* wird nach einer kurzen Erkundungsphase mit Zahlen, unter anderem durch das Zählen von Objekten (Cotton et al., 2014, S. 2 f.), direkt mit dem Zahlenraum 1 bis 20 gestartet. Schwerpunkte sind dabei das Schreiben der Zahlzeichen, die Zuordnung der entsprechenden Anzahl an Elementen zu einer Zahl, also das Darstellen des kardinalen Zahlaspekts, und die Zahlenfolge, also der ordinale Zahlaspekt (Cotton et al., 2014, S. 8 ff.). Bereits zu Beginn sollen mit jeweils zwei Zahlzeichenkarten von Null bis Neun, hier spielt somit auch die Null eine Rolle, beide Möglichkeiten einer zweistelligen Zahl gelegt werden. Kombiniert wird diese Aufgabe unter anderem mit einem Hunderterfeld (Cotton et al., 2014, S. 11 f.). Damit unterscheidet sich dieses Lehrwerk stark von den bereits vorgestellten deutschen Lehrwerken, die maximal den Zahlenraum um 20 abdecken. Auffallend ist zudem, dass häufig sowohl der Kardinalzahl- als auch der Ordinalzahlaspekt bei Zahlerkundungen bis Zwanzig thematisiert werden und durch das Einbinden von verschiedenen Spielen, die mit Handlungen zum Beispiel am Zahlenstrahl durchgeführt werden, auch das Einnehmen der Prozesssicht geschult wird (Cotton et al., 2014, S. 14 ff.). Dies ändert sich allerdings bei der Einführung von Zehnern und Einern. Hier werden unter anderem mit Steckwürfeln Zehnertürme gebaut oder es wird die ikonische Darstellung von Würfeln und Zehnerstangen genutzt (Cotton et al., 2014, S. 18 f.), sodass zwar weiterhin die Prozesssicht eingenommen werden kann, der kardinale Zahlaspekt jedoch stark in den Fokus rückt. Eine Hinführung zur Addition findet durch die Auseinandersetzung mit Zahlenpaaren statt, hier spielen auch die Zahlenpaare zur Zahl Zehn eine Rolle (Cotton et al., 2014, S. 25 ff.). Im Kapitel zur Addition selbst werden dann direkt auch Summen aus drei Summanden gebildet, die zunächst Zehn als Summe haben, dann aber die Zehn auch überschreiten. Unterstützt werden die Aufgaben durch ikonische Darstellungen unter anderem von Würfeln (Cotton et al., 2014, S. 33 ff.). Es folgen Aufgaben zu Bewegungen auf dem Zahlenstrahl, durch die stark die Prozesssicht geschult wird und der Ordinalzahlaspekt im Vordergrund steht. Der Zahlenraum umfasst dabei die Zahlen 0 bis 20 (Cotton et al., 2014, S. 38 ff.). Die Subtraktion wird ebenfalls über Handlungen am Zahlenstrahl zunächst von Null bis Zehn, folgend auch von Null bis Zwanzig mit Zehnerübergang, eingeführt und um Aufgaben mit Anzahlen von Tieren ergänzt, sodass auch der kardinale Zahlaspekt hervorgehoben wird (Cotton et al., 2014, S. 45 ff.). In diesem Kapitel wird nicht explizit auf Zehnerbündelungen eingegangen. Bei der Darstellung von Anzahlen von Tieren sind diese so angeordnet, dass immer zehn in einer Reihe abgebildet sind, bei der Zahlenstrahldarstellung spielt die Bündelungsidee keine Rolle. Die Funktionsweise des dezimalen Stellenwertsystems wird im Zuge des Zehnerübergangs nicht thematisiert. Vorgehensweisen wie das Verdoppeln und das Halbieren hingegen werden auch in diesem Lehrwerk erarbeitet (Cotton et al., 2014, S. 68 ff.). Die Verdopplung wird anschließend für die Addition von zwei Zahlen genutzt, die um eins verschieden sind (Cotton et al., 2014, S. 72 ff.), sodass auch in diesem Lehrwerk konkrete Rechenstrategien erarbeitet werden. Über Aufgaben am Zahlenstrahl, mit denen auch das Einnehmen der Prozesssicht trainiert wird, wird unter anderem die Zahl Zehn in der Zahlenreihe verortet und als vorgegebene Angabe der Hüpfer- beziehungsweise Schrittgröße fokussiert. Das wird mit Aufgaben im Hunderterfeld ergänzt, bei denen beispielsweise in Zehnerschritten ab einem bestimmten Startpunkt gezählt werden soll. Diese Aufgaben existieren auch zu anderen Schritten (Cotton et al., 2014, S. 80 ff.). Auffallend bei diesem Lehrwerk ist der große Zahlenraum, in dem von Beginn an gearbeitet wird, sodass der Zehnerübergang keine gesonderte Rolle spielt. Außerdem stechen die häufige Fokussierung der Prozesssicht über die Arbeit am Zahlenstrahl, gleichzeitig aber auch die wenigen Aufgaben zu

Zehnerbündelungen beziehungsweise zur Thematisierung des dezimalen Stellenwertsystems trotz des großen Zahlenraums hervor (siehe Tabelle 3.5). Die Zahl Null wird zwar größtenteils bei Zahlenstrahldarstellungen eingeschlossen (Cotton et al., 2014, u. a. S. 36 / 46 / 53), bei konkreten Rechnungen und Mengendarstellungen hingegen wird sie selten verwendet (Cotton et al., 2014, u. a. S. 36 f. / 49 f.).

Tabelle 3.5 Überblick zum Mathematiklehrwerk *International Primary Maths 1*

Inhalt	Material			
	Zwanzigerfeld / Zehnerfeld / Zehnerstreifen / Rechenschiff	Ikonische Darstellung von Mengen	Zahlenstrahl.	Sonstiges
Lesen und Schreiben von Zahlen im ZR 1–20 (S. 8–9)	x	x		Zahlenraupe
Zahlen und Zählen (S. 10–11)			x	Hunderterfeld
Zehner und Einer (ZR > 20) (S. 18–19)		x (gebündelt, u. a. in Stellenwerttafel)		
Ordnungszahlen (S. 20–21)				Medaillen
Addition im ZR bis 10: Zahlenpaare (S. 25–32)		x		Darstellung über Waage, symbolische Darstellung im Mosaik
Addition im ZR bis 10: u. a. 10 als Summe (S. 33–35)		x		
Addition im ZR bis 20 (mit ZÜ) (S. 36–43)		x	x	

(Fortsetzung)

Tabelle 3.5 (Fortsetzung)

Inhalt	Material			
	Zwanzigerfeld / Zehnerfeld / Zehnerstreifen / Rechenschiff	Ikonische Darstellung von Mengen	Zahlenstrahl.	Sonstiges
Subtraktion im ZR bis 10 (S. 45–47)			x	Rechenge-schichte
Subtraktion im ZR bis 20 (mit ZÜ) (S. 48–61)		x	x	Rechenge-schichte
Addition und Subtraktion im ZR bis 20 (mit ZÜ): Verdoppeln und Halbieren (S. 68–75)		x		strukturiertes Legen
Zählen und Schätzen im ZR bis 100: u. a. Zehnerschritte, 10 mehr / weniger (S. 79–96)		x	x	Hunderterfeld, Rechenge-schichte

3.4 Entwicklungsstand zu Design-Prinzipien sowie Lehr-Lernarrangements zur Förderung des Stellenwertverständnisses

In diesem Unterkapitel sollen nun bereits entwickelte Lehr-Lernarrangements zur Förderung des dezimalen Stellenwertverständnisses sowie von Mosandl und Sprenger (2017) herausgearbeitete geeignete Darstellungsmittel für die Erarbeitung des Stellenwertprinzips vorgestellt werden.

Wie bereits im Zuge des Forschungsstands zum Verständnis des dezimalen Stellenwertsystems (siehe Abschnitt 2.2.3) erläutert, stellt Freesemann (2014, S. 171 f.) bei einem Mathematiktest der Sekundarstufe I im Rahmen ihrer Interventionsstudie deutliche Defizite im Bereich des Basisstoffs, unter anderem beim

Verständnis des dezimalen Stellenwertsystems, fest. In dem Zusammenhang entwickelt und evaluiert sie eine Intervention zur Förderung von Schüler*innen mit Schwierigkeiten im Fach Mathematik, die sie an Haupt- und Gesamtschulen sowie an Förderschulen mit dem Förderschwerpunkt Lernen durchführte (Freesemann, 2014, S. 3 / 129 ff.). Freesemann (2014, S. 92) vertritt die Ansicht, dass ein „umfassendes Verständnis des Dezimalsystems ... sowohl das strukturorientierte als auch das positionsorientierte Verständnis [beinhaltet]" (Freesemann, 2014, S. 92; siehe Abschnitt 2.2.1). Die Autorin gliedert ihre Intervention anhand der beiden Arten des Verständnisses. Sie sieht das strukturorientierte Verständnis als Grundlage für die Ausbildung des positionsorientierten Verständnisses (Freesemann, 2014, S. 102 ff.). Die Interventionsstudie wurde über einen Zeitraum von vierzehn Wochen in zwei Gruppen durchgeführt, wobei es sich einmal um eine Kleingruppenförderung und einmal um eine teilweise klassenintegrierte Förderung handelte. Eine dritte Gruppe bildete die Kontrollgruppe und erhielt die besondere Förderung nicht (Freesemann, 2014, S. 127). Mit dem Ziel, verstehensorientiert zu arbeiten, werden für die Förderung folgende didaktische Prinzipien als Grundlage festgelegt:

– Inhaltliches Denken vor Kalkül
– Fokus auf Vorstellungen und Darstellungen (und dann erst auf das Automatisieren)
– Initiieren von eigenständigen Aktivitäten mit ausgewählten Arbeitsmitteln und Veranschaulichungen
– Anregen und Begleiten eigenständiger Erkenntnisprozesse
– gezieltes Fördern von Abstraktionsprozessen und Darstellungsvernetzungen (Freesemann, 2014, S. 143)

Das entwickelte Konzept besteht insgesamt aus vierzehn Bausteinen, wobei die Bausteine Drei bis Sechs (Fokus auf strukturorientiertes Verständnis) beziehungsweise Sieben bis Neun (positionsorientiertes Verständnis) das Verständnis des dezimalen Stellenwertsystems fokussieren (Freesemann, 2014, S. 144 f.). In den Bausteinen Drei bis Sechs geht es entsprechend um Prinzipien des dezimalen Stellenwertsystems. Anhand von Mehrsystemblöcken (Dienes-Material) und einer Stellenwerttafel bearbeiten die Schüler*innen Zählaufgaben, tragen ihre Ergebnisse in der Stellenwerttafel ein und finden Fehler bei beispielsweise nicht einheitlich großen vorgegebenen Bündelungen. Somit steht das Bündelungs- und Stellenwertprinzip im Vordergrund. In Baustein Vier wird das Prinzip der fortgesetzten Bündelung erarbeitet, in dem es um Gleichheiten bei verschiedenen Elementen des Dienes-Materials geht. Eine Zehnerstange entspricht zehn einzelnen Würfeln, eine Hunderterplatte besteht aus zehn Zehnerstangen usw. In Baustein Fünf und Sechs wird zunächst das flexible Bündeln durch die Umwandlung von Nicht-Standardzerlegungen in Standardzerlegungen mit der Stellenwerttafel als Handlungsprotokoll vertieft und folgend das Entbündeln erarbeitet (Freesemann, 2014, S. 147 ff.). Bei den Bausteinen Sieben bis Neun geht es um den Zahlenstrahl. Es werden zunächst der dekadische Aufbau thematisiert und damit verbunden dann das Zählen in Zehnerschritten, zudem werden Orientierungsübungen, wie Nachbarzahlen finden, an der Hunderterkette durchgeführt. Im Anschluss wird ein Hunderterstrahl, eine skalierte Hunderterkette, erarbeitet, an den Zahlen eingetragen und gefunden werden sollen. Darauf aufbauend wird der Tausenderstrahl aus zehn Hunderterstrahlen erstellt. Auch in diesen werden Zahlen je nach Skalierung genau oder ungefähr eingetragen. Bereits festgehaltene Zahlen sollen als Orientierung erkannt und genutzt werden. Bei diesen Bausteinen steht demnach die lineare Zahlvorstellung im Vordergrund (Freesemann, 2014, S. 150 ff.).

Zwar zeigen die Schüler*innen auch im Nachtest und damit nach der durchgeführten Intervention noch Ergebnisse, die auf große Lücken im Basisstoff hinweisen (Freesemann, 2014, S. 171 ff.; siehe Abschnitt 2.2.3), dennoch werden bei ‚rechenschwachen‘ Schüler*innen nach der Intervention Leistungsfortschritte, besonders im Hinblick auf die geförderten Inhalte, deutlich (Freesemann, 2014, S. 167 ff. / 187). Diese Ergebnisse machen die Bedeutsamkeit von spezifisch entwickelten Förderungen für gezielte Themengebiete wie das Stellenwertsystem für den Aufbau eines allgemeinen mathematischen Verständnisses deutlich. Mit der Studie wird hervorgehoben, dass solche Förderungen bestenfalls frühzeitig einsetzen sollten, um gar nicht erst zu große Lücken entstehen zu lassen.

Sprenger (2018, S. 225 f.) entwickelt im Zuge ihrer Dissertation Design-Prinzipien für mögliche Lehr-Lernarrangements zur Förderung eines „tragfähigen Dezimalbruchverständnisses" (Sprenger, 2018, S. 226). Bezogen auf den konkreten Lerngegenstand der Dezimalbrüche formuliert sie als erstes Design-Prinzip, dass „aufbauend auf dem Stellenwertverständnis im Bereich der natürlichen Zahlen [eine] frühe Einbindung der Grundvorstellung *Bruch als Anteil* [Hervorhebung v. Verf.]" (Sprenger, 2018, S. 226) zielführend ist. Das zweite Design-Prinzip bezieht sich auf den Einsatz unterschiedlicher Darstellungen, die nicht ausschließlich auf symbolischer Ebene verortet sein sollen. Vielmehr ist es hilfreich, darüber hinaus auf anderen Ebenen Veranschaulichungen und inhaltliche Unterstützungen wie den Zahlenstrahl oder die Stellenwerttafel hinzuzuziehen. Aufgrund des für die vorliegende Dissertation betrachteten geringeren Zahlenraums findet insbesondere das zweite Design-Prinzip Berücksichtigung und wird im Zuge der didaktischen Prinzipien (siehe Abschnitt 5.1) noch einmal aufgegriffen. Ergänzend zu den beiden spezifischen Design-Prinzipien zu Dezimalbrüchen entwickelt Sprenger (2018, S. 226) drei Design-Prinzipien, die lerngegenstandsunabhängiger sind. Hierzu zählt, dass Begründungen und Erklärungen aktiv von den Schüler*innen eingefordert werden, die Erarbeitung typischer Fehler und Fehlvorstellungen als Abgrenzungsmöglichkeit sowie das „Einfordern eigener Beispiele der Lernenden zur Überprüfung" (Sprenger, 2018, S. 226). Auch diese werden im entwickelten Lehr-Lernarrangement zum Zehnerübergang mitbedacht (siehe Abschnitt 8.4).

Darauf basierend erstellt die Autorin unter anderem im Rahmen ihrer Forschungsarbeit ein Lehr-Lernarrangement zur Förderung des Dezimalbruchverständnisses. Dabei werden folgende vier Einheiten entwickelt:

– Brüche verstehen: Ein Ganzes und seine Teile verstehen
– Dezimalbrüche verstehen: Dezimalbrüche an der Zahlengeraden ablesen und eintragen
– Dezimalbrüche verstehen: Dezimalbrüche an der Stellenwerttafel ablesen und eintragen
– Dezimalbrüche verstehen: Dezimalbrüche vergleichen (Sprenger, 2018, S. 92; umfangreichere Ausführungen zu den Darstellungsmitteln Zahlengerade und Stellenwerttafel siehe unten)

Bei Betrachtung der einzelnen inhaltlichen Schwerpunkte fällt auf, dass ein positionsorientiertes Verständnis und damit der ordinale Zahlaspekt relevant ist – insbesondere in der zweiten und vierten Einheit – und gefördert wird.

Schöttler (2019) entwickelt zwei Lernumgebungen im Sinne des Design Science nach Wittmann, welches einen Vorläufer für das FUNKEN-Modell zur Entwicklungsforschung darstellt (siehe auch Abschnitt 7.1). Wittmann (1995b; 1998) fordert dabei von Lernumgebungen:

1. Sie müssen zentrale Ziele, Inhalte und Prinzipien des Mathematikunterrichts repräsentieren.
2. Sie müssen reiche Möglichkeiten für mathematische Aktivitäten von Schüler/-innen bieten.
3. Sie müssen flexible sein und leicht an die speziellen Gegebenheiten einer bestimmten Klasse angepaßt [sic] werden können.
4. Sie müssen mathematische, psychologische und pädagogische Aspekte des Lehrens und Lernens in einer ganzheitlichen Weise integrieren und daher

ein weites Potential für empirische Forschungen bieten. (Wittmann, 1998, S. 337 f.)

Davon ausgehend erstellt Schöttler (2019, S. 89) zwei Lernumgebungen für ein inklusives Setting ebenfalls in der Sekundarstufe I. Ziel dieser Lernumgebungen ist es, den Schüler*innen „vielfältige Einsichten in den Aufbau und die Struktur des dezimalen Stellenwertsystems" (Schöttler, 2019, S. 111) zu ermöglichen und das Stellenwertverständnis dadurch zu erweitern und zu vertiefen. Aufgrund der heterogenen Zielgruppe stellt Schöttler (2019, S. 94 ff.) grundsätzliche Design-Prinzipien für die Lernumgebungen auf. Diese sind

– „Orientierung an der fundamentalen Idee des Dezimalsystems und vernetzte Förderung" (Schöttler, 2019, S. 94): Fachliche Aspekte und Zusammenhänge beziehungsweise die zentralen Eigenschaften des dezimalen Stellenwertsystems sollen auf unterschiedlichen Niveaus erarbeitet werden können (Schöttler, 2019, S. 94 f.).
– „Einsatz mathematisch reichhaltiger, komplexer sowie ganzheitlicher Nicht-Standardaufgaben" (Schöttler, 2019, S. 95): Es werden verschiedene Differenzierungsformen eingesetzt, um bei der heterogenen Lerngruppe jede*n Schüler*in individuell auffangen zu können. Es bleibt jedoch für alle Schüler*innen der strukturelle Kern erhalten (Schöttler, 2019, S. 95 f.).
– „Gezielte Initiierung von Kooperation und fachlichem Austausch" (Schöttler, 2019, S. 96): Bei diesem Prinzip geht es primär darum, dass die Schüler*innen von den Ergebnissen und Erkenntnissen der Mitschüler*innen profitieren können und von- und miteinander lernen (Schöttler, 2019, S. 96).
– „Einsatz geeigneter Anschauungsmittel" (Schöttler, 2019, S. 96): Die verwendeten Anschauungsmittel müssen ermöglichen, dass sie für alle Schüler*innen gleichermaßen einsetzbar sind. Aufgrund der verschiedenen Zahlräume, in denen gearbeitet wird, müssen sie somit flexibel erweiterbar sein (Schöttler, 2019, S. 96).

Für die jeweilige Lernumgebung passt Schöttler (2019, S. 118 ff.) die grundlegenden Design-Prinzipien an und konkretisiert sie.

Die erste entwickelte Lernumgebung ‚Zoomen auf dem Zahlenstrahl' fokussiert ein positionsorientiertes Verständnis (siehe auch Abschnitt 2.2.1), also die Einordnung und Verortung von Zahlen am Zahlenstrahl (Schöttler, 2019, S. 56), aber auch das Bündelungs- und Stellenwertprinzip wird berücksichtigt (Schöttler, 2019, S. 111). Diese Lernumgebung umfasst drei Sequenzen beziehungsweise Unterrichtseinheiten und hat das Ziel, „dass die Schülerinnen und Schüler gleiche und unterschiedliche dezimale Beziehungen zwischen verschiedenen Zahlenräumen und Zahlbereichen sowie zwischen Stufenzahlen erkennen, beschreiben und erläutern" (Schöttler, 2019, S. 112). Als Material wird ein Zahlenstrahl verwendet, auf dem die Skalierungen im Abstand der Zahlen variieren. Somit können die Zahlen sowohl gröber als auch feiner auf verschiedenen Zahlenstrahlen eingetragen werden. Durch den Vergleich verschiedener Zahlenstrahldarstellungen können dekadische Strukturen und damit der Aufbau des dezimalen Stellenwertsystems wahrgenommen werden, da beispielsweise bei einem Zahlenstrahl mit Zehnersprüngen in eine Lücke exakt ein Zahlenstrahl mit der Darstellung in Einersprüngen ,hineinpasst' (Schöttler, 2019, S. 112). Inhalte der einzelnen Sequenzen sind unter anderem das Thematisieren von Zahlendrehern und deren Auswirkungen mit Hilfe der Darstellung auf dem Zahlenstrahl (Schöttler, 2019, S. 115). Als Hinführung zu Dezimalbrüchen werden die Zahlenstrahle beschriftet und bestimmte Zahlen gesucht und ungefähr (aufgrund zu grober Skalierung) positioniert (Schöttler, 2019, S. 116 f.).

Die zweite von Schöttler (2019, S. 123 ff.) entwickelte Lernumgebung trägt den Titel ,Zahlen in der Stellenwerttafel'. Die Umgebung beinhaltet zwei Sequenzen, in denen der Aufbau und die Struktur des dezimalen Stellenwertsystems vermittelt werden sollen. Somit steht hier das strukturorientierte Verständnis (siehe Abschnitt 2.2.1) im Vordergrund (Schöttler, 2019, S. 123). Dies geschieht unter anderem durch verschiedene Darstellungen von Dezimalzahlen, Zerlegungen einer Zahl in ihre Stellenwerte und dem Anschauungsmittel der Stellenwerttafel. In beiden Zahlbereichen, den natürlichen Zahlen und den Dezimalbrüchen, können so die Schreibweise und das Bündelungs- und Stellenwertprinzip erarbeitet werden. Auch die Übergänge von den einzelnen Stellenwerten sollen thematisiert und Dezimalbrüche über die Stellenwerttafel eingeführt und erarbeitet werden (Schöttler, 2019, S. 123 f.). Des Weiteren sollen in dieser Umgebung Nicht-Standardzerlegungen von den Schüler*innen behandelt werden. Mit Hilfe von Zahlkärtchen, die einer Spalte in der Stellenwerttafel zugewiesen werden dürfen und somit nicht (immer) direkt eine Standardzerlegung generieren, werden die in der Stellenwerttafel gelegten Zahlen in eine Standardzerlegung mit korrekter formal-symbolischer Schreibweise umgewandelt, wodurch additive Zusammenhänge hervorgehoben werden sollen (Schöttler, 2019, S. 125).

Erprobt wurden die Lernumgebungen in inklusiven Settings mit Schüler*innen mit und ohne sonderpädagogischem Förderbedarf Lernen, wobei in den für die Forschung fokussierten kooperativen Arbeitsphasen explizit Schüler*innen mit verschiedenen Kompetenzen zusammenarbeiteten (Schöttler, 2019, S. 109 f.). Aus seinen Ergebnissen schließt Schöttler (2019, S. 301), dass die aufgestellten

Design-Prinzipien zur Erstellung von Lernumgebungen für heterogene Schüler*innengruppen geeignet sind, durch ein Lernen am gemeinsamen Gegenstand sowohl individuelles als auch gemeinsames Lernen anzuregen. Dabei beschränken sie sich nicht ausschließlich auf den fachlichen Inhalt des dezimalen Stellenwertsystems, sondern können in verschiedenen Klassen und mit unterschiedlichen Leistungsniveaus als Grundlage dienen. Im Hinblick auf verschiedene Leistungsniveaus kann zudem festgestellt werden, dass sich die beiden entwickelten Lernumgebungen hierfür anbieten: Über ein Lernen am gemeinsamen strukturellen Kern des dezimalen Stellenwertsystems in unterschiedlichen Zahlenräumen (Schöttler, 2019, S. 94 f.) können ein fachlicher Austausch angeregt und dezimale Beziehungen erfasst und gedeutet werden. Hierdurch können wiederum Einsichten und ein fachliches Verständnis für das dezimale Stellenwertsystem ausgebildet werden (Schöttler, 2019, S. 301 / 316 f.). Schöttler (2019, S. 317) plädiert für einen Mathematikunterricht, bei dem „vielfältige Gelegenheiten sowie geeignete Aufgabenstellungen [geboten werden], um unterschiedliche Beziehungen entdecken sowie im Anschluss möglichst präzise in Worte fassen zu können" (Schöttler, 2019, S. 317). Auch die Lehrperson hat eine besondere Rolle inne, da sie die Diskussionen anregen und entsprechende Fragen stellen kann. Das Lernen am gemeinsamen Gegenstand und damit das Arbeiten an einem inhaltlichen gemeinsamen Kern auf verschiedenen Leistungsniveaus kann dem Autor zufolge den Anforderungen für einen Mathematikunterricht in heterogenen Gruppen entsprechen, da sowohl Schüler*innen mit geringeren fachlichen Kompetenzen als auch leistungsstarke Schüler*innen bei der Arbeit mit den Lernumgebungen herausgefordert werden. Als klare Einschränkung führt Schöttler (2019, S. 318) den kurzen Zeitraum der Studie auf. Beide Lernumgebungen wurden jeweils nur über zwei bis drei Einheiten durchgeführt, sodass aufgrund dessen hier kein enormer Wissenszuwachs zu erwarten ist. Allerdings sieht Schöttler (2019, S. 318) die Studie als einen ersten Eindruck im Hinblick auf verschiedene Lernprozesse und Lernumgebungen für heterogene Gruppen in Bezug auf das Thema Stellenwertsystem.

Da die entwickelten Lehr-Lernarrangements alle in der Sekundarstufe I zu verorten sind, lassen sie sich nicht direkt auf das Vorhaben der vorliegenden Dissertation übertragen und mit dieser vergleichen. Dennoch zeigt sich, dass jeweils auch das positionsorientierte Verständnis und damit primär der ordinale Zahlaspekt mit Hilfe der Lehr-Lernarrangements gefördert wird. Daran soll in dem reduzierten Zahlenraum 0 bis 19 angeknüpft beziehungsweise dafür soll eine gewisse Grundlage gelegt werden. Aspekte wie Nachbarzahlen und damit die Vorgänger- und Nachfolgerbildung sollen bereits aufgegriffen werden. Das strukturorientierte Verständnis und damit Fördereinheiten mit Fokus auf dem Bündelungs- und Stellenwertprinzip werden aufgrund des geringen Zahlenraums in den Hintergrund gestellt. Auch einzelne verwendete didaktische Prinzipien der Lehr-Lernarrangements sollen eine Orientierung für die vorliegende Arbeit darstellen.

Im Rahmen eines Praxisbeitrags stellen Mosandl und Sprenger (2017) unterschiedliche konkrete Darstellungsmittel vor, mit denen ein dezimales Stellenwertverständnis vertieft erarbeitet werden kann. Sie gehen davon aus, dass das Stellenwertprinzip auf dem Teil-Ganzes-Prinzip sowie dem Prinzip der fortgesetzten Bündelung aufbaut. Sie heben jedoch ebenfalls hervor, dass nicht nur der kardinale Zahlaspekt, sondern auch der ordinale Zahlaspekt und ein Verständnis dessen relevant sind und miteinander verknüpft werden sollten. Die Autorinnen befürworten in diesem Zuge das Dienes-Material, den Zahlenstrahl beziehungsweise die Zahlengerade und die Stellenwerttafel (Mosandl & Sprenger, 2017, S. 146 f.). Mit dem Dienes-Material können bis zu vierstellige natürliche Zahlen in dekadischer Form unter anderem enaktiv abgebildet werden, wobei jede Einheit auch mit Hilfe der kleineren Einheiten dargestellt werden kann. Darüber können nach Mosandl und Sprenger (2017, S. 147) die „dekadische Struktur thematisiert" sowie die „additiven und multiplikativen Eigenschaften des Stellenwertprinzips" veranschaulicht werden. Mit Hilfe dieses Materials können unter anderem ein Teil-Ganzes-Prinzip angebahnt werden, indem über verschiedene Zerlegungmöglichkeiten diskutiert wird, sowie ein Bündeln und Entbündeln zunächst konkret am Material, dann auch ausschließlich mental, vertieft werden (Mosandl & Sprenger, 2017, S. 148 f.). Zahlengeraden eignen sich vor allem für ein Ausbilden des Ordinalzahlaspekts, indem eine strukturierte Anordnung von Zahlen entsprechend ihrer Größe vorgenommen wird. Außerdem ist den Autorinnen nach auch ein Bündeln der Striche zur nächstgrößeren Einheit möglich (Mosandl & Sprenger, 2017, S. 147) sowie ein Ausbilden des Teil-Ganzes-Verständnisses, indem Stufenzahlen wie Hundert oder Tausend zerlegt und entsprechend Zahlen in die Zahlengerade eingetragen werden (Mosandl & Sprenger, 2017, S. 148). Als drittes Darstellungsmittel nennen Mosandl und Sprenger (2017, S. 147) die Stellenwerttafel. Diese dient insbesondere der Verknüpfung mit der symbolischen Darstellungsebene und es wird die multiplikative Eigenschaft innerhalb einer Spalte hervorgehoben. Es wird darauf hingewiesen, dass bei der Verwendung von Stellenwerttafeln vor allem auf ein Ausbilden eines inhaltlichen Verständnisses bezüglich der Stellenwerte und deren Beziehungen geachtet werden muss und nicht ausschließlich schematisch vorgegangen werden darf. Das Material der Stellenwerttafel eignet sich zur Erarbeitung von Bündelungen und Entbündelungen (Mosandl & Sprenger, 2017, S. 149) sowie für ein Ausbilden des Stellenwertprinzips, da darüber eine Vernetzung zur rein symbolischen Zahldarstellung expliziert werden kann. Beispielsweise können die Sprechweise und die

Stellenwerte in der Stellenwerttafel verbunden und schließlich mit dem Zahlzeichen verknüpft werden (Mosandl & Sprenger, 2017, S. 150 f.). Grundsätzlich fordern die Autorinnen eine Vernetzung unterschiedlicher Darstellungsmittel (wie Stellenwerttafel), aber auch Darstellungsebenen (wie enaktiv), um ein umfassendes und tragfähiges Stellenwertverständnis auszubilden (Mosandl & Sprenger, 2017, S. 150 f.). An dieser Stelle lassen sich Verknüpfungen zum didaktischen Prinzip der Darstellungsvernetzung (siehe Abschnitt 5.1) feststellen.

Insgesamt beziehen sich auch diese Darstellungsmittel auf einen größeren Zahlenraum, sodass sie für die vorliegende Dissertation nicht übernommen werden können. Der Gedanke der Verknüpfung des kardinalen und insbesondere des ordinalen Zahlaspekts und der Vernetzung verschiedener Darstellungsebenen wird jedoch aufgenommen und findet bei der Entwicklung des eigenen Lehr-Lern-arrangements Berücksichtigung.

3.5   Folgerungen für den intendierten Lernpfad

Die beschriebenen Entwicklungen vom frühen Zahlverständnis, über die Ausbildung einer Zahlidee, hin zum dezimalen Stellenwertverständnis sollen als Grundlage für den intendierten Lernpfad zur Erarbeitung des Zehnerübergangs zur Anbahnung eines dezimalen Stellenwertverständnisses dienen. Folgend werden die einzelnen Teilabschnitte des Lernpfads der Reihe nach aufgeführt und schließlich als Gesamtüberblick zusammengefasst (siehe Tabelle 3.6).

Wie bereits in Abschnitt 2.2 im Rahmen der fachdidaktischen Perspektive zum Lerngegenstand erläutert, wird das Ziel verfolgt, im frühen Lernprozess anzusetzen und den Fokus auf das Ausbilden und Fördern des ordinalen Zahlverständnisses zu legen, sodass bereits in dieser Entwicklungsstufe ein erstes dezimales Stellenwertverständnis im Zuge des Zehnerübergangs angebahnt werden soll. Nach dem Entwicklungsmodell von Resnick (1983; siehe Abschnitt 3.2) verfügen Kinder bereits im Vorschulalter über einen mentalen Zahlenstrahl und somit über ein gewisses ordinales Zahlverständnis. Auch entsprechend dem ZGV-Modell (Krajewski, 2013) handelt es sich beim Wissen um die exakte Zahlenfolge um eine Basiskenntnis. An diese Ausgangslage soll für die Erarbeitung des Zehnerübergangs angeknüpft werden, indem durchgehend insbesondere die Einnahme der Prozesssicht gefördert wird (siehe Abschnitt 2.2.4). Nach Fuson et al. (1997) muss für die Erarbeitung des Zehnerübergangs oder vielmehr für ein Ausbilden des Stellenwertverständnisses zunächst der Zahlenraum 0 bis 9 gefestigt werden (siehe Abschnitt 3.2). Dazu zählt, dass eine umfassende Zahlidee ausgebildet wird und diese als Grundlage für die Zahlraumerweiterung dienen

kann (siehe Abschnitt 3.1.1). Da das Subitizing eine in diesem Zahlenraum relevante Kompetenz darstellt (siehe Abschnitt 3.1.3), muss dieses ebenfalls in den
ersten Erarbeitungsphasen zum Zehnerübergang berücksichtigt werden. An dieser
Stelle kann an die ersten Stufen zur Entwicklung des Stellenwertverständnisses
nach Ross (1986; 1989) und auch nach Fuson et al. (1997; siehe Abschnitt 3.2)
sowie an die zweite Ebene des ZGV-Modells (Krajewski, 2013; siehe Ab-schnitt
2.1.2) zur Zahlentwicklung angeknüpft werden, bei denen Anzahlen von Elementen bestimmt und Zahlzeichen und -wörter mit Größen verknüpft werden
können.

Inhaltsziel (Was?)	Herangehensweise (Wie?)
Zahlraumorientierung 0–4	Subitizing

Diese Kompetenz kann vom Subitizingbereich auf Mengen bis zu neun
Elementen ausgeweitet werden und im Hinblick auf erste Tätigkeiten zur Vorbereitung eines Stellenwertverständnisses nach Fromme (2017) unter die Tätigkeit
des Zählens bis neun (siehe Abschnitt 3.1.3) gefasst werden. Somit wird zusätzlich zur Prozesssicht auch die Einnahme der Objektsicht und damit der kardinale
Zahlaspekt berücksichtigt und gefördert. Wie der Überblick über einzelne Lehrwerke in Abschnitt 3.3 jedoch zeigt, liegt in der Schule der Fokus im Regelfall
vermutlich auf dem kardinalen Zahlaspekt und dessen Förderung. Aus diesem
Grund muss davon ausgegangen werden, dass Aufgaben zum kardinalen Zahlaspekt und damit das Einnehmen einer Objektsicht bei Handlungen am Material
möglicherweise leichter fallen. Um nun dem Forschungsvorhaben der vorliegenden Arbeit zu entsprechen und die Zahlerzeugung und somit den ordinalen
Zahlaspekt stärker in den Blick zu nehmen (siehe Abschnitt 2.2.4), wird das vertiefte Ausbilden eines mentalen Zahlenstrahls, unter anderem über die Einnahme
der Prozesssicht, fokussiert. Grundsätzlich sollen aber bei dieser Dissertation zur
Zahlraumorientierung bis 9 sowohl das Hinzufügen als auch das Wegnehmen
von Elementen (aus der Objektsicht betrachtet) beziehungsweise das Vorgänger-
und Nachfolgerbilden (aus Prozesssicht betrachtet) als Umkehroperation thematisiert und insbesondere am Material umgesetzt werden, sodass über verschiedene
Darstellungsformen und deren Vernetzung sowohl der ordinale als auch der kardinale Zahlaspekt ausgebildet werden kann. Das Erzeugen von Rechnungen stellt
eine mögliche konkrete Anwendung der Objekt- und Prozesssicht dar. Für die
didaktische Umsetzung ergeben sich hieraus gewisse Forderungen bezüglich der
didaktischen Prinzipien, auf die in Abschnitt 5.1 näher eingegangen wird.

Inhaltsziel (Was?)	Herangehensweise (Wie?)
Zahlraumorientierung 0–9	Objektsicht / Prozesssicht, u. a. Rechnungen als Anwendung

Auch Nachbarschaftsbeziehungen sollen mit Blick auf das Fördern eines Zahlenkonstruktionssinn im Sinne Schwanks (2011, S. 1168) und als Tätigkeiten des Strukturierens (Fromme, 2017) als Vorbereitung für ein Stellenwertverständnis im Zahlenraum 0 bis 9 erarbeitet werden.

Inhaltsziel (Was?)	Herangehensweise (Wie?)
Zahlraumorientierung 0–9	Nachbarschaftsbeziehungen / -strukturen

Das Hinzufügen einer weiteren Stelle im Hinblick auf die Zahlschrift beinhaltet den nächsten relevanten Lernschritt: Es muss der prozesshafte Zusammenhang zwischen der Einerstelle und der Zehner-stelle erfasst werden. Was passiert im Moment der Überschreitung von 9 auf 10 an der Einerstelle (−9) und was genau an der Zehnerstelle (+10)? Der Schritt bedarf einer intensiven Erarbeitung und sollte durch eigene Erfahrungen und Handlungen (nach-)vollzogen werden. Dieser Aspekt wird im didaktischen Prinzip der Handlungsorientierung (siehe Abschnitt 5.1) aufgegriffen. An das mathematikdidaktische Material bestehen in dem Kontext hohe Anforderungen.

Der Zehnerübergang von 9 auf 10 kann zunächst im Sinne Dedekinds (1965) als einfache Nachfolgerbildung wahrgenommen werden (siehe Abschnitt 2.1.2), insbesondere solange noch keine Zahlzeichen hinzugenommen werden, sodass der Ordinalzahlaspekt im Vordergrund steht. Ergänzt werden soll dieser Entwicklungsschritt aber auch um die Darstellung des kardinalen Zahlaspekts, um das bei den Schüler*innen möglicherweise vorwiegende Zahlverständnis, aufgrund der häufig zu findenden kardinalen Ausrichtung von Aufgabengestaltungen in Schulbüchern (siehe Abschnitt 3.3), anzusprechen und daran anknüpfen zu können. So sollen zudem die Modelle zur Zahlentwicklung (siehe Abschnitt 3.1.2) und zum Stellenwertverständnis (siehe Abschnitt 3.2) Berücksichtigung finden. Für Handlungen am Material hat es auch im erweiterten Zahlenraum 0 bis 19 zur Folge, dass bezüglich der Objekt- und Prozesssicht das Einnehmen der Objektsicht vermutlich gelingen und somit die Kardinalität einer Zahl, speziell der Zahl Zehn, im Vordergrund stehen wird. Als gewisser Rückgriff auf die mentale Zahlenstrahlrepräsentation nach Resnick (1983) kann folgend dann das Einnehmen der Prozesssicht angebahnt werden. Gleichzeitig soll im Hinblick auf die Zahlschrift beim Zehnerübergang das Einsetzen des Codes, dem dezimalen Stellenwertsystem, hervorgehoben werden. Es muss ein Bewusstsein dafür geschaffen werden, dass eine weitere Stelle in diesem System notwendig ist, um die Zahl mit Hilfe unserer Zahlschrift darstellen zu können. Somit findet eine Verknüpfung der unterschiedlichen Repräsentationsformen statt, die sowohl für eine umfassende Zahlidee (siehe Abschnitt 3.1.1) als auch für ein Stellenwertverständnis (siehe Abschnitt 2.2.1) grundlegend ist. Aufgegriffen wird dieser Aspekt im didaktischen Prinzip der Darstellungsvernetzung (siehe Abschnitt 5.1). Bezüglich der Zielgruppe der vorliegenden Dissertation und damit dem didaktischen Prinzip der Schüler*innenorientierung (siehe Abschnitt 5.2) muss insbesondere dieser Lernschritt als mögliche Hürde im Lernprozess wahrgenommen werden (siehe Abschnitt 2.2; Kapitel 4).

Inhaltsziel (Was?)	Herangehensweise (Wie?)
Nachfolgerbildung von 9	Konflikt primär über Prozesssicht

Durch die ständige Verknüpfung der Prozess- und Objektsicht kann ein Bewusstsein für die Rolle der Zehnerziffer entstehen. Im Zahlenraum 0 bis 19 umfasst diese aus Objektsicht maximal zehn einzelne Elemente oder vielmehr einen gebündelten Zehner, aus Prozesssicht handelt es sich genau um die zehnmalige Nachfolgerbildung der Einerziffer. Auch im Zahlenraum 0 bis 19 soll bei Handlungen sowohl ein Hinzufügen und Nachfolgerbilden als auch ein Wegnehmen und Vorgängerbilden berücksichtigt werden. Dadurch wird ermöglicht, dass der Zehnerübergang auch aus umgekehrter Richtung von Zehn auf Neun erarbeitet wird. Die Verknüpfung der verschiedenen Repräsentationsebenen, unter anderem der Zahlschrift, der Zahlwörter und der Zahldarstellungen am Material, ist dabei leitend. In diesem Sinne soll bezüglich des dezimalen Stellenwertverständnisses sowohl ein erstes prozedurales als auch konzeptuelles Wissen (siehe Abschnitt 2.2.1) angebahnt werden. Über die ständige Verknüpfung der Prozess- und Objektsicht kann zudem auf niedrigster Stufe ein positions- sowie strukturorientiertes Verständnis (siehe Abschnitt 2.2.1) verfolgt werden.

Inhaltsziel (Was?)	Herangehensweise (Wie?)
Zahlraumorientierung 0–19	Objektsicht / Prozesssicht

Im erweiterten Zahlenraum 0 bis 19 können dann die dezimalen Strukturen weiter vertieft werden. In Anlehnung an die Tätigkeit des Strukturierens sowie des Nutzens der Teil-Ganzes-Beziehung als Hinführung zum Stellenwertverständnis nach Fromme (2017; siehe Abschnitt 3.1.3), den Phasen 2 und 3 nach Fuson et al. (1997; siehe Abschnitt 3.2) und dem Zahlenkonstruktionssinn (siehe Abschnitt 2.2.4) sollen Zahlen in Zehner und Einer zerlegt, Nachbarzahlen benannt und

vor allem auch Partnerbeziehungen, die sich durch den gleichen Wert in der
Einerstelle auszeichnen, erfasst werden.

Inhaltsziel (Was?)	Herangehensweise (Wie?)
Zahlraumorientierung 0–19	Partnerbeziehungen

Orientiert an den Erarbeitungen der Zahlenräume 0 bis 9 und 0 bis 19 der
präsentierten Mathematiklehrwerke (siehe Abschnitt 3.3) sollen im Rahmen des
Lehr-Lernarrangements als gewisse Anwendung des Stellenwertsystems zudem
Rechnungen entwickelt und bearbeitet werden. Allerdings werden diese erst, wie
auch in den Lehrwerken, nach vielfältigen handelnden Erfahrungen zur Zahlraumorientierung eingeführt. Bei dem Lernschritt steht ebenfalls das Erzeugen
im Vordergrund, sodass bei einer Rechnung das Ergebnis beispielsweise durch
eine aktive Handlung am Material auf enaktiver Ebene durch die Anwendung
einer Vorschrift, primär aus der Prozesssicht heraus, erzeugt und mit den anderen Darstellungsebenen – ikonisch und symbolisch – vernetzt wird. Gleichzeitig
sollen weiterhin auch die Objektsicht und damit der kardinale Zahlaspekt ermöglicht und thematisiert werden. Durch selbstständiges Entwickeln und Erarbeiten
von Umsetzungsmöglichkeiten von Rechnungen wird das didaktische Prinzip der
Handlungsorientierung (siehe Abschnitt 5.2) aufgegriffen und den Schüler*innen
darüber beide Zahlaspekte durch Diskussionen und Gespräche nähergebracht.
Zudem können zum Beispiel durch Versprachlichung oder Zählweisen bei diesem
Lernschritt die eigenen Erfahrungen und Sichtweisen der Lernenden im erarbei-
teten Zahlenraum sichtbar werden, was wiederum für das didaktische Prinzip der
Schüler*innenorientierung (siehe Abschnitt 5.2) sehr relevant ist und für weitere
Planungen als Orientierung genutzt werden kann.

Inhaltsziel (Was?)	Herangehensweise (Wie?)
Anwendung des Zehnerübergangs	Additions- und Subtraktionsaufgaben im Zahlenraum 0–19

Auf dieser Grundlage der Strukturierung des Zehnerübergangs über eine
Zahlraumorientierung im Zahlenraum 0 bis 9 und dessen Erweiterung auf
den Zahlenraum 0 bis 19 lässt sich der folgende intendierte Lernpfad (siehe
Tabelle 3.6) für die vorliegende Dissertation ausmachen.

Tabelle 3.6   Intendierter Lernpfad

Inhaltsziel (Was?)	Herangehensweise (Wie?)
Zahlraumorientierung 0–4	Subitizing
Zahlraumorientierung 0–9	Objektsicht / Prozesssicht, u. a. Rechnungen als Anwendung
	Nachbarschaftsbeziehungen / -strukturen
Nachfolgerbildung von 9	Konflikt primär über Prozesssicht
Zahlraumorientierung 0–19	Partnerbeziehungen
	Objektsicht / Prozesssicht
Anwendung des Zehnerübergangs	Additions- und Subtraktionsaufgaben im Zahlenraum 0–19

Sonderpädagogische Relevanz

4

Im vorliegenden Kapitel wird nun die sonderpädagogische Perspektive fokussiert und die Relevanz mathematikdidaktischer Forschung in diesem Feld dargestellt. Zunächst wird in diesem Zusammenhang auf den rechtlichen Rahmen (Abschnitt 4.1) eingegangen. Daran anknüpfend wird eine Begriffsklärung zur Hörschädigung sowohl aus medizinischer (Abschnitt 4.2.1) als auch pädagogischer Perspektive (Abschnitt 4.2.2) sowie zum Förderschwerpunkt Hören und Kommunikation (Abschnitt 4.3) vorgenommen. Da mit Blick auf die Relevanz spezifischer Forschung in diesem Feld auch die Prävalenz eine Rolle spielt, wird darauf in Abschnitt 4.4 eingegangen. Daran anknüpfend wird der aktuelle Forschungsstand zu mathematischen Fähigkeiten von Schüler*innen mit Hörschädigung (Abschnitt 4.5) sowie die die daraus folgende Relevanz der Verknüpfung sonderpädagogischer und mathematikdidaktischer Forschung (Abschnitt 4.6) beschrieben, um Forschungslücken offen zu legen.

4.1 Rechtlicher Rahmen sonderpädagogischer Förderung

Die rechtliche Grundlage dieser Dissertation entspringt dem Gedanken der UN-Behindertenrechtskonvention. In Artikel 3 e) ist festgehalten, dass Chancengleichheit als allgemeiner Grundsatz des Übereinkommens angenommen wird (Beauftragte der Bundesregierung für die Belange von Menschen mit Behinderung, 2008, S. 9). Dass im Hinblick auf Bildung jeder Mensch ohne jegliche Diskriminierung, unabhängig ob mit oder ohne Behinderung, ein Recht auf Bildung hat, wird in Artikel 24 spezifiziert. Gelingen soll dies mit Hilfe eines integrativen (beziehungsweise inklusiven) Bildungssystems und lebenslangem Lernen. Ein für diese Arbeit relevantes Ziel ist unter anderem, die kognitiven

Fähigkeiten eines jeden Menschen „voll zur Entfaltung bringen zu lassen" (Beauftragte der Bundesregierung für die Belange von Menschen mit Behinderung,
2008, S. 21). Zudem sollen individuelle Unterstützungsmaßnahmen umgesetzt
werden, um eine bestmögliche Entwicklung sicherzustellen (Beauftragte der Bundesregierung für die Belange von Menschen mit Behinderung, 2008, S. 21).
Konkreter für das Land NRW sind diese Forderungen zudem im Schulgesetz
festgehalten. Mit § 1 wird das Recht auf Bildung, Erziehung und individuelle
Förderung für jedes Kind, unabhängig seiner*ihrer Voraussetzungen sichergestellt
(Ministerium für Schule und Bildung des Landes Nordrhein-Westfalen, 2005a/
23.02.2022, § 1). Speziell für Menschen mit Bedarf an sonderpädagogischer
Unterstützung lässt sich in § 2 Absatz 5 die klare Forderung finden, dass sie
„nach ihrem individuellen Bedarf besonders gefördert" (Ministerium für Schule
und Bildung des Landes Nordrhein-Westfalen, 2005a/23.02.2022, § 2, Absatz
5) werden. Auch § 19 Absatz 1 stellt klar, dass für Menschen mit Behinderung eine Förderung nach individuellem Bedarf stattfinden muss (Ministerium für
Schule und Bildung des Landes Nordrhein-Westfalen, 2005a/23.02.2022, § 19,
Absatz 1). Hierzu wird explizit die Zusammenarbeit mit außerschulischen Part-
nern des Umfelds der Schule gefordert. Sie soll dazu beitragen, den Erziehungs-
und Bildungsauftrag erfüllen zu können (Ministerium für Schule und Bildung
des Landes Nordrhein-Westfalen, 2005a/23.02.2022, § 5). Unter diesem Aspekt
lässt sich auch die Kooperation zwischen Universitäten und Schulen im Rahmen
verschiedener Projekte einordnen.

Diese Forderungen bedingen gleichzeitig, dass die Forschung hierzu ihren
Beitrag leisten muss, um die angestrebte bestmögliche individuelle Förderung
erfassen, aber auch gestalten zu können. Dabei nimmt auch die Mathematikdidaktik eine zentrale Rolle ein und muss sich mit diesbezüglichen Herausforderungen
auseinandersetzen, da Mathematik als eine wichtige Wissenschaft den Menschen sowohl im Alltag als auch in der Schule begegnet. Welcher Bedarf an
Forschung bezüglich der mathematischen Entwicklung im Speziellen für den
Förderschwerpunkt Hören und Kommunikation vorliegt, wird in Abschnitt 4.5
genauer dargestellt.

4.2   Begriffsklärung Hörschädigung

Eine Hörschädigung lässt sich aus verschiedenen Perspektiven definieren und
beschreiben. Für diese Dissertation ist zum einen die medizinische Perspektive
relevant, um die physiologischen Gegebenheiten genauer beschreiben zu können, zum anderen ist insbesondere die pädagogische Perspektive von Bedeutung,

da ein Bezug zur mathematischen Bildung hergestellt werden kann. Leonhardt (2019, S. 21) beschreibt als grundlegenden Unterschied der beiden Perspektiven, dass aus der medizinischen „jede Funktionsstörung des Hörorgans erfasst" (Leonhardt, 2019, S. 21) wird und aus der pädagogischen Sichtweise lediglich jene Funktionsstörungen, die „die Beziehung zwischen Individuum und Umwelt beeinträchtigen und damit soziale Auswirkungen auf den Betroffenen haben" (Leonhardt, 2019, S. 21). Im Folgenden sollen nun die beiden Perspektiven genauer beleuchtet werden.

4.2.1 Medizinische Perspektive

Um Hörschädigungen besser verstehen zu können, wird zunächst ein kleiner Einblick in die anatomischen Gegebenheiten des Ohres gegeben. Hierbei handelt es sich um eine stark vereinfachte Beschreibung des Ohres und des Gesamtprozesses des Hörens, sie ist jedoch an dieser Stelle für die vorliegende Dissertation ausreichend, da sie lediglich als Hintergrundinformation dienen soll.

Hörschädigungen können allgemein durch anatomische Wachstumsvariationen oder Schädigungen in jedem der folgend dargestellten Teilbereiche des Ohres entstehen (Amrhein, 2018, S. 59 ff.). Aus der Internationalen statistischen Klassifikation der Krankheiten und verwandter Gesundheitsprobleme (ICD-10-GM)[1] geht hervor, welche Schädigungen beziehungsweise Krankheiten auftreten können (Deutsches Institut für Medizinische Dokumentation und Information [DIMDI], 2020).

Rein anatomisch betrachtet besteht das Hörorgan aus drei Teilen: dem Außenohr, dem Mittelohr und dem Innenohr (für anatomischen und physiologischen Aufbau siehe Abb. 4.1). Zum Außenohr gehören die Ohrmuschel und der äußere Gehörgang, der durch das Trommelfell vom Mittelohr getrennt wird. Zu letzterem zählt zum einen die Paukenhöhle, in der sich die drei Gehörknöchelchen befinden. Sie sind für die Übertragung und Verstärkung von Schallwellen zwischen dem Trommelfell und dem Innenohr zuständig. Zum anderen befinden sich im Mittelohr pneumatische (belüftete) Nebenräume der Paukenhöhle, die als Resonanzräume dienen. Zuletzt lässt sich die Ohrtrompete (Tuba auditiva) dort verorten. Sie verbindet die Paukenhöhle mit dem Nasenrachenraum. Der akustische Reiz wird vom Mittelohr an das Innenohr weitergeleitet. Das geschieht

---

[1] Zwar trat bereits im Januar 2022 die ICD-11 in Kraft, allerdings ist sie in Deutschland bisher noch nicht eingeführt (https://www.bfarm.de/DE/Kodiersysteme/Klassifikationen/ICD/ICD-11/_node.html). Aus dem Grund wird sich an dieser Stelle auf die ICD-10 berufen.

entweder über eine Luftleitung oder per Knochenleitung, wobei letztgenannte beim alltäglichen Hören zweitrangig ist (Frings & Müller, 2010, S. 678). Im Innenohr befinden sich schließlich das Gleichgewichtsorgan (Bogengänge) und das Hörorgan, welches in der Gehörgangschnecke (Kochlea) liegt (Moll & Moll, 2003, S. 715 ff.; Putz & Pabst, 2007, S. 765 ff.). Hier wird der Schallreiz in ein Signal umgewandelt, das über den Hör- und Gleichgewichtsnerv (Nervus vestibulocochlearis) an das Gehirn weitergeleitet und dort wiederum verarbeitet wird (Frings & Müller, 2010, S. 681 ff.). Für den anatomischen und physiologischen Aufbau siehe Abbildung 4.1.

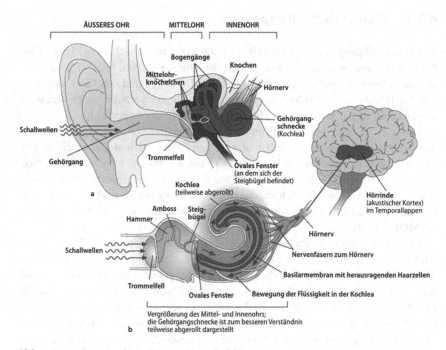

Abb. 4.1 Aufbau des Ohrs (Myers, 2014, S. 268)

Bei einer Schädigung der Schallübertragung lässt sich zwischen zwei Störungen unterscheiden: der Schallleitungsschwerhörigkeit und der Schallempfindungsschwerhörigkeit. Bei einer Schallleitungsschwerhörigkeit ist die Luftleitung gestört und es liegt eine Störung „in einem der schallleitenden Anteile des Ohres (meist Mittelohr oder äußerer Gehörgang)" (Frings & Müller, 2010, S. 678) vor (siehe Abb. 4.2). Bei der Schallempfindungsstörung hingegen befindet sich die

Schädigung entweder im Innenohr selbst oder „in nachgeschalteten Stationen der Hörbahn" (Frings & Müller, 2010, S. 678; siehe Abb. 4.2). Es kann außerdem eine kombinierte Schwerhörigkeit aus diesen beiden Störungen vorliegen. Auch eine nur einseitige Störung ist möglich (Amrhein, 2018, S. 53; Frings & Müller, 2010, S. 679 f.; World Health Organization [WHO], 2023)

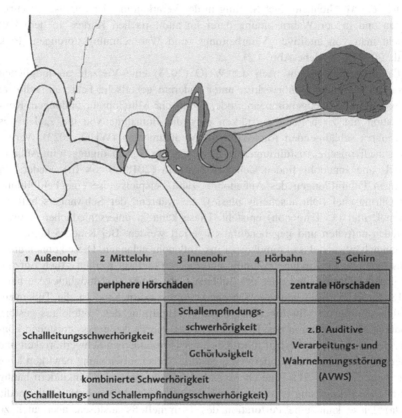

1 Außenohr	2 Mittelohr	3 Innenohr	4 Hörbahn	5 Gehirn
	periphere Hörschäden		zentrale Hörschäden	
Schallleitungsschwerhörigkeit		Schallempfindungs-schwerhörigkeit	z.B. Auditive Verarbeitungs- und Wahrnehmungsstörung (AVWS)	
		Gehörlosigkeit		
kombinierte Schwerhörigkeit (Schallleitungs- und Schallempfindungsschwerhörigkeit)				

Abb. 4.2 Differenzierung der verschiedenen Hörschädigungen (Truckenbrodt & Leonhardt, 2020, S. 8)

Für den Prozess des Hörens ist nach dem Innen-ohr der Hörnerv, der die Impulse aus dem Innenohr an den zuständigen Bereich im Hirnstamm (Nucleus cochlearis) weiterleitet, relevant. Dort werden die Impulse wiederum weiter-verarbeitet, sodass diese unter anderem lokalisiert, separiert und identifiziert werden können. Über den Thalamus gelangen die Reize zum primär auditorischen Kortex, dem Hörzentrum im Gehirn. Hier werden die Geräusche erstmals wahrgenommen. In der sekundären Hörrinde des auditorischen Kortex werden diese schließlich mit kognitiven Inhalten verknüpft und erhalten so Bedeutung (Amrhein, 2018, S. 51 f.; Frings & Müller, 2010, S. 689 f.; Ptok et al., 2019, S. 6 f.). Zusätzlich zur Schallleitungs- und Schallempfindungsschwerhörigkeit besteht die Möglichkeit einer Störung in der Verarbeitung der Impulse im Hirnstamm und in der Wahrnehmung derer im auditorischen Kortex. In dem Fall spricht man von auditiven Verarbeitungs- und Wahrnehmungsstörungen (Ptok et al., 2019, S. 7; siehe Abb. 4.2).

Grundsätzlich besteht nach der WHO (2023) eine Vielzahl an möglichen Ursachen für einen Gehörverlust, unter anderem genetische Faktoren, schwere Gelbsucht in der Neugeborenenperiode, chronische Mittelohrentzündungen, Konfrontation mit zu hohen Lautstärken oder die Einnahme von die Zellen des Innenohres schädigenden (ototoxischen) Medikamenten (WHO, 2023). Vertiefende medizinische Ausführungen zu Ursachen von Hörschädigungen im Außen-, Mittel- und Innenohr finden sich bei Amrhein (2018, S. 58 ff.) wieder: Zu häufigen Fehlbildungen des Außenohres zählt beispielsweise eine Fehlbildung der Ohrmuschel (Ohrmuscheldysplasie), die während der Schwangerschaft im ersten Drittel (1. Trimenon) entsteht. Diese kann in unterschiedlichen Schweregraden auftreten und gegebenenfalls operiert werden. Bei Kindern kommt es zudem gehäuft vor, dass Fremdkörper ins Außenohr gelangen. Diese können unter Umständen zu Entzündungen führen und müssen entfernt werden. Auch Entzündungen der Ohrmuschel oder des äußeren Gehörgangs sind möglich (Amrhein, 2018, S. 58 ff.). Die häufigste Ohrenerkrankung beim Kind ist die Tubenventilationsstörung im Mittelohr. Hierbei ist die Belüftung des Mittelohres gestört, wodurch eine Retraktion des Trommelfells und ein Paukenerguss entstehen können. Bei chronischem Verlauf führt dies unter Umständen zu Schwerhörigkeit und einem Tinnitus, was bei Kindern eine gestörte Sprachentwicklung bewirken kann (Amrhein, 2018, S. 61). Eine ebenfalls bei Säuglingen und Kleinkindern häufig auftretende Erkrankung ist eine akute Entzündung des Mittelohres (Otitis media acuta). Diese kann eine Perforation des Trommelfells auslösen, aber auch zu einer bakteriellen Entzündung der Schleimhaut und des angrenzenden Knochens (Mastoid) führen. Außerdem ist eine chronische Entzündung des Mittelohres, bei der in der Regel ebenfalls das Trommelfell perforiert, möglich. Diese beschriebenen Fehlbildungen oder Erkrankungen können dann in erster Linie zu einer Schallleitungsschwerhörigkeit führen (Amrhein, 2018, S. 62 ff.). Im Innenohr kann, unabhängig vom Alter, eine Lärmschwerhörigkeit durch eine akute Lärm-

beziehungsweise Schallwellenbelastung entstehen. Hierbei werden die Haarzellen in der Kochlea, die den Reiz weiterleiten, beschädigt. Ursachen können unter anderem der Besuch von Konzerten oder Diskotheken, das Hören von Musik über Kopfhörer oder Baulärm sein. Bei chronischer Belastung können dauerhafte Schäden entstehen. Toxische Innenohrschäden, die unter anderem durch Medikamente, aber auch durch Infektionskrankheiten wie Mumps oder Meningitis ausgelöst werden, verursachen oft eine Schallempfindungsschwerhörigkeit. Auch Entzündungen im Innenohr können eine solche Schwerhörigkeit hervorrufen. Innenohrschäden können außerdem bereits pränatal entstehen, zum Beispiel durch Röteln oder die Einnahme ototoxischer Medikamente in der Schwangerschaft. Unter anderem Frühgeburten und Infektionen sind mögliche perinatale Ursachen für Schwerhörigkeit. Eine hereditäre Innenohrschwerhörigkeit tritt unter anderem bei verschiedenen Fehlbildungs-Syndromen wie Trisomie 21 auf (Amrhein, 2018, S. 67 ff.).

Unterschieden wird zwischen verschiedenen Schweregraden der Schwerhörigkeit (siehe Tabelle 4.1).

Tabelle 4.1 Schweregerade der Schwerhörigkeit (Amrhein, 2018, S. 56)

Grad	Mittleres Ausmaß des Hörverlustes	Klinik
0 (normal)	≤ 25 dB	unauffällig
1 (gering)	26 – 30 dB (Kind) 26 – 40 dB (Erwachsener)	Verstehen von normal lautem Sprechen 1 m vor dem Ohr
2 (mittel)	31 – 60 dB (Kind) 41 – 60 dB (Erwachsener)	Verstehen von lautem Sprechen 1 m vor dem Ohr
3 (hoch)	61 – 80 dB	Verstehen einzelner, sehr laut gesprochener Wörter
4 (Hörreste, Taubheit)	≥ 81 dB	fehlendes Verstehen auch sehr laut gesprochener Wörter

Diese Aufteilung findet man in etwa auch bei der Deutsche Gesellschaft der Hörbehinderten – Selbsthilfe und Fachverbände e. V. (2004), wobei sich lediglich einzelne Werte leicht unterscheiden und keine Unterschiede zwischen Erwachsenen und Kindern gemacht werden.

Nach Amrhein (2018, S. 57) spricht man von einer kindlichen Hörstörung nach Definition bereits bei einem Hörverlust von > 15 dB im Hauptsprachbereich von 250 – 4000 Hz bei einem Kind. Epidemiologisch tritt eine solche bei 1000 Kindern im Jahr einmal auf, wobei es sich größtenteils um eine Innen-ohrschwerhörigkeit handelt. Sie kann unter anderem Sprachentwicklungsstörungen verursachen.

Die Deutsche Gesellschaft der Hörbehinderten – Selbsthilfe und Fachverbände e. V. (2004) und auch die Bundesarbeitsgemeinschaft der Integrationsämter und Hauptfürsorgestellen e. V. (2022) differenzieren zusätzlich zwischen gehörlos und schwerhörig. Bei einer Gehörlosigkeit wird man ohne Hörvermögen geboren oder verliert es bereits vor dem Spracherwerb. Somit können gehörlose Menschen die Lautsprache „nicht auf akustischem Weg erlernen" (Bundesarbeitsgemeinschaft der Integra-tionsämter und Hauptfürsorgestellen e. V., 2022). Sie kommunizieren größtenteils über die Gebärdensprache. Damit verbunden sind häufig Sprachentwicklungsstörungen und eine Lese- und Rechtschreibschwäche (Deutsche Gesellschaft der Hörbehinderten – Selbsthilfe und Fachverbände e. V., 2004).

Menschen mit einer Schwerhörigkeit sind hörend sozialisiert und besitzen ein Restgehör (Bundesarbeitsgemeinschaft der Integrationsämter und Hauptfürsorgestellen e. V., 2022; Deutsche Gesellschaft der Hörbehinderten – Selbsthilfe und Fachverbände e. V., 2004). Hier können technische Hilfen wie Hörgeräte oder, bei sehr hohem Grad der Schwerhörigkeit, Gehörimplantate (Kochleaimplantate) eingesetzt werden, um die auditive Wahrnehmung zu verbessern (Amrhein, 2018, S. 56 f.). Zudem kann zwischen prälingualer Frühschwerhörigkeit (vor dem Spracherwerb), bei der die Menschen zwar überwiegend akustisch orientiert sind, aber oft auch über Kenntnisse in lautsprachbegleitenden Gebärden verfügen, und postlingualer Spätschwerhörigkeit, bei der die Sprachentwicklung schon abgeschlossen ist, unterschieden werden (Deutsche Gesellschaft der Hörbehinderten – Selbsthilfe und Fachverbände e. V., 2004).

Eine weitere Differenzierung findet sich in der Bezeichnung ‚Ertaubung'. Hier ist die Hörschädigung „so stark …, daß [sic] eine akustische Diskrimination von Sprache, auch mit technischen Hilfen, nicht möglich ist" (Deutsche Gesellschaft der Hörbehinderten – Selbsthilfe und Fachverbände e. V., 2004). Allerdings tritt sie erst nach dem vollständigen Erwerb der Lautsprache ein, sodass Betroffene größtenteils akustisch orientiert sind (Deutsche Gesellschaft der Hörbehinderten – Selbsthilfe und Fachverbände e. V., 2004). Nach Amrhein (2018, S. 57) ist eine Versorgung mit einem Kochleaimplantat (CI) möglich, wenn zum einen der Hörnerv funktionsfähig sowie die Hörbahn intakt sind und zum anderen eine Motivation von Seiten des*der Betroffenen vorliegt.

Zuletzt kann eine Hörschädigung immer auch in Kombination mit anderen Behinderungen auftreten, die Deutsche Gesellschaft der Hörbehinderten – Selbsthilfe und Fachverbände e. V. (2004) spricht in diesem Fall von „Mehrfachbehinderte[n] Hörgeschädigte[n]".

Im Englischen differenziert die WHO (2023) ausschließlich zwischen ‚hard of hearing' und ‚deaf', wobei unter ‚hard of hearing' ein milder bis mittlerer Gehörverlust verstanden wird und die darunter gefassten Menschen im Regelfall über gesprochene Sprache kommunizieren und von technischen Hilfsmitteln wie Hörgeräten profitieren. Die Bezeichnung ‚hard of hearing' entspricht somit nahezu der Bezeichnung ‚schwerhörig'. ‚Deaf people' haben eine tiefgreifende Hörschädigung und kommunizieren größtenteils über Gebärden. Es wird keine weitere Unterscheidung im Sinne von gehörlos und taub vorgenommen. Das zentrale Kriterium ist der Grad des Hörverlustes (WHO, 2023).

Grundsätzlich sollte festgehalten werden, dass die Kommunikationskompetenz an sich nicht zwangsläufig vom Grad der Hörschädigung abhängt (Deutsche Gesellschaft der Hörbehinderten – Selbsthilfe und Fachverbände e. V., 2004). In dieser Hinsicht kann zwischen akustischer, visueller, taktiler und schriftsprachlicher Kommunikation unterschieden werden. Im Hinblick auf eine Hörschädigung müssen bei der akustischen Kommunikation gewisse Bedingungen wie ein zugewandtes Mundbild für die Möglichkeit des Lippenlesens und das Vermeiden von Nebengeräuschen berücksichtigt werden. Zur visuellen Kommunikation zählt unter anderem die Deutsche Gebärdensprache (DGS), die eine eigenständige und vollwertige Sprache mit allen Besonderheiten wie eine akustische Sprache aufweist, zum Beispiel Dialekte. Zudem besitzt sie eine eigene Grammatik. Im Gegensatz hierzu dienen lautsprachbegleitende Gebärden lediglich als Unterstützung der akustischen Kommunikation und sind dieser gänzlich angepasst. Ein wichtiges Element ist hierbei das Fingeralphabet, welches sich an den Buchstaben der Schriftsprache orientiert. Die taktile Kommunikation wird größtenteils von Taubblinden genutzt. Hierunter fallen beispielsweise taktile Gebärden (Deutsche Gesellschaft der Hörbehinderten – Selbsthilfe und Fachverbände e. V., 2004), bei denen über das Berühren der Hände des*der Gesprächspartner*in gebärdensprachlich kommuniziert wird (Landesdolmetscherzentrale für Gebärdensprache, o. J.). Bei der schriftsprachlichen Kommunikation muss, wie bei der akustischen Kommunikation, auf die individuellen Fähigkeiten geachtet werden. Menschen mit Hörschädigung können hier unter Umständen eine Einschränkung der Kompetenzen aufweisen (Deutsche Gesellschaft der Hörbehinderten – Selbsthilfe und Fachverbände e. V., 2004).

Diese medizinische Perspektive einer Hörschädigung als Behinderung wird aus verschiedenen Richtungen auch deutlich kritisiert. Um eine Behinderung oder eine Krankheit definieren zu können, muss eine Norm festgesetzt werden. Wo liegt diese? Wer gibt sie vor? Ha'am (2019, S. 409 f.), ein Politikwissenschaftler der israelischen Universität Haifa, positioniert sich klar gegen die medizinische Perspektive. Er argumentiert, dass dabei angenommen wird, ein ‚normaler Körper' sei ein hörender Körper und somit Menschen mit einer Hörschädigungen eine Behinderung haben, indem sie von der Norm abweichen. Es entstehe eine Hierarchie innerhalb einer Gesellschaft zwischen Menschen mit Hörschädigung und hörenden Menschen. Er kritisiert weiter, dass bei dieser Perspektive und Wissenschaft die betroffenen Menschen selbst nicht mit einbezogen werden, sondern vielmehr über sie geforscht und geredet wird (Ha'am, 2019, S. 409). Leonhardt (2019, S. 13 ff.) hebt anhand von Fallbeispielen hervor, wie vielfältig und individuell das Erleben und Wahrnehmen einer Hörschädigung ist. Um Hörschädigung nicht nur aus der medizinischen Perspektive darzustellen, wird im folgenden Unterkapitel die pädagogische Perspektive vorgestellt.

4.2.2 Pädagogische Perspektive

Auch für die pädagogische Perspektive ist der Gebrauch und die Definition von Begrifflichkeiten wie Hörschädigung, Schwerhörigkeit, Gehörlosigkeit und Ertaubung relevant, da die vorzufindenden Gegebenheiten bei jedem Menschen die individuelle Entwicklung und Entfaltung beeinflussen. Somit müssen sich Erziehung, Bildung und Förderung an diesen orientieren. Aus der pädagogischen Perspektive liegt eine Hörschädigung dann vor, „wenn der Ausprägungsgrad des Hörverlustes beziehungsweise die Auswirkungen des Hörschadens derart sind, dass das Kind sich nicht ungehindert entwickeln und entfalten kann" (Leonhardt, 2019, S. 26). Mögliche Hürden in der individuellen Entwicklung durch Barrieren zur Umwelt müssen „entwicklungs- und persönlichkeitsfördernd" (Leonhardt, 2019, S. 26) verringert beziehungsweise abgebaut werden. Durch technische Weiterentwicklungen wie Hörgeräte und CI besteht für viele Kinder mit Hörschädigungen die Möglichkeit, die Lautsprache zu erlernen und so einen erleichterten Zugang zur Umwelt zu erlangen (Leonhardt, 2019, S. 26 f.). Historisch betrachtet spielt aus pädagogischer Sicht die Unterscheidung zwischen Gehörlosigkeit und Schwerhörigkeit eine wichtige Rolle. So wurden seit dem 19. / 20. Jahrhundert die Schüler*innen hiernach unterteilt (Leonhardt, 2019, S. 26). Auch in der Ausbildungsordnung sonderpädagogische Förderung (AO-SF) findet man die Unterscheidung zwischen Gehörlosigkeit und Schwerhörigkeit. Gehörlosigkeit liegt hiernach vor, wenn „lautsprachliche Informationen der Umwelt nicht über das Gehör aufgenommen werden können" (Ministerium für Schule und

Bildung des Landes Nordrhein-Westfalen, 2005b/23.03.2022, § 7, Absatz 2).
Bei Schwerhörigkeit hingegen können lautsprachliche Informationen der Umwelt
„trotz apparativer Versorgung … nur begrenzt aufgenommen werden" (Ministerium für Schule und Bildung des Landes Nordrhein-Westfalen, 2005b/23.03.2022,
§ 7, Absatz 3). Außerdem müssen deutliche Beeinträchtigungen in der Sprachentwicklung, im kommunikativen Verhalten, im Lernverhalten oder eine Störung in
der zentralen Verarbeitung der Höreindrücke vorliegen (Ministerium für Schule
und Bildung des Landes Nordrhein-Westfalen, 2005b/23.03.2022, § 7, Absatz
3). Es wird deutlich, dass aus der pädagogischen Perspektive die Beziehung des
Kindes mit Hörschädigung zu seiner Umwelt im Fokus steht. Allerdings wird
die Differenzierung zwischen Gehörlosigkeit und Schwerhörigkeit mittlerweile
hinterfragt. Leonhardt (2019, S. 27) nennt hierfür zwei Entwicklungen. Zum
einen entwickelt sich immer stärker eine Gehörlosenbewegung, die für Selbst-
bestimmung der Gehörlosen plädiert und nach dessen Ansicht sich „jeder als
gehörlos definieren kann, der sich dieser Gruppe … zugehörig fühlt" (Leonhardt,
2019, S. 27). Zum anderen wird immer stärker angenommen und akzeptiert,
dass „Hören mehr als die Verarbeitung von Schallereignissen durch das Ohr ist"
(Leonhardt, 2019, S. 27). Vielmehr ist es „die Auswertung dieser Schallereignisse
durch das Gehirn" (Leonhardt, 2019, S. 27). Somit spielt aus dieser Sicht Pädagogik mit individueller Förderung eine zentrale Rolle für die Hörfähigkeit. Auf die
Entwicklung eines Kindes, auch im Bereich des Hörens, wirken viele Faktoren
ein, sodass sogar bei gleicher Hörschädigung unterschiedliche Hörentwicklungen
vorzufinden sind (Leonhardt, 2019, S. 27).

In den Kultusministerkonferenz-Empfehlungen zum Förderschwerpunkt Hören
(KMK, 1996, S. 3 ff.) (entspricht in NRW dem Förderschwerpunkt Hören und
Kommunikation) wird die pädagogische Ausgangslage einer Hörschädigung in
der Form beschrieben, dass sprachliche und psycho-soziale Folge- und Begleiter-
scheinungen mit ihr einhergehen. Durch eingeschränkte Spracherfassung in der
frühen Kindheit können Beeinträchtigungen im mündlichen und schriftlichen
Sprachgebrauch, aber auch im Sprachverstehen die Folge sein. Somit wird hier
angenommen, dass eine Hörschädigung deutliche Auswirkungen auf die Entwicklung eines Kindes in unterschiedlichen Bereichen, beispielsweise in der
emotionalen und sozialen Entwicklung, in der geistigen Entwicklung und in der
körperlichen und motorischen Entwicklung hat (KMK, 1996, S. 3 f.). Aus pädagogischer Perspektive geht es um das Erkennen des „Bedingungsgefüge(s) der
Hörschädigung – ihre Ausgangspunkte und Entwicklungsdynamik" (KMK, 1996,
S. 4). In den Kultusministerkonferenz-Empfehlungen wird hervorgehoben, dass
aus dieser Perspektive Hörschädigung immer als ein belastender Faktor in der
Entwicklung von Kindern und im Verhältnis zu ihrer Umwelt zu sehen ist (KMK,
1996, S. 5 f.).

4.3 Begriffsklärung Förderschwerpunkt Hören und Kommunikation

Die Bezeichnung des Förderschwerpunkts Hören und Kommunikation ist zunächst im Schulgesetz für NRW festgelegt. Hier heißt es in § 19 Absatz 2, dass die sonderpädagogische Förderung unter anderem den Förderschwerpunkt Hören und Kommunikation umfasst. Für den konkreten Unterricht gelten sowohl die allgemeinen Unterrichtsvorgaben der allgemeinen Schule als auch die Richtlinien der jeweiligen Förderschwerpunkte als Grundlage (§ 19 Absatz 3). In Absatz 10 wird sichergestellt, dass Kinder mit einer Hörschädigung bereits vor Schuleintritt Anspruch auf Frühförderung haben (Ministerium für Schule und Bildung des Landes Nordrhein-Westfalen, 2005a/23.02.2022, § 19). Dieser Anspruch wird in der AO-SF in § 22 noch einmal konkretisiert (Ministerium für Schule und Bildung des Landes Nordrhein-Westfalen, 2005b/23.03.2022, § 22). Darin wird zudem aufgeführt, dass Hörschädigungen (Gehörlosigkeit, Schwerhörigkeit) einen sonderpädagogischen Unterstützungsbedarf legitimieren (§ 3) und diese wiederum unter dem Förderschwerpunkt Hören und Kommunikation gefasst werden (§ 2, Absatz 2 & § 7). Nach der weiteren Ausführung dieses Förderschwerpunkts besteht ein Bedarf, „wenn das schulische Lernen auf Grund von Gehörlosigkeit oder Schwerhörigkeit schwerwiegend beeinträchtigt ist" (Ministerium für Schule und Bildung des Landes Nordrhein-Westfalen, 2005b/23.03.2022, § 7, Absatz 1). Hier lassen sich Parallelen zur pädagogischen Perspektive ziehen, da nicht die Funktionsstörung als solches im Vordergrund steht, sondern mögliche Hürden im Lernverlauf und somit die Beziehungen des Kindes zu seiner Umwelt. Unterschieden wird dabei zwischen Gehörlosigkeit und Schwerhörigkeit, wie bereits in Abschnitt 4.2.2 im Zuge der pädagogischen Perspektive beschrieben wird. Nach Kaul und Leonhardt (2016, S. 65 f.) lassen sich unter dem Förderschwerpunkt Hören und Kommunikation folgende Arten von Hörstörungen wiederfinden: Schallleitungsschwerhörigkeit, Schallempfindungsschwerhörigkeit, eine daraus kombinierte Schwerhörigkeit, Gehörlosigkeit als schwerwiegende Schallempfindungs- oder kombinierte Schwerhörigkeit, Ertaubung, einseitige Hörstörungen und auditive Verarbeitungs- und Wahrnehmungsstörungen. Auf die verschiedenen Definitionen dieser Hörschädigungen wurde bereits in Abschnitt 4.2.1 eingegangen. Die Autor*innen weisen darauf hin, dass Schüler*innen dieses Förderschwerpunkts Schwierigkeiten im Spracherwerb und im Sprechen aufweisen. In diesem Zuge gehen sie explizit auf Kinder mit DGS als Erstsprache ein. Ihnen soll in der Frühförderung und im schulischen Rahmen die Möglichkeit des Erlernens der Lautsprache als Zweitsprache geboten werden. Die Kommunikation und Schriftsprache sind expliziter Bestandteil der

Bildung und bedürfen eines sensiblen Umgangs im Bereich des Förderschwerpunkts Hören und Kommunikation (Kaul & Leonhardt, 2016, S. 67). Aber auch Bereiche wie Kognition und psychosoziale Aspekte spielen in dem Förderschwerpunkt eine Rolle. Zum einen weisen die Autor*innen darauf hin, dass längere sprachliche Einheiten aufgrund eines geringeren Arbeitsgedächtnisses für serielle Informationen nicht so gut erfasst werden können. Zum anderen können die allgemeine Lebensqualität und das Wohlbefinden negativ beeinflusst sein, da zum Beispiel das Schließen von Kontakten erschwert ist (Kaul & Leonhardt, 2016, S. 67 f.). Auch Marschark und Knoors (2012, S. 137 f.) sehen Unterschiede in der kognitiven und sprachlichen Entwicklung zwischen Regelschüler*innen und Schüler*innen mit dem Förderbedarf Hören und Kommunikation, welche sich auf den Lernprozess auswirken können und somit im entsprechenden Arbeitsfeld berücksichtigt werden müssen.

Die nach dem Schulgesetz § 19 Absatz 3 geltenden Richtlinien für den Förderschwerpunkt Hören und Kommunikation sind aus den Jahren 1981 und 1985 (Ministerium für Schule und Bildung des Landes Nordrhein-Westfalen, 2023) und damit stark veraltet. Der Verband Sonderpädagogik stellte 2001 einen Entwurf von Richtlinien für den Förderschwerpunkt Hören und Kommunikation auf. Hier wird der Förderbedarf folgendermaßen definiert: „Bei Kindern und Jugendlichen mit Hörschädigungen kann von sonderpädagogischem Förderbedarf ausgegangen werden, wenn zwischen ihren individuellen Möglichkeiten und den Bedingungen vorschulischen und schulischen Lernens Diskrepanzen bestehen, die in der allgemeinen Schule nicht ohne weiteres ausgeglichen werden können." (Verband Sonderpädagogik NRW, 2001, S. 2). Hier kommt der Aspekt hinzu, dass die allgemeine Schule die besonderen Bedarfe nicht abdecken kann und somit die individuellen Möglichkeiten nicht in vollem Umfang ausgebildet werden können. Hörschädigungen umfassen dabei Gehörlosigkeit, Schwerhörigkeit und zen-trale Hörstörungen. Letztgenannte sind in der AO-SF nicht explizit für sich aufgeführt. Der individuelle Förderbedarf wird anhand des Grads der Hörschädigung, der individuellen Lernvoraussetzungen und Entwicklungsbedürfnisse, der Sozialisationsbedingungen sowie der bisher erfolgten Förderung festgesetzt. Der sonderpädagogische Förderbedarf im Förderschwerpunkt Hören und Kommunikation „erfolgt lernprozessbegleitend unter Einbeziehung einer Kind-Umwelt-Analyse" (Verband Sonderpädagogik NRW, 2001, S. 2). Dass es sich nicht um eine rein medizinische Perspektive handelt, wird an der Forderung deutlich, dass das „ohrenärztliche Gutachten zu Art und Grad der Hörschädigung … durch eine Diagnose des funktionellen Hörens ergänzt" (Verband Sonderpädagogik NRW, 2001, S. 2) wird. Damit wird explizit die Beziehung zwischen Kind und Umwelt und weiteren Einwirkfaktoren auf diese Beziehung in den Fokus gestellt.

Explizit genannt wird in diesen Richtlinien, dass gegebenenfalls therapeutische und soziale Hilfen einen Teil der sonderpädagogischen Förderung für den Förderschwerpunkt Hören und Kommunikation darstellen (Verband Sonderpädagogik NRW, 2001, S. 2).

Grundsätzlich bestehen für diesen Förderschwerpunkt gewisse Notwendigkeiten, die für den Unterricht berücksichtigt werden müssen. Hierzu zählen organisatorische Rahmenbedingungen und die „Sicherung einer sprachlichen und kommunikativen Barrierefreiheit" (Kaul & Leonhardt, 2016, S. 68). Voraussetzungen sind beispielsweise optische Bedingungen wie gute Belichtung, Möglichkeiten des Blickkontakts sowie geringer Abstand beim Sprechen, akustische Bedingungen wie Schalldämmung und die Vermeidung von Lärmquellen sowie das Klassenklima, bei dem auf einen positiven sozialen Umgang geachtet werden sollte. Sprachliche und kommunikative Barrierefreiheit kann durch eine sensible Lehrer*innensprache, wie unterstützende Gebärden, kurze und klare Sätze beziehungsweise Formulierungen, Sprechpausen sowie durch die Berücksichtigung von Gesprächsregeln und Vereinbarungen für Signale bei Nichtverstehen gewährleistet werden (Kaul & Leonhardt, 2016, S. 68 f.).

4.4   Prävalenz

Grundsätzlich ist nicht klar zu bestimmen, wie groß die Anzahl von Menschen in Deutschland mit einer Hörschädigung, unabhängig vom Schweregrad, ist. Der Deutsche Gehörlosen-Bund e. V. begründet dies anhand des Fehlens einer klaren und einheitlichen Definition von Schwerhörigkeit und Gehörlosigkeit sowie der Tatsache, dass eine Hörbehinderung nicht meldepflichtig ist und somit keine exakten Studien darüber erhoben werden können. Er geht von der Annahme aus, dass etwa 0,1 % der Gesamtbevölkerung gehörlos ist. Dies würde in Deutschland etwa einer Anzahl von 83000 Menschen entsprechen (Büter, 2019). Auch der Deutsche Schwerhörigenbund (DSB) e. V. (2021) merkt an, dass solche Statistiken über Schwerhörigkeit in Deutschland aus Kostengründen noch nicht bestehen. Statistische Angaben beruhen auf Analysen kleinerer Mengen und deren Hochrechnung. Der DSB (2021) beruft sich auf Zahlen von Dr. Sohn aus dem Jahr 1999, wonach etwa 19 % der deutschen Bevölkerung über 14 Jahren eine Hörbeeinträchtigung (leichtgradig, schwerhörig und ertaubt) aufweisen. Für das Land NRW wären dies für das Jahr 2021 bei 17,9 Millionen Einwohner*innen (Landesbetrieb IT.NRW, 2023) eine Anzahl von 3,4 Millionen Menschen insgesamt mit Hörschädigungen. Eine weitere Studie zur Prävalenz von Schwerhörigkeit mit Menschen im Alter zwischen 18 und 97 Jahren führten Gablenz et al. (2017)

durch. Sie kamen zu dem Ergebnis, dass etwa 16,2 % der Bevölkerung ab 18 Jahren in Deutschland schwerhörig (ab geringem Grad) ist (Gablenz et al., 2017, S. 665). Zur Definition von Schwerhörigkeit orientierten sie sich an den Graden von Schwerhörigkeit der WHO von 2001, die den oben beschriebenen Unterteilungen (siehe Abschnitt 4.2.1) entsprechen (European Commission – Scientific Committee on Emerging and Newly Identified Health Risks, 2008, S. 23; Gablenz et al., 2017, S. 663). Nach Ergebnissen von Gablenz et al. (2017, S. 666) handelt es sich bei einem Großteil der Schwerhörigkeit um einen geringen Grad; 5,5 % der Bevölkerung weist 2015 eine mittelgradige oder höhere Schwerhörigkeit auf.

Im Hinblick auf kindliche Hörschädigungen kann von einer Prävalenz von 1,2:1000 Geburten ausgegangen werden. Dies schließt Gross et al. (2000, S. 879) aus den Daten des Deutschen Zentralregisters für kindliche Hörstörungen (DZH). Angeborene Hörstörungen entsprechen nach Gross et al. (2000, S. 879) einem Anteil von 12 % der gemeldeten Fälle insgesamt.

Nach dem Deutschen Berufsverband der Hals-Nasen-Ohrenärzte e. V. (o. J.) kann man von einem schwerhörigen Säugling bei 415 Neugeborenen ausgehen, bei Frühgeburten ist die Wahrscheinlichkeit um einiges höher. Tendenziell sind diese Zahlen in den letzten Jahren gestiegen (Deutscher Berufsverband der Hals-Nasen-Ohrenärzte e. V., o. J.). Die Zahlen zeigen, dass der Anteil von Kindern mit einer Hörschädigung durchaus größer ist, als man zunächst annehmen könnte.

Bezogen auf den Förderschwerpunkt Hören und Kommunikation lassen sich Angaben zu Schüler*innenanzahlen in der Statistik des Ministeriums für Schule und Bildung des Landes Nordrhein-Westfalen (2022, S. 27) finden. Hiernach ist bei 6446 von insgesamt 155169 Schüler*innen mit Förderbedarf der Förderschwerpunkt Hören und Kommunikation diagnostiziert. Das entspricht einem Anteil von etwa 4,2 %. Bezogen auf die Anzahl von 2443588 aller Schüler*innen handelt es sich um einen Anteil von 0,26 %. Bei diesen Angaben wird nicht weiter zwischen gehörlos und schwerhörig differenziert; dies geschieht jedoch bei den Zahlen zur Frühförderung zwischen null und sechs Jahren. Von insgesamt 1827 Kindern, die an Maßnahmen der Frühförderung im Bereich der Hörschädigung teilnahmen, sind 523 Kinder gehörlos und 1304 schwerhörig (Ministerium für Schule und Bildung des Landes Nordrhein-Westfalen, 2022, S. 30). Damit ist der Anteil schwerhöriger Kinder deutlich höher.

Im Rahmen der vorliegenden Dissertation wird mit Schüler*innen des Förderschwerpunkts Hören und Kommunikation gearbeitet, die jedoch lautsprachlich kommunizieren und somit nicht gehörlos sind. Die Zahlen zum Verhältnis schwerhörig zu gehörlos im Bereich der Frühförderung des Ministeriums lassen vermuten, dass die Gruppe einem größeren Anteil an Schüler*innen dieses Förderschwerpunkts entspricht und somit eine Forschungsrelevanz legitimiert. Diese

soll durch die Darstellung des Forschungsstands zu mathematischen Fähigkeiten
von Schüler*innen mit Hörschädigung im folgenden Unterkapitel noch bekräftigt
werden.

4.5   Forschungsstand zu mathematischen Fähigkeiten im Förderschwerpunkt Hören und Kommunikation

Der aktuelle Forschungsstand zu mathematischen Fähigkeiten von Kindern mit
Hörschädigung ist allgemein nicht sehr umfangreich. Explizit das Stellenwertver-
ständnis wird nur bei sehr wenigen Studien fokussiert und da auch nur als ein
Teilaspekt.

Folgend soll ein Überblick über verschiedene Forschungen bezüglich mathematischer Fähigkeiten von Kindern mit einer Hörschädigung gegeben werden
(siehe Tabelle 4.2). Aufgrund des insgesamt geringen Umfangs der Forschungslage wird die den Studien zugrundeliegende Stichprobe unter anderem um gehörlose oder mit CI versorgte Kinder erweitert, sodass die gewonnenen Erkenntnisse
nicht ausschließlich auf lautsprachlich kommunizierende Schüler*innen bezogen
sind. Gleiches gilt für die untersuchten mathematischen Bereiche. Auch hier
findet eine Ausweitung vom Stellenwertverständnis beziehungsweise dem Zehnerübergang auf arithmetische Fähigkeiten insgesamt statt. In der Tabelle werden
jeweils zunächst die zugrunde gelegte Stichprobe sowie die gewählte Methode,
worunter beispielsweise der verwendete Test zählt, aufgeführt. In einer weiteren
Spalte werden in sehr reduzierter Form die zentralen Ergebnisse sowie mögliche
daraus abgeleitete Schlussfolgerungen und Konsequenzen beschrieben.

Die tabellarische Darstellung erhebt keinen Anspruch auf Vollständigkeit, sondern soll vielmehr einen Gesamtüberblick über mathematische Fähigkeiten von
Schüler*innen mit Hörschädigung insbesondere im Bereich der Arithmetik bieten.
Bei den beschriebenen Ergebnissen und Konsequenzen der ausgewählten Studien wird sich wiederum auf die mathematikspezifischen und dabei vor allem
auf die (erst-)arithmetischen Inhalte beschränkt. Die Studien werden folgend
chronologisch aufgeführt.

Tabelle 4.2   Überblick von Studien zu mathematischen Fähigkeiten von Menschen mit Hörschädigung

Publikation / Forschungskontext	Stichprobe / Methode	Zentrale Ergebnisse / Konsequenzen ($\rightarrow$)

Hallenbeck (2020): The One-Step Arithmetic Story Problem-Solving of Deaf / Hard-Of-Hearing Children Who Primarily Use Listening and Spoken English / USA	– 24 Schüler*innen (S.) mit Hörschädigung (leicht bis tiefgreifend) von Kindergarten bis 3. Klasse, lautsprachlich kommunizierend
	– Aufgabenbearbeitung im Rahmen von videogestützten Interviews (orientiert an Pagliaro & Ansell, 2012; Ansell & Pagliaro, 2006)
	– u. a. Vergleich mit Ergebnissen von Pagliaro und Ansell (2012) (gebärdensprachlich kommunizierende S.)
		– Strategie des ‚Modeling‘ (am Material) bei lautsprachlich kommunizierenden S. mit Hörschädigung am häufigsten vorzufinden, vor ‚Counting‘ (zählend) und ‚Fact-Based‘ (entsprechende Rechnung), obwohl ‚Counting‘ häufiger zielführend ist (Unterscheidung orientiert an Ansell & Pagliaro, 2006; Pagliaro & Ansell, 2012)
		– im Gegensatz zu gebärdensprachlich kommunizierenden S. (Pagliaro & Ansell, 2012):
		  ○ Wahl der Strategie unabhängig vom Schwierigkeitsgrad der Aufgabe
		  ○ größere Schwierigkeiten bei Aufgaben zum Verständnis von Mengen, bestehend aus einzelnen Elementen, und deren Zerlegung in Teilmengen

(Fortsetzung)

Tabelle 4.2 (Fortsetzung)

Publikation / Forschungskontext	Stichprobe / Methode	Zentrale Ergebnisse / Konsequenzen (→)
Lee und Paul (2019): Deaf Middle School Students' comprehension of relational language in arithmetic compare problems / USA	– 13 S. zwischen zehn und sechzehn Jahren mit Hörschädigung (schwer bis tiefgreifend), teilweise gebärdensprachlich, teilweise lautsprachlich kommunizierend – Aufgabenbearbeitung im Rahmen von schriftlichen Einzeltestungen	– konsistente vergleichende Textaufgaben (Schlüsselwörter entsprechen Operation) können signifikant häufiger korrekt gelöst werden als inkonsistente (Schlüsselwörter entsprechen gegensätzlicher Operation, z. B. Addition bei ‚less than') – häufigster Fehlertyp bei inkonsistenten Aufgaben: ‚Reversal Error' (entgegengesetzte Operation wird nicht genutzt) (59 %) – häufiger Fehlertyp bei konsistenten Aufgaben: Missverstehen der Aufgabe (10 %) → vergleichende Textaufgaben stellen besondere Herausforderung für S. mit Hörschädigung dar
Hassan und Moha-med (2019): Mathematical Ability of Deaf, Average-Ability Hearing, and Gifted Students: A Comparative Study / Oman (UAE, Ägypten)	– insgesamt 167 S. der 6. bis 8. Klasse, unterteilt in drei Gruppen: leichte Hörschädigungen, durchschnittlich begabt & begabt – Einsatz des Mathematical Ability Tests als selbst entwickeltes Instrument für drei Leistungslevel für Klasse 6, 7, 8	– signifikante Unterschiede zwischen den drei Gruppen: Begabte S. zeigen die besten Leistungen und S. mit Hörschädigung die schwächsten

(Fortsetzung)

Tabelle 4.2   (Fortsetzung)

Publikation / Forschungskontext	Stichprobe / Methode	Zentrale Ergebnisse / Konsequenzen (→)
Werner et al. (2019): Mathematische Konzepte bei gehörlosen Vorschulkindern und Erstklässlern. Erste Erkenntnisse aus einer deutschen Pilotstudie / Deutschland	– 7 gehörlose Vorschulkinder & Erstklässler*innen, ausschließlich gebärdensprachlich kommunizierend – Pilotstudie mit gebärdensprachlicher Version zum MARKO-D mit Hilfe von Interviews	hinsichtlich der Übersetzung u. a.: – Schwierigkeiten bei spezifischen Begriffen / Relationen wie ‚mehr als‘ hinsichtlich der Leistungen der Kinder: – besonders große Schwierigkeiten in Niveau II: Ordinaler Zahlenstrahl – vergleichsweise gute Ergebnisse in Niveau V: Relationalität
Rodríguez-Santos et al. (2018): Quantity processing in deaf children: evidence from symbolic and non-symbolic comparison tasks / Spa-nien	– 9 S. zwischen acht und neun Jahren, gehörlos, CI versorgt, lautsprachlich kommunizierend – Vergleichsgruppe: 9 S. zwischen acht und neun Jahren (hörend) – Aufgabenbearbeitung im Rahmen von computergestützten Interviews	– schwächere Ergebnisse von S. mit Hörschädigung bei Additionsaufgaben – keine auffallenden Unterschiede zwischen den Gruppen bzgl. nicht-symbolischer Mengenwahrnehmungen ○ u. a. Vergleichsaufgaben von Mengen im Verhältnis 1 zu 2 grundsätzlich schneller gelöst als im Verhältnis 1 zu 3 → Verantwortlichkeit kann nicht im frühen Zahlensinn liegen → Verknüpfung von Mengen bzw. Anzahlen mit dem Zahlzeichen / Zahlwort als Herausforderung & eine Ursache für schwächere Ergebnisse im Bereich ‚Addition‘

(Fortsetzung)

Tabelle 4.2 (Fortsetzung)

Publikation / Forschungskontext	Stichprobe / Methode	Zentrale Ergebnisse / Konsequenzen ($\rightarrow$)
Govindan und Ramaa (2014): Mathematical difficulties faced by deaf / hard of hearing children / Indien	– 25 S. zwischen elf und dreizehn Jahren mit Hörschädigung (mittel bis tiefgreifend), lautsprachlich oder gebärdensprachlich kommunizierend, 5. Klasse – Arithmetic Diagnostic Test zum Zahlkonzept, zu arithmetischen Prozessen sowie zum arithmetischen Denken durch Problemlösen	– insgesamt deutliche Schwierigkeiten, u. a. im Bereich des Stellenwertverständnisses Bereich ‚Zahlkonzept' u. a.: – Wissen zu Zahlen und Stellenwerten: ○ (sehr) schwache Ergebnisse im Lesen / Schreiben von Zahlen – schwache Ergebnisse im Anordnen von Zahlen der Größe nach sowie sehr differente / stark gestreute Ergebnisse im Konzept ‚kleiner / größer als' Bereich ‚Addition' sowie ‚Subtraktion' u. a.: – relativ schwache Ergebnisse im Hinzufügen sowie schwache Ergebnisse im Abziehen gemäß Stellenwert $\rightarrow$ Forderung nach mehr und besseren Lernan-lässen für S. mit Hörschädigung, unter Berücksichtigung von Handlungsorientierung

(Fortsetzung)

Tabelle 4.2 (Fortsetzung)

Publikation / Forschungskontext	Stichprobe / Methode	Zentrale Ergebnisse / Konsequenzen ($\rightarrow$)
Huber et al. (2014): Reading instead of reasoning? Predictors of arithmetic skills in children with cochlear implants / Österreich	– 23 S. mit Hörschädigung, CI versorgt, lautsprachlich kommunizierend, 2. bis 4. Klasse – Vergleichsgruppe: 23 S. der 2. bis 4. Klasse (hörend) – Vergleichsstudie mit den Testverfahren: ○ Heidelberger Rechentest (HRT) ○ Culture Fair Intelligence Test zur Erhebung der nonverbalen Intelligenz ○ Salzburger Lesescreening zum Erheben der Lesekompetenz	– signifikant schlechtere Ergebnisse CI versorgter S. bei arithmetischen Fähigkeiten im Vergleich zur deutschen Testnorm des HRT von Grunds. – nicht signifikant schlechter im Vergleich zur österreichischen Vergleichsgruppe (hörende S.), aber durchgehend in allen Subtests schwächer – Lesekompetenz, anders als bei hörenden S., stärkerer Prädiktor als nonverbale Intelligenz – keine signifikant schwächere Leseleistung bzw. niedrigerer IQ – die arithmetischen Fähigkeiten stehen nicht im Zusammenhang mit der Hörfähigkeit CI versorgter S.

(Fortsetzung)

Tabelle 4.2   (Fortsetzung)

Publikation / Forschungskontext	Stichprobe / Methode	Zentrale Ergebnisse / Konsequenzen (→)

Pixner et al. (2014): Number processing and arithmetic skills in children with cochlear implants / Österreich	– 45 S. mit Hörschädigung, CI versorgt, teilweise lautsprachlich, teilweise gebärdensprachlich kommunizierend, 3. bis 5. Klasse
	– Vergleichsgruppe: 49 S. der 3. bis 5. Klasse (hörend)
	– Vergleichsstudie mit den Testverfahren
	  ○ Heidelberger Rechentest (HRT) (CI versorgte S.)
	  ○ PC-basierte Aufgaben zu Multiplikation und Subtraktion
	  ○ Paper-Pencil-Aufgabe zum Zahlenstrahl
		CI versorgte S.:
		– teilweise auffallend schwache, teilweise auffallend starke Ergebnisse im HRT, Unterschiede jedoch nicht signifikant
		– signifikant langsamere Beantwortung bei Multiplikationsaufgaben
		– keine signifikant schlechteren Fähigkeiten in der Subtraktion
		– erhöhte Fehlerquote bei Aufgaben mit Übertrag
		– signifikant schwächer bei der Verortung von Zahlen am Zahlenstrahl, insbesondere bei größerer Zahlenspanne (0 – 1000)
		– Schwierigkeiten bei spezifischer Verarbeitung von Stellenwert-Informationen im Hinblick auf Überträge bei der Subtraktion sowie Verarbeitung von Stellenwertwissen im Hinblick auf die Verortung am Zahlenstrahl
		– Bereich der Arithmetik sowie mentale Zahlvorstellung insgesamt mit mehr Hürden verbunden
		– negativer Einfluss auf die Zahlentwicklung und damit auch auf das Stellenwertverständnis u. a. durch sprachliche Hürden
		→ fokussierte Vermittlung des Stellenwertsystems zum Abbau und zur Verhinderung zusätzlicher Hürden

(Fortsetzung)

Tabelle 4.2 (Fortsetzung)

Publikation / Forschungskontext	Stichprobe / Methode	Zentrale Ergebnisse / Konsequenzen ($\rightarrow$)
Edwards et al. (2013): The mathematical abilities of children with cochlear implants / UK	– 24 S. zwischen sieben und zwölf Jahren mit Hörschädigungen, CI versorgt, lautsprachlich kommunizierend – Vergleichsgruppe: 22 S. zwischen sieben und zwölf Jahren (hörend) – Vergleichsstudie mit den Testverfahren: ○ RM Maths: Computerprogramm zum Thema Rechnen und Zählen sowie geometrisches Denken (visuelle Unterstützung vorhanden) ○ Wechsler Intelligence Scale for Children (WISC-IV) (Schwerpunkt auf auditiven Darstellungen): Subtest Arithmetik ○ Britisch Picture Vocabulary Scale	– S. mit CI in allen drei Bereichen (Rechnen und Zählen, geometrisches Denken, Arithmetik) signifikant schwächer – bei kontrollierter Vokabelfähigkeit keine Unterschiede bei den Skalen zu Rechnen und Zählen sowie geometrisches Denken (RM Maths)

(Fortsetzung)

Tabelle 4.2 (Fortsetzung)

Publikation / Forschungskontext	Stichprobe / Methode	Zentrale Ergebnisse / Konsequenzen (→)
Pagliaro und Kritzer (2013): The Math Gap: A Description of the Mathematics Performance of Preschool-aged Deaf/ Hard-of-Hearing Children / USA	– 20 Kinder zwischen drei und fünf Jahren mit Hörschädigung (leicht bis tiefgreifend), vorwiegend lautsprachlich kommunizierend, ein Kind gebärdensprachlich kommunizierend – TEMA-3 als standardisierter Test und Performance Based Tasks (PBTs) als nichtstandardisierter Test	– insgesamt deutliche Defizite im Bereich ‚Zahl' (u. a. schätzen, zählen, Zahlschrift, ordinale Zahlen und Subitizing (Angabe einer Anzahl von Elementen ohne zu zählen)) – Bereiche ‚Maße' (u. a. Sortieren nach Größe) & ‚Problemlösen': insgesamt sehr schwach – Bereich ‚Muster, Begründung, Algebra' (u. a. Erweiterung eines ABAB-Farbmusters): teilweise große Schwächen – Bereich ‚Geometrie': leistungsstärkerer Bereich – insgesamt zeigt die Hälfte der getesteten Kinder bereits im frühen Entwicklungsstadium Schwächen in grundlegenden mathematischen Zahlkonzepten – Rückstand von Kindern mit Hörschädigung im Zählen: etwa 2 Jahre – Lücke der mathematischen Kompetenzen nimmt im Alter tendenziell zu

(Fortsetzung)

Tabelle 4.2   (Fortsetzung)

Publikation / Forschungskontext	Stichprobe / Methode	Zentrale Ergebnisse / Konsequenzen (→)
Pagliaro und Ansell (2012): Deaf and Hard of Hearing Students' Problem-Solving Strategies With Signed Arithmetic Story Problems / USA (siehe auch Ansell & Pagliaro, 2006)	– 59 S. zwischen fünf und neun Jahren mit Hörschädigung (leicht bis tiefgreifend), gebärdensprachlich kommunizierend – Aufgabenbearbeitung im Rahmen von videogestützten Interviews	– veränderte Entwicklung von Strategien (üblich: ‚Modeling', ‚Counting', ‚Fact') – ‚Counting' bei verschiedenen Problemarten am häufigsten verwendet, ‚Fact' am seltensten – höherer Schwierigkeitsgrad führt zu höherem Anteil von ‚Modeling' und geringerem Anteil von ‚Counting' – gleiches Verhältnis auch mit Blick auf die Korrektheit: je schwieriger, desto sicherer mit ‚Modeling', je einfacher, desto sicherer mit ‚Counting' → Forderung nach Erkundungen und Erarbeitung verschiedener Strategien

(Fortsetzung)

Tabelle 4.2 (Fortsetzung)

Publikation / Forschungskontext	Stichprobe / Methode	Zentrale Ergebnisse / Konsequenzen (→)
Kritzer (2009): Barely Started and Already Left Behind: A Descriptive Analysis of the Mathematics Ability Demonstrated by Young Deaf Children / USA	– 28 Kinder zwischen vier und sechs Jahren mit Hörschädigung, teilweise CI versorgt, teilweise gebärdensprachlich, teilweise lautsprachlich kommunizierend – qualitative Auswertung der Bearbeitung des TEMA-3, in gebärdensprachlicher oder gebärdenunterstützender Form erhoben	– Leistungsniveau bei mehr als 60 % der Kinder unter dem für hörende Kinder normierten Durchschnitt – große Schwierigkeiten im Bestimmen des Nachfolgers einer zweistelligen Zahl, Kinder mit niedrigem Leistungsniveau zählen nicht höher als zehn – Schwierigkeiten im Modellieren von Geschichten mit Alltagsbezug in mathematischen Zusammenhängen (Zahlenraum bis 9) – große Schwierigkeiten im Bereich ‚Teil-Ganzes-Konzept' – deutliche Defizite bei Aufgaben zum Aufteilen von Mengen

(Fortsetzung)

Tabelle 4.2   (Fortsetzung)

Publikation / Forschungskontext	Stichprobe / Methode	Zentrale Ergebnisse / Konsequenzen ($\rightarrow$)

Kramer (2007): Kulturfaire Berufseignungsdiagnostik bei Gehörlosen und daraus abgeleitete Untersuchungen zu den Unterschieden der Rechenfertigkeiten bei Gehörlosen und Hörenden / Deutschland	– 907 Menschen mit Hörschädigung (gehörlos bis fast hörend), Stichprobengrößen der Einzeltestverfahren variieren zwischen 15 und 599, ab fünfzehn Jahren, Altersdurchschnitt: 23,4, teilweise gebärdensprachlich, teilweise lautsprachlich kommunizierend
	– u. a. Vergleichsstudie mit den Testverfahren:
	  o Aachener Testverfahren zur Berufseignung von Gehörlosen (ATBG) (Testbatterie, bestehend aus 26 Einzeltests, wobei der Schweizer Rechentest für die 4. Klasse (SRT4) sowie der Rechentest zur Überprüfung der Mathematikleistungen von Haupts. am Ende der 9. Klasse bzw. zum Berufseinstieg (RT9) in modifizierter Form je einen Einzeltest darstellen)
	  o Normstichproben des SRT4 sowie des RT9 (jeweils hörende S.)
		– signifikante Defizite bei Menschen mit Hörschädigung
		– Wahrnehmung der additiven Zusammensetzung von Zahlen durch Erfassen ‚linguistischer Cues‘ (z. B. das ‚und‘ in Dreiundfünfzig für die additive Zusammensetzung) aufgrund sprachlicher Einschränkungen von Menschen mit Hörschädigung erschwert, Auswirkungen auf Transkodierungsprozesse

(Fortsetzung)

Tabelle 4.2   (Fortsetzung)

Publikation / Forschungskontext	Stichprobe / Methode	Zentrale Ergebnisse / Konsequenzen (→)
Swanwick et al. (2005): Mathematics and Deaf Children: An Exploration of Barriers to Success / UK	– 73 vierzehnjährige S. mit Hörschädigung auf unterschiedlichen Kompetenzniveaus – Bearbeitungen des nationalen Vergleichstests (Mathematik, Englisch, Naturwissenschaften), der mit allen vierzehnjährigen S. in allen Schulen auf vier verschiedenen Niveaustufen durchgeführt wird	– negative Abweichungen vom Durchschnitt in verschiedenen Bereichen – Bereich ‚Sprachthemen‘: deutliche Schwierigkeiten u. a. im Erkennen und Anwenden von Schlüsselbegriffen, Vernetzung von Informationen – Bereich ‚Gewähltes Lösungsverfahren und -ansatz‘: vergleichsweise viele Aufgaben schriftlich statt im Kopf gerechnet, Schwierigkeiten bei Interpretationen von Ergebnissen – Bereich ‚Antworten bzw. Erklärungen‘: deutliche Defizite sowie unvollständige oder falsche Antworten – Bereich ‚schwierig zu unterrichtende Items‘: negative Zahlen deutlich weniger korrekt bearbeitet – vergleichsweise niedrige Niveaustufenbearbeitung, große Schwierigkeiten mit sprachlichem Bezug

(Fortsetzung)

Tabelle 4.2   (Fortsetzung)

Publikation / Forschungskontext	Stichprobe / Methode	Zentrale Ergebnisse / Konsequenzen ($\rightarrow$)
Zarfaty et al. (2004): The Performance of Young Deaf Children in Spatial and Temporal Number Tasks / UK	– 10 Kinder zwischen zwei und vier Jahren, 10 Kinder mit mittlerem bis tiefgreifendem Hörverlust, davon 8 Kinder CI versorgt – Vergleichsgruppe: 10 Kinder zwischen zwei und vier Jahren (hörend) – Aufgabenbearbeitung zu Mengendarstellungen im Rahmen von computergestützten Interviews	– signifikant bessere Ergebnisse bei räumlich-simultaner Darstellung als hörende Kinder – vergleichbare Ergebnisse bei zeitlich-sukzessiver Darstellung – Schwierigkeiten mit Zahlkonzepten noch nicht in frühen Jahren, Ursache in fehlenden kulturellen Möglichkeiten zur Entwicklung $\rightarrow$ Zahlvorstellungen über räumlich-simultane Präsentationen ausbilden, nicht auf zeitlich-sukzessives Erzeugen von Mengen beschränken
Nunes und Moreno (2002): An Intervention Program for Promoting Deaf Pupils' Achievement in Mathematics / UK	– Projektgruppe: 23 S. mit Hörschä-digung zwischen sieben und zehn Jahren – Kontrollgruppe: 65 S. mit Hörschä-digung zwischen sieben und zehn Jahren – Interventionsstudie zu den Bereichen additive Zusammensetzung und deren Anwendung bei Zahlen und Größen, additives Begründen, multiplikatives Begründen sowie Anteile und Brüche	– Einsatz von Arbeitsmaterialien, die informale Lerninhalte mit mathematischen Repräsentationen in der Schule verbinden sowie die räumlich-simultane statt der zeitlich-sukzessiven Darstellung bevorzugen – signifikante Verbesserungen in Bezug zu mathematischen Konzepten

(Fortsetzung)

Tabelle 4.2 (Fortsetzung)

Publikation / Forschungskontext	Stichprobe / Methode	Zentrale Ergebnisse / Konsequenzen ($\rightarrow$)
Zevenbergen et al. (2001): Language, Arithmetic Word Problems, and Deaf Students: Linguistic Strategies Used to Solve Tasks / Australien (siehe auch Hyde et al., 2003)	– 77 S. der 1. bis 12. Klasse mit Hörschädigung (mittel bis tiefgreifend), verfügen über grundlegende Englischkenntnisse – Paper-Pencil-Test zu arithmetischen Textaufgaben und anschließende Interviews zum Lösungsvorgehen – qualitativer Vergleich mit Ergebnissen von Lean et al. (1990) (hörende S. der 1. bis 7. Klasse)	– in allen Jahrgängen 1 bis 7 deutlich schwächere Ergebnisse bei S. mit Hörschädigung, bei komplexeren Aufgaben stärkere Differenzen – Verknüpfung von Schlüsselbegriffen wie Präpositionen bei dekontextualisierten Aufgaben mit bekannten Kontexten, fehlende Anpassung und Fehlinterpretation, führen zu Übergeneralisie-rungen – starke Orientierung an Schlüsselbegriffen wie ‚mehr als‘, ‚weniger als‘ ○ häufig mit Addition bzw. Subtraktion verknüpft, Fehlinterpretation bei Vergleichsauf-gaben
Traxler (2000): The Stanford Achievement Test, 9th Edition: National Norming and Performance Standards for Deaf and Hard-of-Hearing Students / USA	– 971 S. zwischen sieben und fünfzehn Jahren mit Hörschädigung, größtenteils aus der Normstichprobe des ‚Stanford 9 tests‘ entnommen, normiert für S. zwischen acht und achtzehn Jahren mit Hörschädigung	– 80 %-Marke der S. mit Hörschädigung in den mathematischen Bereichen ‚Problemlösen‘ & ‚Verfahren‘ im untersten bzw. Zweituntersten Level von insgesamt vieren – Bereich ‚Problemlösen‘: min. 80 % der S. mit Hörschädigung zeigen Fähigkeiten auf Basisniveau oder darunter – Bereich ‚Verfahren‘: min. 80 % der S. mit Hörschädigung zeigen Fähigkeiten unterhalb des Basisniveaus

(Fortsetzung)

Tabelle 4.2   (Fortsetzung)

Publikation / Forschungskontext	Stichprobe / Methode	Zentrale Ergebnisse / Konsequenzen ($\rightarrow$)
Frostad (1996): Mathematical achievement of hearing impaired students in Norway / Norwegen	– Messzeitpunkt 1: ○ 246 S. zwischen sieben und sechzehn Jahren mit Hörschädigung (leicht bis tiefgreifend), teilweise lautsprachlich, teilweise gebärdensprachlich kommunizierend, 1. bis 9. Klasse ○ Vergleichsgruppe: 527 S., 5. bis 9. Klasse (hörend) – Messzeitpunkt 2 (ein Jahr später): ○ 196 S. mit Hörschädigung (größtenteils Teilnehmende aus Messzeitpunkt 1) ○ Vergleichsgruppe: 557 S., 1. bis 9. Klasse (hörend) – Tests von Tornes, Rusten und Hagen (1980) für die 1. bis 4. Klasse zu Addition, Subtraktion, Multiplikation, Division, Algebra, Brüche, Messen und Gleichungen – selbst entwickelte Tests für die 5. bis 9. Klasse, basierend auf dem Curriculum sowie gängiger Lehrwerke ○ möglichst nonverbale Tests	– schwächere Leistungen bei S. mit Hörschädigung in allen Jahrgängen – Unterschied in 5. bis 8. Klasse signifikant, zu Beginn vergleichsweise gering – Leistungszuwachs je Jahr bei hörenden S. Nach allen Schuljahren signifikant, bei S. mit Hörschädigung nach 4. bis 6. sowie 8. Klasse nicht signifikant – S. mit Hörschädigung ab 4. Klasse im Durchschnitt schwächer als hörende S. aus unterem Jahrgang

Die dargestellten Studien deuten insgesamt darauf hin, dass Schüler*innen mit Hörschädigung jeglicher Art und Form der Kommunikation häufig eine verzögerte mathematische Entwicklung im Vergleich zu hörenden Schüler*innen aufweisen (u. a. Edwards et al., 2013; Frostad, 1996; Govindan & Ramaa, 2014; Huber et al., 2014; Kramer, 2007; Kritzer, 2009; Pagliaro & Kritzer, 2013; Saeed & Mohamed, 2019; Swanwick et al., 2005; Traxler, 2000). Nach Pagliaro und Kritzer (2013, S. 149) verschärft sich die Situation mit dem Alter, worauf zudem die Ergebnisse von Kramer (2007) zum Berufseinstieg hindeuten. Zu diesem Schluss kommen im Zuge ihres Reviews auch Gottardis et al. (2011, S. 143). Es scheinen zudem insbesondere in den mittleren Jahrgängen 5 bis 8 besondere Hürden bezüglich mathematischer Fähigkeiten aufzutreten (Frostad, 1996, S. 73). Entsprechend den Untersuchungen von Moser Opitz (2013; siehe Abschnitt 2.2.3) lassen sich in der fünften und achten Klasse bei Aufgaben zum Stellenwertsystem besondere Schwierigkeiten feststellen, sodass an dieser Stelle der mögliche Rückschluss gezogen werden kann, dass Schüler*innen mit Hörschädigung noch verstärkt Schwierigkeiten im Hinblick auf Aufgaben zum dezimalen Stellenwertsystem beziehungsweise auf das Stellenwertverständnis aufweisen. Gleichzeitig ist jedoch für die mathematische Entwicklung außerdem zu berücksichtigen, dass möglicherweise eine veränderte Entwicklung vorzufinden ist als bei hörenden Schüler*innen. Pagliaro und Ansell (2012, S. 451 ff.) stellen dies bezüglich Problemlösestrategien im Anfangsunterricht fest. Demnach präferieren Schüler*innen mit Hörschädigung, die gebärdensprachlich kommunizieren, insbesondere ‚Counting' als Strategie und mit steigendem Schweregrad der Aufgaben auch ‚Modeling', wohingegen hörende Schüler*innen verstärkt die ‚Modeling'-Strategie wählen und bei schwierigeren Aufgaben auf ‚Counting' zurückgreifen (Pagliaro & Ansell, 2012, S. 442). Schüler*innen mit Hörschädigung, die hingegen lautsprachlich kommunizieren, bevorzugen bei allen Schwierigkeitsgraden den Strategietyp ‚Modeling' (Hallenbeck, 2020, S. 95 f. / 112). Bezüglich der frühen mathematischen Entwicklung stellen Kritzer (2009, S. 418) und Pagliaro und Kritzer (2013, S. 149) bereits grundlegende Defizite hinsichtlich mathematischer Konzepte und damit im Sinne einer ausgebildeten Zahlidee fest. So stellen Aufgaben zum Größenverständnis, bei denen beispielsweise Bilder der Größe nach sortiert werden müssen, eine deutliche Herausforderung dar (Pagliaro & Kritzer, 2013, S. 147). Auch ein erstes Teil-Ganzes-Konzept im geringen Zahlenraum scheint bei Schüler*innen mit Hörschädigung zum Schuleinstieg noch nicht oder nur sehr gering vorzuliegen (Kritzer, 2009, S. 417). Ähnliches zeigt sich auch bei Ergebnissen von Hallenbeck (2020, S. 120 f.): Aufgaben, die ein Verständnis bezüglich Mengen, deren Zusammensetzung aus einzelnen Elementen und der Möglichkeit, eine Gruppe in mehrere kleine Teilmengen unterteilen zu können, voraussetzen, können lautsprachlich kommunizierenden Schüler*innen mit Hörschädigung insgesamt schwer fallen, auch im Vergleich zu gebärdensprachlich kommunizierenden Schüler*innen. Dennoch scheinen Mengenrepräsentationen nicht grundsätzlich eine Hürde darzustellen. So beschreiben Marcelino et al. (2019, S. 5921) in ihrem Review die Fähigkeit der Mengenerfassung insgesamt als eine Stärke. Im Hinblick auf die Entwicklung eines Zahlkonzepts wird in verschiedenen Studien deutlich, dass Schüler*innen mit Hörschädigung, unabhängig ihrer Kommunikationsform, Schwierigkeiten mit dem ordinalen Zahlaspekt aufweisen (Pagliaro & Kritzer, 2013, S. 145 f.; Werner et al., 2019, S. 7 f.). Hierunter fällt unter anderem, dass Zahlen in der Zahlwortreihe verortet und darüber unter anderem Vergleiche zwischen den Zahlen durchgeführt werden können. Aber auch das Bestimmen des Nachfolgers ist zum Schuleinstieg noch mit großen Hürden verbunden (Kritzer, 2009, S. 416). Auch im ihrem Review heben Marcelino et al. (2019, S. 5921) hervor, dass Aufgaben am Zahlenstrahl insbesondere im Vorschulalter zu Herausforderungen führen und es sich somit nicht nur um Einzelfälle handelt, die bezüglich des ordinalen Zahlaspekts Förderbedarf aufweisen. Mit Blick auf die Erkenntnis, dass lautsprachlich kommunizierende Schüler*innen mit Hörschädigung bei Problemlösestrategien die Strategie ,Counting' zwar seltener nutzen, diese jedoch insgesamt zielführender ist (Hallenbeck, 2020, S. 113) und es bei der Strategie ebenfalls um bewusstes Nachfolger- beziehungsweise Vorgängerbilden und damit ordinale Zahlaspekte im Vordergrund stehen, scheint unter diesen Umständen eine Förderung des ordinalen Zahlaspekts und damit der ordinalen Zahlvorstellung angebracht zu sein. So können den Schüler*innen unter Umständen neue Wege aufgezeigt und diese intensiviert werden. Insgesamt lässt sich bezüglich der frühen mathematischen Entwicklung feststellen, dass bei Schüler*innen mit Hörschädigung nicht grundsätzlich eine defizitäre Entwicklung vorliegt. Stattdessen müssen für die Ausbildung und Förderung vielmehr individuelle Wege und Präferenzen berücksichtigt und aufgegriffen werden.

Mit Blick auf das dezimale Stellenwertsystem sowie dessen Verständnis und ein erweitertes Zahlkonzept deuten die vorgestellten Studien darauf hin, dass es besondere Herausforderungen für Schüler*innen mit Hörschädigung mit sich bringt. So beschreibt Kramer (2007, S. 161), dass ,linguistische Cues' in Zahlwörtern nicht oder nur eingeschränkt erfasst werden. Er nennt in diesem Zuge die additive Zusammensetzung von Zahlen, welche in den meisten Zahlwörtern durch das ,und' (zum Beispiel in Vierunddreißig) hervorgehoben wird. Die erschwerte Wahrnehmung kann sich unter anderem auf Transkodierungsprozesse auswirken. Diese stellen auch für hörende Schüler*innen eine Herausforderung dar (siehe Abschnitt 2.2.3). Pixner et al. (2014, S. 5 f.) stellen fest, dass mit CI versorgte

Schüler*innen der dritten bis fünften Klasse bei Subtraktionsaufgaben mit Übertrag deutlich mehr Fehler als Schüler*innen ohne CI machen. Die Autor*innen schlussfolgern daraus, dass die spezifische Verarbeitung und ein Nutzen von Stellenwertinformationen bei Schüler*innen mit Hörschädigung eingeschränkt ist. Ähnliches zeigt sich auch bei Aufgaben zur Verortung von Zahlen am Zahlenstrahl bis 100 beziehungsweise 1000, bei denen ebenfalls deutliche Hürden in der Verarbeitung von Stellenwertwissen zur Verortung am Zahlenstrahl auftreten. Die Herausforderungen verschärfen sich bei der Erweiterung auf den dreistelligen Zahlbereich bis 1000 (Pixner et al., 2014, S. 5 f.). Die Autor*innen fordern explizit eine fokussierte und intensive Vermittlung des dezimalen Stellenwertsystems für Schüler*innen mit CI und somit mit Hörschädigung (Pixner et al., 2014, S. 8). Auch in der Studie von Govindan und Ramaa (2014, S. 31) wird deutlich, dass das Wissen zu Zahlen und Stellenwerten in Klasse Fünf nur sehr eingeschränkt vorhanden ist. Fokussiert wird in dieser Studie lediglich ein Lesen und Schreiben drei- bis vierstelliger Zahlen (in welcher Form genau wird nicht weiter beschrieben), es werden also primär nur das Zahlwort und Zahlzeichen fokussiert. Jedoch treten bereits bei diesen Aufgaben enorme Hürden auf. Außerdem fallen Aufgaben schwer, in denen Zahlen der Größe nach angeordnet oder sich auf das Konzept ‚kleiner als‘ / ‚größer als‘ beziehen (Govindan & Ramaa, 2014, S. 31). In beiden Fällen ist indirekt ein Stellenwertverständnis notwendig, um die Zahlen interpretieren zu können. Dass Relationen insgesamt eine Herausforderung darstellen können, zeigt sich auch in anderen Studien. So können beispielsweise Relationen wie ‚mehr als‘ oder ‚weniger als‘ bezüglich anzuwendender Operationen oder Vergleiche inhaltlich nicht auf den Kontext angewandt und somit fehlinterpretiert werden (Lee & Paul, 2019, S. 17; Zevenbergen et al., 2001, S. 214 f.). In der Studie von Swanwick et al. (2005, S. 9 f.) zeigt sich, dass die grundsätzliche Identifikation von Schlüsselbegriffen, zu denen auch Relationen wie ‚mehr als‘ / ‚weniger als‘ gehören, Schwierigkeiten beinhaltet. Gleiches gilt für Präpositionen, die unter Umständen nicht berücksichtigt werden (Zevenbergen et al., 2001, S. 215). Des Weiteren fällt das Verknüpfen von Informationen aus einer Aufgabenstellung Schüler*innen mit Hörschädigung schwerer (Swanwick et al., 2005, S. 11 f.).

Auch für CI versorgte Schüler*innen, die lautsprachlich kommunizieren, kann die Sprache gegebenenfalls eine große Hürde darstellen, was Edwards et al. (2013) in ihrer Studie feststellen können. Hier fallen Aufgaben, die visuell unterstützt sind, bei einem kontrollierten Wortschatz gleichwertig zu Lösungen von Schüler*innen ohne Hörschädigung aus (Edwards et al., 2013, S. 130 / 135 f.).

Das Sprachverständnis scheint damit eine zentrale Schwierigkeit auch bei mathematischen Inhalten zu sein, sodass eine Berücksichtigung dessen und ein sensibler Sprachgebrauch für den schulischen Kontext von großer Bedeutung ist.

Der Förderbedarf von Schüler*innen mit einer Hörschädigung muss in der unterrichtlichen Gestaltung berücksichtigt werden. So fordern Govindan und Ramaa (2014, S. 36) explizit mehr und bessere Lernanlässe für Schüler*innen mit einer Hörschädigung. Dabei sehen sie sowohl die Handlungsorientierung als auch den Einbezug visueller Darstellungen und damit in gewisser Weise Darstellungsvernetzungen als zentrale Merkmale für erfolgreichen Unterricht an. Auch Kelly (2008, S. 245) sieht stärkere explorative Lerngelegenheiten und Bull (2008, S. 192) die Veränderung, dass nicht nur Verfahren auswendig gelernt und angewendet werden, als Notwendigkeit für den Unterricht an. Außerdem zeigen Studien (Nunes & Moreno, 2002, S. 122 / 131; Zarfaty et al., 2004, S. 324), dass die räumlich-simultane Darstellung, indem beispielsweise Abbildungen direkt als Ganzes dargestellt werden und nicht erst zeitlich-sukzessive erzeugt werden, für Schüler*innen mit Hörschädigung hilfreich sein kann, sodass auch an dieser Stelle eine Darstellungsvernetzung der verschiedenen Darstellungsmöglichkeiten, wie der erzeugenden Darstellung mit der räumlich-simultanen, als förderlich angesehen werden kann. Allerdings kommen Rodríguez-Santos et al. (2018, S. 388) zu der Erkenntnis, dass sich unter anderem die Verknüpfung von Mengen beziehungsweise Anzahlen mit Zahlzeichen oder -wort für Schüler*innen mit Hörschädigung herausfordernd gestaltet und sie möglicherweise eine Ursache für schwächere Ergebnisse im Bereich der Addition darstellt. Somit scheint gerade die Darstellungsvernetzung eine Hürde darzustellen. Vor dem Hintergrund, dass die Darstellungsvernetzung für ein Stellenwertverständnis jedoch von besonderer Bedeutung ist (siehe Abschnitt 2.2.1), wird die Relevanz der Förderung von Darstellungsvernetzung umso stärker. Das bestätigen in ihrem Review auch Gottardis et al. (2011, S. 148), die zu der Feststellung gelangen, dass neue Wege der Vermittlung von Mathematik in der Schule gefunden werden müssen, die visuelle Darstellungen mit symbolischen Darstellungen verknüpfen. Somit scheinen insgesamt eine Handlungsorientierung sowie Darstellungsvernetzung wichtige didaktische Anforderungen an Unterricht für Schüler*innen mit Hörschädigung zu sein, bei denen, den Studien nach, vermehrt Herausforderungen in der mathematischen Entwicklung, insbesondere auch in der Ausbildung eines dezimalen Stellenwertverständnis, vorliegen.

4.6   Relevanz der Verknüpfung sonderpädagogischer und mathematikdidaktischer Forschungen

Insgesamt deutet die Studienlage sowohl aus sonderpädagogischer als auch mathematikdidaktischer Perspektive darauf hin, dass Schüler*innen mit Hörschädigungen eine besondere Beachtung im Hinblick auf mathematische Förderung erlangen sollten und gleichzeitig das dezimale Stellenwertverständnis grundsätzlich für alle Schüler*innen, aber auch im Kontext des Förderschwerpunkts Hören und Kommunikation, eine zentrale Hürde im Lernprozess darstellen kann. Allerdings ist der aktuelle Forschungsstand zur frühzeitigen Anbahnung eines Stellenwertverständnisses anhand des Zehnerübergangs auf der einen und dem Wissen, wie dieses Verständnis für Schüler*innen mit Förderbedarf Hören und Kommunikation konkret vermittelt werden kann auf der anderen Seite noch sehr gering. Die Forderung der bestmöglichen Förderung für alle Schüler*innen bedingt jedoch, dass es auch in der Mathematikdidaktik notwendig ist, eine intensive Forschung und Auseinandersetzung mit speziellen Themengebieten für Schüler*innen mit dem Förderschwerpunkt Hören und Kommunikation durchzuführen. Studien zeigen, dass die Einschränkungen der mathematischen Fähigkeiten bei Hörschädigung sich nicht ausschließlich auf gebärdensprachlich kommunizierende Schüler*innen beschränken, sondern beispielsweise auch bei CI versorgten Schüler*innen festzustellen sind, die lautsprachlich kommunizieren. Demnach stehen die arithmetischen Fähigkeiten nicht primär mit der Hörfähigkeit der Schüler*innen im Zusammenhang (Huber et al., 2014, S. 1150). Auch Gottardis et al. (2011, S. 141) kommen in ihrem Review zu dem Schluss, dass auch bei mildem bis moderatem Gehörverlust noch zwei Jahre Verzögerung in der mathematischen Entwicklung vorzufinden sind. Des Weiteren bestätigen Marcelino et al. (2019, S. 5921) in einem Review, dass eine frühe Förderung mathematischer Fähigkeiten und damit auch der Anbahnung eines dezimalen Stellenwertverständnisses sinnhaft und erstrebenswert ist.

Hinzu kommt, dass die Sprache im Kontext des dezimalen Stellenwertsystems und das Ausbilden eines Verständnisses dessen einen relevanten Faktor darstellt und gegebenenfalls eine Hürde im Lernprozess sein kann (siehe Abschnitt 2.2.3). Gleichzeitig ist im Förderschwerpunkt Hören und Kommunikation häufig eine eingeschränkte Sprachkompetenz vorhanden beziehungsweise stellt die Sprache und das Verarbeiten von Informationen über die Sprache eine mögliche Herausforderung dar (siehe Abschnitt 4.3). Für viele Schüler*innen mit dem Förderschwerpunkt Hören und Kommunikation kann vor diesem Hintergrund sicherlich von einem besonderen Risikofaktor beziehungsweise einer zu berücksichtigenden möglichen Hürde bei der Entwicklung eines Stellenwertverständnisses ausgegangen werden. Um umfangreichere Erkenntnisse hierfür zu erhalten, sind weitere Forschungen notwendig.

Grundsätzlich sind Schüler*innen mit Förderbedarf Hören und Kommunikation und dabei explizit auch Schüler*innen, die lautsprachlich kommunizieren, auf fortwährende mathematikdidaktische Forschungen und neue Erkenntnisse angewiesen. Nur so kann die Vermittlung mathematischer Inhalte und das Ausbilden mathematischen Wissens beziehungsweise mathematischer Vorstellungen gelingen, weshalb eine Verknüpfung der mathematikdidaktischen und sonderpädagogischen Forschung und dabei insbesondere das Themenfeld des Zehnerübergangs im Hinblick auf die Anbahnung eines Stellenwertverständnisses explizit für Schüler*innen mit Förderbedarf Hören und Kommunikation von Nöten sind. An diese Forschungslücke knüpft das Forschungsvorhaben der vorliegenden Dissertation an und soll die skizzierte Forschungslücke reduzieren. Auf das konkrete Erkenntnisinteresse und die Forschungs- und Entwicklungsfragen wird in Kapitel 6 noch detaillierter eingegangen.

Überlegungen zum Design – Didaktische Prinzipien

Didaktische Prinzipien stellen für die adäquate Vermittlung von Inhalten im schulischen Kontext und für einen guten Unterricht allgemein einen zentralen Aspekt dar (Helmke, 2021, S. 168 ff.), aber auch fachspezifisch etwa für den Mathematikunterricht (Heitzer & Weigand, 2020, S. 2 ff.). Für die vorliegende Dissertation besteht die Besonderheit darin, dass sowohl spezifische didaktische Prinzipien aus der Mathematikdidaktik als auch aus der allgemeinen Didaktik mit Blick auf den Förderschwerpunkt Hören und Kommunikation von Bedeutung sind und genauer beleuchtet werden sollen, da die beiden Forschungsbereiche miteinander verknüpft werden (siehe Abschnitt 4.6). Als gewisse Orientierung für die Auswahl der mathematikdidaktischen Prinzipien dienen die in den bereits beschriebenen entwickelten Lehr-Lernarrangements zur Förderung des Stellenwertverständnisses gewählten Design-Prinzipien von Freesemann (2014), Sprenger (2018) und Schöttler (2019) (siehe Abschnitt 3.4), da der thematische Schwerpunkt des Stellenwertsystems eine Schnittstelle zur vorliegenden Dissertation darstellt.

Die untenstehende Abbildung (siehe Abb. 5.2) bietet einen Überblick zu den aus der Literatur ausgewählten didaktischen Prinzipien (zur sprachlichen Differenzierung der Termini didaktische Prinzipien und Design-Prinzipien siehe Abb. 5.1) der Mathematikdidaktik und der allgemeinen Didaktik mit Fokus auf den Förderschwerpunkt Hören und Kommunikation und deren Zuweisung zum jeweiligen Fachgebiet. Dabei lässt sich eine gewisse Überschneidung einzelner Prinzipien nicht ausschließen, da keine klaren und einheitlichen Definitionen bestehen. Zudem bedeutet die hier vorgenommene Zuweisung zur Mathematikdidaktik oder zur allgemeinen Didaktik nicht zwangsläufig, dass diese didaktischen Prinzipien im anderen Fachgebiet nicht vorkommen. Für die vorliegende Dissertation wird lediglich eine Zuweisung gewählt, die aufgrund des Materials und

A.-K. Zurnieden, *Der Zehnerübergang zur Anbahnung eines Stellenwertverständnisses*, Kölner Beiträge zur Didaktik der Mathematik, https://doi.org/10.1007/978-3-658-44000-8_5

den Gegebenheiten als sinnvoll angesehen wird und den zentralen Forderungen der jeweiligen Fachgebiete entspricht.

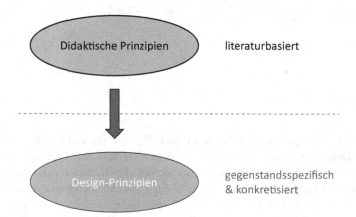

Abb. 5.1 Differenzierung ‚Didaktische Prinzipien' und ‚Design-Prinzipien'und ‚Design-Prinzipien'

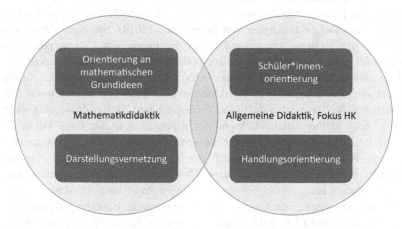

Abb. 5.2 Didaktische Prinzipien

Im Anschluss werden die didaktischen Prinzipien genauer beschrieben. Die konkretisierte und ausdifferenzierte Darstellung der entwickelten gegenstandsbezogenen Design-Prinzipien erfolgt in Abschnitt 8.1.

5.1 Didaktische Prinzipien: Fokus auf Mathematikdidaktik

Orientierung an mathematischen Grundideen
Ausgehend von der Annahme, dass die Mathematik sich in fundamentale Ideen oder Grundideen wie das Zehnersystem unterteilen lässt, formulieren Müller und Wittmann (1984, S. 157) das Prinzip ‚Orientierung an mathematischen Grundideen'. Wittmann (1974, S. 21; 2009, S. 28) fordert bezüglich fundamentaler Ideen in der Mathematik, dass sie von Beginn an im Unterricht berücksichtigt und verfolgt werden und der Unterricht sich durchgehend an ihnen orientiert. Eine allgemeine Definition zu fundamentalen Ideen oder auch Grundideen lässt sich bei Schwill (1993, S. 23) wiederfinden, der auf Grundlage verschiedener Autor*innen vier Kriterien zusammenfasst, die für eine fundamentale Idee erfüllt sein müssen. Sie gelten allgemein für jede Wissenschaft und somit auch für die Mathematik(-didaktik). Demnach ist eine fundamentale Idee
ein Denk-, Handlungs-, Beschreibungs- oder Erklärungsschema, das

(1) in verschiedenen Bereichen (der Wissenschaft) vielfältig anwendbar oder erkennbar ist (**Horizontalkriterium** [Hervorhebung v. Verf.])
(2) auf jedem intellektuellen Niveau aufgezeigt und vermittelt werden kann (**Vertikalkriterium** [Hervorhebung v. Verf.])
(3) in der historischen Entwicklung (der Wissenschaft) deutlich wahrnehmbar ist und längerfristig relevant bleibt (**Zeitkriterium** [Hervorhebung v. Verf.])
(4) einen Bezug zu Sprache und Denken des Alltags und der Lebenswelt besitzt (**Sinnkriterium** [Hervorhebung v. Verf.]). (Schwill, 1993, S. 23)

Für den konkreten Bereich der Arithmetik, der für die vorliegende Dissertation relevant ist, hat Wittmann (1995a, S. 20 f.) sieben Grundideen herausgearbeitet, von denen eine das ‚Zehnersystem' darstellt (siehe Einleitung). Weitere Grundideen in diesem Inhaltsbereich sind unter anderem die ‚Zahlreihe', ‚Rechnen, Rechengesetze, Rechenvorteile', ‚Zahlen in der Umwelt' und ‚Übersetzung in die Zahlensprache'. Innerhalb der vorliegenden Dissertation liegt der Fokus auf der Grundidee ‚Zehnersystem' (im Folgenden als Grundidee des dezimalen Stellenwertsystems bezeichnet). Gleichzeitig sollen aber auch die anderen aufgeführten Grundideen berücksichtigt und aufgegriffen werden. Mit dem didaktischen Prinzip der Orientierung an mathematischen Grundideen fordern Müller und Wittmann (1984, S. 157), den Unterricht sowohl inhaltlich als auch methodisch anhand dieser Ideen zu gestalten. Dies bedingt, dass der mathematische Inhalt im Vorhinein intensiv analysiert wird und somit eine Wissenschaftsorientierung grundlegend ist. Dabei soll gleichzeitig nicht die Orientierung an den Bedürfnissen der Schüler*innen in jeglicher Form vernachlässigt werden (Müller & Wittmann, 1984, S. 157), wodurch sich ein Zusammenhang zum didaktischen Prinzip der Schüler*innenorientierung zeigt. Es wird deutlich, dass insgesamt der methodischen und inhaltlichen Analyse des Lerngegenstands eine zentrale Bedeutung zukommt. Dieses analysierende Vorgehen findet sich auch im Prinzip der Strukturierung wieder, das im Bereich des Förderschwerpunkts Hören und Kommunikation ebenfalls eine wichtige Rolle spielt (Kaul & Leonhardt, 2016, S. 69). Im Rahmen der vorliegenden Forschungsarbeit soll das analytische Vorgehen im Hinblick auf mathematische Grundideen und deren Vermittlung im Unterricht bei der Idee des dezimalen Stellenwertsystems weitergeführt werden. Das impliziert den Anspruch, sich für die Entwicklung eines Lehr-Lernarrangements zum Zehnerübergang zur Anbahnung eines Stellenwertverständnisses an der Spezifizierung und Strukturierung des Lerngegenstands der natürlichen Zahlen, des Zehnerübergangs und des Stellenwertsystems (siehe Kapitel 2 und 3) zu orientieren. Somit sind grundsätzlich die mathematischen und fachdidaktischen Ausführungen dieses Inhalts leitend.

Darstellungsvernetzung
Bruner (1971; 1974) gilt als Wegbereiter des didaktischen Prinzips des Darstellungswechsels. Er unterscheidet in seinem Entwurf einer Unterrichtstheorie drei Darstellungsformen:

(1) Bei der enaktiven Darstellung geht es um eine „Zahl von Handlungen" (Bruner, 1974, S. 49), mit Hilfe derer ein Wissensbereich dargestellt wird.
(2) Bei der ikonischen Darstellung wird ein bestimmter Aspekt „durch eine Reihe zusammenfassender Bilder" (Bruner, 1974, S. 49) beschrieben, jedoch nicht explizit definiert.
(3) Bei der symbolischen Darstellung wird ein Wissensbereich durch „eine Folge symbolischer oder logischer Lehrsätze, die einem symbolischen System entstammen, in dem nach Regeln oder Gesetzen Sätze formuliert werden" (Bruner, 1974, S. 49) repräsentiert.

Die jeweilige Darstellungsform hat Einfluss auf das Lernen und Verstehen des mathematischen Inhalts. Insgesamt sieht Bruner (1971, S. 44 f.; 1974, S. 48 f.) den Darstellungswechsel (EIS-Prinzip) als einen zentralen Einflussaspekt auf das Erlernen neuer Inhalte.

Der Mathematikdidaktiker Duval (2006) stellt einen semiotischen Ansatz zu verschiedenen Darstellungsformen vor. Er hebt hervor, dass Mathematik und vor allem die unterschiedlichen Darstellungsformen in diesem Fach eine besondere Herausforderung darstellen, da in diesem Fachgebiet immer Zeichen oder semiotische Repräsentationen benötigt werden, um einen Zugang zu den mathematischen Objekten zu erhalten (Duval, 2006, S. 107). Bei seinem Ansatz unterscheidet er zwischen dem Wechsel innerhalb einer Darstellungsform beziehungsweise eines Registers (Duval bezeichnet die Darstellungsformen als Register, sobald eine Transformation der Darstellung möglich ist) – dem ‚Treatment' und dem Wechsel zwischen unterschiedlichen Darstellungsformen – der ‚Conversion' (Duval, 2006, S. 111). Er weist darauf hin, dass häufig der Wechsel innerhalb einer Darstellungsform im Vordergrund steht (Duval, 2006, S. 105), indem beispielsweise die Zahlen einer Rechnung einmal in Dezimalschreibweise und einmal als Brüche notiert sind (Duval, 2006, S. 111), wobei eigentlich die ‚Conversion' eine deutlich größere Hürde für Schüler*innen darstellt, da ein Wiedererkennen des Objekts in unterschiedlichen Darstellungsformen gefordert wird, deren Inhalte keine offensichtlichen Gemeinsamkeiten aufweisen (Duval, 2006, S. 112). Eine grundsätzliche Schwierigkeit beim Mathematiklernen stellt die Unterscheidung zwischen mathematisch relevanten und nicht relevanten Aspekten sowie ein Wiedererkennen und Unterscheiden von Objekten in den verschiedenen Darstellungsformen dar (Duval, 2006, S. 115). Um hierfür ein Bewusstsein zu erlangen, müssen Prozesse zur Darstellung in den unterschiedlichen Registern und Gegensätze herausgearbeitet werden. In diesem Zuge betont Duval (2006, S. 125) das sprachliche Register. Hier muss eine besondere Sensibilisierung stattfinden, da beispielsweise zwischen Umgangssprache und Schriftsprache unterschieden werden muss. Als didaktisches Prinzip fordert Duval (2006, S. 126), dass der in der Mathematik vorherrschende eingeschränkte Zugang zu Inhalten über verschiedene semiotische Zugänge und deren Koordination überwunden und darüber ein mathematisches Verständnis angebahnt wird.

Mit Blick auf das EIS-Prinzip heben Schwank (2008, S. 174) und Kuhnke (2013, S. 22 ff.) hervor, dass dieses häufig missverstanden wird, indem die Ebenen hierarchisch angeordnet werden und Erarbeitungen somit in der Reihenfolge enaktiv – ikonisch – symbolisch stattfinden. Schwank (2008, S. 174) weist zudem darauf hin, dass die Differenzierung der internen Ebene, der Zahlidee und damit der mentalen Vorstellung, sowie der externen Ebene, der sichtbaren Umsetzung unter anderem am Material im Zuge von Zahlidee bezogenen Ereignissen (siehe Abschnitt 3.1.1), häufig keine Berücksichtigung findet. Kuhnke (2013, S. 33) stellt klar, dass es bei dem Prinzip des Darstellungswechsels besonders um eine Verknüpfung der verschiedenen Darstellungen gehen und dieser Wechsel als Übersetzungsprozess verstanden werden sollte. Sie weist darauf hin, dass die Darstellungswechsel mit individuellen Deutungen verbunden sind und es sich dabei um eine „aktive Leistung des Lerners" (Kuhnke, 2013, S. 95) handelt. Anders als Bruner (1971; 1974) differenziert die Autorin zwischen vier Darstellungen: (1) Handlungen am Material, (2) bildlichen Darstellungen, (3) mathematisch-symbolischen Darstellungen und (4) sprachlich-symbolischen Darstellungen (Kuhnke, 2013, S. 9). Somit wird explizit die sprachliche Ebene ergänzt. Auch Leisen (2004, S. 16), der aus der Physikdidaktik stammt und in diesem Bereich umfangreich zur Sprache im Fachunterricht geforscht hat, stellt die sprachliche Ebene heraus. Er sieht die Fachsprache als „Werkzeug für die Auseinandersetzung mit Fachinhalten" (Leisen, 2005, S. 10), wobei die verschiedenen Darstellungsformen dafür Zugänge ermöglichen (Leisen, 2005, S. 10). Im Wechseln der Darstellungen sieht er damit den didaktischen Schlüssel, die Möglichkeiten des Lernens und der Überprüfung, ob der mathematische Inhalt korrekt verstanden wurde, zu nutzen (Leisen, 2004, S. 19; 2005, S. 10).

Eben diesen Wechsel fokussieren Prediger und Wessel (2011) in ihrer Weiterentwicklung des ursprünglichen didaktischen Prinzips des Darstellungswechsels nach Bruner (1971; 1974) mit dem Begriff der Darstellungsvernetzung. Dabei wird das Herstellen von Beziehungen durch Übersetzen, Wechseln, Unterscheiden und Zuordnen mit Hilfe unterschiedlicher Vernetzungsaktivitäten zwischen den Darstellungsebenen in den Fokus gerückt (Prediger & Wessel, 2011, S. 168). Diese Vernetzungsaktivitäten, zu denen unter anderem das Erzeugen, Interpretieren und Vernetzen von Darstellungen zählen, dienen schließlich dazu, den Wechsel beziehungsweise das Vernetzen verschiedener Darstellungen zu erlernen und als Strategie einsetzen zu können (Prediger & Wessel, 2012, S. 29; Wessel, 2015, S. 66). Die Autorinnen lehnen sich in ihrem Verständnis der Darstellungsvernetzung an das Modell zu Darstellungs- und Begriffsebenen eines schulischen mathematischen Problems nach Kügelgen (1994, S. 34) an, das zwischen fünf verschiedenen, hierarchisch aufbauenden Darstellungs- und Begriffsebenen eines schulischen mathematischen Problems differenziert. Die erste Ebene ist dabei die alltäglich-allgemeinbegriffliche, die höchste die algebraisch-numerische Ebene. Er stellt klar, dass „die Problemlösung … durch den mentalen Prozess der **Vernetzung** [Hervorhebung v. Verf.] (in etwa: Übergänge plus Rückbezüge) der

Begriffsebenen [entsteht] und ... zum Zustand ihres dialektischen Aufgehobenseins ineinander [führt]" (Kügelgen, 1994, S. 34). Auch Prediger und Wessel (2011, S. 166 f.) führen die Sprache als eigene Ebene auf, wobei sie die Ebenen explizit nicht hierarchisch anordnen. Da mit Hilfe von Sprachhandlungen wie Erläutern, Erklären oder Begründen (Dohle & Prediger, 2020, S. 17 / 20) auch eine Vernetzung der Ebenen stattfindet, hat Sprache nach Dohle und Prediger (2020, S. 18) zwei Funktionen inne: „Sprache dient einerseits als Mittel zur Vernetzung der verschiedenen Darstellungsebenen und ist andererseits selbst Träger von Bedeutungen und eine eigene Darstellungsebene". Darüber hinaus ermöglichen Darstellungsvernetzungen eine sprachliche Entlastung, besonders für Schüler*innen mit sprachlichen Schwierigkeiten (Prediger & Wessel, 2011, S. 171; 2012, S. 29). Im Hinblick auf den Förderschwerpunkt Hören und Kommunikation ist dies somit durchaus ein relevanter Aspekt (siehe Abschnitt 4.2.2 und 4.2.3). Um den Umgang mit den bildungs- und fachsprachlichen Anforderungen zu fördern, stellen Prediger und Wessel (2012, S. 32) vier Prinzipien auf: Verbalisierungen einfordern, situative Sprachvorbilder und Sprachgerüste geben, Sicherung von Begriffen und Satzstrukturen im (Wort-)Speicher und erst mündlich beschreiben, dann schriftlich aufschreiben lassen. Insgesamt stellen sie bei ihren Forschungen zum Darstellungswechsel fest, dass eine Förderung der Sprache auch das mathematische Verständnis unterstützt (Prediger & Wessel, 2012, S. 33) und die Darstellungsvernetzung als Grundlage für eine fach- und sprachintegrierte Förderung dient (Prediger & Wessel, 2011, S. 166 ff.).

Grundsätzlich betonen Prediger und Wessel (2012, S. 29) und Wessel (2015, S. 69 f.), dass Lern-umgebungen Darstellungsvernetzungen unterstützen und Zugänge für unterschiedliche Darstellungen und deren Vernetzung bieten müssen. Auch aus rechtlicher Perspektive, mit Blick auf die Bildungsstandards im Fach Mathematik für den Primarbereich der Kultusministerkonferenz (2022), wird im Bereich der prozessbezogenen Kompetenzen die Kompetenz „mathematisch darstellen" (KMK, 2022, S. 11) aufgeführt. Sie umfasst unter anderem die Anforderungen, Darstellungen in eine andere zu übertragen sowie das Vergleichen von Darstellungen und deren Bewertung (KMK, 2022, S. 11 f.). Es wird deutlich, dass auch hier die Verknüpfung der verschiedenen Darstellungen ganz explizit vorgesehen ist und diese Kompetenz gefördert werden soll.

In der vorliegenden Dissertation liegt der Fokus vor allem auf Übergängen zwischen den Ebenen und damit auf dem Aspekt der Vernetzung. Deshalb wird das didaktische Prinzip der Darstellungsvernetzung im Sinne von Prediger und Wessel (2011) gewählt. Da jedoch nicht der Anspruch einer grundsätzlichen Sprachförderung erhoben wird und auch das Lehr-Lernarrangement zum Zehnerübergang die Förderung von Sprache nicht als explizites Ziel verfolgt, wird sich gegen die explizite Differenzierung der sprachlichen Ebene entschieden. Stattdessen soll Sprache, unter Berücksichtigung des Förderschwerpunkts Hören und Kommunikation (siehe Abschnitt 4.2.2 und 4.2.3) und des didaktischen Prinzips der Schüler*innenorientierung (siehe Abschnitt 5.2), als ein zentrales Mittel zur Vernetzung der Ebenen berücksichtigt werden (siehe Abb. 5.3). In Anlehnung an Schwank (2008, S. 174), die der jeweiligen Darstellungsebene auch die Kommunikation auf der entsprechenden Ebene zuordnet, wird für diese Dissertation bei den drei Formen enaktiv, ikonisch und symbolisch die jeweilige sprachliche Darstellung miteinbezogen. Die von Kuhnke (2013, S. 9) formulierten sprachlich-symbolischen Darstellungen, unter denen die Autorin sowohl kontextbezogene Handlungen als auch Darstellungen ohne Kontext, zum Beispiel „zweimal vier" (Kuhnke, 2013, S. 9) versteht, werden somit auf die drei Ebenen aufgeteilt. Die Aussage ‚zweimal vier' wird beispielsweise der symbolischen Ebene zugeordnet.

Abb. 5.3 Didaktisches
Prinzip der
Darstellungsvernetzung

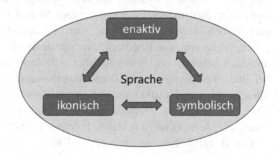

5.2   Didaktische Prinzipien: Fokus auf allgemeine Didaktik (Förderschwerpunkt Hören und Kommunikation)

*Schüler*innenorientierung*
Aus der allgemeinen schulpädagogischen Perspektive ist das didaktische Prinzip der Schüler*innenorientierung unumstritten: Wiater (2011a, S. 90 f.) versteht unter diesem Prinzip die grundlegende Berücksichtigung des Entwicklungsstands der Schüler*innen für die Unterrichtsgestaltung. Er stellt Persönlichkeitsentwicklung als ein Zusammenspiel der konkreten Umwelt und ihrer individuellen Wahrnehmung des*r Schüler*in aufgrund seiner*ihrer Potenziale dar. Das bedeutet für die Unterrichtsgestaltung, dass die Schüler*innen im Zentrum der Planung

stehen, ihre Perspektive für die Gestaltung eingenommen wird und zudem Lerninhalte eigenständig erarbeiten (können) (Wiater, 2011a, S. 91 f.). Helmke (2021, S. 236 ff.) greift unter dem Prinzip ‚Schüler*innenorientierung‘, welches für ihn ein Prinzip für Unterrichtsqualität darstellt, zusätzlich den Aspekt des demokratischen Zusammenlebens auf. Durch aktive Beteiligung der Schüler*innen an der Unterrichtsgestaltung, -durchführung und am Schulleben soll die „Fähigkeit und Bereitschaft zum demokratischen Zusammenleben" (Helmke, 2021, S. 238) gefördert werden. Für den Autor zählt zur Schüler*innenorientierung zudem Respekt für die Lernenden und gegenseitige Wertschätzung (Helmke, 2021, S. 236 f.). An diesen Forderungen wird deutlich, dass auch Helmke (2021) unter dem Prinzip der Schüler*innenorientierung allgemeine Ansprüche an die Gestaltung von Unterricht formuliert. Da die vorliegende Dissertation außerhalb des schulischen Unterrichts stattfindet und somit die grundsätzliche Beteiligung der Schüler*innen am Schulleben nicht verändert werden kann, soll von den Forderungen Helmke (2021) insbesondere der Aspekt der gegenseitigen Wertschätzung Berücksichtigung finden. Der Pädagoge Schröder (1995, S. 147 ff.) fokussiert bei seiner Darstellung des Prinzips noch einmal die Orientierung an den individuellen Ausgangslagen der Schüler*innen. Er fordert hierbei die grundsätzliche Ausrichtung des Lehrens an den Schüler*innen, wobei sowohl eine Individualisierung als auch eine Partnerschaftlichkeit stattfinden muss. Die Zielauswahl und Inhaltsbestimmung müssen entlang der Interessen und Bedürfnisse der Schüler*innen gewählt werden (Schröder, 1995, S. 147). Eine explizite Leitlinie, die besonders auch im Hinblick auf den Förderschwerpunkt Hören und Kommunikation von Bedeutung ist, ist dabei die Berücksichtigung der Sprachebene der Schüler*innen (Schröder, 1995, S. 150).

In der vorliegenden Arbeit soll das Prinzip der Schüler*innenorientierung nun spezifisch im Hinblick auf die Förderung von Schüler*innen mit dem Förderbedarf Hören und Kommunikation betrachtet und dargelegt werden. Born (2009, S. 112) beschreibt in ihrer Dissertation zur schulischen Integration Hörgeschädigter in Bayern dieses Prinzip als Leitlinie beziehungsweise Ausgangspunkt für alle weiteren didaktischen Prinzipien.

Die rechtliche Grundlage für Unterricht im Förderschwerpunkt Hören und Kommunikation stellen die Empfehlungen zum Förderschwerpunkt Hören dar, konkret der Beschluss der Kultusministerkonferenz vom 10.05.1996 (KMK, 1996). Dieser fordert, den Unterricht schüler*innenorientiert zu gestalten und den sonderpädagogischen Förderbedarf bei didaktisch-methodischen Entscheidungen im Rahmen der Unterrichtsgestaltung zu berücksichtigen (KMK, 1996, S. 15). Die Förderung soll sich grundsätzlich „an der individuellen und sozialen Situation des hörgeschädigten Kindes oder Jugendlichen" (KMK, 1996, S. 5) orientieren.

Hierzu bedarf es einer flexiblen Verteilung der Bildungsinhalte, Differenzierung (KMK, 1996, S. 15) sowie einer „individuell angemessenen Unterstützung der Lernvorgänge" (KMK, 1996, S. 17). Somit kann legitimiert werden, dass gegebenenfalls mathematische Inhalte wie der Zehnerübergang beziehungsweise die Thematisierung des Zahlenraums von 0 bis 19, der eigentlich für die erste Klasse vorgesehen ist, erst in höheren Klassenstufen beziehungsweise späteren Schulbesuchsjahren erfolgt. Im Hinblick auf den Förderschwerpunkt Hören und Kommunikation spielt bei dem didaktischen Prinzip die Sprache und die Kommunikationsfähigkeit eine zentrale Rolle. In diesem Zuge sieht die Kultusministerkonferenz (1996, S. 3 / 7) die Förderung des Spracherwerbs und der Sprachkompetenz sowie die Ausbildung der Kommunikationsfähigkeit als eine grundlegende Aufgabe der Sonderpädagogik an. Im Unterricht ist durchgehend die individuelle Sprachebene der Schüler*innen zu berücksichtigen (KMK, 1996, S. 15).

Für die vorliegende Dissertation wird der Fokus des Prinzips der Schüler*innenorientierung insbesondere auf sprachliche und kommunikative Herausforderungen gelegt. Allerdings muss hervorgehoben werden, dass dieser Fokus nicht mit dem Anspruch gleichzusetzen ist, eine umfangreiche Sprachförderung zu leisten. Somit wird sich explizit von aktuellen Debatten zur Sprachförderung abgegrenzt, da es im Hinblick auf das didaktische Prinzip ‚Schüler*innenorientierung' vielmehr um grundsätzliche Hürden der Lernenden mit Förderschwerpunkt Hören und Kommunikation im Bereich der (sprachlichen) Kommunikation im weitesten Sinne und mögliche andere schüler*innenspezifische Herausforderungen gehen soll.

Für die konkrete Art der Gestaltung des Unterrichts unter Berücksichtigung der Schüler*innenorien-tierung fordert die Kultusministerkonferenz (1996, S. 17) eine „handelnde Auseinandersetzung" und somit ein „selbstständige[s] Entdecken" (KMK, 1996, S. 17). Hieraus lässt sich das folgende didaktische Prinzip der Handlungsorientierung bezüglich Überlegungen zum Design ableiten.

Handlungsorientierung
Nach dem schulpädagogischen Wörterbuch wird unter Handlungsorientierung „ein praxisbezogenes und praktisches Lernen in einem sehr weiten Sinne des Wortes gemeint" (Rekus & Mikhail, 2013, S. 139). Es wird klargestellt, dass es bei Handlungen in diesem Sinne nicht um das schlichte „Hantieren im Unterricht" (Rekus & Mikhail, 2013, S. 139) geht, sondern um „ganzheitliche, d. h. motivierte, zielgerichtete und damit bedeutungsvolle Aktivitäten eines Subjekts" (Rekus & Mikhail, 2013, S. 139). Im Hinblick auf das didaktische Prinzip der Handlungsorientierung entsteht daraus die Forderung, die „(Lern)Aktivität der

Schüler[*innen] im Unterricht ausdrücklich mitzubedenken und kontinuierlich herauszufordern" (Rekus & Mikhail, 2013, S. 139). Die Autoren heben in dem Zusammenhang die Selbsttätigkeit als methodischen Aspekt dieses didaktischen Prinzips hervor (Rekus & Mikhail, 2013, S. 139). Bezüglich der Selbsttätigkeit unterscheiden sie zwischen einer Selbsttätigkeit „für sich alleine" (Rekus & Mikhail, 2013, S. 142) und „gemeinsam mit anderen" (Rekus & Mikhail, 2013, S. 142), woran deutlich wird, dass es nicht ausschließlich um eigene Handlungen gehen muss, sondern auch Handlungen in der Gruppe von Bedeutung sind (Rekus & Mikhail, 2013, S. 142). Auch Wiater (2011a, S. 93) stellt einen Bezug zwischen dem Prinzip der Handlungsorientierung und der Selbsttätigkeit her. Letztere muss nach Wiater (2011a, S. 93) in einem handlungsorientierten Unterricht möglichst hoch sein. Dem Prinzip der Handlungsorientierung entsprechend werden Zusammenhänge von den Schüler*innen unter anderem selbst ausprobiert, entdeckt und erforscht und das Handeln, durch das Denkprozesse angeregt werden können, steht im Vordergrund. Somit sind auch mentale Handlungen möglich. Unter Selbsttätigkeit versteht Wiater (2011b, S. 103) konkret, dass die Schüler*innen durch eigenes Handeln lernen. Hierfür müssen ihnen Gelegenheiten gegeben werden, „sich persönlich mit einem Lerninhalt zu konfrontieren, sich mit ihm auseinanderzusetzen und die in ihm enthaltene Aufgabe mittels eigener Lern- und Handlungsmöglichkeiten zu lösen" (Wiater, 2011b, S. 103). Schröder (1995, S. 166 ff.) verwendet in dem Zusammenhang den Begriff der Aktivierung. Darunter versteht er, „den[*die] Schüler[*in] anzuregen und ihm[*ihr] die Möglichkeit zu geben, im tätigen Umgang mit den Dingen Lernerfahrungen zu erwerben" (Schröder, 1995, S. 166). Es wird deutlich, dass auch hierbei das aktive Handeln im Vordergrund steht und der Anteil der Eigenaktivität der Schüler*innen möglichst hochgehalten werden soll. Hiermit verbunden sein können auch Fehlversuche des*r Schüler*in, die möglichst selbstständig erkannt und korrigiert werden sollen (Schröder, 1995, S. 166 f.). Das verfolgte Ziel des Prinzips der Aktivierung nach Schröder (1995, S. 166) zeigt die inhaltliche Ähnlichkeit und sogar Übereinstimmung mit dem Begriff der Handlungsorientierung. Es soll Selbsttätigkeit der Schüler*innen erreicht werden, worunter er wiederum eine Aktivität versteht, die „aus eigenem Anlass, auf ein selbstgewähltes Ziel hin, mit freigewählten Methoden und selbstgewählten Mitteln, mit den Möglichkeiten der Selbstkontrolle" (Schröder, 1995, S. 166) stattfindet.

Als Begründung für das Prinzip der Aktivierung nennt Schröder (1995, S. 168 f.) unter anderem den Zusammenhang von Denken und Handeln. Zum einen wird Denken durch Handeln verursacht, zum anderen stellt die gedachte Handlung eine Hilfe für das Denken dar. Auch Wiater (2011b, S. 104) führt unter anderem die psychologische Begründung an, dass das aktive Handeln sich wirksam auf das Lernen und Behalten von Inhalten auswirkt. Schröder (1995, S. 170) ergänzt außerdem die Bedeutung von Aktivierung für die Persönlichkeitsentfaltung. Die Begründungen lassen deutlich werden, dass auch das mentale Handeln unter das Prinzip der Handlungsorientierung gefasst werden kann.

Von Lehrpersonen erfordert eine Berücksichtigung des Prinzips der Handlungsorientierung, dass sie sich im Unterrichtsprozess mit ihren Aktivitäten „zugunsten von Schüler[*innen]aktivität zurücknehmen" (Rekus & Mikhail, 2013, S. 143) und eine Zusammenarbeit mit den Schüler*innen anstreben. Letztere zeigt sich beispielsweise durch Abwarten können und einer grundsätzlichen Hilfsbereitschaft (Rekus & Mikhail, 2013, S. 142 f.).

In den Kultusministerkonferenz-Empfehlungen für den Förderschwerpunkt Hören wird aufgrund eingeschränkter Möglichkeiten, „die Zusammenhänge der Welt auditiv und sprachlich zu erschließen" (KMK, 1996, S. 17), die handelnde Auseinandersetzung und das selbstständige Entdecken im Unterricht verlangt. Ziel ist hiernach vor allem, eigenständige Lösungen von Problemen und „erlebnismäßig vertiefte Erfahrungen" (KMK, 1996, S. 17) zu ermöglichen. Auch Stecher (2011, S. 34) sieht das Prinzip der Handlungsorientierung, worunter er das gleichzeitige Erleben und denkende Verarbeiten von Lerngegenständen beziehungsweise Lerninhalten als Lernprozesse versteht, als ein Schlüsselkriterium guten Unterrichts bei Schüler*innen mit einer Hörschädigung. Ein Merkmal dabei ist unter anderem das eigenaktive Handeln.

Für die Entwicklung eines Designs zum Zehnerübergang soll mit Rücksicht auf die Zielgruppe von Schüler*innen mit Förderschwerpunkt Hören und Kommunikation ein solches Verständnis des Prinzips der Handlungsorientierung zugrunde gelegt werden, nach dem möglichst umfassend ein Lernen durch selbstständiges aktives Handeln der Schüler*innen mit Materialien verfolgt wird.

Teil II
Forschungsdesign

In diesem Teil wird das gewählte Forschungsdesign der Forschungsarbeit genauer beschrieben. Hierzu werden zunächst das Erkenntnisinteresse sowie die daraus abgeleiteten Erkenntnisfragen dargelegt (Kapitel 6). Die gewählten Begrifflichkeiten orientieren sich dabei an der fachdidaktischen Entwicklungsforschung, die zwischen einem Entwicklungs- und einem Forschungsinteresse differenziert. Übergeordnet werden beide Interessen als Erkenntnisinteresse zusammengefasst.

Daran anknüpfend wird der methodologische Rahmen der Arbeit erläutert. Dabei wird auf fachdidaktische Entwicklungsforschung allgemein sowie auf das Dortmunder FUNKEN-Modell im Speziellen eingegangen (Abschnitt 7.1). Darüber hinaus wird die Relevanz und die Spezifik qualitativer Forschung in der Mathematikdidaktik beschrieben (Abschnitt 7.2). Schließlich werden die gewählten Erhebungs- und Auswertungsmethoden legitimiert und das detaillierte Vorgehen dargestellt (Abschnitt 7.3).

Erkenntnisinteresse und -fragen 6

Das dezimale Stellenwertsystem ist ein komplexes Codesystem, dessen Funktionsweise nach festgelegten Konstruktionsmechanismen aufgebaut ist (siehe Abschnitt 2.1). Ein Verständnis dessen erscheint eine große Hürde im Lernverlauf von Schüler*innen zu sein, wobei es gleichzeitig eine relevante Verstehensgrundlage für weitere mathematische Inhalte darstellt (siehe Abschnitt 2.2). Häufig wird für die Ausbildung eines dezimalen Stellenwertverständnisses ein Zahlenraum größer 100 vorgesehen, da erst daran das Prinzip der fortgesetzten Bündelung verdeutlicht werden kann. Welche Rolle aber der Zehnerübergang von der Zahl 9 auf die Zahl 10 einnimmt beziehungsweise wie die Erarbeitung dieses Übergangs im Bereich der (Erst-)Arithmetik bereits für die Anbahnung eines dezimalen Stellenwertverständnisses genutzt werden kann, ist noch nicht umfangreich erforscht worden (siehe Abschnitt 2.2.2), obwohl der Zehnerübergang aus mathematischer Sicht offensichtlich und zwangsläufig mit dem dezimalen Stellenwertsystem zusammenhängt (siehe Abschnitt 2.1.2). Somit scheint hier eine Forschungs- und Entwicklungslücke vorzuliegen, deren Reduzierung mit der vorliegenden Dissertation angestrebt wird. In diesem Zuge sollen Möglichkeiten im Rahmen von Design-Prinzipien und eines Lehr-Lernarrangements entwickelt und erprobt werden, die auf eine frühzeitige Förderung des dezimalen Stellenwertverständnisses, wie sie teilweise in der Literatur gefordert wird (siehe Abschnitt 2.2.4), abzielen. Durch die Fokussierung und Erarbeitung des Zehnerübergangs, der bereits in der Schuleingangsphase im geringen Zahlenraum relevant ist, eröffnen sich hierfür möglicherweise neue Chancen, die von der traditionellen Erarbeitung des Stellenwertsystems abweichen und im Rahmen dieser Dissertation genauer erforscht werden sollen.

© Der/die Autor(en), exklusiv lizenziert an Springer Fachmedien Wiesbaden GmbH, ein Teil von Springer Nature 2024
A.-K. Zurnieden, *Der Zehnerübergang zur Anbahnung eines Stellenwertverständnisses*, Kölner Beiträge zur Didaktik der Mathematik, https://doi.org/10.1007/978-3-658-44000-8_6

Als spezifische Zielgruppe sollen Schüler*innen mit dem Förderschwerpunkt Hören und Kommunikation in den Blick genommen werden. Zwar deutet die Forschungslage darauf hin, dass Schüler*innen mit Hörschädigung allgemein eine besondere Vulnerabilität bezüglich mathematischer Fähigkeiten aufweisen (siehe Abschnitt 4.5). Ob dies jedoch auch Auswirkungen auf die Entwicklung des Stellenwertverständnisses hat, welche Hürden dabei festzustellen sind und welche Fördermöglichkeiten bestehen, ist noch nicht erforscht. Zudem zeigen Forschungen, dass Sprache insgesamt eine mögliche Herausforderung in der Ausbildung eines Stellenwertverständnisses darstellen kann (siehe Abschnitt 2.2.3), sodass im Förderschwerpunkt Hören und Kommunikation von einem erhöhten Bedarf diesbezüglicher Förderung auszugehen ist (siehe Abschnitt 4.5). Darüber hinaus wird im Zuge der didaktischen Überlegungen zur Anbahnung eines Stellenwertverständnisses (siehe Abschnitt 2.2.4) deutlich, dass das ordinale Zahlverständnis in dem kleinen Zahlenraum 0 bis 19 relevant ist und sich bezüglich einer Förderung des Stellenwertverständnisses anbietet. Gleichzeitig scheint ebendieses bei Schüler*innen mit dem Förderschwerpunkt Hören und Kommunikation eine Hürde darzustellen und besonderer Förderung zu bedürfen (siehe Abschnitt 4.5). Von einer frühzeitigen Anbahnung eines Stellenwertverständnisses scheinen somit im Besonderen Schüler*innen mit dem Förderbedarf Hören und Kommunikation zu profitieren. Im Sinne des didaktischen Prinzips der Schüler*innenorientierung, nach dem Inhalte flexibel über die Jahrgangsstufen verteilt und individuell fokussiert werden können (siehe Abschnitt 5.2) und vor dem Hintergrund, dass die Erarbeitung des Zehnerübergangs zur Anbahnung eines Stellenwertverständnisses gleichzeitig einen zentralen und relevanten Lernschritt im Hinblick auf den Aufbau relevanter Verstehensgrundlagen darstellt, erscheint die Erarbeitung dessen aufgrund möglicher Lernverzögerungen im Förderschwerpunkt Hören und Kommunikation (siehe Abschnitt 4.5) durchaus auch in höheren Jahrgangsstufen als zum Schuleintritt legitim.

Insgesamt scheint einerseits die vertiefte Verknüpfung sonderpädagogischer und mathematikdidaktischer Forschungen sinnhaft und notwendig (siehe Abschnitt 4.6) zu sein, andererseits wird eine Forschungs- und Entwicklungslücke offensichtlich, die mit der vorliegenden Dissertation sowohl durch die Entwicklung eines zielgerichteten Designs als auch durch die Beforschung von Lehr- und Lernprozessen genauer beleuchtet werden soll.

Orientiert an der forschungsmethodologischen Ausrichtung entlang des FUNKEN-Modells (siehe Abschnitt 7.1) wird sich auch für die Formulierung des Erkenntnisinteresses und der konkretisierten Fragestellungen am Sprachgebrauch des Modells orientiert. Aus diesem Grund gliedert sich das Erkenntnisinteresse sowohl in ein Entwicklungs- als auch in ein Forschungsinteresse, welches jeweils mit einer Fragestellung verbunden ist, denen im empirischen Teil der Arbeit nachgegangen werden soll.

Das Erkenntnisinteresse liegt zum einen auf der konkreten Entwicklung eines Lehr-Lernarrangements, das den Moment des Zehnerübergangs im Hinblick auf das Stellenwertverständnis thematisiert und erarbeitet. Es soll bei den Schüler*innen Denkprozesse anregen und ermöglichen, den Zehnerübergang aus einer unter Umständen anderen Perspektive als der im schulischen Alltag üblicherweise verwendeten zu erfahren. Dies geschieht anhand der Förderung des ordinalen Zahlverständnisses durch die Einnahme der Prozesssicht, wodurch auch ein erstes Stellenwertverständnis bei den Schüler*innen angebahnt werden soll. Es soll explizit nicht darum gehen, die mit dem Stellenwertsystem möglicherweise verbundenen Prinzipien wie zum Beispiel das Bündelungsprinzip (siehe Abschnitt 2.2.1) zu vermitteln, da dies in dem geringen Zahlenraum, wie bereits in der Einleitung erwähnt, nicht möglich ist. Vielmehr sollen erste Einblicke und mentale Vorstellungen in Strukturen, Konstruktionen und Erzeugungsprozesse im Hinblick auf das dezimale Stellenwertsystem, insbesondere über Vorgänger- und Nachfolgerbildung, ermöglicht beziehungsweise angeregt werden. Das dabei entstehende Produkt des Lehr-Lernarrangements sollte in der Schule einsetzbar sein, sodass bei dessen Entwicklung ein Praxisbezug mitgedacht wird. In diesem Zusammenhang sollen außerdem Design-Prinzipien sowohl im Kontext von Mathematikdidaktik als auch des Förderschwerpunkts Hören und Kommunikation für die Förderung mathematischer Inhalte, insbesondere dem Zehnerübergang, herausgearbeitet und entwickelt werden. Somit lässt sich folgende Fragestellung als Entwicklungsinteresse formulieren:

Welche Design-Prinzipien eignen sich zur Erarbeitung des Zehnerübergangs mit Blick auf die Anbahnung eines dezimalen Stellenwertverständnisses durch Schüler*innen mit dem Förderschwerpunkt Hören und Kommunikation und wie kann ein konkretes Lehr-Lernarrangement aussehen, dem diese Design-Prinzipien zugrunde liegen?

Daraus werden folgende konkretisierte Fragestellungen zum Entwicklungsinteresse (FE) aufgestellt:

- FE 1: Welche Design-Prinzipien lassen sich auf Grundlage der allgemeinen didaktischen Theorien mit Blick auf den Förderschwerpunkt Hören und Kommunikation und der mathematikdidaktischen Theorien als Grundlage für die Gestaltung des Lehr-Lernarrangements zur Förderung des Zehnerübergangs im Hinblick auf die Anbahnung eines dezimalen Stellenwertver-ständnisses identifizieren? (Kapitel 8)

- FE 2: Wie können insbesondere die Design-Prinzipien der allgemeinen didaktischen Theorien mit Blick auf den Förderschwerpunkt Hören und Kommunikation auf Grundlage empirischer Ergebnisse konkretisiert werden? (Kapitel 9)
- FE 3: Wie kann ein Lehr-Lernarrangement für Schüler*innen mit dem Förderschwerpunkt Hören und Kommunikation zur Förderung des Zehnerübergangs im Hinblick auf die Anbahnung eines dezimalen Stellenwertverständnisses gestaltet sein? (Kapitel 8)
- FE 4: Wie kann das entwickelte Lehr-Lernarrangement auf Grundlage empirischer Untersuchungen weiterentwickelt werden? (Kapitel 9)

Ein ebenso großes Erkenntnisinteresse liegt zum anderen auf dem Verstehen von Denk- und Lernprozessen der Schüler*innen, die durch das Arbeiten mit dem entwickelten Lehr-Lernarrangement initiiert werden: Welche Zahl- beziehungsweise Konstruktionsvorstellungen lassen sich im Zahlenraum 0 bis 9 und dann vom Zehnerübergang feststellen? Welche Herausforderungen treten im Lernprozess auf? Das sind einige wenige Fragen, die mit diesem Forschungsinteresse in Verbindung stehen. Es geht demnach um die Ausbildung mentaler Ideen zum Zehnerübergang und um die Frage, welche Prozesse hiermit in Verbindung stehen. Damit verknüpft soll insbesondere erforscht werden, welche Hürden in den individuellen Lernprozessen von Schüler*innen mit Förderbedarf Hören und Kommunikation auftreten, welche Hilfestellungen sich gegebenenfalls eignen oder eher hinderlich sind und in welcher Form die ausgewählten Design-Prinzipien aus der Perspektive des Förderschwerpunkts Hören und Kommunikation auf Grundlage der Lernprozesse konkretisiert werden müssen. All diese Aspekte sollen unter dem Begriff der Phänomene, die bei der Bearbeitung des Lehr-Lernarrangements durch die Lernenden auftreten, gefasst werden. Denn verschiedenen Lexika entsprechend versteht man unter diesem Begriff „etwas, was sich beobachten, wahrnehmen lässt" (Cornelsen Verlag, 2023c), eine „Erscheinung" (Brockhaus Enzyklopädie Online, o. J.a) oder philosophisch das „sich Zeigende im Sinne der wahrnehmbaren Erscheinung" (Brockhaus Enzyklopädie Online, o. J.b). Auch in den Sozial- und Human-wissenschaften handelt es sich dabei um einen sehr gebräuchlichen Begriff, der im Kontext der Erforschung empirischer Daten verwendet wird (u. a. Döring & Bortz, 2016, S. 63; Kuckartz & Rädiker, 2022, S. 67). Demnach werden bei der vorliegenden Arbeit beispielsweise bestehende Hürden oder auch Zahlvorstellungen als Phänomene herausgestellt und dadurch offensichtlich beziehungsweise sichtbar. Ein Phänomen beschreibt somit eine zentrale Forschungserkenntnis im Hinblick auf den Lernprozess. Die daraus abgeleitete Fragestellung als Forschungsinteresse lautet:

Welche Phänomene lassen sich im Lernprozess zum Zehnerübergang insbesondere bei Schüler*innen mit dem Förderschwerpunkt Hören und Kommunikation feststellen?

Die entsprechenden konkretisierten Fragestellungen zum Forschungsinteresse (FF) sind:

– FF 1: Welche Aspekte eines Zahlverständnisses lassen sich im Zahlenraum 0 bis 9 bei Schüler*innen mit dem Förderschwerpunkt Hören und Kommunikation feststellen? (Kapitel 10)

  o FF 1.1: Welche Herausforderungen beziehungsweise Hürden sowie erste Erkenntnisse zum Zahlverständnis im Zahlenraum 0 bis 9 lassen sich im Lernprozess bei Schüler*innen mit dem Förderschwerpunkt Hören und Kommunikation feststellen?
  o FF 1.2: Welche Aspekte lassen sich bezüglich der Lehrprozesse mit Blick auf die Design-Prinzipien im spezifischen Kontext von Lernprozessen im Zahlenraum 0 bis 9 feststellen?

– FF 2: Welche Phänomene im Hinblick auf den Zehnerübergang bezüglich des dezimalen Stellenwertsystems können bei Schüler*innen mit dem Förderschwerpunkt Hören und Kommunikation im Laufe der Förderung ausgemacht werden? (Kapitel 10)

  o FF 2.1: Welche Herausforderungen beziehungsweise Hürden sowie erste Erkenntnisse zum Zahlverständnis im Zahlenraum 0 bis 19 lassen sich im Lernprozess bei Schüler*innen mit dem Förderschwerpunkt Hören und Kommunikation feststellen?
  o FF 2.2: Welche Aspekte lassen sich bezüglich der Lehrprozesse mit Blick auf die Design-Prinzipien im spezifischen Kontext von Lernprozessen zum Zehnerübergang im Zahlenraum 0 bis 19 feststellen?

An den Konkretisierungen der Erkenntnisfragen wird deutlich, dass die Design-Prinzipien und deren Konkretisierungen eine Brücke zwischen dem Forschungs- und dem Entwicklungsinteresse bilden. Sie stellen zunächst ein Entwicklungsprodukt dar, indem die Konkretisierungen herausfordernde Situationen sowie mögliche Strategien zum Umgang mit diesen im Kontext des Lehr-Lernarrangements und somit konkrete Anregungspunkte aufzeigen, wie ein Lehr-Lernarrangement zu dem mathematischen Inhalt insbesondere für Schüler*innen mit dem Förderschwerpunkt Hören und Kommunikation gestaltet sein kann beziehungsweise welche Aspekte zu berücksichtigen oder zu nutzen sind. Darüber hinaus werden die Design-Prinzipien und ihre Konkretisierungen auch im Zuge des Forschungsinteresses noch einmal im Zusammenhang mit den Lehrprozessen aufgegriffen. Letztere setzen sich somit in gewisser Weise auch aus dem erarbeiteten Entwicklungsprodukt zusammen.

Methodologischer Rahmen 7

Methodologisch lässt sich die vorliegende Forschungsarbeit im Bereich der Entwicklungsforschung verorten. Im vorliegenden Kapitel wird deshalb zunächst ein Überblick über Entwicklungsforschung im Allgemeinen gegeben sowie das Dortmunder FUNKEN-Modell im Speziellen genauer erläutert (Abschnitt 7.1). Da dieses Vorgehen als qualitativ einzuordnen ist, wird daran anknüpfend die Relevanz und Spezifik qualitativer Forschung aufgezeigt (Abschnitt 7.2). Das Kapitel schließt mit der Darstellung der Datenerhebung (Abschnitt 7.3.1) sowie deren Auswertung (Abschnitt 7.3.2).

7.1 Fachdidaktische Entwicklungsforschung

Entwicklungsforschung allgemein
Die Bedeutung der Entwicklungsforschung als Methodologie im Forschungsfeld der Didaktik, insbesondere auch in der Mathematikdidaktik, nimmt immer stärker zu (Prediger et al., 2015, S. 877). Dabei geht es gezielt darum, die beiden in der didaktischen Forschung häufig vertretenen Pole von Grundlagenforschung und praxisnaher Erforschung beziehungsweise Gestaltung von Lehr-Lernprozessen zu vereinen. In der Entwicklungsforschung werden sowohl die Lernprozesse als solches analysiert und erforscht, aber auch deren konkrete,

Ergänzende Information Die elektronische Version dieses Kapitels enthält Zusatzmaterial, auf das über folgenden Link zugegriffen werden kann https://doi.org/10.1007/978-3-658-44000-8_7.

theoretisch basierte Gestaltung (Prediger & Link, 2012, S. 29 f.). Design Research (englische Bezeichnung für Entwicklungsforschung) (Prediger et al., 2012, S. 452) „combines instructional design and educational research" (Prediger et al., 2015, S. 877). Somit besteht bei der Entwicklungsforschung eine in der Forschungsarbeit verankerte Zielsetzung, sowohl Lernprozesse zu verstehen als auch Lehr-Lernarrangements als Produkte für den Einsatz in der Praxis zu entwickeln beziehungsweise zu erforschen (Prediger et al., 2015, S. 878; Prediger et al., 2012, S. 452). In Bezug auf Entwicklungsforschung / Design Research bestehen verschiedenste Bezeichnungen, wie zum Beispiel ‚design-based research‘, ‚design experiments‘, ‚design theories‘ (Prediger et al., 2015, S. 877). Diese weisen darauf hin, dass es nicht die eine Entwicklungsforschung gibt, sondern es sich dabei um ein weites Feld unterschiedlicher Ansätze handelt. Diese resultieren aus verschiedenen Bedarfen und individuellen Einsatzbereichen. Sie unterscheiden sich unter anderem im Alter / Jahrgang der Zielgruppe, im Forschungsgrund, in den Ergebnisarten, im beabsichtigten Ziel bezüglich des schulischen Einsatzes, in ihrer Skala (beispielsweise auf Individualebene oder Schulebene) und in ihrer Hintergrundtheorie (Prediger et al., 2015, S. 877 / 880). Cobb et al. (2003, S. 9 ff.) stellen in dem Zusammenhang einen wichtigen Bezugspunkt in der Etablierung der Entwicklungsforschung als eine Methodologie dar (Prediger et al., 2015, S. 879), indem sie fünf Kriterien aufschlüsseln, die für diese Forschungsmethodologie, in ihrem Fall unter der Bezeichnung ‚Design Experiments‘, gelten:

(1) Zweck dieser Methodologie ist es, *Theorien* zu entwickeln beziehungsweise zu generieren, die sich sowohl auf den Lernprozess als solchen als auch auf die Mittel zur Unterstützung des Lernens beziehen (Cobb et al., 2003, S. 9 f.).

(2) Das zweite Kriterium ist der hohe *interventionistische* Charakter, was bedeutet, dass möglichst innovative Formen des Lernens zu entwickeln und zu erforschen sind (Cobb et al., 2003, S. 10).

(3) Design Experimente sind sowohl *prospektiv* als auch *reflektierend* in dem Sinne, dass prospektiv ein Lernprozess angenommen wird und darauf aufbauend ein Design entwickelt wird, welches dann aus der Retrospektive angepasst und gegebenenfalls korrigiert wird (Cobb et al., 2003, S. 10).

(4) Aus dem prospektiven und reflektierenden Vorgehen folgt das vierte Kriterium, das *iterative* Vorgehen, nach dem in mehreren Zyklen Vermutungen aufgestellt und überprüft, neue Herangehensweisen entwickelt und wiederum überprüft werden (Cobb et al., 2003, S. 10).

(5) Entwicklungsforschung ist *praxisorientiert*, indem Theorien herausarbeitet werden, die einen konkreten Bezug zur Praxis haben, bereits in der Forschung aufgetretene Probleme aufführen und gut in der Praxis implementiert werden können (Cobb et al., 2003, S. 10 f.).

Nach Prediger et al. (2015, S. 877 / 880 f.) lassen sich trotz der Vielfalt an Bezeichnungen insgesamt zwei Prototypen ausmachen, die sich in ihrem primären Forschungsziel unterscheiden und denen die verschiedenen Forschungsarbeiten zuzuweisen sind: ‚Entwicklungsforschung mit curricularem Fokus' sowie ‚Entwicklungsforschung mit dem Fokus auf Lehr-Lernprozessen' (Pöhler, 2018, S. 133). Beide Typen haben zum Ziel, Theorien zu generieren, Lehr-Lernprozesse zu erfassen und in der Praxis umsetzbare Produkte zu entwickeln. Der Unterschied liegt jedoch darin, dass sich unter dem einen Prototypen Forschungen zusammenfassen lassen, die vor allem zum Ziel haben, curriculare Produkte und didaktische Prinzipien für den direkten schulischen Einsatz zu entwickeln und herauszuarbeiten, während Forschungen des zweiten Prototyps primär lokale Theorien und beispielhafte Fälle als Erkenntnisse herausarbeiten. Der Unterschied liegt somit insbesondere im Fokus und im Produkt der Forschung sowie im zeitlichen Umfang (Prediger et al., 2015, S. 880 f.).

Als Vertreter*innen für den ersten Prototypen nennen Prediger et al. (2015, S. 880 f.) unter anderem Nieveen, McKenney und Van den Akker. Sie sehen im Design Research das Ziel, Lehrplaninhalte zu erstellen und diese möglichst gut implementieren zu können. Bei der Forschung ergeben sich drei Typen von Output: (1) didaktische Prinzipien, (2) Lehrplaninhalte sowie (3) eine professionelle Entwicklung aller Beteiligten (McKenney et al., 2006, S. 118). Diese Art der Forschung besteht im Regelfall aus drei Phasen: der Vorbereitungsphase, in der ein Problem analysiert wird und ein konzeptioneller Rahmen entwickelt wird, der Entwicklungsphase beziehungsweise Prototypphase, in der durch mehrfache Wiederholungen das entwickelte Konzept und seine Teilbereiche formativ evaluiert werden, und der Beurteilungsphase, in der das Gesamtkonzept, ebenfalls iterativ, evaluiert wird (Plomp, 2013, S. 19; Prediger et al., 2015, S. 881).

Beim zweiten Prototypen ‚Entwicklungsforschung mit dem Fokus auf Lehr-Lernprozessen' wird nicht erforscht, ob und wie in der Schule der Lehrplan und seine Teilbereiche implementiert werden, vielmehr sollen Lehr-Lernprozesse mit typischen Hürden der Forschungsgegenstand sein, unter anderem mit dem Ziel, lokale Theorien zu Lehr-Lernprozessen zu generieren (Prediger et al., 2015, S. 881). In der Mathematikdidaktik basieren Forschungen des zweiten Prototyps größtenteils auf Annahmen wichtiger Lerntheoretiker*innen wie Vygotsky oder Piaget. Drei Grundannahmen aus diesem Feld lassen sich in der Entwicklungsforschung wiederfinden:

(1) Schüler*innen sind eigene Wesen mit eigenen Sichtweisen und ihr Handeln ergibt für sie Sinn. Sie nutzen unter Umständen eigene Repräsentationen zum Ausdruck ihres Wissens, die sich möglicherweise von konventionellen Repräsentationen unterscheiden. Zudem oder vielmehr vor allem bringen sie ihre eigenen Erfahrungen aus verschiedenen Bereichen mit, welche ihr Lernen stark beeinflussen können.

(2) Entwicklungsforschung erfordert ein Forschen über einen längeren Zeitraum, um nicht nur kurzfristige Lerneffekte erfassen zu können, sondern auch die sich allmählich ausbildenden Lernprozesse.

(3) Die dritte Annahme besteht darin, dass Gedanken und Handlungen eng miteinander verknüpft sind und sich gegenseitig beeinflussen. (Prediger et al., 2015, S. 881 f.)

Insgesamt heben Prediger et al. (2015, S. 882) hervor, dass Entwicklungsforschung nicht nur eine Input- / Output-Erfassung ist, sondern der Kern der Forschung im Prozess des Lernens liegt. Oft finden erste Phasen als Design-Experimente in kleinen Gruppen (zwischen einer und sechs Personen) in isoliertem Umfeld statt, um initiale Erfahrungen und Erkenntnisse des Lernprozesses gewinnen zu können. Spätere Phasen finden dann häufig in der Unterrichtspraxis statt, um zusätzlich die äußeren Einflussfaktoren berücksichtigen zu können (Prediger et al., 2015, S. 882 f.).

Das *Dortmunder FUNKEN-Modell*, ein Modell der fachdidaktischen Entwicklungsforschung, lässt sich dem zweiten Prototyp zuordnen. Wie im Zuge des Erkenntnisinteresses (siehe Kapitel 6) beschrieben, besteht bei der vorliegenden Dissertation sowohl ein Forschungs- als auch ein Entwicklungsinteresse. Aus diesem Grund wird das FUNKEN-Modell, welches unter anderem für die mathematikdidaktische Forschung etabliert ist (u. a. Pöhler, 2018; Wessel, 2015; Zindel, 2019), als grundlegende und konkretisierte Methodologie verwendet. Im Folgenden wird nun zunächst das Modell genauer erläutert und anschließend auf die daraus folgenden Forschungsvorgehensweisen und -schritte eingegangen.

Fachdidaktische Entwicklungsforschung – Dortmunder FUNKEN-Modell
Bei diesem Modell handelt es sich um eine Weiterentwicklung des Design Science nach Wittmann (1992; 1995b), bei dem der Fokus insbesondere auf den Lerngegenständen liegt (Wittmann, 1992, S. 62 ff.), in Verbindung mit der Erforschung der Lernprozesse, die bei dem Ansatz von Gravemeijer und Cobb (2006, S. 47), dem ‚Design Research from a learning design perspective', im Vordergrund stehen. Somit vertritt das FUNKEN-Modell ein Verständnis von Entwicklungsforschung, welches sowohl gegenstands- als auch prozessorientiert

ist (Prediger & Link, 2012, S. 29; Prediger et al., 2012, S. 453). Beim vorliegenden Forschungsvorhaben soll nun explizit der mathematische Kern, die Funktionsweise des dezimalen Stellenwertsystems anhand des Zehnerübergangs, korrekt vermittelt oder vielmehr angebahnt werden. Dabei sollen insbesondere der Lernprozess mit seinen Hürden sowie Herausforderungen und Möglichkeiten erforscht werden. Im Hinblick darauf sollen Design-Prinzipien und ein Lehr-Lernarrangement entwickelt und erprobt werden, welche speziell für Schüler*innen mit dem Förderschwerpunkt Hören und Kommunikation geeignet sind. Somit besteht das Ziel, ein forschungsbasiertes aber auch in der Praxis umsetzbares Unterrichtsdesign zu entwickeln. Ebendies ist zentraler Bestandteil des FUNKEN-Modells (Hußmann et al., 2013, S. 25; Prediger et al., 2012, S. 453).

Der Forschungsprozess als Ganzes besteht aus einem „iterativ mehrfach zu durchlaufenden Zyklus" (Prediger et al., 2012, S. 453), welcher sich wiederum aus vier Arbeitsbereichen zusammensetzt. In der Abbildung (siehe Abb. 7.1) werden der Forschungsprozess sowie die dabei entstehenden Produkte lerngegenstandsspezifisch aufgezeigt.

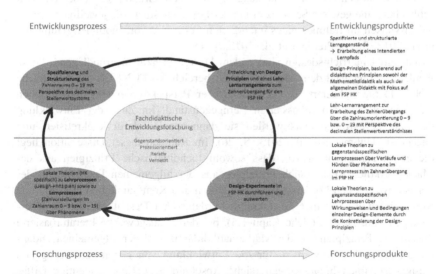

Abb. 7.1 Zyklus der fachdidaktischen Entwicklungsforschung nach Prediger et al. (2012), adaptiert mit Blick auf eigenen Forschungsprozess

Im Folgenden sollen nun die verschiedenen Arbeitsbereiche in Bezug zur vorliegenden Arbeit genauer ausgeführt werden. In einem ersten Schritt wird im

Sinne des FUNKEN-Modells (Hußmann et al., 2013, S. 26; Prediger et al., 2012, S. 453 f.; siehe Abb. 7.1) der Lerngegenstand, das dezimale Stellenwertsystem, im Speziellen der Zehnerübergang, theoriebasiert spezifiziert und im Anschluss strukturiert. Bei der Spezifizierung, die in Kapitel 2 zu finden ist, werden Definitionen und mathematisch relevante und theoriebasierte Inhalte herausgestellt, aber auch mathematikdidaktische Elemente zur Klärung des Lerngegenstands sowie allgemeine didaktische Überlegungen werden genauer beleuchtet. Im Rahmen der Strukturierung werden literaturbasierte typische Lernstadien im Zuge des dezimalen Stellenwertverständnisses als große Zielperspektive, aber auch Entwicklungsverläufe im kleinen Zahlenraum als Grundlage zur Erarbeitung des Zehnerübergangs zur Anbahnung eines Stellenwertverständnisses dargestellt. Im Rahmen der Strukturierung findet nach dem FUNKEN-Modell auch die „Identifikation relevanter Kontexte und Lernanlässe [und] die Heranziehung geeigneter Anschauungen" (Prediger et al., 2012, S. 454) statt. Für die vorliegende Arbeit werden hierzu Bearbeitungen des Zehnerübergangs in Mathematiklehrwerken sowie bereits entwickelte Design-Prinzipien und Lehr-Lernarrangements zum dezimalen Stellenwertsystem herausgearbeitet. Auf Grundlage all dessen wird schließlich eine gewisse Sequenzierung der Lernziele sowie die jeweiligen Herangehensweisen im Rahmen eines intendierten Lernpfads vorgenommen (Hußmann et al., 2013, S. 26; Prediger et al., 2012, S. 454).

Für ein Unterrichtsdesign sind zudem Design-Prinzipien grundlegend. Diese werden entsprechend dem nächsten Arbeitsbereich des FUNKEN-Modells (siehe Abb. 7.1) theoriebasiert aus fachdidaktischer Perspektive erstellt und beziehen sich konkret auf den fokussierten Lerngegenstand. Im Zuge der Entwicklung des Lehr-Lernarrangements werden sie dann speziell dafür konkretisiert und angepasst (Hußmann et al., 2013, S. 26). Im Rahmen dieser Dissertation liegt die besondere Situation vor, dass sowohl fachdidaktische Prinzipien aus der Mathematikdidaktik als auch Prinzipien aus der allgemeinen Didaktik mit der Perspektive auf den Förderschwerpunkt Hören und Kommunikation eine zentrale Rolle spielen und miteinander verknüpft werden sollen. Deshalb werden die Überlegungen zum Design (siehe Kapitel 5), bei denen ausgewählte literaturbasierte didaktische Prinzipien aus der Mathematikdidaktik und der allgemeinen Didaktik genauer erläutert werden, für die Entwicklung von gegenstandsbezogenen Design-Prinzipien herangezogen (siehe Abschnitt 8.1). Eine eindeutige Differenzierung zwischen den beiden Entwicklungsebenen soll über die begriffliche Unterscheidung zwischen didaktischen Prinzipien – ausschließlich literaturbasiert und noch nicht lerngegenstandsbezogen formuliert – sowie den Design-Prinzipien, bei denen es sich dann um eine Konkretisierung der didaktischen

Prinzipien gezielt für den Lerngegenstand des Zehnerübergangs bezieht, erleichtert werden. Da der Forschungsstand sowohl im Hinblick auf mathematische Fähigkeiten von Schüler*innen mit Förderbedarf Hören und Kommunikation (siehe Abschnitt 4.5), insbesondere im Hinblick auf das Stellenwertverständnis, als auch zur Erarbeitung des Zehnerübergangs zur Anbahnung eines ersten dezimalen Stellenwertverständnisses (siehe Abschnitt 2.2.2) nicht umfangreich ist, spielen die Konkretisierung und Weiterentwicklung der Design-Prinzipien eine zentrale Rolle. Dabei ist hervorzuheben, dass die Design-Prinzipien aus der Mathematikdidaktik insbesondere für die Entwicklung des Lehr-Lernarrangements leitend sind und bei Forderungen bezüglich dessen Weiterentwicklung erneut eine leitende Funktion einnehmen, indem sie weiterhin als Anspruch gelten. Die Design-Prinzipien aus der allgemeinen Didaktik hingegen sollen auf Grundlage der empirischen Daten zunächst intensiv analysiert und daraufhin konkretisiert werden, da darüber Erkenntnisse zum spezifischen Bezug zwischen Design-Prinzipien der allgemeinen Didaktik und dem konkreten mathematischen Lerngegenstand erfasst werden können. Diese werden dann wiederum ebenfalls für die Weiterentwicklung des Lehr-Lernarrangements zugrunde gelegt.

Die empirischen Daten werden mit Hilfe von Design-Experimenten erhoben (siehe Abb. 7.1). Im Sinne der fachdidaktischen Entwicklungsforschung des Dortmunder Modells (Prediger et al., 2012, S. 455) werden diese mit kleinen Gruppen von Schüler*innen durchgeführt, um so die individuellen Denkprozesse und Zahlvorstellungen besser zu erfassen und gezielter untersuchen zu können, welche individuellen Bedürfnisse oder Herausforderungen im Hinblick auf die Design-Prinzipien und das Lehr-Lernarrangement vorliegen. Die Design-Experimente schließen im Forschungsprozess an die Spezifizierung und Strukturierung des Lerngegenstands sowie die darauf basierende Entwicklung eines Designs, das ein Lehr-Lernarrangement sowie bestimmte Design-Prinzipien umfasst, an. Für die Datenerhebung und -auswertung werden, wie es im FUNKEN-Modell vorgesehen ist (Prediger et al., 2012, S. 455), qualitative Methoden adaptiert und entsprechend spezifisch an die Erkenntnisinteressen und Fragestellungen der vorliegenden Forschung angepasst. Diese werden in Abschnitt 7.3 im Zuge der Datenerhebung und -auswertung erläutert.

Im Forschungszyklus des FUNKEN-Modells ist zudem vorgesehen, dass auf Grundlage der in den Design-Experimenten empirisch gewonnenen Daten lokale Theorien zu Lehr-Lernprozessen entwickelt werden (Prediger et al., 2012, S. 455 f.; siehe Abb. 7.1). Hierfür werden die Daten im Hinblick auf Zahlvorstellungen im Zahlenraum 0 bis 9 und zum erweiterten Zahlenraum 0 bis 19, der somit den Zehnerübergang einschließt, analysiert und darüber Hürden im Lernprozess erfasst. Außerdem sollen im Kontext der Lern- und Spielwelten (Zyklus 1) beziehungsweise des Lehr-Lernarrangements (Zyklus 2) mögliche Besonderheiten für die Vermittlung im Hinblick auf die Design-Prinzipien festgestellt werden, die erste Aspekte bezüglich einer lokalen Theorie zu Lehrprozessen aufzeigen.

Die mit der vorliegenden Dissertation entwickelten Theorien zu Lehr- und Lernprozessen sind noch auf lokaler Ebene zu verorten. Vielmehr geht es darum, erste Einblicke in mögliche Lernprozesse und Anforderungen im Hinblick auf Design-Prinzipien zu erhalten. Für globalere Theorieansätze müssten weitere Forschungszyklen folgen, in denen die aufgestellten lokalen Theorien überprüft und ausgeschärft würden.

Damit schließt sich ein aus den vier Arbeitsbereichen bestehender Zyklus. Dem FUNKEN-Modell entsprechend (Prediger et al., 2012, S. 453) werden auch im Zuge der vorliegenden Arbeit insgesamt mehrere Zyklen durchgeführt, wobei die Forschungsschwerpunkte variieren. Aufgrund der Kombination des fachlichen Inhalts des Zehnerübergangs zur Anbahnung eines ersten Stellenwertverständnisses mit der spezifischen Zielgruppe von Schüler*innen mit dem Förderbedarf Hören und Kommunikation bestehen, wie in Abschnitt 4.5 und 4.6 zur Darstellung des Forschungsstands zu mathematischen Fähigkeiten im Förderschwerpunkt Hören und Kommunikation sowie der Relevanz der Verknüpfung sonderpädagogischer und mathematikdidaktischer Forschungen dargestellt, noch keine empirischen Forschungen zu Lernendenperspektiven zu diesem Themenfeld. Auch konkrete Design-Prinzipien sind dafür noch nicht (umfangreich) herausgearbeitet. Aus diesem Grund wird im Rahmen des hier berichteten Promotionsprojekts ein erster Zyklus dafür genutzt, einen grundlegenden Einblick in die Perspektiven von Schüler*innen mit dem Förderschwerpunkt Hören und Kommunikation zur ersten Zahlentwicklung im Zahlenraum 0 bis 4 sowie 0 bis 9 zu erhalten (siehe Abschnitt 3.5). Die Daten dieses Zyklus dienen ausschließlich einer ersten Orientierung und werden deshalb nicht für die Datenauswertung der vorliegenden Dissertation zugrunde gelegt. Bezeichnet wird dieser Zyklus dementsprechend als Zyklus 0. Ein zweiter Zyklus setzt an der Stelle an. Ausgehend vom zu entwickelnden Lehr-Lernarrange-ment zum Zehnerübergang werden ähnlich konzipierte Lern- und Spielwelten in Zyklus 1 zur intensiven Erarbeitung des Zahlenraums 0 bis 9 und damit zur Zahlraumorientierung 0 bis 4 beziehungsweise 0 bis 9 eingesetzt, um Erkenntnisse zu Schüler*innenperspektiven in dem kleinen Zahlenraum als Grundlage für die Erarbeitung des Zehnerübergangs möglichst präzise erfassen zu können. In diesem Zusammenhang werden zudem bereits die entwickelten Design-Prinzipien berücksichtigt, sodass die gewonnenen Daten auch im Hinblick auf die Ausschärfung und Konkretisierung der Design-Prinzipien verwendet werden.

Auf die erkundenden Zyklen 0 und insbesondere 1 folgt dem FUNKEN-Modell entsprechend (Hußmann et al., 2013, S. 33; Prediger et al., 2012, S. 455) schließlich ein Forschungszyklus zur (Weiter-)Entwicklung und (Re-)Strukturierung des Lehr-Lernarrangements zum Zehnerübergang, zur weiteren Ausdifferenzierung der Design-Prinzipien und zur Erforschung von Zahlvorstellungen und Hürden im Lernprozess. Dementsprechend wird in Zyklus 2 das Lehr-Lernarrangement im Hinblick auf den spezifizierten und strukturierten Lerngegenstand möglichst zielgruppengerecht entwickelt und es werden die zugrunde liegenden und aus dem ersten Zyklus konkretisierten Design-Prinzipien berücksichtigt und umgesetzt. Das Lehr-Lernarrangement wird daraufhin erprobt, die dabei gewonnenen Daten ausgewertet und weitere Konkretisierungen der Design-Prinzipien sowie Herausforderungen im Kontext des Lehr-Lernarrangements herausgearbeitet.

Im Rahmen der fachdidaktischen Entwicklungsforschung entstehen schließlich Produkte sowohl auf Entwicklungs- als auch auf Forschungsebene. Auf letzterer lassen sich die lokalen Theorien verorten und in einem gewissen Maße auch die konkretisierten lerngegenstandsbezogenen Design-Prinzipien, da sie Erkenntnisse bezüglich des Lehrprozesses beinhalten. Gleichzeit stellen die Design-Prinzipien aber auch ein Entwicklungsprodukt dar, indem sie konkrete Aspekte für die unterrichtliche Gestaltung zur Erarbeitung des Zehnerübergangs zur Anbahnung eines Stellenwertverständnisses im Kontext des Förderschwerpunkts Hören und Kommunikation beinhalten. Somit bilden sie eine Verknüpfung zwischen den Forschungs- und Entwicklungsprodukten. Letztere umfassen zudem das entwickelte und erprobte Lehr-Lernarrangement.

Inwieweit diese Zyklen ausreichen, um erste tiefere Theorien und umfangreich ausdifferenzierte Design-Prinzipien sowie ein Lehr-Lernarrangement daraus ableiten beziehungsweise entwickeln zu können, ist fraglich und ist nicht das Ziel der Arbeit. Vielmehr sollen erste Erkenntnisse zum mathematischen Inhalt des Zehnerübergangs im Hinblick auf das Stellenwertverständnis im Kontext des Förderschwerpunkts Hören und Kommunikation erlangt werden. Mit Hilfe empirischer Forschungen soll ein Anfang in Richtung einer verknüpften Forschung von Mathematikdidaktik und Didaktik im Förderschwerpunkt Hören und Kommunikation geschaffen werden, der sowohl auf Entwicklungs- als auch auf Forschungsebene erste Ergebnisse vorlegen lässt. Die methodologische Orientierung an der fachdidaktischen Entwicklungsforschung, speziell dem Dortmunder FUNKEN-Modell, bietet dafür die theoretische Grundlage und den notwendigen Rahmen.

7.2   Relevanz und Spezifik qualitativer Forschung in der Mathematikdidaktik

Ellinger (2015, S. 229) hebt im Zuge der Darstellung empirischer Forschungsmethoden in der Heil- und Sonderpädagogik hervor, dass qualitative Methoden
„zu den jüngeren Forschungskonzepten" (Ellinger, 2015, S. 229) zählen. Im
Gegensatz zur quantitativen Forschung können mit Hilfe qualitativer Forschung
individuelle Aspekte beschrieben und erfasst werden (Ellinger, 2015, S. 229). An
der Stelle lassen sich die Ziele von Forschungen im Rahmen des FUNKEN-
Modells verorten, nach denen unter anderem individuelle Lernprozesse von
Schüler*innen in Bezug auf einen spezifischen Lerngegenstand erfasst und
explorativ neue Ausgestaltungen zum Beispiel im Rahmen eines entwickelten
Lehr-Lern-arrangements erprobt werden (Prediger et al., 2012, S. 455). In diesem
Kontext wird deutlich, dass der qualitativen Forschungsausrichtung ein zentraler
Stellenwert zugeschrieben wird und auch Prediger et al. (2012, S. 455) weisen
darauf hin, dass die Auswertung von Projekten im Rahmen der fachdidaktischen
Entwicklungsforschung, auch in der Mathematikdidaktik, hauptsächlich qualitativ
stattfindet.

   Des Weiteren werden beim vorliegenden Dissertationsvorhaben Interessen der
erziehungswissenschaftlichen Forschung berührt, indem qualitative Bildungsforschung einen „Kernbereich qualitativer erziehungswissenschaftlicher Forschung"
(Marotzki & Tiefel, 2013, S. 73) darstellt (siehe auch Prengel et al., 2013, S. 17)
und ein Erkenntnisinteresse am Verstehen und Erklären von Bildungsprozessen,
konkret den mathematischen Lehr-Lernprozessen, besteht. Für den Bereich der
Erziehungswissenschaft kann festgestellt werden, dass die Bedeutung qualitativer
Forschungen immer stärker zunimmt (Bennewitz, 2013, S. 43). Typisch für die
qualitative Forschungsausrichtung ist eine offene Haltung und die „unvoreinge-
nommene Hinwendung zum Forschungsfeld" (Bennewitz, 2013, S. 47). Ebendies
ist für ein Verstehen und Erfassen von Denkprozessen der Schüler*innen wichtig.
Nur bei individuellem Interagieren, Reagieren und Analysieren können hierfür
Erkenntnisse gewonnen werden.

   Da bei dieser Dissertation mit Schüler*innen des Förderbedarfs Hören und
Kommunikation gearbeitet wird und dieser Personenkreis damit als Zielgruppe im
Zentrum der Forschung steht, findet eine Verknüpfung von sozial- und humanwis-
senschaftlichen Sachverhalten im Sinne von Verhalten und Erleben der Individuen
(Döring & Bortz, 2016, S. 4) und mathematikdidaktischen Sachverhalten statt. In
der empirischen Sozialforschung spielt das qualitative Forschungsvorgehen eine
durchaus zentrale Rolle (Döring & Bortz, 2016, S. 32), was sich auch in vielfältiger Literatur widerspiegelt (u. a. Mayring, 2016; Reichertz, 2016). Katzenbach

(2016, S. 14) weist darauf hin, dass in der Sonderpädagogik im Besonderen das Anerkennen des „Subjektstatus" (Katzenbach, 2016, S. 14) der Menschen, die man beforscht, anzuerkennen ist. Das entspricht dem qualitativen Paradigma. Der Autor verweist vor allem auf die unter anderem durch Behinderung häufig grundsätzliche separierte oder spezielle Betrachtung dieser Menschen hin, die wiederum dem Inklusionsgedanken entgegenwirkt. Durch Forschung, die sich speziell auf eine Personengruppe mit Behinderung bezieht, wird diese Separierung zwar weiter unterstützt, allerdings kann ein qualitatives Vorgehen bewirken, die individuellen Persönlichkeiten bewusst zum Vorschein zu bringen (Katzenbach, 2016, S. 14). Für die vorliegende Arbeit trifft die mögliche Stigmatisierung aufgrund einer Beeinträchtigung auf die Gruppe der Schüler*innen mit dem Förderbedarf Hören und Kommunikation zu.

Insgesamt sollen somit durch die qualitative Forschungsausrichtung zum einen aus der Perspektive der Mathematikdidaktik individuelle Lehr- und Lernprozesse in ihrer Tiefe erfasst und analysiert werden können. Zum anderen kann darüber ganz konkret Schüler*innen mit dem Förderschwerpunkt Hören und Kommunikation begegnet und ihre Denkprozesse sowie Bedarfe in den Fokus gestellt werden.

Zur Spezifik qualitativer Forschung muss zunächst angemerkt werden, dass sich unter dem Begriff der qualitativen Forschung eine Vielzahl an verschiedenen Forschungsfeldern, -methoden und -zielen fassen lässt (Döring & Bortz, 2016, S. 63 f.). Döring und Bortz (2016, S. 64 ff.) arbeiten jedoch fünf Prinzipien her aus, die für das qualitative Paradigma größtenteils leitend sind und im Folgenden vorgestellt werden:

(1) Im Hinblick auf das erste Prinzip ‚Ganzheitliche und rekonstruktive Untersuchung lebenswelt-Licher Phänomene' wird sich gezielt an der Lebenswelt der Schüler*innen orientiert (Döring & Bortz, 2016, S. 64 ff.; siehe auch Bennewitz, 2013, S. 47). Da die vorliegende Dissertation in der Mathematikdidaktik angesiedelt ist und nicht in den Sozialwissenschaften, stehen nicht deren soziale Wirklichkeiten oder die Rekonstruktion ihrer Lebenswelt im Fokus. Dennoch sollen die individuellen Wahrnehmungen und Zahlvorstellungen zentral in den Blick genommen werden, sodass auf mathematisch fachlicher Ebene eine Rekonstruktion stattfindet.

(2) Im Sinne des Prinzips ‚Reflektierte theoretische Offenheit zwecks Bildung neuer Theorien' (Döring & Bortz, 2016, S. 66 f.; siehe auch Bennewitz, 2013, S. 47) wird nicht eine bereits bestehende Theorie überprüft. Vielmehr sollen mit der vorliegenden Forschung erste lokale Theorien generiert

werden. Somit wird durchgehend eine Offenheit im Hinblick auf mögli-
che Hypothesen und Erkenntnisse zum konkreten Forschungsgegenstand, den
Lehr-Lernprozessen zum Zehnerübergang, aber auch zur Entwicklung von
Design-Prinzipien sowie eines Lehr-Lernarrangements gewahrt.

(3) Beim Prinzip ‚Zirkularität und Flexibilität des Forschungsprozesses zwecks
Annäherung an den Gegenstand' geht es um die flexible und zirkulär gestaltete Vorgehensweise (Döring & Bortz, 2016, S. 67 f.; siehe auch Bennewitz,
2013, S. 48 f.). Da bei der vorliegenden Forschungsarbeit sowohl ein
Forschungs- als auch ein Entwicklungsinteresse besteht (siehe Kapitel 6),
lässt sich eine gewisse Einschränkung bezüglich der Flexibilität nicht ausschließen. Nur so können zielgerichtet innerhalb eines Forschungszyklus die
Lehr-Lernprozesse erfasst und ein Design, bestehend aus Design-Prinzipien
und einem Lehr-Lernarrangement, entwickelt und ausdifferenziert werden.
Jedoch ist die fachdidaktische Entwicklungsforschung an sich gleichzeitig
auch sehr flexibel, indem sie immer wieder an die Forschungsinteressen
und jeweiligen Gegebenheiten angepasst werden kann. Auch die iterative Vorgehensweise ist im Kontext des FUNKEN-Modells bereits fest
im Forschungsdesign vorgesehen, sodass sowohl der Flexibilität als auch
insbesondere der Zirkularität entsprochen werden kann.

(4) Für das vierte Prinzip ‚Forschung als Kommunikation und Kooperation zwischen Forschenden und Beforschten' (Döring & Bortz, 2016, S. 68 f.; siehe
auch Bennewitz, 2013, S. 47 f.) spielen die Gespräche mit den Schüler*innen
eine zentrale Rolle. Auch an dieser Stelle findet eine gewisse Abgrenzung
zu den Sozialwissenschaften statt, da mathematische Inhalte, deren Ausbildung sowie deren Verständnis anstelle von zum Beispiel sozialen Gefügen
im Vordergrund stehen. Dennoch soll insbesondere über Zahlidee bezogene
Ereignisse im Rahmen des Lehr-Lernarrangements möglichst ein Zugang zur
internen Zahlvorstellung geschaffen werden (siehe Abschnitt 3.1.1), indem
durchgehend eine Kommunikation zwischen Lehrperson beziehungsweise
Forschungsperson und den Schüler*innen angestrebt wird. An dieser Stelle
lässt sich ein Schnittpunkt zur Relevanz der qualitativen Forschung in der
Sonderpädagogik feststellen: Durch Raum zur Kommunikation können Schüler*innen mit dem Förderschwerpunkt Hören und Kommunikation mit den
jeweiligen individuellen und möglicherweise spezifischen Bedürfnissen in
den Fokus gesetzt werden, sodass sie als bedeutende Individuen anerkannt
werden.

(5) Dem letzten Kriterium ‚Prinzip der Selbstreflexion der Subjektivität und
Perspektivität der Forschenden' liegt das Verständnis zugrunde, dass jegliche Forschungsprozesse von subjektiven Einstellungen und Wahrnehmungen

beeinflusst sind, sodass eine ständige Reflexion gefordert wird (Döring & Bortz, 2016, S. 70 f.; siehe auch Bennewitz, 2013, S. 47 f.). Im Kontext von Mathematikdidaktik soll im Rahmen der vorliegenden Dissertation unter anderem ein kollegialer Austausch mögliche Einflussfaktoren auf die Lernprozesse der Schüler*innen sowie subjektive Interpretationen offenlegen, die entsprechend in der Analyse aufgeführt werden. Außerdem erfordert die Erhebung von empirischen Daten im Rahmen von Design-Experimenten mit Schüler*innen eine ständige Reflexion bereits in der Situation selbst, sodass gegebenenfalls Fragestellungen oder ähnliches umformuliert, Verlaufspläne umgestellt und Vertiefungen spontan verändert werden müssen.

Im Hinblick auf Gütekriterien lässt sich in der qualitativen Forschung keine Einigkeit feststellen (Döring & Bortz, 2016, S. 106 f.). Besteht in der quantitativen Forschung ein breiter Konsens über die drei zentralen Gütekriterien der Objektivität, der Reliabilität und der Validität, so lassen sich in der Literatur bezüglich qualitativer Forschungskriterien eine Vielzahl an Modellen und Katalogen finden (Döring & Bortz, 2016, S. 106 f.). Döring und Bortz (2016, S. 108) verweisen in diesem Zuge auf den Kriterienkatalog nach Lincoln und Guba (1985), der häufig in der Literatur als Referenz benannt wird. Hiernach ist das Kriterium der Glaubwürdigkeit an die höchste Stelle zu setzen, worunter wiederum die Vertrauenswürdigkeit, die Übertragbarkeit, die Zuverlässigkeit und die Bestätigbarkeit fallen (Döring & Bortz, 2016, S. 108). Um diesen Kriterien zu entsprechen, werden unter anderem eine umfassende Datenerhebung, ein kollegialer Austausch und eine Überprüfung der Interpretationen am Rohmaterial, Beiträge im Rahmen von Forschungskolloquien sowie eine genaue Beschreibung der Stichprobe umgesetzt. Dadurch soll eine möglichst hohe Transparenz über den gesamten Forschungsprozess geschaffen werden.

7.3 Datenerhebung und -auswertung

Spezifisch für Entwicklungsforschung ist die Verwendung angepasster Methoden für die Datenerhebung und -auswertung: „we propose to acknowledge the variations, and demand specification in each study of how their methods were tailored to the individual purpose and context" (Prediger et al., 2015, S. 883). Für das Vorgehen der Erhebung, Auswertung und Analyse sind entsprechende Verfahren anzupassen oder auch zu entwickeln, die zum jeweiligen Forschungsinteresse und -gegenstand passen (Prediger et al., 2015, S. 883). Zur Nachvollziehbarkeit und Transparenz des forschungsmethodischen Vorgehens (siehe Abschnitt 7.2) wird die Vorgehensweise der Erhebung und Auswertung im Folgenden genau beschrieben und erläutert. Diese ist durchgehend gegenstands- und arbeitsspezifisch, was grundsätzlich ein typisches Kriterium für fachdidaktische Entwicklungsforschung ist (Prediger, Komorek et al., 2013, S. 14 f.).

7.3.1   Datenerhebung

Im folgenden Unterkapitel soll nun die Form der Datenerhebung genauer beschrieben werden, wobei auf den Aufbau der Design-Experimente, die Stichprobe und die zeitliche sowie strukturelle Planung der Forschungszyklen eingegangen wird.

Aufbau und Gestaltung der Design-Experimente
Wie bereits in Abschnitt 7.1 zur fachdidaktischen Entwicklungsforschung beschrieben, werden die empirischen Daten im Rahmen von Design-Experimenten erhoben.

Da ein Erkenntnisinteresse sowohl auf Forschungs- als auch auf Entwicklungsebene besteht (siehe Kapitel 6), im Konkreten also sowohl die Analyse der Lernprozesse zum Zehnerübergang als auch die Konkretisierung sowie (Weiter-) Entwicklung der Design-Prinzipien und des Lehr-Lernarrangements verfolgt wird, wird für die spezifische Form der Design-Experimente und somit der Datenerhebung dieser Dissertation eine Förderung gewählt, die mit einer teilnehmenden Beobachtung verknüpft wird. Prediger et al. (2012, S. 455) beschreiben in diesem Zusammenhang die Rolle der durchführenden Leitung als Verknüpfung von Lehrkraft und Forscher*in. So muss sie zum einen die Schüler*innen in Arbeitsprozessen unterstützen, um ein Lernen zu ermöglichen sowie Motivation zu wecken und zu erhalten. Zum anderen agiert sie als Forscher*in, da die Förderung durch ihr Handeln gestaltet und letztendlich geleitet wird und sie somit durch Nachfragen, Arbeitsaufträge oder Denkanstöße in der Situation selbst das Handeln und Äußern der Schüler*innen und somit die Forschungsgrundlage zentral beeinflusst. An dieser Stelle lässt sich eine Verbindung zum qualitativen Paradigma der eigenen Reflexion (5) herstellen (siehe Abschnitt 7.2). Um in den Fördereinheiten angemessen agieren zu können, nimmt die Leiterin in der Funktion als Forscherin gleichzeitig eine Beobachterinnenrolle ein. Da sie mit den Schüler*innen persönlich in Kontakt tritt und somit am Geschehen beteiligt ist, handelt es sich um eine teilnehmende Beobachtung. Außerdem leitet die Forscherin die Förderung, weshalb sich der Grad ihrer Involvierung als aktiv beschreiben lässt (Döring & Bortz, 2016, S. 329). Des Weiteren kann die Form der Beobachtung bei der Erhebung der Daten als wissenschaftliche Beobachtung eingestuft werden, da es eine „zielgerichtete, systematische und regelgeleitete Erfassung, Dokumentation und Interpretation von Merkmalen, Ereignissen oder Verhaltensweisen" (Döring & Bortz, 2016, S. 324) ist, die im Speziellen den in Kapitel 6 formulierten Erkenntnisfragen (Fragestellungen zum Forschungs- und Entwicklungsinteresse) mit Hilfe eines systematischen und regelgeleiteten Erhebungs- und Auswertungsverfahrens (siehe u. a. Abb. 7.3) auf den Grund gehen soll. Aufgrund der Vielfalt und Menge an relevanten Informationen bei der Erhebungsmethode der Beobachtung wird häufig auf technische Aufzeichnungen zurückgegriffen (Döring & Bortz, 2016, S. 324). Für die vorliegende Dissertation ist ebenfalls ein großer Umfang an Daten zu erwarten und die Auswertung ist im Hinblick auf das Forschungs- und Entwicklungsinteresse ohne zusätzliche Aufzeichnungen nicht in einem zufriedenstellenden Umfang beziehungsweise einer angemessenen Tiefe durchzuführen. In der erziehungswissenschaftlichen Videographie wird explizit versucht, „die vielfältigen die Interaktion prägenden Prozesse und Muster des Lehr-Lern-Geschehens in ihrer Komplexität zu rekonstruieren" (Dinkelaker & Herrle, 2009, S. 11). Daran orientiert werden die Design-Experimente videographiert, um die Denkprozesse der Schüler*innen mit Hilfe von Handlungen, Blickbewegungen, Äußerungen und Reaktionen über die Phase der Durchführung der Design-Experiment-Zyklen hinaus intensiv analysieren und interpretieren zu können. Somit kann die Komplexität der Lehr-Lernsituation für die Auswertung der Lehr-Lernprozesse sowie die Konkretisierung der Design-Prinzipien und die Weiterentwicklung des Lehr-Lern-arrangements detaillierter und vor allem langfristig erfasst werden[1]. Daran knüpft die Gestaltung der Design-Experimente als Kleingruppenförderung an. Obwohl durch die Laborsituation eine Reduzierung der Komplexität und Realität des Klassenunterrichts stattfindet (Prediger, Komorek et al., 2013, S. 16), ermöglicht sie gleichzeitig eine zunächst explorativ ausgestaltete Erprobung der Design-Prinzipien und des Lehr-Lernarrangements sowie insbesondere eine tiefgehende Analyse der Lehr-Lernprozesse der Schüler*innen (Prediger, Komorek et al., 2013, S. 16; Prediger et al., 2012, S. 455). Da sich die Forschungslage sowohl bezüglich gegenstandbezogener Design-Prinzipien für Schüler*innen mit Förderbedarf Hören und Kommunikation, des neu entwickelten Lehr-Lernarrangements zum Zehnerübergang als auch bezüglich der Lehr-Lernprozesse dieser Zielgruppe wenn überhaupt nur als sehr gering darstellt, verfolgt die vorliegende Arbeit das Ziel, erste Erkenntnisse in dem

---

[1] Die erhobenen Videodaten werden dabei den Vorgaben der Arbeitsgruppe Inge Schwank des Instituts für Mathematikdidaktik der Universität zu Köln entsprechend archiviert.

Bereich zu generieren (siehe Abschnitt 7.1) und ist demnach ausschließlich auf explorativer Ebene einzuordnen. Somit werden im Rahmen der Dissertation alle Design-Experiment-Zyklen in Kleingruppen zwischen zwei und vier beziehungsweise sechs Schüler*innen durchgeführt.

Zum Aufbau der Design-Experimente lässt sich festhalten, dass ein Design-Experiment-Zyklus mehrere Fördereinheiten umfasst. Somit können der Lerngegenstand in einem gewissen Umfang schrittweise erarbeitet und die einzelnen Phasen des intendierten Lernpfads (siehe Abschnitt 3.5) behandelt werden. Daran orientiert besteht ein Design-Experiment-Zyklus aus sieben bis elf Sitzungen. Die Variation im Umfang ergibt sich unter anderem durch die verschiedenen Schwerpunkte, die in den Zyklen jeweils verfolgt werden, sowie durch schulinterne organisatorische Rahmenbedingungen (für die jeweiligen Umfänge der Zyklen siehe Abb. 7.2).

Zeitliche und strukturelle Planung der Forschungszyklen
Da die Design-Experimente in Kooperation mit einer Förderschule stattfanden, waren gewisse terminliche und zeitliche Einschränkungen vorgegeben, denen sich in der Durchführung der Design-Experimente angepasst werden musste. Des Weiteren brachte die Coronapandemie deutliche Hindernisse mit sich, indem geplante Zyklen durch Besuchsverbote in Schule und Universität nicht durchgeführt werden konnten beziehungsweise verschoben werden und dann in schuleigenen Räumlichkeiten stattfinden mussten. Auch innerhalb des Design-Experiment-Zyklus 2 bestanden Einschränkungen durch Quarantäne- und Abstandsbestimmungen sowie zusätzliche hygienische Vorgaben. Darunter fiel unter anderem, dass größtenteils Mund-Nasen-Bedeckungen getragen werden, Sicherheitsabstände möglichst eingehalten und Materialien personifiziert sein mussten.

Die insgesamt drei iterativ durchgeführten Forschungszyklen, die sich insbesondere durch die drei Design-Experiment-Zyklen abbilden lassen, sind anhand dessen in der folgenden Übersicht dargestellt (siehe Abb. 7.2). Der Vollständigkeit halber wird auch Zyklus 0 aufgeführt, obwohl dieser bei der Datenauswertung nicht eingeschlossen wird. Dennoch stellt er eine erste Grundlage für die in den folgenden beiden Zyklen gewonnenen Daten dar.

Abb. 7.2 Zeitstrahl der Design-Experiment-Zyklen

In jedem Zyklus wird zum einen das Forschungsinteresse zur Ableitung von Phänomenen im Lernprozess verfolgt. Zum anderen sollen die Entwicklungsprodukte, bestehend aus Design-Prinzipien und dem Lehr-Lernarrangement ausgeschärft und (weiter-)entwickelt werden. Dies geschieht durch umfangreiche Auswertungen der im Rahmen der Design-Experimente gewonnenen Daten. Allerdings lassen sich für die Zyklen gewisse Schwerpunkte ausmachen. So liegt dieser in Zyklus 1 insbesondere auf der Konkretisierung der Design-Prinzipien. Hierfür wird zudem zunächst der kleine Zahlenraum 0 bis 9 gewählt, um im Hinblick auf die Zahlentwicklung eine gewisse Grundlage für den Zehnerübergang herstellen zu können (siehe Abschnitt 3.5). In Zyklus 2 hingegen steht die (Weiter-)Entwicklung des Lehr-Lernarrangements zum Zehnerübergang im Vordergrund der Analyse sowie die daran erfassten Phänomene im Lernprozess. Eine ausführliche Beschreibung der verwendeten Auswertungsmethode findet in Abschnitt 7.3.2 statt.

Stichprobe
Aufgrund des qualitativen Forschungszugangs und den beschriebenen Gründen für die Wahl eines explorativen Laborsettings wird für die Design-Experiment-Zyklen jeweils eine kleine Stichprobe gewählt, die genauer beschrieben wird.

Grundsätzlich werden für die Stichproben der Design-Zyklen Schüler*innen mit Förderbedarf Hören und Kommunikation ausgewählt, die alle die Lautsprache als Erstsprache nutzen und somit durchgehend lautsprachlich kommunizieren. Die konkrete Auswahl der Schüler*innen findet durch die Mathematiklehrkräfte der Kooperationsschule mit Förderschwerpunkt Hören und Kommunikation statt. Maßgabe ist dabei, dass die Schüler*innen Schwierigkeiten im Fach Mathematik zeigen.

Folgend werden die Stichproben aus Zyklus 1 und 2 genauer beschrieben, da diese beiden Zyklen als Datengrundlage für die vorliegende Dissertation dienen. Auf die Stichprobe aus Zyklus 0 wird deshalb nicht weiter eingegangen. Insgesamt entspricht sie jedoch in großen Zügen der aus Zyklus 1.

Bei der Stichprobe aus Zyklus 1 handelt es sich um vier bis sechs Schüler*innen im Alter zwischen acht und zehn Jahren, wobei zwei Schülerinnen im Rahmen von Qualifizierungsarbeiten größtenteils eine eigene Förderung erhielten und somit nicht in diese Auswertung einfließen. Hinzu kommt, dass unter anderem aufgrund von Krankheit nicht alle Schüler*innen durchgehend an jeder Sitzung teilnahmen. Innerhalb einer Fördereinheit fanden sowohl gemeinsame Arbeitsphasen mit allen Schüler*innen statt als auch Arbeitsphasen mit geteilter Gruppe, sodass nur zwei Schüler*innen gemeinsam mit einer Lehrperson gearbeitet haben.

Da es sich auch bei Schüler*innen mit Förderbedarf Hören und Kommunikation um eine sehr heterogene Gruppe handelt, soll nicht explizit auf den jeweiligen medizinischen (Hör-)Status eingegangen werden. Vielmehr werden in der folgenden Tabelle (siehe Tabelle 7.1) weitere relevante Hintergrundinformation zu Besonderheiten bezüglich ihres Hörens und ihrer Kommunikation sowie bezüglich ihrer mathematischen Fähigkeiten aufgeführt, die auf Beobachtungen während der Fördereinheiten und der Videos beruhen und sich somit explizit auf die Arbeit am konkreten Lerngegenstand beziehen. Weitere Hintergrundinformationen standen coronabedingt, unter anderem durch fehlende Hospitationsmöglichkeiten, leider nicht zur Verfügung.

Tabelle 7.1 Beschreibung der Stichprobe

Schüler*in	Schulbesuchsjahr	Informationen
Hannes	2. (Zyklus 1) bzw. 3. (Zyklus 2)	– auf Wunsch teilweise mit Mikrofonanlage gearbeitet (Zyklus 1) – schnell durch Nebengeräusche abgelenkt – Schwierigkeiten mit (eigenen) sprachlichen Formulierungen – direkte und gezielte Ansprache hilfreich – selbstständige Hinzunahme von unterstützenden Gebärden (selten) – teilweise feinmotorische Einschränkungen

(Fortsetzung)

Tabelle 7.1 (Fortsetzung)

Schüler*in	Schulbesuchsjahr	Informationen
		– grundlegende Schwierigkeiten im Zahlenraum 0 bis 19
Henrieke	2. (Zyklus 1) bzw. 3. (Zyklus 2)	– auf Wunsch häufig mit Mikrofonanlage gearbeitet (Zyklus 1) – schnell durch Nebengeräusche abgelenkt – Schwierigkeiten mit (eigenen) sprachlichen Formulierungen – teilweise Schwierigkeiten, sich akustisch auf etwas zu konzentrieren – direkte und gezielte Ansprache hilfreich – selbstständige Hinzunahme von unterstützenden Gebärden (selten)
		– grundlegende Schwierigkeiten im Zahlenraum 0 bis 19, teilweise auch im Zahlenraum 0 bis 9
Heidi	2. (Zyklus 1) bzw. 3. (Zyklus 2)	– teilweise Schwierigkeiten mit (eigenen) sprachlichen Formulierungen – direkte und gezielte Ansprache hilfreich – selbstständige Hinzunahme von unterstützenden Gebärden (selten)
		– teilweise Unsicherheiten im Zahlenraum 0 bis 19
Helen	4. (Zyklus 1)	– sehr undeutliche Aussprache – Schwierigkeiten mit (eigenen) sprachlichen Formulierungen – teilweise Schwierigkeiten, sich akustisch auf etwas zu konzentrieren – direkte und gezielte Ansprache hilfreich
		– Schwierigkeiten im Zahlenraum 0 bis 19
Hajo	3. (Zyklus 2)	– teilweise schnell durch Nebengeräusche abgelenkt – Schwierigkeiten mit (eigenen) sprachlichen Formulierungen
		– grundlegende Schwierigkeiten im Zahlenraum 0 bis 19

In Zyklus 2 setzt sich die Stichprobe aus 2×2 Paaren im Alter zwischen neun und zehn Jahren zusammen. Drei dieser vier Schüler*innen nahmen bereits an Zyklus 1 teil. Eine Schülerin aus Zyklus 1, Helen, hat die Schule gewechselt und konnte somit nicht mehr an Zyklus 2 teilnehmen und ein anderer Schüler, Hajo, ist neu dazugekommen. Aufgrund der Coronapandemie und damit verbundenen Quarantänevorschriften ergaben sich in Zyklus 2 teilweise wechselnde Gruppenkonstellationen beziehungsweise Einzelförderungen, damit möglichst alle Schüler*innen über den Zyklus hinweg eine ähnliche Förderung erhielten.

7.3.2 Datenauswertung

Grundsätzlich muss an dieser Stelle festgehalten werden, dass das Vorgehen bei der Datenauswertung nicht vollständig regelgeleitet entlang einer bestehenden wissenschaftlichen Methode ist. Vielmehr steht durchgehend der Lehr-Lernprozess im Kontext des Lerngegenstands, die Design-Prinzipien sowie das Lehr-Lernarrangement im Fokus, sodass gegenstands- und arbeitsspezifisch beschrieben und interpretiert wird. Dieses Vorgehen lässt sich mit der fachdidaktischen Entwicklungsforschung, speziell dem FUNKEN-Modell, vereinbaren, bei dem ein solches auch für die Datenauswertung vorgesehen wird (Prediger et al., 2012, S. 455). Im Sinne der Transparenz als Teil des Gütekriteriums der Glaubwürdigkeit (siehe Abschnitt 7.2) wird das Vorgehen der Datenauswertung jedoch detailliert beschrieben. Außerdem findet eine Orientierung an fundierten Methoden statt. Grundsätzlich muss darauf hingewiesen werden, dass bei wissenschaftlicher Beobachtung nicht alles erfasst werden kann, „was für das Forschungsproblem von Bedeutung wäre" (Döring & Bortz, 2016, S. 326). Außerdem führt die Entscheidung, die Design-Experimente zu videographieren, zu einer Fülle an Daten, die in vollständigem Umfang nicht ausgewertet werden können. Somit müssen Kriterien beziehungsweise Vorgehensweisen entwickelt werden, anhand derer die Daten für die Auswertung selektiert werden (Dinkelaker & Herrle, 2009, S. 42), sodass zwangsläufig Selektionsentscheidungen getroffen werden müssen (Herrle & Dinkelaker, 2016, S. 77). Um dabei erkenntnisorientiert vorgehen zu können, findet für die Phase der Filterung der Videos auf relevante Ausschnitte eine Orientierung an der Methode der qualitativen Inhaltsanalyse nach Mayring (2015) statt[2]. Als spezifische Technik wird die Form der

---

[2] Aufgrund des Starts des Projekts im Jahr 2019 bezieht sich die Forschungsmethodik der vorliegenden Arbeit auf die 12. Auflage aus dem Jahr 2015 und nicht auf die 13. Auflage aus dem Jahr 2022.

inhaltlichen Strukturierung gewählt, die unter anderem das Ziel verfolgt, „bestimmte Themen, Inhalte, Aspekte aus dem Material herauszufiltern" (Mayring, 2015, S. 103). Das geschieht mit Hilfe eines Kategoriensystems, bestehend aus Ober- und Unterkategorien, welches primär theoriegeleitet aus der Literatur und damit deduktiv entwickelt wird (Mayring, 2015, S. 97 / 103). Bei der vorliegenden Arbeit werden hierfür vor allem die Spezifizierung und Strukturierung des Lerngegenstands (siehe Kapitel 2 und 3) zugrunde gelegt. Damit werden auch die Phasen des intendierten Lernpfads (siehe Abschnitt 3.5) aufgegriffen, sodass ein Bezug zum Erkenntnisinteresse hergestellt wird. Aufgrund der verschieden großen Zahlbereiche, die in den Zyklen 1 und 2 erarbeitet werden, findet auf erster Ebene und damit als Oberkategorie eine Unterscheidung zwischen ‚Zahlenraum 0 – 9' und ‚Zahlenraum 0 – 19' statt. Die weiteren Unterkategorien entsprechen konkret den thematischen Inhaltsschwerpunkten der Fördereinheiten. Mögliche Ausschärfungen dieser Themenfelder werden wiederum in den Unter-Unterkategorien festgehalten. Somit handelt es sich um Kategorien inhaltlicher Art im Hinblick auf den Lerngegenstand als solchen, sodass sich darin das didaktische Prinzip der Orientierung an mathematischen Grundideen wiederfindet (siehe Abschnitt 5.1). Die Feinanalyse bezüglich der Phänomene im Lernprozess sowie der Design-Prinzipien und des Lehr-Lernarrangements findet erst in einem nächsten Schritt im Anschluss an die Filterung der relevanten Szenen statt. Im Zuge einer qualitativen Inhaltsanalyse gilt es, die Analyseeinheiten – Kodiereinheit, Kontexteinheit und Auswertungseinheit – zu bestimmen (Mayring, 2015, S. 61). Unter die Auswertungseinheit fallen alle videographierten Fördereinheiten, sowohl aus Zyklus 1 als auch aus Zyklus 2. Es handelt sich somit um die größte der drei Einheiten. Die Kodier-einheit, der kleinste auszuwertende Materialbestandteil, und die Kontexteinheit, der größte zu kodierende Bestandteil innerhalb einer Kategorie (Mayring, 2015, S. 61), sind für die vorliegende Dissertation nicht ganz klar zu definieren, da es sich nicht zum Beispiel um ein klar strukturiertes Interview handelt, sondern um eine zeitgleiche Förderung mehrerer Schüler*innen, sodass unter anderem Ablenkungen, spontane Abweichungen oder Veränderungen aufgrund von Verständnisschwierigkeiten oder Ähnliches die Bearbeitung einer Fragestellung oder Aufgabe beeinflussen können. Außerdem wird, im Sinne des didaktischen Prinzips der Darstellungsvernetzung (siehe Abschnitt 5.1), auf verschiedenen Darstellungsebenen gearbeitet und deren Vernetzung ist relevant für das Erkenntnisinteresse, sodass auch darüber keine klare Definition der Kodier- beziehungsweise Kontexteinheit vorzunehmen ist. Deshalb sollen vielmehr mögliche Auslöser für eine neue Szene aufgeführt werden. Hierzu zählen beispielsweise die Bearbeitung einer neuen Aufgabe beziehungsweise Fragestellung, sowohl auf einem Arbeitsblatt als auch mündlich im Gespräch. Auch eine wiederholte Bearbeitung einer Aufgabe zum Beispiel mit der Lehrperson sowie die Fokussierung eines anderen Themenaspekts, beispielsweise über eine gezielte Fragestellung, führen zu einer neuen zu kategorisierenden Szene.

Das deduktiv erstellte Kategoriensystem wird in einem ersten Durchlauf geprüft und dann gegebenenfalls um induktive Kategorien ergänzt beziehungsweise überarbeitet, damit eine Materialpassung vorliegt. Um ein möglichst regelgeleitetes Vorgehen zu gewährleisten, wird im Sinne Mayrings (2015, S. 97) ein Kategorienraster erstellt, in dem die Kategorien zunächst definiert, eine Beschreibung aufgeführt und gegebenenfalls Kodierregeln angegeben werden (siehe Tabelle 7.2). Es ist möglich, dass nicht alle Kategorien trennscharf voneinander abzugrenzen sind. Das liegt unter anderem daran, dass in der praktischen Durchführung der Design-Experimente verschiedene Aspekte miteinander kombiniert werden. Es wird bei unklarer Zuordnung zu einer Kategorie nach dem primären Förderziel dieser Situation entschieden. Das kann zwischen den Schüler*innen durchaus variieren, sodass eine Szene unter Umständen bei der Feinanalyse mehrfach genannt, allerdings unter verschiedenen Gesichtspunkten betrachtet wird. Außerdem muss einschränkend ergänzt werden, dass nicht bei jedem*r Schüler*in Szenen für alle Kategorien extrahiert werden können, da es sich um empirische Durchführungen handelt, die einer gewissen spontanen Struktur und Anpassung der Förderung in der Durchführung und möglichen äußeren Einflüssen unterliegen.

Mit Hilfe des erstellten Kategoriensystems werden dann in der Auswertung der Daten insgesamt die folgenden Phasen durchgeführt:

(1) In dieser ersten Phase der Analyse soll entlang des Kategoriensystems im Sinne der inhaltlichen Strukturierung das für das Forschungsinteresse relevante Material extrahiert werden (Mayring, 2015, S. 97), sodass die dabei gefilterten Szenen die Basis für die anschließende Feinanalyse bilden. Die ausgewählten Szenen sind an dieser Stelle noch dahingehend gruppiert, dass sowohl die einzelnen Schüler*innen eine Gruppe bilden als auch die einzelnen Zyklen. Die Auswertung findet somit also schüler*innen- und zyklusindividuell statt. Außerdem werden sie, mit Blick auf das didaktische Prinzip der Darstellungsvernetzung (siehe Abschnitt 5.1), mit Hilfe einer Kreuztabelle den jeweils adressierten Darstellungsebenen zugeordnet, wobei auch hier eine trennscharfe Zuordnung nicht immer möglich ist. Da die Einordnung vor allem als gewisse Gliederung dienen soll, wird beziehungsweise werden deshalb die primär fokussierte(n) Ebene(n) gewählt. Da sich die Kategorien selbst an den inhaltlichen Aspekten des Lerngegenstands orientieren und so auch das didaktische Prinzip der Orientierung an mathematischen Grundideen berücksichtigt wird, werden im Kategoriensystem beide

für das zu entwickelnde Design grundlegenden didaktischen Prinzipien aus der Mathematikdidaktik aufgegriffen.

(2) In der anschließenden zweiten Phase der Analyse werden zunächst pro Kategorie und Darstellungsebene prägnante Szenen ausgewählt. Dabei leitend sind beispielsweise auffallende oder sich wiederholende Hürden, auch im Hinblick auf die Design-Prinzipien und das Lehr-Lernarrangement oder relevante Aussagen bezüglich des Lerngegenstands entlang des theoretischen Interesses. An dieser Stelle spielen zudem äußere Merkmale wie gute akustische Voraussetzungen oder Videoeinstellungen eine gewisse Rolle, da diese für die in Phase 3 folgende Feinanalyse von Relevanz sind. Bei diesem Auswertungsschritt finden damit eine erneute Extrahierung und insbesondere Reduzierung des Materials statt. Die schüler*innen- und zyklusindividuell ausgewählten Szenen jeder Kategorie und Darstellungsebene werden daraufhin schüler*innenübergreifend erneut auf gleichem Wege reduziert, indem unter anderem Dopplungen relevanter Äußerungen wegfallen. Als letzter Schritt dieser zweiten Analysephase werden die gefilterten und reduzierten Szenen des Zyklus 1 mit den Szenen des Zyklus 2 zusammengefasst und es findet eine neuerliche Filterung statt. Letztendlich liegen zum Abschluss dieser zweiten Analysephase somit Phänomene in den verschiedenen Kategorien vor, die zyklus- und schüler*innenunabhängig spezifische Aspekte bezüglich des Lehr- und Lernprozesses herausstellen. Die Phänomene sind wiederum jeweils nach Darstellungsebenen gegliedert.

(3) In Phase 3 der Auswertung findet eine umfangreiche Feinanalyse der in mehreren vorgeschalteten Extrahierungsphasen ausgewählten Phänomene statt. Um dafür, zusätzlich zum videobasierten Material, auch auf schriftliche Materialgrundlagen zurückgreifen zu können, werden die Phänomene zunächst transkribiert. Der Transkription liegt ein Transkriptionsleitfaden zu Grunde, der sich an den für diese Arbeit relevanten Informationen orientiert. Er wurde im Laufe mehrerer Jahre in der Arbeitsgruppe Inge Schwank des Instituts für Mathematikdidaktik der Universität zu Köln er- und überarbeitet und konkret für die vorliegende Dissertation entsprechend angepasst. Das Ergebnis dieses Leitfadens befindet sich im Anhang (siehe Anhang II im elektronischen Zusatzmaterial).

Im Hinblick auf das Erkenntnisinteresse an Phänomenen im Lernprozess, sowohl im Zahlenraum 0 bis 9 als auch 0 bis 19 (siehe Kapitel 6), wobei letzterer den Zehnerübergang umfasst, werden die ausgewählten Phänomene zunächst detailliert beschrieben. Dabei sollen sowohl Handlungen als auch die Kommunikation in den Blick genommen werden. Es folgt eine Interpretation zu möglichen Hürden, Aspekten des Zahlverständnisses sowie Vorstellungen des Zehnerübergangs. In dem Zusammenhang muss jedoch darauf hingewiesen werden, dass im Sinne des Z^4-Modells (Schwank, 2011, S. 1157; siehe Abschnitt 3.1.1) Interpretationen zur internen Ebene ausschließlich auf Grundlage der externen Ebene möglich sind, sodass beispielsweise im Zuge der Handlungsorientierung primär die sichtbaren und nicht die mentalen Handlungen analysiert werden. Leitend für die Interpretation sind insbesondere die Spezifizierung und Strukturierung des Lerngegenstands (siehe Kapitel 2 und 3).

Damit einher gehen Erkenntnisse bezüglich der Design-Prinzipien der allgemeinen Didaktik aus Perspektive des Förderschwerpunkts Hören und Kommunikation, die einen weiteren Analysefokus darstellen. Dementsprechend sind unter anderem folgende Fragen leitend: Welche Auffälligkeiten im Hinblick auf die Schüler*innen- und Handlungsorientierung lassen sich in den Phänomenen feststellen und welche Konkretisierungen werden dadurch impliziert? Welche Hilfestellungen könnten sich als hilfreich erweisen beziehungsweise tun dies bereits? In Abbildung 7.3 wird das gesamte Vorgehen der Auswertung und Analyse modellhaft dargestellt.

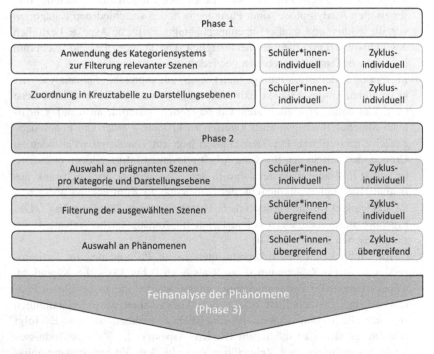

Abb. 7.3 Ablaufmodell der einzelnen Auswertungsphasen

Die Auswertung der einzelnen Design-Zyklen ist dabei nicht chronologisch. Stattdessen werden die Daten beider Zyklen ab dem Schritt der Auswahl an Phänomenen zusammengefasst, sodass ein umfangreicherer Datensatz mit insgesamt einem größeren Zahlenraum zugrunde liegen kann. Die Auswertung findet somit zielgerichtet auf die Forschungsprodukte, den Lehr-Lernprozessen, sowie auf die Entwicklungsprodukte, den Design-Prinzipien und dem Lehr-Lernarrangement, statt.

Das zugrunde liegende Kategorienraster zur Filterung der Daten wird in Tabelle 7.2 aufgeführt.

Tabelle 7.2 Kategorienraster; **fettgedruckt**: induktive Ergänzung von Kategorien, *kursiv*: induktive Reduzierung

Oberkategorie	Unterkategorie	Unter-Unterkategorie	Exemplarische Beschreibung	Abgrenzungsregeln für mögliche Überschneidungen
Zahlenraum 0–9	**Verknüpfung RWT & Zähler**		Die an der RWT durchgeführten 4 Hüpfer nach oben können als 4 Drehungen auf den Zähler übertragen werden.	
	Anzahlerfassung	Subitizing	Eine Menge von bis zu 4 Kugeln in der gezeigten Box kann ohne nachzuzählen erfasst werden.	
		> 4	Eine Menge von Kugeln (mehr als 4) in der gezeigten Box kann durch Nachzählen angegeben werden.	
	Zahlraumorientieung	Zahl(wort)-reihe	Es können die Zahlkarten der Zahlenreihe entsprechend an den Zahlenstrahl angelegt werden.	

(Fortsetzung)

Tabelle 7.2 (Fortsetzung)

Oberka-tegorie	Unter kategorie	Unter-Unter kategorie	Exemplarische Beschreibung	Abgrenzungsregeln für mögliche Überschneidungen
		Nachbarzah-len	Es wird als Nachbarzahlen bzw. -positionen zur Position des Häschens auf der 5er-Kugelstange die obere Nachbarzahl bzw. -position auf der 6er-Kugelstange und / oder die untere Nachbarzahl bzw. -position auf der 4er-Kugelstange angegeben.	
		Vergleich von Zahlen / Anzahlen (Zyklus1)	Die Katze wird auf eine höhere Kugelstange bzw. einen höheren Kugelturm gesetzt, z. B. auf die 6er-Kugelstange bzw. den 6er-Kugelturm, als der Tiger, der auf der 4er-Kugelstange bzw. auf dem 4er-Kugelturm sitzt.	– Abgrenzung von ‚Rechnung' durch Vergleich von Positionen zweier Figuren
	Handlung am Material	Objektsicht	Zur Ermittlung der Position des Häschens wird die Anzahl der Kugeln auf der entsprechenden Kugelstange gezählt.	
		Prozesssicht	Zur Ermittlung der Position des Häschens wird die Anzahl der Hüpfer vom Ausgangspunkt aus bis zur entsprechenden Kugelstange, auf der das Häschen sitzt, gezählt.	

(Fortsetzung)

Tabelle 7.2 (Fortsetzung)

Oberka-tegorie	Unter kategorie	Unter-Unter kategorie	Exemplarische Beschreibung	Abgrenzungsregeln für mögliche Überschneidungen
		Kombination	Zur Ermittlung der Position des Häschens werden sowohl die Anzahl der Hüpfer vom Ausgangspunkt aus bis zur entsprechenden Kugelstange, auf der das Häschen sitzt, gezählt als auch die Anzahl der Kugeln auf der entsprechenden Kugelstange.	
	Rechnung		Die symbolisch notierte Rechnung $3 + 4 = 7$ kann als enaktive Handlung auf den Zahlenstrahl übertragen werden, indem die Katze auf Zahlkarte Drei startet, nach oben schaut und dann 4-mal hüpft.	– Abgrenzung von ‚Vergleich von Zahlen / Anzahlen' durch Begrenzung auf eine Figur, mit der gehandelt wird – Abgrenzung von ‚Prozesssicht' & ‚Objektsicht' durch das Fokussieren der Verknüpfung der Fragestruktur-Karten und nicht nur die Bestimmung einer Frage. Wenn die Beantwortung einer Frage aufgrund z. B. der Objektsicht die zentrale Hürde darstellt → ggf. ‚Prozesssicht' bzw. ‚Objektsicht'

(Fortsetzung)

Tabelle 7.2 (Fortsetzung)

Oberka-tegorie	Unter kategorie	Unter-Unter kategorie	Exemplarische Beschreibung	Abgrenzungsregeln für mögliche Überschneidungen
Zahlen-raum 0–19	**Verknüp-fung RWT & Zähler**		Die an der RWT durchgeführten 4 Hüpfer nach oben können als 4 Drehungen auf den Zähler übertragen werden.	– Abgrenzung zu ‚Rechnung' durch Fokussierung der Umsetzung auf dem jeweils anderen Material
	Handlung am Material	Objektsicht	Zur Ermittlung der Position des Häschens wird die Anzahl der Kugeln auf der entsprechenden Kugelstange gezählt.	
		Prozesssicht	Zur Ermittlung der Position des Häschens wird die Anzahl der Hüpfer vom Ausgangspunkt aus bis zur entsprechenden Kugelstange, auf der das Häschen sitzt, gezählt.	
		Kombi Nation	Zur Ermittlung der Position des Häschens werden sowohl die Anzahl der Hüpfer vom Ausgangspunkt aus bis zur entsprechenden Kugelstange, auf der das Häschen sitzt, gezählt als auch die Anzahl der Kugeln auf der entsprechenden Kugelstange.	

(Fortsetzung)

Tabelle 7.2 (Fortsetzung)

Oberka-tegorie	Unter kategorie	Unter-Unter kategorie	Exemplarische Beschreibung	Abgrenzungsregeln für mögliche Überschneidungen
	Zehner übergang		Der Hüpfprozesses von der 11er-Kugelstange auf die 9er-Kugelstange wird sowohl an der RWT korrekt umgesetzt, indem auf dem Innenkreis weitergehüpft wird, als auch auf den Zähler übertragen, wobei jeweils 1-mal am Einerrädchen und beim Zehnerübergang auch das Zehnerrädchen 1-mal gedreht wird. / Der in der ikonisch abgebildeten RWT eingezeichnete Hüpfer von der 10er- auf die 9er-Kugelstange kann korrekt auf die ikonische Zählerdarstellung übertragen werden.	
	Zahlraum-orientierung	*Nachbarzah-len*		
	Zahlwort			

(Fortsetzung)

Tabelle 7.2 (Fortsetzung)

Oberka-tegorie	Unter kategorie	Unter-Unter kategorie	Exemplarische Beschreibung	Abgrenzungsregeln für mögliche Überschneidungen
	Zahlkon-struktion (im Hinblick auf das dezimale Stellenwert-system)	Stellen bewusstsein	Es wird die Vermutung aufgestellt, dass auf dem Zehnerrädchen die Ziffern 0 bis 9 notiert werden müssen.	– Abgrenzung zu ‚Zehnerübergang' & ‚Zahlerzeugung' durch Thematisierung des Grundes für die Drehung des Zehnerrädchens. Wenn der Zeitpunkt oder die Anzahl der Drehungen fokussiert werden → ‚Zehnerübergang' bzw. ‚Zahlerzeugung'
		Zehner / Einer	An der RWT wird erkannt, dass es sich im Außenkreis immer um 10 grüne Kugeln, also einen Zehner, handelt und jeweils die Einer als orange Kugeln hinzukommen.	– Abgrenzung zu ‚Verknüpfung RWT & Zähler' durch explizites Hervorheben der Zahlstruktur Zehner / Einer. Wenn primär die Übertragung im Fokus steht & dabei u. U. auch das Zehnerrädchen falsch bzw. über Zählen der 10 grünen Kugeln bestimmt wird → ‚Verknüpfung RWT & Zähler'

(Fortsetzung)

Tabelle 7.2 (Fortsetzung)

Oberkategorie	Unterkategorie	Unter-Unter kategorie	Exemplarische Beschreibung	Abgrenzungsregeln für mögliche Überschneidungen
		Partner beziehung	Es werden zum Ermitteln der Zählerangaben für das obere und untere Häschen, die in der ikonisch abgebildeten RWT auf der 5er- bzw. 15-Kugelstange eingezeichnet sind und zum Diamanten unter der 2er- bzw. 12-Kugelstange hüpfen möchten, Bezüge zwischen den beiden Häschen hergestellt & die Eintragungen entsprechend aus den bereits vorgenommenen Eintragungen ermittelt.	
		Zahlerzeugung	Es wird die Anzahl der Drehungen des Einerrädchens von der Starteinstellung 12 zur Zieleinstellung 08 sowie die Anzahl der Drehungen des Zehnerrädchens ermittelt.	– Abgrenzung zu ,Zehnerübergang' durch Fokussierung der Anzahl der Drehungen. Sobald Moment der Drehung des Zehnerrädchens im Fokus ist → ,Zehnerübergang'
	Zählen in Zehnerschritten			

(Fortsetzung)

Tabelle 7.2 (Fortsetzung)

Oberka-tegorie	Unter kategorie	Unter-Unter kategorie	Exemplarische Beschreibung	Abgrenzungsregeln für mögliche Überschneidungen
	Rechnung		Die an der Tafel symbolisch notierte Rechnung $13 + 2 = 15$ kann als enaktive Handlung auf die RWT übertragen werden, indem das Häschen auf der 13er-Kugelstange startet und dann 2-mal nach oben hüpft. Diese Rechnung kann entsprechend auch als Prozess auf den Zähler übertragen werden, indem mit der Starteinstellung 13 begonnen wird, dann das Einerrädchen 2-mal gedreht wird und der Zähler schließlich auf 15 eingestellt ist.	

Teil III
Entwicklungsteil

In Teil III der Arbeit steht die Entwicklung von gegenstandsspezifischen Design-Prinzipien und eines Lehr-Lernarrangements im Vordergrund. Diese basieren ausschließlich auf in Teil I theoretisch herausgearbeiteten Aspekten. Eine Weiterentwicklung und Ausdifferenzierung auf Grundlage empirisch erhobener Daten im Förderschwerpunkt Hören und Kommunikation findet anknüpfend in Teil IV statt.

Somit wird auf theoretischer Ebene die Fragestellung zum Entwicklungsinteresse bearbeitet:

- Welche Design-Prinzipien eignen sich zur Erarbeitung des Zehnerübergangs mit Blick auf die Anbahnung eines dezimalen Stellenwertverständnisses durch Schüler*innen mit dem Förderschwerpunkt Hören und Kommunikation und wie kann ein konkretes Lehr-Lernarrangement aussehen, dem diese Design-Prinzipien zugrunde liegen? (Entwicklungsinteresse: FE 1 und FE 3, siehe Kapitel 6)

Entwicklung von Design-Prinzipien und eines Lehr-Lernarrangements

8

Die Entwicklung von Design-Prinzipien sowie eines Lehr-Lernarrangements sind als Entwicklungsprodukte zentraler Bestandteil des Erkenntnisinteresses der vorliegenden Forschungsarbeit. In diesem Zusammenhang erfolgen zunächst konkrete Überlegungen zum Design im Hinblick auf gegenstandsbezogene Design-Prinzipien (Abschnitt 8.1). Außerdem werden die Materialien ,Rechenwendeltreppe' und ,Zähler' vorgestellt (Abschnitt 8.2). Darauf aufbauend wird das entwickelte Lehr-Lernarrangement ,Herzlich willkommen im Diamantenland', in welchem die beiden Materialien RWT und Zähler verwendet werden, präsentiert (Abschnitt 8.3). Anknüpfend werden die entwickelten Design-Prinzipien im Lehr-Lernarrangement konkretisiert (Abschnitt 8.4). Das Kapitel schließt mit einer Zusammenfassung der theoretisch basierten Entwicklungsprodukte (Abschnitt 8.5).

8.1 Überlegungen zum Design – Gegenstandsbezogene Design-Prinzipien

In diesem Abschnitt werden aus den zugrunde gelegten literaturbasierten didaktischen Prinzipien aus der Mathematikdidaktik und der allgemeinen Didaktik mit dem Fokus auf dem Förderschwerpunkt Hören und Kommunikation (siehe

Ergänzende Information Die elektronische Version dieses Kapitels enthält Zusatzmaterial, auf das über folgenden Link zugegriffen werden kann https://doi.org/10.1007/978-3-658-44000-8_8.

A.-K. Zurnieden, *Der Zehnerübergang zur Anbahnung eines Stellenwertverständnisses*, Kölner Beiträge zur Didaktik der Mathematik, https://doi.org/10.1007/978-3-658-44000-8_8

Kapitel 5) gegenstandsspezifische Design-Prinzipien (für die sprachliche Differenzierung siehe Abb. 8.1) entwickelt und genauer erläutert. Sie sind nun im Hinblick auf den Zehnerübergang zur Anbahnung eines ersten Stellenwertverständnisses gegenstandsbezogen formuliert (siehe Abb. 8.2). Da sie auf den didaktischen Prinzipien beruhen, besteht dennoch weiterhin ein gewisser Theorie- beziehungsweise Literaturbezug. Sie sind grundsätzlich für die Entwicklung des Lehr-Lernarrangements zum Zehnerübergang leitend.

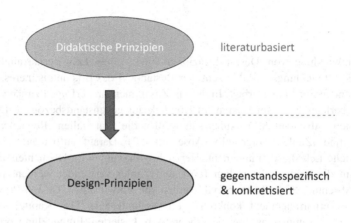

Abb. 8.1   Differenzierung ‚Didaktische Prinzipien' und ‚Design-Prinzipien'

   Die Design-Prinzipien sind unter anderem aufgrund des geringen Forschungsstands insgesamt recht allgemein gehalten und dennoch auf den Lerngegenstand bezogen. Mit Hilfe der gewonnenen Daten und deren Auswertungen sollen für die auf der allgemeinen Didaktik basierenden Design-Prinzipien eine Ausdifferenzierung und Konkretisierung ermöglicht werden, bei der konkrete Aspekte herausgearbeitet werden. Die auf mathematikdidaktischen Prinzipien beruhenden Design-Prinzipien sind primär für die Entwicklung des Lehr-Lernarrangements als solches leitend und nehmen auch für die Weiterentwicklung dessen eine kontrollierende Instanz ein (siehe Abschnitt 7.1). Sie werden jedoch im Zuge der Auswertungen nicht weiter differenziert und konkretisiert. Im Folgenden werden die vier Design-Prinzipien noch einmal umfangreicher erläutert und deren Spezifika beschrieben.

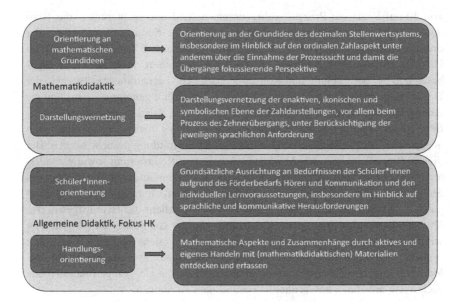

Abb. 8.2 Design-Prinzipien

Orientierung an der Grundidee des dezimalen Stellenwertsystems, insbesondere im Hinblick auf den ordinalen Zahlaspekt unter anderem über die Einnahme der Prozesssicht und damit die Übergänge fokussierende Perspektive

Das entwickelte Design-Prinzip bezieht sich im Besonderen auf die mathematischen Inhalte und Grundideen. Wie bereits in der Einleitung und im Zuge der didaktischen Prinzipien der Mathematikdidaktik (siehe Abschnitt 5.1) beschrieben, zählt das dezimale Stellenwertsystem zu den Grundideen der Arithmetik. Davon ausgehend soll für die vorliegende Forschungsarbeit insbesondere der Zehnerübergang und damit eine Heranführung an die Funktionsweise des Stellenwertsystems verfolgt werden. Zugrunde gelegt wird dafür die Spezifizierung und Strukturierung des Lerngegenstands (siehe Kapitel 2 und 3). Den didaktischen Überlegungen entsprechend (siehe Abschnitt 2.2.4) soll unter anderem aufgrund des geringen Zahlenraums eine Übergänge fokussierende Perspektive im Sinne von Hefendehl-Hebeker und Schwank (2015; siehe Abschnitt 2.2.1) eingenommen werden. Somit muss gewährleistet sein, dass die Nachfolger- und Vorgängerbildung über Erzeugungsprozesse im Sinne der Konstruktion der natürlichen Zahlen nach Dedekind (1965; siehe Abschnitt 2.1.1) vorgenommen werden können und darüber der Übergang von 9 auf 10 beziehungsweise von 10 auf 9 als ein Prozess wahrgenommen wird und nicht primär die Bündelung von zehn Elementen im Vordergrund steht. Somit soll vor allem der ordinale Zahlaspekt gefördert werden (siehe Abschnitt 2.2.4). Das bedingt im Hinblick auf das Design-Prinzip, dass Lerngelegenheiten zur Prozesssicht angeboten und bei der Planung und Konzeption des Lehr-Lernarrangements sowie der Design-Experimente die Förderung dessen in den Blick genommen wird und sie dahingehend überprüft werden. Gleichzeitig müssen dabei gegebenenfalls mögliche Bedürfnisse der Schüler*innen Berücksichtigung finden und es muss nach angepassten Möglichkeiten der Darstellung und Vermittlung gesucht werden. Bei diesem Prozess finden auch Abwägungen zwischen Reduzierung sowie veränderter Fokussierung und dem zugrunde liegenden mathematischem Verständnis des Stellenwertsystems statt. Wie die Analyse der Bearbeitungen des Zehnerübergangs in Mathematiklehrwerken zeigt, scheint vor allem die Herangehensweise über den kardinalen Zahlaspekt sowie ein Erarbeiten von Strategien fokussiert zu werden und somit den Schüler*innen bekannt zu sein (siehe Abschnitt 3.3). Somit müssen gegebenenfalls gewisse alternative Herangehensweisen für die Schüler*innen angeboten werden, um darüber wiederum die Übergänge fokussierende Sichtweise anbahnen und schließlich einnehmen zu können.

Darstellungsvernetzung der enaktiven, ikonischen und symbolischen Ebene der Zahldarstellungen, vor allem beim Prozess des Zehnerübergangs, unter Berücksichtigung der jeweiligen sprachlichen Anforderung
Bei dem im Rahmen dieser Dissertation zu entwickelnden Lehr-Lernarrangement soll der Zehnerübergang und das darüber thematisierte dezimale Stellenwertsystem über unterschiedliche Darstellungsebenen erarbeitet werden. Hierfür werden die drei Ebenen nach Bruner (1971; 1974), (1) die enaktive Ebene, (2) die ikonische Ebene und (3) die symbolische Ebene (siehe Abschnitt 5.1), zugrunde gelegt. Über eine intensive Vernetzung der Ebenen soll schließlich eine innere Anschauung des mathematischen Inhalts des Zehnerübergangs zur Anbahnung eines Stellenwertverständnisses erzielt werden. Dies bedarf einer intensiven Auseinandersetzung mit den verschiedenen Zusammenhängen, ein Erlernen der Übersetzungen zwischen zwei Darstellungsebenen und Diskussionen über sie. Mit Blick auf die Zielgruppe des geplanten Lehr-Lernarrangements sollen die Sprache und ihre Funktion zur Vernetzung berücksichtigt werden. Deshalb sollen die bereits beschriebenen vier Prinzipien von Prediger und Wessel (2012, S. 32 f.; siehe Abschnitt 5.1) – (1) Verbalisierungen einfordern, (2) situative Sprachvorbilder und Sprachgerüste geben, (3) Sicherung von Begriffen und Satzstrukturen im (Wort)Speicher und (4) erst mündlich beschreiben – dann schriftlich aufschreiben – eine gewisse Orientierung für die Planung und Gestaltung der Design-Experimente darstellen. Es sei jedoch noch einmal darauf hingewiesen,

dass das Lehr-Lernarrangement nicht primär eine Sprachförderung erreichen soll. Vielmehr wird die Sprache in Verbindung mit Kommunikation als mögliche Hürde im Lernprozess wahrgenommen und soll als solche bereits im Rahmen der Design-Prinzipien genauer in den Blick genommen werden.

Bei der Vernetzung der Ebenen sollen zudem nicht nur Eins-zu-eins-Zuordnungen zwischen den Darstellungsebenen stattfinden. Es geht auch um eine Einbettung des mathematischen Zusammenhangs, zum Beispiel von Vorgänger- und Nachfolgerbildung sowohl im kleinen Zahlenraum 0 bis 9 als auch im Zahlenraum 0 bis 19, der somit den Zehnerübergang einschließt, in einen gewissen Kontext. Der kann beispielsweise durch eine Rahmenhandlung vorgegeben werden.

Nicht immer werden diese verschiedenen Repräsentationsformen klar voneinander abzugrenzen sein, da zum Beispiel ikonisch dargestellte Handlungen durch enaktive Tätigkeiten ergänzt werden können. Dies ist erwünscht und soll bei der Entwicklung des Lehr-Lernarrangements sogar favorisiert werden, um eine Vernetzung der Ebenen beziehungsweise Darstellungsformen zu erzeugen und damit dem Prinzip der Darstellungsvernetzung im Sinne von Prediger und Wessel (2011; siehe Abschnitt 5.1) zu entsprechen.

Grundsätzliche Ausrichtung an Bedürfnissen der Schüler*innen aufgrund des Förderbedarfs Hören und Kommunikation und den individuellen Lernvoraussetzungen, insbesondere im Hinblick auf sprachliche und kommunikative Herausforderungen
Bei diesem Design-Prinzip geht es zentral darum, dass die besonderen Bedürfnisse von Schüler*innen mit dem Förderbedarf Hören und Kommunikation in der Konzeption des Lehr-Lernarrangements und der Durchführung der Design-Experimente berücksichtigt werden (siehe Abschnitt 5.2). Dazu zählen zusätzliche Hilfestellungen wie sprachliche Unterstützungen, unter Umständen lautsprachunterstützende Gebärden oder auch individuelle Anpassungen bei der Intensität der Erarbeitung von Inhalten, die möglicherweise für die entsprechende Altersklasse im Regelfall vorausgesetzt werden können. So wird beispielsweise in der vorliegenden Dissertation zunächst der Zahlenraum 0 bis 9 erarbeitet, obwohl sich die Schüler*innen im zweiten bis vierten Schulbesuchsjahr befinden. Bezüglich der sprachlichen Perspektive fordert das Design-Prinzip, dass ein Erarbeiten und Vertiefen eines bestimmten und geforderten Vokabulars sowie ein Unterstützen der Kommunikation im Kontext des Lerngegenstands im Lehr-Lernarrangement stattfinden, um die individuellen Bedarfe im Förderschwerpunkt Hören und Kommunikation aufzugreifen und Anforderungen durch das Design-Prinzip zur Darstellungsvernetzung entsprechen zu können. Dazu zählen beispielsweise Begriffe wie ‚Übergang' oder ‚Zahlenschloss', Verben wie ‚drehen' oder ‚hüpfen' sowie Relationsbeschreibungen wie ‚mehr als'

oder ‚weniger als' (siehe Abschnitt 4.5). Deshalb werden explizit sowohl die sprachlichen als auch die kommunikativen Herausforderungen im Design-Prinzip aufgegriffen. Ein weiterer zentraler Aspekt für das Design-Prinzip ist zudem die Beachtung, dass die Umwelt von Menschen mit einer Hörschädigung anders wahrgenommen werden kann (siehe Abschnitt 4.2.2 und 4.3). Dieses Wissen sollte grundsätzlich bei der Konzeption eines Lehr-Lernarrangements zum Zeh-nerübergang eingebracht werden. Allerdings kann an dieser Stelle aufgrund zu geringer Forschungslage noch nicht geklärt werden, wie genau es sich im Kon-text des Lerngegenstands verhält und soll deshalb im Zuge der Konkretisierungen des Design-Prinzips stattfinden. Insgesamt ist das Ziel dieses Design-Prinzips, das Lehr-Lernarrangement möglichst genau an die vorhandenen Bedürfnisse der Schüler*innen anzupassen. Dennoch muss an der Stelle gesagt werden, dass die individuellen Lernvoraussetzungen nicht verallgemeinerbar sind und somit die-ser Forschung folgend kein perfekt angepasstes Lehr-Lernarrangement bestehen kann. Vielmehr geht es darum, bei der Entwicklung diese Möglichkeit der indivi-duellen Anpassung an die Lernenden zu berücksichtigen und darauf einen Fokus zu setzen.

Mögliche Hindernisse bei der Durchführung der Förderung und damit der Anwendung des Lehr-Lernarrangements sollen erfasst und schüler*innenorientiert weiterentwickelt werden. Somit soll das Design-Prinzip mit Hilfe der erhobe-nen und ausgewerteten Daten möglichst vielfältig aufzeigen, welche individuellen Anpassungs- und Konkretisierungsaspekte zu Herausforderungen und Strategien zum Umgang mit diesen im Zuge des Zehnerübergangs bestehen können. So kann das ausdifferenzierte Design-Prinzip in anderen Kontexten eine Orientierung darstellen.

Mathematische Aspekte und Zusammenhänge durch aktives und eigenes Handeln mit (mathematikdidaktischen) Materialien entdecken und erfassen
Auf Grundlage dieses Design-Prinzips soll nun das eigene Entdecken und Erfas-sen von mathematischen Aspekten und Zusammenhängen, also konkret des Zehnerübergangs im Hinblick auf das Anbahnen eines dezimalen Stellenwert-verständnisses, berücksichtigt werden, vielmehr sogar richtungsweisend sein. Grundlage für das Entdecken stellen eigene aktive Handlungen der Schüler*innen dar. Sie sollen selbstständig mit den unterschiedlichen Materialien agieren, ver-schiedene Wege ausprobieren, gegeneinander abwägen und diskutieren. Die Materialien an sich müssen über einen auffordernden Charakter verfügen und somit die Schüler*innen aktivieren, sich handelnd und kognitiv mit ihnen ausein-anderzusetzen. Hierdurch soll die Selbsttätigkeit der Schüler*innen ermöglicht werden (siehe Abschnitt 5.2). Im Rahmen des Design-Prinzips ist es erwünscht,

dass unterschiedliche Prozesse am Material des Lehr-Lernarrangements umgesetzt werden können. Dabei handelt es sich explizit um mathematikdidaktische Materialien, sodass der mathematische Kern im Sinne des Design-Prinzips zur Orientierung an mathematischen Grundideen erhalten bleibt beziehungsweise abgebildet wird. Durch die handelnde Auseinandersetzung sollen Diskussionen und Gespräche zwischen den Schüler*innen angeregt werden. So können neue Erkenntnisse bezüglich Zahlvorstellungen und -ideen und konkret auch des Zehnerübergangs erzielt und Vor- und Nachteile einer anderen Sichtweise möglicherweise nachvollzogen werden. Mit dem Design-Prinzip wird das Ziel verfolgt, über ein aktives Arbeiten auf externer Ebene interne Repräsentationen erweitern und ausdifferenzieren zu können (siehe auch Abschnitt 3.1.1). Damit wird auch den Vorstellungen Predigers et al. (2013, S. 10 f.) zu empirischen Forschungen im Sinne der fachdidaktischen Entwicklungsforschung entsprochen, die sich am „moderate[n] Konstruktivismus" (Prediger, Komorek et al., 2013, S. 10) orientieren. Hiernach sind „die Lernenden [selbst] die Akteur[*innen] ihrer eigenen Lernprozesse" (Prediger, Komorek et al., 2013, S. 11), sodass ein Lernen vor allem über eigene aktive Handlungen erreicht werden kann (Gerstenmaier & Mandl, 1995, S. 883 f.; Prediger, Komorek et al., 2013, S. 10 f.).

Dieses Design-Prinzip fordert zudem, dass die Funktion und die Tätigkeiten der Lehrkraft genau durchdacht werden müssen (siehe Abschnitt 5.2). Damit einher gehen für die Entwicklung des Lehr-Lernarrangements zum Zehnerübergang Fragen wie: Inwieweit greift die Lehrkraft in verschiedenen Situationen ein beziehungsweise lenkt sie die Handlung? Welche Hinweise werden gegeben? Um diese Fragen im Vorhinein durchdenken zu können, ist eine exakte Planung der Fördereinheiten im Rahmen der Design-Experimente erforderlich. Der Redeanteil der Lehrperson soll gering gehalten werden, dafür soll Gesprächen, Äußerungen sowie Handlungen der Schüler*innen Raum gegeben und diese sollen herausgefordert werden. Von Seiten der Lehrperson werden gezielt Rückfragen gestellt und Begründungen für Handlungen der Schüler*innen eingefordert. Auch darüber können Diskussionen und widersprüchliche Situationen entstehen, durch die der mathematische Zusammenhang des Zehnerübergangs besser vermittelt werden kann. Im Kontext des Förderschwerpunkts Hören und Kommunikation können noch keine konkreteren Anforderungen zur Handlungsorientierung, wie beispielsweise mögliche Hürden oder Hilfestellungen, an das konkrete Lehr-Lernarrangement gestellt werden, da diese in der Literatur noch nicht zu finden sind und erst im Zuge der Auswertungen der empirischen Daten erfasst werden können. Das Design-Prinzip hat jedoch von Beginn an den Anspruch inne, dass das Lehr-Lernarrangement zum Zehnerübergang zur

Anbahnung eines Stellenwertverständnisses möglichst handlungsorientiert gestaltet sein sollte und dementsprechend die Schüler*innen diesen mathematischen Inhalt handelnd erfahren. Auf Grundlage der erhobenen Daten und deren Auswertung sollen zur Konkretisierung dieses Design-Prinzips vor allem Situationen in den Blick genommen werden, in denen die Schüler*innen aktiv handeln beziehungsweise durch Handlungen neue Erkenntnisse erlangen oder Schwierigkeiten haben, die mathematischen Zusammenhänge zu erfassen. Auf Grundlage dessen sollen Ausdifferenzierungen und Konkretisierungen für dieses Design-Prinzip erfasst werden.

Diese vier Design-Prinzipien stellen die Grundlage für die Entwicklung des Lehr-Lernarrangements dar. Wie bereits im Zuge der Beschreibung des forschungsmethodischen Vorgehens (siehe Abschnitt 7.1) dargelegt, sind die beiden auf mathematikdidaktischen Prinzipien beruhenden Design-Prinzipien vor allem bei der Konzeption und Entwicklung des Lehr-Lernarrangements leitend und werden nicht auf Grundlage der empirischen Daten analysiert. Vielmehr erlangen sie wieder Relevanz bei der Weiterentwicklung des Lehr-Lernarrangements. Die beiden auf allgemeiner Didaktik beruhenden Design-Prinzipien hingegen sollen Teil der Feinanalyse der Phänomene sein und darauf basierend konkretisiert werden. Die dabei entstehenden neu ergänzten Forderungen im Rahmen der Design-Prinzipien müssen dann bei der Weiterentwicklung des Lehr-Lernarrangements wiederum mit den anderen Design-Prinzipien abgeglichen werden.

Anders als in der Entwicklungsforschung ursprünglich vorgesehen, werden die im Rahmen des Lehr-Lernarrangements verwendeten Materialien teilweise nicht ausschließlich aufgrund der zugrunde gelegten Design-Prinzipien ausgewählt, sondern es wird in gewissem Maße vom Material ausgegangen. Dieses Vorgehen wird damit begründet, dass die Schüler*innen bereits vor den für diese Dissertation zugrunde gelegten empirischen Erhebungen im ersten Zyklus 0 zur Zahlraumorientierung 0 bis 4 sowie 0 bis 9 mit einzelnen Materialien gearbeitet haben. Die dort erlangte Orientierung und Erfahrung in der Arbeit mit diesen kann für die folgenden Erhebungen genutzt werden. Für die Entwicklung des Lehr-Lernarrangements als Ganzes sind die Design-Prinzipien hingegen leitend.

8.2   Materialien des Lehr-Lernarrangements

Im Folgenden sollen die zwei Hauptmaterialien, die für das zu entwickelnde Lehr-Lernarrangement zum Zehnerübergang eine Basis darstellen, vorgestellt und die Arbeitsweise, in der mit ihnen gearbeitet werden kann, beschrieben werden. Da diese Dissertation im Rahmen des Projekts ‚MINT-Lernraum' der Universität zu Köln (siehe auch AG Inge Schwank, 2023) stattfindet, wird sich bei der Wahl der

Materialien an den dort verwendeten Lern- und Spielwelten orientiert (für exakte Bezeichnungen der einzelnen Materialien sowie deren Elemente siehe Anhang I im elektronischen Zusatzmaterial).

8.2.1 Lern- und Spielwelt ‚Rechenwendeltreppe'

Als zentrales Material des zu entwickelnden Lehr-Lernarrangements soll die Rechenwendeltreppe (RWT) eingesetzt werden (u. a. Schwank, 2003, S. 76; 2010; 2013a; 2013b, S. 127 ff.; 2017; Schwank et al., 2005, S. 560 ff.). Diese wurde bereits in verschiedenen Projekten erprobt und durch Erkenntnisse in der Arbeit mit Schüler*innen mit diesem Material weiterentwickelt.

Die RWT lässt sich vom groben Aufbau in einen Innen- und einen Außenkreis unterteilen, die jedoch ineinander zu setzen sind (siehe Abb. 8.3 und Abb. 8.4). Beide Kreise bestehen aus einer Bodenplatte aus Holz, auf der mit Kugeln gefüllte Metallstangen kreisförmig angeordnet sind. Auf jeder Stange wird eine Kugel mehr hinzugefügt. Auch der Platz der Null mit entsprechenden null Kugeln ist vorhanden. Auf dem Innenkreis befinden sich zehn Kugelstangen, die von null bis neun Kugeln gefüllt sind. Auf dem Außenkreis sind entsprechend zehn bis 19 Kugeln jeweils der Reihe nach aufsteigend auf den Stangen vorhanden. Die Stangen des Außenkreises sind dabei parallel zu den Stangen des Innenkreises angeordnet, sodass sich die Anzahl der Kugeln auf den beiden Stangen innen und außen um genau zehn Kugeln unterscheidet.

Die Kugeln des Innenkreises sind alle orange, auf dem Außenkreis sind immer zehn grüne Kugeln vorhanden und zusätzlich die entsprechende Anzahl an orangen Kugeln, wobei die Anordnung so vorgenommen ist, dass die zehn grünen Kugeln über den orangen Kugeln sind. So sind auf den Parallelstangen des Innen- und Außenkreises immer exakt gleich viele orange Kugeln auf gleicher Höhe vorhanden. Dadurch sind Analogieaufgaben beziehungsweise Partneraufgaben, die sich lediglich im Zehner unterscheiden, direkt sichtbar und können aktiv am Material thematisiert und diskutiert werden (Schwank, 2013b, S. 127 f.). Die ursprüngliche RWT ist ein recht großes Material, bei dem die Kugeln auf den Stangen beweglich sind und auch heruntergenommen werden können. Mittlerweile besteht auch ein kleineres und handlicheres Modell, bei dem die Kugeln fest auf den Stangen verankert sind. Diese kleinere Variante unterscheidet sich ansonsten nicht von den Grundideen und -aktionen, die damit durchgeführt werden können. Da die Schüler*innen der Stichproben der Design-Experimente bereits im zweiten bis vierten Schulbesuchsjahr sind und somit den ersten Zahlenraum in Grundzügen bereits erschlossen haben sollten, wird die kleine RWT als ein

Abb. 8.3 Kleine
RWT – Innenkreis (u. a.
Schwank, 2013a)

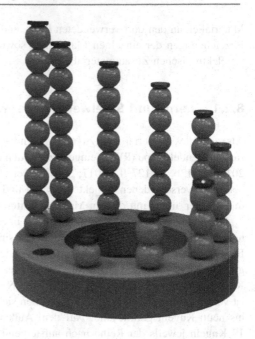

Material des Lehr-Lernarrangements gewählt. Gehandelt wird in dieser Lern- und Spielwelt nun mit Akteur*innen, die sich auf den Kugelstangen bewegen können. Dabei können sie sowohl nach oben als auch nach unten hüpfen. So wird zum einen die Addition, zum anderen auch die Subtraktion als Umkehroperation der Addition direkt erfahrbar (Schwank, 2013b, S. 128). Für die vorliegende Arbeit wird ein Häschen (3D-Modell des Häschens: BQEducacion, 2018) als Akteur gewählt. An dem Begriff des Hüpfens, der in dieser Lern- und Spielwelt für die Bewegungen auf den Kugelstangen verwendet wird, wird deutlich, dass die Bewegung als solches und damit der Prozess des Erzeugens oder auch Veränderns im Vordergrund steht. Der theoretische Hintergrund dafür ist, dass so die natürlichen Zahlen im Sinne Dedekinds (1965) abgebildet werden (siehe Abschnitt 2.1.1), sodass das Design-Prinzip ‚Orientierung an der Grundidee des dezimalen Stellenwertsystems, insbesondere im Hinblick auf den ordinalen Zahlaspekt unter anderem über die Einnahme der Prozesssicht und damit die Übergänge fokussierende Perspektive‘ Berücksichtigung findet (folgend als Design-Prinzip zur Orientierung an mathematischen Grundideen bezeichnet). Damit zusammen hängt auch die Möglichkeit der Einnahme sowohl einer Objektsicht als auch im Besonderen einer Prozesssicht (siehe Abschnitt 2.2.4). Letztere, die beim geplanten

Abb. 8.4 Kleine RWT
(u. a. Schwank, 2013a)

Lehr-Lernarrangement zum Zehnerübergang explizit gefördert werden soll, kann
in der Arbeit mit der RWT direkt und aktiv von den Schüler*innen erlebt und
vollzogen werden (Gerke, 2016, S. 181 ff.). Es kann in verschiedenen Anläs-
sen über die Anzahl an Hüpfern gesprochen werden: Wie viele Hüpfer ist eine
Figur von einer anderen entfernt? Wie viele Hüpfer ist eine Figur vom Ausgangspunkt, der 0er-Kugelstange entfernt? Gegebenenfalls kann diese Bewegung
noch einmal durchgeführt und überprüft werden. Damit wird hier im Besonderen
dem Design-Prinzip ‚Mathematische Aspekte und Zusammenhänge durch aktives und eigenes Handeln mit (mathematikdidaktischen) Materialien entdecken
und erfassen' (folgend als Design-Prinzip zur Handlungsorientierung bezeichnet)
entsprochen. Die Aktion der Bewegung kann als Prozess beispielsweise für Operationen entdeckt und erfahren werden und so zu einer innerlichen Anschauung
für Addition und Subtraktion werden. Gleichzeitig wird durch die Konstruktion,
dass auf den Stangen immer die dem Platz entsprechende Anzahl an Kugeln

vorhanden ist, auch die Einnahme der Objektsicht thematisiert und angeboten (Gerke, 2016, S. 181 f.). Auch ein Vergleich und in Beziehung setzen der Prozess- und Objektsicht ist möglich und kann beispielsweise im Rahmen von Schüler*innengesprächen in Verbindung mit Handlungen diskutiert werden, sodass ein Bezug zum Design-Prinzip zur Handlungsorientierung besteht.

Abb. 8.5 Kleine RWT von schräg oben (u. a. Schwank, 2013a)

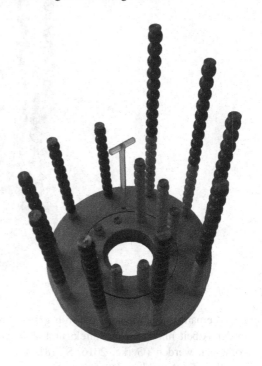

Warum sich die RWT für die Erarbeitung des Zehnerübergangs im Hinblick auf die Anbahnung eines dezimalen Stellenwertverständnis eignet, sind mehrere Tatsachen:

– Der große Schritt, der mathematisch beim Übergang von 9 auf 10 vollzogen wird (siehe Abschnitt 2.1.2), spiegelt sich in der Konstruktion durch die beiden ineinander gesetzten Kreise wider (Schwank, 2013b, S. 127 f.). Das dezimale Stellenwertsystem wird erst ab dem Zahlzeichen 10 relevant, da erst dann der Ziffernvorrat im dezimalen System als eigenständige Zahlzeichen nicht ausreicht. Genau zwischen den Zahlen Neun und Zehn muss bei der RWT der Kreis gewechselt werden, sodass der Übergang auch durch die Handlung mit Akteur*innen abgebildet wird (siehe Abb. 8.5). Eben diese Vorstellung der Darstellung des Zehnerübergangs als prozesshafter Übergang soll bei der vorliegenden Dissertation ausgebildet werden (siehe Abschnitt 2.2), sodass sowohl dem Design-Prinzip zur Orientierung an mathematischen Grundideen als auch dem Design-Prinzip zur Handlungsorientierung entsprochen werden kann.

– Der dezimalen Zahlschrift entsprechend unterscheiden sich die Farben der Kugeln. Im Innenkreis sind diese orange, im Außenkreis befinden sich, entsprechend für einen Zehner, zehn grüne Kugeln, plus, den Einern entsprechend, orange Kugeln (Schwank, 2013a, S. 1; siehe Abb. 8.4). Die farbliche Unterscheidung kann als zusätzliche visuelle Unterstützung angesehen werden, die die Zahlenkonstruktion im Hinblick auf die dezimale Struktur der Zahlschrift hervorhebt. Im Kontext des Förderschwerpunkts Hören und Kommunikation kann sie eine Chance zur Entlastung beziehungsweise Förderung der häufigen Schwierigkeit der Verknüpfung von Zahlwort und Zahlzeichen (siehe Abschnitt 2.2.3) darstellen und damit den Gedanken des Design-Prinzips ‚Grundsätzliche Ausrichtung an Bedürfnissen der Schüler*innen aufgrund des Förderbedarfs Hören und Kommunikation und den individuellen Lernvoraussetzungen, insbesondere im Hinblick auf sprachliche und kommunikative Herausforderungen' (folgend als Design-Prinzip zur Schüler*innenorientierung bezeichnet) aufgreifen.

– Die Null verfügt in dieser Lern- und Spielwelt über einen festen Ort beziehungsweise Platz im Zahlenraum (Schwank, 2013a, S. 2; siehe Abb. 8.5), sodass ihr eine gleichwertige Bedeutung wie allen anderen Zahlen zukommt und sie zudem an der korrekten Stelle im Zahlenraum verortet ist, nämlich als Startelement (Schwank, 2003, S. 76; siehe Abschnitt 2.1.1). So wird der mathematischen Perspektive dieser Dissertation in der RWT entsprochen (siehe Abschnitt 2.2.4) und damit dem Anspruch des Design-Prinzips zur Orientierung an mathematischen Grundideen. Außerdem ermöglicht die Einnahme der Prozesssicht an der RWT die Darstellung, dass eine Figur 0-mal gehüpft ist. Somit ist die Null nicht ausschließlich mit der Darstellung der leeren Menge verknüpft, welche wiederum Schwierigkeiten mit sich bringen kann (siehe Abschnitt 2.2.4).

In Abschnitt 3.1.3 wurde der Zahlenkonstruktionssinn bereits im Zuge der Nachbarschaftsbeziehungen genannt. Diese lassen sich für die Anbahnung des Stellenwertverständnisses an der Lern- und Spielwelt RWT beispielsweise im Hinblick auf Nachbarzahlen durch zwei auf nebeneinander befindlichen Kugelstangen stehende Figuren visuell sehr klar darstellen. In dem Zusammenhang kann zudem erörtert werden, dass eine Zahl immer zwei Nachbarzahlen besitzt, dass jeweils eine Kugel mehr hinzugefügt oder weggenommen werden muss oder, aus Prozesssicht betrachtet, die Figur einmal nach oben beziehungsweise unten hüpfen muss, um bei der Nachbarzahl, genauer gesagt der Nachbarkugelstange, anzukommen. Auch größere Abstände zweier Zahlen können untersucht und auf andere Zahlen übertragen werden, zum Beispiel hüpft ein*e Akteur*in von der 4er-Kugelstange dreimal nach oben, landet er*sie auf sieben Kugeln beziehungsweise sieben Hüpfer entfernt vom Ausgangspunkt. Man kann feststellen, dass man von vier Hüpfern zu sieben Hüpfern genauso oft hüpfen muss wie von zwei Hüpfern zu fünf Hüpfern. Diese Fragestellung kann genauso gut aus der Objektsicht betrachtet werden. In dem Fall würde man von Kugelanzahlen sprechen (Schwank, 2013a, S. 1). So kann über die RWT der Zahlenraum in gewisser Weise ‚nachkonstruiert' werden. Auch im Hinblick auf das dezimale Stellenwertsystem kann der Zahlenkonstruktionssinn geschult werden. Aufgrund des Aufbaus der RWT durch die farbliche Hervorhebung in zehn grüne und ansonsten orange Kugeln und die Aufteilung auf einen Innen- und einen Außenkreis wird die Konstruktion der Zahlzeichen vor allem ab dem Zehnerübergang, also der Zahl 10, besonders hervorgehoben. Bei Rechnungen mit Zehnerübergang beispielsweise kann der Rechenprozess und damit die Handlung mit dem*r Akteur*in innerhalb der Lern- und Spielwelt in zwei Teilprozesse unterteilt werden (Schwank, 2013a, S. 1; 2013b, S. 128 f.). Bei einer Rechenaufgabe wie 15 − 7 beispielsweise kann zunächst mit dem*r Akteur*in fünfmal bis zu zehn Kugeln, also der 10er-Kugelstange, gehüpft werden (erster Teilprozess) und dann noch zweimal im Innenkreis (zweiter Teilprozess). So landet man schließlich auf der 8er-Kugelstange beziehungsweise acht Hüpfer entfernt vom Ausgangspunkt, der 0er-Kugelstange. Für die Teilprozesse können in diesem Fall die Zahlwörter sogar als Hinweis genutzt werden, da sie ab dem Zahlwort ‚Dreizehn' die Einer und den Zehner angeben (Schwank, 2013a, S. 1). Demnach entspricht hier der erste Teil des Zahlworts (Drei, Vier und so weiter) der Anzahl der Hüpfer bis zur 10er-Kugelstange. Somit kann unter Umständen die besondere Schwierigkeit, die durch die inverse Sprech- beziehungsweise Schreibweise entsteht (siehe Abschnitt 2.2.3), überwunden werden, was insbesondere vor dem Hintergrund des Design-Prinzips zur Schüler*innenorientierung relevant ist. Die Vorgehensweise über die Teilprozesse findet sich auch im Rahmen von Rechenstrategien über den Zehner in vielen Mathematiklehrwerken wieder (siehe Abschnitt 3.3), sodass ebenfalls bezüglich des Design-Prinzips zur Schüler*innenorientierung eine möglicherweise den Schüler*innen bekannte Unterstützung und Förderung von Rechenstrategien zur Vorgehensweise bei Additions- und Subtraktionsaufgaben geboten wird. Der Aufbau der RWT im Hinblick auf die Zahlkonstruktion ermöglicht außerdem die Tätigkeit des Strukturierens nach Fromme (2017, S. 58),

die als eine vorbereitende Tätigkeit für ein Anbahnen des Stellenwertverständnisses angesehen wird (siehe Abschnitt 3.1.3). Durch die Farbcodierung wird in dem
Zusammenhang insbesondere die dezimale Strukturierung aufgegriffen.

Im Hinblick auf das Design-Prinzip ‚Darstellungsvernetzung der enaktiven,
ikonischen und symbolischen Ebene der Zahldarstellungen, vor allem beim Prozess des Zehnerübergangs, unter Berücksichtigung der jeweiligen sprachlichen
Anforderung' (folgend als Design-Prinzip zur Darstellungsvernetzung bezeichnet) besteht bei der RWT die Möglichkeit, die Kugelstangen in ikonischer Form
als eine gewissermaßen ‚aufgeklappte' RWT darzustellen (siehe Abb. 8.6). Diese
Darstellung wiederum kann zudem als eine Art Zahlenstrahl genutzt oder auch
mit einer reinen Zahlenstrahldarstellung verknüpft werden (Gerke, 2016, S. 185;
Schwank, 2017). Somit wird bei der ikonischen Abbildung der RWT zwar der
spiralförmige Aufbau vernachlässigt, sodass es sich nicht um eine identische
Übertragung auf die ikonische Ebene handelt. Dennoch handelt es sich um eine
analoge Abbildung in der Hinsicht, dass die Kugelstangen von Null beginnend
der Reihe nach dargestellt sind und sich darauf ebenfalls Akteur*innen bewegen können. Bei Bearbeitungen von Aufgaben mit ikonischer Darstellung oder
in Gesprächen darüber kann, wie auf enaktiver Ebene an der RWT, sowohl die
Objekt- als auch die Prozesssicht eingenommen werden: Es können die Kugelanzahlen fokussiert oder die Hüpfer und damit die Prozesse im Vordergrund
stehen. Bei Diskussionen von Schüler*innen können Situationen aufkommen,
bei denen ein Teil der Schüler*innen von sich aus die Objektsicht einnimmt
und ein anderer Teil, unter Umständen auch erst nach einer gewissen Zeit
des Arbeitens mit der RWT, stellt Aufgaben aus der Prozesssicht dar. So entstehen Gesprächsanlässe und für die Schüler*innen die Notwendigkeit, ihre
eigene Handlung oder Vorgehensweise genauer zu beschreiben und zu erläutern, damit die Mitschüler*innen diese nachvollziehen und verstehen können.
Somit wird auch in den verschiedenen Repräsentationsformen und deren Vernetzung (Design-Prinzip zur Darstellungsvernetzung) dem Design-Prinzip zur
Handlungsorientierung entsprochen.

Bezüglich des intendierten Lernpfads (siehe Abschnitt 3.5) lassen sich bei
dem Material der RWT an sich einige Parallelen wiederfinden: Die gewählte
Lern- und Spielwelt RWT strebt vom Aufbau bereits einen gewissen intendierten
Lernpfad an. Dabei ist zunächst ein Erarbeiten des geringen Zahlraums im Subitizingbereich vorgesehen, der dann auf den Zahlenraum 0 bis 9 erweitert wird
(Schwank, 2013a, S. 2). Die spätere Hinzunahme des Außenkreises ermöglicht
daraufhin die Zahlbereichserweiterung bis 19 (Schwank, 2013a, S. 1). Grundsätzlich kann in beiden Zahlenräumen zunächst die Objektsicht eingenommen werden
(Fokus liegt auf den Kugelanzahlen, siehe Abschnitt 2.2.4), um im Hinblick auf in

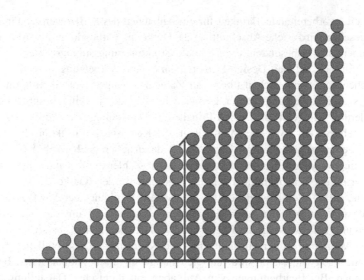

Abb. 8.6 Ikonische Darstellung der RWT (u. a. Schwank, 2017) (Abb. der Autorin, adaptiert nach Schwank, 2017, u. a. S. 80)

traditionellen Mathematiklehrwerken größtenteils zu findende Aufgabenformate (siehe Abschnitt 3.3) mit dem Fokus auf dem kardinalen Zahlaspekt und damit der Objektsicht einen leichteren Zugang zu Zahlen beziehungsweise Zahldarstellungen an der RWT zu ermöglichen. Im Laufe der Arbeit an der RWT kann immer wieder ein Fokus auf die Prozesssicht gelegt und diese somit angestrebt werden (Gerke, 2016, S. 182 ff.; Schwank, 2013a, S. 1). Auf die innerhalb der jeweiligen Zahlenräume möglichen Tätigkeiten wie das Erkennen von Nachbarschaftsbeziehungen und -strukturen, das Nutzen von Partnerbeziehungen sowie die Durchführung von Rechnungen wurde bereits genauer eingegangen.

Zahlraumorientierungsrahmen – ZARAO
An dieser Stelle soll kurz das Material zur Zahlraumorientierung, der ‚ZAhlRAumOrientierungsrahmen – ZARAO' (Schwank, 2018b, 2018c; siehe Abb. 8.7) vorgestellt werden, da dieser innerhalb des Zyklus 0 und 1 (siehe Abschnitt 7.1) für Einblicke in die Schüler*innenperspektiven, Voraussetzungen für das Anbahnen eines Stellenwertverständnisses anhand des Zehnerübergangs und insbesondere für die Konkretisierung der Design-Prinzipien teilweise genutzt wird. Hierbei steht, wie der Name bereits andeutet, die Zahlraumorientierung im Vordergrund. Von der Idee und der Arbeitsweise entspricht der ZARAO in Vielem der RWT. Es

befinden sich ebenfalls der Reihe nach Kugeln auf Stangen, wobei beim ZARAO die Stangen nicht kreisförmig, sondern nebeneinander angeordnet sind. Auf der ersten Stange sind null Kugeln, ab dann wird immer eine Kugel hinzugefügt. Das Modell des ZARAOs gibt es sowohl für den Zahlenraum 0 bis 4 (Subitizingbereich) als auch für den Zahlenraum 0 bis 9. Auch bei dieser Lern- und Spielwelt wird mit Akteur*innen gehandelt, die sich auf den Kugeltürmen, so werden sie hierbei genannt, befinden, und es steht die Einnahme der Prozesssicht im Vordergrund (Schwank, 2013c, S. 936). Aufgrund der Reduzierung auf den Zahlenraum 0 bis 4 beziehungsweise 9 kann der jeweilige kleine Zahlbereich verstärkt erarbeitet werden. Die lineare Anordnung der Kugeltürme ermöglicht zusätzlich, dass Figuren auch in der Ebene vor den Kugeltürmen (parallel) hüpfen können (Schwank, 2013c, S. 935 f.). Somit hüpfen diese Figuren dann ausschließlich in einer Ebene und nicht auf bestimmten Anzahlen von Kugeln. Hierdurch wird der Bezug zur Zahlenstrahldarstellung enger und eine Vernetzung mit der ikonischen Repräsentationsform unter Umständen erleichtert (siehe Design-Prinzip zur Darstellungsvernetzung und Schüler*innenorientierung).

Abb. 8.7
Zahlraumorientierungsrahmen – ZARAO 0–9 (Schwank, 2018b; 2018c)

8.2.2 Zähler

Beim Zähler handelt es sich um ein rundes Zählwerk, welches sich aus einzelnen Rädchen zusammensetzt. Auf den Rädchen sind jeweils Ziffern notiert, sodass insgesamt mit Hilfe eines Zählers Zahlzeichen eingestellt werden können. Die Anzahl der Rädchen bestimmt dabei die maximal mögliche Stellenanzahl eines Zahlzeichens. Der Ziffernvorrat bedingt, in welchem Stellenwertsystem ein Zahlzeichen angegeben wird. Im dezimalen Stellenwertsystem sind entsprechend die Ziffern 0 bis 9 auf jedem Rädchen notiert (siehe Abb. 8.8).

Abb. 8.8 Selbst gebastelter zweistelliger Zähler (Abb. der Autorin)

Das Material des Zählers als eine einfache Konstruktion der analogen Anzeige sehen Müller und Wittmann (1984, S. 269) sowie Ruf und Gallin (2014, S. 244 f.) im Kontext des Mathematikunterrichts insgesamt als sinnvoll an, insbesondere im Hinblick auf die Erarbeitung des Stellenwertsystem, unter anderem aufgrund seiner Alltagsrelevanz zum Beispiel bei Kilometerzählern oder Tanksäulen. Die Relevanz muss aus heutiger Sicht und aufgrund der Altersklasse der Schüler*innen, auf die das Lehr-Lernarrangement ausgerichtet sein soll, zwar hinterfragt werden, dennoch ist dieses Material gut geeignet, um es zur Erarbeitung des Zehnerübergangs im Hinblick auf die Anbahnung eines Stellenwertverständnisses einzusetzen. Gründe dafür sind unter anderem, dass durch den Effekt des Drehens und damit durch das aktive Handeln und anschließende Ablesen die Nachfolger- und Vorgängerbildung und damit der ordinale Zahlaspekt (siehe Abschnitt 2.2.4) stark in den Vordergrund rückt. Darüber wird insbesondere die Einnahme der Prozesssicht fokussiert, die im Rahmen der Design-Experimente gefördert werden soll (siehe Abschnitt 2.2.4). Zudem erfordert der Übergang von 9 auf 10 ein sich klar von den anderen Prozessen des schlichten Weiterdrehens unterscheidendes Eingreifen, da an zwei Rädchen Änderungen vorgenommen werden müssen. Darüber kann schließlich der Konflikt des endlichen Ziffernvorrats gelöst werden. Ruf und Gallin (2014, S. 244) fordern für diese Übergänge

und damit auch für den ersten Zehnerübergang, dass „der Effekt des Mitdre-
hens von Nachbarrädern ... bei jedem Gebrauch durch einen bewussten Eingriff
neu erlebt werden" (Ruf & Gallin, 2014, S. 244) soll. Somit spiegelt sich im
Hinblick auf die natürlichen Zahlen nach Dedekind (1965) an dieser Stelle
nicht das einfache Nachfolgerbilden ohne einen Unterschied zu jeder anderen
Zahl wider (siehe Abschnitt 2.1.1). Allerdings kann so das komplexe Codesystem, das an dieser Stelle greift und ebenfalls aus mathematischer Sicht relevant
ist (siehe Abschnitt 2.1.2), hervorgehoben und damit die Funktionsweise des
Stellenwertsystems verdeutlicht werden. Außerdem bieten die notwendigen Veränderungen und damit der bewusste Übergang einen Gesprächsanlass. Somit
entspricht das Material des Zählers zum einen dem Design-Prinzip zur Orientierung an mathematischen Grundideen und zum anderen dem Design-Prinzip
zur Handlungsorientierung. Es kann an der Stelle des Zehnerübergangs ein Irritationsmoment entstehen, mit dem sich die Schüler*innen aktiv auseinandersetzen
und zu dem sie eine Lösung entwickeln müssen. In diesem Zuge können Beziehungen zwischen den Objekten – im Konkreten zwischen den eingestellten
Zahlzeichen unterschiedlicher Zähler – über Operationen hergestellt werden, zum
Beispiel beim Vergleich von Zahlen, die in der Einerstelle übereinstimmen, in der
Zehnerstelle jedoch variieren.

Eine Möglichkeit, die der Zähler ebenfalls mit sich bringt, die jedoch für die
vorliegende Dissertation nicht genutzt wird, ist die Option der Übertragung und
Anpassung auf verschiedene Zahlsysteme (Ruf & Gallin, 2014, S. 245). So kann
die Funktionsweise von Zahlsystemen insgesamt und deren jeweiligen Codes mit
Hilfe des Zählers erarbeitet und offengelegt werden.

Für die Dissertation sehr relevant ist wiederum die Rolle der Zahl Null. Durch
die Konstruktion des Materials ist die Zahl Null beziehungsweise Ziffer 0 immer
gleichberechtigt vertreten wie die anderen Zahlen beziehungsweise Ziffern auch.
Somit steht nicht zur Diskussion, ob die Null von Anfang an themtisiert oder
erst später behandelt wird. Wie bereits in Abschnitt 2.2.4 zu didaktischen Überlegungen beschrieben, soll die Zahl Null beim geplanten Lehr-Lernarrangement
eine zentrale Rolle spielen und aufgrund ihrer Relevanz für das Stellenwertsystem die gleiche Bedeutung zugeschrieben bekommen wie die anderen Zahlen. Da
davon auszugehen ist, dass der Umgang mit der Zahl Null noch nicht so geschult
sein wird beziehungsweise das Verständnis dieser Zahl noch nicht umfassend
ist, kann der Aufbau des Zählers Gesprächsanlässe und neue Erfahrungen mit
dieser Zahl ermöglichen. Somit wird auch hierbei klar das Design-Prinzip zur
Handlungsorientierung berücksichtigt.

Durch die Unterteilung des Zählers in einzelne Stellen besteht die Möglichkeit,
die Zehnerstelle erst zu einem späteren Zeitpunkt hinzuzufügen und nicht direkt

von Anfang an. Im Zuge des Design-Prinzips zur Schüler*innenorientierung können so die individuellen Voraussetzungen der Schüler*innen zunächst erfasst und die Planung beziehungsweise Durchführung mit Blick auf die Erweiterung des Zehnerübergangs flexibel angepasst werden. Außerdem können darüber die im intendierten Lernpfad anvisierten Phasen (siehe Abschnitt 3.5) zumindest zum Zahlenraum 0 bis 9 und dann 0 bis 19 auch im Material des Zählers eingebettet und berücksichtigt werden. Des Weiteren kann durch diese Unterteilung in zwei Rädchen eine gewisse Strukturierung als anbahnende Tätigkeit für ein Stellenwertverständnis im Sinne Frommes (2017) vorgenommen werden (siehe Abschnitt 3.1.3), indem Zahlzeichen zum Beispiel in Gesprächen in Einer- und Zehnerzahl zerlegt und (dezimale) Strukturen erkannt werden. Verbunden werden kann diese Tätigkeit mit dem Erarbeiten von Partnerbeziehungen, die im intendierten Lernpfad ebenfalls vorgesehen sind (siehe Abschnitt 3.5).

Bezüglich der verschiedenen Repräsentationsformen stellt der Zähler eine Besonderheit dar: Zwar handelt es sich um ein Material, mit dem primär enaktiv gehandelt wird, die Zahlen selbst sind jedoch als Zahlzeichen repräsentiert und somit in der symbolischen Ebene dargestellt. Im Hinblick auf das Design-Prinzip zur Darstellungsvernetzung kann so eine direkte Verknüpfung zwischen der enaktiv durchgeführten Handlung des Drehens mit der symbolischen Darstellung der Zahlzeichen stattfinden. Mit Blick auf die Definition Frommes (2017) für ein Stellenwertverständnis (siehe Abschnitt 2.2.1) bietet dieses Material Möglichkeiten und Angebote, direkt mehrere Darstellungsformen miteinander zu vernetzen und so ein Verständnis des dezimalen Stellenwertsystems in Kombination mit dem Material der RWT auf verschiedenen Ebenen anzubahnen.

8.3   Lehr-Lernarrangement ‚Herzlich willkommen im Diamantenland'

Das Lehr-Lernarrangement zur Erarbeitung des Zehnerübergangs, um ein erstes Stellenwertverständnis anzubahnen, setzt sich aus den beiden Materialien RWT und Zähler zusammen, die einerseits die Übergänge fokussierende Perspektive am Zehnerübergang und andererseits die Darstellungsvernetzung insbesondere durch ihre Verknüpfung unterstützen (siehe auch Zurnieden, 2021, S. 351 ff.; 2024). Eingebettet ist das Lehr-Lernarrangement in eine Rahmengeschichte, durch die für die Lernenden ein kontextbezogenes und damit sinnhaftes Arbeiten mit dem Lehr-Lernarrangement erreicht werden kann. Für die unterschiedlichen Tätigkeiten im Zuge des Lehr-Lern-arrangements kann die Rahmengeschichte jeweils angepasst werden:

Herzlich willkommen im Diamantenland
„Hier in diesem Land kann man ganz viele Diamanten sammeln. Die Fee verteilt
sie an geheime Plätze und setzt dann einen Zahlencode auf die Diamanten. Die
fleißigen Häschen können sie finden und dann gemeinsam mit Hilfe der Königin einsammeln. Die Häschen dürfen nur auf den bunten Kugelstangen hin- und
her-hüpfen! Die Königin muss das Zahlenschloss bedienen. Dabei muss die Königin jede Bewegung der Häschen auf das Zahlenschloss übertragen." (Zurnieden,
2024; für die Fee siehe Abb. 8.9).

Abb. 8.9 Die Fee (Abb. der Autorin)

Im Zuge der Rahmenhandlung wird bereits deutlich, dass die beiden Materialien eng miteinander verknüpft werden. Handlungen auf der RWT werden
mit Drehungen am Zähler (siehe Abb. 8.10) verbunden. So entsteht zum einen
die Möglichkeit, die Hüpfprozesse auf enaktiver Ebene mit Drehprozessen, die
gleichzeitig die symbolische Ebene darstellen, zu verbinden. Somit wird sowohl
dem Design-Prinzip zur Darstellungsvernetzung als auch zur Handlungsorientierung entsprochen, da durchgehend aktive Handlungen von den Schüler*innen
eingefordert werden und durchgeführt werden müssen. Zum anderen wird auf
der RWT insbesondere die einfache Nachfolger- beziehungsweise Vorgängerbildung auch beim Zehnerübergang visualisiert. Beim Zähler hingegen steht,

Abb. 8.10   Selbst gebastelter zweistelliger Zähler (Farbgebung analog zur RWT: Zehnerrädchen grün umrandet, Einerrädchen orange umrandet) (Abb. der Autorin)

wie bereits beschrieben, durch die symbolische Repräsentationsform das Stellenwertsystem im Vordergrund. Darüber können die natürlichen Zahlen im Sinne Dedekinds (1965; siehe Abschnitt 2.1.1) sowie die g-adische Darstellung natürlicher Zahlen (siehe Abschnitt 2.1.2) miteinander verbunden werden. Die Grundidee des Stellenwertsystems kann also über verschiedene Herangehensweisen erarbeitet werden, wobei durchgehend die Orientierung an dieser erhalten bleibt (Design-Prinzip zur Orientierung an mathematischen Grundideen). Des Weiteren werden durch die beiden Materialien sowohl der ordinale (Zähler und Hüpfer auf RWT) als auch der kardinale Zahlaspekt (Kugeln auf RWT) miteinander verknüpft. Wie die Analyse gängiger Mathematiklehrwerke zeigt (siehe Abschnitt 3.3), wird voraussichtlich vom kardinalen Zahlaspekt ein umfassenderes Verständnis bei den Schüler*innen ausgebildet sein beziehungsweise ihnen ein Umgang mit Aufgaben, die den kardinalen Zahlaspekt fokussieren, leichter fallen. Da bei dieser Dissertation explizit auch eine Förderung des ordinalen Zahlaspekts angestrebt wird, um bereits zu einem frühen Zeitpunkt im Lernprozess ein Stellenwertverständnis unabhängig von Bündelungen anbahnen zu können (siehe Abschnitt 2.2.4), kann im Hinblick auf das Design-Prinzip zur Schüler*innenorientierung an der individuellen Zahlidee der Schüler*innen angeknüpft und eine Erweiterung dieser ermöglicht werden. Auch bezüglich der Handlungsorientierung besteht über die Verknüpfung der beiden Materialien und des kardinalen sowie ordinalen Zahlaspekts die Chance, handelnd und insbesondere im Dialog mit Mitschüler*innen bewusst die beiden Zahlaspekte

wahrnehmen zu können, konkret über die Einnahme der Objektsicht beziehungsweise der Prozesssicht. Für den Zehnerübergang als solchen wird durch die
farbliche Codierung der RWT zudem eine Strukturierung der Elemente vorgenommen, die die Bündelung von zehn Elementen darstellen kann, sodass in
gewissem Maße die Bündelungsidee des Stellenwertsystems thematisiert und
für die Schüler*innen verdeutlicht werden kann. So kann unter Umständen in
Ansätzen ein konzeptuelles Stellenwertwissen im Sinne Herzogs et al. (2017;
siehe Abschnitt 2.2.1) angebahnt werden. Über die Verknüpfung der Materialien, die wiederum eine Vernetzung der Darstellungsebenen impliziert, soll jedoch
der Zehnerübergang aus verschiedenen Sichtweisen entdeckt und erarbeitet werden. In Diskussionen und Gesprächen kann sowohl die Bündelung von zehn
Elementen (Kugeln) angesprochen als auch insbesondere die Übergänge fokussierende Sichtweise eingenommen werden. Über diese Verknüpfung soll sowohl ein
struktur- als auch positionsorientiertes Verständnis unter anderem nach Freesemann (2014) und Schöttler (2019) angebahnt werden (siehe Abschnitt 2.2.1). Im
Sinne der Design-Prinzipien besteht so die Möglichkeit, schüler*innenorientiert
den Zehnerübergang zu erkunden und handlungsorientiert vertieft die Übergänge
fokussierende Sichtweise einzunehmen beziehungsweise in Gesprächen darüber
diskutieren und Verbindungen zwischen den beiden Sichtweisen herstellen zu
können. Grundsätzlich sollen die Handlungen am Lehr-Lernarrangement größtenteils mit Gesprächen und kommunikativen Arbeitsphasen verbunden sein, da
das Design-Prinzip zur Darstellungsvernetzung der Sprache die zentrale Funktion
der Vernetzung zuschreibt. Außerdem werden durch Kommunikation zum einen
Hinweise zu den internen Repräsentationsebenen der Schüler*innen erfasst (siehe
Abschnitt 3.1.1), sodass die weiteren Fördereinheiten des Design-Experiments
gegebenenfalls schüler*innenorientiert angepasst werden können. Zum anderen
werden die sprachlichen Aspekte, die ein Stellenwertverständnis im Hinblick
auf ein prozedurales Wissen umfasst (siehe Abschnitt 2.2.1), gefördert sowie
mögliche Hürden im Verständnis offengelegt und im Dialog mit den Mitschüler*innen geklärt. Ergänzend zu der RWT und dem Zähler als Modelle
umfasst das Lehr-Lernarrangement außerdem Arbeitsblätter, auf denen insbesondere die ikonische und die symbolische Darstellungsebene auf unterschiedliche
Weise vertieft werden. Hintergrund dafür ist vor allem die Definition eines
Stellenwertverständnisses von Fromme (2017), nach der dezimale Strukturen in
verschiedenen Repräsentationsformen genutzt sowie in diese übersetzt werden
können (siehe Abschnitt 2.2.1). Davon ausgehend muss die Vernetzung der Ebenen im Lehr-Lernarrangement, welches den Zehnerübergang im Hinblick auf
das Stellenwertsystem fördern soll, intensiv gefördert werden. Zwangsläufig wird
dadurch auch dem Design-Prinzip zur Darstellungsvernetzung entsprochen. Dabei

werden als ikonische Darstellungen für die Materialien die in Abbildung 8.11 und
8.12 abgebildeten Darstellungen gewählt.

Abb. 8.11 Ikonischer Zähler (Farbgebung analog zur RWT: Zehnerrädchen grün umrandet,
Einerrädchen orange umrandet) (Abb. der Autorin)

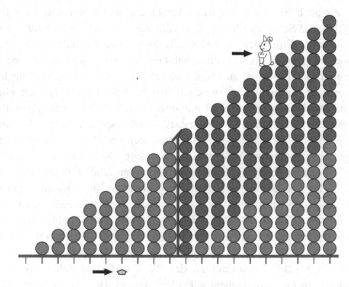

Abb. 8.12 Ikonische RWT mit Häschen und Diamant (siehe in Abb. ergänzte Pfeile) (Abb.
der Autorin, RWT-Darstellung adaptiert nach Schwank, 2017, u. a. S. 80)

Im Folgenden sollen die verschiedenen Elemente und Aufgabenstellungen des Lehr-Lernarrangements unter anderem mit Hilfe der entwickelten Arbeitsblätter entlang des intendierten Lernpfads in Bezug zur Rahmengeschichte beispielhaft dargestellt werden. Dabei wird jeweils die Herangehensweise, das Wie?, mit Blick auf das entsprechende Inhaltsziel genauer ausgeführt.

Inhaltsziel (Was?)	Herangehensweise (Wie?)
Zahlraumorientierung 0–4	Subitizing

Eine Förderung des Subitizings beziehungsweise ein Überprüfen der Subitizingkompetenz soll insbesondere über Aufgabenformate erfasst werden, bei denen die Anzahl der vorhandenen Kugeln in der Schatztruhe zu bestimmen ist. Dazu befinden sich in einer kleinen Box einzelne Kugeln, die denen auf der RWT entsprechen, und die Schüler*innen sollen möglichst schnell angeben, wie viele Kugeln sich in der Box befinden. Über eine Erweiterung auf Anzahlen bis neun Elemente können beide Subitizingarten nach Clements (1999) aufgegriffen werden (siehe Abschnitt 3.1.3). Es wird den Schüler*innen primär freigestellt, ob sie die Kugeln bewegen und damit eine Sortierung vornehmen, um die Anzahl zu bestimmen, oder ob sie ausschließlich ,mit den Augen' zählen. Im Kontext dieser Aufgabenstellungen ist jedoch von Bedeutung, dass der Hinweis des möglichst schnellen Nennens der Anzahl betont wird. Nur dann können im Anschluss Rückschlüsse zum direkten Erfassen ohne Zählen gezogen werden, also dem „Perceptual subitizing" (Clements, 1999, S. 401; siehe Abschnitt 3.1.3). Auch im weiteren Verlauf in der Arbeit mit der RWT wird das Subitizing automatisch immer wieder aufgegriffen, indem Anzahlen von Kugeln auf den Stangen bestimmt werden müssen. Dabei findet jedoch keine explizite Förderung dieser Kompetenz statt.

Inhaltsziel (Was?)	Herangehensweise (Wie?)
Zahlraumorientierung 0–9	Objektsicht / Prozesssicht, u. a. Rechnungen als Anwendung

Über Fragestellungen und Anweisungen der Fee, die insbesondere die Prozesse fokussieren, soll im Rahmen vielfältiger Handlungen an der RWT und dem Zähler die Einnahme der Prozesssicht ausgebildet werden. Gleichzeitig ist aber auch eine Verknüpfung und ein Herstellen von Zusammenhängen zwischen der Prozess- und Objektsicht angestrebt (siehe Abschnitt 3.5), sodass darüber die verschiedenen Zahlaspekte thematisiert werden können (Design-Prinzip zur Orientierung an mathematischen Grundideen). In dem Kontext lässt sich unter anderem die abgebildete Aufgabe (siehe Abb. 8.13) eines Arbeitsblatts einordnen.

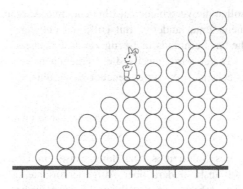

Das Häschen landet auf ___ Kugeln.

Das Häschen ist ___-mal gehüpft.

Abb. 8.13 Arbeitsblatt zur Zahlraumorientierung 0–9 (1) (Abb. der Autorin, RWT-Darstellung adaptiert nach Schwank, 2017, u. a. S. 6)

Auf symbolischer Ebene wird ein Zahlzeichen angezeigt, jedoch mit keiner weiteren Arbeitsanweisung verknüpft. Somit kann es entweder als Kugelanzahl interpretiert werden oder als Anzahl der Hüpfer. In beiden Fällen muss durch die ergänzten sprachlichen Formulierungen die jeweils andere Sichtweise ebenfalls eingenommen und beantwortet werden. Mögliche Unterschiede in der Herangehensweise führen zu Diskussionen und können somit die Einsichten in die verschiedenen Sichtweisen handlungsorientiert vertiefen (Design-Prinzip zur Handlungsorientierung). Über das Zeigen eines Zahlzeichens, welches dann wiederum in den Kontext der RWT, die konkret ikonisch abgebildet ist, übernommen werden muss, findet eine Vernetzung der ikonischen und symbolischen Ebenen statt (Design-Prinzip zur Darstellungsvernetzung). Dieses Aufgabenformat ist auch auf enaktiver Ebene vorgesehen, sodass dabei eine Vernetzung der symbolischen und enaktiven Ebene stattfindet. Hierbei findet im Dialog zwischen den Schüler*innen, gegebenenfalls mit gezielten Nachfragen der Lehrperson, ein Beantworten der jeweiligen Angaben zur Kugel- und Hüpferanzahl statt, sodass im kommunikativen Austausch die beiden Sichtweisen thematisiert werden. Dieser Austausch bietet im Hinblick auf das Design-Prinzip zur Schüler*innenorientierung die Möglichkeit, von Seiten der Lehrperson individuelle

Hilfen geben zu können und von Seiten der Schüler*innen anderen Erklärungsansätzen aus Perspektive der Schüler*innen Raum zu geben, sodass möglicherweise die Einnahme der anderen Sichtweise leichter gelingt. Eine beispielhafte Aufgabenstellung, bei der die symbolische Ebene von den Schüler*innen auch eigenständig noch stärker eingefordert wird, zeigen die dargestellten Auszüge eines Arbeitsblatts (siehe Abb. 8.14 und Abb. 8.15).

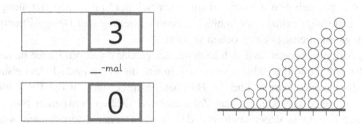

Abb. 8.14 Arbeitsblatt zur Zahlraumorientierung 0–9 (2) (Abb. der Autorin, RWT-Darstellung adaptiert nach Schwank, 2017, u. a. S. 6)

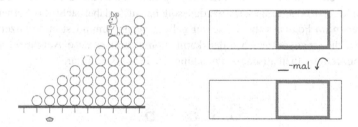

Abb. 8.15 Arbeitsblatt zur Zahlraumorientierung 0–9 (3) (Abb. der Autorin, RWT-Darstellung adaptiert nach Schwank, 2017, u. a. S. 6)

Im Kontext der Rahmengeschichte sind die Häschen immer auf der Suche nach den Diamanten und möchten zu diesen hüpfen. Bei den Aufgabenformaten wird sowohl die RWT als auch der Zähler ikonisch abgebildet, wobei die Zählerabbildung dabei jeweils die Start- und Zieleinstellung angibt. Auch hierbei werden sowohl die Hüpf- beziehungsweise Drehprozesse fokussiert, indem die Anzahl der Hüpfer des Häschens ermittelt werden muss, um die Anzahl der Drehungen des Zählers angeben zu können oder umgekehrt. Somit findet eine Vernetzung der symbolischen und ikonischen Ebene in beide Richtungen statt (Design-Prinzip zur Darstellungsvernetzung). Gleichzeitig können Anzahlen der Kugeln oder auch die Zahlzeichen selbst als Objekte in den Blick genommen werden. Von besonderer Relevanz sind in dem Kontext die Gespräche, die über die Bearbeitungen bereits währenddessen oder im Anschluss erfolgen, um die Prozess- und Objektsicht noch einmal zu intensivieren und deren Unterscheidung sprachlich hervorzuheben. Sprachliche Ausführungen beziehen sich dabei konkret auf die jeweiligen Bearbeitungen und können gegebenenfalls am Material hervorgehoben werden. So soll einer Schüler*innen- und Handlungsorientierung (Design-Prinzip zur Schüler*innenorientierung und Design-Prinzip zur Handlungsorientierung) entsprochen werden.

Das Aufgabenformat lässt sich auch auf der primär enaktiven Ebene in Verbindung der RWT und des Zählers umsetzen, indem die Fee mündlich Anweisungen zu Hüpferanzahlen vorgibt und die Häschen entsprechend auf der RWT hüpfen beziehungsweise die Königin das Zahlenschloss (Zähler) einstellen muss. Die Rolle der Fee kann dabei auch von den Schüler*innen übernommen werden, sodass die sprachlichen Formulierungen, gegebenenfalls aus einer Prozesssicht heraus, gefördert werden können. Vernetzt werden dabei die enaktive und die symbolische Ebene durch die Zählereinstellung.

Als weiteres Aufgabenformat für diesen Lernschritt werden symbolisch notierte Rechnungen als Rätselkarten vorgegeben (siehe Abb. 8.16), die wiederum auf enaktiver Ebene umgesetzt werden sollen. Auch dabei steht die Vernetzung der Ebenen im Fokus, wobei diese nur gelingt, wenn zumindest in Ansätzen eine Prozesssicht eingenommen werden kann. Somit stellen diese Aufgabenformate eine konkrete mathematische Anwendung der Prozesssicht dar.

$$0 + 6 = 6$$

Abb. 8.16 Rechnung als Rätselkarte (Abb. der Autorin)

Inhaltsziel (Was?)	Herangehensweise (Wie?)
Zahlraumorientierung 0–9	Nachbarschaftsbeziehungen / -strukturen

Aufgaben zu Nachbarschaftsbeziehungen und -strukturen finden größtenteils am enaktiven Material der RWT und des Zählers statt, sodass eine Vernetzung der enaktiven und symbolischen Ebene angestrebt wird. Angelehnt an die Aufgabenstellungen zur Prozess- und Objektsicht äußert die Fee Hinweise, wie die Häschen zum Diamanten hüpfen müssen und gibt dann den zusätzlichen Hinweis, dass der Diamant ganz in der Nähe direkt neben dem Häschen liegt. Somit müssen in dem Zusammenhang gegebenenfalls beide Nachbarpositionen auf der RWT beziehungsweise -einstellungen des Zählers genannt werden. Durch den Zweischritt der Anweisung der Fee wird die Erzeugung der Nachbarzahl explizit hervorgehoben, indem das $+1$ beziehungsweise -1 ganz bewusst noch einmal von den Schüler*innen durchgeführt wird (Design-Prinzip zur Handlungsorientierung). Auch bei diesen Aufgabenstellungen ist der kommunikative Austausch zwischen den Schüler*innen und der Lehrperson von besonderer Relevanz. Bei verschiedenen Tipps zum Lageplatz des Diamanten kann zum Beispiel die Nachfolgerund Vorgängerbildung im Rahmen der Nachbarschaftsbeziehung vertieft werden. Wo könnte der Diamant auch liegen? Welche Möglichkeit gibt es außerdem? Das Thema Nachbarschaftsbeziehungen und -strukturen wird zudem im Kontext anderer Aufgabenformate indirekt aufgegriffen, indem beispielsweise die Nachfolgerbeziehungsweise Vorgängerposition bestimmt werden soll. Somit stellt es dabei jedoch nicht den primären Fokus dar.

Inhaltsziel (Was?)	Herangehensweise (Wie?)
Nachfolgerbildung von 9	Konflikt primär über Prozesssicht

Für diesen Lernschritt versteckt die Fee ihren Diamanten bei einer Kugelstange größer Neun und gibt den Häschen Tipps, wie oft sie nach oben hüpfen müssen. Die Königin bedient zeitgleich das Zahlenschloss. Somit wird eine Anweisung bezüglich einer Anzahl an Hüpfern formuliert und vorgegeben, die den Zehnerübergang impliziert. Durch die Angabe der Hüpfer und damit die Fokussierung der Prozesse, wird von der Anweisung als solches die Prozesssicht eingefordert (Design-Prinzip zur Orientierung an mathematischen Grundideen). Über die Handlung kann dann in dem Moment ein Konflikt entstehen, bei dem das Häschen auf der 9er-Kugelstange sitzt beziehungsweise der Zähler auf 9 eingestellt ist, die Anweisung der Fee jedoch noch nicht gänzlich umgesetzt wurde. Aus diesem Konflikt heraus kann wiederum über notwendige Veränderungen und Anpassungen der Materialien (RWT und Zähler) eine Diskussion entstehen, über die gewisse Funktionsweisen beziehungsweise Ansätze zum Zehnerübergang, die möglicherweise bereits Ansätze des Stellenwertsystems aufgreifen, von den Schüler*innen ausgehend entwickelt werden können. Dem entsprechend findet an dieser Stelle eine klare Orientierung an den Design-Prinzipien zur Handlungsorientierung und zur Darstellungsvernetzung der enaktiven und symbolischen Ebene statt.

Inhaltsziel (Was?)	Herangehensweise (Wie?)
Zahlraumorientierung 0–19	Objektsicht / Prozesssicht

Im Rahmen der Zahlraumorientierung 0 bis 19 lassen sich sehr ähnliche Aufgabenformate und -gestaltungen wie im Zahlenraum 0 bis 9 festmachen. Allerdings werden aufgrund des größeren Zahlenraums, der den Zehnerübergang umfasst, zunächst Aufgaben formuliert, bei denen die Zählereinstellung für jeden einzelnen Hüpfer auch auf ikonischer Ebene in die Zählerabbildung eingetragen wird (siehe Abb. 8.17). Somit wird einerseits das zählende beziehungsweise schrittweise Vorgehen fokussiert, andererseits, und das soll im Rahmen des entwickelten Lehr-Lernarrangements besonders gefördert werden, wird so der Zehnerübergang ganz bewusst deutlich, indem sich die Ziffer im grünen Feld von 0 auf 1 beziehungsweise von 1 auf 0 verändert. Das bietet Gesprächsanlässe und Möglichkeiten der expliziten Nachfrage, in welchem Moment beide Rädchen verändert werden, sodass der Zehnerübergang über das prozesshafte Vorgehen konkretisiert werden kann (Design-Prinzip zur Orientierung an mathematischen Grundideen).

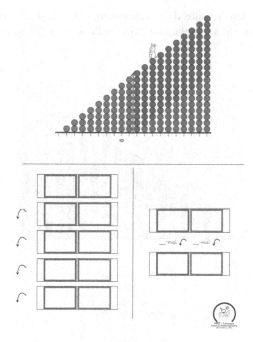

Abb. 8.17 Arbeitsblatt zur Zahlraumorientierung 0–19 (1) (Abb. der Autorin, RWT-Darstellung adaptiert nach Schwank, 2017, u. a. S. 80)

Die ergänzende Darstellung auf der rechten Seite soll diesen Ansatz noch verstärken, indem die jeweiligen Anzahlen der Drehungen des orangen und grünen Rädchens angegeben werden. Falls kein Zehnerübergang stattfindet, wäre an dieser Stelle die Angabe für das grüne Rädchen entsprechend 0-mal. Damit wird außerdem die Einnahme der Prozesssicht über Hüpfer und Drehungen vertieft (Design-Prinzip zur Orientierung an mathematischen Grundideen). In dieser Hinsicht bietet auch das schrittweise Eintragen der Zählereinstellung die Unterstützung (Design-Prinzip zur Schüler*innenorientierung), dass die Prozesse nacheinander vollzogen werden und somit der Fokus darauf noch bewusster durch die schrittweise Handlung stattfinden und gegebenenfalls gefördert werden kann (Design-Prinzip zur Handlungsorientierung). Durch die ikonische Abbildung der RWT bleibt weiterhin die zusätzliche beziehungsweise verbindende Einnahme der Objektsicht möglich, falls diese von einzelnen Schüler*innen präferiert wird (Design-Prinzip zur Schüler*innenorientierung). In folgenden Aufgabenformaten können die einzelnen Schritte dann zusammengefasst und als ein Prozess über eine bestimmte Anzahl an Drehungen dargestellt werden (siehe Abb. 8.18).

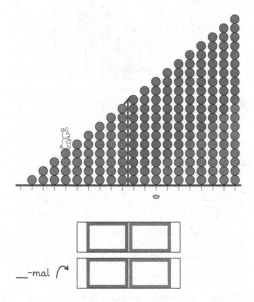

Abb. 8.18 Arbeitsblatt zur Zahlraumorientierung 0–19 (2) (Abb. der Autorin, RWT-Darstellung adaptiert nach Schwank, 2017, u. a. S. 80)

Wie auch im Zahlenraum 0 bis 9 umfasst das Lehr-Lernarrangement das Aufgabenformat auch auf der primär enaktiven Ebene, indem die Fee Anweisungen zu Hüpfern vorgibt, die in diesem Fall den Zehner über- oder unterschreiten und die Häschen dementsprechend handeln. Die Königin ist wiederum für das Zahlenschloss zuständig. Somit findet zum einen eine Vernetzung der enaktiven und symbolischen Ebene statt (Design-Prinzip zur Darstellungsvernetzung), zum anderen wird auch bei dieser Aufgabenstellung das handelnde prozesshafte Erzeugen insgesamt und insbesondere des Zehnerübergangs fokussiert und thematisiert (Design-Prinzip zur Orientierung an mathematischen Grundideen und Design-Prinzip zur Handlungsorientierung). Gleichzeitig durchgeführte Handlungen der Schüler*innen können wiederum ein selbstständiges Überprüfen und Vergleichen ermöglichen, wodurch im kommunikativen Austausch über die Handlungen die mathematischen Zusammenhänge noch einmal vertieft werden können (Design-Prinzip zur Darstellungsvernetzung und Design-Prinzip zur Handlungsorientierung).

Inhaltsziel (Was?)	Herangehensweise (Wie?)
Zahlraumorientierung 0–19	Partnerbeziehungen

Bei Aufgaben, die Partnerbeziehungen fokussieren, befinden sich zwei Häs-chen auf der RWT: Eins hüpft auf dem Innenkreis und eins auf dem Außenkreis. Bei enaktiver Umsetzung wird für die Zählereinstellung ein Häschen ausgewählt, dessen Hüpfprozess übertragen wird. Auf Arbeitsblättern zu Partnerbeziehun-gen findet die Zählereinstellung für beide Häschen statt. Die Häschen erhalten entweder mündlich eine Anweisung zur Anzahl der Hüpfer, wie oft sie zum Diamanten hüpfen müssen, oder es ist auf den Arbeitsblättern der Diamant entsprechend unter einer Kugelstange sowohl im Innen- als auch im Außen-kreis abgebildet. Dementsprechend müssen beide Häschen parallel hüpfen. Bei der enaktiven Umsetzung entsteht für die Zieleinstellung des Zählers der Dis-kussionsanlass, wie dieser für das andere Häschen verändert werden müsste, sodass darüber die dezimale Struktur von $+10$ beziehungsweise -10 und damit die beibehaltene Einstellung des Einerrädchens fokussiert werden kann (Design-Prinzip zur Orientierung an mathematischen Grundideen). Bei den Arbeitsblättern zum Inhaltsschwerpunkt ‚Partnerbeziehungen' können die Eintragungen in die ikonischen Darstellungen des Zählers verglichen werden (siehe Abb. 8.19).

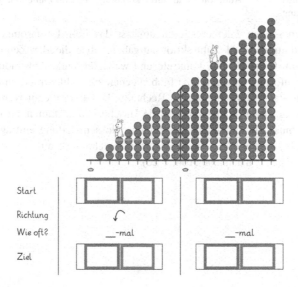

Abb. 8.19 Arbeitsblatt zu Partnerbeziehungen (Abb. der Autorin, RWT-Darstellung adap-tiert nach Schwank, 2017, u. a. S. 80)

Bei diesen Aufgaben wird sowohl bei der Vernetzung der enaktiven und symbolischen Ebene an der RWT und dem Zähler als auch bei der Vernetzung der ikonischen und symbolischen Ebene auf den Arbeitsblättern (Design-Prinzip zur Darstellungsvernetzung) primär die Einnahme der Prozesssicht fokussiert (Design-Prinzip zur Orientierung an mathematischen Grundideen). Durch die Abbildung beziehungsweise das Vorhandensein der Kugeln können auch die Elemente als Menge in den Blick genommen werden. Für Partnerbeziehungen bedeutet das konkret, dass die Differenz zwischen den Häschen als zehn Hüpfer oder als zehn Elemente (Kugeln) wahrgenommen werden kann, was gegebenenfalls zu Gesprächsanlässen zwischen den Schüler*innen im Hinblick auf ihre jeweils gewählte Vorgehensweise führt (Design-Prinzip zur Handlungsorientierung). Die Ergänzung des Sprachgerüsts (*Start, Richtung, Wie oft?, Ziel*) im Sinne des Prinzips zur Förderung von Sprachmitteln nach Prediger und Wessel (2012, S. 32; siehe Abschnitt 5.1 und 8.1) dient als Strukturhilfe und soll eine schüler*innenorientierte Entlastung auch über die rein sprachliche Ebene hinaus anbieten (Design-Prinzip zur Schüler*innenorientierung).

Inhaltsziel (Was?)	Herangehensweise (Wie?)
Anwendung des Zehnerübergangs	Additions- und Subtraktionsaufgaben im Zahlenraum 0–19

Als letzten großen Themenbereich umfasst das Lehr-Lernarrangement Aufgaben zu Additions- und Subtraktionsaufgaben, über die der Zehnerübergang im Zahlenraum 0 bis 19 eine konkrete und weiterführende Anwendung erfährt. Vom Aufgabenformat ähneln die Aufgaben denen zur Zahlraumorientierung 0 bis 19, wobei zusätzlich die dargestellte Rechnung bewusst erzeugt werden soll. In Bezug zur Rahmengeschichte müssen die Häschen zum Diamanten hüpfen und die Königin muss die entsprechende Zahlenschlosseinstellung eintragen. Daraus muss schließlich ein Code generiert werden (Rechnung), auf den die Fee den Diamanten versteckt hat (siehe Abb. 8.20).

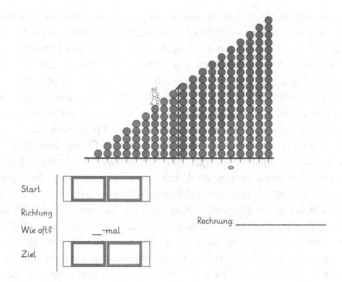

Abb. 8.20 Arbeitsblatt zu Additions- und Subtraktionsaufgaben im Zahlenraum 0–19 (Abb. der Autorin, RWT-Darstellung adaptiert nach Schwank, 2017, u. a. S. 80)

Über den Prozess des Hüpfens, der auf diesem Arbeitsblatt ikonisch dargestellt wird, indem das Häschen zum Diamanten hüpfen muss, wird die Zählereinstellung des Starts und des Ziels ermittelt. Außerdem wird die Anzahl der Drehungen insgesamt sowie die Richtung der Drehungen innerhalb der ikonischen Abbildung der Zählereinstellungen angegeben. Auch bei dieser Aufgabengestaltung wurde das Sprachgerüst als Hilfestellung ergänzt (Design-Prinzip zur Schüler*innenorientierung).

Aus den vorgenommenen Angaben in der RWT und / oder am Zähler wird wiederum die entsprechende Rechnung erstellt (Design-Prinzip zur Orientierung an mathematischen Grundideen). Somit findet eine Vernetzung der ikonischen und symbolischen Ebene statt, wobei die symbolische Ebene mit ausschließlich einzelnen Zahlzeichen um die symbolische Form der Rechnung ergänzt wird. Gleiche Aufgabenstellungen sind auch auf enaktiver Ebene in Verbindung mit der symbolischen vorgesehen (Design-Prinzip zur Darstellungsvernetzung). Im Zuge der Rechnung müssen die Zahlzeichen ohne die strukturierte Form der farblichen Unterteilung in Einer- und Zehnerfeld aufgeschrieben werden, sodass die dezimale Zahlschrift in Gänze angewandt wird (Design-Prinzip zur Orientierung an mathematischen Grundideen). Außerdem besteht die Rechnung aus ein- und zweistelligen Zahlen, sodass anhand dessen über die Unterschiede zwischen den Zahlzeichen und deren Grund diskutiert werden kann. Als Begründungsgrundlage kann zum einen die Kugelanzahl auf der RWT gewählt werden, also eine Objektsicht eingenommen und damit unter Umständen eine Zehnerbündelung in den Blick genommen werden. Zum anderen kann aber auch der Übergang als solches fokussiert und als Begründung hinzugezogen werden, durch den sich die Einstellung insbesondere des Zehnerrädchens beziehungsweise der Zehnerziffer verändert. Dabei wird primär eine Prozesssicht eingenommen (Design-Prinzip zur Orientierung an mathematischen Grundideen und Design-Prinzip zur Darstellungsvernetzung). Ein Vertauschen der Reihenfolge, indem zunächst eine Rechnung notiert wird und daraus die jeweilige Bewegung des Häschens auf der RWT und die Zählereinstellungen erzeugt werden, ermöglicht eine Vernetzung der Ebenen auch aus anderer Richtung (Design-Prinzip zur Darstellungsvernetzung). Dabei können auch Schüler*innen das Aufstellen der Rechnung übernehmen, also im Kontext der Rahmengeschichte die Rolle der Fee übernehmen und einen Code als Rechnung erstellen, und die Mitschüler*innen übernehmen die Rollen der Häschen und der Königin und erzeugen die jeweils fehlenden Angaben auf RWT und Zähler, um den Diamanten zu finden. Dadurch können Dialoge, unter anderem konkret zum Zehnerübergang und dessen Auswirkungen, angeregt sowie mögliche Hürden erfasst werden (Design-Prinzip zur Schüler*innenorientierung). Grundsätzlich steht bei diesen Aufgabenformaten das eigene aktive Entwickeln und Erzeugen im Vordergrund, sodass dem Design-Prinzip zur Handlungsorientierung entsprochen wird.

Zusammenfassend umfasst das Lehr-Lernarrangement zum Zehnerübergang und zur Erarbeitung des Zahlenraums 0 bis 19 Themenschwerpunkte, die alle angestrebten Phasen des intendierten Lernpfads abdecken (siehe Abschnitt 3.5). Somit werden beispielsweise die von Fromme (2017) benannten ersten Tätigkeiten zur Vorbereitung eines Stellenwertverständnisses (siehe Abschnitt 3.1.3) und die verschiedenen Aspekte zur Zahlraumorientierung, zu denen unter anderem der Zahlenkonstruktionssinn zu Nachbarschaftsstrukturen und -beziehungen sowie die Zahlenkonstruktion im Hinblick auf das dezimale Stellenwertsystem zählen, aufgegriffen und auf Grundlage dessen unter Berücksichtigung der formulierten Design-Prinzipien Aufgabenformate konzipiert.

8.4   Design-Prinzipien im Lehr-Lernarrangement

Im Folgenden sollen die vier formulierten gegenstandsbezogenen Design-Prinzipien auf das Lehr-Lern-arrangement insgesamt angewandt und dafür im Überblick dargestellt werden.

Die Realisierung des ersten Design-Prinzips ‚Orientierung an der Grundidee des dezimalen Stellenwertsystems, insbesondere im Hinblick auf den ordinalen Zahlaspekt unter anderem über die Einnahme der Prozesssicht und damit die Übergänge fokussierende Perspektive' berücksichtigt die folgenden Aspekte:

- Erarbeitung der natürlichen Zahlen im Sinne Dedekinds (1965) über Nachfolger- und Vorgängerbildung an RWT und Zähler,
- Erarbeitung der g-adischen Darstellung über den Zähler, wobei die Funktionsweise des Stellenwertsystems berücksichtigt werden muss,
- Thematisierung sowohl einer Objekt- als auch einer Prozesssicht über Kugelanzahlen und Hüpfer beziehungsweise Zahlzeichen und Drehungen, unter anderem über die Benennung der jeweiligen Einheiten (Kugeln, Hüpfer, Drehungen) sowie das Herstellen von Zusammenhängen zwischen den Sichtweisen,
- Erarbeitung des Zehnerübergangs über Nachfolger- beziehungsweise Vorgängerbildung (ordinaler Zahlaspekt), indem vom Innen- zum Außenkreis oder Außen- zum Innenkreis gewechselt wird beziehungsweise die Drehung des Zehner- und Einerrädchens notwendig ist,
- Hervorhebung der dezimalen Strukturen durch Kugelanordnung und -farbe in der RWT und mögliches Aufgreifen der farblichen Markierung des Einer- und Zehnerrädchens des Zählers
- und die Anwendung der dezimalen Zahlschrift im Rahmen verschiedener Aufgabenformate.

Das zweite Design-Prinzip ‚Darstellungsvernetzung der enaktiven, ikonischen und symbolischen Ebene der Zahldarstellungen, vor allem beim Prozess des Zehnerübergangs, unter Berücksichtigung der jeweiligen sprachlichen Anforderung' wird durch nachfolgende Aspekte im Lehr-Lernarrangement umgesetzt:

- Gestaltung der im Lehr-Lernarrangement enthaltenen Materialien der RWT und des Zählers sowohl auf enaktiver (Materialien selbst) als auch auf ikonischer Ebene (Arbeitsblätter), wobei eine Vernetzung verschiedener enaktiver Darstellungen (RWT und Zähler) und verschiedener ikonischer Darstellungen (RWT und Zähler) integriert wird,

- Verknüpfung symbolischer mit enaktiven und ikonischen Darstellungen, zum einen über eine Vernetzungen fokussierende Rahmengeschichte, zum anderen insbesondere über den Zähler, der als Material selbst bereits die enaktive oder ikonische Ebene (dessen Darstellung zum Beispiel auf Arbeitsblättern) mit der symbolischen verknüpft,
- Hervorhebung des Zehnerübergangs auf verschiedenen Darstellungsebenen, zum Beispiel durch Kreiswechsel (RWT enaktiv) und Zwischenstange (RWT ikonisch) sowie durch Drehung des Einer- und Zehnerrädchens am Zähler (enaktiv und symbolisch),
- Herstellung von Zusammenhängen unterschiedlicher Darstellungen auf symbolischer Ebene (zum Beispiel Zählereinstellungen und Rechnungen),
- Vernetzungen aus verschiedenen Richtungen,
- Herstellung beziehungsweise Fokussierung der Vernetzung zwischen Materialien / Umsetzungen im Austausch mit Mitschüler*innen,
- Möglichkeit der Darstellungsvernetzung als sprachliche Entlastung
- und eine sprachliche Begleitung der Vernetzungen durch Mitschüler*innen und Lehrperson.

Das dritte Design-Prinzip ‚Grundsätzliche Ausrichtung an Bedürfnissen der Schüler*innen aufgrund des Förderbedarfs Hören und Kommunikation und den individuellen Lernvoraussetzungen, insbesondere im Hinblick auf sprachliche und kommunikative Herausforderungen' wird im Lehr-Lernarrangement durch diese Aspekte realisiert:

- Intensive Erarbeitung und Thematisierung von Begrifflichkeiten, unter anderem im Kontext der Rahmengeschichte, wobei auf einen einheitlichen Sprachgebrauch geachtet und dieser gemeinsam am Material entwickelt und aufgebaut wird,
- übersichtliche Gestaltung der Materialien, wobei diese gut sichtbar als sprachliche Unterstützung genutzt werden können,
- Anpassung der Geschichte / Inhalt an Interessen der Schüler*innen,
- Orientierung sprachlicher Ausführungen konkret am Lehr-Lernarrangement, anstatt abstrakte Formulierungen zu nutzen,
- kommunikativer Austausch zwischen Schüler*innen, um andere Herangehensweisen / Erklärungen darzustellen beziehungsweise bereitzustellen, worüber unter anderem die Vielfalt sprachlicher Ausführungen aufgegriffen werden kann,
- Möglichkeit der Einnahme einer Objekt- oder Prozesssicht entsprechend individuellen Vorlieben / Kompetenzen

– und die Heranführung an eine Prozesssicht durch schrittweises Erzeugen.

Das vierte und letzte Design-Prinzip ‚Mathematische Aspekte und Zusammenhänge durch aktives und eigenes Handeln mit (mathematikdidaktischen) Materialien entdecken und erfassen' findet anhand folgender Aspekte im entwickelten
Lehr-Lernarrangement Berücksichtigung:

– Selbstständiges Handeln der Schüler*innen mit Materialien (Zähler und
  RWT), sodass über Handlungen Ideen entwickelt und Erkenntnisse erzielt
  werden können,
– Verfolgen einer engen Verknüpfung von Handlungen und Sprache,
– Wiederholungen der Handlungen beziehungsweise Aktivitäten,
– Unterteilung der Handlungen in mehrere Teilschritte, wodurch mathematische
  Aspekte stärker fokussiert werden können,
– Hervorhebung der Prozesssicht durch Handlungen, indem Erzeugungsprozesse
  im Fokus stehen,
– Kommunikation über Handlungen, worüber Einsichten in verschiedene Herangehensweisen / Sichtweisen der Handlungen (Objekt- und Prozesssicht) und
  eine Förderung des kommunikativen Austauschs über Erkenntnisse verfolgt
  werden
– und schließlich die Einforderung von Begründungen beziehungsweise Erklärungen auf die Frage ‚Warum?' zu Handlungen, wodurch mathematische
  Aspekte und Zusammenhänge konkretisiert werden.

8.5   Zusammenfassung der theoretisch basierten Entwicklungsprodukte

Mit diesem Kapitel wird das Entwicklungsinteresse der vorliegenden Arbeit
verfolgt. Zum einen sind Design-Prinzipien entwickelt worden, die auf mathematikdidaktischen Prinzipien und auf Prinzipien der allgemeinen Didaktik mit
Blick auf den Förderschwerpunkt Hören und Kommunikation beruhen (siehe
Abschnitt 8.1). So kann sowohl mathematikdidaktischen Anforderungen als
auch demspezifischen Förderbedarf Hören und Kommunikation im Besonderen
begegnet werden. Zum anderen ist das Lehr-Lernarrangement ‚Herzlich willkommen im Diamantenland' zur Förderung des Zehnerübergangs im Hinblick
auf die Anbahnung eines Stellenwertverständnisses erfolgreich konzipiert (siehe
Abschnitt 8.3). Das Lehr-Lernarrangement setzt sich aus den Materialien der

RWT (u. a. Schwank, 2003, S. 76; 2010; 2013a; 2013b, S. 127 ff.; 2017; Schwank et al., 2005, S. 560 ff.) und des Zählers (Müller & Wittmann, 1984, S. 269 f.; Ruf & Gallin, 2014, S. 244 f.) zusammen (siehe Abschnitt 8.2) und soll so über eine prozessfokussierte Sichtweise ein erstes Verständnis des dezimalen Stellenwertsystems anbahnen.

Damit können die beiden folgenden konkretisierten Fragestellungen zum Entwicklungsinteresse bearbeitet werden:

– FE 1: Welche Design-Prinzipien lassen sich auf Grundlage der allgemeinen didaktischen Theorien mit Blick auf den Förderschwerpunkt Hören und Kommunikation und der mathematik-didaktischen Theorien als Grundlage für die Gestaltung des Lehr-Lernarrangements zur Förderung des Zehnerübergangs im Hinblick auf die Anbahnung eines dezimalen Stellenwertverständnisses identifizieren? (siehe Abschnitt 8.1)
– FE3: Wie kann ein Lehr-Lernarrangement für Schüler*innen mit dem Förderschwerpunkt Hören und Kommunikation zur Förderung des Zehnerübergangs im Hinblick auf die Anbahnung eines dezimalen Stellenwertverständnisses gestaltet sein? (siehe Abschnitt 8.3)

Es existieren nun theoretisch basierte Entwicklungsprodukte, welche in den folgenden Kapiteln im Zuge empirischer Untersuchungen einer umfangreichen Analyse unterzogen werden.

Teil IV
Empirischer Teil

Im empirischen Teil der vorliegenden Arbeit sollen die im Rahmen von Design-Experimenten erhobenen Daten sowohl im Hinblick auf das Lehr-Lernarrangement sowie die Design-Prinzipien als Entwicklungsprodukte (Kapitel 9) als auch auf die mentalen Zahlvorstellungen im kleinen Zahlenraum 0 bis 9 sowie im erweiterten Zahlenraum 0 bis 19 als Forschungsprodukte (Kapitel 10) ausgewertet und analysiert werden. Somit wird den beiden Fragestellungen zum Entwicklungs- und Forschungsinteresse nachgegangen, wobei bezüglich des Entwicklungsinteresses nun die Weiterentwicklung der Produkte auf Grundlage der empirischen Daten fokussiert wird:

- Welche Design-Prinzipien eignen sich zur Erarbeitung des Zehnerübergangs mit Blick auf die Anbahnung eines dezimalen Stellenwertverständnisses durch Schüler*innen mit dem Förderschwerpunkt Hören und Kommunikation und wie kann ein konkretes Lehr-Lernarrangement aussehen, dem diese Design-Prinzipien zugrunde liegen? (Entwicklungsinteresse: FE 2 und FE 4, siehe Kapitel 6)

- Welche Phänomene lassen sich im Lernprozess zum Zehnerübergang insbesondere bei Schüler*innen mit dem Förderschwerpunkt Hören und Kommunikation feststellen? (Forschungsinteresse, siehe Kapitel 6)

Empirische Befunde: Entwicklungsprodukte

9

Die Erkenntnisse zum Lehr-Lernarrangement (Abschnitt 9.1) sowie die Konkretisierung und Ausschärfung der Design-Prinzipien (Abschnitt 9.2) als Entwicklungsprodukte, wobei der Förderschwerpunkt Hören und Kommunikation fokussiert wird, werden in diesem Kapitel anhand der im Analyseprozess extrahierten Phänomene umfangreich beleuchtet. Somit findet eine fokussierte Bearbeitung der konkretisierten Fragestellungen zum Entwicklungsinteresse statt.

9.1 Erkenntnisse zum Lehr-Lernarrangement

Im entwickelten Lehr-Lernarrangement steht die Verknüpfung der beiden Materialien ‚Rechenwendeltreppe' und ‚Zähler' im Zentrum (siehe Abschnitt 8.3). Diese beziehungsweise das korrekte Anwenden der beiden Materialien muss jedoch zunächst erarbeitet und von den Schüler*innen verstanden werden, bevor das Lehr-Lernarrangement als solches zur Anbahnung eines dezimalen Stellenwertverständnisses dienen kann. Aus diesem Grund sollen in diesem Abschnitt konkrete Hürden sowie erste angebahnte Erkenntnisse, die im Rahmen der Design-Experimente auftreten, genauer beleuchtet werden. Hierfür werden auftretende Phänomene in der Kategorie ‚Verknüpfung RWT und Zähler (0 – 9)' beschrieben und im Hinblick auf die Verknüpfung analysiert. Es wird sich dabei explizit auf den Zahlenraum 0 bis 9 beschränkt, da ausschließlich die durch die Form des Arrangements entstehenden Hürden in den Blick genommen werden sollen. Sobald der Zahlenraum erweitert wird, können zusätzliche Herausforderungen, die im Zuge des Zehnerübergangs beziehungsweise der Anwendung des Stellenwertsystems entstehen, nicht ausgeschlossen werden. Somit besteht nicht der Anspruch, das Lehr-Lern-arrangement im Hinblick auf die erzeugten Lernprozesse zu bewerten. Vielmehr soll untersucht werden, ob und wie der Einsatz des Lehr-Lernarrangements als solches gelingen kann. Hierfür werden aus der

A.-K. Zurnieden, *Der Zehnerübergang zur Anbahnung eines Stellenwertverständnisses*, Kölner Beiträge zur Didaktik der Mathematik, https://doi.org/10.1007/978-3-658-44000-8_9

Analyse notwendige Veränderungen im Hinblick auf das Lehr-Lernarrangement abgeleitet, die als Forderungen für den weiteren Einsatz gelten. Differenziert wird dabei zwischen den verschiedenen Darstellungsebenen sowie deren Vernetzung, da letztere als Design-Prinzip leitend ist. Wie bereits in den Ausführungen zum entwickelten Lehr-Lernarrangement (siehe Abschnitt 8.3) erläutert, wird die Bedienung des Zählers aufgrund seiner Konstruktion bereits der Vernetzung der enaktiven und symbolischen Ebene zugesprochen. Um konkrete Einblicke in das der Analyse zugrunde liegende Material zu erhalten, wird in jeder Darstellungsebene beziehungsweise -vernetzung mindestens ein Transkript abgebildet. Auf weitere wird zugunsten des Umfangs der vorliegenden Arbeit verzichtet. Bei den abgebildeten Arbeitsblättern handelt es sich zudem jeweils um die Endprodukte der Schüler*innen. In den Visualisierungen (s. u.) werden die einzelnen analysierten Phänomene entweder in rechteckigen Kästchen dargestellt, wenn es sich um Hürden oder Herausforderungen handelt, oder in Ellipsen, wenn das Phänomen erste Erkenntnisse andeutet. Pro Darstellungsebene beziehungsweise -vernetzung werden die analysierten Phänomene in einem Zehneck zusammengestellt. Zum Abschluss einer jeden Kategorie werden die Zehnecke wiederum als eine Abbildung zusammengefasst, wobei ihre Ausrichtung und Größe dabei nicht bedeutungsrelevant ist.

9.1.1   Phänomene in der Kategorie ‚Verknüpfung RWT und Zähler (0 – 9)'

Vernetzung enaktiv – symbolisch
Bei der Vernetzung der enaktiven und der symbolischen Ebene durch Handlungen an der RWT und am Zähler fällt auf, dass häufig die Vorgehensweise und Übertragung der Handlung an der RWT, insbesondere bei Durchführung der Handlung an der RWT durch eine*n Mitschüler*in, auf die entsprechende Handlung am Zähler noch nicht gelingt. Hier sind vor allem zwei Herausforderungen hervorzuheben: Das Phänomen *Unklare Struktur für eine Verknüpfung* und das Phänomen *Unklare Bedienung des Zählers*.

Zunächst zum Phänomen *Unklare Struktur für eine Verknüpfung*. Die folgende Szene soll einen Einblick in diese Hürde darstellen:

Transkript Hannes zum Phänomen *Unklare Struktur für eine Verknüpfung*

1		[Dauer: 1:04 Min.] [Henrieke und Hannes sitzen nebeneinander je an einem Tisch, auf
2		welchen der Innenkreis der RWT sowie ein Zähler stehen. Der Tisch von AZ ist vorne im
3		Bild zu sehen, dort befindet sich eine RWT hinter einem Sichtschutz, sodass diese von
4		Hannes und Henrieke nicht einsehbar ist.]
5	AZ	Und Henriekes Häschen [Hannes zieht eine Grimasse und schaut zu Henrieke] guckt
6		nach oben [Henrieke nimmt das Häschen auf der 5er-Kugelstange und dreht es auf
7		der RWT so, dass es nach oben guckt] und hüpft //dreima-//
8	Hannes	//Dreimal//
9	AZ	Mal. Du musst mitmachen.
10	Henrieke	//[Hüpft mit ihrem Häschen auf der RWT von der 5er-Kugelstange auf die 6er-
11		Kugelstange, von der 6er-Kugelstange auf die 7er-Kugelstange und von der 7er-
12		Kugelstange auf die 8er-Kugelstange nach oben.]//
13	Hannes	//Oh. Ähm Drei.. [dreht das Einerrädchen auf 3 und dreht ihn um, sodass AZ die Zahl
14		sehen kann.]//
15	AZ	Hast du es jetzt genauso gemacht wie Henrieke oder was hast du gemacht?
16	Hannes	Äh warum soll ich, bei Acht? [Schaut auf die RWT von Henrieke und dann auf den
17		Zähler in seiner Hand.]
18	AZ	Ja du musst mal aufpassen was das Häschen macht. Wir fangen nochmal an.
19		[Hannes dreht das Einerrädchen an seinem Zähler.] // Henriekes Häschen, wo sitzt
20		es?//
21	Hannes	//Eins, [dreht das Einerrädchen an seinem Zähler um eins weiter] zwei, [dreht das
22		Einerrädchen an seinem Zähler um eins weiter] drei, [dreht das Einerrädchen an seinem

23		Zähler um eins weiter] vier.// //Viermal gehüpft [dreht den Zähler um, sodass AZ die
24		Zahl sehen kann und zeigt dabei auf die eingestellte Zahl.]//
25	Henrieke	//Eins, zwei, drei,// vier, fünf, sechs, sieben, acht [zählt die Kugeln der 8er-
26		Kugelstange von oben nach unten ab, bei jedem Zahlwort zeigt sie entsprechend auf eine
27		Kugel] acht.
28	AZ	Okay. Wo hat es //angefangen?// Wo hat dein Häschen angefangen?
29	Hannes	//Ich bin bei Acht. [Nimmt den Zähler in die Hand und schaut auf die eingestellte
30		Zahl.]//
31	Henrieke	Bei fünf [tippt auf die 5er-Kugelstange.]
32	Hannes	//Ich bin bei Acht [dreht den Zähler kurz zu AZ um.]//
33	AZ	//Setz es nochmal dahin [nimmt das Häschen und setzt es direkt auf die 5er-
34		Kugelstange.]// So du musst jetzt gucken auf Henrieke, ich leg das mal zur Sei-
35		auf die Seite [nimmt Henriekes Mäppchen und schiebt es auf dem Tisch auf die linke
36		Seite] damit Hannes gut gucken kann.
37	Hannes	Ich- Ich bin nicht so schnell.
38	AZ	Eben, du musst zu Henrieke //gucken.//
39	Henrieke	//Du musst hier aufpassen.//
40	AZ	Okay, jetzt.
41	Henrieke	Dreimal hüpfen [zeigt drei Finger], eins [hüpft währenddessen mit dem Häschen von
42		der 5er- auf die 6er-Kugelstange], //zwei [hüpft währenddessen mit dem Häschen von
43		der 6er- auf die 7er-Kugelstange], drei [hüpft währenddessen mit dem Häschen von
44		der 7er- auf die 8er-Kugelstange.]//
45	Hannes	//Eins, zwei, drei [zählt leise, dreht dabei das Einerrädchen am Zähler weiter und
46		dann den Zähler zu Henrieke um, sodass sie die eingestellte Zahl sehen kann.]//
47	Henrieke	Ja [Hannes dreht den Zähler wieder zu sich um.]

48	AZ	Wo bist du?
49	Hannes	Acht.
50	AZ	Okay.

In dieser Szene erfolgt eine sprachliche Anweisung für die Handlung der Mitschülerin an der RWT (Z. 5 ff.). Hannes Aufgabe besteht darin, diese Handlung des Hüpfens am Zähler umzusetzen, indem der Zähler auf die Startposition des Häschens eingestellt und dann entsprechend der Hüpferanzahl nach oben (Hüpfrichtung) gedreht wird. Dafür stellt er den Zähler zunächst korrekt auf 5 ein. Für die Anweisung der Hüpfer dreht Hannes das Rädchen am Zähler auf das Zahlzeichen, welches der Hüpferanzahl entspricht, also auf 3 (Z. 13 f.). Die Nachfrage, ob er entsprechend dem Häschen gehandelt hat, führt dazu, dass er sich sein Ergebnis am Zähler noch einmal anschaut, das Rädchen erneut auf 5 zurückdreht und dann beginnt, von 5 aus zu drehen. Dabei fällt auf, dass Hannes nicht die Drehungen als solche zählt, sondern die verschiedenen Einstellungen des Zählers, 5 als Starteinstellung miteingeschlossen. Es scheint, als hätte er sein Ziel, die Einstellung 8, bereits im Kopf, denn er dreht und zählt dabei bis vier (Z. 21 ff.), sodass sein Zähler schließlich auf 8 eingestellt ist (Z. 30 f.).

Im Hinblick auf die korrekte Verknüpfung des Zählers mit der RWT scheint die Umsetzung am Zähler noch nicht ganz klar zu sein. Es fehlt eine Vorgehensstruktur, mit deren Hilfe die einzelnen Handlungen (Hüpfer) der Mitschülerin entsprechend auf den Zähler übertragen werden können. Insbesondere das zeitgleiche Handeln, worüber die Verknüpfung der Hüpfer mit den Drehungen stärker hervorgehoben würde, wird nicht berücksichtigt. Die Tatsache, dass die Angabe der Zahl Drei den Drehungen und damit dem Prozess der Handlung insgesamt entspricht und nicht extra für sich als Zahl auf dem Zähler eingestellt wird, somit also am Material, wie auch an der RWT, nicht sichtbar und ablesbar ist, scheint (noch) nicht geklärt zu sein. Eine mögliche Hürde könnte dabei auch die Vernetzung der enaktiven mit der symbolischen Ebene darstellen, indem die Zahlzeichen am Zähler als symbolische Ebene zu präsent sind und die Vernetzung mit der enaktiven Ebene der Drehungen am Zähler verhindern. Die Vermutung wird durch die Einnahme der Objektsicht auf die Zahlzeichen bei wiederholter Durchführung bestärkt. Fokussiert werden dabei ausschließlich die Start- und Zielposition, nicht aber die Anzahl der durchzuführenden Prozesse, die stattdessen entsprechend angepasst wird. Die Verknüpfung der Handlungen an RWT und Zähler durch Hüpfer und Drehungen bedarf einer intensiven Erarbeitung und Vertiefung, damit im Hinblick auf die Erarbeitung des Zehnerübergangs gerade der Prozess des Übergangs fokussiert werden (Hefendehl-Hebeker & Schwank, 2015,

S. 98; siehe Abschnitt 2.2.1) und die Vernetzung der symbolischen und enaktiven Ebene besser gelingen kann (Prediger & Wessel, 2011, S. 168; 2012, S. 29; Wessel, 2015, S. 66; siehe Abschnitt 5.1).

Ähnliches zeigt sich auch beim Phänomen *Unklare Bedienung des Zählers*. In einer exemplarischen Szene dieses Phänomens gelingt es der Schülerin, die Starteinstellung des Zählers entsprechend der Position des Häschens an der RWT, die wiederum von einem Mitschüler bedient wird, einzustellen. Eine Hürde tritt ebenfalls bei der Übertragung der Hüpfer auf den Zähler auf. Anders als beim vorherigen dargestellten Phänomen scheint der Prozess des Hüpfens an der RWT mit dem des Drehens am Zähler verbunden zu werden, somit scheint also eine generelle Verknüpfung der Materialien zu gelingen. Es entsteht allerdings eine Hürde bei der korrekten Umsetzung am Zähler. Insbesondere scheinen Unklarheiten hinsichtlich der Drehrichtung des Zählers und der Präzision, dass ein Hüpfer genau einer Drehung entspricht, vorhanden zu sein, obwohl bei der Handlungsanweisung für die RWT auch die Bewegungsrichtung ‚nach unten‘[1] und nicht die Rechenoperation minus genannt wird. Der genaue Drehprozess am Zähler ist an dieser Stelle im Datenmaterial nicht sichtbar, wohingegen die Starteinstellung 9 sowie die Endeinstellung 6 erkennbar sind.

Bei dem Phänomen wird deutlich, dass zwar der Prozess des Drehens als solcher mit den Hüpfern auf der RWT in Verbindung gebracht wird. Allerdings besteht weiterer Klärungsbedarf in der Handlung des Drehens selbst: Woraus leitet sich die Drehrichtung des Zählers ab und was entspricht genau einer Drehung? Somit muss auch die Vernetzung der enaktiven Handlung am Zähler mit der symbolischen Ebene der Zahlzeichen stärker in den Blick genommen werden, da nur eine Vernetzung die entsprechend korrekte Verknüpfung ermöglicht. Eine mögliche Lösung der Hürde stellt die ergänzende Zählhandlung durch die Förderlehrkraft dar. Um die Anzahl der Drehungen sichtbar werden zu lassen, wird die durchgeführte Anzahl an Drehungen mit den Fingern mitgezählt, sodass darüber eine Entlastung schüler*innenorientiert stattfinden kann (siehe Abschnitt 9.2). Die Aufmerksamkeit kann auf den Drehprozess, insbesondere die Drehrichtung sowie Präzision, gelegt werden. Dennoch muss die Anzahl der Drehungen beziehungsweise Hüpfer insgesamt im Kopf behalten werden, um bei der entsprechend angezeigten Anzahl an Fingern den Prozess zu beenden. Durch diese Hilfestellung wird die Verknüpfung der Materialien weniger fokussiert, da anstelle der Hüpfer auf der RWT die angezeigte Anzahl an Fingern die Handlungsanweisung vorgibt beziehungsweise das Handlungsvorgehen bedingt. Da das Phänomen *Unklare Bedienung des Zählers* darauf hindeutet, dass die Verknüpfung als solches bereits gelingt, jedoch die Bedienung des Zählers

---

[1] Zitate aus in der Arbeit nicht abgebildeten Transkripten werden mit einfachen Anführungszeichen markiert.

noch mit Hürden verbunden ist, kann darüber zunächst eine grundsätzliche Bedienung des Zählers durch eine Reduzierung der Materialien erlernt werden und in einem zweiten Schritt dann mit Handlungen an der RWT erneut verknüpft werden.

Beide dargestellten Phänomene deuten darauf hin, dass die Verknüpfung des Zählers mit der RWT keine intuitive Handlung ist, sondern vielmehr die Verwendung insbesondere des Zählers erarbeitet werden muss. Dazu gehören sowohl die Umsetzung jeweiliger Handlungsanweisungen als einzelne Vorgänge am Zähler und damit die grundsätzliche Bedienung des Zählers, unter anderem im Hinblick auf die Präzision des Drehens und die Drehrichtung (*Unklare Bedienung des Zählers*), als auch die Verknüpfung der RWT und des Zählers in der Hinsicht, dass die Anzahl der Hüpfer auf der RWT den Drehungen am Zähler entspricht, jedoch nicht als Zahlzeichen am Zähler auf symbolischer Ebene abgebildet wird (*Unklare Struktur für eine Verknüpfung*).

In den Ergebnissen der empirischen Erhebungen zeigen sich jedoch bei der Vernetzung der enaktiven und symbolischen Ebene auch zwei Phänomene, die darauf hindeuten, dass grundsätzlich eine Verknüpfung der beiden Materialien gut gelingen kann. Diese sind die *Parallele Bedienung RWT und Zähler* und *Keine Schwierigkeiten und eigene Weiterführung*.

Beim erstgenannten Phänomen fällt auf, dass die parallele Bedienung, welche zunächst eine höhere motorische Anforderung durch das gleichzeitige Bedienen zweier Materialien mit sich bringt, ohne Hürden gelingen kann. Hier soll die folgende Szene einen Einblick geben:

Transkript Heidi zum Phänomen *Parallele Bedienung RWT und Zähler*

1		[Dauer: 1:08 Min.] [Heidi sitzt an einem Tisch, auf welchem der Innenkreis der RWT d
2		und der Zähler stehen. Das Häschen sitzt auf der 4er-Kugelstange der RWT. Auf AZs h
3		Tisch befindet sich eine RWT hinter einem Sichtschutz. AZ gibt als Fee eine Anweisung m
4		zum Hüpfen.]
5	Heidi	Bei Vier.
6	AZ	Viermal gehüpft vom Ausgangspunkt, genau. Und jetzt guckt das Häschen nach
7		oben und hüpft fünfmal.
8	Heidi	[Nimmt den Zähler in die Hand.] Eins [hüpft mit dem Häschen von der 4er- auf die

9		5er-Kugelstange, dabei schaut sie auf den Zähler in ihrer Hand und versucht mit einer
10		Hand an diesem zu drehen. Der Zähler fällt dabei herunter und AZ hilft Heidi, ihn auf-
11		zuheben. Heidi nimmt den Zähler wieder in die Hand.] Ok der ist bei Vier gelandet
12		[setzt das Häschen zurück auf die 4er-Kugelstange und schaut auf den Zähler] Hä?
13		Warte. Ich bin hier [zeigt mit dem Finger auf die 7er-Kugelstange.] Eins [bewegt den
14		Finger von der 7er- auf die 6er-Kugelstange], zwei [bewegt den Finger von der 6er-
15		auf die 5er-Kugelstange], dreimal [bewegt den Finger von der 5er- auf die 4er-Kugel-
16		stange.]
17	AZ	Das war gerade, ne?
18	Heidi	Ok. Dann war ich bei Sieben [scheint den Zähler auf 7 einzustellen.] Eins [dreht das
19		Einerrädchen des Zählers um eins weiter], zwei [dreht das Einerrädchen des Zählers
20		um eins weiter], drei [dreht das Einerrädchen des Zählers um eins weiter, sodass er
21		vermutlich der Position des Häschens entsprechend auf 4 eingestellt ist.] Eins [hüpft mit
22		dem Häschen von der 4er- auf die 5er-Kugelstange und dreht das Einerrädchen um
23		eins weiter], zwei [hüpft mit dem Häschen von der 5er-auf die 6er-Kugelstange und
24		dreht das Einerrädchen um eins weiter], drei [hüpft mit dem Häschen von der 6er- auf
25		die 7er-Kugelstange und dreht das Einerrädchen um eins weiter], vier [hüpft mit dem
26		Häschen von der 7er- auf die 8er-Kugelstange und dreht das Einerrädchen um eins
27		weiter], fünf [hüpft mit dem Häschen von der 8er- auf die 9er-Kugelstange und dreht
28		das Einerrädchen um eins weiter.] Fünf [dreht den Zähler zu AZ.]
29	AZ	Perfekt.

Jegliche Handlungen an der RWT, die durch Handlungsanweisungen vorgegeben werden, können gleichzeitig auf den Zähler übertragen werden. Vielmehr
wird der Zähler für die Rekonstruktion der früheren Aufgabe selbstständig hinzugezogen und verwendet, indem zunächst die vorherige Handlung an der RWT
nachvollzogen und diese daraufhin außerdem am Zähler durchgeführt wird (Z.
8 ff.). Daran schließt die Durchführung der neu genannten Aufgabe an (Z. 17 ff.).
Durch das zeitgleiche Bedienen des Zählers und Hüpfen des Häschens steigt
die motorische Anforderung, da für jede Handlung nur eine Hand zur Verfügung steht und beide Handlungen koordiniert werden müssen. Dennoch wird
diese Vorgehensweise selbstständig gewählt. Möglicherweise setzt das gleichzeitige Bedienen beider Materialien einen deutlicheren Fokus auf die parallelen
Handlungen des Drehens und Hüpfens, sodass die Umsetzung der vorgegebenen
Hüpfer, somit also der Handlungsanweisung, in Verbindung mit den Drehungen am Zähler, erleichtert wird und die Verknüpfung der RWT und des Zählers
gelingt.

Beim Phänomen *Keine Schwierigkeiten und eigene Weiterführung* zeigt sich
dann, dass auch bei der getrennten Verwendung der Materialien beziehungsweise
der Bedienung der RWT durch eine*n Mitschüler*in die Umsetzung der Handlungsanweisung auf den Zähler und damit die Verknüpfung der RWT und dem
Zähler gelingen kann.

In einer Beispielszene kann Hannes ohne Hürden die Handlung der Mitschülerin mit dem Häschen an der RWT auf den Zähler übertragen. Dabei stellt er den
Zähler zunächst entsprechend der Startposition des Häschens ein und dreht dann,
entsprechend der Anzahl der Hüpfer, das Einerrädchen nach unten. Auffallend
ist, dass er nach der mündlichen Handlungsanweisung durch die Förderlehrkraft
abwartet, bis die Mitschülerin mit ihrer Handlung beginnt und sie sprachlich
begleitet. Erst dann überträgt er diese schrittweise auf den Zähler. Auf Nachfrage
der Förderlehrkraft zum genauen Erklären seiner Handlung wiederholt Hannes
diese und begleitet sie außerdem durch sprachliche Erläuterungen.

Bei diesem Phänomen zeigen sich weder Hürden bei der Bedienung des
Zählers als solches noch bezüglich der Verknüpfung des Materials mit der
RWT und damit der Hüpfer und Drehungen. Im Unterschied zum dargestellten Phänomen *Unklare Struktur für eine Verknüpfung*, bei der sich primär an
der mündlichen Anweisung orientiert wird, scheint bei dem Phänomen explizit die Handlung beziehungsweise die sprachliche Ausführung der Handlung an
der RWT handlungsleitend zu sein, sodass die Verknüpfung im Zentrum steht,
die Darstellungsvernetzung also hilfreich und somit eine „Lernhilfe" (Wessel,
2015, S. 63) zu sein scheint (Prediger & Wessel, 2011, S. 168; 2012, S. 29;
siehe Abschnitt 5.1). Außerdem treten keine Hürden in der Bedienung auf.

Vielmehr kann die Handlung als solche noch einmal wiederholt und sprachlich erläutert werden, was zudem eine Rekonstruktion der Aufgabe beziehungsweise der Anweisung erfordert. Bei der dargestellten Szene gelingt es Hannes sogar, aus seiner Handlung eine entsprechende Rechnung zu entwickeln, sodass die Verknüpfung und das handlungsorientierte Arbeiten an dieser Stelle zu einer selbstentwickelten weiterführenden Aufgabe führen. Insgesamt deutet das Phänomen *Keine Schwierigkeiten und eigene Weiterführung* darauf hin, dass eine Verknüpfung der RWT und des Zählers auch bei getrennter Bedienung gelingen kann und die einzelnen Handlungsschritte als Prozesse im Lehr-Lernarrangement grundsätzlich umgesetzt werden können.

In Abbildung 9.1 sind alle Phänomene in der Vernetzung der enaktiven und symbolischen Ebene zusammengefasst.

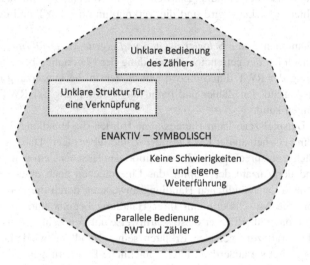

Abb. 9.1   Verknüpfung RWT und Zähler (0–9): enaktiv – symbolisch

Vernetzung ikonisch – symbolisch
Bei der Vernetzung der ikonischen und symbolischen Ebenen lässt sich feststellen, dass wie beim Phänomen *Unklare Bedienung des Zählers* bei der Vernetzung der enaktiven und symbolischen Ebene ebenfalls die Bewegungsrichtung eine Herausforderung darzustellen scheint: Es lässt sich explizit das

Phänomen *Unklare Bewegungsrichtung* ausmachen. Bei dem Phänomen muss hervorgehoben werden, dass in diesem Fall die jeweiligen Zählerangaben der Start- und Zieleinstellung und die Drehrichtung auf einem Arbeitsblatt (siehe Abb. 9.2) vorgegeben sind und diese auf die ikonische RWT übertragen werden sollen. Die Hürde tritt bei der Bestimmung der Blickrichtung des Häschens auf, wohingegen die Angaben des Starts und Ziels keine Hürde darstellen.

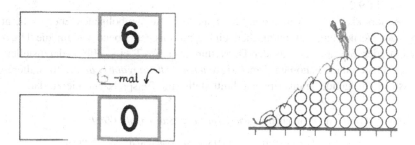

Abb. 9.2 Arbeitsblatt zum Phänomen *Unklare Bewegungsrichtung*

In einer Beispielszene kann Hannes die Startposition des Häschens aus der ikonischen Darstellung des Zählers heraus schließen. Allerdings ist er unsicher bei der Hüpfrichtung des Häschens. Durch Nachfrage zum Ziel kann in dieser Szene auf die Bewegungsrichtung geschlossen werden. Die anschließende Eintragung der Hüpfer des Häschens bis zum Ziel, entsprechend der Angabe der Zieleinstellung des Zählers, kann wiederum ohne weitere Nachfragen selbstständig vorgenommen und daraus auch die Anzahl der Drehungen des Zählers geschlossen werden.

Bei dem Phänomen scheint die Darstellung der Drehrichtung, vorgegeben durch einen Pfeil zwischen der ikonisch dargestellten Start- und Zieleinstellung des Zählers, nicht als solche wahrgenommen zu werden. Aber auch die anderen Informationen durch die Zählerabbildungen, die ebenfalls einen Hinweis liefern könnten, werden nicht berücksichtigt. Stattdessen führt die fehlende Information für die Hüpfrichtung innerhalb der RWT-Abbildung zu einer Hürde. Erst die gezielte Nachfrage zum Ziel scheint noch einmal den Zusammenhang der beiden Darstellungen von Zähler und RWT hervorzuheben und es kann so die Hürde der fehlenden Information zur Hüpfrichtung überwunden werden. Da die Anzahl der Hüpfer des Häschens selbstständig in die Zählerabbildung übertragen werden kann, scheint der Prozess des Hüpfens, umgesetzt durch das Einzeichnen der Pfeile, anders als der bereits eingetragene Pfeil für die Drehrichtung, mit der

Angabe zur Anzahl der Drehungen des Zählers verknüpft zu werden und somit zur Lösung zur fehlenden Angabe am Zähler zu führen. Das Phänomen deutet darauf hin, dass bei der Vernetzung der ikonischen und symbolischen Ebene die Bewegungsrichtung in Verbindung mit der Pfeildarstellung für die Verknüpfung der Materialien eine Herausforderung darstellen kann. Eine Verbalisierung und Fokussierung gegebener Informationen kann eine Verknüpfung erneut verstärken und darüber den Zugang zu gegebenen Informationen erleichtern (siehe Abschnitt 9.2).

Anders als bei der Vernetzung der enaktiven und symbolischen Ebene scheint bei der Vernetzung der ikonischen und symbolischen Ebene zudem die Übernahme der Startangabe aus der Darstellung der RWT eine Hürde darzustellen, weshalb sich das Phänomen *Schwierigkeiten bei Startangabe (Zähler)* formulieren lässt. Der folgende Transkriptausschnitt stellt eine Beispielszene hierzu dar.

Transkript Heidi zum Phänomen *Schwierigkeiten bei Startangabe (Zähler)*

1		[Dauer: 2:05 Min.] [Heidi, Henrieke und Hannes sitzen nebeneinander je an einem
2		Tisch, auf welchen sich der Innenkreis der RWT und der Zähler befinden. Es wird ein
3		Arbeitsblatt bearbeitet.]

4	Heidi	Was ist mit hier? [Zeigt auf die ikonische Zählerdarstellung auf dem AB.]
5	...	[Gespräche mit Hannes und Henrieke, 12 sec.]
6	AZ	Hier fängst der wo an? [Zeigt auf ikonische RWT auf Heidis AB.]
7	Heidi	Weiß ich nicht.
8	AZ	Da, wo sitzt das Häschen da? [Zeigt erneut auf ikonische RWT.]
9	Henrieke	FÜNFMAL.
10	Heidi	Nullmal.
11	AZ	Nullmal ist der gehüpft. [Zu Henrieke] Probier nochmal, Henrieke. Das ist richtig

12		wie du es gemacht hast, aber Fünf ist knapp daneben.
13	Henrieke	Sechs.
14	AZ	[Zu Heidi] Sehr gut, also wie ist dein Zähler eingestellt? [Zeigt auf die
15		Startdarstellung des Zählers auf dem AB.] Das Zahlenschloss?
16	Heidi	Muss ich Null schreiben?
17	AZ	[Nickt.]
18	Heidi	[Trägt in die ikonische Starteinstellung des Zählers eine 0 ein.]
19	Hannes	Fertig. Ich bin fertig, Frau Zurnieden. [Meldet sich, AZ geht zu ihm herüber.]
20	Heidi	Jetzt? Und jetzt? [AZ geht zurück zu Heidis Tisch und beugt sich wieder darüber.]
21	AZ	Male mal die Pfeile ein, wie der hüpft zum Diamanten [zeigt auf ikonische RWT.]
22	Heidi	Wo soll ich das denn machen? [Fährt mit dem Finger über die ikonische RWT.]
23	AZ	Die Pfeile von, wie hier [zeigt auf die obere ikonische RWT auf dem AB], oh da guck
24		mal, da fehlt noch die Pfeilspitze.
25	Henrieke	Hannes ist schon weit.
26	AZ	Von dem Ziel. [Legt das AB aus ihren Händen auf ihren Tisch.] Guck mal Heidi, wo
27		ist das Ziel hier oben? [Zeigt auf die obere ikonische RWT auf dem AB.] Vom Hüpfen.
28		Die Spitze, die so am Pfeil sitzt [zeigt mit den Hängen eine Pfeilspitze.] Die muss
29		hier noch oben drauf [zeigt auf die Bögen an der oberen ikonischen RWT.]
30	Heidi	Malen?
31	AZ	Genau, male mal da so eine Spitze an den Pfeil. An den Bogen.
32	Heidi	So? [Zeichnet an das untere Ende des bereits eingezeichneten Bogens zur 3er-
33		Kugelstange auf der oberen RWT eine Pfeilspitze ein, die nach unten zeigt.]
34	AZ	Ja, genau. Perfekt, genau. Und hier malst du jetzt auch die Bögelchen, bis zum
35		Diamanten [zeigt auf die ikonische RWT der eigentlichen Aufgabe und spurt die Hüpfer

36		des Häschens nach.]
37	Heidi	//Wo ist der Diamant?//
38	AZ	//Von dem Hasen.// Das ist das [zeigt auf den ikonischen Diamanten unter der 4er-
39		Kugelstange.]
40	Hannes	Fertig.
41	AZ	Das ist der Diamant.
42	Heidi	[Zeichnet die Bögen von der 0er- zur 1er-, von der 1er- zur 2er-, von der 2er- zur 3er-
43		und von der 3er- zur 4er-Kugelstange der ikonischen RWT ein.]
44	AZ	Perfekt.
45	Heidi	Dann muss ich hier Vier [notiert eine 4 für die Anzahl der Drehungen in der ikonischen
46		Zählerdarstellung.]
47	Hannes	Frau Zurnieden kann ich malen? Ich bin schon fertig, guck. GUCK.
48	Heidi	Und dann Vier. [Trägt in die Zieldarstellung des Zählers eine 4 ein.]
49	AZ	Super.

Bei der Aufgabe geht es darum, die Informationen, die in der ikonisch darge-stellten RWT gegeben sind, auf die Zählerdarstellungen zu übertragen. Die erste Angabe ist dabei der Start. Allerdings ist diese bereits mit einer Hürde verbun-den: Heidi weiß nicht, was sie im Zähler eintragen soll (Z. 4). Auf Nachfrage der Förderlehrkraft kann Heidi angeben, dass das Häschen auf null Kugeln star-tet (Z. 10). Somit scheint sie die ikonische Abbildung der RWT mit dem Begriff des Starts in Verbindung bringen zu können. Jedoch stellt die Übertragung dieser Angabe auf die Zählerdarstellung eine erneute Herausforderung dar, indem Heidi nicht weiß, wie beziehungsweise an welcher Stelle die Angabe auf den Zähler übertragen wird. Durch das Zeigen der Förderlehrkraft auf die Starteinstellung des Zählers und die Rückfrage, wie er eingestellt ist, stellt Heidi die Frage, ob sie 0 schreiben soll (Z. 16). Im weiteren Verlauf fragt Heidi nach den nächsten Handlungsschritten, wie sie weiter fortfahren soll (Z. 20 ff.). Dabei fällt auf, dass die Abbildung des Diamanten als Ziel für das Häschen für sie nicht offensicht-lich ist (Z. 37). Nach Erläuterung der Diamantabbildung durch die Förderlehrkraft gelingt es Heidi ohne weitere Hürden, die Hüpfer in der RWT-Darstellung einzutragen, deren Anzahl auf die Drehungen des Zählers zu übertragen und auch die Zieleinstellung des Zählers korrekt auszufüllen (Z. 42 ff.).

Insgesamt zeigt sich bei dem Phänomen eine zentrale Hürde im Hinblick auf die Verknüpfung der ikonischen RWT- und Zählerdarstellungen bei der Angabe der Starteinstellung. Es wird deutlich, dass diese hierbei nicht in der Bestimmung des Starts an sich liegt, da der Start in der RWT ohne Schwierigkeiten angegeben werden kann. Vielmehr tritt sie explizit in der Übertragung der Information aus der RWT auf den Zähler auf. Auch bei dem Phänomen kann eine Verbalisierung der Angaben zur RWT die Verknüpfung der Darstellungen fokussieren und darüber einen Zugang zur fehlenden Information ermöglichen. Möglicherweise liegt der Ursprung der Hürde in einer fehlenden Struktur und Orientierung der Verknüpfung der Materialien, die durch die Versprachlichung sowie die sprachliche Begleitung insgesamt ergänzt werden kann und somit eine Hilfestellung darstellt (Dohle & Prediger, 2020, S. 18; siehe Abschnitt 5.1 und 9.2). Grundsätzlich zeigt sich jedoch, dass die einzelnen Angaben bei einer Verknüpfung der RWT und des Zählers jeweils mit Herausforderungen verbunden sein und sich diese bei den Vernetzungen verschiedener Darstellungsebenen unterscheiden können.

Dass eine ergänzende Struktur eine Hilfestellung für die Verknüpfung bieten kann, wird durch das Phänomen *Schritt für Schritt als Struktur* bestätigt. Hierbei wird jede fehlende Angabe bei den Zählerdarstellungen Schritt für Schritt in der ikonischen Darstellung der RWT selbstständig erzeugt und herausgearbeitet sowie mit den Zählerdarstellungen verknüpft. In einer Beispielszene bearbeitet Henrieke eine Aufgabe, die dem im Zuge des Phänomens *Schwierigkeiten bei Startangabe (Zähler)* abgebildeten Aufgabenformat (siehe Transkript Heidi zum Phänomen *Schwierigkeiten bei Startangabe (Zähler)*) entspricht. In der Szene begleitet die Förderlehrkraft Henriekes Bearbeitung des Arbeitsblatts verbal, teilweise nur peripher. Vor allem handelt es sich dabei um ein indirektes Auffordern zum Weiterarbeiten und es wird eine gewisse Struktur zu den einzelnen Handlungsschritten der Verknüpfung der Materialien gegeben. Eine zunächst ungenaue Einzeichnung der Hüpfer kann ohne Schwierigkeiten von der Schülerin selbstständig korrigiert und entsprechend bei der Zählereintragung übernommen werden.

Bei dem Phänomen lässt sich demnach feststellen, dass eine gewisse Struktur und Anleitung beziehungsweise Begleitung dazu führen können, dass die Aufgaben zur Verknüpfung der RWT und des Zählers korrekt gelöst, die Ebenen miteinander vernetzt werden können und der Zusammenhang der beiden Darstellungen insgesamt verstanden zu sein scheint.

In Abbildung 9.3 sind die analysierten Phänomene in der Vernetzung der ikonischen und symbolischen Ebene dargestellt.

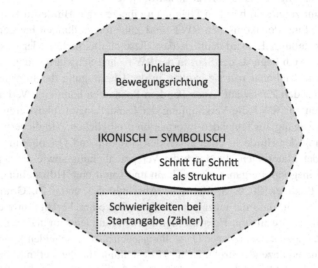

Abb. 9.3 Verknüpfung RWT und Zähler (0 – 9): ikonisch – symbolisch

Vernetzung enaktiv – ikonisch – symbolisch
Bei der Darstellungsvernetzung der enaktiven, ikonischen und symbolischen Ebene lassen sich vier Phänomene ausmachen, bei denen auffällt, dass die enaktive Ebene größtenteils eine Kontroll- oder Entlastungsfunktion einnimmt. Die vier Phänomene lauten: *Fehlende Verknüpfung bei Zielangabe, Fehlende Flexibilität zur Bestimmung der Anzahl der Drehungen, Uneinheitliche Handlung an Zähler und RWT (Prozess- / Objektsicht)* sowie *Falsche Interpretation der ikonischen Zählerangaben.*

Das Phänomen *Fehlende Verknüpfung bei Zielangabe* ähnelt sehr dem Phänomen *Unklare Bewegungsrichtung* bei der Vernetzung der ikonischen und symbolischen Ebene. Anders als beim letztgenannten Phänomen, bei dem die Bestimmung der Richtung die Herausforderung darstellt, tritt bei diesem die Hürde bei der Übertragung der Zieleinstellung in die Zählerabbildung auf dem Arbeitsblatt (siehe Abb. 9.4) auf.

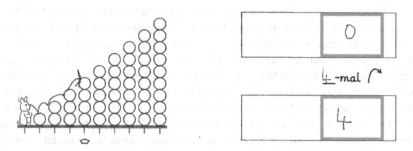

Abb. 9.4 Arbeitsblatt zum Phänomen *Fehlende Verknüpfung bei Zielangabe*

In einer Beispielszene kann sowohl die Starteinstellung als auch die Anzahl der Drehungen am Zähler ohne größere Hürden mit strukturgebender Begleitung durch die Förderlehrkraft aus der RWT-Darstellung geschlossen und in die Zählerdarstellung eingetragen werden. Die Hürde tritt erst bei der Zieleinstellung auf. In der RWT-Darstellung kann die Schülerin das Ziel angeben, indem sie die Anzahl der Kugeln zählt und darüber das Ziel als solches korrekt benennt. Bei der Verknüpfung mit der ikonischen Zieleinstellung des Zählers hingegen äußert sie ‚das ist so schwer' und greift selbstständig auf den enaktiven Zähler zurück. Daran versucht sie, den Prozess des Hüpfens auf den Zähler zu übertragen, indem sie die Drehungen durchführt und zählt. Dies scheint mit Überforderung beziehungsweise Unsicherheit verbunden zu sein, da sie sehr unpräzise das Einerrädchen dreht und somit nicht die der RWT-Darstellung entsprechende Anzahl an Drehungen durchführt. Nach Aufforderung der Förderlehrkraft, diese Handlung erneut konzentriert durchzuführen, gelingt Henrieke das präzise Zählen aus der Prozesssicht heraus, sie äußert jedoch als Angabe zur Zieleinstellung des Zählers ‚dreimal gehüpft'. Hieraus kann zwar eine Verknüpfung zur RWT geschlossen werden, da das Verb des Hüpfens für die RWT verwendet wird. Es ist aber auch möglich, dass Henrieke in diesem Moment das Verb nicht bewusst wählt und die Unterscheidung drehen / hüpfen nicht wahrgenommen hat. Allerdings entspricht diese Angabe zum Ziel erneut nicht der Zielposition des Häschens. Gelöst wird die Hürde der Zielbestimmung in dieser Szene durch die Förderlehrkraft, die die Drehhandlungen am Zähler übernimmt und Henrieke die Drehungen zählen lässt. Das Ziel liest sie aus dem Zähler ab und kann dann die Zieleinstellung in die ikonische Zieldarstellung des Zählers auf dem Arbeitsblatt übertragen. Einschränkend muss jedoch hervorgehoben werden, dass bei dieser Eintragung kein Bezug mehr zum Ziel des Häschens auf der ikonischen Abbildung der RWT hergestellt wird.

Auffallend bei dem Phänomen ist, dass innerhalb der Darstellung der RWT die unterschiedlichen Angaben zum Start, zur Bewegungsrichtung und zum Ziel ohne größere Hürden benannt werden können. Die Herausforderung tritt bei der Verknüpfung mit der ikonischen Zählerdarstellung auf, insbesondere bei der Bestimmung der Zieleinstellung. Somit scheint das Wissen über die verschiedenen Angaben unter anderem zum Start und zum Ziel noch nicht auszureichen, um sie auf das andere Material, in diesem Fall den Zähler, übertragen zu können. Des Weiteren zeigt sich bei dem Phänomen, dass möglicherweise gerade die Vernetzung mit der symbolischen Ebene eine Hürde darstellt, denn der Prozess des Drehens, entsprechend der dargestellten Hüpfhandlung des Häschens, kann im zweiten Versuch auf den enaktiven Zähler übertragen werden. Aber auch bei diesem stellt die Bestimmung des Ziels, welches das am Zähler eingestellte Zahlzeichen ist und somit die symbolische Ebene, die Herausforderung dar. Es scheint die Handlung selbst zu sehr präsent zu sein, sodass stattdessen die Anzahl der durchgeführten Prozesse angegeben wird. Erst die Übernahme der Drehhandlung durch die Förderlehrkraft scheint eine Veränderung des Fokus zu ermöglichen, indem das eingestellte Zahlzeichen benannt werden kann (siehe Abschnitt 9.2). Insgesamt zeigt sich bei dem Phänomen, dass die Verknüpfung der Materialien im Hinblick auf alle zu bestimmenden Angaben schrittweise erlernt werden muss. Insbesondere die Zielangabe, die eine Position beziehungsweise einen gewissen Zustand nach einer durchgeführten Handlung beschreibt, stellt bei der Verknüpfung eine Herausforderung dar. Damit einher geht schließlich auch ein Bedarf zur Förderung der Darstellungsvernetzung (Prediger & Wessel, 2012, S. 29; Wessel, 2015, S. 66; siehe Abschnitt 5.1).

Beim Phänomen *Fehlende Flexibilität zur Bestimmung der Anzahl der Drehungen* lässt sich die Hürde bei der fehlenden Angabe der Drehungen des Zählers ausmachen. Bei dem Phänomen lassen sich Parallelen zum Phänomen *Unklare Bedienung des Zählers* bei der Vernetzung der enaktiven und symbolischen Ebene feststellen, wobei bei letzterem die Angabe der Drehungen über die Hüpferdarstellung bekannt ist und die Verknüpfung die Hürde darstellt. Beim Phänomen *Fehlende Flexibilität zur Bestimmung der Anzahl der Drehungen* ist hingegen sowohl die Start- als auch die Zieleinstellung des Zählers vorgegeben, es fehlt allerdings die Anzahl der Drehungen (siehe Abb. 9.5).

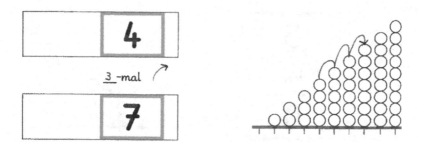

Abb. 9.5 Arbeitsblatt zum Phänomen *Fehlende Flexibilität zur Bestimmung der Anzahl der Drehungen*

In einer Szene, in der sich dieses Phänomen zeigt, greift Heidi selbstständig auf den enaktiven Zähler zurück, um diese Angabe herauszuarbeiten. Allerdings scheint hier für sie eine Hürde zu entstehen, da sie um Hilfe bittet. Die Förderlehrkraft leistet Hilfestellung, indem sie die Drehungen am Zähler übernimmt und Heidi deren Anzahl zählt. Somit kann die Schülerin schließlich die Anzahl der Drehungen bestimmen. Diese Angabe überträgt Heidi zunächst auf die ikonisch dargestellte RWT, indem sie die Hüpfer für das Häschen einzeichnet. Daraufhin trägt sie die Anzahl der Drehungen in die ikonische Darstellung des Zählers ein.

Bei dem Phänomen scheint grundsätzlich die Verknüpfung der beiden Materialien zu gelingen, was sich insbesondere daran zeigt, dass die enaktiv erarbeitete Anzahl an Drehungen zunächst in die ikonische Darstellung der RWT übertragen wird. Auffallend ist jedoch, dass für die Bestimmung der Anzahl der Drehungen nicht auf die ikonische RWT zurückgegriffen wird, sondern stattdessen das zusätzliche Material des enaktiven Zählers hinzugenommen wird. Die RWT wird nicht als alternative Lösungs- herangehensweise und somit gegebenenfalls als Hilfestellung aufgefasst, sodass die Verknüpfung der Materialien zwar gelingen, die Flexibilität zur Bestimmung der Anzahl der Drehungen jedoch noch eingeschränkt sein kann. Dementsprechend wird Übungsbedarf zur Verknüpfung der Materialien in verschiedenen Richtungen deutlich.

Beim Phänomen *Falsche Interpretation der ikonischen Zählerangaben* sind, ähnlich wie beim Phänomen *Fehlende Flexibilität zur Bestimmung der Anzahl der Drehungen,* ebenfalls die Angaben im Zähler vorgegeben, es fehlt allerdings die Drehrichtung und die Anzahl der Drehungen (siehe Abb. 9.6). Die Hürde entsteht durch die Übertragung dieser Angaben auf die ikonische Darstellung der RWT. Konkret wird die Zieleinstellung des Zählers als Anzahl der Hüpfer interpretiert.

Abb. 9.6 Arbeitsblatt zum Phänomen *Falsche Interpretation der ikonischen Zählerangaben*

In der Beispielszene überträgt Hajo die Startangabe des ikonisch dargestellten Zählers als Start für das Häschen auf der ikonischen RWT. Die Zieldarstellung interpretiert er als Anzahl der Hüpfer, hüpft deshalb nicht mit dem Häschen und trägt wiederum seine Zielposition des Häschens in die Zählerdarstellung für die Anzahl der Drehungen ein. Im Gespräch mit der Förderlehrkraft stellt Hajo selbst fest, dass seine Angaben so nicht passen, und korrigiert in der ikonischen Zählerdarstellung die Anzahl der Drehungen auf 0-mal mit der Erklärung, dass das Häschen auf der RWT auf der 3er-Kugelstange stehen geblieben ist. Somit scheint er in dem Moment die Angabe der Anzahl der Drehungen entsprechend als diese zu interpretieren. Allerdings geht er noch von seinem zuvor bestimmten Ziel 3 aus. Zum Überprüfen nimmt er selbstständig den enaktiven Zähler hinzu. Er kann ohne erkennbare Schwierigkeiten den Zähler zunächst auf die Start- und dann auf die Zielposition einstellen. Im weiteren Verlauf entstehen Verunsicherungen und Irritationen durch seine Eintragungen zur Anzahl der Drehungen in Verbindung mit der Zieleinstellung. Er ermittelt am enaktiven Zähler eine Anzahl an Drehungen (2) und überträgt sie in die ikonische Darstellung des Zählers zur Anzahl der Drehungen. Beim erneuten Prüfen dreht er entsprechend seiner Angabe das Einerrädchen zweimal, sodass 1 eingestellt ist und trägt dann jedoch wiederum die 1 für die Anzahl der Drehungen ein. Diese Angabe prüft Hajo an der enaktiven RWT und setzt sie in dem Moment korrekt um, indem er mit dem Häschen von der 3er-Kugelstange aus einmal hüpft. Daraufhin entsteht für Hajo eine Irritation, da in der Zieldarstellung des Zählers keine 2, sondern eine 0 eingetragen ist. Beim wiederholten Umsetzen aufgrund seiner Irritation an der enaktiven RWT kann Hajo daraufhin aus der Starteinstellung des Zählers und der gegebenen Zieldarstellung die Handlung des Häschens korrekt erzeugen, indem es auf der 3er-Kugelstange beginnt und dann dreimal nach unten hüpft. Diese

Angabe übernimmt er in die ikonische Zählerdarstellung. Daraus wiederum entwickelt er die notwendigen Eintragungen an der ikonischen RWT und zeichnet die entsprechenden Pfeile als Hüpfer korrekt ein.

Bei dem Phänomen wird eine Fehlinterpretation im Hinblick auf die ikonische Darstellung des Zählers und da insbesondere hinsichtlich der Differenzierung der Zieleinstellung und der Angabe zur Anzahl der Drehungen deutlich. Grundsätzlich scheint die Verknüpfung der RWT und des Zählers keine Hürde darzustellen, da immer wieder selbstständig zwischen den verschiedenen Darstellungen gewechselt wird und erzeugte Angaben auf die jeweils andere übertragen beziehungsweise bereits vorgenommene Eintragungen dort korrigiert werden. Außerdem ist auffallend, dass sich der verwendete Sprachgebrauch sehr am Material der RWT orientiert und dieser auf den Zähler übertragen wird, beispielsweise das Verb ‚hüpfen'. Somit wird auch über die Sprache die Übertragung der erzeugten Information auf das andere Material unterstützt. Das untermauert die Vermutung, dass die Hürde nicht in der Verknüpfung selbst liegt, sondern in der Art der Darstellung des ikonischen Zählers mit den entsprechenden Angaben und das Wissen um die jeweiligen Bedeutungen der Angaben fehlt beziehungsweise nicht korrekt oder lückenhaft ist.

Im Hinblick auf die Darstellungsvernetzung ist zunächst festzustellen, dass die Hinzunahme der enaktiven Ebene vom Kind selbst vorgenommen wird. Darüber hinaus führt die aktive Darstellungsvernetzung zu Irritationsmomenten, indem bis dahin fehlerhaft vorgenommene Angaben und Interpretationen der Darstellungen durch die Darstellungsvernetzung erkannt und korrigiert werden. Somit scheint vor allem die Vernetzung mit der enaktiven Ebene zu neuen Erkenntnissen führen zu können. In dem Zusammenhang kann außerdem festgestellt werden, dass die Übertragung der Angaben des Zählers auf die RWT (enaktiv) jeweils korrekt vorgenommen wird und diese miteinander vernetzt werden. An dieser Stelle findet keine Fehlinterpretation statt. In Verbindung mit einem kommunikativen Austausch zu den verschiedenen Darstellungsebenen kann schließlich das Bewusstsein ausgebildet werden, welche Angaben in der ikonischen Zählerangabe mit welchen Handlungen verknüpft werden beziehungsweise wofür diese stehen. Somit scheint die Hürde insbesondere in der Interpretation der Zählerdarstellung zu liegen, nicht jedoch in Verbindung mit der Darstellung an der RWT. Dadurch wird die Notwendigkeit hervorgehoben, eine Verknüpfung der Materialien immer wieder zu betonen, diese sowohl vom Zähler als auch von der RWT ausgehend vorzunehmen und darüber ein tieferes Verständnis zu ermöglichen. Eine mögliche zusätzliche Schwierigkeit stellt unter Umständen die Zieleinstellung 0 des Zählers dar, die mit einer Verunsicherung und Irritation verbunden sein kann. Die Zahl Null ist jedoch im Kontext des dezimalen Stellenwertsystems von besonderer

Relevanz (Hefendehl-Hebeker & Schwank, 2015, S. 98; siehe Abschnitt 2.2.1).
Da deren Verwendung gleichzeitig im Lernprozess aber häufig mit Schwierigkeiten einhergeht (Hasemann & Gasteiger, 2020, S. 114; siehe Abschnitt 2.2.4),
wird der Bedarf betont, die Zahl Null an verschiedenen Positionen, zum Beispiel
als Start- oder Zieleinstellung oder auch als Anzahl der Hüpfer, einzusetzen und
den Umgang mit der Zahl Null über die Verknüpfung der Materialien zu fördern.

Als weiteres Phänomen bei der Vernetzung der drei Ebenen lässt sich die
Uneinheitliche Handlung an Zähler und RWT (Prozess- / Objektsicht) ausmachen.
Hierbei werden bei den Zählprozessen unterschiedliche Zählobjekte fokussiert –
Hüpfer als Prozesse und eingestellte Zahlzeichen als Objekte. Der folgende
Transkriptausschnitt stellt eine Beispielszene dafür dar:

Transkript Hannes zum Phänomen *Uneinheitliche Handlung an Zähler und RWT (Prozess- /
Objektsicht)*

1		[Dauer: 1:27 Min.] [Henrieke, Heidi und Hannes sitzen nebeneinander je an einem
2		Tisch, auf welchen der Innenkreis der RWT und ein Zähler stehen. Alle drei Kinder
3		bearbeiten ein Arbeitsblatt. Es wird eine Bearbeitung von Hannes kontrolliert und
4		nachbesprochen.]

5	AZ	[Tippt auf die unterste Aufgabe auf Hannes AB.] Stell das mal ein bitte [reicht Hannes
6		seinen Zähler.] Wo fängt der an? [Tippt auf die Aufgabe.]
7	Hannes	Bei Vier [nimmt den Zähler in die Hand und stellt am Einerrädchen eine 4 ein]. Ey.
8	AZ	Okay und jetzt //zähl mal wie oft du drehst damit du zur Sieben// bist.
9	Heidi	//Ähm Frau Zurnieden ich brauche Hilfe.//
10	Hannes	Eins, zwei [*spurt mit dem Finger den Pfeil von der 4er- auf die 5er-Kugelstange und von*
11		*der 5er- auf die 6er-Kugelstange nach.*]

12	AZ	Probiere mal hier [zeigt erst auf den ikonisch abgebildeten Zähler auf dem AB, dann
13		auf den enaktiven Zähler.] //Wie oft musst du weiter drehen?//
14	Heidi	//Frau Zurnieden.//
15	AZ	Ganz kurz [zeigt Heidi ihre Handfläche als Stoppsignal.]
16	Hannes	Eins, [dreht das Einerrädchen um eins weiter] zwei, [dreht das Einerrädchen um eins
17		weiter] drei, [dreht das Einerrädchen um eins weiter] vier. Vier? [Schaut AZ an.]
18	AZ	Achtung [nimmt Hannes Zähler in die Hand und dreht am Einerrädchen.] Bei der Vier
19		fangen wir an.
20	Hannes	Ah ok.
21	AZ	So Vier [stellt am Zähler die 4 ein]. Achtung [Hannes möchte den Zähler aus AZ
22		Händen nehmen] und jetzt zähl mal, ich drehe.
23	Hannes	Eins.
24	AZ	Dreh du. [Gibt Hannes den Zähler in die Hände.]
25	Hannes	Eins [dreht währenddessen das Einerrädchen um eins weiter], zwei [dreht
26		währenddessen das Einerrädchen um eins weiter], drei [dreht währenddessen das
27		Einerrädchen um eins weiter, legt den Zähler auf den Tisch und nimmt den Bleistift in die
28		Hand].
29	AZ	Aha.
30	Hannes	Aha. [Trägt in die Zählerdarstellung eine 3 für die Anzahl der Drehungen ein.] Fertig.
31	AZ	Ok, aber dann musst du da auch noch mal gucken [zeigt auf die ikonische RWT.]
32	Hannes	[Radiert seine Angabe zu den Drehungen des Zählers aus.] Warum? [Notiert erneut eine
33		3.] Ist doch egal.
34	AZ	Da musst du es noch richtig machen [zeigt auf die ikonische RWT.]
35	Hannes	Hab ich, eins [spurt währenddessen mit dem Finger den Hüpfer von der 4er- auf die
36		5er-Kugelstange nach], zwei [spurt währenddessen mit dem Finger den Hüpfer von der

37		5er- auf die 6er-Kugelstange nach.] Guck, eins [*zeigt auf die 4er-Kugelstange*], zwei
38		[*zeigt auf die 5er- Kugelstange*], drei [*zeigt auf die 6er- Kugelstange. Dann schaut er zu*
39		AZ.]
40	AZ	Achtung. Guck wegen der Hüpfer [macht in der Luft die Hüpfbewegung mit dem
41		Finger nach.]
42	Hannes	Oh, aber der ist doch bei Vier [zeigt auf die 4er-Kugelstange der ikonischen RWT.]
43	AZ	Ja, bei Vier ist der. Genau. Und jetzt muss er aber dreimal hüpfen.
44	Hannes	Das ist Sieben [zeigt auf die 6er-Kugelstange der ikonischen RWT.].
45	AZ	Bist du sicher?
46	Hannes	Da ist Acht [*zeigt auf die 7er-Kugelstange der ikonischen RWT*], das ist Sieben [*zeigt*
47		*auf die 6er-Kugelstange der ikonischen RWT.*]
48	AZ	Bist du sicher?
49	Hannes	Ja.
50	AZ	Warum?
51	Hannes	[Nimmt seinen Bleistift in die Hand.] Eins, zwei, drei, vier, fünf, sechs [tippt jeweils
52		auf eine Kugel der 6er-Kugelstange. Hannes schaut zu AZ. Er zeichnet den Hüpfer von
53		der 6er- auf die 7er-Kugelstange ein.] Ah, Sieben.
54	AZ	Genau.

In dieser Szene wird die gleiche Aufgabe wie in der Beispielszene des Phänomens *Fehlende Flexibilität zur Bestimmung der Anzahl der Drehungen* bearbeitet: Die Start- und Zieleinstellungen des Zählers sind vorgegeben, die Anzahl der Drehungen und deren Richtung fehlt. Zur Überprüfung seiner Angaben gemeinsam mit der Förderlehrkraft zählt Hannes für die Anzahl der Drehungen die eingezeichneten Hüpfer des Häschens, wobei er nur bis zur 6er-Kugelstange Hüpfer eingezeichnet hat und auch nur diese zählt (Z. 9 f.). Nach Aufforderung durch die Förderlehrkraft überträgt er den Drehprozess auf den enaktiven Zähler, nimmt an dieser Stelle jedoch die Objektsicht ein und zählt die eingestellten Positionen, sodass er als Antwort auf die Anzahl der Drehungen vier nennt (Z. 15 f.). Auf erneute Aufforderung wiederholt er den Drehprozess, wobei die Starteinstellung bereits durch die Förderlehrkraft vorgenommen wurde, und nimmt dabei die Prozesssicht ein (Z. 24 ff.). Er korrigiert seine Angaben entsprechend in der ikonischen Zählerdarstellung (Z. 29 / 31 f.). Bei erneuter Prüfung seiner Einzeichnungen für das Häschen nimmt er ebenfalls die Prozesssicht ein. Da seine Hüpfereintragungen jedoch noch nicht korrekt sind, da ein Hüpfer zu wenig eingezeichnet ist, passt er seine Sichtweise an und zählt aus Objektsicht die Positionen. Somit stimmt seine ermittelte Anzahl der Hüpfer mit der Anzahl der Drehungen wieder überein (Z. 34 ff.). Nach mehrmaliger Rückfrage prüft er seine Angabe, indem er die Anzahl der Kugeln auf der Stange zählt, erkennt seinen Fehler und passt seine Eintragung entsprechend mit einem weiteren Hüpfbogen in der ikonischen RWT-Darstellung an (Z. 50 ff.).

Bei dem Phänomen wird eine Verknüpfung der beiden Materialien ersichtlich. Immer wieder finden Kontrollen, Vergleiche sowie Anpassungen der Zählhandlungen statt, die sich erst durch die Verknüpfung mit dem jeweils anderen Material und den darin gegebenen beziehungsweise herausgearbeiteten Informationen ergeben (z. B. Z. 9 f. sowie Z. 34 ff. und 45 ff.). Dies macht deutlich, dass die Verknüpfung der beiden Materialien sehr bewusst eingesetzt wird und sie als solche keine Hürde darstellt. Die Hürden entstehen schließlich durch das Einnehmen unterschiedlicher Sichtweisen beim Zählprozess. Bei Zählhandlungen an der ikonisch dargestellten RWT werden die Hüpfer fokussiert und damit wird primär die Prozesssicht betont. Am Zähler hingegen wird bei der enaktiven Umsetzung eine Objektsicht auf die Positionen eingenommen, indem jeweils die verschiedenen Einstellungen des Zählers, inklusive der Starteinstellung, gezählt werden. Das Phänomen hebt die notwendige enge und intensive Verknüpfung der Materialien hervor, denn die verschiedenen Prozesse des Hüpfens (RWT) und Drehens (Zähler) und die Zählprozesse der durchgeführten Handlungen sind dabei bezüglich der Sichtweise noch nicht gänzlich miteinander in Verbindung gebracht, obwohl insgesamt die Verknüpfung der Materialien keine Hürde darzustellen scheint. Zwar werden die jeweiligen Ergebnisse der Zählprozesse in Bezug zueinander gestellt, indem zum Beispiel Anpassungen stattfinden, allerdings kann noch nicht bei beiden Materialien eine einheitliche Sicht, insbesondere eine Prozesssicht, sicher eingenommen werden (siehe Abschnitt 9.2). Diese ist jedoch für die Übergänge fokussierende Perspektive im Kontext der natürlichen Zahlen und des dezimalen Stellenwertsystems sehr relevant (Schwank & Schwank, 2015, S. 776; siehe Abschnitt 2.2.4). Somit kann zwar grundsätzlich eine Verknüpfung erfolgen, die Handlungen können jedoch noch nicht aufeinander abgestimmt sein, sodass auch diese bezüglich einer gelungenen Verknüpfung Berücksichtigung finden sollten.

Die auf Grundlage der Daten erfassten Phänomene in der Vernetzung der enaktiven, ikonischen und symbolischen Ebene werden in Abbildung 9.7 dargestellt.

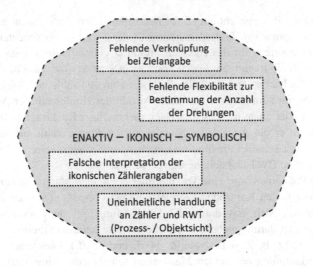

Abb. 9.7 Verknüpfung RWT und Zähler (0 – 9): enaktiv – ikonisch – symbolisch

9.1.2 Zusammenfassung und Folgerungen für das Lehr-Lernarrangement

Zusammenfassend lassen sich im Hinblick auf das Lehr-Lernarrangement einige Phänomene feststellen, die in der Arbeit mit diesem berücksichtigt werden sollten. So scheint die Verknüpfung der RWT und des Zählers keine intuitive Handlung darzustellen, sondern muss zunächst über vielfältige Handlungsanlässe erarbeitet werden. Hierzu zählt zum einen, die Bedienung des Zählers selbst und insbesondere daran durchgeführte Handlungsmöglichkeiten intensiv zu erarbeiten. Zum anderen gilt es, eine Struktur für die Verknüpfung herauszuarbeiten, sodass darüber deutlich werden kann, an welcher Stelle der Start, die Richtung, die Anzahl der Hüpfer beziehungsweise Drehungen und das Ziel im jeweils anderen Material wiederzufinden sind beziehungsweise dargestellt werden. Um die Vernetzung mit der symbolischen Ebene am Zähler in Verbindung mit der Einnahme einer Prozesssicht zu unterstützen, kann ein zusätzliches Anzeigen des Zählprozesses zum Beispiel durch die Finger hinzugenommen werden, sodass Prozesse wie das Drehen, die nicht symbolisch dargestellt werden, nachvollziehbar und überprüfbar werden. Als weitere hilfreiche Vorgehensweisen erweisen sich das direkt parallele Handeln an RWT und Zähler, sodass beide Handlungen zeitgleich von einem*r Schüler*in durchgeführt werden, sowie die Orientierung an durchgeführten Handlungen am jeweils anderen Material und deren sprachliche

Begleitung anstelle der Orientierung der rein sprachlich formulierten Anweisung. Bei Letzterem wird durch die Fokussierung der tatsächlichen Handlung möglicherweise eine stärkere Verknüpfung der beiden Materialien hergestellt und dem Design-Prinzip zur Schüler*innenorientierung im Hinblick auf sprachliche Einschränkungen stärker entsprochen.

Auch bei der Vernetzung der ikonischen und symbolischen Ebene lassen sich Phänomene feststellen, die Herausforderungen im Hinblick auf die Verknüpfung der Materialien deutlich werden lassen. Dazu zählt, aus der ikonischen Zählerdarstellung die Bewegungsrichtung für das Häschen auf der ikonischen RWT sowie die Starteinstellung des Zählers aus der ikonischen RWT herauszuerkennen und zu übertragen. Der Herausforderung, relevante Informationen zu erfassen und diese mit dem jeweils anderen Material zu verknüpfen, kann durch Verbalisierungen und Gesten wie Zeigen begegnet werden, durch die unter anderem Veränderungen und Prozesse, auch mit Blick auf die Förderung einer Prozesssicht, fokussiert werden können. Auch ein schrittweises Vorgehen erweist sich explizit im Phänomen *Schritt für Schritt als Struktur* als strukturgebend und hilfreich.

Außer der Startangabe und der Bewegungsrichtung scheint auch die Zielangabe sowie die Angabe zur Anzahl der Drehungen in der Zählerdarstellung zu Hürden führen oder mit Fehlinterpretationen verbunden sein zu können. Auch die Ergänzung der enaktiven Ebene, die aufgrund der selbstständigen Hinzunahme durch Schüler*innen voraussichtlich als Hilfestellung angesehen wird, führt nicht zwangsläufig zu einer Lösung, kann jedoch durch Irritationsmomente einen Erkenntnisgewinn mit sich bringen. Zudem kann eine Übernahme der Drehhandlung am Zähler durch die Förderlehrkraft, weiterhin also die Vernetzung mit der enaktiven Ebene, als Hilfe dienen.

Somit wird insgesamt deutlich, dass die einzelnen Angaben im Zuge einer vollständig durchgeführten Handlung, unabhängig der Darstellungsebene, erarbeitet sowie mögliche ergänzende (Entlas-tungs-)Tätigkeiten und Unterstützungsmaßnahmen für eine erfolgreiche Verknüpfung der Materialien einbezogen werden müssen. Intensiver wird auf diese Hilfestellungen im Zuge der Auswertungen und Konkretisierungen der Design-Prinzipien eingegangen (siehe Abschnitt 9.2). Ein Aspekt, der bei der Verknüpfung der Materialien außerdem berücksichtigt werden muss, ist die jeweilige Sichtweise (Objekt- beziehungsweise Prozesssicht), die bei den Handlungen an der enaktiven oder ikonischen RWT sowie am Zähler eingenommen wird. Für eine erfolgreiche Verknüpfung muss die eingenommene Sichtweise übereinstimmen, damit die Angaben und Darstellungen jeweils dem anderen Material entsprechen. Gleichzeitig ermöglicht gerade eine Verknüpfung, die entstandenen Unstimmigkeiten und Unterschiede zu fokussieren und zu thematisieren, sodass Kommunikationsanlässe entstehen können und daran eine intensivere Förderung dessen ansetzen kann. Folgend werden die konkreten Anforderungen an eine Weiterentwicklung des Lehr-Lernarrangements sowie hilfreiche Unterstützungen und Entlastungen zur Arbeit mit dem Lehr-Lernarrangement noch einmal stichpunktartig aufgeführt (siehe Tabelle 9.1).

Tabelle 9.1 Anforderungen zur Weiterentwicklung des Lehr-Lernarrangements und hilfreiche Unterstützungen

Anforderungen zur Weiterentwicklung	Hilfreiche Unterstützungen bzw. Entlastungen
– Es sollten ergänzende Erarbeitungsphasen zur Bedienung des Zählers und zu den verschiedenen Handlungsmöglichkeiten zu Beginn der Arbeit mit dem Lehr-Lernarrangement stattfinden. – Es sollte eine vertiefte Erarbeitung der Verknüpfung der Materialien, auch auf ikonischer Ebene, vorgenommen werden. Dazu zählt unter anderem die Erfassung der einzelnen Angaben, z. B. der Bewegungsrichtung, im jeweils anderen Material. Hilfreich ist die Anwendung einer Struktur, z. B. entlang des Sprachgerüsts, oder die Hinzunahme von Gesten / Gebärden. – Es sollte die Einnahme der Prozesssicht am Zähler vertieft werden, indem Drehprozesse mit zusätzlichen Zählprozessen (z. B. über Finger) verknüpft werden. – Es sollte die Differenzierung zwischen Prozess- und Objektsicht am Zähler und an der RWT vertiefter thematisiert und als Diskussionsanlass genutzt werden.	– Es wird die enaktive Ebene hinzugezogen. – Die Drehhandlung wird durch eine andere Person übernommen. – Die Lernenden handeln zeitgleich an RWT und Zähler. – Sprachliche Anweisungen werden mit Handlungen am Material kombiniert.

Trotz vieler Herausforderungen, die mit der Arbeit am entwickelten Lehr-Lernarrangements verbunden sind, zeigt sich in vielen Phänomen jedoch auch eine bereits kompetente Verknüpfung der RWT und des Zählers, was unter anderem durch den verwendeten Sprachgebrauch oder selbstständige Korrekturen im jeweils anderen Material deutlich wird. Somit scheint die Verknüpfung der RWT und des Zählers im Rahmen des Lehr-Lernarrangements grundsätzlich gelungen zu sein, wobei den aufgeführten Herausforderungen in der zukünftigen Erarbeitung intensiver durch vorbereitende Tätigkeiten und Hilfestellungen von Beginn an begegnet werden soll. Eine Übersicht über alle erfassten Phänomene im Zusammenhang mit der Verknüpfung der RWT und des Zählers wird in Abbildung 9.8 dargestellt.

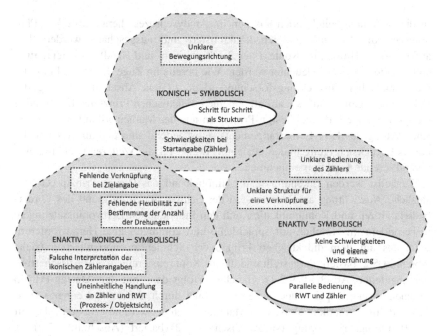

Abb. 9.8 Verknüpfung RWT und Zähler (0 – 9) gesamt

Insgesamt lässt sich damit eine vertiefte Bearbeitung des Entwicklungsinteresses abschließen im Hinblick auf das Lehr-Lernarrangement, welches in Abschnitt 8.3 zunächst entlang des intendierten Lernpfads theoretisch entwickelt wurde und nun auf Basis empirischer Daten weiterentwickelt werden konnte.

Insbesondere können mögliche Herausforderungen in der Arbeit mit dem Lehr-Lernarrangement herausgestellt werden, denen in weiteren Förderungen präventiv begegnet werden kann.

Im Folgenden sollen nun die gegenstandsbezogenen Design-Prinzipien, die für die Konzeption des Lehr-Lernarrangements leitend waren, anhand der im Kontext der Arbeit gewonnenen Daten mit dem entwickelten Lehr-Lernarrangement konkretisiert werden. In diesem Zuge werden unter anderem auch bereits beschriebene Herausforderungen sowie Hilfestellungen noch einmal aufgegriffen.

9.2   Konkretisierung der Design-Prinzipien mit Blick auf den Förderschwerpunkt Hören und Kommunikation

In diesem Unterkapitel sollen aus den im Analyseprozess herausgestellten Phänomenen die Design-Prinzipien konkretisiert und ausgeschärft werden. Die aufgetretenen Hürden im Kontext der Schüler*innen- und Handlungsorientierung sollen dabei genauer beleuchtet werden. Wie bereits im Zuge der Darstellung der fachdidaktischen Entwicklungsforschung erläutert (siehe Abschnitt 7.1), liegt der Fokus dabei explizit auf den auf allgemeinen didaktischen Prinzipien basierenden Design-Prinzipien, da die Design-Prinzipien aus der Mathematikdidaktik für die Entwicklung des Lehr-Lernarrangements selbst leitend sind und an dieser Stelle bereits Berücksichtigung finden beziehungsweise für die Weiterentwicklung eine kontrollierende Funktion einnehmen.

Zunächst werden Erkenntnisse im Hinblick auf das Design-Prinzip ‚Grundsätzliche Ausrichtung an Bedürfnissen der Schüler*innen aufgrund des Förderbedarfs Hören und Kommunikation und den individuellen Lernvoraussetzungen, insbesondere im Hinblick auf sprachliche und kommunikative Herausforderungen', das auf dem didaktischen Prinzip der Schüler*innenorientierung (siehe Abschnitt 5.2) basiert, dargestellt und daraus Konkretisierungen und Ausschärfungen abgeleitet (Abschnitt 9.2.1). Gleiches erfolgt dann mit dem Design-Prinzip ‚Mathematische Aspekte und Zusammenhänge durch aktives und eigenes Handeln mit (mathematikdidaktischen) Materialien entdecken und erfassen', das auf der Handlungsorientierung (siehe Abschnitt 5.2) basiert (Abschnitt 9.2.2). In einem dritten Abschnitt (Abschnitt 9.2.3) wird die Kombination dieser beiden Design-Prinzipien fokussiert und es werden Konkretisierungen hierzu erstellt.

9.2.1 Konkretisierung des Design-Prinzips zur Schüler*innenorientierung

Bei der Auswertung der Phänomene im Hinblick auf dieses Design-Prinzip lässt sich zunächst eine Unterscheidung zwischen herausfordernden (graphisch dargestellt als rechteckige Kästchen) und hilfreichen Strategien (graphisch dargestellt als Ellipsen) vornehmen. Diese lassen sich im Hinblick auf Schüler*innenorientierung wiederum in vier größere Bereiche (siehe Tabelle 9.2) unterteilen, wobei die Bereiche explizit nicht mit Kategorien im traditionellen Sinne gleichzusetzen sind, beispielsweise im Zuge einer qualitativen Inhaltsanalyse: Somit muss die Zuordnung von herausfordernden Situationen und Strategien zum Umgang mit diesen zu einem solchen Bereich nicht einheitlich nach einem vorgegeben Kategoriensystem erfolgen. Zudem sind die Bereiche nicht trennscharf voneinander abzugrenzen. Vielmehr geht es anstelle von festgelegten Kategorien um eine gewisse Sortierung bezüglich relevanter Bereiche und deren Betitelung, um grundsätzliche Schwierigkeiten und Strategien herauszuarbeiten und eine strukturierte Konkretisierung und Ausschärfung zum Design-Prinzip durchführen und darstellen zu können. Damit wird der Erfassung von Herausforderungen und Strategien selbst ein deutlich höherer Stellenwert zugeschrieben als der Kategorisierung.

Die vier herausgearbeiteten Bereiche sind in Tabelle 9.2 aufgeführt (für Gesamtüberblick zu Herausforderungen und Strategien innerhalb der Bereiche siehe Abb. 9.9).

Tabelle 9.2 Design-Prinzip zur Schüler*innenorientierung – herausgearbeitete Bereiche

Bereich	Erläuterung
Sprachlich	– Hürden durch primär sprachliche und kommunikative Barrieren
Inhaltlich (schüler*innenbezogen)	– Hürden durch inhaltliches Verstehen, die nicht primär aufgrund sprachlicher Barrieren zu entstehen scheinen – enger Bezug zum Lehr-Lernarrangement und damit ein nicht ausschließlich mathematischer Bezug, da solche Hürden im Kontext mentaler Vorstellungen zu Lernprozessen in Abschnitten 10.1 und 10.2 erfasst werden

(Fortsetzung)

Tabelle 9.2 (Fortsetzung)

Bereich	Erläuterung
Darstellungsvernetzung (technisch)	– Hürden bei Darstellungsvernetzungsaktivitäten, die insbesondere durch technische Schwierigkeiten entstehen – Hürden in Verbindung mit mathematischen Vorstellungen und dadurch entstehende Hürden bei der Darstellungsvernetzung werden ebenfalls vorwiegend in den beiden Abschnitten 10.1 und 10.2 erfasst
Sonstiges	– Hürden, die durch sonstige Aspekte Auswirkungen auf einen erfolgreichen Lernprozess haben können und somit im Hinblick auf das Design-Prinzip Berücksichtigung finden sollten

Sprachlich
Im sprachlichen Bereich lassen sich die in Tabelle 9.3 gelisteten herausfordernden Situationen sowie Strategien zum Umgang mit diesen in der Arbeit am Lehr-Lernarrangement zum Zehnerübergang feststellen.

Tabelle 9.3 Sprachlicher Bereich – Herausforderungen und Strategien des Umgangs mit herausfordernden Situationen

Herausfordernde Situationen	Strategien zum Umgang mit herausfordernden Situationen
– Wahrnehmung aller Elemente in Arbeitsanweisung	– Hinzunahme von Gebärden
– Variation in Fragestellung	– Verwendung einer festen Struktur
– Bezüge in Formulierungen	– Orientierung an Sprachgerüsten als Struktur
– offene Fragestellung: Erklärung eigener Entdeckungen	– Stellen gezielter Rückfragen zur Fokussierung
– Formulierung / Präzisierung einer Erklärung am / mit Material	– Aufforderung zur / Einsatz von Darstellungsvernetzung
– sprachliche Vergleiche	– exemplarisches Zuordnen / Verwenden von Relationen

(Fortsetzung)

Tabelle 9.3 (Fortsetzung)

Herausfordernde Situationen	Strategien zum Umgang mit herausfordernden Situationen
– Nutzen / Anwenden von Relationen – Verknüpfung Begriffe mit Material – Bedeutung Sprachgerüst – Begriff Rechnung	– Hinzunahme eines Sprachgerüsts zur schrittweisen Konstruktion (Rechnung) – Hinzunahme eines Sprachgerüsts als Struktur für mentale Vorstellungen

Zunächst scheint die Formulierung von Fragestellungen häufig mit sprachlichen Hürden verbunden zu sein. Dies ist sicherlich keine unerwartete Hürde, insbesondere im Kontext des Förderschwerpunkts Hören und Kommunikation. Dennoch sollen die konkreten Herausforderungen genauer beleuchtet werden. So stellt eine sprachliche Formulierung einer Aufgabenstellung beziehungsweise einer Anweisung insofern eine Hürde dar, indem unter Umständen nicht alle notwendigen Informationen und Elemente, die in dieser enthalten sind, erfasst werden und somit keine Berücksichtigung in der Umsetzung der Aufgabenstellung beziehungsweise Anweisung finden:

Transkript Heidi zum Design-Prinzip zur Schüler*innenorientierung (sprachlicher Bereich): *Wahrnehmung aller Elemente in Arbeitsanweisung – Hinzunahme von Gebärden*

1		[Dauer: 0:34 Min.] [Henrieke, Heidi, Hannes und Hajo haben jeweils den Innenkreis der
2		RWT auf dem Tisch stehen. Das Häschen auf der RWT von AZ sitzt auf der 4er-
3		Kugelstange.]
4	AZ	Dein Häschen möchte einmal mehr hüpfen als meins.
5	Heidi	[Setzt das Häschen auf die 9er-Kugelstange.] Ich bin schon da.
6	AZ	Dein Häschen möchte einmal mehr hüpfen als mein Häschen. Pscht [in Richtung
7		von Hannes].
8	Heidi	Ich bin schon da.
9	AZ	Wo bist du denn?
10	Heidi	Bei der großen, mega riesigen Neun.

11	AZ	Bist du dann einmal mehr gehüpft als mein Häschen? [Zeigt auf ihr Häschen auf
12		der 4er-Kugelstange.]
13	Heidi	Ja, ich bin mehr gehüpft.
14	AZ	Mehr ja, aber einmal? [Zeigt die Gebärde für Eins.]
15	Heidi	Nein. Dann bin ich bei Fünf. [Setzt das Häschen von der 9er-Kugelstange auf die
16		5er-Kugelstange.]
17	AZ	Super okay.

Die Konkretisierung der Anweisung zur exakten Entfernung der Häschen wird hierbei nicht beachtet beziehungsweise der Bezug zum zweiten Häschen wird nicht hergestellt (Z. 13). Es wird die Formulierung ausschließlich im Kontext des Materials auf ‚am höchsten' interpretiert, sodass grundsätzlich das Wahrnehmen aller Informationen in der Formulierung mit Hürden verbunden sein kann. Hilfreich ist das Hinzunehmen von Gebärden für zentrale Aspekte, wie sich auch im dargestellten Transkript zeigt (Z. 14 f.). Eine Gebärde kann die zentralen Inhalte in der Formulierung noch einmal fokussieren und somit im jeweiligen Kontext das Wahrnehmen aller relevanten Informationen erleichtern.

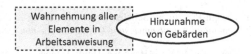

Alternativ könnte auch ein fest angewandtes Strukturmuster in dem Sinne, dass die einzelnen Informationen immer in einer festen Reihenfolge genannt werden, für Aufgaben- und Fragestellungen hilfreich sein, sodass die einzelnen Informationen jeweils leichter erfasst und berücksichtigt werden können. Dass sich eine solche Struktur im Kontext von Anweisungen als hilfreich erweisen kann, zeigt sich in folgendem Transkriptausschnitt. In der dargestellten Situation wird mit einem Zahlenstrahl von 0 bis 9 gearbeitet, auf dem sich mit Tierfiguren nach Anweisungen bewegt wird:

Transkript Henrieke zum Design-Prinzip zur Schüler*innenorientierung (sprachlicher Bereich): *Variation in Fragestellung – Verwendung einer festen Struktur*

| 1 | | [Dauer: 0:15 Min.] [Heidi, Henrike und Helen sitzen auf dem Boden vor einem |

2		Zahlenstrahl 0 – 9, an dem bereits alle Zahlkarten angelegt sind. Auf dem Zahlenstrahl
3		stehen ein Hase auf Zahlkarte Fünf und ein Tiger auf Zahlkarte Null. Die Katze in
4		Henriekes Hand erhält eine Anweisung, wo sie sitzt.]
5	AZ	Henrieke, die Katze hüpft dreimal von Null aus.
6	Henrieke	[Stellt die Katze auf Zahlkarte Drei.] Eins [hüpft währenddessen mit der Katze auf
7		Zahlkarte Zwei], zwei [hüpft währenddessen mit der Katze auf Zahlkarte Eins], drei
8		[hüpft währenddessen mit der Katze auf Zahlkarte Null, stockt kurz und schaut AZ an.]
9	AZ	Sie beginnt bei Null und hüpft dreimal.
10	Henrieke	[Schaut auf Zahlkarte Null.] Achso. Eins [hüpft währenddessen mit der Katze auf
11		Zahlkarte Eins], zwei [hüpft währenddessen mit der Katze auf Zahlkarte Zwei], drei
12		[hüpft währenddessen mit der Katze auf Zahlkarte Drei.]
13	AZ	Sehr gut.

Zunächst wird deutlich, dass eine Variation in der Fragestellung „hüpft dreimal von Null aus" (Z. 5), indem die Satzstruktur in der Reihenfolge von Start – Anzahl der Hüpfer zu Anzahl der Hüpfer – Start verändert wurde, zu einer Hürde führt und die mündliche Anweisung für den Hüpfprozess nicht korrekt umgesetzt wird. Stattdessen scheint die Angabe zur Anzahl der Hüpfer so dominant zu sein, dass diese gleichzeitig auch als Startzahl angenommen wird (Z. 6 ff.). Somit entsteht ein Bruch in der schüler*innenorientierten Gestaltung, insbesondere bezüglich sprachlicher und kommunikativer Herausforderungen durch die rein sprachlich formulierten Anweisungen. Als jedoch die Anweisung in bekannter Struktur noch einmal wiederholt wird (Z. 9) kann diese ohne die Hinzunahme weiterer Unterstützungen korrekt durchgeführt werden. Das deutet darauf hin, dass die Orientierung an der bekannten Struktur der Angaben zum Start und folgend erst die Angabe zur Anzahl der Hüpfer die Hürde lösen und somit eine Umformulierung der Arbeitsanweisung zur Schüler*innenorientierung führen kann. Ein solches Vorgehen kann auch im Hinblick auf das Wahrnehmen aller Informationen innerhalb einer Fragestellung oder Arbeitsanweisung möglicherweise hilfreich sein. Allerdings ist dieses Vorgehen mit der didaktischen

Entscheidung zwischen Variation und Struktur verbunden, die im Hinblick auf den Verstehensaufbau mathematischer Zusammenhänge durchaus auch für ein Erarbeiten von Variationen sprechen kann. Alternativ oder ergänzend kann sich für eine Variation der Fragestellung zudem die Hinzunahme beziehungsweise Orientierung an einem festen Sprachgerüst wie *Start – Richtung – Wie oft? – Ziel* als hilfreich darstellen, welches gemeinsam mit den Schüler*innen erarbeitet wird. Auch dieses bietet über die festgelegten Begrifflichkeiten eine gewisse äußere Struktur, die bei Variationen innerhalb von Frage- und Aufgabenstellungen entlastend und unterstützend wirken kann, indem das Sprachgerüst mit bekannten Begrifflichkeiten einen Orientierungsrahmen bietet.

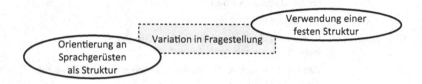

Im Kontext von Aufgaben- oder Frageformulierungen lässt sich weiterhin feststellen, dass Bezüge innerhalb der Formulierungen nicht immer vollumfänglich erfasst oder verstanden werden. In dem Zusammenhang kann beispielsweise die Frage nach dem jeweiligen Ziel der Häschen an der RWT oder die Nachfrage ‚Von wo nach wo?' bezüglich der Hüpfer auf einem Arbeitsblatt zu einer Hürde führen:

Transkript Hannes zum Design-Prinzip zur Schüler*innenorientierung (sprachlicher Bereich): *Bezüge in Formulierungen*

1	[Dauer: 0:31 Min.] [Henrieke und Hannes haben die RWT und den Zähler vor sich und
2	bearbeiten ein Arbeitsblatt. Die Eintragungen zu den einzelnen Hüpfern sind bereits in
3	der Zählerdarstellung ergänzt und auch die Anzahl der Drehungen des Einer- und
4	Zehnerrädchens sind ermittelt. Nun geht es um die Frage, bei welchem Hüpfer das

| 5 | | Zehnerrädchen gedreht werden muss.] |

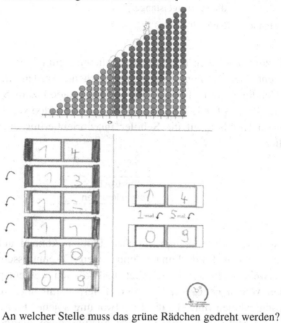

6	AZ	An welcher Stelle muss das grüne Rädchen gedreht werden? Bei welchem
7		Hüpfer? Von wo nach wo?
8	Hannes	Nach äh Neun [spurt mit dem Stift über die 9er-Kugelstange der ikonisch dargestellten
9		RWT.]
10	AZ	Von? Wo ist der Start? [Macht die Gebärde für Start.]
11	Hannes	An Drei- Vierzehn [spurt mit dem Stift über die 14er-Kugelstange der ikonisch
12		dargestellten RWT, auf der das Häschen abgebildet ist.]
13	AZ	Genau. Und bei welchem Hüpfer [macht mit der Hand in der Luft eine
14		Hüpfbewegung] von wo nach wo brauche ich das grüne Rädchen?
15	Hannes	Rädchen nach Neun [zeigt mit dem Stift auf die 9er-Kugelstange.]
16	AZ	Super. Also von [zeigt auf die 10er-Kugelstange] hier.
17	Hannes	Nach Zehn [spurt die 10er-Kugelstange entlang.]

| 18 | AZ | Ne, von Zehn [zeigt auf die 10er-Kugelstange] nach [zeigt auf die 9er-Kugelstange.] |
| 19 | Hannes | Neun. |

Die Bezüge zwischen der Frageformulierung zum Start und Ziel bezüglich des Moments der Drehung des Zehnerrädchens werden nicht in Verbindung mit der Handlung und insbesondere der Information zum Start und zum Ziel gebracht (z. B. Z. 8 f. / 15). Somit scheint das Herstellen von Bezügen in Formulierungen im Hinblick auf die Schüler*innenorientierung eine Herausförderung darzustellen.

```
╎       Bezüge in      ╎
╎   Formulierungen     ╎
```

Eine weitere Hürde im sprachlichen Bereich können außerdem Fragestellungen zu eigenen Entdeckungen und neuen Erkenntnissen sein. Diese sind klassischerweise sehr offen gestaltet und können dementsprechend auf verschiedenen Wegen beantwortet werden, liefern somit aber keinen sprachlichen Orientierungsrahmen mit. Für die Beantwortung solcher Fragen müssen Begrifflichkeiten des Materials, weiterführende Ausführungen zu eigenen Vorstellungen und mathematischen Zusammenhängen selbstständig formuliert werden, was insbesondere im Kontext des Förderschwerpunkts Hören und Kommunikation mit Herausforderungen verbunden zu sein scheint. Als unterstützend und hilfreich können sich gezielte Rückfragen zur Fokussierung darstellen. Somit wird der Antwortrahmen sowohl sprachlich als auch inhaltlich reduziert, was zu einer Entlastung führen kann. Zwar werden damit mögliche eigene Erkenntnisse durch die Kanalisierung vorweggenommen beziehungsweise das selbstständige Erfassen mathematischer Zusammenhänge eingeschränkt, gleichzeitig kann darüber aber eine Fokussierung der zu erlangenden Entdeckungen vorgenommen und darüber auch die sprachliche und kommunikative Hürde eingegrenzt werden. Ein gezieltes eigenes Verbalisieren der Erkenntnisse durch Rückfragen kann gegebenenfalls auch zu einer tieferen Einsicht in die Zusammenhänge führen.

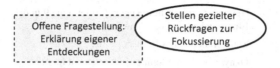

Auch das Formulieren von Erklärungen sowie deren Präzisierungen kann zu Hürden führen, indem Unsicherheiten entstehen. Der folgende Transkriptausschnitt stellt eine Beispielszene hierfür dar:

Transkript Hannes zum Design-Prinzip zur Schüler*innenorientierung (sprachlicher Bereich): *Formulierung / Präzisierung einer Erklärung am Material – Aufforderung zur / Einsatz von Darstellungsvernetzung*

1	[Dauer: 1:21 Min.] [Henrieke und Hannes haben jeweils die RWT sowie einen Zähler
2	auf dem Tisch stehen. Es wird ein Arbeitsblatt bearbeitet, wobei es konkret um den
3	Hüpfer auf die 9er-, dann insbesondere auf die 10er- und auf die 11er-Kugelstange
4	geht und um die entsprechende Eintragung in die Zählerabbildung.]

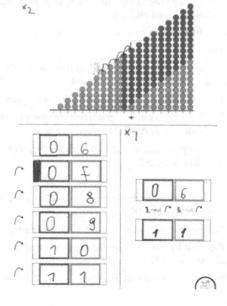

5	Hannes	Neun und da sind null Kugeln [notiert eine 9 in das Einerrädchen und eine 0 in das
6		Zehnerrädchen des Zählers.]
7	AZ	Okay. Und jetzt, wenn es jetzt nochmal hüpft?
8	Hannes	Ich.
9	AZ	Noch einmal weiter?
10	Hannes	Dann sind ein Kugeln [zeigt auf das Zehnerrädchen des Zählers]. Ein grüne Kugel.
11	Henrieke	//Ich hab//
12	AZ	//Wofür steht// die Eins? Ist richtig.
13	Hannes	Da? [Zeigt auf das Zehnerrädchen des Zählers und schaut AZ an.]
14	Henrieke	//Ich hab schon gemacht.//
15	AZ	//Ja.//
16	Hannes	[Notiert eine 1 in das Zehnerrädchen des Zählers.]
17	Henrieke	//Ich hab schon gemacht//
18	AZ	//Für was// steht denn diese Eins jetzt da? [Zeigt auf Hannes AB auf die notierte 1 im
19		Zehnerrädchen des Zählers.]
20	Hannes	Eins [scheint die orange Kugel der 11er-Kugelstange zu zählen] das sind elf [spurt mit
21		dem Bleistift die 11er-Kugelstange nach.]
22	AZ	Aha.
23	Hannes	Elf [zeigt auf das Zehnerrädchen des Zählers für die Eintragung 10], da Eins [zeigt auf
24		das Einerrädchen des Zählers für die Eintragung 10.]
25	AZ	Warte, warte, warte [zeigt mit dem Finger auf Hannes AB an die Stelle, wo er die Zahl
26		notiert], guck mal wo du bist. Welcher Hüpfer ist das? Wo sind neun Kugeln?
27	Hannes	Ja.
28	AZ	Wo sind- wo steht das Häschen hier? [Zeigt auf die vorige Zählerdarstellung 09.]
29	Hannes	Null [spurt mit dem Bleistift die Ziffer 0 nach.]
30	AZ	Zeig mal hier oben [zeigt auf die Abbildung der RWT oben auf dem AB.] Wo steht es
31		hier? [Zeigt wieder unten auf die vorige Zählerdarstellung 09.]

32	Hannes	Bei Null.
33	AZ	Bei- guck mal [streicht mit dem Finger über die Zählerdarstellung 09], lies mal das als
34		eine Zahl. Was steht hier? In diesem Feld? [Zeigt mit dem Finger seitlich auf die
35		Zählerdarstellung.]
36	Hannes	Neun.
37	AZ	Aha. Wo ist das hier oben? [Zeigt auf die Abbildung der RWT oben auf dem AB.] Zeig
38		mal drauf.
39	Hannes	[Zeigt auf die 9er-Kugelstange der RWT auf dem AB.]
40	AZ	Okay, und jetzt hüpft es von da [zeigt mit dem Finger auf die 9er-Kugelstange] noch
41		einmal weiter. Wo steht es dann?
42	Hannes	Bei Zehn.
43	AZ	Aha hier [zeigt mit dem Finger auf die 10er-Kugelstange auf dem AB.]
44	Hannes	Und da [zeigt auf das Einerrädchen des Zählers für die Eintragung 10] ist jetzt Null.
45	AZ	Aha warum? ...
46	Hannes	[Notiert eine 0 in das Einerrädchen für die Eintragung 10.] Wegen null orange Kugeln
47		[spurt die eingetragene 0 noch einmal nach.]
48	AZ	Aha. Und wofür steht denn da [zeigt auf die von Hannes notierte 1 im Zehnerrädchen
49		des Zählers] die Eins?
50	Hannes	Wegen da [spurt die 10er-Kugelstange der RWT auf dem AB nach] ein, ein grune
51		Kugel ist.
52	AZ	Wie viele grüne?
53	Hannes	Zehn.
54	AZ	Super.
55	Hannes	Soll ich da Zehn schreiben [zeigt auf das Zehnerrädchen des Zählers]?
56	AZ	Nein das ist genau richtig.
57	Hannes	Okay und jetzt noch einmal. [Zeichnet einen Hüpfer von der 10er- auf die 11er-

58		Kugelstange ein.]
59	AZ	Ja.
60	Hannes	Dann kommt hier Eins [notiert eine 1 in das folgende Zehnerrädchen des Zählers] und
61		da Eins [zeigt auf das Einerrädchen des Zählers und schaut AZ an].
62	AZ	Perfekt.
63	Hannes	[Notiert eine 1 in das Einerrädchen.]
64	AZ	Supe Hannes.

Das Verbalisieren und Erklären von eigenen Eintragungen oder Lösungsideen am und mit Material scheint mit Schwierigkeiten verbunden zu sein, die wiederum zu Unsicherheiten führen können (z. B. Z. 13). Eine zentrale Herausforderung stellt die sprachliche Anforderung in diesem Kontext dar, durch die möglicherweise auch in der Kommunikation der Nachfragen zu den Erklärungen weitere Unsicherheiten hinzukommen. Um einer Schüler*innenorientierung gerecht werden zu können, sollten in der Hinsicht Unterstützungen erfolgen. Als hilfreich erweist sich die Aufforderung zur beziehungsweise der Einsatz von Darstellungsvernetzung, durch die eine sprachliche Erläuterung in der Vernetzung mit einer anderen Ebene beziehungsweise an einem anderen Material angeboten wird (z. B. Z. 37 f.). Somit bietet sie die Möglichkeit, die Präzisierungen von Erklärungen am beziehungsweise mit unterschiedlichen Materialien (RWT und Zähler) vorzunehmen und darüber einen gewissen sprachlichen Rahmen zu erhalten, auch im Hinblick auf das zu verwendende Vokabular. Allerdings muss auch das für das Lehr-Lernarrangement spezifische Vokabular erarbeitet werden, damit es keine Hürde darstellt. Hierauf wird an späterer Stelle noch genauer eingegangen.

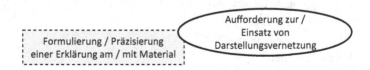

Außerdem kann bezüglich des Design-Prinzips zur Schüler*innenorientierung im sprachlichen Bereich das Herstellen sprachlicher Vergleiche mit Hürden verbunden sein:

Transkript Henrieke zum Design-Prinzip zur Schüler*innenorientierung (sprachlicher Bereich): *Sprachliche Vergleiche*

1		[Dauer: 0:15 Min.] [Henrieke, Heidi, Hannes und Helen sitzen zusammen an einem
2		Tisch und haben ein Arbeitsblatt vor sich auf dem Tisch liegen. AZ steht vor dem Tisch
3		und hat den ZARAO 0 – 9 vor sich. Der Hase steht auf dem 3er-Kugelturm und die
4		Katze auf dem 4er-Kugelturm.]
5	AZ	Sitzt die Katze tiefer als der Hase? [Hannes lacht.]
6	Henrieke	Mhm [nickt.] Die sind gleich. [Zeigt in Richtung der Figuren.]
7	AZ	Die sind gleich? [Hebt den Hasen hoch und setzt ihn wieder hin.]
8	Henrieke	Nein, nicht so ganz.
9	AZ	Nicht so ganz.
10	Henrieke	Der Hase sitzt auf drei Kugeln [zeigt mit dem Finger auf den 3er-Kugelturm] und
11		die Katze sitzt auf vier [zeigt mit dem Finger auf den 4er-Kugelturm.]

Auf die Frage, ob der Hase tiefer als die Katze sitzt, wobei das Material der Schülerin direkt vor Augen ist, kann nicht geantwortet werden (Z. 6 / 8). Zwar scheint die erste Antwort, dass sie gleich sind, also auf der gleichen Kugelstange sitzen beziehungsweise gleich oft vom Ausgangspunkt gehüpft sind, für die Schülerin nicht ganz stimmig zu sein. Dennoch ist das ihre erste Antwort. In der eigenen Korrektur findet kein Vergleich mehr statt, stattdessen werden die jeweiligen Positionen der Figuren angegeben (Z. 10 f.). Diese Erkenntnisse deuten darauf hin, dass sich Ergebnisse aus Studien im Kontext von Hörschädigungen im Hinblick auf Schwierigkeiten mit Relationen (siehe Abschnitt 4.5) auch im Kontext des Lehr-Lernarrangements zum Zehnerübergang bei sprachlichen Vergleichen oder Relationen durch Hürden widerspiegeln.

```
Sprachliche Vergleiche
```

Auch ein selbstständiges Zuordnen in Kategorien wie ‚zu weit' und ‚nicht weit genug' vor dem Hintergrund des Ratens einer Position einer Figur im Material ist mit Herausforderungen verbunden. Dabei stellt sowohl das Einordnen selbst eine Hürde dar als auch das Nutzen von bekannten Relationen für das Ermitteln von Positionen. An dieser Stelle erweist sich ein exemplarisches Zuordnen zu diesen Kategorien und ein Verwenden der Relationen im sprachlichen Umgang als hilfreich, wodurch die Relationen dann teilweise auch selbstständig genutzt werden können. Somit könnten im Hinblick auf Relationen sowie sprachliche Vergleiche möglicherweise sprachliche Vorbilder zu Satzkonstruktionen insgesamt hilfreich sein, indem sie als Sprachvorbilder eine Orientierung bieten und die eigene Verwendung anbahnen können.

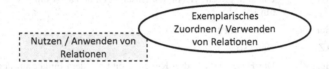

Im Kontext des Materials zeigt sich, dass festgelegte Begriffe wie Ausgangspunkt (0er-Kugelstange), zunächst intensiv erarbeitet und mit dem Material verknüpft werden müssen. Dennoch können sie gegebenenfalls auch dann noch mit Hürden verbunden sein, indem sie fehlinterpretiert werden. Somit ist im Hinblick auf Schüler*innenorientierung und sprachliche Herausforderungen mit Blick auf den Förderschwerpunkt Hören und Kommunikation insbesondere auf einen einheitlichen Sprachgebrauch bezüglich des Lehr-Lernarrangements zu achten, um eine Verknüpfung der Begriffe mit Material zu erleichtern.

> Verknüpfung Begriffe
> mit Material

Ähnliches gilt für das Sprachgerüst, welches sich unter anderem als hilfreich erweisen kann. Dennoch bedarf es auch hierbei einer umfangreichen Erarbeitung der einzelnen Gerüstbausteine, denn deren Bedeutung kann als eine Hürde im sprachlichen Bereich aufgefasst werden.

> Bedeutung
> Sprachgerüst

Schließlich stellt im Hinblick auf eine Schüler*innenorientierung und der Konkretisierung des entsprechenden Design-Prinzips der Begriff ‚Rechnung' eine Hürde dar, die im Kontext des Lehr-Lernarrangements bedacht werden sollte. Folgender Transkriptausschnitt gibt einen kleinen Einblick in diese Hürde:

Transkript Heidi zum Design-Prinzip zur Schüler*innenorientierung (sprachlicher Bereich): *Begriff Rechnung – Hinzunahme eines Sprachgerüsts zur schrittweisen Konstruktion*

1		[Dauer: 1:08 Min.] [Henrieke und Heidi haben jeweils die RWT und einen Zähler vor
2		sich auf dem Tisch und bearbeiten ein Arbeitsblatt. Nebengespräche zwischen AZ und
3		Henrieke werden nicht mittranskribiert.]

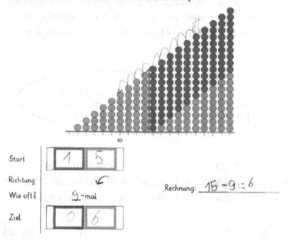

4	Heidi	[Trägt in die Starteinstellung des Zählers eine 15 ein. Dann zeichnet sie die Pfeile für die
5		Hüpfer des Häschens in die RWT ein und notiert eine 9 für die Anzahl der Drehungen
6		des Zählers. Anschließend zählt sie die Kugeln der 6er-Kugelstange und trägt
7		entsprechend eine 06 in die Zieleinstellung des Zählers ein.] Fertig. … [*Zeichnet in*
8		*das Feld zur Rechnung einen nach unten zeigenden Pfeil ein.*]

Auf dem Arbeitsblatt ist das Feld zur Rechnung ausschließlich mit dem Begriff ‚Rechnung' bezeichnet, es sind keine weiteren Piktogramme oder Abbildungen ergänzt. Eine Hürde entsteht, indem der Begriff ‚Rechnung' mit ‚Richtung' verwechselt wird und stattdessen ein Pfeil für die Bewegungsrichtung des Häschens beziehungsweise die Drehrichtung des Zählers eingetragen wird (Z. 7 f.). Diese Hürde lässt deutlich werden, dass insbesondere mathematische Begriffe wie Rechnung, die zwar alltagsnah sind und im schulischen Kontext häufig auftreten, dennoch einer Erarbeitung bedürfen, damit ein Verständnis zur Bedeutung der Begrifflichkeiten sowie zur Konstruktionserzeugung aufgebaut und schließlich die damit verbundenen Arbeitsanforderungen entsprechend ausgeführt und umgesetzt werden können. Als hilfreich erweist sich im weiteren Verlauf eine schrittweise Konstruktion, die entlang des erarbeiteten und bereits eingeführten Sprachgerüsts orientiert ist. Diese wird an späterer Stelle noch einmal aufgegriffen. Somit können über die Elemente des Sprachgerüsts die jeweiligen Elemente der Rechnung herausgearbeitet und bestimmt und über ein Zusammenfügen der Elemente die Rechnung eigenständig konstruiert beziehungsweise erzeugt werden.

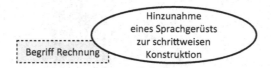

Das Sprachgerüst erweist sich außerdem im Hinblick auf ein schüler*innenorientiertes Lehr-Lernarrangement als hilfreich, mentale Vorstellungen und eigene Ideen mit dessen Hilfe besser äußern zu können:

Transkript Heidi zum Design-Prinzip zur Schüler*innenorientierung (sprachlicher Bereich): *Hinzunahme eines Sprachgerüsts als Struktur für mentale Vorstellungen*

1	[Dauer: 0:45 Min.] [Zwei Magnettafeln sind vorne aufgebaut. Auf der linken
2	Magnettafel sind von links nach rechts die Start-Karte, die Richtung-Karte, die Wie
3	oft?-Karte und die Ziel-Karte mit Magneten befestigt. An der rechten Tafel ist ein
4	ikonischer ZARAO 0 – 9 angeheftet, auf dem die Bewegung $3 + 0 = 3$ mit Hilfe eines
5	abgebildeten Pfeils eingetragen ist. AZ sitzt neben der rechten Tafel auf einem Tisch.

6		Heidi und Helen sitzen an jeweils einem Tisch vor den beiden Magnettafeln.]
7	AZ	Genau. Heidi was ist denn das Ziel dann?
8	Heidi	Ziel? Bleibt man noch da.
9	AZ	Also?
10	Heidi	Das Ziel- warte [steht vom Stuhl auf und geht zur rechten Tafel mit dem ikonischen
11		ZARAO.] Zum Beispiel ich starte jetzt bei Eins [zeigt mit dem Finger auf den 1er-
12		Kugelturm] und ich hüpfe Richtung [spurt mit dem Finger Hüpfer nach oben nach]
13		plus.
14	AZ	Mhm [zustimmend.]
15	Heidi	Und wie oft? Eins [spurt währenddessen mit dem Finger vom 1er- zum 2er-
16		Kugelturm], zwei [spurt währenddessen mit dem Finger vom 2er- zum 3er-Kugelturm,
17		drei [spurt währenddessen mit dem Finger vom 3er- zum 4er-Kugelturm.]
18	AZ	Mhm [zustimmend.]
19	Heidi	Und ich lande bei Vier [zeigt auf den 4er-Kugelturm] und dann ist das Ziel [zeigt
20		Richtung Ziel-Karte].
21	AZ	Super. Genau und was ist hier [zeigt auf den 3er-Kugelturm an der Tafel] in dem
22		Fall das Ziel?
23	Heidi	Dann bleibt man noch da.
24	AZ	Also was ist das Ziel?
25	Heidi	Ziel ist die noch Dre- die Null [zeigt mit den Fingern das Zahlzeichen Null].
26	AZ	Die Null [zeigt mit den Fingern das Zahlzeichen Null] ist das Ziel?
27	Heidi	Ähm die Drei [zeigt drei Finger].
28	AZ	Genau.

Hierbei entwickelt die Schülerin selbstständig eigene Ideen zu Bewegungen, die jedoch alle entlang des Sprachgerüsts (*Start – Richtung – Wie oft? – Ziel*) orientiert sind: „*starte* jetzt bei Eins" (Z. 11), „hüpfe *Richtung*" (Z. 12), „*wie oft?*" (Z. 15), „und dann ist das *Ziel*" (Z. 19). Obwohl im ikonischen ZARAO eine andere

Bewegung eingezeichnet ist, äußert sie selbstständig eine davon abweichende Handlung, indem sie schrittweise das Sprachgerüst erarbeitet (Z. 11 ff.). Somit wird mit dessen Hilfe ein kleiner Einblick in mentale Vorstellungen ermöglicht, da die eigenen Ideen mit Hilfe des Sprachgerüsts ohne Hürden vorgestellt und erklärt werden können. Auch die eigentliche Aufgabe, die durch die eingezeichnete Handlung, nullmal zu hüpfen, unter Umständen erschwert ist, kann daraufhin ohne Schwierigkeiten erläutert werden, wobei der Sprachgebrauch kontextbezogen gewählt wird (Z. 23 ff.). Somit scheint das Sprachgerüst für Schüler*innen hilfreich zu sein, um eigene Ideen zu entwickeln und ihre mentalen Vorstellungen mit dessen Hilfe konkret äußern zu können.

Hinzunahme eines
Sprachgerüsts als
Struktur für mentale
Vorstellungen

*Inhaltlich (schüler*innenbezogen)*
Wie bereits im sprachlichen Bereich lassen sich im Hinblick auf Schüler*innenorientierung und dem entsprechenden Design-Prinzip, das dem Lehr-Lernarrangement zugrunde liegt, auch im inhaltlichen Bereich Konkretisierungen bezüglich Frage- und Aufgabenstellungen finden (siehe Tabelle 9.4).

Tabelle 9.4 Inhaltlicher Bereich – Herausforderungen und Strategien des Umgangs mit herausfordernden Situationen

Herausfordernde Situationen	Strategien zum Umgang mit herausfordernden Situationen
– Variation in Fragestellung / Aufgabenstellung	– exemplarisches Zählen
– kombinierte Aufgabenstellung	– Farbcodierung / Fokussierung Kugelfarbe
– Aufgabenformat	– Präzisierung der Aufgabenstellung
– grundlegende Kompetenzen	➜ Gebärden
– Rückgriff auf bekannte Strukturen → unpassend	➜ Sprachgerüst

(Fortsetzung)

Tabelle 9.4 (Fortsetzung)

Herausfordernde Situationen	Strategien zum Umgang mit herausfordernden Situationen
– Zahlwort zu zweistelliger Zahl im Zähler → ziffernweise	– Aufforderung zur / Einsatz von Darstellungsvernetzung
– Formulierung aus dezimalem Stellenwertsystem	– Hinzunahme eines Sprachgerüsts zur schrittweisen Konstruktion
– Formulierung / Präzisierung einer Erklärung am / mit Material	– Anwendung einer festen Struktur durch sprachliches Muster
– Begriff Rechnung	– Verbalisierung durch Lehrperson zur Fokussierung
	– (Übernahme der Handlung als Entlastung)

So lässt sich der Aspekt ‚Variation in Fragestellung / Aufgabenstellung' auch hier aufführen, allerdings in einem anderen Kontext. Dabei stehen nicht primär sprachliche Aspekte im Vordergrund, sondern Hürden, die durch inhaltliche Veränderungen und damit einer Variation bezüglich des gefragten oder fokussierten (mathematischen) Aspekts zustande kommen. Offensichtlich wird es beispielsweise am Material der RWT, bei dem ein Zahlzeichen sowohl eine Anzahl von Kugeln repräsentieren kann als auch eine Anzahl an Hüpfern. In der Arbeit mit dem Material kann dies einen bedeutenden Unterschied darstellen. Das folgende Transkript zeigt eine Szene, in der die beiden unterschiedlichen Zählsichtweisen durch die Fragestellung explizit thematisiert werden. Indem von der üblichen beziehungsweise der von Schüler*innenseite favorisierten Fragestellung zur Anzahl der Kugeln abgewichen und auf die Anzahl der Hüpfer gelenkt wird, entsteht eine Hürde in der Beantwortung:

Transkript Helen / Heidi zum Design-Prinzip zur Schüler*innenorientierung (inhaltlicher Bereich): *Variation in Fragestellung / Aufgabenstellung – Exemplarisches Zählen*

1	[Dauer: 1:20 Min.] [Zwei Magnettafeln sind vorne aufgebaut. Auf der linken
2	Magnettafel sind von links nach rechts die Start-Karte, die Richtung-Karte, die Wie
3	oft?-Karte und die Ziel-Karte mit Magneten befestigt. An der rechten Tafel ist ein
4	ikonischer ZARAO 0 – 9 angeheftet, auf dem die Bewegung 6 + 2 = 8 mit Hilfe

5		abgebildeter Pfeile eingetragen ist. AZ sitzt neben der rechten Tafel auf einem Tisch.
6		Heidi und Helen sitzen an jeweils einem Tisch vor den beiden Magnettafeln.]
7	AZ	Was können wir zählen //für die Acht?//
8	Helen	//Die Kugeln.//
9	AZ	Die Kugeln, genau [tippt mit dem Bleistift die Kugeln des 8er-Kugelturms nacheinander
10		von oben nach unten an.]
11	Heidi	Eins, zwei, drei, vier, fünf, sechs, sieben, acht, neun [zählt schnell, während AZ den
12		Kugelturm nachspurt.] Acht.
13	AZ	Genau. Was können wir noch zählen?
14	Heidi	Äh bis zehn [hält beide Hände vor sich und zeigt zehn Finger.]
15	Helen	Hüpfer.
16	AZ	Ja, gut Helen. Wie kann ich die Hüpfer zählen? Wo muss ich da anfangen zu
17		zählen?
18	Helen	Die, da wo die die [zeigt mit dem Finger in Richtung der Tafel] äh sechs wo die, wo
19		der Pfeil da ist.
20	AZ	Aber hier komme ich nur auf wie viele Hüpfer? [Spurt währenddessen mit dem Stift
21		die Bögen nach.]
22	Helen	Zwei.
23	AZ	Auf zwei. Aber ich muss ja auf acht Hüpfer kommen [zeigt währenddessen mit dem
24		Stift auf die Kugeln des 8er-Kugelturms.] //Wo muss ich dann anfangen mit den//
25		Hüpfern?
26	Heidi	//Warte. Warte, warte, warte, warte.// [Steht auf und läuft zur Tafel] eins, zwei, drei,
27		vier, fünf, sechs, sieben, acht [zeigt währenddessen jeweils auf eine Kugel des 8er-
28		Kugelturms.] Acht bin ich gelandet.
29	AZ	Genau. Ich mach euch mal was vor. Und dann können wir nächste Woche

30		nochma- nochmal drüber sprechen. [Zeigt mit dem Stift auf den Ausgangspunkt]
31		Helen, wenn ich hier beim Ausgangspunkt anfange //zu zählen// [währenddessen
32		betreten andere Kinder den Raum.]
33	Heidi	//Schon fertig// [dreht sich um und läuft in Richtung ihres Platzes.]
34	AZ	Guck mal Heidi, einmal hingucken. [Heidi bleibt stehen und dreht sich wieder zur
35		Tafel.] Eins [spurt währenddessen mit dem Stift vom Ausgangspunkt auf den 1er-
36		Kugelturm.]
37	Heidi	Zwei [AZ spurt währenddessen mit dem Stift vom 1er- auf den 2er-Kugelturm] du malst,
38		//drei// [AZ spurt währenddessen mit dem Stift vom 2er- auf den 3er-Kugelturm.]
39	AZ	//Macht nichts.//
40	Heidi	Vier [AZ spurt währenddessen mit dem Stift vom 3er- auf den 4er-Kugelturm], fünf [AZ]
41		spurt währenddessen mit dem Stift vom 4er- auf den 5er-Kugelturm], sechs [AZ spurt
42		währenddessen mit dem Stift vom 5er- auf den 6er-Kugelturm], sieben [AZ spurt
43		währenddessen mit dem Stift vom 6er- auf den 7er-Kugelturm], acht [AZ spurt
44		währenddessen mit dem Stift vom 7er- auf den 8er-Kugelturm].
45	AZ	Wie viele Hüpfer?
46	Heidi	Äh achtmal.
47	AZ	Genau.

Die Frage nach der Anzahl der Hüpfer wird dabei ausschließlich mit der im ikonisch abgebildeten Material dargestellten Handlung des Hüpfens verbunden (z. B. Z. 18 f.). Dass eine Position ebenfalls über die Anzahl der Hüpfer vom Ausgangspunkt bestimmt werden kann und damit die Fragestellung variiert beziehungsweise abweicht, führt zu einer Hürde, die weiterer Unterstützung bedarf. Als zielführend erweist sich an dieser Stelle ein exemplarisches Zählen, durch das ein veränderter Fokus bezüglich der Zählhandlung eingenommen werden kann (Z. 35 ff.). Die ergänzende exemplarische Handlung als Verstärkung des Zählprozesses ermöglicht ein erfolgreiches Bearbeiten der variierten Fragestellung. Zusätzlich müsste diese auch über weitere Vertiefungen intensiviert werden.

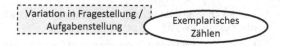

Des Weiteren stellen sich kombinierte Aufgabenstellungen, unter anderem durch die Verknüpfung des Zählers und der RWT, als Herausforderung dar. So führt die kombinierte Aufgabenstellung, den Zähler dem anderen Häschen entsprechend zu verändern, im Kontext von Partnerbeziehungen und der entsprechenden Bedienung des Zählers für ein Häschen zu einer Hürde. Die primäre Aufgabe besteht in diesem Zusammenhang in der Bedienung des Zählers entsprechend den Bewegungen, sodass insbesondere der Prozess des Hüpfens über den Zähler abgebildet wird. Die Kombination mit der Aufgabenstellung, diese Einstellung so zu verändern, dass die Zieleinstellung einer anderen Position entspricht, ohne dass der Drehprozess mit einer Hüpfhandlung verknüpft wird, führt zu einer Herausforderung. Eine hilfreiche Herangehensweise ist die Fokussierung der Kugelfarbe, durch die als Alternative zu einer durchgeführten Handlung ein erneuter Orientierungspunkt für die Einstellung des Zählers gegeben werden kann. Diese Farbcodierung stellt sich auch in anderen Kontexten als hilfreich heraus. Insbesondere bei der Verknüpfung der RWT mit dem Zähler und damit bei unterschiedlichen Darstellungsebenen, die miteinander vernetzt werden, erweist sich die Fokussierung der Kugelfarbe und der Zählerrädchen als hilfreich, sowohl als Hinweis durch die Lehrperson als auch als Unterstützung, auf die von den Schüler*innen selbstständig zurückgegriffen wird.

Bezüglich des Aufgabenformats entstehen Hürden, indem unter anderem die Start- und Zieleintragungen in den Zählerdarstellungen nicht entsprechend zugeordnet werden können. So wird zum Beispiel die Zieleinstellung in die eigentliche Startdarstellung des ikonischen Zählers eingetragen oder die Angaben zur Anzahl der Drehungen je Rädchen am Zähler werden nicht als einzelne Bewegungsangaben pro Rädchen im Zusammenhang mit der Start- und Zieleinstellung verstanden. Eine hilfreiche Unterstützung kann an dieser Stelle eine Präzisierung der Aufgabenstellung durch die Ergänzung von Gebärden darstellen. Das Hinzunehmen der Gebärde erweist sich auch im Kontext des Sprachgerüsts und des Ermittelns der jeweiligen Angaben in passender Reihenfolge als hilfreich. In einem anderen Kontext ist das Aufgabenformat, eine Rechnung als Prozess am

Zähler abzubilden, anstatt die einzelnen Angaben jeweils einzustellen, herausfordernd. Hierbei scheint das Sprachgerüst zur Präzisierung der Aufgabenstellung förderlich zu sein. Gleiches gilt für das Erzeugen einer Rechnung aus einer ikonischen Darstellung von Hüpfern des Häschens auf der RWT. Eine Kombination von Sprachgerüst und Gebärden zur Präzisierung des Aufgabenformats lässt sich im folgenden Transkript wiederfinden. Dabei handelt es sich um Aufgaben zu Partnerbeziehungen, die ikonisch in der RWT abgebildet sind und auf die Zählerdarstellungen übertragen werden sollen:

Transkript Helen / Heidi zum Design-Prinzip zur Schüler*innenorientierung (inhaltlicher Bereich): *Aufgabenformat – Präzisierung der Aufgabenstellung durch Gebärden und Sprachgerüst*

1		[Dauer: 1:37 Min.] [Vor Heidi steht seitlich die RWT auf dem Tisch und sie bearbeitet
2		das Arbeitsblatt zu Partnerbeziehungen.]

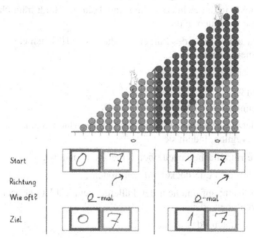

3	Heidi	Ich versteh von hier nicht [zeigt mit ihrem Füller auf die Aufgabe auf dem AB.]
4	AZ	Also der Start [zeigt auf die Startdarstellung des Zählers] für das Häschen [zeigt auf
5		das untere Häschen in der ikonischen RWT] ist wo?
6	Heidi	Mmh. Weiß ich nicht [kratzt sich mit dem Füller am Kopf.]
7	AZ	Wo steht das Häschen [macht mit beiden Händen eine fragende Bewegung, indem

8		sie die Handflächen nach oben öffnet.] Der Start [macht die Gebärde für Start.]
9	Heidi	[Zeigt mit dem Füller auf das untere Häschen auf der RWT auf dem AB.]
10	AZ	Genau. ... Wo ist das?
11	Heidi	Bei der [beginnt, die Kugeln der 7er-Kugelstange auf dem AB zu zählen.] Bei der
12		Sieben.
13	AZ	Genau.
14	Heidi	Wo soll ich Sieben schreiben?
15	AZ	Wo musst [macht mit beiden Händen eine fragende Bewegung, indem sie die
16		Handflächen nach oben öffnet] du wohl Sieben hinschreiben?
17	Heidi	[Trägt in die Startdarstellung des Zählers für das untere Häschen in das Einerrädchen
18		eine 7, in das Zehnerrädchen eine 0 ein. ... Heidi trägt ohne Nachzuzählen in die
19		Starteinstellung des Zählers für das obere Häschen eine 7 in das Einerrädchen, eine 1
20		in das Zehnerrädchen.]
21	AZ	Super.
22	Heidi	//(unv.)//
23	AZ	//Jetzt die Richtung// [macht mit beiden Händen eine fragende Bewegung, indem sie
24		die Handflächen nach oben öffnet.] ... Richtung.
25	Heidi	[Fällt ihr Füllerdeckel auf den Boden.]
26	AZ	Oh [steht auf und hebt den Füllerdeckel auf.] Ist der nach, guckt der nach oben oder
27		nach unten //das Häschen//?
28	Heidi	//Nach oben.//
29	AZ	Genau. Dann musst du einen Pfeil nach oben machen.
30	Heidi	[Zeichnet auf dem AB bei der Zählerdarstellung für das untere Häschen bei der
31		Drehrichtung einen Pfeil nach oben ein.]
32	AZ	Super. Und dieses Häschen? [Zeigt auf das obere Häschen auf der ikonischen RWT.]
33	Heidi	Guckt nach oben [zeigt mit dem Zeigefinger nach oben in die Luft.]

34	AZ	[Zeigt den Daumen nach oben.]
35	Heidi	[Zeichnet auf dem AB bei der Zählerdarstellung für das obere Häschen bei der
36		Drehrichtung einen Pfeil nach oben ein. Heidi trägt bei der Angabe für die Anzahl der
37		Drehungen des Zählers für das untere Häschen eine 0 ein. Heidi trägt bei der Angabe
38		für die Anzahl der Drehungen für das obere Häschen eine 0 ein. Heidi trägt in die
39		Zieldarstellung des Zählers für das obere Häschen in das Zehnerrädchen eine 1, in das
40		Einerrädchen eine 7. Heidi trägt in die Zieldarstellung des Zählers für das untere
41		Häschen in das Einerrädchen eine 7, in das Zehnerrädchen eine 0.]

Bei diesem Transkript wird deutlich, dass die Aufgabenstellung beziehungsweise das Aufgabenformat als solches nicht verstanden wird, was klar von der Schülerin durch „Ich versteh von hier nicht" (Z. 3) geäußert wird. Es bedarf weiterer Unterstützung, um diese Aufgabe bearbeiten zu können. Es scheint jedoch nicht am sprachlichen Verständnis zu liegen, sondern vor allem am Aufgabenformat (z. B. Z. 14). Als hilfreich erweist sich das Hinzunehmen des Sprachgerüsts und die zusätzliche Ergänzung der jeweiligen Gebärden (z. B. Z. 8). Mit dieser Unterstützung kann eine inhaltliche Struktur der Aufgabenstellung hergestellt und transparent gemacht werden, sodass die Aufgabe schließlich nach einer gewissen Einführung in das Aufgabenformat bearbeitet werden kann und auch der inhaltliche Kern der Aufgabe zu Partnerbeziehungen selbstständig erfasst wird.

Außerdem zeigt sich im Hinblick auf das Design-Prinzip zur Schüler*innenorientierung im inhaltlichen Bereich, dass grundlegende Fähigkeiten wie die Anzahlerfassung von bis zu neun Elementen mit Hürden verbunden und herausfordernd sein können. So werden beispielsweise neun Kugeln als zwölf angesehen und diese Angabe wird mehrfach bestätigt. Als förderlich erweist sich hierbei eine ergänzende Handlung durch die Lehrperson, sodass eine Schnittstelle zwischen dem Design-Prinzip zur Schüler*innen- und Handlungs-orientierung vorzufinden ist. Deshalb wird an späterer Stelle in der Kombination dieser beiden Design-Prinzipien noch einmal genauer darauf eingegangen (siehe Abschnitt 9.2.3). Es wird jedoch deutlich, dass auch grundlegende Kompe-tenzen nicht zwangsläufig vorausgesetzt werden dürfen, sondern vielmehr im Lehr-Lernarrangement Berücksichtigung finden müssen.

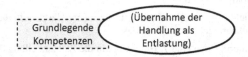

Weiterhin wird teilweise auf bekannte Strukturen oder Vorgehensweisen zurückgegriffen, die jedoch im entsprechenden Kontext nicht passend und hilf-reich sind, sodass dadurch wiederum Hürden entstehen. Konkret treten diese im Kontext der RWT auf, indem die farbliche Strukturierung zunächst als Zehner-struktur und dann, unter Umständen im Rückgriff auf die Technik ‚Kraft der Fünf‘, als Bündelung von fünf Elementen, also fünf orangen Kugeln, aufgefasst wird, worüber wiederum auf die Gesamtanzahl der Kugeln auf der Kugelstange geschlossen wird. Es zeigt sich somit, dass im Hinblick auf die Anbahnung eines ersten Stellenwertverständnisses entwickelte Strukturen und Techniken, insbesondere in Bezug auf Bündelungen, von Schüler*innen überdacht und verän-dert werden müssen, um neue, dem Stellenwertsystem entsprechende Strukturen ausbilden zu können.

Im Kontext des Lehr-Lernarrangements stellt sich weiterhin heraus, dass das Lesen von Zahlzeichen, also das Nennen von Zahlwörtern, aus dem Material des Zählers zu Herausforderungen führt. So werden die eingestellten beziehungs-weise eingetragenen Zahlzeichen innerhalb der Rädchen ziffernweise gelesen und nicht als eine zusammenhängende Zahl. Dies kann einerseits am Material und dessen Aufbau liegen, da die Ziffern einzeln zu bedienen sind beziehungsweise jeweils in ein Feld eingetragen werden. Andererseits kann es jedoch auch am

Lesen von mehrstelligen Zahlzeichen selbst liegen. Letztere Annahme spiegelt die sprachliche Herausforderung von Zahlwörtern insgesamt wider, die wiederum Auswirkungen im Hinblick auf das Stellenwertverständnis haben kann (siehe Abschnitt 2.2.3). Somit sollte hier explizit im Lehr-Lernarrangement auf eine sprachliche Begleitung, auch beim Lesen und Nennen von Zahlzeichen beziehungsweise Zahlwörtern geachtet werden.

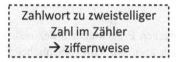

Zahlwort zu zweistelliger
Zahl im Zähler
→ ziffernweise

Ähnliches zeigt sich bei der Hürde zu Formulierungen auf Grundlage des dezimalen Stellenwertsystems, wie zum Beispiel ein Zehner bei zehn Elementen. Folgendes Transkript soll dazu einen Einblick ermöglichen:

Transkript Hannes zum Design-Prinzip zur Schüler*innenorientierung (inhaltlicher Bereich): *Formulierung aus dezimalem Stellenwertsystem*

1		[Dauer: 0:16 Min.] [Henrieke und Hannes haben die RWT und den Zähler vor sich.
2		Henrieke ist mit dem Häschen von der 10er- auf die 11er-Kugelstange gehüpft und es
3		geht um die Frage, wie der Zähler entsprechend eingestellt werden muss. Henrieke
4		hüpft bereits weiter.]
5	Henrieke	Und hier //Zwei// [setzt das Häschen auf die 12er-Kugelstange.] Und hier Drei [setzt
6		das Häschen auf die 13er-Kugelstange], Vier [setzt das Häschen auf die 14er-
7		Kugelstange], Fünf [setzt das Häschen auf die 15er-Kugelstange], Sechs [setzt das
8		Häschen auf die 16er-Kugelstange], Sieben [setzt das Häschen auf die 17er-Kugelstange.]//
9	Hannes	//Ah guck das sieht man weißt du das sind [spurt mit der Hand die 11er-
10		Kugelstange nach.]//
11	AZ	//Super Henrieke.//

12	Hannes	[Spurt mit der Hand die 11er-Kugelstange nach] das sind zehn Einer das sind
13		zehn Einer das sind ähm das sind ein Zehner [spurt mit der Hand die grünen
14		Kugeln an der 11er-Kugelstange nach] und da ein Einer [zeigt mit dem Finger auf die
15		orange Kugel an der 11er-Kugelstange.]
16	AZ	Super.

Beim Erläutern der eigenen Erkenntnis zur dezimalen Struktur tritt eine Herausforderung auf, die sich zwar auf rein sprachlicher Ebene äußert, indem die mündliche Angabe eines Zehners mit Hürden verbunden ist (Z. 13 f.). Allerdings kann diese Herausforderung auch in den inhaltlichen Bereich eingeordnet werden, indem die Versprachlichung dezimaler Strukturen in engem Zusammenhang mit einem dezimalen Stellenwertverständnis an sich steht, was auch auf die Hürde beim Nennen des Zahlworts zweistelliger Zahlzeichen zutrifft (siehe Abschnitt 2.2.3). Durch ein Überwinden dieser Hürde kann die dezimale Strukturierung im Material durch die Farbe verbalisiert, fokussiert und schließlich weitergeführt werden, indem sie auch bei anderen Zahlen geprüft beziehungsweise angewandt wird. Diese Hürde bestätigt, dass sprachliche Formulierungen im Kontext des Stellenwertsystems vor allem mit Blick auf den Förderschwerpunkt Hören und Kommunikation Beachtung finden und gefördert werden müssen und diese nicht als Voraussetzung angenommen werden dürfen.

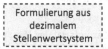

Formulierung aus
dezimalem
Stellenwertsystem

Die Herausforderung ‚Formulierung / Präzisierung einer Erklärung am / mit Material', die bereits im sprachlichen Bereich vorgestellt wurde, lässt sich zusätzlich auch im inhaltlichen Bereich einordnen. Ausgelöst durch sprachliche Barrieren entstehen Unsicherheiten, die wiederum auf inhaltlicher Ebene zu verorten sind. So scheinen die sprachlichen Hürden dazu zu führen, dass das eigene Wissen, eigene Entscheidungen und Überlegungen erneut hinterfragt werden und somit die eigene Bearbeitung durch das Formulieren und Präzisieren der Erklärung angezweifelt wird. Für den inhaltlichen Bereich ist diese Herausforderung insofern relevant, als dass unter Umständen erste angebahnte Konzepte mathematischer Zusammenhänge gegebenenfalls als nicht korrekt angenommen und wieder verworfen werden. Wie bereits im sprachlichen Bereich dargestellt bietet sich die Aufforderung beziehungsweise der Einsatz von Darstellungsvernetzung als Unterstützung an, um den eigenen Unsicherheiten entgegen wirken zu können und über die Vernetzung neue Sicherheit bezüglich der mathematischen Zusammenhänge geben zu können.

Der Einsatz von Darstellungsvernetzung erweist sich auch in anderen Kontexten als hilfreich, unter anderem insbesondere durch die Bereitstellung von Material:

Transkript Hajo zum Design-Prinzip zur Schüler*innenorientierung (inhaltlicher Bereich): *Aufforderung zur / Einsatz von Darstellungsvernetzung*

<table>
<tr><td>1</td><td></td><td>[Dauer: 0:30 Min.] [Vor Hajo stehen die RWT und der Zähler auf dem Tisch. Er bearbeitet</td></tr>
<tr><td>2</td><td></td><td>ein Arbeitsblatt.]</td></tr>
</table>

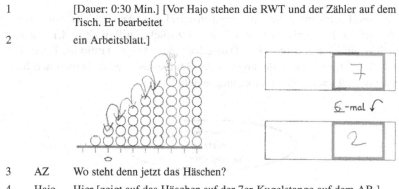

<table>
<tr><td>3</td><td>AZ</td><td>Wo steht denn jetzt das Häschen?</td></tr>
<tr><td>4</td><td>Hajo</td><td>Hier [zeigt auf das Häschen auf der 7er-Kugelstange auf dem AB.]</td></tr>
<tr><td>5</td><td>AZ</td><td>Wo ist das?</td></tr>
<tr><td>6</td><td>Hajo</td><td>[Zieht die RWT näher zu sich heran und setzt enaktiv das Häschen auf die 7er-</td></tr>
<tr><td>7</td><td></td><td>Kugelstange.]</td></tr>
<tr><td>8</td><td>AZ</td><td>Und wo steht das Häschen dann?</td></tr>
<tr><td>9</td><td>Hajo</td><td>Bei der Sieben [zeigt auf das Häschen auf dem AB.]</td></tr>
<tr><td>10</td><td>AZ</td><td>Bei Sieben, wie kannst du die Sieben prüfen?</td></tr>
</table>

11	Hajo	Eins [tippt mit dem Finger auf die 0er-Kugelstange, schüttelt dann leicht den Kopf.]
12		Eins [startet erneut, indem er währenddessen den Hüpfer von der 0er- auf die 1er-
13		Kugelstange nachspurt], zwei [spurt währenddessen den Hüpfer von der 1er- auf die
14		2er-Kugelstange nach], drei [spurt währenddessen den Hüpfer von der 2er- auf die
15		3er-Kugelstange nach], vier [spurt währenddessen den Hüpfer von der 3er- auf die
16		4er-Kugelstange nach], fünf [spurt währenddessen den Hüpfer von der 4er- auf die
17		5er-Kugelstange nach], sechs [spurt währenddessen den Hüpfer von der 5er- auf die
18		6er-Kugelstange nach], sieben [spurt währenddessen den Hüpfer von der 6er- auf die
19		7er-Kugelstange nach.]
20	AZ	Okay, gut.
21	Hajo	[Spurt mit der Hand die Kugelstange entlang] sind sieben.

Ergänzend zum eigentlichen Arbeitsmaterial des Arbeitsblatts wird selbstständig auf die RWT als enaktives Material zurückgegriffen (Z. 6 f.), wodurch eine selbst initiierte und bewusste Darstellungsvernetzung stattfindet. Deren Einsatz ermöglicht eine Unterstützung bei der Bearbeitung der Aufgaben und bietet zudem eine selbstständige Überprüfungsmöglichkeit.

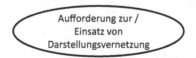

Aufforderung zur /
Einsatz von
Darstellungsvernetzung

Im inhaltlichen Bereich lässt sich der Begriff der Rechnung, ebenso wie im sprachlichen Bereich, noch einmal als herausfordernd aufführen. Denn ausgehend von der sprachlichen Herausforderung stellt die Erzeugung der vollständigen Rechnung eine Hürde dar, die sich insbesondere auf der inhaltlichen Ebene verorten lässt. Es wird deutlich, dass die sprachliche Barriere durch den unbekannten Begriff der Rechnung Auswirkungen auf ein inhaltliches Verständnis haben kann und somit Unterstützung notwendig ist. Wie bereits im sprachlichen Bereich beschrieben, erweist sich das Anwenden des Sprachgerüsts für eine schrittweise Konstruktion als hilfreich, über die zum einen die Bedeutung des Begriffs ‚Rechnung' ausgebildet, gleichzeitig aber auch das Erzeugen und Konstruieren der vollständigen Rechnung erarbeitet werden können.

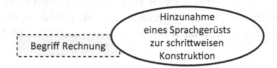

Insgesamt scheint ein Anwenden von sprachlichen Mustern, wie unter anderem dem Sprachgerüst, eine feste Struktur anzubieten, die von Seiten der Schüler*innen angenommen sowie übernommen werden kann. Sprachliche Muster stellen in der Hinsicht eine hilfreiche Unterstützung dar, indem Arbeitsaufträge oder Handlungen entlang dieser Struktur umgesetzt werden können und darüber schließlich die mathematischen Inhalte schrittweise herausgearbeitet und erfasst werden können. Es bietet somit eine gewisse Entlastung an, da die Bearbeitungsschritte durch das Schema vorgegeben werden und auch die Verbalisierung dieser Inhalte durch das sprachliche Muster erleichtert wird.

Weiterhin erweist sich im Hinblick auf das Design-Prinzip zur Schüler*innenorientierung das Stellen von konkreten Nachfragen, unter anderem im Kontext von Bearbeitungen von Arbeitsblättern, als hilfreich. Durch die Verbalisierung scheint eine Fokussierung auf den relevanten Inhalt ermöglicht zu werden, sodass die Aufgabe vom*von der Schüler*in selbstständig ohne zusätzliche inhaltliche Unterstützungen (weiter) bearbeitet werden kann.

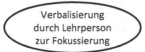

Darstellungsvernetzung (technisch)

Im Kontext der Darstellungsvernetzung, die als mathematikdidaktisches Design-Prinzip der Entwicklung des Lehr-Lernarrangements zugrunde gelegt wurde, lassen sich einige herausfordernde sowie hilfreiche Aspekte zur Konkretisierung des Design-Prinzips zur Schüler*innenorientierung ausmachen (siehe Tabelle 9.5). In diesem Bereich sollen insbesondere technische Aspekte aufgeführt werden, sodass die Darstellungsvernetzung als solche im Fokus steht und die Herausforderungen nicht durch beispielsweise sprachliche Hürden entstehen.

Tabelle 9.5 Darstellungsvernetzung (technisch) – Herausforderungen und Strategien des Umgangs mit herausfordernden Situationen

Herausfordernde Situationen	Strategien zum Umgang mit herausfordernden Situationen
– Pfeilsymbol / Diamantabbildung – verschiedene Richtungen / Perspektiven der Vernetzung	– Verwendung von Sprache zur Vernetzung – Hinzunahme eines Sprachgerüsts als Struktur

Zunächst scheinen das Pfeilsymbol als solches nicht durchgehend ein bekanntes Symbol und die Bedeutung unter anderem der Pfeilspitze nicht zwingend verinnerlicht zu sein. So wird diese beispielsweise nicht als Symbol zur Markierung des Zielpunkts, sondern als Ausgangspunkt des Pfeils angesehen oder sie wird nicht als zwingendes Element des Symbols des Pfeils wahrgenommen:

Transkript Heidi zum Design-Prinzip zur Schüler*innenorientierung (Darstellungsvernetzung (technisch)): *Pfeilsymbol / Diamantabbildung*

1	[Dauer: 1:00 Min.] [Heidi, Henrieke und Hannes sitzen nebeneinander je an einem
2	Tisch, auf welchen sich der Innenkreis der RWT und der Zähler befinden. Es wird ein
3	Arbeitsblatt bearbeitet.]

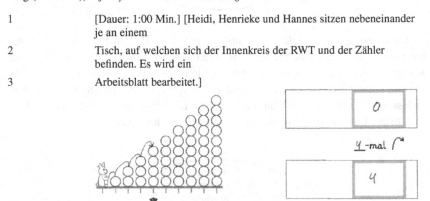

4	AZ	Male mal die Pfeile ein, wie der hüpft zum Diamanten [zeigt auf ikonische RWT.]
5	Heidi	Wo soll ich das denn machen? [Fährt mit dem Finger über die ikonische RWT.]
6	AZ	Die Pfeile von, wie hier [zeigt auf die obere ikonische RWT auf dem AB], oh da guck
7		mal, da fehlt noch die Pfeilspitze.
8	Henrieke	Hannes ist schon weit.
9	AZ	Von dem Ziel. [Legt das AB aus ihren Händen auf ihren Tisch.] Guck mal Heidi, wo
10		ist das Ziel hier oben? [Zeigt auf die obere ikonische RWT auf dem AB.] Vom
11		Hüpfen. Die Spitze, die so am Pfeil sitzt [zeigt mit den Hängen eine Pfeilspitze.]
12		Die muss hier noch oben drauf [zeigt auf die Bögen an der oberen ikonischen RWT.]
13	Heidi	Malen?
14	AZ	Genau, male mal da so eine Spitze an den Pfeil. An den Bogen.
15	Heidi	So? [Zeichnet an das untere Ende des bereits eingezeichneten Bogens zur 3er-
16		Kugelstange auf der oberen RWT eine Pfeilspitze ein, die nach unten zeigt.]
17	AZ	Ja, genau. Perfekt, genau. Und hier malst du jetzt auch die Bögelchen, bis zum
18		Diamanten [zeigt auf die ikonische RWT der eigentlichen Aufgabe und spurt die Hüpfer
19		des Häschens nach.]
20	Heidi	//Wo ist der Diamant?//
21	AZ	//Von dem Hasen.// Das ist das [zeigt auf den ikonischen Diamanten unter der 4er-
22		Kugelstange.]
23	Hannes	Fertig.
24	AZ	Das ist der Diamant.
25	Heidi	[Zeichnet die Bögen von der 0er- zur 1er-, von der 1er- zur 2er-, von der 2er- zur 3er-
26		und von der 3er- zur 4er-Kugelstange der ikonischen RWT ein.]

Es wird deutlich, dass das Pfeilsymbol, welches die ikonische Darstellung der Hüpfer repräsentiert und somit zentral für eine gelingende Darstellungsvernetzung ist, nicht als bekannt vorausgesetzt werden kann (Z. 15 f.). Vielmehr müssen Symbole, die im Kontext der Vernetzung eingesetzt werden, mit den Schüler*innen explizit thematisiert werden, damit der Prozess erfolgreich gelingen kann. Gleiches gilt für ikonische Darstellungen von Gegenständen, wie dem Diamanten. Auch diese Herausforderung wird in der dargestellten Szene offensichtlich (Z. 20). Die Abbildung des Diamanten wird nicht mit dem ‚echten' Diamanten, mit dem auf enaktiver Ebene gehandelt wird, in Verbindung gebracht. Falls die Abbildung des Diamanten als solche erkannt wird, muss außerdem die Bedeutung der Abbildung wahrgenommen werden. Auch hierdurch kann eine Hürde entstehen, indem in der ikonischen Darstellung diese Abbildung nicht mit dem Ziel des auf der RWT dargestellten Häschens und dessen Hüpfern in Verbindung gebracht wird.

```
┌─────────────────────────┐
│      Pfeilsymbol /       │
│    Diamantabbildung      │
└─────────────────────────┘
```

Des Weiteren zeigt sich im Bereich der Darstellungsvernetzung, dass eine Vernetzung aus verschiedenen Richtungen beziehungsweise Perspektiven mit Hürden verbunden sein kann. Folgende Beispielszene soll einen Einblick geben:

Transkript Henrieke zum Design-Prinzip zur Schüler*innenorientierung (Darstellungsvernetzung (technisch)): *Verschiedene Richtungen / Perspektiven der Vernetzung – Verwendung von Sprache zur Vernetzung*

1		[Dauer: 0:35 Min.] [Henrieke und Hajo haben die RWT und den Zähler
2		vor sich. Henriekes Häschen sitzt auf der 13er-Kugelstange, schaut nach unten und
3		hüpft 2-mal. Das Häschen sitzt nun auf der 11er-Kugelstange und Henrieke hat den
4		Zähler entsprechend eingestellt.]
5	AZ	Aha. Und wie viele orange sind da?
6	Henrieke	Eins.
7	AZ	//Und wie// viele grüne?
8	Henrieke	//Äh // Eins. Äh..

9	AZ	Wie viele grüne?
10	Henrieke	Zehn. Aber wie soll man denn Zehn einstellen?
11	AZ	Was steht denn für die Zehn?
12	Henrieke	Elf. Also braucht man nicht die Zehn, die Zehn einstellen.
13	AZ	Wo findet man denn die Zehn [deutet auf den Zähler]? Das ist eine super Frage:
14		Wo findest du die Zehn da [deutet auf den Zähler] bei deinem Zahlenschloss?
15	Henrieke	Weiß ich nicht.
16	AZ	Welche Zahl zeigt das an, dass das zehn grüne sind? [Henrieke beschäftigt sich mit
17		einem Stift aus ihrem Etui.]

Bei dieser Szene hat bereits erfolgreich eine Vernetzung der enaktiven Ebene durch Hüpfer auf der RWT mit der entsprechenden enaktiven und symbolischen Ebene am Zähler stattgefunden. Bei der erneuten Vernetzung, nun allerdings zwischen der Anzahl der Kugeln der Kugelstange der RWT, auf der das Häschen sitzt, mit dem expliziten Zahlzeichen am Zähler, entstehen Unsicherheiten, wie genau die zehn grünen Kugeln symbolisch am Zähler dargestellt werden können (Z. 10). Insbesondere die Frage, welche Ziffer am eingestellten Zähler, somit also der symbolischen Ebene, die zehn grünen Kugeln repräsentiert, für die also ein Bezug zur enaktiven Darstellung hergestellt werden muss, kann nicht beantwortet werden (Z. 14 f.). Es muss also im Hinblick auf die Darstellungsvernetzung berücksichtigt werden, dass auch eine bereits erfolgreiche Vernetzung unter Umständen aus einer anderen Richtung beziehungsweise Perspektive zu erneuten Herausforderungen führen kann und dementsprechend intensive Erarbeitungen und Wiederholungen notwendig sind und im Lehr-Lernarrangement bedacht werden müssen. Durch die Verwendung von Sprache wird die Vernetzung fokussiert und damit der Blick auf die zentralen Inhalte gelenkt. Gegebenenfalls können darüber auch noch einmal vertieft vorhandene Hürden aufgedeckt werden, wie es in diesem Transkript beispielsweise der Fall ist.

Auch das Bereitstellen eines und das Orientieren an diesem Sprachgerüsts, das ebenfalls für die Darstellungsvernetzung als Strukturhilfe angewandt wird, scheint hilfreich zu sein. Insbesondere die Kombination aus der Verwendung von Sprache und dem Sprachgerüst als strukturgebendes Element erweist sich als hilfreich für eine Darstellungsvernetzung, wie das nachfolgende Transkript exemplarisch zeigt:

Transkript Hannes zum Design-Prinzip zur Schüler*innenorientierung (Darstellungsvernet-zung (technisch)): *Verwendung von Sprache zur Vernetzung* und *Hinzunahme eines Sprach-gerüsts als Struktur*

1		[Dauer: 1:05 Min.] [Heidi, Helen und Hannes sitzen auf dem Boden vor dem
2		Zahlenstrahl mit bereits angelegten Zahlkarten. Ihnen gegenüber auf der anderen Seite
3		des Zahlenstrahls sitzt AZ. Über dem Zahlenstrahl vor AZ liegen sichtbar die
4		Fragestruktur-Karten. Die Schüler*innen tragen die enaktiv dargestellte Rechnung am
5		Zahlenstrahl als symbolische Rechnung in eine Tabelle auf einem Arbeitsblatt ein.]

Start	Richtung	Wie oft?	Ziel
6	+	3	= 9
7	–	4	= 3
0	+	6	= 6

6	AZ	Ich starte [setzt die Katze auf Zahlkarte Null.]
7	Hannes	Wo ist mein Bleistift [schaut sich um]?
8	Heidi	Wo ist mein Bleistift? [Nimmt ihren Bleistift und beginnt zu schreiben.]
9	Hannes	[Lacht.]
10	AZ	Schon das erste passiert, Hannes [schaut Hannes an.]
11	Hannes	Ja? [Schaut auf sein AB, dann auf die Katze auf dem Zahlenstrahl.] Null.
12	Heidi	Das ist plus.
13	Hannes	[Trägt in die Tabelle in das Start-Feld eine 0 ein.]
14	AZ	Ich schaue [dreht die Katze so, dass sie nach oben schaut] nach oben.
15	Hannes	Plus [trägt in das Richtung-Feld ein + ein.]
16	AZ	Und hüpfe eins [hüpft währenddessen mit der Katze auf Zahlkarte Eins], zwei [hüpft
17		währenddessen mit der Katze auf Zahlkarte Zwei], drei [hüpft währenddessen mit der
18		Katze auf Zahlkarte Drei], vier [hüpft währenddessen mit der Katze auf Zahlkarte Vier],

19		fünf [hüpft währenddessen mit der Katze auf Zahlkarte Fünf], sechs [hüpft
20		währenddessen mit der Katze auf Zahlkarte Sechs].
21	Hannes	Sechs [schreibt eine 6 in das Wie oft?-Feld] gleich Null [schaut AZ an.]
22	Helen	Gleich. Ich weiß es.
23	Hannes	[Lacht.]
24	Heidi	Gleich Sechs [schaut Helen an] //eh//, gleich Null.
25	Helen	//Sechs//
26	Hannes	Gleich Null [schaut AZ an.] Gleich Null oder?
27	AZ	Hmm. Wie kann man denn gucken, //wo das Ziel ist//?
28	Heidi	//Ach!// [Radiert ihre Eintragung im Ziel-Feld aus.]
29	Helen	Sechs.
30	AZ	Helen, wie kommst du auf Sechs?
31	Heidi	[Trägt eine 6 im Ziel-Feld ein] okay, fertig.
32	Helen	Ich weiß warum [trägt in das Ziel-Feld eine 6 ein.]
33	Hannes	[Trägt in das Ziel-Feld eine 6 ein.]
34	AZ	Warum?
35	Helen	Weil der steht auf der Sechs, weil du nicht mehr weiter hüpfst. Die bleibt einfach
36		stehen.

Die Verwendung von Sprache findet bei diesem Transkript insbesondere durch die Lehrperson statt, die die Schüler*innen dazu auffordert, die Darstellungsvernetzung der enaktiven (Lehrperson) und symbolischen (auf eigenem Arbeitsblatt einzutragen) Ebene vorzunehmen (z. B. Z. 6). Über das Sprachgerüst, das auch auf dem Arbeitsblatt in der Tabelle aufgegriffen wird, ist ergänzend eine feste Struktur vorhanden, die vor allem für die Schüler*innen transparent ist und somit als Orientierung für die Vernetzung genutzt werden kann. Im Hinblick auf ein schüler*innenorientiertes Lehr-Lernarrangement sollten für gelingende Darstellungsvernetzungen zum einen Unterstützungen wie die Verwendung von Sprache, sowohl auf Seiten der Schüler*innen als auch auf Seiten der Lehrperson, zur Konkretisierung der Vernetzung der Ebenen Berücksichtigung finden. Zum anderen sollten strukturgebende sprachliche Muster beziehungsweise Abläufe wie ein Sprachgerüst und / oder eine Kombination der beiden Unterstützungen bereits in der Konzeption eingebettet sein.

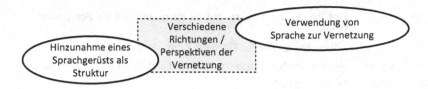

Sonstiges

In der folgenden Tabelle (siehe Tabelle 9.6) sind für den Bereich Sonstiges die herausfordernden Situationen sowie Strategien zum Umgang mit diesen aufgezeigt. In diesem Bereich werden sonstige relevante Aspekte gefasst, die ebenfalls Auswirkungen auf den Lernprozess haben können, jedoch nicht in direktem Zusammenhang mit dem mathematischen Inhalt stehen.

Tabelle 9.6 Sonstiges – Herausforderungen und Strategien des Umgangs mit herausfordernden Situationen

Herausfordernde Situationen	Strategien zum Umgang mit herausfordernden Situationen
– motivationale Aspekte – eingeschränkte Gedächtnisleistung / zu beanspruchte Konzentration – eingeschränkte Konzentration durch Mitschüler*innen	– Motivieren durch Bestätigung und Rückfragen – Wiederholung / Prüfung – Hinzunahme eines Sprachgerüsts als Struktur

Hier lassen sich unter anderem motivationale Aspekte feststellen, die sich als Herausforderungen im Hinblick auf Aufgabenbearbeitungen feststellen lassen. Welche tieferen Gründe die Motivation der Lernenden konkret geringhalten, lassen sich nicht ausmachen. Möglicherweise spielen eine hohe Konzentrationsanforderung über einen langen Zeitraum (Brophy, 2000, S. 23) und eigene Unsicherheiten (Schiefele, 2014, S. 257) eine Rolle. Allerdings erweisen sich der Literatur entsprechend (Schiefele, 2014, S. 255 f.) Bestätigungen und Rückfragen, die prägnant entlang des Sprachgerüsts, ergänzt mit Gebärden, durch die Lehrperson gestellt werden, als motivierende Aspekte, sodass die Aufgaben schließlich bearbeitet werden können.

Auch eine eingeschränkte Gedächtnisleistung beziehungsweise eine zu beanspruchte Aufmerksamkeit können sich als Hürden herausstellen:

Transkript Henrieke zum Design-Prinzip zur Schüler*innenorientierung (Sonstiges): *Eingeschränkte Gedächtnisleistung / zu beanspruchte Konzentration – Wiederholung / Prüfung*

1		[Dauer: 0:39 Min.] [Henrieke und Heidi haben jeweils die RWT und den
2		Zähler vor sich. Die Häschen auf der RWT von AZ sitzen auf der 5er- und auf der 15er-
3		Kugelstange. Der Zähler von Henrieke ist auf 15 eingestellt. Heidi hat die Fee und darf
4		eine Anweisung für die Häschen ansagen.]
5	Heidi	Okay, die Fee sagt: Dreimal hüpfen.
6	AZ	Nach oben oder nach unten? [Zeigt nach oben und nach unten.]
7	Heidi	Nach unten.
8	AZ	Okay.
9	Henrieke	Dreimal, okay [schaut auf den Zähler.]
10	AZ	Von fünfzehn aus? [Heidi nickt.] Okay, hast du noch eingestellt, den Start [zu
11		Henrieke]?
12	Henrieke	[Dreht den Zähler, der auf 15 eingestellt ist, zu AZ.]
13	AZ	Ja genau, von da aus dreimal nach unten.
14	Henrieke	Eins [dreht währenddessen das Einerrädchen nach oben. AZ hüpft währenddessen mit
15		beiden Häschen 1-mal nach unten.] Äh [Schüttelt den Kopf.] Eins [dreht
16		währenddessen das Einerrädchen 2-mal nach unten], zwei [dreht währenddessen das
17		Einerrädchen 1-mal nach unten. AZ hüpft währenddessen mit beiden Häschen 1-mal
18		nach unten], drei [dreht währenddessen das Einerrädchen 1-mal nach unten. AZ hüpft

19		währenddessen mit beiden Häschen 1-mal nach unten], vier [dreht währenddessen
20		das Einerrädchen 1-mal nach unten.]
21	Heidi	Nein, //drei! //
22	AZ	//Dreimal.//
23	Heidi	Drei. Genug.
24	Henrieke	Ach du meine Güte, jetzt bin ich durcheinander. [Scheint den Zähler zurück auf die
25		Starteinstellung 15 zu drehen.] Eins [dreht währenddessen das Einerrädchen 1-mal
26		nach unten], zwei [dreht währenddessen das Einerrädchen 1-mal nach unten], drei
27		[dreht währenddessen das Einerrädchen 1-mal nach unten und dreht dann den Zähler
28		zu AZ.]
29	AZ	Passt das? [Zeigt Henrieke ihre RWT, auf der die Häschen auf der 12er- und 2er-
30		Kugelstange sitzen.]
31	Henrieke	Ja.
32	AZ	Super, Henrieke.

Die mündliche Anweisung zur Anzahl der Hüpfer, die der Anzahl der Drehungen entspricht, wird zunächst bestätigt und noch einmal wiederholt (Z. 9). In der konkreten Umsetzung am Zähler scheint jedoch die Gedächtnisleistung beziehungsweise insbesondere die Aufmerksamkeitskapazität nicht auszureichen, diese Angabe auch während der Durchführung der Handlung zu berücksichtigen und im Hinterkopf zu behalten, um im entsprechenden Moment die Handlung zu beenden. Dass zu dem Moment eine Überforderung besteht, wird sogar von der Schülerin mündlich ausgedrückt: „Ach du meine Güte, jetzt bin ich durcheinander" (Z. 24). Es wird deutlich, dass Angaben wie die Anzahl der Hüpfer und Drehungen zwar verstanden und wahrgenommen werden, in der Umsetzung dann aber aufgrund der zu beanspruchten Aufmerksamkeit Herausforderungen entstehen können. Als mögliche Lösung zeigt sich eine Wiederholung zunächst der konkreten nicht berücksichtigten Angabe sowie der entsprechenden Handlung am Zähler (Z. 22 ff.), sodass sie stärker im Gedächtnis eingeprägt ist. Durch die Wiederholung kann zudem die Umsetzung der Arbeitsanweisung erneut auf Richtigkeit geprüft werden.

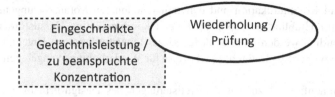

Als weitere Konkretisierung im Bereich Sonstiges im Hinblick auf das Design-Prinzip zur Schüler*innenorientierung lässt sich eine eingeschränkte Konzentration festhalten. Diese entsteht unter anderem durch Mitschüler*innen, die parallel eine Aufgabe bearbeiten und dabei beispielsweise bereits in ihrer Bearbeitung voraus sind. Dadurch kann unter Umständen ein Empfinden von (Leistungs-) Druck, der wiederum zu Konzentrationslücken führen kann, entstehen. Möglicherweise wird dies durch Einschränkungen in der Kommunikation, indem nicht alle Gespräche zwischen den Mitschüler*innen und der Lehrperson in Gänze verstanden werden, noch verstärkt, da dadurch Ablenkungen entstehen und die Konzentration auf Parallelgespräche anstatt auf die zu bearbeitende Aufgabe gerichtet wird. Diese Einschränkung in der Konzentration kann schließlich zu inhaltlichen Fehlern führen. Auch in solchen Situationen erweist sich das Sprachgerüst erneut als hilfreich, indem es eine Struktur vorgibt und die Konzentration bündeln kann. Das Sprachgerüst kann dabei zum einen von den Schüler*innen selbst hinzugezogen werden, zum anderen kann es auch von der Lehrperson als äußere Struktur genutzt werden, um darüber die Konzentration immer wieder aktivieren zu können.

Mit den Konkretisierungen im Bereich Sonstiges zeigt sich, dass im Hinblick auf Schüler*innenorien-tierung auch mit anderen Herausforderungen als rein mathematisch inhaltlichen sowie sprachlich und kommunikativen Einschränkungen aufgrund der Hörschädigung zu rechnen ist. Teilweise können sie durch die Hörschädigung bedingt sein, müssen jedoch nicht offensichtlich im Zusammenhang damit stehen. Die Konkretisierungen zum Design-Prinzip ‚Grundsätzliche Ausrichtung an Bedürfnissen der Schüler*innen aufgrund des Förderbedarfs

Hören und Kommunikation und den individuellen Lernvoraussetzungen, insbesondere im Hinblick auf sprachliche und kommunikative Herausforderungen' lassen deutlich werden, dass auch für diese Herausforderungen Unterstützungen und ein gewisser Spielraum beispielsweise für Wiederholungen angeboten werden muss.

Zusammenfassend zu den Konkretisierungen des Design-Prinzips zur Schüler*innenorientierung in allen vier Bereichen lässt sich feststellen, dass sich die Aufforderung zur beziehungsweise der Einsatz von Darstellungsvernetzung insbesondere im sprachlichen und inhaltlichen Bereich als hilfreich auszeichnet. Somit lässt sich eine enge Verschränkung zum mathematikdidaktischen Design-Prinzip zur Darstellungsvernetzung feststellen, welche die Relevanz dieses Design-Prinzips, vor allem im Kontext des Förderschwerpunkts Hören und Kommunikation, noch einmal hervorhebt. Auch das Sprachgerüst erweist sich in verschiedenen Kontexten, die mit Herausforderungen verbunden sind, als geeignete und hilfreiche Unterstützung, indem es auf vielfältige Weise eingesetzt und verwendet werden kann (siehe Abb. 9.9).

Im folgenden Abschnitt soll nun das Design-Prinzip zur Handlungsorientierung ausgearbeitet und es sollen Konkretisierungen dessen hergeleitet werden.

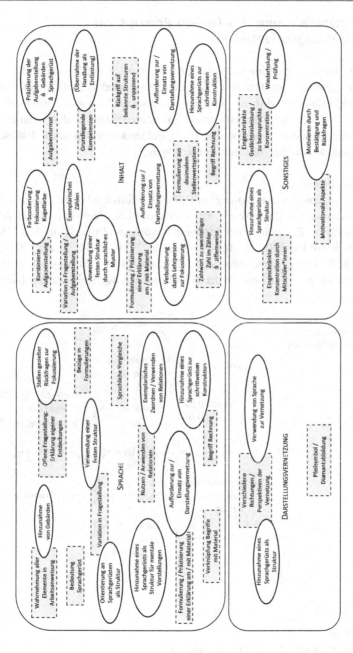

Abb. 9.9 Konkretisierungen des Design-Prinzips zur Schüler*innenorientierung im Überblick

9.2.2 Konkretisierung des Design-Prinzips zur Handlungsorientierung

Mit Blick auf das Design-Prinzip ‚Mathematische Aspekte und Zusammenhänge durch aktives und eigenes Handeln mit (mathematikdidaktischen) Materialien entdecken und erfassen' wird im Zuge der Analyse zunächst eine Differenzierung zwischen Handlungen als Hilfsmittel im weiten Sinne und Handlungen selbst als Lerngegenstand vorgenommen. Im Folgenden sollen anhand dieser Unterscheidung detaillierte Ausführungen erfolgen.

Handlung als Hilfsmittel
In Kontexten, in denen eine Handlung als Hilfsmittel festzustellen ist, lassen sich anhand der gewonnenen Daten wiederum unterschiedliche Funktionen der Handlungen ausmachen, die auch in der Literatur wiederzufinden sind (u. a. KMK, 1996, S. 17; Schröder, 1995, S. 166 ff.; Stecher, 2011, S. 34; Wiater, 2011a, S. 93; 2011b, S. 103 f.; siehe Abschnitt 5.2). Konkret können folgende Funktionen von Handlungen im Bereich der Hilfsmittel herausgestellt werden (siehe Abb. 9.10):

Abb. 9.10 Funktionen von Handlungen als Hilfsmittel

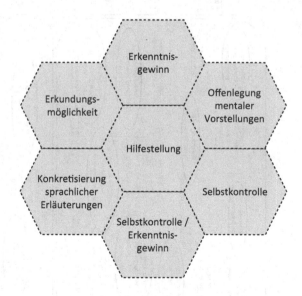

– Hilfestellung
– Konkretisierung sprachlicher Erläuterungen

- Selbstkontrolle
- Selbstkontrolle / Erkenntnisgewinn
- Erkenntnisgewinn
- Erkundungsmöglichkeit
- Offenlegung mentaler Vorstellungen

Dabei stellen Handlungen nicht immer selbst die klassische Hilfestellung für die Schüler*innen dar, sondern dienen auch für tiefere Einblicke oder Erkenntnisgewinne und diesbezüglich als Hilfsmittel.

In der Funktion der eigentlichen Hilfestellung für Schüler*innen lassen sich Handlungen in vielfältiger Weise in verschiedenen Kontexten der Herausforderungen als Hilfestellungen feststellen (siehe Tabelle 9.7 sowie Gesamtüberblick zu Herausforderungen und Strategien innerhalb der verschiedenen Funktionen siehe Abb. 9.11).

Tabelle 9.7 Handlung als Hilfestellung – Herausforderungen und Strategien des Umgangs mit herausfordernden Situationen

Herausfordernde Situationen	Strategien zum Umgang mit herausfordernden Situationen
– Erfassen von Anzahlen – Bestimmung des Ziels – Fokus auf Prozessen – Angaben zu → Start → Hüpfer → Ziel – sprachliche Anweisungen – dezimale Zahlschrift	– Anbieten von Möglichkeiten der eigenen Handlung mit Objekten – exemplarisches Handeln durch andere Person – Handlung mit Material – Handlung am (abgebildeten) Material – Überlassen der freien Wahl: Handlung mit / am Material – Hinzunahme einer Handlung für Erkenntnis zur sprachlichen Ausführung – Herstellen von Bezügen durch Handlungskombination → Aufforderung zur / Einsatz von Darstellungsvernetzung

Auf die konkreten Handlungen als Hilfestellung soll nun genauer eingegangen werden. So zeigt sich die Möglichkeit der eigenen Handlung mit Objekten als hilfreich in der Erfassung von Anzahlen. Beispielsweise kann aktiv ein Element weggenommen werden, sodass die Anzahl um eins reduziert wird und damit dem Subitizingbereich entspricht (siehe Abschnitt 3.1.3). Die Möglichkeit, diese Handlung umzusetzen beziehungsweise zu ergänzen, führt zu einer erfolgreichen Bestimmung der Anzahl an Elementen. Somit zeigt sich, dass Freiraum für eigene Handlungen und das Wissen um diese Möglichkeit hilfreich sein kann und im Rahmen eines handlungsorientierten Lehr-Lernarrangements angeboten werden sollte.

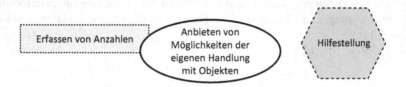

Weiterhin erweisen sich exemplarische Handlungen durch eine andere Person als hilfreich. Durch das exemplarische Agieren kann ein spezifischer Fokus zum Beispiel auf Prozesse des Hüpfens oder das Ziel gelegt und dadurch für die Schüler*innen hervorgehoben werden. Eine auftretende Herausforderung im Zuge der Bestimmung des Ziels lässt sich durch eine zunächst angedeutete und dann exemplarisch durchgeführte Handlung der Lehrperson lösen. Unter Umständen lenkt die exemplarische Handlung den Blick auf die gesuchte Angabe des Ziels, sodass die Aufgabe schließlich selbstständig korrekt gelöst werden kann.

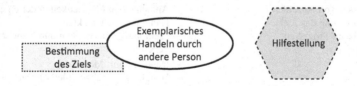

Außerdem kann eine exemplarische Handlung durch ein Fokussieren des Prozesses, indem beispielsweise der Hüpfprozess exemplarisch umgesetzt und gezählt wird, die Herausforderung zur Bestimmung beziehungsweise Umsetzung von Drehungen und Hüpfern, also Prozessen, überwinden. An dieser Stelle muss festgehalten werden, dass hierbei die Handlung teilweise sowohl die Funktion der Hilfestellung im Bereich der Hilfsmittel einnimmt als auch die Handlung selbst ursprünglich den Lerngegenstand darstellt und damit mit einer Hürde verbunden ist. Das Fokussieren des Prozesses, also die Einnahme der Prozesssicht, stellt eine große Herausforderung dar. Dabei lässt sich feststellen, dass verstärkt an Stelle der Prozesse selbst die Positionen beziehungsweise Anzahlen von Elementen in den Blick genommen werden und damit nicht die Handlung selbst. Darauf soll im Bereich der Handlungen als Lerngegenstand noch einmal eingegangen werden. Um jedoch der Herausforderung im Fokussieren der Prozesse begegnen zu können, erweist sich erneut die Handlung als hilfreich, insbesondere die exemplarisch von einer anderen Person durchgeführte Handlung.

In der folgenden Szene soll die Anzahl der Hüpfer im ikonisch dargestellten ZARAO 0 – 9 bestimmt werden. Dabei entsteht eine Herausforderung, indem Unsicherheit im zu zählenden Objekt besteht. Es wird zum einen zwischen den Anzahlen der eingezeichneten Pfeile und den Positionen variiert. Zum anderen wird der Zählprozess als solches nach einem ersten exemplarischen Zählen durch die Mitschülerin nicht konstant durchgeführt, wie im Transkriptausschnitt deutlich wird:

Transkript Hannes zum Design-Prinzip zur Handlungsorientierung (Hilfsmittel – Hilfestellung): *Fokus auf Prozessen – Exemplarisches Handeln durch andere Person*

1		[Dauer: 0:23 Min.] [Auf zwei Tischen sind zwei Magnettafeln aufgestellt. Auf der linken
2		Tafel sind die Start-Karte, die Richtung-Karte und die Ziel-Karte aufgehängt. Auf der
3		rechten Tafel ist eine Abbildung des ZARAOs 0 – 9 aufgehängt und auf der Abbildung
4		sind drei Hüpfer vom 2er-Kugelturm bis zum 5er-Kugelturm eingezeichnet. AZ steht
5		links neben den beiden Magnettafeln und hält die Wie oft?-Karte in ihrer Hand, die
6		beantwortet werden soll.]
7	Helen	Eins [*spurt währenddessen den eingezeichneten Hüpfer vom 2er-Kugelturm auf den*
8		*3er-Kugelturm nach.*]
9	AZ	Hannes, du musst gucken [tippt Hannes auf die Schulter.]
10	Helen	Zwei [*spurt währenddessen den eingezeichneten Hüpfer vom 3er-Kugelturm auf den*

11		*4er-Kugelturm nach*], drei [*spurt währenddessen den eingezeichneten Hüpfer vom 4er-*
12		*Kugelturm auf den 5er-Kugelturm nach.*]
13	Hannes	Hab ich ja gesagt drei.
14	AZ	Ja versuch du nochmal das vorzumachen [zeigt auf die Abbildung des ZARAOs.]
15	Hannes	[Geht zur Abbildung des ZARAOs 0 – 9] eins [spurt währenddessen mit dem Finger
16		den Pfeil vom 2er-Kugelturm auf den 3er-Kugelturm nach] … eins [tippt auf den 3er
17		Kugelturm], zwei [tippt auf den 4er Kugelturm], drei [tippt auf den 5er Kugelturm]
18		//hab ich gesagt.//
19	AZ	//Mach mal die Hüpfer.//
20	Helen	So [spurt mit ihrem Zeigefinger die eingezeichneten Pfeile nach.]
21	Hannes	Eins [spurt währenddessen mit dem Finger den Pfeil vom 2er-Kugelturm auf den 3er-
22		Kugelturm nach], zwei [spurt währenddessen mit dem Finger den Pfeil vom 3er- auf
23		den 4er-Kugelturm nach], drei [spurt währenddessen mit dem Finger den Pfeil vom
24		4er- auf den 5er-Kugelturm nach.] Hab ich gesagt.

Es zeigt sich, dass die Herausforderung, den Hüpfprozess zu fokussieren und diesen zu zählen, durch die exemplarische Handlung der Mitschülerin (Z. 20) überwunden werden kann (Z. 21 ff.). Somit erweist sich ein erstes Übernehmen und Vorführen der angestrebten Handlung als hilfreich und führt schließlich zu einer korrekten Lösung. Eine exemplarische Handlung übernimmt die Funktion der Hilfestellung, die somit dem Design-Prinzip zur Handlungsorientierung entspricht.

Eine alternative Handlung, die im Kontext von Hürden zur Fokussierung der Prozesse, insbesondere von Drehungen des Zählers, festzustellen ist, sind Handlungen mit Material. In dem Zusammenhang lässt sich als Konkretisierung des Design-Prinzips die Hilfestellung ,Handlung mit Material' herausstellen. Zur Bestimmung der Anzahl der Drehungen ist die ergänzende Handlung mit Material, nämlich die Handlung am enaktiven Zähler, hilfreich. Auf diese Handlung wird selbstständig als Ergänzung zur ikonischen Abbildung der RWT und der

Zählereinstellungen auf dem Arbeitsblatt zurückgegriffen und darüber schließlich die Anzahl der Drehungen der beiden Rädchen ermittelt.

Auch Handlungen am (abgebildeten) Material lassen sich unter der Funktion der Hilfestellung ausmachen. Somit wird an dieser Stelle eine Differenzierung zwischen mit und am Material deutlich, indem es sich bei Handlungen mit Material um enaktive Materialien handelt, mit denen agiert wird, und für Handlungen am Material an abgebildeten ikonischen Darstellungen Handlungen vorgenommen werden, indem beispielsweise Pfeile in die RWT-Darstellung als Hüpfer eingezeichnet oder nachgespurt werden. Letztere erweisen sich als hilfreich zur Suche nach den Angaben zum Start, zur Hüpferanzahl und zur Zielangabe. Um diese Angaben zu ermitteln, werden ergänzende Handlungen am Material von den Schüler*innen genutzt, mit deren Hilfe die korrekte Angabe gelingt.

Zudem erweisen sich eine freie Wahl von Seiten der Schüler*innen bezüglich Handlungen mit oder am Material als sinnvoll und zielführend:

Transkript Hajo zum Design-Prinzip zur Handlungsorientierung (Hilfsmittel – Hilfestellung): *Überlassen der freien Wahl: Handlung mit / am Material*

1	[Dauer: 0:15 Min.] [Heidi und Hajo haben die RWT und einen Zähler vor sich. Es wird
2	ein Arbeitsblatt bearbeitet. Hajo befindet sich genau an der Zählereinstellung zum

3   Hüpfer von der 9er- auf die 10er-Kugelstange.]

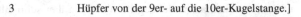

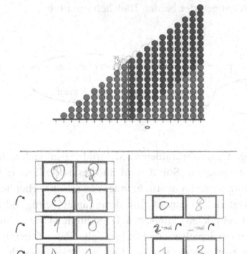

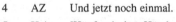

4   AZ   Und jetzt noch einmal.

5   Hajo   [Hüpft mit dem Häschen enaktiv an der RWT von der 9er- auf
              die 10er-Kugelstange.]

6   AZ   Was ist denn jetzt passiert?

7   Hajo   [Trägt in das Einerrädchen der ikonischen Darstellung des
              Zählers eine 0 ein. Dann

8   schaut Hajo noch einmal auf die enaktive RWT und notiert
              daraufhin eine 1 in das

9   Zehnerrädchen.]

10   AZ   Aha!

In der Situation besteht die freie Wahl, sich an der ikonisch abgebildeten RWT zu orientieren und daran am Material eine Handlung, zum Beispiel die Hüpfer durch Pfeile einzuzeichnen, vorzunehmen, oder alternativ, wie es in dem Fall vom Schüler gewählt wird, eine Handlung mit Material durch das Durchführen von Hüpfern an der RWT zu ergänzen (Z. 5). Es besteht somit eine Offenheit in dieser Hinsicht, die sich als mögliche Hilfestellung zur Bearbeitung des Arbeitsblatts auszeichnen lässt. Im Hinblick auf das Design-Prinzip zur Handlungsorientierung lässt sich somit festhalten, dass sich sowohl Handlungen am (abgebildeten) als auch mit Material als hilfreich erweisen und gegebenenfalls den Schüler*innen die Möglichkeit der Wahl der jeweiligen Handlung offengehalten werden kann. Darüber können schließlich mathematische Aspekte besser erfasst werden.

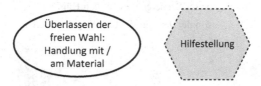

Bei eigens formulierten sprachlichen Ausführungen beziehungsweise sprachlichen Anweisungen von Seiten der Schüler*innen kann es zu Herausforderungen kommen in der Präzisierung und Differenzierung der Angaben sowie der Wahrnehmung von nicht korrekt dargestellten Zusammenhängen, zum Beispiel bezüglich Partnerbeziehungen. Hier kann die Hinzunahme einer Handlung zur Erkenntnis bezüglich der sprachlichen Ausführungen führen und somit die Funktion der Hilfestellung übernehmen, indem durch die Handlung die mathematischen Zusammenhänge offensichtlicher und bewusster wahrgenommen werden. Dadurch können schließlich die sprachlichen Erläuterungen und Anweisungen korrigiert und angepasst werden. Das Design-Prinzip zur Handlungsorientierung kann demnach um ergänzende Handlungen für Erkenntnisse zu sprachlichen Ausführungen konkretisiert werden.

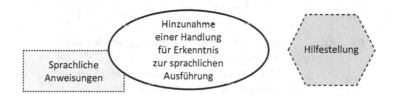

Eine weitere Konkretisierung von Handlungen in der Funktion als Hilfestellung lässt sich im Kontext von Herausforderungen bei der dezimalen Zahlschrift ausführen. An der Stelle kann eine Handlungskombination durch das Herstellen von Bezügen zwischen den Materialien hilfreich sein:

Transkript Henrieke zum Design-Prinzip zur Handlungsorientierung (Hilfsmittel – Hilfestellung): *Dezimale Zahlschrift – Herstellen von Bezügen durch Handlungskombination --> Aufforderung zur / Einsatz von Darstellungsvernetzung*

1		[Dauer: 0:36 Min. und 0:08 Min.] [Henrieke und Hannes haben die RWT und den
2		Zähler vor sich. Sie bearbeiten ein Arbeitsblatt. In dieser Szene geht es um den Hüpfer
3		von der 9er- auf die 10er-Kugelstange.]

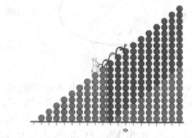

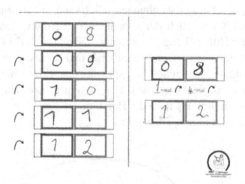

4	AZ	Jetzt hüpft das Häschen noch einmal, Henrieke und Hannes [macht mit den
5		Händen Hüpfbewegungen in der Luft.] Euer Häschen hüpft noch einmal hier [zeigt
6		auf die RWT.] Hüpft mal!
7	Henrieke	Einmal [macht mit dem Bleistift einen Hüpfer auf der ikonischen RWT in der Luft nach.]
8		//Eins.//
9	Hannes	//Ziel.// Ist der bei Zehn gelandet.

10	Henrieke	Bei Null [nimmt den Zähler in die Hand und dreht 1-mal das Einerrädchen.] Ne, bei
11		Null.
12	AZ	Null? Und, Achtung hüpf mal mit dem Häschen hier [deutet auf die RWT.]
13	Hannes	Ich muss //bei Zehn landen.//
14	AZ	//Hüpf mal [macht eine Hüpfbewegung mit der Hand in der Luft.]//
15	Henrieke	Eins [hüpft währenddessen mit dem Häschen von der 9er- auf die 10er-Kugelstange.]
16	Hannes	Ich muss zu Zehn.
17	AZ	Genau! Wie viele grüne haben wir denn jetzt?
18	Henrieke	Zehn.
19	AZ	[Zeigt auf den Zähler] dann musst du da was einstellen? ... Bei Grün?
20	Henrieke	[Nimmt den Zähler in die Hand und schaut auf die RWT.] Zehn. [Dreht am
21		Zehnerrädchen] ne Eins.
22	... [0:31 Min.]	
23	Henrieke	Hey, Hannes ist zu weit!
24	Hannes	Eins, Eins oder? Da kommt Eins Eins, oder?
25	Henrieke	[Trägt in die Zählerdarstellung für den Hüpfer von der 9er- auf die 10er-Kugelstange
26		eine 1 in das Zehnerrädchen und eine 0 in das Einerrädchen ein, wobei sie Hannes
27		Eintragungen zu übernehmen scheint.]

Die Kombination der Handlungen an der RWT und dem Zähler ermöglicht, dass Zusammenhänge zwischen Anzahlen von Mengen, konkret den zehn grünen Kugeln, und der dezimalen Zahlschrift aktiv und selbstständig von den Schüler*innen erfasst werden (Z. 18 ff.). Mögliche Herausforderungen, die auf symbolischer Ebene aufgrund des Stellenwertsystems auftreten können, lassen sich mit Hilfe einer Handlungskombination zumindest im Kleinen beziehungsweise als erste Schritte überwinden (Z. 20 f.). Die Aufforderung zur beziehungsweise der Einsatz von Darstellungsvernetzung, um die es sich letztendlich bei der Handlungskombination und dem Herstellen von Bezügen zwischen den Materialien handelt, stellt demnach eine handlungsorientierte Hilfestellung zur dezimalen

Zahlschrift dar, sodass ein handlungsorientiertes Lehr-Lernarrangement auch diese Form der Hilfestellung berücksichtigen sollte.

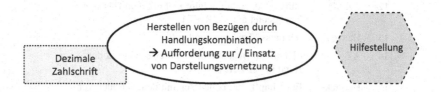

Eine weitere Funktion, die Handlungen einnehmen können und die für die vorliegende Arbeit herausgestellt werden kann, ist die Konkretisierung sprachlicher Erläuterungen durch Handlungen. Dies zeigt sich beispielsweise in einer Szene, die bereits im Kontext der Schüler*innenorientierung im sprachlichen Bereich dargestellt wurde:

Transkript Heidi zum Design-Prinzip zur Handlungsorientierung (Hilfsmittel – Konkretisierung sprachlicher Erläuterungen)

1		[Dauer: 0:45 Min.] [Zwei Magnettafeln sind vorne aufgebaut. Auf der linken
2		Magnettafel sind von links nach rechts die Start-Karte, die Richtung-Karte, die Wie
3		oft?-Karte und die Ziel-Karte mit Magneten befestigt. An der rechten Tafel ist ein
4		ikonischer ZARAO 0 – 9 angeheftet, auf dem die Bewegung $3 + 0 = 3$ mit Hilfe eines
5		eingetragenen Pfeils eingetragen ist. AZ sitzt neben der rechten Tafel auf einem Tisch.
6		Heidi und Helen sitzen an jeweils einem Tisch vor den beiden Magnettafeln.]
7	AZ	Genau. Heidi was ist denn das Ziel dann?

8	Heidi	Ziel? Bleibt man noch da.
9	AZ	Also?
10	Heidi	Das Ziel- warte [steht vom Stuhl auf und geht zur rechten Tafel mit dem ikonischen
11		ZARAO.] Zum Beispiel ich starte jetzt bei Eins [zeigt mit dem Finger auf den 1er-
12		Kugelturm] und ich hüpfe Richtung [spurt mit dem Finger Hüpfer nach oben nach]
13		plus.
14	AZ	Mhm [zustimmend.]
15	Heidi	Und wie oft? Eins [spurt währenddessen mit dem Finger vom 1er- zum 2er-
16		Kugelturm], zwei [spurt währenddessen mit dem Finger vom 2er- zum 3e-Kugelturm],
17		drei [spurt währenddessen mit dem Finger vom 3er- zum 4er-Kugelturm.]
18	AZ	Mhm [zustimmend.]
19	Heidi	Und ich lande bei Vier [zeigt auf den 4er-Kugelturm] und dann ist das Ziel [zeigt
20		Richtung Ziel-Karte].
21	AZ	Super. Genau und was ist hier [zeigt auf den 3er-Kugelturm an der Tafel] in dem
22		Fall das Ziel?
23	Heidi	Dann bleibt man noch da.
24	AZ	Also was ist das Ziel?
25	Heidi	Ziel ist die noch Dre- die Null [zeigt mit den Fingern das Zahlzeichen Null].
26	AZ	Die Null [zeigt mit den Fingern das Zahlzeichen Null] ist das Ziel?
27	Heidi	Ähm die Drei [zeigt drei Finger].
28	AZ	Genau.

Aus Perspektive des Design-Prinzips zur Handlungsorientierung lässt sich
feststellen, dass die sprachlichen Ausführungen und Antworten durch eine selbstständig ergänzte Handlung konkretisiert werden. Die ausschließlich sprachliche
Beantwortung erscheint der Schülerin nicht ausreichend, sodass sie bewusst auf
eine Handlung am Material des ikonischen ZARAOs zurückgreift (Z. 11 ff.). Daraus lässt sich schließen, dass sprachliche Erläuterungen durch eine ergänzende
Handlung auch von Seiten der Schüler*innen konkretisiert werden können und

der Handlung selbst die Funktion dieser Konkretisierung zukommt. Insgesamt können darüber schließlich die mathematischen Inhalte stärker fokussiert werden und auch mögliche Unklarheiten und Fehlvorstellungen in der ausgeführten Handlung zur sprachlichen Erläuterung gegebenenfalls festgestellt werden.

Damit einher geht auch die folgende Funktion, die Handlung einnehmen kann: die Selbstkontrolle mit und am (abgebildeten) Material. Im Zusammenhang mit auftretenden Herausforderungen wie dem Fokussieren von Prozessen (Hüpfer beziehungsweise Drehungen), der dezimalen Zahlschrift sowie den Angaben zu Start, Richtung, Hüpfer und Ziel stellen sich Wiederholungen der Handlungen, Handlungen mit Material oder die Kombination von Handlungen mit und am Material sowie eine Kombination der Prozess- und Objektsicht als hilfreich dar. In diesen Situationen kommt der Handlung die zentrale Funktion der Selbstkontrolle zu. Der folgende Transkriptausschnitt gibt einen Einblick, inwiefern eine kombinierte Handlung mit und am Material als Selbstkontrolle im Zuge der Bestimmung des Starts, der Richtung, der Anzahl der Hüpfer beziehungsweise Drehungen und des Ziels eingesetzt werden kann:

Transkript Heidi zum Design-Prinzip zur Handlungsorientierung (Hilfsmittel – Selbstkontrolle): *Angaben zu Start, Hüpfer und Ziel – Kombination mit und am (abgebildeten) Material*

1	[Dauer: 1:27 Min.] [Henrieke, Heidi und Hannes sitzen nebeneinander je an einem
2	Tisch, auf welchen der Innenkreis der RWT und ein Zähler stehen. Alle drei
3	Kinder bearbeiten ein Arbeitsblatt. Es wird eine Bearbeitung von Hannes kontrolliert und

4		nachbesprochen.]

5	AZ	[Tippt auf die unterste Aufgabe auf Hannes AB.] Stell das mal ein bitte [reicht Hannes
6		seinen Zähler.] Wo fängt der an? [Tippt auf die Aufgabe.]
7	Hannes	Bei Vier [nimmt den Zähler in die Hand und stellt am Einerrädchen eine 4 ein]. Ey.
8	AZ	Okay und jetzt //zähl mal wie oft du drehst damit du zur Sieben// bist.
9	Heidi	//Ähm Frau Zurnieden ich brauche Hilfe.//
10	Hannes	Eins, zwei [spurt mit dem Finger den Pfeil von der 4er- auf die 5er-Kugelstange und von
11		der 5er- auf die 6er-Kugelstange nach.]
12	AZ	Probiere mal hier [zeigt erst auf den ikonisch abgebildeten Zähler auf dem AB, dann
13		auf den enaktiven Zähler.] //Wie oft musst du weiter drehen?//
14	Heidi	//Frau Zurnieden.//
15	AZ	Ganz kurz [zeigt Heidi ihre Handfläche als Stoppsignal.]
16	Hannes	Eins, [dreht das Einerrädchen um eins weiter] zwei, [dreht das Einerrädchen um eins
17		weiter] drei, [dreht das Einerrädchen um eins weiter] vier. Vier? [Schaut AZ an.]
18	AZ	Achtung [nimmt Hannes Zähler in die Hand und dreht am Einerrädchen.] Bei der Vier
19		fangen wir an.
20	Hannes	Ah ok.
21	AZ	So Vier [stellt am Zähler die 4 ein]. Achtung [Hannes möchte den Zähler aus AZ
22		Händen nehmen] und jetzt zähl mal, ich drehe.
23	Hannes	Eins.
24	AZ	Dreh du. [Gibt Hannes den Zähler in die Hände.]
25	Hannes	Eins [dreht währenddessen das Einerrädchen um eins weiter], zwei [dreht

26		währenddessen das Einerrädchen um eins weiter], drei [dreht währenddessen das
27		Einerrädchen um eins weiter, legt den Zähler auf den Tisch und nimmt den Bleistift in die
28		Hand].
29	AZ	Aha.
30	Hannes	Aha. [Trägt in die Zählerdarstellung eine 3 für die Anzahl der Drehungen ein.] Fertig.
31	AZ	Ok, aber dann musst du da auch noch mal gucken [zeigt auf die ikonische RWT.]
32	Hannes	[Radiert seine Angabe zu den Drehungen des Zählers aus.] Warum? [Notiert stattdessen
33		eine 3.] Ist doch egal.
34	AZ	Da musst du es noch richtig machen [zeigt auf die ikonische RWT.]
35	Hannes	Hab ich, eins [spurt währenddessen mit dem Finger den Hüpfer von der 4er- auf die
36		5er-Kugelstange nach], zwei [spurt währenddessen mit dem Finger den Hüpfer von
37		der 5er- auf die 6er-Kugelstange nach.] Guck, eins [*zeigt auf die 4er-Kugelstange*],
38		zwei [*zeigt auf die 5er- Kugelstange*], drei [*zeigt auf die 6er-Kugelstange*. Dann schaut
39		er zu AZ.]
40	AZ	Achtung. Guck wegen der Hüpfer [macht in der Luft die Hüpfbewegung mit dem
41		Finger nach.]
42	Hannes	Oh, aber der ist doch bei Vier [zeigt auf die 4er-Kugelstange der ikonischen RWT.]
43	AZ	Ja, bei Vier ist der. Genau. Und jetzt muss er aber dreimal hüpfen.
44	Hannes	Das ist Sieben [zeigt auf die 6er-Kugelstange der ikonischen RWT.].
45	AZ	Bist du sicher?
46	Hannes	Da ist Acht [*zeigt auf die 7er-Kugelstange der ikonischen RWT*], das ist Sieben [*zeigt
47		auf die 6er-Kugelstange der ikonischen RWT.*]
48	AZ	Bist du sicher?
49	Hannes	Ja.
50	AZ	Warum?

51	Hannes	[Nimmt seinen Bleistift in die Hand.] Eins, zwei, drei, vier, fünf, sechs [tippt jeweils
52		auf eine Kugel der 6er-Kugelstange. Hannes schaut zu AZ. Er zeichnet den Hüpfer von
53		der 6er- auf die 7er-Kugelstange ein.] Ah, Sieben.
54	AZ	Genau.

Um die Angaben insbesondere zur Anzahl der Hüpfer beziehungsweise Drehungen und dem Ziel korrekt auf dem Arbeitsblatt eintragen zu können, findet eine Kombination aus Handlungen mit dem Material des Zählers und Handlungen am (abgebildeten) Material, vor allem der RWT, statt (z. B. Z. 24 ff. und 34 ff.). Dadurch können schließlich die bereits vorgenommenen Eintragungen und Lösungen, die im Beispiel oben jedoch nicht korrekt sind, selbstständig überprüft, die Unkorrektheit wahrgenommen und die Bearbeitungen korrigiert werden (Z. 52). Die verschiedenen Handlungen am und mit Material dienen somit gezielt einer Selbstkontrolle, die von den Schüler*innen selbstständig, gegebenenfalls nach Aufforderung, eingesetzt und angewandt werden kann, auch in mehrfacher Umsetzung, wie es in diesem Transkript der Fall ist.

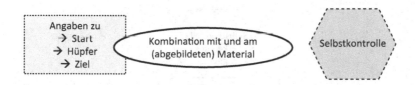

Gleiches gilt bei Herausforderungen zur Fokussierung der Prozesse (Hüpfer und Drehungen), die unter anderem durch eine Kombination der Prozess- und der Objektsicht, indem sowohl die Hüpfer als auch die Kugelanzahl gezählt werden, oder durch eine oder mehrfache Wiederholungen der Handlungen überwunden werden kann, wobei die Handlung die zentrale Funktion der Selbstkontrolle einnimmt.

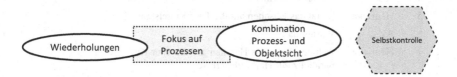

Auch bei auftretenden Herausforderungen im Kontext der dezimalen Zahlschrift kann die Handlung mit Material eingesetzt werden. Konkret tritt eine solche Hürde beispielsweise bei der Eintragung der Zieldarstellung des Zählers (ikonische Darstellung) auf, für die eine 10 in das Zehnerrädchen eingetragen wird. Mit Hilfe des enaktiven Zählers, der entsprechend der Zielposition des Häschens eingestellt wird, kann die eigene Eintragung überprüft und korrigiert werden. Somit können auch in diesem Kontext die eigenen Angaben durch Handlungen überprüft und daraufhin selbstständig korrigiert werden.

Weiterhin kann eine zur Selbstkontrolle eingesetzte Handlung schließlich zu einem Erkenntnisgewinn führen, wie der Transkriptausschnitt zeigt:

Transkript Henrieke zum Design-Prinzip zur Handlungsorientierung (Hilfsmittel – Selbstkontrolle / Erkenntnisgewinn): *Zählen der Elemente*

1		[[Dauer: 0:51 Min.] [Henrieke und Hajo haben die RWT und den Zähler vor sich. Das
2		Häschen soll auf die 17er-Kugelstange gesetzt werden.]
3	Henrieke	Siebzehn?
4	AZ	Wo ist Siebzehn?
5	Henrieke	[Setzt das Häschen auf die 12er-Kugelstange.]
6	AZ	Warum da?
7	Henrieke	Ach ne. [Setzt das Häschen auf die 16er-Kugelstange, parallel zählt Hajo. //Henrieke

8		zählt die orangen Kugeln der 16er-Kugelstange//, setzt danach das Häschen auf die
9		17er-Kugelstange.]
10	AZ	//Psst!// Da ist Siebzehn?
11	Henrieke	Ja.
12	AZ	Warum?
13	Henrieke	Eins, zwei, drei, vier, fünf, sechs, sieben, acht, neun, zehn, elf, zwölf, dreizehn,
14		vierzehn, fünfzehn, sechszehn, siebzehn, achtzehn, neunzehn, zwanzig [zählt
15		ohne erkennbaren Bezug aufwärts.]
16	AZ	Okay, wie viele orange Kugeln sind da?
17	Henrieke	[Nickt 10-mal mit dem Kopf, sie scheint die Kugeln zu zählen.] Zehn ro-, zehn grü-,
18		zehn. Also hier sind grün [spurt die grünen Kugeln auf der 17er-Kugelstange
19		entlang], diese hier sind zehn.
20	AZ	Ja.
21	Henrieke	Und hier sind [tippt einzeln auf die orangen Kugeln] sieben!
22	AZ	Okay.
23	Henrieke	Und dann sind das siebzehn!

Es findet zunächst über die Handlung des Zählens der Elemente eine Selbstkontrolle statt, ob sich das Häschen auf der entsprechenden Kugelstange befindet. Im Zuge der Selbstkontrolle wird die Menge der Kugeln farblich sortiert, sodass entsprechend der Struktur des Stellenwertsystems zunächst der Zehner als zehn Elemente und dann die Anzahl der Einer angegeben wird (Z. 17 ff.). Diese vorgenommene Strukturierung führt schließlich zu einem Erkenntnisgewinn, indem diese Zahlzerlegung wiederum zur Gesamtmenge zusammengefügt wird (Z. 23). Auf das hierbei zu erkennende Phänomen wird im Zuge der mentalen Zahlvorstellungen (siehe Abschnitt 10.2) detaillierter eingegangen. An dieser Stelle soll jedoch festgehalten werden, dass die Handlung selbst durch die zunächst kontrollierende Funktion auch die Funktion des Erkenntnisgewinns einnimmt. Im Hinblick auf das Design-Prinzip zur Handlungsorientierung kann diese kombinierte Funktion demnach ergänzt werden.

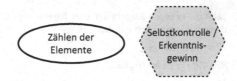

Zusätzlich können Handlungen aber auch ausschließlich dem Erkenntnisgewinn dienen, ohne auch eine selbstkontrollierende Funktion einzunehmen. So führt die Handlungskombination beziehungsweise die Verknüpfung und das Herstellen von Bezügen zwischen den Materialien der RWT und des Zählers, die mit der Aufforderung zur beziehungsweise dem Einsatz von Darstellungsvernetzung verbunden sind, dazu, dass vielfältige Erkenntnisse gewonnen werden. Etwa zum Zusammenhang des Hüpfens an der RWT und des Drehens am Zähler, zur strukturierten und regelgeleiteten Nachfolgerbildung entlang des dezimalen Stellenwertsystems, zur dezimalen Zahlschrift durch Zehner und Einer sowie insgesamt zur dezimalen Struktur durch die Differenzierung zwischen Zehner und Einer. Auch zum Erkenntnisgewinn von Partnerbeziehungen können Handlungen als Hilfsmittel fungieren.

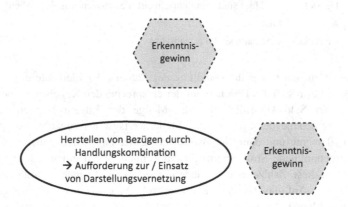

Im folgenden Transkript besteht zunächst eine Herausforderung im Erkennen der Zusammenhänge von Partnerbeziehungen, insbesondere am Zähler und somit auf der symbolischen Ebene. Das exemplarische Handeln der Mitschülerin führt dann jedoch zu einer Erkenntnis:

Transkript Henrieke zum Design-Prinzip zur Handlungsorientierung (Hilfsmittel – Erkenntnisgewinn): *Zusammenhänge Partnerbeziehungen – Exemplarisches Handeln durch andere Person*

1		[Dauer: 0:29 Min.] [Henrieke und Heidi haben die RWT und den Zähler vor sich. Auf
2		der RWT von AZ sitzt ein Häschen auf der 5er- und eins auf der 15er-Kugelstange.
3		Henriekes Zähler ist auf 05 eingestellt, Heidi dreht für Henrieke am Zehnerrädchen und
4		stellt 15 ein.]
5	AZ	Dann ist das hier [zeigt mit dem Finger auf das Häschen auf der 5er-Kugelstange an
6		ihrer RWT] vorher das gewesen, was du eingestellt hattest oder nicht? Henrieke?
7	Henrieke	[Schaut sich ihren Zähler an.] Doch hatte ich doch eingestellt.
8	AZ	Genau und was hat Heidi denn jetzt verändert?
9	Henrieke	Fünfzehn.
10	AZ	Aha. An welchem Rädchen hat sie denn gedreht?
11	Henrieke	Bei Fünf bei Orange, ja richtig. Und bei Eins.. Jaa jetzt habe ich das
12		verstanden! Weil da ist zehn [zeigt auf AZs RWT] und da ist fünf Kugeln.
13	AZ	Ja!
14	Henrieke	Aha!
15	AZ	Super!

Durch das exemplarische Handeln der Mitschülerin, die den Zähler für das andere Häschen, welches die Partnerbeziehung darstellt und somit entsprechend auf der 15er-Kugelstange sitzt, umgestellt hat (Z. 3 f.), kann die Erkenntnis gewonnen werden, weshalb der Zähler dementsprechend korrigiert wurde und wofür die jeweiligen Ziffern am Zähler stehen (Z. 11 f.). An der Stelle soll keine Analyse der mentalen Zahlvorstellung vorgenommen werden, sondern nur auf die Möglichkeit des Erlangens einer solchen Erkenntnis durch eine Handlung. Somit muss auch diese Funktion in der Konkretisierung des Design-Prinzips zur Handlungsorientierung aufgeführt werden.

Eine weitere Funktion, die Handlungen konkret im Rahmen des Lehr-Lernarrangements als Hilfsmittel einnehmen können, ist die Erkundungsmöglichkeit. Beispielsweise können über aktive Zählhandlungen wie dem Zählen der Kugeln, der Hüpfer oder der Drehungen, die Materialien, zum Beispiel die RWT, erkundet werden. Wie viele Kugeln befinden sich auf der höchsten Kugelstange? Aber auch die dezimale Struktur kann entlang von Handlungen, konkret Zählhandlungen an der RWT, erkundet und darüber erfasst werden: Auf jeder Kugelstange des Außenkreises befinden sich immer genau zehn grüne Kugeln. Somit kann die Verbindung der farblichen Strukturierung der RWT entlang des Stellenwertsystems in Verbindung mit Handlungen zu aktiven Erkundungsprozessen führen. Auf diesen Erkundungen kann dann wiederum aufgebaut und es können mathematische Zusammenhänge vertieft werden.

Schließlich nehmen Handlungen als Hilfsmittel die Funktion der Offenlegung mentaler Vorstellungen ein. So kann das freie Anlegen von Zahlkarten an einen Zahlenstrahl offensichtlich machen, dass zum Beispiel die Zahl Null zunächst nicht berücksichtigt wird und somit in der mentalen Vorstellung (noch) nicht fest verankert ist. Auch ein striktes Anlegen der Karten entlang der Zahlenfolge oder ein Anlegen ‚auf Lücke‘, bei dem jedoch zum Beispiel zwischen Sechs und Neun nur ein Strich bedacht wird, kann auf ein nicht flexibles beziehungsweise ein nicht vollständig ausgebildetes ordinales Zahlverständnis hindeuten. Durch die Handlungen werden diese möglichen Fehlvorstellungen oder lückenhaften Vorstellungen offensichtlich.

Auch die Herausforderung der Konstruktion einer Rechnung, die bereits im Kontext der Schüler*innenorientierung genauer ausgeführt wurde, kann durch die ausführende Handlung offensichtlich gemacht werden, indem auf dem Arbeitsblatt von der Schülerin selbstständig die Rechnung erzeugt werden soll.

Ähnliches zeigt sich unter anderem in der Eintragung einer Zählereinstellung auf ikonischer Ebene, wobei für die Eintragung in das Zehnerrädchen die Anzahl der grünen Kugeln gezählt wird und dann als 10 in das Zehnerrädchen übernommen wird. Somit wird ein nicht tragfähiges Stellenwertverständnis offensichtlich, sodass sich auch hierbei über die Handlung ein kleiner Einblick in die mentale Vorstellung zur dezimalen Zahlschrift zeigt.

Bezüglich des Stellenwertsystems als Ganzes beziehungsweise des Zahlenraums größer als 19 wird im folgenden Beispieltranskript offensichtlich, welche Zahlvorstellung für den Nachfolger der Zahl Neunzehn vorhanden ist:

Transkript Hajo zum Design-Prinzip zur Handlungsorientierung (Hilfsmittel – Offenlegung mentaler Vorstellungen): *Dezimalsystem / Zahlenraum größer als 19*

1		[Dauer: 0:16 Min.] [Henrieke und Hajo haben die RWT und den Zähler vor sich. Die
2		Häschen sitzen auf der 9er- und 19er-Kugelstange, Henrieke und Hajo sollen nun den
3		Zähler für das höhere Häschen einstellen. Hajo hat seinen Zähler bereits auf 19
4		eingestellt.]
5	Hajo	Wenn man ein bei eins da mehr machen würde dann hätte man Hundert.
6	AZ	Hundert hätte man dann?
7	Hajo	Ja.
8	AZ	Wo meinst du eins mehr?
9	Hajo	Wäre hier noch eine Stange höher [deutet an der RWT neben der 19er-Kugelstange
10		eine weitere Stange an.]
11	AZ	Noch eine mehr, dann wären es Hundert? Hui.

Hierbei führt die Handlung des Drehens am Zähler entsprechend der Position des Häschens auf der RWT dazu, dass eine Äußerung bezüglich des Nachfolgers und dessen Größe vorgenommen wird (Z. 5). Durch die gestische Unterstützung in der Erklärung wird deutlich, welche Zahlvorstellung in dem Moment konkret vorhanden ist, nämlich dass auf die Zahl Neunzehn beziehungsweise die 19er-Kugelstange die 100er-Kugelstange folgt (Z. 9 f.). Im Hinblick auf das Stellenwertsystem zeigen sich damit noch deutliche Hürden. Denn diese Äußerung beruht vermutlich auf der Schlussfolgerung, dass durch die Ziffer 9 an der Einerstelle erneut eine weitere Stelle hinzukommen muss, sodass das Zahlzeichen 100 der Nachfolger des Zahlzeichens 19 ist. Eine solche Fehlvorstellung muss vertieft thematisiert und gefördert werden. Im Hinblick auf die Konkretisierung des Design-Prinzips kann somit die Funktion der Offenlegung mentaler Vorstellungen im Kontext der Handlung als Hilfsmittel ergänzt werden, durch die eine vertiefende Förderung angepasst werden kann.

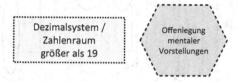

Abbildung 9.11 stellt im Bereich von Handlungen als Hilfsmittel einen Überblick über die erarbeiteten Herausforderungen und Strategien zum Umgang mit herausfordernden Situationen als Konkretisierung des Design-Prinzips zur Handlungsorientierung dar.

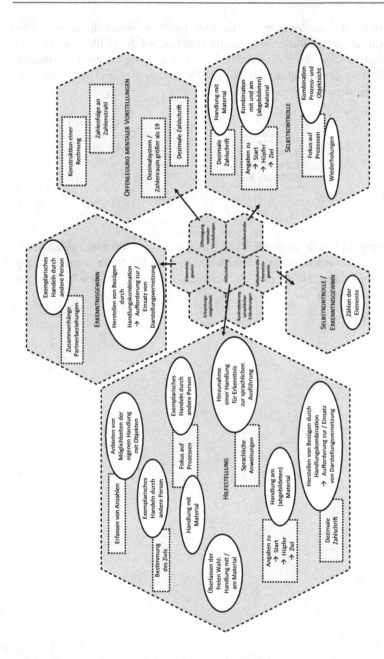

Abb. 9.11 Konkretisierungen des Design-Prinzips zur Handlungsorientierung – Handlung als Hilfsmittel im Überblick

Handlung als Lerngegenstand

Ergänzend zu Handlungen als Hilfsmittel werden auch eine Vielzahl von Handlungen als Lerngegenstand selbst im Lehr-Lernarrangement eingebettet. Dabei lassen sich zwei primäre Funktionen der Handlungen als Lerngegenstand festhalten (siehe Abb. 9.12 sowie Gesamtüberblick zu Herausforderungen und Strategien innerhalb der beiden Funktionen siehe Abb. 9.13):

– Zahlraumerkundung
– Vernetzungsaktivitäten

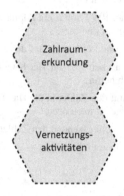

Abb. 9.12 Funktionen von Handlungen als Lerngegenstand

Im Kontext der Zahlraumerkundung treten Handlungen zunächst am Material der RWT im Zahlenraum 0 bis 9 auf. Dabei stehen Handlungen im Fokus, bei denen das Häschen zum Beispiel auf eine vorgegebene Anzahl von Kugeln gesetzt oder mit dem Häschen eine bestimmte Anzahl an Hüpfern durchgeführt werden soll. Somit finden über die Handlungen selbst Erkundungen an der RWT und schließlich im Zahlraum 0 bis 9 statt, wobei die Handlungen selbst den Lerngegenstand für die Schüler*innen darstellen. Auch für eine Erkundung des Zehnerübergangs können Handlungen als Lerngegenstand eingesetzt werden, wie der folgende Transkriptausschnitt zeigt:

Transkript Hajo zum Design-Prinzip zur Handlungsorientierung (Lerngegenstand – Zahlraumerkundung)

1		[Dauer: 1:34 Min.] [Henrieke und Hannes sitzen je an einem Tisch, auf welchen der
2		Innenkreis der RWT sowie ein Zähler stehen. Das Häschen sitzt bei Henrieke auf der 4er-
3		Kugelstange und bei Hannes auf der 8er-Kugelstange.]
4	AZ	Henriekes Häschen sitzt auf vier Kugeln [Henrieke zieht die RWT zu sich heran,
5		Hannes nimmt den Zähler in die Hand und dreht an den Rädchen], //guckt nach oben//
6	Hannes	//Auf vier Kugeln// [scheint den Zähler auf 4 einzustellen.]
7	AZ	Guckt nach oben und hüpft jetzt-
8	Hannes	Dreimal.
9	AZ	Siebenmal.
10	Hannes	Eins [dreht das Einerrädchen um eins weiter], //zwei [dreht das Einerrädchen um eins
11		weiter], drei [dreht das Einerrädchen um eins weiter], vier [dreht das Einerrädchen um
12		eins weiter]//, fünf [dreht das Einerrädchen um eins weiter], sechs [dreht das
13		Einerrädchen um eins weiter], sieben [dreht das Einerrädchen um eins weiter und
14		dreht den Zähler so, dass AZ die eingestellte Zahl sehen kann.]
15	Henrieke	//Eins [hüpft währenddessen mit dem Häschen von der 4er-auf die 5er-Kugelstange],
16		zwei [hüpft währenddessen mit dem Häschen von der 5er- auf die 6er-Kugelstange],
17		drei [hüpft währenddessen mit dem Häschen von der 6er- auf die 7er-Kugelstange.
18		Hüpft mit dem Häschen von der 7er- auf die 8er-Kugelstange.]//

19	Hannes	Das kann nicht weiter.
20	AZ	Wo kann es denn nicht weiter?
21	Henrieke	[Setzt das Häschen von der 8er-auf die 9er-Kugelstange.] Null.
22	AZ	Wo landet es denn?
23	Henrieke	Weiß ich nicht.
24	Hannes	//Oh, guck// [nimmt den Zähler wieder in die Hand.]
25	Henrieke	//Bei Null.//
26	Hannes	Ich bin dann bei Eins gelandet [zeigt auf die eingestellte Zahl am Zähler.]
27	AZ	Wie kann das sein Hannes?
28	Hannes	Oh [lässt den Zähler auf den Tisch fallen] ist doch nicht Eins.
29	AZ	Das kann nicht sein, meinst du? [Hannes schüttelt den Kopf.] Ne stimmt. Was
30		brauchen wir denn jetzt?
31	Hannes	Hab ich doch gesagt wir brauchen //noch mehr.//
32	Henrieke	//Wir brauchen// die Neun. Ne warte [schaut auf die RWT und schiebt sie von sich
33		weg Richtung Tischkante], Zehn.
34	Hannes	Warte ich zähl nochmal [nimmt den Zähler in die Hand.] Nach Vier oder? [Dreht am
35		Rädchen des Zählers.]
36	AZ	Von Vier aus, ja.
37	Hannes	Und siebenmal hüpfen.
38	AZ	Ja.
39	Hannes	
40	AZ	Ja.
41	Hannes	Eins [dreht das Einerrädchen um eins weiter], zwei [dreht das Einerrädchen um eins
42		weiter], drei [dreht das Einerrädchen um eins weiter], vier [dreht das Einerrädchen um
43		eins weiter], fünf [dreht das Einerrädchen um eins weiter], sechs [dreht das
44		Einerrädchen um eins weiter, das Rädchen klemmt jedoch etwas], ah so guck sechs,
45		sieben [dreht das Einerrädchen um eins weiter und dreht den Zähler so, dass AZ die
46		eingestellte Zahl sehen kann]. Ähm.

47	AZ	Verrückt, wieso klappt das denn nicht?
48	Hannes	Da brauchen wir noch mehr diese Dinger [zeigt auf die Rädchen des Zählers]. Hab
49		ich doch gesagt bis Zwanzig.

Auch hierbei steht die Handlung selbst als Lerngegenstand im Zentrum, indem die vorgegebene Anzahl an Hüpfern auf den Zähler übertragen wird und entsprechend viele Drehungen umgesetzt werden (Z. 10 ff.). Über diese Handlung findet gleichzeitig eine Zahlraumerkundung des Zehnerübergangs statt, indem durch mehrmalige Wiederholungen der Handlung untersucht wird, ob die Handlung tatsächlich korrekt umgesetzt wurde und der Grund für das falsche Ergebnis im Material liegt (Z. 34 ff.). Daraus kann sogar eine erste Erkenntnis geschlossen werden, dass weitere Rädchen notwendig sind (Z. 48). Somit birgt die Handlung als Lerngegenstand gleichzeitig die Chance, den Zehnerübergang über die handlungsorientierte Herangehensweise zu erschließen.

Allerdings können Handlungen, die mit einer Zahlraumerkundung im Zusammenhang stehen, auch mit konkreten Hürden verbunden sein. So stellt beispielsweise ein Fokussieren der Prozesse im Zählprozess, also die Einnahme der Prozesssicht, eine große Herausforderung dar:

Transkript Hannes zum Design-Prinzip zur Handlungsorientierung (Lerngegenstand – Zahlraumerkundung): *Fokus auf Prozessen – Exemplarisches Handeln durch andere Person*

1		[Dauer: 0:35 Min.] [Vor Hannes steht der ZARAO 0 – 4. Hannes hält eine Katze in der
2		Hand. Der Pinguin steht neben dem 0er-Kugelturm.]
3	AZ	Wo steht denn der //Pinguin?//
4	Hannes	//Eins// [setzt die Katze auf den 4er-Kugelturm], zwei [setzt die Katze auf den 3er-
5		Kugelturm], drei [setzt die Katze auf den 2er-Kugelturm und schaut AZ an], vier [setzt
6		die Katze auf den 1er-Kugelturm.] Äh, eins [setzt die Katze wieder auf den 4er-
7		Kugelturm], zwei [setzt die Katze auf den 3er-Kugelturm.] … Eins [setzt die Katze
8		wieder auf den 4er-Kugelturm.] Eh, das geht nicht [lacht und schaut AZ an.] Eins
9		[deutet in Richtung 4er-Kugelturm], drei [deutet in Richtung 3er-Kugelturm], zwei

10		[deutet in Richtung 2er-Kugelturm], eins [deutet in Richtung 1er-Kugelturm und lacht.]
11	AZ	Versuch nochmal.
12	Hannes	Eins [setzt die Katze auf den 4er-Kugelturm], zwei [setzt die Katze auf den 3er-
13		Kugelturm], drei [setzt die Katze auf den 2er-Kugelturm], vier [setzt die Katze auf den
14		1er-Kugelturm], vier [setzt die Katze auf den 0er-Kugelturm und schaut AZ an.]
15	AZ	Ich mach nochmal vor [nimmt die Katze in die Hand.]

Die Handlung entsprechend mit dem Zählprozess zu koordinieren, sodass der Fokus beim Zählen tatsächlich auf den Prozessen des Hüpfens beziehungsweise Drehens liegt, scheint eine große Herausforderung darzustellen (Z. 4 ff.). Gleichzeitig führen auch diese Handlungen zu einer Zahlraumerkundung und sind unter Umständen, wie im Transkript auch, mit Irritationsmomenten verbunden, wobei die Handlung selbst im Vordergrund steht. Als unterstützend lassen sich zum einen das exemplarische Handeln durch eine andere Person aufführen, wie sie auch in der vorgestellten Szene gewählt wird (Z. 15). Zum anderen erweisen sich Wiederholungen der Handlungen als hilfreich und förderlich, sodass die Handlung in Verbindung mit dem Zählprozess geübt wird.

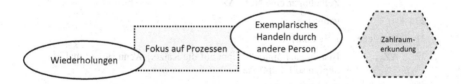

Eine weitere Herausforderung entsteht im Zusammenhang mit der Zahl Null. Bei Handlungsanweisungen am Material ist die Angabe des Zahlzeichens 0 zur Anzahl der Hüpfer beziehungsweise Drehungen mit explizit keiner Handlung verbunden, sondern es ist eine ausbleibende Handlung:

Transkript Henrieke zum Design-Prinzip zur Handlungsorientierung (Lerngegenstand – Zahlraumerkundung): *Ausbleibende Handlung bei Null*

| 1 | | [Dauer: 1:05 Min.] [Henrieke sitzt mit AZ vor dem ZARAO 0 – 4. Die Katze sitzt auf dem |
| 2 | | 4er-Kugelturm und schaut nach unten. AZ hält das Plus-Zeichen hoch.] |

3	AZ	Wohin muss sie gucken?
4	Henrieke	Nach oben? [Dreht die Katze, sodass sie nach oben schaut.]
5	AZ	Genau.
6	Henrieke	Aber kann die nicht mehr springen [nimmt die Katze und hüpft mit ihr nach rechts in
7		die Luft und setzt sie zurück auf den 4er-Kugelturm.]
8	AZ	Achtung. Die Anweisung ist, wie oft hüpft sie? [Formt mit dem Daumen und
9		Zeigefinger eine Null und hält die Hand hinter dem ZARAO hoch.]
10	Henrieke	Null.
11	AZ	Passt das?
12	Henrieke	[Schüttelt den Kopf. Dann nickt sie.] Ja.
13	AZ	Was muss die machen?
14	Henrieke	[Nimmt die Katze und dreht sie, sodass sie nach unten schaut.] Nach unten.
15	AZ	Bei nullmal hüpfen.
16	Henrieke	[Niest.]
17	AZ	Gesundheit. Was muss die machen bei nullmal hüpfen?
18	Henrieke	Hm [überlegend.] … Springen?
19	AZ	Hüpft sie bei nullmal? [Formt mit dem Daumen und Zeigefinger eine Null. AZ
20		gähnt.]
21	Henrieke	Ja [gähnt.]
22	AZ	Bist du auch müde? [Tippt auf die Katze.] Wenn sie nullmal hüpfen soll, hüpft sie
23		dann oder nicht?
24	Henrieke	[Schüttelt den Kopf.] Doch.
25	AZ	Ja? Wie oft denn?
26	Henrieke	Vier.
27	AZ	Dann kommt sie bei null Kugeln an. [Zeigt auf den 0er-Kugelturm.] Genau. Aber
28		wenn sie nullmal hüpfen soll [tippt auf die Katze und macht mit der Hand eine
29		Hüpfbewegung in der Luft] … dann heißt das [bewegt ihre flache Hand zur Seite.]
30		Hüpft sie dann?

| 31 | Henrieke | [Schüttelt den Kopf.] |
| 32 | AZ | [Schüttelt den Kopf.] Genau. Die bleibt einfach stehen. |

Die ausbleibende Handlung bei der Angabe des Zahlzeichens 0 führt zu Verunsicherung. Es wird eine Alternativhandlung von Seiten der Schülerin vorgeschlagen, nämlich von der vorgegebenen Hüpfrichtung abzuweichen und nach unten (Z. 14) oder viermal bis zum Ausgangspunkt, dem 0er-Kugelturm, zu hüpfen (Z. 26). Es wird deutlich, dass im Hinblick auf die Handlung als Lerngegenstand zur Zahlraumerkundung die ausbleibende Handlung bei der Zahl Null mit Herausforderungen verbunden ist und im Hinblick auf die Konkretisierung des Design-Prinzips zur Handlungsorientierung Berücksichtigung finden muss.

Die Herausforderung der ausbleibenden Handlung bei der Zahl Null kann auch im Zuge von Handlungen, die insbesondere als Vernetzungsaktivitäten dienen und damit eine andere primäre Funktion innehaben, festgestellt werden. So wird im Zuge von Darstellungsvernetzungen ebenfalls nach Alternativhandlungen gesucht, indem zum Beispiel bei der Vernetzung der symbolischen Darstellung einer Rechnung mit der ikonischen Darstellung durch einzuzeichnende Hüpfer in den ZARAO Pfeile als Hüpfer bis zum Ausgangspunkt eingezeichnet werden. Dementsprechend wird das Ergebnis der Rechnung benannt. Die Aufforderung zur beziehungsweise der Einsatz von Darstellungsvernetzung der symbolischen und ikonischen mit der enaktiven Ebene am ZARAO und damit einer gewissen Handlungskombination am und mit Material stellt eine mögliche Unterstützung dar. Auf dieser Ebene gelingt der adäquate Umgang mit der ausbleibenden Handlung, die durch den Subtrahenden Null vorgegeben ist.

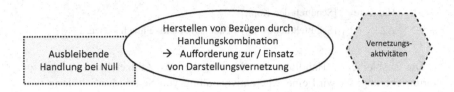

Im Zuge von Handlungen als Lerngegenstand in der Funktion der Vernetzungsaktivitäten sind unter anderem auch Handlungen zu nennen, die Verknüpfungen der Materialien der RWT und des Zählers herstellen. So werden Handlungen, die an der RWT umgesetzt werden, mit Handlungen am Zähler verbunden. An beiden Materialien stehen die Handlungen als Lerngegenstand im Vordergrund, gleichzeitig findet darüber hinaus aber auch eine Vernetzung der Materialien sowie verschiedener Darstellungsebenen statt. Dass die Handlungen am jeweiligen Material nicht trivial sind und insbesondere die Bedienung des Zählers in Verbindung mit der RWT mit Herausforderungen verbunden ist, zeigt sich in folgendem Transkriptausschnitt:

Transkript Henrieke zum Design-Prinzip zur Handlungsorientierung (Lerngegenstand – Vernetzungsaktivitäten): *Einstellung Zähler – Herstellen von Bezügen durch Handlungskombination → Aufforderung zur / Einsatz von Darstellungsvernetzung*

1		[Dauer: 0:38 Min. und 0:05 Min.] [Henrieke und Hajo haben die RWT und den Zähler
2		vor sich. Henriekes Häschen sitzt auf der 13er-Kugelstange, schaut nach unten und
3		hüpft 2-mal. Das Häschen sitzt nun auf der 11er-Kugelstange und Henrieke hat den
4		Zähler entsprechend eingestellt.]
5	AZ	Aha. Und wie viele orange sind da?
6	Henrieke	Eins.
7	AZ	//Und wie// viele grüne?
8	Henrieke	//Äh // Eins. Äh..
9	AZ	Wie viele grüne?
10	Henrieke	Zehn. Aber wie soll man denn Zehn einstellen?
11	AZ	Was steht denn für die Zehn?
12	Henrieke	Elf. Also braucht man nicht die Zehn, die Zehn einstellen.
13	AZ	Wo findet man denn die Zehn [deutet auf den Zähler]? Das ist eine super Frage:

14		Wo findest du die Zehn da [deutet auf den Zähler] bei deinem Zahlenschloss?
15	Henrieke	Weiß ich nicht.
16	AZ	Welche Zahl zeigt das an, dass das zehn grüne sind? [Henrieke beschäftigt sich mit
17		einem Stift aus ihrem Etui.]
18	Hajo	Äh, ja.
19	AZ	Hajo.
20	... [0:18 Min.]	
21	AZ	Diese Eins [deutet auf die eingestellte 1 am Zehnerrädchen.]
22	Henrieke	Ja, ist eine Zehn.
23	AZ	Genau.

Der Transkriptausschnitt wurde bereits im Kontext der Schüler*innenorientierung im Bereich der Darstellungsvernetzung aufgeführt. Für das Design-Prinzip zur Handlungsorientierung wird deutlich, dass zunächst die Einstellung des Zählers entsprechend den Bewegungen des Häschens gelingt (Z. 3 f.). Bei detaillierterer Nachfrage jedoch wird von Seiten der Schülerin explizit nach der korrekten Handlung am Zähler gefragt, da sie sich in dessen Bedienung unsicher ist und nicht weiß, wie er entsprechend der Position des Häschens einzustellen ist (Z. 10). Somit zeigt sich, dass die Handlung am Zähler selbst in der Funktion der Vernetzungsaktivität den Lerngegenstand darstellen kann. Als hilfreich erweist sich für ein Erarbeiten der Zählerbedienung und somit Handlungen am Zähler, wie auch im Kontext von Herausforderungen durch ausbleibende Handlungen bei der Zahl Null, die Handlungskombination an RWT und Zähler oder die gezielte Aufforderung zur beziehungsweise der Einsatz von Darstellungsvernetzung (Z. 21 f.), unter anderem durch das Herstellen von Bezügen zwischen den Materialien.

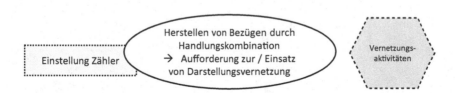

Weiterführend können Handlungen am Zähler im Kontext von Rechnungen eine Herausforderung darstellen. Dabei soll eine symbolisch vorgegebene Rechnung mit einer Handlung vernetzt werden, sodass die Rechnung am Material durch die Handlung erzeugt wird. Die Handlungen sind jedoch herausfordernd, indem die Handlungsprozesse den Schüler*innen bewusst sein müssen und die Handlungen selbst jeweils den zweiten Summanden beziehungsweise den Subtrahenden darstellen und diese sich somit nur in den Handlungen wiederfinden lassen. Auch für Herausforderungen in der Konstruktion von Rechnungen erweisen sich Handlungskombinationen an RWT und Zähler beziehungsweise die Aufforderung zur oder der Einsatz von Darstellungsvernetzung als hilfreich und unterstützend.

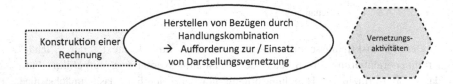

In Abbildung 9.13 sind die Konkretisierungen zum Design-Prinzip zur Handlungsorientierung in der Funktion von Handlungen als Lerngegenstand abgebildet.

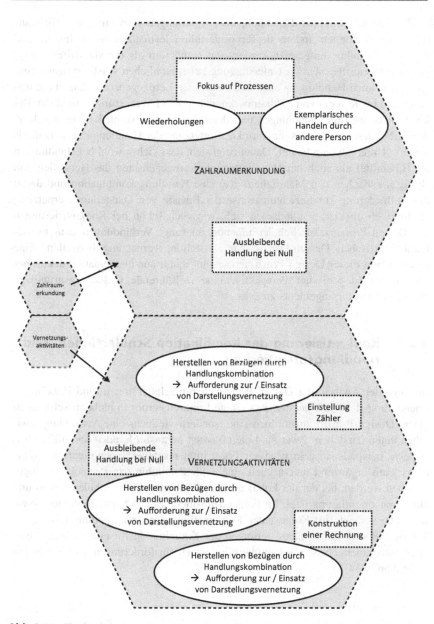

Abb. 9.13 Konkretisierungen des Design-Prinzips zur Handlungsorientierung – Handlung als Lerngegenstand im Überblick

Zusammenfassend wird deutlich, dass Handlungen zum einen ein Hilfsmittel darstellen können, indem sie für weiterführende mathematische Inhalte und dessen Verständnis eingesetzt werden, unter anderem als direkte Hilfestellung, zur Selbstkontrolle oder als Unterstützung bei sprachlichen Ausführungen. Zum anderen können Handlungen aber auch selbst den Lerngegenstand darstellen, insbesondere im Kontext von Zahlraumerkundungen und Vernetzungsaktivitäten. Bei letzteren können die Handlungen und deren Umsetzung somit konkret mit Hürden verbunden sein, sodass die korrekte Umsetzung der Handlung gegebenenfalls weiterer Unterstützung bedarf. Dabei zeigt sich, dass sich sowohl bei Handlungen als Hilfsmittel als auch bei Handlungen als Lerngegenstand das Herstellen von Bezügen zwischen den Materialien, also eine Handlungskombination und damit die Aufforderung zur beziehungsweise der Einsatz von Darstellungsvernetzung als hilfreich erweist. Somit lassen sich, wie auch schon bei Konkretisierungen des Design-Prinzips zur Schüler*innenorientierung, Verbindungen zum mathematikdidaktischen Design-Prinzip zur Darstellungsvernetzung herstellen. Eine Kombination dieser Design-Prinzipien scheint damit aus mathematikdidaktischer und sonderpädagogischer Perspektive eine zielführende Gestaltungsgrundlage eines Lehr-Lernarrangements zu sein.

9.2.3   Konkretisierung der Kombination Schüler*innen- und Handlungsorientierung

Im Zuge der Analyse der Design-Prinzipien zur Schüler*innen- und Handlungsorientierung stellt sich heraus, dass einige Konkretisierungen nicht ausschließlich einem Design-Prinzip zuzuordnen sind, sondern vielmehr eine Verbindung zwischen ihnen darstellen. Zwar sind die erfassten herausfordernden und hilfreichen Aspekte beispielsweise in gewisser Form immer schüler*innenorientiert. Allerdings kann ergänzend hierzu auch eine explizit kombinierte Perspektive eingenommen werden, bei der der Fokus auf der Kombination von Schüler*innen- und Handlungsorientierung liegt. Im Folgenden sollen deshalb herausfordernde sowie hilfreiche Aspekte im Kontext der Kombination genauer ausgeführt werden. In Tabelle 9.8 sind die Konkretisierungen der Kombination für einen ersten Überblick zusammengefasst (Gesamtüberblick zu Herausforderungen und Strategien siehe Abb. 9.14).

Tabelle 9.8 Kombination Schüler*innen- und Handlungsorientierung – Herausforderungen und Strategien des Umgangs mit herausfordernden Situationen

Herausfordernde Situationen	Strategien zum Umgang mit herausfordernden Situationen
– Verständnis der Funktionsweise beeinflusst Handlung – Darstellungsvernetzung symbolisch und enaktiv – Handlung mit Material – Kombination Dreh- und Zählprozess – gezielte sprachliche Ausführung der Handlung – Sprachhandlung ,Erklären' zur (abgebildeten) Handlung – koordinative Anforderungen	– Strukturierung der Handlung durch Sprachgerüst – Strukturierung der Handlung durch Teilschritte – Strukturierung der Handlung durch Verbalisierung – Übernahme des Drehprozesses als Entlastung – Übernahme der Handlung als Entlastung – Handlung zur eigenen Überprüfung – offene Beschreibung der Handlung – Handlung mit Material (u. a. zur sprachlichen Entlastung / Konkretisierung) – ergänzende Gebärde zur Handlungsbeschreibung – Handlung am (abgebildeten) Material zur sprachlichen Entlastung – Fokussierung Handlung (Lehrperson) als Sprachentlastung – Möglichkeit des sprachfreien Arbeitens – Handlung zur Anpassung der Aufgabenformulierung – angepasste Fragestellungen zur Prozesssicht – alternative Handlungen für Sicherheit – → Einsatz von Darstellungsvernetzung – Denkhandlung zum Material für Erkenntnisse

Die Bedienung des Zählers, die im Kontext der Handlungsorientierung bereits aufgeführt ist, wird durch das zugrunde liegende Verständnis der Funktionsweise des Zählers und weiterführend des dezimalen Stellenwertsystems beeinflusst. Nur wenn individuell ein Verständnis der Funktionsweise vorhanden ist, kann der Zähler korrekt bedient und damit die Handlung am Material entsprechend ausgeführt werden. Falls dies nicht der Fall ist, kann es zu Fehlbedienungen des Zählers und damit zu nicht korrekt durchgeführten Handlungen kommen. Somit muss für den Einsatz von Materialien wie dem Zähler ein Bewusstsein dafür vorhanden sein, dass einerseits mit dem Material Wissen ausgebildet werden soll, andererseits aber auch der adäquate Umgang mit dem Material ein gewisses Wissen voraussetzt. Es liegt damit eine Wechselwirkung vor, die im Kontext von Schüler*innen- und Handlungsorientierung berücksichtigt werden muss.

> Verständnis der
> Funktionsweise
> beeinflusst Handlung

Des Weiteren können Darstellungsvernetzungen unter anderem der symbolischen und enaktiven Ebene herausfordernd sein, indem beispielsweise symbolisch notierte Rechnungen mit einer Handlung am Zahlenstrahl auf enaktiver Ebene vernetzt werden sollen. Insbesondere die Vernetzung als solche kann auf individueller Ebene mit Herausforderungen verbunden sein, indem zum Beispiel der Subtrahend nicht nur mit Unterstützung als Handlung umgesetzt wird, sondern stattdessen unter anderem das entsprechende Zahlzeichen am Zahlenstrahl lediglich angezeigt wird. Hilfreich können an dieser Stelle Strukturierungen der Handlung sein, wie konkret durch ein Sprachgerüst, worüber die jeweiligen Handlungen der Schüler*innen durch ein sichtbares und transparentes Schema strukturiert werden.

Aber auch Strukturierungen durch ein Aufteilen der Handlung in Teilschritte oder Verbalisierungen der einzelnen Handlungen am (abgebildeten) Material können sich als hilfreich erweisen und schüler*innenorientiert als Unterstützung für Handlungen eingesetzt werden.

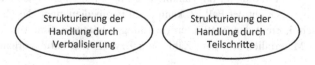

Als herausfordernde Handlung stellt sich außerdem in unterschiedlichen Themenbereichen die Handlung mit Material dar, obwohl diese durchaus auch, wie im Zuge der Konkretisierung des Design-Prinzips zur Handlungsorientierung beschrieben, auch hilfreich sein kann. Bezüglich der kombinierten Perspektive lässt sich feststellen, dass zum Beispiel im Themenfeld ‚Nachbarzahlen' die beiden Nachbarzahlen einer Zahl mündlich genannt werden können, die enaktive Umsetzung an der RWT dann jedoch nicht gelingt und somit die handelnde Umsetzung die Herausforderung darstellt. Auch die Zahlerzeugung am Zähler, indem auf ikonischer beziehungsweise symbolischer Ebene bereits eine Einstellung des Zählers eingetragen ist, die dann auf den enaktiven Zähler übertragen werden soll, ist mit Herausforderungen verbunden. Dabei scheint nicht die Funktionsweise selbst die Herausforderung darzustellen, sondern vor allem die Handlung mit dem Material selbst, da alle Angaben vorgegeben sind. Auch bei Handlungen mit dem Zähler, für die auf ikonischer beziehungsweise symbolischer Ebene sowohl die Starteinstellung als auch die Anzahl der Drehungen bereits eingetragen und damit vorgegeben sind, treten Hürden auf. Ermittelt werden soll über die Handlung die Zieleinstellung des Zählers. Die Handlung am enaktiven Zähler stellt dabei eine große Herausforderung dar und kann nicht als Unterstützung genutzt werden:

Transkript Henrieke zum Design-Prinzip zur Kombination von Schüler*innen- und Handlungsorientierung: *Handlung mit Material – Übernahme des Drehprozesses als Entlastung*

| 1 | | [Dauer: 1:31 Min.] [Henrieke, Heidi und Hannes sitzen am Tisch und bearbeiten ein |
| 2 | | Arbeitsblatt mit dem Innenkreis der RWT und dem Zähler.] |

3	Henrieke	Eins, zwei, drei, vier [spurt währenddessen die eingezeichneten Pfeile von der 0er-
4		bis zur 4er-Kugelstange in der RWT nach.]
5	AZ	Genau. Also wie oft musst du jetzt drehen? [Macht mit der Hand eine
6		Drehbewegung]

7	Hannes	//Fünf.//
8	Henrieke	//Vier?//
9	AZ	Ja.
10	Henrieke	[Trägt auf dem AB eine 4 für die Anzahl der Drehungen des Zählers ein.]
11	AZ	Und wo fängt das an? Male mal eine Pfeilspitze dahin [zeigt auf die Darstellung
12		der RWT.]
13	Henrieke	[Zeichnet auf dem AB eine verdrehte Pfeilspitze an den letzten Bogen in der RWT ein.]
14	AZ	Andersherum. [Henrieke radiert die Pfeilspitze weg und trägt sie korrekt ein.]
15	Hannes	Guck!
16	Heidi	Guck mal Frau Zurnieden. [Hannes lacht.]
17	AZ	Toll, so. Und was ist jetzt das Ziel, dann?
18	Henrieke	//Eins, zwei, drei, vier// [zählt währenddessen die Kugeln auf der 4er-Kugelstange.]
19	Heidi	//Frau Zurnieden//
20	Henrieke	[Fängt an zu schreien] Jetzt lass es!
21	AZ	Wie ist der Zähler dann am Ende eingestellt?.. Das Zahlschloss, auf was steht
22		es dann am Ende?
23	Henrieke	[Nimmt den Zähler in die Hand.] Oh, das ist so schwer!
24	AZ	Deswegen mach ich //das mit dir zusammen.//
25	Hannes	//Ist einfach.//
26	Henrieke	Eins, zwei, drei, vier, fünf [dreht währenddessen das Einerrädchen am Zähler,
27		wobei sie nicht präzise um eins dreht.]
28	AZ	Mach mal vernünftig, Henrieke.
29	Henrieke	Eins, zwei, drei, vier [zählt langsam und dreht währenddessen das Einerrädchen
30		jeweils um eins weiter.]
31	AZ	Wo steht es?
32	Henrieke	Dreimal gehüpft. [Parallel zählt Hannes laut.]
33	AZ	[Nimmt Henrieke den Zähler aus der Hand] Wo fängst du an?
34	Henrieke	Och nein!

35	AZ	Hannes, lass mal einmal Henrieke in Ruhe bitte.. Also so ist er eingestellt [dreht
36		das orange Rädchen auf 0.] Jetzt drehen wir zusammen, Achtung. Du zählst.
37	Henrieke	Eins, zwei, drei, vier [währenddessen dreht AZ das Einerrädchen jeweils um eins
38		weiter.] Vier.
39	AZ	Okay. Und was ist dein Ziel? Wie steht der Zähler am Ende?
40	Henrieke	Vier.
41	AZ	Ja.
42	Henrieke	Hier? [Zeigt auf die Zieldarstellung des Zählers.]
43	AZ	Ja.
44	Henrieke	[Trägt in die Zieldarstellung eine 4 ein.]

Der Schülerin scheint die Handlung am Zähler nicht klar zu sein, obwohl sie diesen selbstständig für die Ermittlung der Zieldarstellung des Zählers hinzunimmt (Z. 23 / 26 f.). Die grundsätzliche Funktionsweise und Bedienung des Zählers als solches scheint nicht die Herausforderung zu sein, da sie die Hüpfer als entsprechend viele Drehungen am Zähler umsetzen kann (Z. 29 f.). Somit stellt die Handlung selbst in Verbindung mit der Aufgabenstellung die Herausforderung dar, obwohl sich Handlungen mit Material im Kontext des Design-Prinzips zur Handlungsorientierung grundsätzlich selbst als hilfreich anbieten (siehe Abschnitt 9.2.2). In der Situation erweist sich die Übernahme des Drehprozesses durch die Lehrperson als hilfreich (Z. 37 f.), wodurch im Hinblick auf die Handlung mit dem Material eine Entlastung erfolgen kann.

Ähnliches zeigt sich bei Herausforderungen mit der ausbleibenden Handlung bei Null. Hierbei eignet sich die Handlungskombination sowie die Aufforderung zur beziehungsweise der Einsatz von Darstellungsvernetzung als Unterstützung, konkret also auch die Handlung mit Material (siehe Abschnitt 9.2.2). Allerdings zeigt sich, dass gerade auch die Handlung mit Material dabei eine Herausforderung darstellen kann und beispielsweise eine Rechnung mit der Zahl Null als Summand nicht oder nur sehr eingeschränkt mit Material umgesetzt werden kann. Es wird deutlich, dass die im Kontext des Design-Prinzips zur Handlungsorientierung herausgestellten Unterstützungen und hilfreichen Aspekte jeweils schüler*innenorientiert und sogar situationsspezifisch ausgewählt werden müssen, damit sie erfolgreich eingesetzt werden und die Lernenden schließlich zielführend ein vertieftes Verständnis ausbilden können.

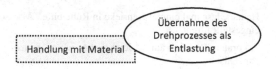

Die Übernahme des Drehprozesses als Entlastung erweist sich nicht nur im Kontext von Hürden bei Handlungen mit Material als hilfreich, sondern auch bei Herausforderungen mit der zeitgleichen Kombination des Dreh- und Zählprozesses. So erfordert das zeitgleiche Drehen des Rädchens am Zähler und Zählen der jeweiligen Drehungen hohe Konzentration und Aufmerksamkeit auf Seiten der Schüler*innen, da die Anzahl der Drehungen nicht am Material abgebildet und somit nicht abzulesen ist. Es müssen also zwei Prozesse gleichzeitig umgesetzt werden und zusätzlich sind am Zähler durchgehend Zahlzeichen zu lesen. Hürden können somit entstehen, indem unter anderem die eingestellten Zahlzeichen selbst vorgelesen werden, anstatt die Drehungen zu zählen, oder der Zählprozess als solches ganz vergessen wird. Auch ein Zählen der Anzahl der verschiedenen Einstellungen, also die Einnahme einer Objektsicht zu den Positionen, oder eine Überforderung der Kombination des Dreh- und Zählprozesses insgesamt können zu Hürden führen.

Eine Übernahme des Drehprozesses durch die Lehrperson oder Mitschüler*innen kann Entlastung schaffen und der Zählprozess kann weiterhin von den Schüler*innen durchgeführt werden, sodass die Verknüpfung der beiden Prozesse bestehen bleibt. Eine alternative Unterstützung, insbesondere bei der Einnahme einer Objektsicht im Zuge der Kombination des Dreh- und Zählprozesses und somit bei der Herausforderung, die Prozesse als solches zu zählen, stellt eine erneute Handlung zur eigenen Überprüfung dar:

Transkript Hannes zum Design-Prinzip zur Kombination von Schüler*innen- und Handlungsorientierung: *Kombination Dreh- und Zählprozess – Handlung zur eigenen Überprüfung*

1   [Dauer: 0:10 Min. und 0:26 Min.] [Henrieke, Heidi und Hannes sitzen nebeneinander je

2   an einem Tisch, auf welchen der Innenkreis der RWT und ein Zähler stehen. Alle drei

3   Kinder bearbeiten ein Arbeitsblatt. Es wird eine Bearbeitung von Hannes kontrolliert

| 4 | | und nachbesprochen.] |

5	AZ	[Tippt auf die unterste Aufgabe auf Hannes AB.] Stell das mal ein bitte [reicht Hannes
6		seinen Zähler.] Wo fängt der an? [Tippt auf die Aufgabe.]
7	Hannes	Bei Vier [nimmt den Zähler in die Hand und stellt am Einerrädchen eine 4 ein]. Ey.
8	AZ	Okay und jetzt //zähl mal wie oft du drehst damit du zur Sieben// bist.
9	... [0:06 Min.]	
10	Hannes	Eins, [dreht das Einerrädchen um eins weiter] zwei, [dreht das Einerrädchen um eins
11		weiter] drei, [dreht das Einerrädchen um eins weiter] vier. Vier? [Schaut AZ an.]
12	AZ	Achtung [nimmt Hannes Zähler in die Hand und dreht am Einerrädchen.] Bei der Vier
13		fangen wir an.
14	Hannes	Ah ok.
15	AZ	So Vier [stellt am Zähler die 4 ein]. Achtung [Hannes möchte den Zähler aus AZ
16		Händen nehmen] und jetzt zähl mal, ich drehe.
17	Hannes	Eins.
18	AZ	Dreh du. [Gibt Hannes den Zähler in die Hände.]
19	Hannes	Eins [dreht währenddessen das Einerrädchen um eins weiter], zwei [dreht
20		währenddessen das Einerrädchen um eins weiter], drei [dreht währenddessen das
21		Einerrädchen um eins weiter, legt den Zähler auf den Tisch und nimmt den Bleistift in die
22		Hand].
23	AZ	Aha.

24   Hannes   Aha. [Trägt in die Zählerdarstellung eine 3 für die Anzahl der
                 Drehungen ein.] Fertig.

Von Seiten der Förderlehrkraft findet nur ein Impuls zur erneuten Handlung
statt und der Hinweis, mit welcher Zählereinstellung begonnen wird (Z. 12 f.).
Trotzdem gelingt bei wiederholter Umsetzung die Kombination des Dreh- und
Zählprozesses (Z. 19 ff.). Es wird deutlich, dass bezüglich dieser Herausforderung
schüler*innenorientiert eine Unterstützung gewählt werden muss, die sich jeweils
unterscheiden kann und somit individuell angepasst werden muss.

Im Kontext von Anzahlbestimmungen beispielsweise erweist sich erneut die
Übernahme der Handlung durch die Lehrperson als hilfreich. Führt das eigenständige zeitgleiche Zählen, Elemente Erfassen und ein Zeigen auf diese, wobei jedes
Element nur genau einmal angezeigt werden darf, zu einer Herausforderung, so
stellt die Übernahme der Zeigehandlung auf die Elemente eine hilfreiche Unterstützung dar. Somit ist die entsprechende Unterstützung bezüglich Handlungen
auch material- und themenabhängig zu wählen.

Als herausfordernd erweisen sich weiterhin gezielte sprachliche Ausführungen
der eigenen Handlungen. Dabei scheinen die Hürden nicht primär durch Barrieren im Verständnis der Aufgabenstellung zu entstehen, sondern konkret in der
Versprachlichung der Beschreibung der Handlung, sowohl auf der enaktiven als
auch auf der ikonischen Ebene:

Transkript Hajo zum Design-Prinzip zur Kombination von Schüler*innen- und Handlungs-orientierung: *Gezielte sprachliche Ausführung der Handlung – Offene Beschreibung der Handlung*

1		[Dauer: 0:53 Min.] [Henrieke und Hajo haben die RWT und den Zähler vor sich und
2		bearbeiten ein Arbeitsblatt. Die Eintragungen zu den einzelnen Hüpfern sind bereits in
3		der Zählerdarstellung ergänzt und auch die Anzahl der Drehungen des Einer- und
4		Zehnerrädchens sind ermittelt. Nun geht es um die Frage, bei welchem Hüpfer das
5		Zehnerrädchen gedreht werden muss.]

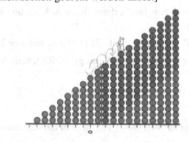

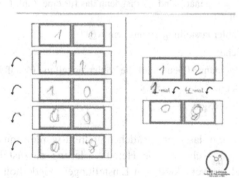

6	AZ	In welchem Moment musstest du am grünen Rädchen drehen? Von wo nach
7		wo?
8	Hajo	Ähm [deutet mit seinem Finger auf die oberen Kugelstangen oberhalb der 9er-
9		Kugelstange, konkret die grünen Kugeln.] Hier so [zeigt ungefähr auf die 13er-

10		Kugelstange.] Ehm drei. Und hier, hier sind zwölf [zeigt auf die 12er-Kugelstange],
11		und elf [zeigt auf die 11er-Kugelstange] und dann auf zehn [zeigt auf die 10er-
12		Kugelstange.]
13	AZ	Sehr gut und wann musstest du das grüne Rädchen drehen [macht mit der Hand
14		eine Drehbewegung]? Bei welchem Hüpfer? [Deutet auf die einzelnen
15		Zählerdarstellungen auf dem AB.]
16	Hajo	Immer einmal.
17	AZ	Da ist es auf Eins [zeigt auf die erste Zählerdarstellung.]
18	Hajo	Eins, eins, eins [nickt dabei mit dem Kopf und scheint jeweils auf die
19		Zählerdarstellungen mit 12, 11, 10 zu schauen.]
20	AZ	Und wann verändert sich das grüne Rädchen? //Wann ist das anders?//
21	Hajo	//Dann muss das nochmal drehen.//
22	AZ	Wann?
23	Hajo	Dann ist es Null [zeigt auf die 0 in der Zählerdarstellung 09.]
24	AZ	Super, genau. Und was ist denn das für eine Zahl, hier [deutet auf die
25		Zählerdarstellung 10 auf dem AB]?
26	Hajo	Zehn.
27	AZ	Und dann? [Deutet auf die Zählerdarstellung 09 auf dem AB.]
28	Hajo	Neun.
29	AZ	Genau, gut.

Die Nachfrage, wann das grüne Rädchen gedreht werden muss, also der Zehnerübergang stattfindet, scheint eine Herausforderung darzustellen. Stattdessen werden am Material die verschiedenen Einstellungen wiederholt benannt, sodass kein sprachlicher Bezug zur Handlung als solches hergestellt wird (Z. 6 ff.). Hilfreich ist dann jedoch eine Öffnung der Fragestellung beziehungsweise eine offene Beschreibung der Handlung von Seiten des Schülers. Das Aufnehmen der eigenen gewählten Beschreibung des Schülers durch die Lehrperson führt dazu, dass der Moment des Zehnerübergangs benannt werden kann (Z. 18 ff.). Somit scheinen offen gestaltete Beschreibungen eine hilfreiche Herangehensweise zu sein, um Handlungen auch auf ikonischer Ebene beschreiben zu lassen. Alternativ erweist sich auf enaktiver Ebene die Handlung mit Material als hilfreich, indem die Handlung erneut zumindest in Ansätzen durchgeführt wird und darüber eine Verbalisierung der Handlung gelingt. Außerdem können sprachliche Erläuterungen über Handlungen mit Material durch eine Entlastung auf sprachlicher Ebene konkretisiert werden, indem entlang der Handlung mögliche Anweisungen oder Erläuterungen präzisiert werden. In dem Zusammenhang erweist sich zudem die Hinzunahme von Gebärden auf Seiten der Schüler*innen als zusätzliche Unterstützung zur Konkretisierung der Handlung beziehungsweise der sprachlichen Erläuterung, wodurch der Bedarf an zusätzlichen Hilfsmitteln und Ergänzungsmöglichkeiten zur rein sprachlichen Erklärung notwendig wird. Sprachliche Herausforderungen im Hinblick auf Schüler*innenorientierung erweisen sich also insbesondere auch im Kontext von Handlungen und deren Verbalisierung als herausfordernd und es müssen gegebenenfalls zusätzliche Hilfestellungen zur Verfügung gestellt oder alternative Wege ermöglicht werden.

Gleiches gilt für Sprachhandlungen des Erklärens zu (abgebildeten) Handlungen, bei denen beispielsweise nach Erklärungen gefragt wird, woran die Anzahl der Hüpfer erkannt wurde, oder nach dem Grund der Drehung des Zehnerrädchens am Zähler. Auch diese können mit Herausforderungen verbunden sein. Als sprachliche Entlastung dienen dabei Handlungen am (abgebildeten) Material, indem auf die jeweiligen relevanten Inhalte am ikonisch abgebildeten Material oder an der enaktiven RWT gezeigt wird und darüber die Erklärungen präzisiert werden können.

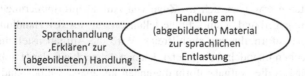

Im Kontext von Frage- oder Aufgabenstellungen von Seiten der Lehrperson, die sich auf Handlungen beziehen, dienen als sprachliche Entlastung außerdem Handlungen, die von der Lehrperson ergänzend zur Fragestellung durchgeführt werden. Es scheint, als könne darüber die in der Aufgaben- oder Fragestellung eingebettete Handlung (besser) wahrgenommen und schließlich die Aufgabe korrekt gelöst werden. Es wird deutlich, dass im Zuge von sprachlichen Ausführungen oder Aufgabenstellungen im Kontext von Handlungen sich gleichzeitig Handlungen selbst als hilfreich erweisen können, wobei diese nicht zwangsläufig von den Schüler*innen direkt selbst durchgeführt werden müssen, sondern auch Handlungen der Lehrperson sich als Entlastung erweisen.

Fokussierung Handlung
(Lehrperson) als
Sprachentlastung

Eine Möglichkeit, die sich durch ein handlungsorientiertes Lehr-Lernarrangement im Hinblick auf Schüler*innenorientierung zudem ergibt, sind Aufgabenformate, bei denen mit Hilfe von Handlungen sprachfrei gearbeitet werden kann. Beispielsweise können im Kontext der Zahlenreihe Zahlkarten an einen Zahlenstrahl angelegt werden. Es handelt sich dabei um einen recht intuitiven Arbeitsauftrag, der somit nicht weiter ausgeführt werden muss, und die Schüler*innen können diesen ohne weitere notwendige Kommunikation umsetzen. Gegebenenfalls können über vorgenommene Veränderungen und Korrekturen gedankliche Wege sogar nachvollzogen werden, ohne diese sprachlich explizieren zu müssen.

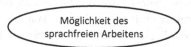

Möglichkeit des
sprachfreien Arbeitens

Des Weiteren erweisen sich im Zuge von Aufgabenformulierungen, die mit einer Handlung verbunden sind, Fragestellungen zur aus der Handlung resultierenden Aufgabenformulierung als hilfreich. Wird die Aufgabenstellung zunächst nicht entsprechend handelnd umgesetzt, können dennoch aus der Handlung selbst unter Umständen die Aufgabenformulierungen angepasst werden und somit der Handlung entsprechen. Es wird eine Brücke zwischen der ausgehenden rein sprachlichen Ebene der Aufgabenformulierung und der durchgeführten Handlung auf Seiten der Schüler*innen hergestellt, indem aus der umgesetzten Handlung wiederum eine Aufgabenformulierung stattfindet. Für die Konkretisierung des Design-Prinzips zur Kombination der Schüer*innen und Handlungsorientierung bedeutet dies, dass Aufgabenformulierungen und Handlungen nicht ausschließlich in einseitiger Reihenfolge verknüpft werden sollten, sondern vielmehr auch die Schüler*innen selbst aus Handlungen heraus Aufgaben selbstständig formulieren, um so sprachlichen und kommunikativen Herausforderungen handlungsorientiert begegnen zu können.

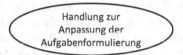

Handlung zur Anpassung der Aufgabenformulierung

Bezüglich Aufgabenformulierungen lässt sich außerdem feststellen, dass eine Anpassung oder Veränderung der Fragestellung aus einer Objektsicht heraus hin zu einer Prozesssicht sich als hilfreich erweisen kann:

Transkript Heidi zum Design-Prinzip zur Kombination von Schüler*innen- und Handlungs-orientierung: *Angepasste Fragestellung zu Prozesssicht*

1		[Dauer: 0:23 Min.] [Helen und Heidi sitzen sich an einem Tisch gegenüber. Spielleitung
2		1 (SL1) sitzt neben Helen, ist jedoch nicht im Bild zu sehen. Auf dem Tisch liegt ein
3		Zahlenstrahl. Der Löwe sitzt auf der Zahlkarte Drei und der Tiger auf der Zahlkarte Fünf.]
4	SL1	Und wie viele Hüpfer ist der Tiger [zeigt auf den Tiger auf der Zahlkarte Fünf] höher
5		als der Löwe [zeigt auf den Löwen auf der Zahlkarte Drei]?
6	Heidi	Der ist fünf Hüpfer [zeigt auf den Tiger] und der ist drei Hüpfer [zeigt mit der einen
7		Hand auf den Löwen und mit der anderen zeigt sie drei Finger.]
8	SL1	Ja, und wie viele Hüpfer sind dazwischen?
9	Helen	Vier? Die Vier.
10	SL1	Die Vier ist dazwischen, aber wie, wie oft muss der hüpfen [macht mit dem Finger

11		eine Hüpfbewegung in der Luft], wenn der Tiger den Löwen besuchen möchte [zeigt
12		erst auf den Tiger und dann auf den Löwen]?
13	Heidi	Eh, er muss ... [meldet sich.]
14	SL1	Ja?
15	Heidi	Zweimal.

Die vorwiegend aus der Objektsicht heraus formulierte Fragestellung, wie viele Hüpfer zwischen den beiden Figuren liegen, kann zunächst nicht beantwortet werden. Stattdessen werden jeweils die Anzahlen der Hüpfer zum Ausgangspunkt benannt (Z. 6 f.). In dem Moment, in dem jedoch die Fragestellung angepasst wird und damit stärker eine Prozesssicht, somit also auch die Handlung selbst, fokussiert wird, scheint die Angabe keinerlei Herausforderung mehr darzustellen (Z. 10 ff.). Es zeigt sich also, dass Aufgabenstellungen, bei denen stärker eine Prozesssicht auch in der Formulierung eingenommen wird, indem die erzeugende Handlung fokussiert wird, sich als hilfreich erweisen können und eine mindestens gleichwertige Alternative zu Aufgabenstellungen aus der Objektsicht heraus darstellen können. Diese Konkretisierung ist insbesondere vor dem Hintergrund des entwickelten Lehr-Lern-arrangements und dem zugrunde liegenden anvisierten Lernpfads von Relevanz. Bei Aufgabenstellungen müssen schüler*innenorientiert bestenfalls unterschiedliche Fragestellungen formuliert werden und somit verschiedene Angebote erfolgen.

Angepasste
Fragestellungen
zur Prozesssicht

Mit Blick auf die Kombination von Schüler*innen- und Handlungsorientierung kann außerdem festgestellt werden, dass zusätzliche alternative Handlungen auf Seiten der Schüler*innen eingesetzt werden, um darüber zusätzliche Sicherheit erlangen zu können. Dabei kann es sich zum einen um Zählhandlungen handeln, bei denen nicht nur die angewiesene Anzahl an Prozessen (Drehungen oder Hüpfer) während der Handlung gezählt wird, sondern eine weitere Zählhandlung ergänzt wird, indem die Kugeln an einer Kugelstange gezählt werden. Zum anderen werden auch alternative Handlungen am jeweils anderen Material (RWT beziehungsweise Zähler) ergänzt. So wird beispielsweise eine symbolisch notierte Rechnung für die Übertragung auf den Zähler zunächst an der RWT umgesetzt und erst dann auf den Zähler übertragen oder zur Prüfung einer Anzahl an Hüpfern des Häschens auf der RWT zusätzlich der Zähler hinzugezogen und bedient, wodurch wiederum Darstellungsvernetzung bewusst von Schüler*innenseite eingesetzt wird.

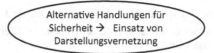

Alternative Handlungen für Sicherheit → Einsatz von Darstellungsvernetzung

Im Themenbereich zu Partnerbeziehungen lassen sich bezüglich handlungsorientierter Herausforderungen konkrete koordinative Herausforderungen feststellen. Diese entstehen, indem mit beiden Häschen gleichzeitig auf der RWT gehüpft wird, das zeitgleiche und zielgerichtete Hüpfen allerdings nicht durchgehend gelingt. Im Kontext von Schüler*innen- und Handlungsorientierung muss für diese Herausforderungen ausreichend Zeit eingeplant und gegebenenfalls mit einfachen Bewegungsanweisungen begonnen werden, um den Handlungsablauf zunächst üben zu können und für das zeitgleiche Handeln mit zwei Figuren ein Gefühl bekommen zu können.

Koordinative
Anforderungen

Eine letzte Konkretisierung der Kombination der Design-Prinzipien zur Schüler*innen- und Handlungsorientierung ist ein Erreichen von Erkenntnissen durch Denkhandlungen am und zum Material:

Transkript Hannes zum Design-Prinzip zur Kombination von Schüler*innen- und Handlungsorientierung: *Denkhandlung zum Material für Erkenntnisse*

1		[Dauer: 0:18 Min.] [Hannes und Hajo haben die RWT und den Zähler vor sich auf dem
2		Tisch. Hajos Häschen sitzt auf der 17er-Kugelstange und sein Zähler ist auf 17
3		eingestellt.]
4	AZ	Wofür steht denn die Eins [nimmt Hajos Zähler und hält ihn so, dass beide die

5		eingestellte Zahl sehen können und zeigt auf das Zehnerrädchen] hier, //Hannes?//
6	Hajo	//Für Zehn.// //Und sieben.//
7	Hannes	//Für Zeh-// ein für den Zehner.
8	AZ	Aha. Zeigt mal drauf wo der ist bei euch. [Hajo zeigt mit dem Finger an der 17er-
9		Kugelstange der RWT auf die grünen Kugeln.]
10	Hannes	Und wenn der nächste Zehner kommt, zwei Zehner [zeigt mit seiner rechten Hand
11		zwei Finger], muss da Zwei [zeigt auf den Zähler, den AZ in ihren Händen hält] und
12		da Null, dann sind Zwanzig.
13	AZ	Aha, super Hannes

Indem eine Handlung, konkret über die Einstellung des Zählers, reflektiert und über die Bedeutungen dieser Einstellungen gesprochen wird, scheinen Denkhandlungen zu weiteren Handlungen und Veränderungen am Material angeregt zu werden (Z. 10 ff.). Darüber entstehen wiederum neue Erkenntnisse zur Funktionsweise des Stellenwertsystems. Es zeigt sich somit, dass bereits Denkhandlungen oder Denkprozesse zu Handlungen am Material dazu führen können, dass das mathematische Verständnis erfolgreich vertieft werden kann.

Denkhandlung zum
Material für Erkenntnisse

Zusammenfassend werden in Abbildung 9.14 die Konkretisierungen zur Kombination der Design-Prinzipien zur Schüler*innenorientierung und zur Handlungsorientierung dargestellt.

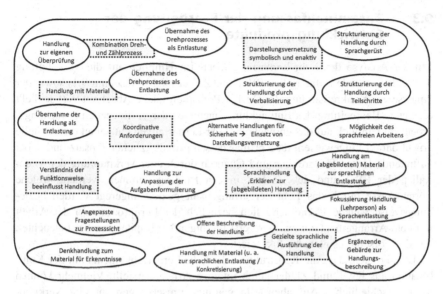

Abb. 9.14 Konkretisierungen des Design-Prinzips zur Kombination Schüler*innen- und Handlungsorientierung im Überblick

Abschließend lässt sich feststellen, dass Handlungen sowohl mit schüler*innenorientierten Herausforderungen verbunden sind, indem sie beispielsweise koordinative Anforderungen enthalten, als auch hilfreiche Ergänzungen unter anderem für die eigene Sicherheit als Überprüfung oder für sprachliche Entlastungen darstellen. Zwar können sich insbesondere die sprachliche Ebene zur jeweiligen Handlung beziehungsweise die Verbalisierung der sowie Erklärungen zu Handlungen als herausfordernd erweisen. Gleichzeitig können aber auch gerade Handlungen eine Entlastung auf sprachlicher Ebene sowie sprachfreie Tätigkeiten anbieten. Dass zwischen Sprache und Handlungen ein enger Zusammenhang besteht, wird außerdem durch die hilfreiche Möglichkeit der Strukturierung von Handlungen durch Sprache, unter anderem dem Sprachgerüst, deutlich. Somit kann grundsätzlich eine Verbindung der Schüler*innen- und Handlungsorientierung als zielführend angenommen werden. Zwischen den beiden Design-Prinzipien scheint im Hinblick auf den Förderschwerpunkt Hören und Kommunikation eine intensive wechselseitige Beziehung zu bestehen, die sich in den Konkretisierungen der Design-Prinzipien äußert und für die Entwicklung von Lehr-Lernarrangements, insbesondere zu diesem Themenschwerpunkt, Berücksichtigung finden sollte.

9.3   Zusammenfassung der Bearbeitung der Entwicklungsprodukte

Mit der Analyse des Lehr-Lernarrangements im Hinblick auf die Verknüpfung der beiden zentralen Materialien RWT und Zähler (siehe Abschnitt 9.1) sowie der Analyse zur Konkretisierung der Design-Prinzipien (siehe Abschnitt 9.2) schließt eine erste Bearbeitung des Entwicklungsinteresses der vorliegenden Forschungsarbeit. Im Hinblick auf das entwickelte Lehr-Lernarrangement sei an dieser Stelle erneut darauf hingewiesen, dass primär dessen grundsätzlicher Einsatz und dabei auftretende Herausforderungen und Chancen durch eine Verknüpfung der Materialien der RWT und des Zählers in den Blick genommen werden. Welche Lernprozesse durch das Lehr-Lernarrangement gezielt angeregt werden beziehungsweise welche Phänomene sich bezüglich der Lernprozesse in der Arbeit mit dem Arrangement zeigen, wird erst im folgenden Kapitel genauer beleuchtet, das das Forschungsinteresse fokussiert.

Es zeigt sich, dass die Konstruktion des Lehr-Lernarrangements mit der Kombination aus RWT und Zähler keine intuitive Arbeit darstellt. Vielmehr können die unterschiedlichen Aufgabenstellungen und -umsetzungen, die eine Verknüpfung der Materialien fokussieren, mit Hürden verbunden sein und bedürfen einer intensiven Erarbeitung. So muss unter anderem auch die Bedienung des Zählers zunächst geklärt werden, da am Material des Zählers bereits eine direkte Vernetzung der enaktiven und symbolischen Ebene vorliegt. Insbesondere das Erfassen von relevanten Informationen aus einem Material und deren Übertragung auf das jeweils andere Material stellt eine zentrale Herausforderung dar. Dieser kann jedoch unter anderem durch das Hinzunehmen von Gesten, Verbalisierungen und schrittweisem Bearbeiten begegnet werden.

Insgesamt kann allerdings auch festgestellt werden, dass mit entsprechender Hinführung und Erarbeitung die Verknüpfung der RWT und des Zählers gelingen kann, eine parallele Bedienung beider Materialien zielführend sein und eigene Weiterführungen der Aufgabenstellungen von Schüler*innenseite stattfinden können. Daraus kann der Schluss gezogen werden, dass das Lehr-Lernarrangement als solches unter Berücksichtigung gewisser Herausforderungen und deren Unterstützungsmöglichkeiten gut einsetzbar sein kann. Somit kann folgende konkretisierte Fragestellung zum Entwicklungsinteresse erfolgreich bearbeitet werden:

– FE 4: Wie kann das entwickelte Lehr-Lernarrangement auf Grundlage empirischer Untersuchungen weiterentwickelt werden? (siehe Abschnitt 9.1)

Ergänzend hierzu kann das erarbeitete Entwicklungsprodukt der konkretisierten Design-Prinzipien der allgemeinen Didaktik mit Blick auf den Förderschwerpunkt Hören und Kommunikation hinzugezogen werden. Auf Grundlage der Analyse werden eine Vielzahl an konkreten Herausforderungen und hilfreichen Strategien aufgezeigt, die entsprechend dem Entwicklungsinteresse der vorliegenden Arbeit insbesondere für Schüler*innen mit dem Förderschwerpunkt Hören und Kommunikation von Relevanz sind: Bereits für die Wahl der didaktischen Prinzipien der allgemeinen Didaktik sowie für die daraus entwickelten gegenstandsbezogenen Design-Prinzipien sind Anforderungen des Förderschwerpunkts Hören und Kommunikation leitend (siehe Abschnitt 5.2 und 8.1). Zudem basiert die Analyse auf Daten von Schüler*innen dieses Förderschwerpunkts. Dennoch sind nicht zwangsläufig alle Herausforderungen und Strategien als spezifisch für den Förderschwerpunkt Hören und Kommunikation anzusehen.

Bezüglich des Design-Prinzips zur Schüler*innenorientierung lassen sich die Herausforderungen und Strategien in vier große Bereiche unterteilen: Sprache, Inhalt, Darstellungsvernetzung und Sonstiges. Bezüglich der Handlungsorientierung kann festgestellt werden, dass Handlungen zum einen als Hilfsmittel eingesetzt werden, zum anderen auch den eigentlichen Lerngegenstand darstellen können. Für beide Aspekte lassen sich wiederum unterschiedliche Funktionen von Handlungen ausmachen. Innerhalb der einzelnen Funktionen lassen sich ebenfalls Herausforderungen und mögliche Strategien des Umgangs mit herausfordernden Situationen herausarbeiten. Über die beiden Design-Prinzipien hinaus kann zudem eine Kombination der Schüler*innen- und Handlungsorientierung festgestellt werden. In diesem Zusammenhang fallen insbesondere Hürden auf, die durch sprachliche, strukturelle oder koordinative Anforderungen, beispielsweise durch die Kombination des Dreh- und Zählprozesses, entstehen. Somit treten schüler*innenorientierte Hürden im Zuge von Handlungen auf, weshalb hierbei eine Kombination der Design-Prinzipien als unerlässlich erscheint. Sie zeigen zudem, dass eine eindeutige Trennung und Differenzierung dieser beiden Design-Prinzipien nicht möglich sind, da immer auch zum Beispiel aus Perspektive des Design-Prinzips zur Schüler*innenorientierung Handlungen als mentale Prozesse vorgenommen werden können, die jedoch nach außen nicht sichtbar sind.

Somit kann abschließend auch die konkretisierte Fragestellung zum Entwicklungsprodukt der Design-Prinzipien bearbeitet werden:

– FE 2: Wie können insbesondere die Design-Prinzipien der allgemeinen didaktischen Theorien mit Blick auf den Förderschwerpunkt Hören und Kommunikation auf Grundlage empirischer Ergebnisse konkretisiert werden? (siehe Abschnitt 9.2)

Insgesamt stellen das zunächst theoretisch entwickelte und daraufhin empirisch erprobte Lehr- Lernarrangement ‚Herzlich willkommen im Diamantenland' sowie die ebenfalls auf Grundlage der Theorie gegenstandsbezogen formulierten Design-Prinzipien und deren empirischer Konkretisierung die endgültigen Entwicklungsprodukte dar, mit denen eine Förderung des Zehnerübergangs zur Anbahnung eines Stellenwertverständnisses verfolgt und zudem Aspekte des Lehrprozesses im Zuge von Strategien aufgezeigt werden. Somit wird das Entwicklungsinteresses erfolgreich, jedoch nicht abschließend bearbeitet, da im Zuge weiterer Forschungszyklen beziehungsweise -vorhaben die erstellten Entwicklungsprodukte erneut überprüft und angepasst werden können:

– Welche Design-Prinzipien eignen sich zur Erarbeitung des Zehnerübergangs mit Blick auf die Anbahnung eines dezimalen Stellenwertverständnisses durch Schüler*innen mit dem Förderschwerpunkt Hören und Kommunikation und wie kann ein konkretes Lehr-Lernarrangement aussehen, dem diese Design-Prinzipien zugrunde liegen? (Entwicklungsinteresse)

Bezüglich der Lernprozesse wird im nachfolgenden Kapitel eine umfangreiche Analyse durchgeführt, in deren Rahmen auch die im Zusammenhang der Konkretisierungen der Design-Prinzipien erfassten Herausforderungen und Strategien für die Lehrprozesse noch einmal aufgegriffen werden.

Empirische Befunde: Forschungsprodukte

10

In diesem Kapitel steht das Forschungsinteresse zu den Lehr- und Lern-prozessen im Vordergrund. Hierfür werden die in den einzelnen Kategorien herausgearbeiteten Phänomene analysiert. Innerhalb des Kapitels wird eine Dif-ferenzierung zwischen mentalen Zahlvorstellungen im vorwiegenden Zahlenraum 0 bis 9 (Abschnitt 10.1) und mentalen Zahlvorstellungen des Zehnerübergangs im Zahlenraum 0 bis 19 (Abschnitt 10.2) vorgenommen.

10.1 Ergebnisse zum Zahlverständnis – Zahlenraum 0 bis 9

Folgend sollen die aus den Daten erfassten Phänomene im Hinblick auf mentale Zahlvorstellungen im Allgemeinen präsentiert werden. Dafür wird insbesondere der Zahlenraum 0 bis 9 fokussiert, sodass es sich um die Phänomene folgender Kategorien handelt:

– Anzahlerfassung
– Zahlraumorientierung
– Handlung am Material (0–9)
– Rechnung (0–9)

Da bei Phänomenen der Kategorie ‚Handlung am Material (0–19)' ebenfalls die mentalen Zahlvorstellungen insgesamt im Vordergrund stehen und keine direkten Bezüge bezüglich Vorstellungen zum Zehnerübergang oder dem dezimalen Stel-lenwertverständnis hergestellt werden, wird die Kategorie ‚Handlung am Material (0–19)' ebenfalls im vorliegenden Abschnitt aufgegriffen.

© Der/die Autor(en), exklusiv lizenziert an Springer Fachmedien Wiesbaden GmbH, ein Teil von Springer Nature 2024
A.-K. Zurnieden, *Der Zehnerübergang zur Anbahnung eines Stellenwertverständnisses*, Kölner Beiträge zur Didaktik der Mathematik,
https://doi.org/10.1007/978-3-658-44000-8_10

Innerhalb einer jeden Kategorie werden Phänomene der verschiedenen Unterbereiche detailliert beschrieben und interpretiert, indem auftretende Hürden und
mögliche Hilfestellung sowie erste Erkenntnisse herausgearbeitet werden. Grundlage sind dafür insbesondere die Transkripte, die in Auszügen in die Analyse
integriert werden. Bei der Analyse wird zwischen den unterschiedlichen Darstellungsebenen beziehungsweise Darstellungsvernetzungen unterschieden und
die Phänomene werden anhand dessen strukturiert. Wie bereits im Abschnitt
zu Erkenntnissen zum Lehr-Lernarrangement (siehe Abschnitt 9.1) werden die
Phänomene in den Visualisierungen (s. u.) entweder in rechteckigen Kästchen
dargestellt, wenn es sich um Hürden oder Herausforderungen handelt, oder in
Ellipsen, wenn erste Erkenntnisse festzustellen sind.

10.1.1 Phänomene in der Kategorie ‚Anzahlerfassung‘

Die Kategorie ‚Anzahlerfassung‘ umfasst die beiden Unterbereiche ‚Subitizing‘
und ‚> 4‘, somit also den Zahlbereich, der den Subitizingbereich überschreitet.

Enaktiv
Im Bereich ‚Subitizing‘ lässt sich das Phänomen *Einfach gewusst* feststellen.
Beim Anzeigen einer Menge an Perlen kann direkt, ohne nachzählen, die Anzahl
der Perlen korrekt bestimmt werden. Ohne längere Überlegungen kann Hajo die
korrekte Anzahl an Perlen in der Box angeben, obwohl ein Mitschüler eine andere
Anzahl nennt. Hiervon lässt er sich nicht irritieren und begründet sein Wissen:
‚Äh, ich hab das einfach nur gewusst.‘ Diese Aussage betont, dass Hajo die
Kugeln nicht nachgezählt, sondern auf einen Blick erkannt hat, um welche Menge
es sich handelt.
    Das Phänomen deutet darauf hin, dass grundsätzlich das Subitizing, also eine
Simultanerfassung, bis zu vier Elementen gelingt und dabei keine auffälligen
Hürden auftreten.
    Anderes zeigt sich bei der Anzahlerfassung von größeren Mengen im Bereich
‚> 4‘. Beim Phänomen *Mengenangabe (Kugelanzahl) als Herausforderung* gelingt
es nicht, die Kugelanzahl von neun Kugeln in der Box korrekt zu bestimmen.
Hajo äußert relativ schnell, dass zehn Kugeln in der Box liegen. Er scheint jedoch
direkt selbstständig noch einmal nachzuzählen und kommt dabei zum Ergebnis, dass es sich um zwölf Kugeln handelt. Für diesen Zählprozess benötigt er
deutlich mehr Zeit als für seine erste Angabe. Er überprüft sich erneut, da die
Mitschüler*innen zweifeln, kommt dabei aber wieder auf die Anzahl von zwölf
Kugeln. Auffallend ist, dass Hajo keine konkrete Handlung wie ein Verschieben

der Kugeln von sich aus durchführt, sondern vielmehr mit Blicken und Zeigen die Kugeln zu zählen scheint. Mit Unterstützung durch die Förderlehrkraft, die nacheinander auf die Kugeln in der Box zeigt und Hajo diese zählt, kann er schließlich die korrekte Anzahl angeben.

Bei dem Phänomen wird offensichtlich, dass in der Anzahlbestimmung von Mengen über den Subi-tizingbereich hinaus noch deutliche Hürden vorzufinden sind, die nicht ohne Hilfestellung bewältigt werden können. Es scheinen noch nicht durchgehend ausreichende Strategien für die Anzahlbestimmung vorhanden zu sein. Die Hilfestellung der Förderlehrkraft, die Zeigehandlung zu übernehmen, scheint eine Erleichterung darzustellen und in diesem Fall zur Lösung zu führen (siehe Abschnitt 9.2). Anhand des Phänomens wird deutlich, dass auch Fähigkeiten, die für ein drittes Schulbesuchsjahr grundsätzlich als Voraussetzung angenommen werden könnten, individuell überprüft werden müssen und die Förderung an die Schüler*innen angepasst werden muss. Es können nicht grundsätzlich gewisse Fähigkeiten als gegeben vorausgesetzt werden (siehe Abschnitt 9.2).

Dass teilweise aber bereits Strategien zur Anzahlbestimmung ausgebildet wurden, wird im Phänomen *Strategie zum Subitizingbereich* deutlich. Bei diesem wird eine den Subitizingbereich überschreitende Anzahl an Kugeln gezeigt:

Transkript Henrieke zum Phänomen *Strategie zum Subitizingbereich*

1		[Dauer: 0:08 Min.] [Henrieke, Heidi, Hannes und Hajo haben den Innenkreis der RWT
2		vor sich. AZ zeigt den Schüler*innen eine Box mit einer bestimmten Anzahl an Kugeln.
3		Die Schüler*innen sollen schnellstmöglich die Anzahl an Kugeln in der Box bestimmen.]
4	AZ	[Zeigt Henrieke die Box, in der sich fünf Kugeln befinden.]
5	Henrieke	[Schaut in die Box und nimmt eine Kugel heraus] Einfach die nehmen, ok.
6	AZ	//Wie viele sind es?//
7	Henrieke	//Eins, zwei,// drei, vier, fünf! [Nimmt keine Finger zu Hilfe, zählt nur über Blicke.]
8		Ok, danke.

Zur Bestimmung der Anzahl nimmt Henrieke selbstständig eine Kugel aus der Box, sodass noch vier Kugeln in der Box liegen (Z. 5). Somit umfasst die Anzahl nun wieder den Subitizingbereich. Henrieke kann die entsprechend übriggebliebene Anzahl schnell abzählen, möglicherweise erkennt sie sie auch und zählt die

Kugeln nur zur Sicherung. Sie ergänzt bei der Anzahl direkt die einzelne Kugel, die sie in der Hand hält (Z. 7 f.).

Bei dem Phänomen kann eine Strategie angewandt werden, indem eine größere Anzahl an Kugeln reduziert wird, sodass sie den Subitizingbereich umfasst, und dann um die übrigen Elemente ergänzt wird. Im Vergleich zum Phänomen *Mengenangabe (Kugelanzahl) als Herausforderung* wird hier explizit eine Handlung von der Schülerin mit den Perlen durchgeführt (siehe Abschnitt 9.2). Diese Handlung scheint zielführend zu sein.

In der Kategorie ‚Anzahlerfassung‘ deuten die Phänomene darauf hin, dass diese teilweise noch mit größeren Hürden verbunden sein kann, allerdings nicht zwangsläufig, was im Zusammenhang mit dem Verständnis des kardinalen Zahlaspekts stehen kann. Es zeigt sich, dass auch Strategien, wie das Erzeugen von Mengen im Subitizingbereich, zur erfolgreichen Anzahlbestimmung eingesetzt werden. Um die mentalen Zahlvorstellungen im Hinblick auf Anzahlerfassungen weiter vertiefen zu können, sodass diese durchgehend ohne Hürden gelingen können, bietet sich ein Ausbilden von möglichen Strategien an. Hierzu können beispielsweise eine stärkere Verknüpfung zum Subitizing hergestellt oder Zählstrategien zum Ermitteln von Anzahlen erarbeitet werden (siehe Abb. 10.1).

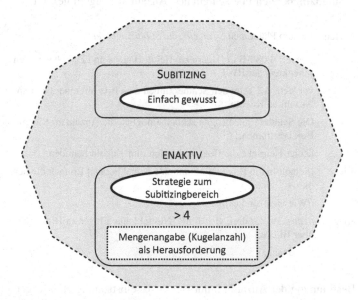

Abb. 10.1 Anzahlerfassung: enaktiv

10.1.2 Phänomene in der Kategorie ‚Zahlraumorientierung'

In der Kategorie der ‚Zahlraumorientierung' wird zwischen drei Bereichen differenziert: ‚Zahl(wort)reihe', ‚Nachbarzahlen' und ‚Vergleich von Zahlen / Anzahlen'.

Enaktiv
Bezüglich der Zahlraumorientierung im Zahlenraum 0 bis 9 lassen sich im Bereich ‚Nachbarzahlen' auf der enaktiven Darstellungsebene vor allem drei Phänomene ausmachen: *Nachbarzahlen als zwei Nachfolger, Nachbarzahlen als zwei Vorgänger* und *Konkretisierung zu Entfernung nicht berücksichtigt*.

Bei den beiden erstgenannten Phänomenen sollen die beiden Nachbarpositionen beziehungsweise -stangen an der RWT aus unterschiedlichen Kontexten heraus benannt werden, wobei von den Schüler*innen jeweils intuitiv die doppelte Vorgänger- beziehungsweise Nachfolgerbildung durchgeführt wird. Zunächst soll das folgende Transkript einen exemplarischen Einblick zur doppelten Nachfolgerbildung geben:

Transkript Hannes zum Phänomen *Nachbarzahlen als zwei Nachfolger*

1		[Dauer: 0:20 Min.] [Henrieke, Heidi, Hajo und Hannes haben jeweils den Innenkreis
2		der RWT auf dem Tisch stehen. Der Tisch von AZ ist vorne im Bild zu sehen, dort
3		befinden sich eine RWT mit dem Häschen auf der 4er-Kugelstange und die Fee.
4		Hannes Häschen sitzt ebenfalls auf der 4er-Kugelstange.]
5	AZ	Okay was sind denn jetzt die Nachbar- türme davon?
6	Hannes	Fünf, Sechs. … Nein Fünf, .. Drei.
7	AZ	Okay. Kannst du dein Häschen mal auf den einen der Nachbartürme setzen?
8	Hannes	[Nimmt das Häschen und setzt es von der 4er-Kugelstange auf die 1er-Kugelstange].
9	AZ	Meins steht bei vier Kugeln.

Die Förderlehrkraft fragt konkret nach den Nachbartürmen des Häschens, welches auf der 4er-Kugelstange der RWT sitzt (Z. 5). Hannes antwortet direkt „Fünf, Sechs" (Z. 6). Bis zu diesem Moment hat noch keine direkte Handlung auf Seiten des Schülers an der RWT stattgefunden. Nach kurzem Nachdenken korrigiert sich

Hannes selbstständig. Auffallend ist bei dieser Szene dann die daran anschließende Umsetzung der Aufforderung, das Häschen auf eine der Nachbarstangen
zu setzen: Hannes hüpft mit seinem Häschen auf die 1er-Kugelstange (Z. 8). Auch
der wiederholte Hinweis der Förderlehrkraft, dass ihr Häschen auf vier Kugeln
steht, veranlasst ihn nicht, das Häschen noch einmal zu versetzen.

Bei dem Phänomen wird die Wichtigkeit der tatsächlichen Handlung deutlich.
Rein sprachlich, bezogen auf die enaktive Ebene, lässt sich die Hürde ausmachen,
dass statt der Angabe des Vorgängers und Nachfolgers zunächst intuitiv die doppelte Nachfolgerbildung stattfindet. Bei der enaktiven Umsetzung wird daraufhin
offensichtlich, dass insgesamt im Hinblick auf den Begriff der Nachbarzahlen
noch Hürden vorzufinden sind und die Bedeutung des Begriffs der Nachbarzahlen noch nicht sicher mit dem jeweiligen Vorgänger und Nachfolger verbunden
wird. Möglicherweise stellt diesbezüglich aber auch primär die Umsetzung auf
enaktiver Ebene die eigentliche Herausforderung dar und es müsste eine stärkere
Verbindung zwischen der sprachlichen und enaktiven Ebene hergestellt werden.
Damit stellt die enaktive Ebene nicht grundsätzlich die zugänglichste Ebene dar
(siehe Abschnitt 9.2).

Bei der exemplarischen Szene zum Phänomen *Nachbarzahlen als zwei Vorgänger* wird die Nachfrage ebenfalls auf rein sprachlicher Ebene zur enaktiven
Darstellung gestellt. Heidi ist mit ihrem Häschen auf der 2er-Kugelstange gelandet und die Förderlehrkraft erklärt, dass der Diamant ‚ganz nah bei dem Häschen‘
versteckt ist. Heidi kann die 1er-Kugelstange direkt als Nachbarplatz des Häschens für den Diamant ausmachen und postiert den Diamanten entsprechend
vor dieser Kugelstange. Auf Nachfrage nach einem weiteren möglichen Platz,
an dem der Diamant versteckt sein könnte, legt Heidi den Diamanten vor die
0er-Kugelstange und benennt sie auch. Auf den Hinweis, dass der Diamant nur
einen Hüpfer vom Häschen entfernt ist, überprüft sie die Entfernung von der
0er-Kugelstange zum Häschen auf der 2er-Kugelstange und kommt dabei auf
zwei Hüpfer. Die Förderlehrkraft präzisiert, dass das Häschen nur einmal hüpft
und fragt, wo es dann landen kann. Daraufhin nennt Heidi zunächst erneut die
1er- und 0er-Kugelstange, kann sich jedoch selbstständig korrigieren und die
3er-Kugelstange als weitere Nachbarposition angeben.

Bei diesem Phänomen lassen sich Ähnlichkeiten zum vorigen Phänomen
ausmachen. Es wird ebenfalls zunächst in nur eine Richtung der Vorgänger beziehungsweise Nachfolger gebildet, anstatt sowohl den Vorgänger als auch den
Nachfolger zu bilden. Auch bei diesem Phänomen zeigt sich, dass die enaktive Ebene von Seiten der Schüler*innen nicht unterstützend genutzt werden
kann. Für die Förderlehrkraft ermöglicht die enaktive Ebene jedoch eine Konkretisierung der mentalen Zahlvorstellung beziehungsweise der Vorstellung von

Nachbarzahlen durch die Schüler*innen. Als hilfreich erweist sich schließlich das Fokussieren des Hüpfprozesses in der wiederholten sprachlichen Präzisierung. Im Hinblick auf die Zahlraumorientierung wird bei beiden Phänomenen deutlich, dass das Herstellen von Zusammenhängen zwischen Vorgänger und Nachfolger, die Voraussetzung für die Bestimmung von Nachbarzahlen sind, noch nicht durchgehend und sicher gelingt. Vielmehr kann das Erfassen und Bestimmen von Nachbarzahlen beziehungsweise -positionen eine Hürde darstellen, weshalb deren Erarbeitung eines besonderen Augenmerks beim Lehr-Lernarrangement bedarf.

Das dritte Phänomen *Konkretisierung zu Entfernung nicht berücksichtigt* überschneidet sich in gewisser Form mit dem Bereich 'Vergleich von Zahlen / Anzahlen', da nicht explizit nach Nachbarzahlen gefragt wird, sondern die Anweisung 'einmal mehr hüpfen' im Fokus steht. In einer Beispielszene zu diesem Phänomen hüpft Heidi mit ihrem Häschen auf die Anweisung, einmal mehr zu hüpfen als das Häschen der Förderlehrkraft, welches auf der 4er-Kugelstange steht, direkt mit ihrem Häschen auf die 9er-Kugelstange. Heidi scheint die Konkretisierung des Unterschieds zur Anzahl an Hüpfern vom Ausgangspunkt aus, nämlich einmal mehr, nicht wahrgenommen zu haben. Auch nach erneuter Formulierung der Anweisung (Z. 1 f.) ändert Heidi nichts an der Position des Häschens. Für Heidi scheint in dieser Situation vor allem die Aussage 'mehr' im Vordergrund zu stehen, auf die sie sich in ihrer Antwort korrekt bezieht:

Transkriptauszug Heidi zum Phänomen *Konkretisierung zu Entfernung nicht berücksichtigt*

1	AZ	Bist du dann einmal mehr gehüpft als mein Häschen? [Zeigt auf ihr Häschen auf
2		der 4er-Kugelstange.]
3	Heidi	Ja, ich bin mehr gehüpft.

Nach einer erneuten Präzisierung der Entfernung durch die Förderlehrkraft und der zusätzlichen Ergänzung der Gebärde für Eins korrigiert sich Heidi und setzt ihr Häschen auf die 5er-Kugelstange. Somit scheint Heidi die detaillierte Anweisung auf sprachlicher Ebene nicht vollständig wahrgenommen zu haben, sodass der Bezug zur Nachbarposition nicht hergestellt wird.

An dem Phänomen wird deutlich, dass die Sprache und dabei vor allem die Wahrnehmung aller Informationen auf sprachlicher Ebene eine zentrale Rolle im Hinblick auf mathematische Konzepte wie Nachbarzahlen spielt. Bei Tätigkeiten auf der enaktiven Ebene können mögliche Differenzen an dieser Stelle offensichtlich gemacht werden. Die Hürde bei dem Phänomen liegt voraussichtlich primär nicht im mathematischen Verständnis zum Konzept der Nachbarzahlen, sondern vielmehr in der sprachlichen Wahrnehmung. Überwunden werden kann die Hürde zum Beispiel, wie in der exemplarischen Szene, durch unterstützende Gebärden für zentrale Inhalte bei Arbeitsanweisungen (siehe Abschnitt 9.2).

Ähnliches zeigt sich auf enaktiver Ebene auch im Bereich ‚Vergleich von Zahlen / Anzahlen'. Hier lassen sich die Phänomene *Unkonkret → keine Hürde* und *Konkret → fehlender Bezug* ausmachen. Es zeigt sich, dass eine unkonkrete Anweisung für eine Figur am ZARAO im Verhältnis zu einer anderen ohne Schwierigkeiten umgesetzt werden kann. In einer Beispielszene ist die Anweisung lediglich, dass die Katze am ZARAO tiefer sitzen soll als der Hase. Diese Aufgabe kann Helen korrekt lösen, indem sie mit der Katze auf den Ausgangspunkt und damit auf den 0er-Kugelturm hüpft. Die sprachliche Anweisung ‚tiefer als' scheint bei diesem Phänomen keine Hürde darzustellen und kann auf enaktiver Ebene umgesetzt werden.

Anderes lässt sich beim Phänomen *Konkret → fehlender Bezug* feststellen. Dabei tritt eine Hürde bezüglich der konkretisierten Anweisung zum Abstand zweier Zahlen auf, wie sich in der folgenden Szene zeigt:

Transkript Helen zum Phänomen *Konkret → fehlender Bezug*

1		[Dauer: 0:49 Min.] [Henrieke, Heidi, Hannes und Helen sitzen zusammen an einem
2		Tisch und haben ein Arbeitsblatt vor sich auf dem Tisch liegen. AZ steht vor dem Tisch
3		und hat den ZARAO 0–9 vor sich. Die Katze sitzt auf dem 5er-Kugelturm, der Hase
4		auf dem 0er-Kugelturm.]
5	AZ	Jetzt möchte der Hase zwei höher sitzen. [Helen meldet sich.] Was muss der
6		davon- dafür machen Hannes?
7	Hannes	Ähm neunmal.
8	AZ	Für zweimal höher? [Schiebt den ZARAO näher an Hannes heran.]
9	Hannes	Neun.
10	AZ	Hüpf mal.
11	Hannes	Neunmal [hüpft mit dem Hasen 1-mal auf dem Ausgangspunkt nach oben] eins,
12		[hüpft mit dem Hasen auf den 1er-Kugelturm] zwei, [hüpft mit dem Hasen auf den
13		2er-Kugelturm] drei, [hüpft mit dem Hasen auf den 3er-Kugelturm] vier, [hüpft mit

14		dem Hasen auf den 4er-Kugelturm] fünf, [hüpft mit dem Hasen auf den 5er-
15		Kugelturm vor die Katze] sechs, [hüpft mit dem Hasen auf den 6er-Kugelturm] sieben,
16		[hüpft mit dem Hasen auf den 7er-Kugelturm] acht, [hüpft mit dem Hasen auf den
17		8er-Kugelturm] neun, [hüpft mit dem Hasen auf den 9er- Kugelturm und hält ihn dann
18		in der Luft] zehn. Neun [setzt den Hasen auf den 9er-Kugelturm.]
19	Henrieke	Oh mein Gott die Tiger bleibt stehen, guck mal. [Henrieke zeigt auf die Katze,
20		Hannes berührt sie mit dem Finger, sodass sie von dem Podest auf den Tisch fällt. AZ
21		nimmt sie und setzt sie zurück auf den 5er-Kugelturm.]
22	AZ	Helen [schiebt den ZARAO etwas näher an Helen heran.]
23	Helen	[Nimmt den Hasen in die Hand und setzt ihn vom 9er-Kugelturm auf den
24		Ausgangspunkt.] Eins [hüpft währenddessen mit dem Hasen vom 0er- auf den 1er-
25		Kugelturm], zwei [hüpft währenddessen mit dem Hasen vom 1er- auf den 2er-
26		Kugelturm.]
27	AZ	Guck mal zu [an Hannes gerichtet]. ... Wie oft ist die jetzt gehüpft? Der Hase, wie
28		oft ist der gehüpft?
29	Helen	Zweimal.
30	AZ	Okay.

Bei dieser exemplarischen Szene wird die sprachliche Anweisung gegeben, mit dem Hasen ‚zwei höher zu sitzen als die Katze' (Z. 5). Somit enthält die Anweisung sowohl die Relation ‚höher als' als auch die Präzisierung ‚zwei höher als'. In diesem Fall kann weder Hannes noch Helen die Anweisung umsetzen. Stattdessen hüpft Hannes zunächst bis zum 9er-Kugelturm (Z. 11 ff.), beachtet die Angabe ‚zweimal' also gar nicht, was dem Phänomen im Bereich ‚Nachbarzahlen' entspricht. Helen hingegen hüpft dann mit dem Hasen vom Ausgangspunkt aus auf den 2er-Kugelturm (Z. 23 ff.). Somit scheint auch sie lediglich einen Teil der Anweisung wahrgenommen zu haben, nämlich ‚zweimal', und setzt diesen entsprechend um. Was jedoch von ihr nicht berücksichtigt wird, ist die Bezugnahme zur anderen Zahl (repräsentiert durch die Katze), sodass keinerlei Zahlvergleich von Helen stattfindet.

Im Phänomen *Unkonkret → keine Hürde* zeigt sich, dass die Relation ‚tiefer als' grundsätzlich verstanden zu sein scheint, woraus der Rückschluss gezogen werden könnte, dass auch ‚höher als' an sich sprachlich keine Hürde darstellt. Herausfordernd scheint die Verknüpfung der Relation ‚höher als' mit einer konkreten Angabe zur Entfernung zu sein, was darauf hindeutet, dass möglicherweise die sprachlichen Informationen an dieser Stelle nicht alle aufgenommen und umgesetzt werden können. Somit handelt es sich unter Umständen um eine förderschwerpunktspezifische Hürde (siehe Abschnitt 9.2). Zusätzlich zur sprachlichen Herausforderung der Anweisung liegt eine weitere mögliche Hürde im konkreten Vergleich zweier Zahlen: Erst durch das Herstellen eines Bezugs der ersten Zahl mit der Angabe ‚zwei höher als' kann die zweite Zahl selbstständig ermittelt werden. Sie ist somit nicht in der sprachlichen Anweisung direkt als Zahl enthalten. Die Handlungen auf enaktiver Ebene ermöglichen an dieser Stelle ein direktes Wahrnehmen der aufgetretenen Hürde.

Die Annahme, dass der Vergleich zweier Zahlen, ausgedrückt durch Positionen der Figuren unter anderem am ZARAO, herausfordernd ist, wird durch das Phänomen *Vergleich als Herausforderung* noch bestärkt. In einer exemplarischen Szene erhält Henrieke eine Aufgabe zum Vergleich der Positionen des Hasen und der Katze am ZARAO, die auf dem 3er- beziehungsweise 4er-Kugelturm sitzen. Im Vorhinein wurden die Figuren enaktiv am ZARAO bewegt, nun geht es um den konkreten Vergleich der Positionen. Hierbei gibt Henrieke gibt zunächst an, sie seien gleich. Auf Rückfrage durch die Förderlehrkraft korrigiert sie sich und äußert auf die Frage, ob sie gleich sind, ‚nicht so ganz'. Daraufhin stellt Henrieke jedoch keinen Vergleich zwischen den beiden Positionen der Tiere her. Stattdessen gibt sie die jeweiligen Kugelanzahlen der beiden Kugeltürme an, auf denen die Figuren stehen, vergleicht sie jedoch nicht.

Somit gelingt auch bei dem Phänomen nicht, einen Bezug zwischen den beiden Zahlen, ausgedrückt durch die Tiere, herzustellen, sondern es werden die Positionen isoliert voneinander betrachtet. Ein Vergleich im Hinblick auf ‚tiefer als', möglicherweise auch ‚höher als', kann nicht vorgenommen werden (siehe Abschnitt 9.2). Eine sprachliche Herausforderung könnten in diesem Fall auch Möglichkeiten des Ausdrucks und Beschreibens auf Seiten der Schülerin sein, die unter Umständen zum Beispiel durch sprachliche Vorbilder beziehungsweise Muster gelöst werden könnten.

Auf enaktiver Ebene konnten die in Abbildung 10.2 dargestellten Phänomene festgestellt werden.

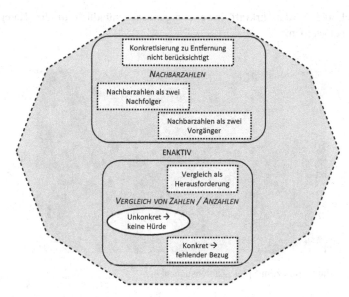

Abb. 10.2 Zahlraumorientierung 0–9: enaktiv

Symbolisch
Auf symbolischer Ebene lässt sich in der Kategorie ‚Zahlraumorientierung' im
Bereich ‚Vergleich von Zahlen / Anzahlen' das Phänomen *Sprachliche Einord-*
nung als Herausforderung ausmachen. Dieses lässt sich in Szenen zum Spiel
‚Zahlensuchen' erkennen. Bei dem Spiel setzt ein*e Schüler*in eine Figur ver-
deckt auf eine Kugelstange des ZARAOs. Die Mitschüler*innen versuchen dann,
die Position der Figur zu erraten. Dafür können sie Tipps abgegeben, die dann in
‚zu weit' und ‚nicht weit genug' von der Spielleitung an der Tafel für alle sichtbar
zugeordnet werden (siehe Abb. 10.3). Somit können die Tipps als Hinweise zur
Eingrenzung der Position genutzt werden, indem Vergleiche zwischen eigenen
und den bereits genannten Vorschlägen hergestellt werden. Allerdings zeigt sich
dabei deutlich, dass diese Vergleiche (noch) nicht sicher, wenn überhaupt, vorgenommen werden. In zwei exemplarischen Szenen werden die Informationen
der bereits zugeordneten Angaben zur Anzahl der Hüpfer vom Ausgangspunkt
der Kategorien ‚zu weit' und ‚nicht weit genug' nicht genutzt. Die Schülerin
ist in beiden Szenen nicht die Spielleiterin, sondern rät aktiv mit. Somit hat sie
selbst nicht auf enaktiver Ebene gehandelt, sie sieht lediglich die auf symbolischer Ebene an der Tafel bereits zugeordneten Angaben zur Anzahl der Hüpfer,

die durch die Förderlehrkraft jeweils ergänzend mündlich in die Kategorien
eingeordnet werden.

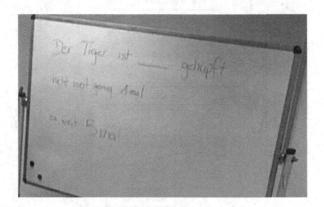

Abb. 10.3 Kategorien zum Spiel ‚Zahlensuchen'

Möglicherweise liegt bei dem Phänomen eine Hürde im sprachlichen Ver-
ständnis der beiden Kategorien ‚nicht weit genug' und ‚zu weit' vor (siehe
Abschnitt 9.2), das jedoch für ein zielführendes Nutzen der Informationen Voraussetzung ist. Die sprachliche Hürde könnte beispielsweise durch ein voriges
Klären der Begrifflichkeiten überwunden werden. Jedoch könnte die Hürde auch
auf mathe-matischer Ebene liegen, indem kein Vergleich zu bereits genannten
Zahlen gezogen werden kann. Die eigens genannten Angaben zur Anzahl der
Hüpfer werden nicht in Beziehung zu bereits genannten Angaben gebracht, ins-
besondere nicht mit Blick auf die Zuordnungen zu deren Beziehungen in Relation
zur Figur auf dem ZARAO. Somit zeigt sich auch bei dem Phänomen, dass der
Bezug zweier Zahlen, in diesem Fall der Vergleich von Angaben zur Anzahl an
Hüpfern, eine große Herausforderung darstellen kann, sowohl auf sprachlicher als
auch auf mathematischer Ebene im Hinblick auf mentale Zahlvorstellungen zum
Konzept ‚Vergleichen'.

Das erarbeitete Phänomen auf symbolischer Ebene in der Kategorie ‚Zahlraumorientierung' wird in Abbildung 10.4 abgebildet.

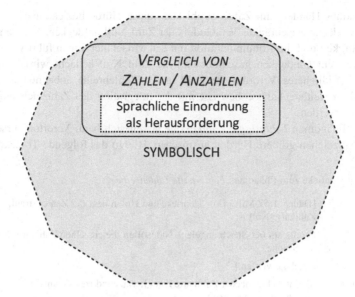

Abb. 10.4 Zahlraumorientierung: symbolisch

Vernetzung enaktiv – symbolisch
Bei der Vernetzung der enaktiven und der symbolischen Ebene in der Kategorie ‚Zahlraumorientierung 0–9' lassen sich im Bereich ‚Verortung in der Zahl(wort-)reihe' insbesondere zwei Phänomene ausmachen: *Ohne Null* und *Fehlerhafte Zahlenreihe.* Diese treten im Kontext der enaktiven Verortung von Zahlkarten mit den Zahlzeichen 0 bis 9 also der symbolischen Ebene, an einem Zahlenstrahl auf.

In einer Beispielszene zum Phänomen *Ohne Null* legt Henrieke ohne zu zögern die Zahlkarte Eins an den untersten beziehungsweise ersten Strich des Zahlenstrahls an, obwohl bereits alle anderen Zahlkarten von Zwei bis Neun am Zahlenstrahl so verortet sind, dass die Zahlkarte Null berücksichtigt wurde. In dieser Szene beginnt Henrieke damit, nachdem sie die Zahlkarte Eins an den ersten Strich angelegt hat, die anderen Zahlkarten zu korrigieren und einen Strich weiter nach vorne zu ziehen. Erst nach Protest der Mitschülerinnen unterbricht sie ihre Tätigkeit und kann auf Nachfrage die Zahl Null benennen, die noch fehlt.

Somit scheint das Phänomen darauf hinzudeuten, dass grundsätzlich das Bewusstsein für das Zahlzeichen 0 und schließlich die Zahl Null noch sehr vage und diese nicht fest in der Zahlenreihe verortet ist (siehe Abschnitt 9.2). Auch äußere Hinweise für das fehlende Zahlzeichen 0 werden nicht berücksichtigt. Ein gemeinsames Handeln am Zahlenstrahl kann diese Hürde beziehungsweise das fehlende oder eingeschränkte Verständnis der Zahl Null aufdecken. Die gemeinsame Tätigkeit und die Kommunikation mit den Mitschüler*innen führt weiterhin dazu, dass ein Umdenken geschieht und die Zahl Null bedacht wird. Um ein selbstverständlicheres Verorten der Zahl in der Zahlenreihe anbahnen zu können, sollten weitere Anlässe bewusst mit der Integration des Zahlzeichens Null angeboten werden.

Beim Phänomen *Fehlerhafte Zahlenreihe* lassen sich beim Verorten verschiedener Zahlzeichen größere Hürden ausmachen. Hierzu das folgende Transkript:

Transkript Henrieke zum Phänomen *Fehlerhafte Zahlenreihe*

1		[Dauer: 1:57 Min.] [Vor Henrieke und Helen liegt der Zahlenstrahl, Zahlkarte Null ist
2		bereits am 0er-Strich angelegt. Nun sollen die einzelnen Zahlkarten an die Striche
3		angelegt werden.]
4	Henrieke	[Sucht sich zunächst Zahlkarte Zwei heraus und legt sie an den 1er-Strich. Sie wechselt
5		dann die Positionen zwischen dem 1er-Strich und dem 2er-Strich und scheint unsicher
6		zu sein.]
7	Helen	[Wählt sich Zahlkarte Eins aus, schiebt Zahlkarte Zwei noch einmal deutlich an den 2er-
8		Strich und legt Zahlkarte Eins an den 1er-Strich. Helen nimmt alle Zahlkarten in die
9		Hand.
10	Henrieke	Lass mich doch!
11	Helen	Ja warte [legt für Henrieke Zahlkarten Acht und Neun hin, wodurch jedoch die bereits
12		angelegten Karten verrutschen.] Hier. Und hier.
13	Henrieke	Ha, guck mal hier an!
14	Helen	(unv.)
15	Henrieke	[Nimmt sich den Stapel Zahlenkarten in die Hand. Sie legt Zahlkarte Sechs falschherum
16		an den vorletzten Strich, also den 8er-Strich, an.] Wo ist Drei? [Sucht Zahlkarte Drei
17		im Stapel in ihrer Hand.]
18	Helen	Da ist die Drei [zeigt auf eine Zahlkarte in Henriekes Hand.]

19	Henrieke	[Nimmt Zahlkarte Drei in die Hand und legt sie an den 3er-Strich an.]
20	Helen	Ich hab noch eine Neun.
21	SL1	Du hast noch eine Neun? Überlege mal, kann das sein?
22	Helen	Ja… Falsch, das ist falsch [wechselt Zahlkarte Sechs mit Zahlkarte Neun am 8er-
23		Strich aus.] Das ist die Sechs.
24	SL1	Ahh, woher weißt du das, dass das die Sechs ist?
25	Henrieke	[Legt währenddessen Zahlkarte Vier an den 4er-Strich und Zahlenkarte Fünf an den
26		5er-Strich.]
27	Helen	Weil hier eine Neun ist [zeigt auf Zahlkarte Neun] und da eine Sechs [legt
28		Zahlkarte Sechs auf die Zahlkarte Neun und zeigt darauf.]
29	SL1	Ah, sehr gut aufgepasst.
30	Helen	[Legt Zahlkarte Neun an den 8er-Strich an.]
31	Henrieke	[Nimmt Zahlenkarte Sechs aus Helens Hand und legt sie an den 6er-Strich, zunächst
32		spiegelverkehrt (9), korrigiert es dann.]
33	Helen	Hä? Da fehlt noch.
34	SL1	Hinter dir liegt noch etwas, guck mal.
35	Henrieke	[Verschiebt Zahlkarte Neun an den 7er-Strich neben die bereits angelegte Zahlkarte
36		Sechs.]
37	SL1	Hinter dir!
38	Helen	[Nimmt Zahlkarten Sieben und Acht in die Hand und versteckt sie hinter ihrem Rücken.]
39	Henrieke	[Nimmt Zahlkarten Neun, Sechs, Fünf vom Zahlenstrahl in ihre Hand.]
40	Helen	[Nimmt Zahlkarte Vier vom Zahlenstrahl in die Hand.]
41	SL1	Lässt du es liegen?
42	Helen	[Legt Zahlkarte Vier wieder an den 4er-Strich an.] Henrieke, du hast gedrückt [zeigt
43		auf den Verstärker um Henriekes Hals.] Guck mal, du drückst da.
44	SL1	Legst du es zurück [zu Henrieke]?
45	Helen	Henrieke, die hat gedrückt.
46	SL1	Ja, legst du die beiden [zeigt auf Zahlkarten Sieben und Acht]? Legst du die beiden
47		Zahlen an den Zahlenstahl [zu Helen]?

48	Henrieke	[Legt Zahlkarte Fünf an den 5er-Strich, Zahlkarte Sechs an den 6er-Strich und Zahlkarte
49		Neun an den 8er-Strich.]
50	SL1	So, die beiden [zeigt auf Zahlkarten in Helens Hand] fehlen noch.
51	Helen	Eh.. Sieben [legt Zahlkarte Sieben an den 7er-Strich und zieht Zahlkarte Neun vom
52		Zahlenstrahl weg.] Falsch, Acht [legt Zahlkarte Acht an den 8er-Strich] und dann
53		kommt die Neun [legt Zahlkarte Neun an den 9er-Strich.]

Auffallend ist bei dieser Szene, dass Henrieke zum Beispiel die Zahlkarte Zwei zunächst direkt neben die Zahlkarte Null am Zahlenstrahl anlegt (Z. 4 ff.). Außerdem legt sie die Zahlkarten primär der Reihenfolge entsprechend an und sucht sich dafür die jeweils folgende Zahlkarte aus dem Stapel heraus (z. B. Z. 19 / 25 f.). Möglicherweise verfügt sie noch nicht über die Sicherheit, die Zahlkarten mit entsprechenden Platzhaltern für die anderen Zahlkarten anzulegen. Lediglich die Zahlkarte Neun, wobei es sich eigentlich um die Zahlkarte Sechs in falscher Ausrichtung handelt, legt sie als einzelne Karte an, allerdings nicht an den letzten Strich am Zahlenstrahl, sondern an den vorletzten (Z. 15 f.). Des Weiteren schiebt Henrieke die bereits angelegte Zahlkarte Neun von ihrer Position an den Strich direkt neben die Zahlkarte Sechs (Z. 35 f.). Auch diese Handlung deutet auf eine gewisse Unsicherheit im Hinblick auf die Zahlenreihe hin. Beim wiederholten Anlegen der Zahlkarten Fünf, Sechs und Neun legt Henrieke die Zahlkarte Neun erneut an den vorletzten Strich an, sodass zwischen der Zahlkarte Sechs und Neun nur ein Platz frei bleibt (Z. 48 f.). Auch das scheint Henrieke nicht zu irritieren.

Bei dem Phänomen wird deutlich, dass nicht ausschließlich die Zahl Null im Hinblick auf die Verortung von Zahlen in der Zahlenreihe eine Herausforderung darstellt, sondern auch insgesamt die Zahlenreihe bis Neun noch nicht gefestigt zu sein scheint und mit Hürden verbunden ist (siehe Abschnitt 9.2). Die durchgeführten Handlungen lassen einen Einblick in die mentalen Zahlvorstellungen im Hinblick auf die Zahlenreihe zu, wodurch weiterer Förderbedarf, vor allem im Förderschwerpunkt Hören und Kommunikation, offensichtlich werden kann. Korrekturen und Hilfestellungen können unter anderem durch das gemeinsame Handeln am Material ermöglicht werden, sowohl durch die Förderlehrkraft als auch durch Mitschüler*innen, wodurch Gesprächsanlässe entstehen können und darüber eine intensivere Erarbeitung der Zahlwortreihe angeboten wird.

Es lässt sich jedoch auch das Phänomen *Fehlerfreie Zahlenreihe* ausmachen. Als Beispiel hierfür dient der folgende Transkriptausschnitt, in dem die Schülerinnen Heidi und Helen bereits in der dritten Sitzung die Zahlkarten Zwei bis Neun ohne erkennbare Schwierigkeiten am Zahlenstrahl verorten können. Helen und Heidi legen die jeweiligen Zahlkarten an die passenden Positionen am Zahlenstrahl auf dem Boden an. Dabei legen sie die Zahlkarten entsprechend der Reihenfolge an, in der sie die Karten von der Förderlehrkraft erhalten. Diese entspricht nicht der Zahlenreihe. Die Zahlkarte Acht legt Heidi beispielsweise bereits an, bevor die Zahlkarte Sieben verortet wurde, sodass sie eine entsprechende Lücke am Zahlenstrahl mitbedenken muss und dies auch tut.

Dieses Phänomen deutet darauf hin, dass die Verortung von Zahlen in der Zahlenreihe nicht grundsätzlich mit Hürden verbunden sein muss. Stattdessen können durchaus auch anspruchsvollere Aufgaben wie eine veränderte Reihenfolge korrekt gelöst werden, was auf eine ausgebildete mentale Vorstellung zur Zahlenreihe hindeutet. Insgesamt machen die beiden Phänomene *Fehlerhafte Zahlenreihe* und *Fehlerfreie Zahlenreihe* deutlich, dass dieser Inhaltsbereich nicht zwangsläufig mit Hürden einhergehen muss, allerdings ein sensibles Erarbeiten und Fördern dessen angebracht sein kann, insbesondere mit Schüler*innen mit Förderbedarf Hören und Kommunikation.

Ein Phänomen im Bereich ‚Nachbarzahlen' ist bei der Vernetzung der enaktiven und symbolischen Ebene der *Zusammenhang Nachbarzahl und ein Hüpfer*. Hierbei zeigt sich, dass die Vernetzung der Ebenen über die Sprache grundsätzlich eine Herausforderung darstellen kann und möglicherweise der Zusammenhang zwischen einem Hüpfer und den Nachbarzahlen erst in der Vernetzung mit der enaktiven Ebene hergestellt wird. In der Beispielszene erhält Hannes eine sprachliche Anweisung zum Hüpfen für die enaktive Darstellung am Zahlenstrahl. Diese soll gleichzeitig symbolisch notiert werden. Hannes hat Schwierigkeiten, über die Anweisung, einmal zu hüpfen, die Nachbarzahl anzugeben:

Transkript Hannes zum Phänomen *Zusammenhang Nachbarzahl und ein Hüpfer*

1	[Dauer: 0:20 Min.] [Auf einem Tisch ist der Zahlenstrahl mit den Zahlkarten Null bis
2	Neun ausgelegt. Der Tiger steht auf Zahlkarte Neun. Rechts im Bild sitzen Hannes und
3	SL1 am Tisch. Der Zahlenstrahl liegt in ihre Richtung aus. Links im Bild sitzt Heidi

| 4 | | gegenüber von Hannes und SL1. Alle drei haben ein Arbeitsblatt vor sich liegen.] |

Start	Richtung	Wie oft __? 2 +2⁻	Ziel
O	⊕	6	= 6
7	+	1	= 8
9	−	1	= 8

5	Hannes	Neun und minus [schreibt währenddessen eine 9 in das Start-Feld und ein − in das
6		Richtung-Feld. //Hebt danach den Tiger an. Hält ihn für zwei Sekunden fest und stellt in
7		dann wieder auf der Zahlenkarte Neun ab.]//
8	SL1	//Ja…und einmal wird gehüpft.//
9	Hannes	[Schaut SL1 an] mh [nachdenklich] [schreibt eine 1 in das Wie oft?-Feld] gleich
10		Sieben.
11	SL1	Der hüpft einmal. [Hannes notiert ein = in der Tabelle.] Guck mal wo er dann
12		landet.
13	Hannes	Mmh, bei Neun. [Guckt weg von der Zahlkarte Neun zum hinteren Stück des Tisches.]
14	Heidi	Ich hüpfe einmal [streckt sich nach dem Tiger, der auf der Zahlkarte Neun steht,
15		erreicht ihn aber nicht.]
16	SL1	Einmal?
17	Heidi	Ja.
18	SL1	Wo muss er denn hin. Dann sag du mir doch mal wo der hinlandet. //[SL1 nimmt
19		den Tiger in die Hand und hebt in hoch.]//
20	Hannes	//Gleich Acht.// [Schreibt eine 8 in das Ziel-Feld.]

Hannes nennt als Ziel für die Handlung des Tigers, von der Zahlkarte Neun aus einmal nach unten zu hüpfen, die Zahl Sieben als Ergebnis (Z. 9 f.). Für die Anweisung notiert er zunächst auf symbolischer Ebene den Start, die Richtung und die Anzahl der Hüpfer, wobei er die Anweisung nicht auf enaktiver Ebene umsetzt (Z. 5 ff.). Sein Ergebnis beziehungsweise das Ziel des Tigers formuliert er rein sprachlich und noch nicht in der Tabelle auf symbolischer Ebene, was auf mögliche Unsicherheiten hindeuten kann (Z. 9 f.). Diese Vermutung wird durch die darauffolgende Antwort auf die Nachfrage durch die Förderlehrkraft, wo er landet, bestärkt, indem er dann Neun als Ziel nennt (Z. 13). In dem Moment allerdings, in dem die Förderlehrkraft den Tiger in die Hand nimmt und so die enaktive Handlung fokussiert, kann Hannes das Ziel Acht nennen und notiert dieses auf seinem Arbeitsblatt (Z. 18 ff.).

Dieses Phänomen deutet möglicherweise darauf hin, dass noch kein Zusammenhang zwischen Nachbarzahlen und der Handlung des einmaligen Hüpfens hergestellt wird, sodass deshalb Hürden in der Bestimmung der Nachbarzahl auftreten. Alternativ stellt das Konzept der Nachbarzahlen selbst noch eine Herausforderung dar, indem die jeweilige Nachbarzahl, in der Beispielszene konkret der Vorgänger der Zahl, zumindest auf der sprachlich formulierten Ebene nicht ermittelt werden kann. Eine bewusste Vernetzung mit der enaktiven Ebene durch die Förderlehrkraft, indem diese in der Beispielszene den Prozess des Hüpfens am Zahlenstrahl andeutet und darüber das Konzept der Nachbarzahlen beziehungsweise den Prozess des einmaligen Hüpfens hervorhebt, scheint hilfreich zu sein (siehe Abschnitt 9.2). Insgesamt lässt sich jedoch feststellen, dass auch einmalige Prozesse des Erzeugens im Rahmen des Konzepts der Nachbarzahlen (noch) nicht als verinnerlichte Aufgaben angenommen werden, sondern vielmehr auch mit Hürden verbunden sein können. Die Vernetzung der Ebenen selbst scheint dabei jedoch eher hilfreich als herausfordernd zu sein.

Ebenso wie im Bereich ‚Verortung in der Zahl(wort-)reihe' lässt sich auch im Bereich ‚Nachbarzahlen' ein Phänomen ausmachen, bei dem keinerlei Hürden festzustellen sind, sondern die Nachbarzahlen korrekt ermittelt werden. Es handelt sich um das Phänomen *Nachbarzahlen von Null aus erzeugen*. Hierbei können beide Nachbarzahlen, also sowohl der Vorgänger als auch der Nachfolger einer Zahl richtig bestimmt werden. Auffallend dabei ist jedoch der Weg zu deren Bestimmung. In der exemplarischen Szene soll Helen mit dem Hasen auf dem Zahlenstrahl auf beide Nachbarzahlkarten der Katze, die auf der Zahlkarte Sechs sitzt, hüpfen. Somit findet eine gewisse Vernetzung der enaktiven und der symbolischen Darstellung durch die Zahlkarten mit den Zahlzeichen statt. Auf die Frage, wie oft der Hase hüpfen muss, damit er neben der Katze landet, hüpft Helen zunächst von Null aus auf die kleinere Nachbarzahl, also den Vorgänger. Aber auch den Nachfolger kann sie bestimmen.

Auffallend bei dem Phänomen ist, dass für die Bestimmung der größeren Nachbarzahl und somit dem Nachfolger erneut bei der Zahlkarte Null begonnen und von da aus gehüpft wird. Es scheint daher, als würden bei dieser Handlung klar die Prozesse des Erzeugens und nicht die Zahlzeichen als solches fokussiert, denn sonst wäre ein direktes Hüpfen zur anderen Nachbarzahl möglich gewesen, die durch das Zahlzeichen hätte angegeben werden können. Allerdings wird auch bei diesem Phänomen, insbesondere durch die Fokussierung der Prozesssicht vom Ausgangspunkt aus, nicht der Zusammenhang von Nachbarzahlen und dem einmaligen Nachfolger- beziehungsweise Vorgängerbilden hergestellt, der im zuvor beschriebenen Phänomen im Vordergrund steht. Dennoch scheint das Konzept der Nachbarzahlen beziehungsweise das Ermitteln der Nachbarzahlen am Zahlenstrahl selbst bei der Vernetzung der enaktiven und symbolischen Ebene in diesem Kontext keine Hürde darzustellen.

Im Bereich ‚Vergleich von Zahlen / Anzahlen' lässt sich ein ähnliches Phänomen ausmachen, bei dem ebenfalls die Prozesssicht eingenommen wird: *Vergleich durch Prozesssicht*. Bei der Arbeit am Zahlenstrahl geht es um die Frage des Abstands zweier Tiere. In der exemplarischen Szene hat Heidi zwar zunächst Schwierigkeiten, den Abstand zweier Tiere, die auf den Zahlkarten Drei und Fünf stehen, anzugeben. Sobald die Fragestellung jedoch verändert wird und bereits in der Fragestellung eine Prozesssicht fokussiert wird, kann sie die korrekte Anzahl an Hüpfern nennen. Auffallend ist bei dieser Szene, dass die Förderlehrkraft bei der ersten Formulierung nach einem statischen Zustand beziehungsweise nach einer Anzahl an Objekten, in dem Fall Hüpfern fragt und somit eine Objektsicht fokussiert. Außerdem verwendet sie die Relation ‚höher als'. Darauf gibt Heidi die jeweiligen Zahlkarten an, auf denen die Figuren stehen, kann also noch keinen Vergleich zwischen den beiden Zahlen vornehmen. Sobald die Förderlehrkraft die Fragestellung allerdings ändert und danach fragt, wie oft die eine Figur hüpfen muss, um die andere Figur ‚besuchen' zu können, somit also in die Prozesssicht wechselt und zudem die Relation ‚höher als' wegfällt, kann Heidi ohne weitere Probleme die Anzahl der Hüpfer korrekt angeben.

Anders als beim Phänomen *Nachbarzahlen von Null aus erzeugen* bezieht sich die Einnahme der Prozesssicht in dieser Szene nicht auf die Hüpfer vom Ausgangspunkt aus, sondern auf die Anzahl der Hüpfer, die eine Figur bis zu einer anderen Figur durchführen muss. Dennoch stellt auch bei dem Phänomen die Fokussierung der Prozesssicht die Lösung dar. Bezüglich der Bestimmung des Abstands durch den direkten Vergleich der Positionen, vorgegeben durch die Relation ‚höher als', scheint grundsätzlich noch eine Hürde vorzuliegen. Möglicherweise führt unter anderem eine sprachliche Hürde im Hinblick auf die verwendete Relation dazu, dass die Frage nicht korrekt beantwortet werden kann. Bei der Umformulierung hin zur Fokussierung des Hüpfprozesses hingegen scheint die Hürde überwunden zu sein und der Abstand kann über die Angabe der durchzuführenden Prozesse angegeben werden, sodass darüber schließlich ein gewisser Zahlvergleich stattfindet (siehe Abschnitt 9.2). Beide Phänomene, *Vergleich durch Prozesssicht* und *Nachbarzahlen von Null aus erzeugen*, machen deutlich, dass ein Wechsel in der Fokussierung der Sichtweise innerhalb von Frage- und Aufgabenstellungen und ausreichender Freiraum für die Schüler*innen bezüglich ihrer präferierten Sichtweise möglicherweise zunächst angenommene Hürden im Lernprozess lösen kann und somit mathematische

Inhalte, wie der Vergleich zweier Zahlen, über einen anderen Fokus erarbeitet werden können.

Dass im Bereich ‚Vergleich von Zahlen / Anzahlen' bei der Vernetzung der symbolischen und enaktiven Ebene jedoch auch Herausforderungen auftreten, wird durch das Phänomen *Bezug zum Ausgangspunkt als Herausforderung* bestätigt. Bei dem Phänomen geht es nicht um den Vergleich zweier Zahlen, zum Beispiel dargestellt durch auf Zahlkarten am Zahlenstrahl positionierte Tiere, sondern es wird der Ausgangspunkt, also die Zahlkarte Null als Bezugspunkt für den Vergleich ausgewählt. Das scheint eine Hürde darzustellen, wie sich in der folgenden Szene zeigt:

Transkript Helen zum Phänomen *Bezug zum Ausgangspunkt als Herausforderung*

1		[Dauer: 0:46 Min.] [Auf einem Tisch ist der Zahlenstrahl mit den Zahlkarten Null bis
2		Neun ausgelegt. Der Tiger steht auf Zahlkarte Fünf, der Löwe auf Zahlkarte Eins. Rechts
3		im Bild sitzen Helen und SL1 am Tisch. Der Zahlenstrahl liegt in ihre Richtung aus.
4		Links im Bild sitzt Heidi gegenüber von Helen und SL1. Alle drei haben ein Arbeitsblatt
5		vor sich liegen.]
6	SL1	Wie viele Hüpfer ist denn jetzt dein Löwe [zeigt auf den Löwen] von dem Aus
7		gangspunkt [zeigt auf Zahlkarte Null] entfernt?
8	Helen	Vier.
9	SL1	Vom Ausgangspunkt?
10	Helen	Ne.
11	SL1	Also der Ausgangspunkt [tippt mit dem Finger auf Zahlkarte Null] ist die Null..
12	Helen	Fünf.
13	SL1	Der Tiger [tippt auf Zahlkarte Eins, auf der der Löwe steht], äh der Löwe? [8 sec.]
14	Helen	Sechs. Hä sechs.
15	SL1	Also der Ausgangspunkt //ist die Null// [zeigt auf die Zahlkarte Null.]
16	Helen	//Eins, zwei,// drei, vier, fünf, sechs [*zeigt währenddessen auf Zahlkarten Null bis*
17		*Fünf.*]

18	SL1	Ah okay der Tiger. Und der Löwe? [Zeigt auf den Löwen auf Zahlkarte Eins.] Wie
19		weit ist der weg? ..
20	Helen	Äh vier [scheint währenddessen die Zahlkarten vom Tiger bis zum Löwen zu zählen.]
21	SL1	Vom Tiger, und von der Null? [Zeigt auf die Zahlkarte Null.] Wie weit ist der vom
22		Ausgangspunkt weg, der Löwe?
23	Helen	Fünf.
24	SL1	Fünf? [Hebt den Löwen hoch und //setzt ihn in einem großen Bogen auf den
25		Ausgangspunkt.//]
26	Helen	//Eins.//
27	SL1	Eins, genau [setzt den Löwen zurück auf Zahlkarte Eins.]

In dieser Szene wird mit Figuren am Zahlenstrahl agiert, wobei über eine sprachliche Begleitung eine gewisse Vernetzung der enaktiven und symbolischen Ebene stattfindet. Auffallend in dieser Szene ist, dass Helen scheinbar die Bezugspunkte für die Relationsangabe beziehungsweise die Zahlen oder Positionen, die miteinander verglichen werden sollen, nicht klar sind. Zunächst scheint sie den Abstand zwischen den beiden Figuren anzugeben, obwohl nach dem Abstand zum Ausgangspunkt gefragt ist (Z. 7 ff.). Den Abstand gibt sie jedoch ebenfalls nicht korrekt an, da sie aus einer Objektsicht heraus die Anzahlen an Positionen von einer Figur zur nächsten zu zählen scheint und nicht die Anzahl der Hüpfer (Z. 7 / 19). Nach Präzisierung des Ausgangspunkts durch die Förderlehrkraft gibt Helen den Abstand des Tigers und somit der anderen Figur zum Ausgangspunkt an, was durch das Zählen in Kombination mit Zeigegesten auf die Zahlkarten offensichtlich wird (Z. 15 f.). Dass jedoch Unsicherheit bei der Schülerin besteht, zeigt sich durch ihre mehrfachen Korrekturen. Hier fällt zudem auf, dass sie beim Zeigen die Zahlkarte Null mitzählt und somit ebenfalls eine Objektsicht (Positionen) einnimmt. Korrekt lösen kann Helen die Fragestellung erst, nachdem die Förderlehrkraft die Handlung des Hüpfens von Zahlkarte Eins zur Zahlkarte Null mit dem Löwen exemplarisch vormacht (Z. 23 f.). In dem Zusammenhang kann Helen direkt die korrekte Antwort nennen (Z. 25).

Bei dem Phänomen können die Hürden sowohl auf der sprachlichen als auch auf der mathematischen Ebene liegen. Möglicherweise fehlt das sprachliche Verständnis beziehungsweise die sprachliche Wahrnehmung zum einen zum Identifizieren, nach welcher Figur konkret gefragt wird. Zum anderen könnte die Hürde auch im Verständnis des Begriffs ‚Ausgangspunkt' liegen. Dieser sollte eigentlich ein fester im Kontext des Lehr-Lernarrangements von Beginn an verwendeter Begriff für die Zahl Null sein. Er könnte jedoch noch nicht ausreichend gefestigt sein, sodass dieser in der Fragestellung nicht berücksichtigt wird. Unter Umständen könnte jedoch auch der herzustellende Bezug zweier Zahlen die eigentliche Herausforderung darstellen. Gelöst werden können die möglichen Hürden in dieser Szene, ähnlich wie beim Phänomen *Zusammenhang Nachbarzahl und ein Hüpfer,* durch das erneute aktive Hinzunehmen der enaktiven Ebene durch die Förderlehrkraft. In dem Moment, in dem die Förderlehrkraft die Handlung des Hüpfens in Richtung Ausgangspunkt durchführt, kann die korrekte Antwort genannt werden (siehe Abschnitt 9.2). Über die Handlung scheint der Bezug der zu vergleichenden Zahlen, der Zahl Null als Ausgangspunkt und der Zahl Eins als Position des Löwen, hergestellt zu werden. Somit werden auch bei der Vernetzung der enaktiven und symbolischen Ebene, wie auf der rein enaktiven Ebene, Herausforderungen im Herstellen von Bezügen und dem Vergleichen von Zahlen offensichtlich.

Das Phänomen der *Sprachliche Einordnung als Herausforderung,* das bereits auf symbolischer Ebene aufgeführt ist, kann auch bei der Vernetzung der symbolischen mit der enaktiven Ebene festgestellt werden. In diesem Fall steht die Spielleitung statt der ratenden Schüler*innen im Fokus, da diese aktiv eine Figur am ZARAO verortet und somit eine gewisse enaktive Handlung durchführt. Vernetzt wird die enaktive Ebene dann mit den Zahlvorschlägen der Mitschüler*innen, die an der Tafel den beiden Kategorien ‚zu weit' und ‚nicht weit genug' auf symbolischer Ebene zugeordnet werden. Es zeigt sich in einer exemplarischen Szene, dass auch auf Seiten der Spielleitung die Zuordnung eine Herausforderung darstellen kann. Bei der Zuordnung der Zahlvorschläge zu den beiden Kategorien treten Hürden auf, indem Helen die Vorschläge der falschen Kategorie zuordnet. Nach Unterstützung durch die Förderlehrkraft korrigiert sie ihre Angabe.

Wie auch auf der rein symbolischen Ebene liegt bei dem Phänomen die Herausforderung möglicher-weise in der sprachlichen Differenzierung der beiden Kategorien ‚nicht weit genug' und ‚zu weit', die wiederum zu einer Hürde im Hinblick auf die mathematisch inhaltlich richtige Zuordnung führt. Somit ist unter Umständen die Verknüpfung der enaktiven Ebene mit der sprachlichen Einordnung die eigentliche Herausforderung und nicht der mathematische Zusammenhang des Zahlvergleichs. Auffallend ist, dass nach einer Korrektur durch die Förderlehrkraft die nächste Angabe korrekt zugeordnet werden kann. Dadurch wird die Vermutung bestärkt, dass das sprachliche Verständnis der Kategorien eine zentrale Hürde im Vergleich von Zahlen darstellt, auch bei der Vernetzung der symbolischen mit der enaktiven Ebene. Es zeigt sich aber auch, dass die Korrektur durch die Förderlehrkraft und somit ein exemplarisches Einordnen dazu führen kann, dass die Hürde zunächst überwunden wird. Damit kann dies als eine hilfreiche Unterstützung angesehen werden, durch die möglicherweise ein erstes Verständnis der sprachlichen Kategorien zum Zahlvergleich ausgebildet wird (siehe Abschnitt 9.2). Über die sprachliche Hürde hinaus kann außerdem das in Beziehung setzen von Zahlvorschlägen der Schüler*innen mit der eigenen durchgeführten Handlung am ZARAO beziehungsweise der Position der Figur am ZARAO herausfordernd sein, was jedoch die Grundlage für ein Vergleichen der Zahlen bildet. Das lässt sich jedoch nicht klar aus dem Phänomen bestimmen. Es wird aber deutlich, dass im Kontext von Zahlvergleichen insbesondere die Verknüpfung mit sprachlichen Ausdrücken relevant ist, um Kommunikation zu ermöglichen und darüber auch die mentalen Zahlvorstellungen in dieser Hinsicht weiter ausbilden zu können.

In der Vernetzung der enaktiven und symbolischen Ebene lassen sich die in Abbildung 10.5 zusammengestellten Phänomene analysieren.

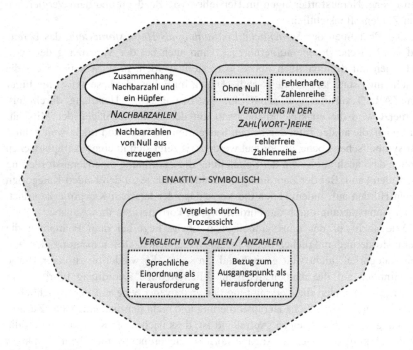

Abb. 10.5 Zahlraumorientierung: enaktiv – symbolisch

Die Phänomene aus der Kategorie ‚Zahlraumorientierung' deuten auf große Herausforderungen im Herstellen von Bezügen zwischen Zahlen hin. In unterschiedlichen Kontexten treten hierbei Hürden auf, indem das in Beziehung setzen von zwei Zahlen nicht gelingt. Insbesondere im Vergleich von Zahlen und Anzahlen oder bei Nachbarzahlen lassen sich sprachliche Herausforderungen feststellen, indem diese dazu führen, dass kein Bezug hergestellt wird, nicht alle Informationen unter anderem zu Relationen wahrgenommen werden oder ein möglicher Bezug nicht eindeutig geäußert werden kann. Unter Umständen stellt vor allem der ordinale Zahlaspekt eine Hürde dar, worauf die Phänomene im Bereich ‚Verortung in der Zahl(wort-)reihe' hindeuten. Allerdings erweist sich unter anderem das Einnehmen der Prozesssicht in unterschiedlichen Kontexten als eine zielführende Hilfestellung, was den Schluss zulässt, dass das Fördern der Prozesssicht hilfreich und somit auch die Herangehensweise an den Zehnerübergang über die Fokussierung des ordinalen Zahlaspekts zur Anbahnung eines Stellenwertverständnisses förderlich sein kann (siehe Abb. 10.6).

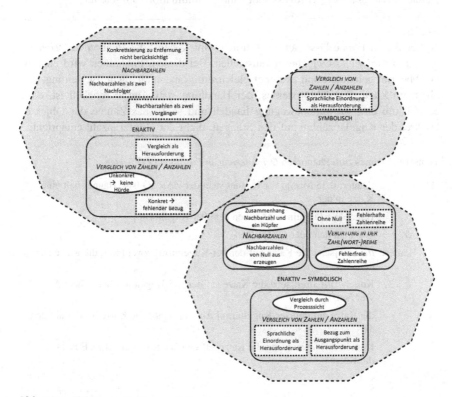

Abb. 10.6 Zahlraumorientierung 0–9 gesamt

10.1.3 Phänomene in der Kategorie ‚Handlung am Material (0–9 / 0–19)'

Bezüglich der Kategorie ‚Handlung am Material (0–9 / 0–19)' muss noch einmal darauf hingewiesen werden, dass insgesamt im Lehr-Lernarrangement versucht wurde, die unterschiedlichen Sichtweisen der Prozess- und Objekt-sicht zu ermöglichen. Dennoch soll insbesondere die Einnahme der Prozesssicht fokussiert werden, um diese als unter Umständen neuen Zugang erfahren zu kön-nen (siehe Abschnitt 2.2.4). Hinzu kommt, dass einige Handlungssituationen im Lehr-Lernarrangement bestehen, in denen die Einnahme der Objektsicht nicht zielführend ist. Im Folgenden sollen nun die auf Grundlage der empirischen Daten analysierten Phänomene dieser Kategorie genauer beschrieben und interpretiert werden. Dabei sind sie dem Kategoriensystem entsprechend noch einmal in die Bereiche ‚Objektsicht', ‚Prozesssicht' und ‚Kombination' aufgeteilt.

Enaktiv
Auf enaktiver Ebene lässt sich im Bereich ‚Objektsicht' das Phänomen *Orientie-rung an Positionen / Objekten* herausstellen. Bei diesem Phänomen wird enaktiv am Material gehandelt und es findet gleichzeitig eine sprachliche Begleitung, vor allem im Zuge des Zählprozesses, der Handlung statt. Hervorzuheben ist, dass es sich um eine Abwärtsbewegung handelt und somit das Zählen der Objekte, konkret der Kugelanzahlen auf den Stangen, nicht der Hüpferanzahl entspricht:

Transkript Hannes zum Phänomen *Orientierung an Positionen / Objekten*

1		[Dauer: 0:35 Min.] [Vor Hannes steht der ZARAO 0–4. Hannes hält eine Katze in der
2		Hand. Der Pinguin steht neben dem 0er-Kugelturm.]
3	AZ	Wo steht denn der //Pinguin?//
4	Hannes	//Eins// [setzt die Katze auf den 4er-Kugelturm], zwei [setzt die Katze auf den 3er-
5		Kugelturm], drei [setzt die Katze auf den 2er-Kugelturm und schaut AZ an], vier [setzt
6		die Katze auf den 1er-Kugelturm.] Äh, eins [setzt die Katze wieder auf den 4er-
7		Kugelturm], zwei [setzt die Katze auf den 3er-Kugelturm.] … Eins [setzt die Katze

8		wieder auf den 4er-Kugelturm.] Eh, das geht nicht [lacht und schaut AZ an.] Eins
9		[deutet in Richtung 4er-Kugelturm], drei [deutet in Richtung 3er-Kugelturm], zwei
10		[deutet in Richtung 2er-Kugelturm], eins [deutet in Richtung 1er-Kugelturm und lacht.]
11	AZ	Versuch nochmal.
12	Hannes	Eins [setzt die Katze auf den 4er-Kugelturm], zwei [setzt die Katze auf den 3er-
13		Kugelturm], drei [setzt die Katze auf den 2er-Kugelturm], vier [setzt die Katze auf den
14		1er-Kugelturm], vier [setzt die Katze auf den 0er-Kugelturm und schaut AZ an.]
15	AZ	Ich mach nochmal vor [nimmt die Katze in die Hand.]

Diese Szene zeigt exemplarisch Hannes, der die Aufgabe hat, zu erforschen, wie oft die Katze zum Ausgangspunkt hüpfen muss. Auffallend dabei ist, dass er zwischen einer Objektsicht mit Fokus auf die Positionen der Katze (Z. 4 ff.) und einer Objektsicht mit Fokus auf die Anzahlen der Kugeln (Z. 9 f.) wechselt. Da es sich um eine rückwärtsgewandte Handlung handelt, lässt sich die Frage, wie oft die Katze zum Ausgangspunkt hüpfen muss, nicht über eine Objektsicht im Hinblick auf die Kugelanzahlen lösen. Aber auch über die Einnahme der Objektsicht mit Fokus auf die Positionen erzielt Hannes in der Situation nicht das entsprechende Ergebnis, da er die Startposition mitzählt. Das scheint ihm implizit bewusst zu sein, da er seine Handlung immer wieder abbricht, neu beginnt und in diesem Zuge auch seine Zählhandlung verändert (Z. 4 ff. / 12 ff.). Allerdings stellt der Wechsel zur Einnahme der Prozesssicht bei dem Phänomen eine unüberwindbare Hürde dar. Durch das aktive Handeln am Material kann diese Hürde im Wechsel der Sichtweise offensichtlich werden und gleichzeitig zu einem Moment der Irritation führen, indem die Handlung in Kombination mit dem Zählprozess immer wieder erprobt wird.

Grundsätzlich scheint das Phänomen darauf hinzudeuten, dass die Einnahme der Prozesssicht und damit die Fokussierung des ordinalen Zahlaspektes eine Hürde im Lernprozess darstellen kann, wobei der kardinale Zahlaspekt in diesem Fall keine Hürde ist. Hilfreich könnte möglicherweise eine exemplarische Handlung sein, indem die Fokussierung der Prozesse beim Zählen noch einmal deutlich vorgemacht wird und darüber unter Umständen der Unterschied im Hinblick auf die Zählstrategie hervorgehoben werden kann (siehe Abschnitt 9.2).

Ein ähnliches Phänomen lässt sich auch noch einmal im Zahlenraum 0 bis 19 feststellen: *Orientierung an Positionen*. Auch hierbei geht es um eine abwärtsgewandte Handlung, sodass die mündliche Anweisung zur Anzahl der Hüpfer aus der Prozesssicht gelöst oder ab der zweiten Position erst mit dem Zählprozess begonnen werden müsste. Allerdings werden die Positionen fokussiert und die Startposition mitgezählt. In einer exemplarischen Szene überprüft Hajo den Zählprozess mehrere Male und beginnt dabei aber jedes Mal bei der aktuellen Position des Häschens auf der 19er-Kugelstange. Auch ein exemplarisches Hüpfen durch die Förderlehrkraft mit betontem Zählen während des Hüpfens führt nicht zu einer Korrektur. Stattdessen wiederholt auch Henrieke den Hüpfprozess erneut aus der Objektsicht mit Fokus auf die Positionen.

Bei diesem Phänomen wird die Hürde zur Einnahme einer Prozesssicht noch einmal sehr deutlich. Auch die exemplarische Handlung des Hüpfens und Zählens aus der Prozesssicht, die möglicherweise als Hilfestellung dienen könnte, führt nicht zu einer Überwindung der Hürde. Die letztendliche korrekte Lösung der Anweisung scheint weiterhin aus der Objektsicht zu erfolgen, es wird lediglich erst an der nächsten Position mit dem Zählprozess begonnen. Allerdings liegt bei dem Phänomen, anders als beim Phänomen *Orientierung an Positionen / Objekten* der Fokus durchgehend auf den Positionen, sodass eine einheitliche Objektsicht eingenommen wird. Insgesamt scheint das Einlassen auf eine veränderte Sichtweise bezüglich der Zählhandlung eine große Herausforderung darzustellen und (noch) keine Flexibilität in der Hinsicht vorhanden zu sein. Einschränkend muss an der Stelle ergänzt werden, dass durch die pandemiebedingten Hygieneauflagen jeweils an eigenem Material auf Abstand gehandelt werden muss. Hieraus kann sich die Schwierigkeit ergeben, dass die Unterschiede bezüglich des Zählprozesses insbesondere aufgrund des großen Abstands nicht so stark zu konkretisieren sind.

In einer Beispielszene zum Phänomen *Schlussfolgerung durch Zusammenhang von Positionen / Objekten* zeigt sich sowohl die Fokussierung der Positionen, die mit der Anzahl der Hüpfer in Verbindung gebracht werden, als auch eine Überprüfung über die Anzahl der Kugeln, also der Objekte. Die Handlung ist dabei aufwärtsgerichtet, sodass die Kugelanzahlen der jeweiligen Hüpferanzahl sowie der folgenden Positionen vom Ausgangspunkt aus bis zum Ziel entsprechen. Auf die Frage, wie oft der Hase bis zum 9er-Kugelturm hüpfen muss, antwortet Hannes mit ‚zehnmal' und wiederholt es mehrfach. Zur Kontrolle zählt er die Anzahl der Kugeln, kommt auf neun und hüpft dann selbst noch einmal vom 0er-Kugelturm aus, zählt hierbei jedoch eindeutig die Positionen und behält somit eine Objektsicht bei. Beim erneuten Durchführen der Hüpfhandlung und des Zählprozesses beginnt er direkt auf dem 1er-Kugelturm mit dem Zählen, er scheint jedoch weiterhin die Positionen zu zählen. Somit erhält er aber das Ergebnis von insgesamt neun Hüpfern.

An dem Phänomen wird deutlich, dass die Einnahme der Prozesssicht noch nicht verinnerlicht ist und grundsätzlich noch eine Hürde im Lernprozess darstellt. Über die Objektsicht, die für die Handlung gewählt wird, indem die Positionen vom 0er-Kugeltrurm ausgehend gezählt werden, wird nicht das korrekte Ergebnis erzielt. Es scheint jedoch bereits über das Wissen verfügt zu werden, dass die Kugelanzahlen der Zielstufe mit der Anzahl der Hüpfer vom Ausgangspunkt in Verbindung stehen. Als ergänzende Handlung werden die Kugeln auf dem 9er-Kugelturm gezählt, der Hüpfprozess wiederholt und dieser letztendlich entsprechend angepasst, sodass die ermittelte Anzahl an Hüpfern der Kugelanzahl entspricht. Das Phänomen deutet darauf hin, dass ein Bewusstsein für die verschiedenen Zählmöglichkeiten bereits vorhanden ist, allerdings die Fokussierung der Handlung des Hüpfens beim Zählprozess noch nicht gelingt (siehe Abschnitt 9.2). Es können Rückschlüsse zwischen der Anzahl der Kugeln und den Hüpfern, in dem Fall Positionen, gezogen werden und diese bei erneuter Handlung berücksichtigt werden. Allerdings zeigt das Phänomen auch, dass die Einnahme der Prozesssicht und damit der ordinale Zahlaspekt als solcher keine triviale Sichtweise ist, die bereits zum Schuleintritt sicher verankert ist. Vielmehr kann sie auch im weiteren Lernprozess eine Hürde darstellen.

Im Bereich ,Prozesssicht' und damit der Sicht, die durch die Arbeit am Lehr-Lernarrangement möglichst gefördert werden sollte, lässt sich das Phänomen *Abgrenzung zu Objektsicht* ausmachen. Bei diesem Phänomen ist herauszustellen, dass explizit hervorgehoben werden kann, wo die Unterschiede zwischen der Prozesssicht und der Objektsicht liegen. Ein Beispiel für dieses Phänomen ist das folgende Transkript:

Transkript Hannes zum Phänomen *Abgrenzung zu Objektsicht*

1		[Dauer: 0:30 Min.] [Vor Hannes und Henrieke stehen der ZARAO 0–4 und mehrere
2		Figuren. Hannes möchte vormachen, wie er vom 4er-Kugelturm aus 4-mal nach unten
3		zum Ausgangspunkt hüpft und dies zählt.]
4	Hannes	Ich weiß jetzt, wie das geht. Guck [stellt den Pinguin auf den 4er-Kugelturm.] Da
5		fangen wir an. Eins [hüpft währenddessen mit dem Pinguin vom 4er- auf den 3er-
6		Kugelturm], zwei [hüpft währenddessen mit dem Pinguin vom 3er- auf den 2er-

7		Kugelturm], drei [hüpft währenddessen mit dem Pinguin vom 2er- vor den 1er-
8		Kugelturm], null [hüpft währenddessen mit dem Pinguin vom 1er- vor den 0er-
9		Kugelturm und schaut zu AZ.]
10	AZ	Achtung. Drei [zeigt auf den 1er-Kugelturm] und dann? [Zeigt auf den 0er-
11		Kugelturm.]
12	Hannes	Null [hüpft mit dem Pinguin noch einmal auf das Podest des 0er-Kugelturms.]
13	AZ	Und was kommt denn nach drei gezählt? [Zeigt erst drei, dann vier Finger, während
14		sie mit der Hand die Hüpfbewegung nachmacht.]
15	Hannes	Vier.
16	AZ	Ja Hannes. Gut.
17	Henrieke	Einfach. Guck eins [stellt den Hasen auf den 4er-Kugelturm], zwei [stellt den Hasen
18		auf den 3er-Kugelturm], drei [stellt den Hasen auf den 2er-Kugelturm], vier [stellt den
19		Hasen auf den 1er-Kugelturm], fünf [stellt den Hasen auf den 0er-Kugelturm.]
20	Hannes	Nicht so eins [stellt den Pinguin auf den 4er-Kugelturm], zwei [stellt den Pinguin auf
21		den 3er-Kugelturm], drei [stellt den Pinguin auf den 2er-Kugelturm.] Eins [hüpft
22		währenddessen mit dem Pinguin vom 4er- auf den 3er-Kugelturm], zwei [hüpft
23		währenddessen mit dem Pinguin vom 3er- auf den 2er-Kugelturm], drei [hüpft
24		währenddessen mit dem Pinguin vom 2er- auf den 1er-Kugelturm], vier [hüpft
25		währenddessen mit dem Pinguin vom 1er- auf den 0er Kugelturm.]
26	Henrieke	Ach stimmt.

In dieser Szene gelingt es Hannes, am ZARAO die Hüpfer zu zählen und nicht die Kugelanzahlen oder Positionen (Z. 5 ff.). Lediglich beim letzten Hüpfer vom 1er- auf den 0er-Kugelturm fällt er in die Objektsicht (Anzahlen) zurück (Z. 8 f.), kann nach Hilfestellung aber den Prozess zu Ende führen (Z. 13 ff.). Zudem kann er seine Mitschülerin, die die Handlung aus der Objektsicht (Positionen) wiederholt (Z. 17 ff.), korrigieren und sogar den Unterschied aufzeigen (Z. 20 ff.). Es scheint, dass er im Hinblick auf den Lernprozess die Hürde des Wechselns in die Prozesssicht überwinden konnte. Es fällt auf, dass Hannes selbstständig einen gewissen Rhythmus einsetzt, er beginnt mit „da fangen wir an" (Z. 4 f.). So markiert er klar seinen Startpunkt und auch seinen Beginn der Handlung beziehungsweise des Prozesses, sodass er sich darüber möglicherweise eine klare Struktur gibt.

Das Phänomen zeigt, dass die Einnahme der Prozesssicht gelingen kann und sprachliche Muster möglicherweise eine Hilfestellung darstellen (siehe Abschnitt 9.2). Durch die Kompetenz des Differenzierens und Abgrenzens zwischen der Objekt- und Prozesssicht kann ein flexibler Einsatz erfolgen, sodass angenommen werden kann, dass zumindest auf enaktiver Ebene im Hinblick auf die mentale Zahlvorstellung sowohl ein kardinales als auch ein ordinales Zahlverständnis angebahnt sind.

Auch beim Phänomen *Prozesssicht zur Kontrolle* zeigt sich, dass die Einnahme der Prozesssicht zwar eine Herausforderung darstellt, sie gleichzeitig jedoch bereits zur Kontrolle eingenommen wird, um das Ziel einer Figur bestimmen zu können. In der exemplarischen Szene erhält Hannes mündlich die Anweisung, dreimal mit dem Häschen nach oben zu hüpfen. Zunächst scheint er den ersten Hüpfer aus Prozesssicht zu zählen, korrigiert sich dann jedoch und fokussiert die Positionen, sodass die Anzahl der Hüpfer nicht mit der Anweisung übereinstimmt. Beim wiederholten Hüpfen scheint Hannes hingegen sicher die Prozesssicht einzunehmen und landet beim passenden Ziel. Dieses benennt er jedoch nicht korrekt. Auf den Hinweis, seine Angabe zum Ziel zu überprüfen, beginnt Hannes von sich aus, vom Ausgangspunkt die Hüpfer zum Ziel des Häschens zu zählen. Er erkennt selbstständig seinen Fehler zur Zielangabe und erläutert, dass er annahm, an der höchsten Kugelstange ‚ist Zehn'. An der Stelle bleibt zwar unklar, ob er sich auf die Kugelanzahlen oder die Anzahl der Hüpfer zum Ausgangspunkt bezieht.

Allerdings wird bei dem Phänomen deutlich, dass die Einnahme der Prozesssicht, ohne gezielte Aufforderung dafür, selbstständig zur Kontrolle genutzt wird. Das lässt den Schluss zu, dass bei erfolgreicher Einnahme beziehungsweise Verinnerlichung der Prozesssicht neue Denk- und Lösungswege und dadurch ein flexibles Denken im Hinblick auf den kardinalen und ordinalen Zahlaspekt ermöglicht werden. Für die Durchführung der Kontrolle, bei der die Hüpfer vom Ausgangspunkt noch einmal durchgeführt werden, ist die Handlungsorientierung leitend. Diese ermöglicht den Freiraum, die eigenständige Überprüfung umzusetzen und dadurch eine eigene Korrektur vornehmen zu können (siehe Abschnitt 9.2).

Im erweiterten Zahlenraum 0 bis 19 lässt sich auf enaktiver Ebene das Phänomen *Eigene Wahl: Prozesssicht* herausstellen. Hierbei wird eine mündliche Anweisung für eine Handlung an der RWT gegeben. Um diese umzusetzen, wird zunächst die Startposition vom Ausgangspunkt aus ermittelt und bei den weiteren Hüpfern, auch über den Zehnerübergang, aus der Prozesssicht heraus gezählt. In einer Beispielszene scheint Heidi zur Ermittlung der Startposition vom Ausgangspunkt aus zu beginnen. Den Hüpfprozess führt sie dabei nicht detailliert in einzelnen Hüpfern durch. Dennoch lässt die grundsätzliche Orientierung am Ausgangpunkt die Vermutung zu, dass sie die Hüpfer von dort aus fokussiert. Bei der folgenden Anweisung für die Umsetzung der Hüpferanzahl von der Startposition des Häschens aus scheint sie ohne Schwierigkeiten die Prozesssicht einnehmen und die Hüpfer als Prozesse zählen zu können, da sie weder die Kugeln sichtbar zählt noch auf der Startposition selbst einen Hüpfer durchführt. Letzteres würde auf ein Zählen der Positionen hindeuten. Zur Sicherheit wiederholt sie diese Handlung mehrfach, was möglicherweise mit dem Zehnerübergang innerhalb des Prozesses zusammenhängt.

Dennoch treten bei diesem Phänomen keine offensichtlichen Hürden auf, vielmehr wird die Prozesssicht aktiv gewählt und korrekt für die Umsetzung der Anweisung eingesetzt. Es wird zudem nicht erkennbar auf eine Objektsicht als Kontrolle zurückgegriffen, vielmehr scheint die Ermittlung der Startposition ebenfalls über eine Prozesssicht stattzufinden. Somit wird deutlich, dass das Lehr-Lernarrangement an dieser Stelle ausreichend Freiraum zur individuellen Durchführung und Vorgehensweise lässt und die Einnahme der Prozesssicht gelingen kann.

Insgesamt scheint die Einnahme der Prozesssicht möglich und ein Ausbilden des ordinalen Zahlaspekts erreichbar zu sein. Allerdings soll insbesondere auch eine Kombination der Objekt- und Prozesssicht für einen flexiblen Umgang mit Zahlen ausgebildet werden, weshalb im Folgenden die Phänomene auf enaktiver Ebene zur ‚Kombination‘ der beiden Sichtweisen dargestellt werden. Hierbei lassen sich auf enaktiver Ebene die Phänomene *Anbahnung der Kombination*, *Sprachliche Erläuterung der Kombination*, *Kombination bei imaginären Objekten* und *Kombination als Kontrolle* feststellen.

Beim erstgenannten Phänomen lässt sich eine erste Anbahnung bezüglich des Zusammenhangs der Objekte, konkret der Kugelanzahl, und der Prozesse als Hüpfer vom Ausgangspunkt bei der Arbeit an der RWT feststellen. Folgender exemplarischer Transkriptauszug soll einen Einblick in das Phänomen geben:

Transkript Heidi zum Phänomen *Anbahnung der Kombination*

1		[Dauer: 0:51 Min.] [Heidi und Hajo sitzen jeweils an einem Tisch und haben beide den
2		Innenkreis der RWT vor sich. Heidis Häschen ist von der 4er- auf die 1er-Kugelstange
3		gehüpft.]
4	AZ	Wie oft müsste das Häschen denn jetzt hüpfen zum Ausgangspunkt?
5	Heidi	Ah hier [setzt das Häschen auf die 9er-Kugelstange].
6	AZ	Nee der Ausgangspunkt ist wieder hier. Der da [zeigt auf die 0er-Kugelstange an
7		Heidis RWT]. Wie viele Hüpfer?
8	Heidi	Eins [hüpft währenddessen mit dem Häschen von der 0er- auf die 1er-Kugelstange],
9		zwei [hüpft währenddessen mit dem Häschen von der 1er- auf die 2er-Kugelstange.]
10		Warte [legt das Häschen beiseite. Dann spurt sie die Kugelstangen, beginnend bei der
11		0er- Kugelstange bis zur 4er-Kugelstange, mit ihrem Finger entlang und scheint dabei
12		die orangen Kugeln der jeweiligen Kugelstange zu zählen]. Da.
13	AZ	Wo?
14	Heidi	Viermal, guck eins [hüpft währenddessen von der 0er- auf die 1er-Kugelstange,
15		korrigiert sich dann.] Warte eins [setzt das Häschen auf die 0er-Kugelstange, korrigiert
16		sich erneut.] Eins [hüpft währenddessen von der 0er- auf die 1er-Kugelstange], zwei
17		[hüpft währenddessen von der 1er- auf die 2er-Kugelstange], drei [hüpft
18		währenddessen von der 2er- auf die 3er-Kugelstange], vier [hüpft währenddessen von
19		der 3er- auf die 4er-Kugelstange.]
20	AZ	Perfekt. Okay gut Heidi.

Auf die Nachfrage, wie viele Hüpfer das Häschen zum Ausgangspunkt machen müsste, zeigt Heidi zunächst auf die 9er-Kugelstange (Z. 5). Es wird eine sprachliche Hürde offensichtlich, indem die Bedeutung des Begriffs ‚Ausgangspunkt' nicht klar ist (siehe Abschnitt 9.2). Obwohl das Häschen aktuell auf der 1er-Kugelstange steht, bezieht Heidi die Aufgabe auf die ursprüngliche Position auf der 4er-Kugelstange und ermittelt hierfür die Anzahl der Hüpfer zum Ausgangspunkt (Z. 8 ff.). Auffallend dabei ist, dass sie zunächst eine Prozesssicht einzunehmen scheint, indem sie mit dem Häschen vom Ausgangspunkt loshüpft und die Hüpfer zählt. Diese Handlung bricht sie jedoch ab und zählt daraufhin jeweils die Kugeln auf den Kugelstangen, bis einschließlich der vier Kugeln auf der 4er-Kugelstange. Diese Kugelstange scheint sie als Ziel zu ermitteln und kann daraus schließen, dass das Häschen bis dahin viermal hüpfen muss (Z. 14). Die Hüpfhandlung von der 0er- bis zur 4er-Kugelstange führt sie daraufhin noch einmal durch, wobei sie mehrmals ansetzt, um, wie es scheint, explizit die Hüpfer anstatt der Positionen zu zählen (Z. 14 ff.).

Das Phänomen deutet darauf hin, dass über die freie Handlung mit dem Material erste Zusammenhänge zwischen der Prozess- und Objektsicht hergestellt werden können beziehungsweise eine erste Erkenntnis stattfindet. Dabei handelt es sich insbesondere um den Zusammenhang zwischen der Objektsicht (Anzahlen) und der Prozesssicht, da aktiv die Kugelanzahlen gezählt werden und diese dann in einen Zusammenhang mit den Hüpfern gestellt werden. Auffallend ist, dass die Kugelanzahlen auf jeder Kugelstange bis zur 4er-Kugelstange ermittelt werden, sodass möglicherweise dadurch erst eine erste Erkenntnis zum Zusammenhang und der Kombination der Sichten entsteht. Auch die Angabe zur Anzahl der Hüpfer wird mit Hilfe einer erneuten Handlung überprüft. Dabei scheint ein Bewusstsein für die Prozesssicht bereits angebahnt zu sein, da der Zählprozess zum Hüpfen mehrmals korrigiert wird, damit eine Prozess- und keine Objektsicht (Positionen) eingenommen wird. Die Zahlvorstellung kann somit möglicherweise erweitert und so ein flexibleres Verständnis ausgebildet werden.

Beim Phänomen *Sprachliche Erläuterung der Kombination* wird zwischen der Prozesssicht und der Objektsicht flexibel gewechselt und die Kombination, insbesondere die Herangehensweise in Verbindung mit der Prozesssicht, sprachlich erläutert. In der exemplarischen Szene setzt Hannes das Häschen auf den vorgegebenen Start auf der RWT und gibt dabei die Anzahl an Kugeln auf der Stange an. Deutlich wird das durch ein Entlangspuren an den Kugeln der 5er-Kugelstange und seine begleitende Äußerung ,das sind fünf'. Daraufhin hüpft er los, zählt dabei die Hüpfer und landet schließlich auf der 8er-Kugelstange. Auf die Nachfrage ,bei acht was denn?' antwortet Hannes mit ,gehüpft', was auf das Fokussieren der Hüpfer hinweisen kann. Möglicherweise stellt er an dieser Stelle einen ersten Bezug zum Ausgangspunkt her. Allerdings zeigen sich in den folgenden Nachfragen der Förderlehrkraft sprachliche Unsicherheiten im Verständnis der Nachfragen, was möglicherweise durch den Förderschwerpunkt bedingt ist. So wird eine sprachliche Hürde beispielsweise deutlich, indem er auf die Frage, von wo aus er gestartet sei, mit der Richtung ‚oben' antwortet. Somit scheinen hier Verständnisschwierigkeiten bei der Fragestellung vorzuliegen, sodass er mit seiner Antwort ‚bei Acht gelandet' unter Umständen auch die Kugelanzahl im Sinn hat. Indem die Förderlehrkraft bei der Ermittlung des Starts zu dem festen Begriff ‚Start' aus dem Sprachgerüst wechselt, kann er diese Frage ohne weitere Schwierigkeiten beantworten. Zur Bestimmung der Anzahl der Hüpfer vom Ausgangspunkt zur 8er-Kugelstange macht Hannes zunächst mit den Augen die Hüpfer nach und fokussiert damit wieder klar die Prozesssicht. Dieses Vorgehen führt er zusätzlich sprachlich aus, indem er mit dem Finger die Hüpfbewegungen vormacht und dazu die Hüpfer deutlich zählt.

Bei diesem Phänomen zeigt sich, dass flexibel eine Objekt- oder Prozesssicht eingenommen werden kann. Mit Hilfe von Handlungen können die beiden Sichtweisen sprachlich ausgeführt werden, indem zum einen auf die Kugeln gezeigt wird, zum anderen die Hüpfer mit dem Finger nachgespurt werden und der Zählvorgang mit Fokus auf den Hüpfern hervorgehoben wird. Es scheinen keine Hürden bezüglich der Einnahme der beiden Sichtweisen vorzuliegen, vielmehr werden diese zielorientiert eingesetzt. Was an der Stelle jedoch offen bleibt, ist die Frage, ob die Zusammenhänge zwischen den beiden Sichtweisen und damit die Kombination bereits gänzlich erkannt wurden. Für die Bestimmung der Anzahl der Hüpfer vom Ausgangspunkt aus zum Ziel kann beispielsweise nicht sicher der Rückschluss gezogen werden, dass der Zusammenhang zwischen acht Hüpfern vom Ausgangspunkt bis zur 8er-Kugelstange und der Anzahl der Kugeln an dieser Stelle erfasst wird. Dennoch kann bei dem Phänomen festgehalten werden, dass beide Sichtweisen aktiv verwendet und durch die Verknüpfung von Sprache und Handlung zum Ausdruck gebracht werden. Es scheint somit grundsätzlich also eine mentale Zahlvorstellung zum ordinalen und kardinalen Zahlaspekt angebahnt zu sein. Insgesamt stellt die Fähigkeit der Kombination der Sichtweisen bei dem Phänomen eine Möglichkeit für die erfolgreiche Lösung der Aufgabe dar. Sprachliche Hürden treten insbesondere hinsichtlich des Verstehens von Formulierungen der Förderlehrkraft auf, die jedoch durch den Rückgriff auf feste Begrifflichkeiten des Sprachgerüsts gelöst werden können. Darauf wird im Zuge der Analyse der Design-Prinzipien (siehe Abschnitt 9.2) genauer eingegangen.

Beim Phänomen *Kombination bei imaginären Objekten* kann möglicherweise ein Zusammenhang zwischen der Prozesssicht – der Anzahl der Hüpfer, und der Objektsicht bezogen auf die Kugelanzahlen hergestellt werden. In einer exemplarischen Szene wird enaktiv am ZARAO 0–4 gearbeitet, indem mündlich die Anweisung gegeben wird, wie oft die Katze hüpfen soll. Im Vorhinein wurde von den Schüler*innen ein weiteres Podest an der imaginären Position des 5er-Kugelturms angebracht, allerdings sind an dieser Stelle dementsprechend keine Kugeln vorhanden. Auffallend bei dieser Szene ist, dass Henrieke zunächst die Startposition als Eins zählt, also die Position mitzählt und somit eine Objektsicht (Positionen) einnimmt (Z. 1), sich dann jedoch direkt selbstständig korrigiert und den Prozess des Hüpfens zählt. Allerdings beginnt sie noch einmal bei Eins zu zählen, nachdem sie bereits den 1er-Kugelturm erreicht hat:

Transkriptauszug Henrieke zum Phänomen *Kombination bei imaginären Objekten*

1	Henrieke	[Hüpft 1-mal nach oben und landet wieder auf dem 0er-Kugelturm] eins [schaut zu
2		AZ.] //Eins [hüpft währenddessen mit dem Hasen vom 0er- auf den 1er-Kugelturm.]//
3	...	
4	Henrieke	Eins [hebt währenddessen den Hasen an und stellt ihn erneut auf 1er-Kugelturm],
5		zwei [hüpft währenddessen auf den 2er-Kugelturm], drei [hüpft währenddessen auf
6		den 3er-Kugelturm], vier [hüpft währenddessen auf den 4er-Kugelturm], fünf [hüpft
7		währenddessen auf den imaginären 5er-Kugelturm.]

Ihre Korrektur des Zählens während des Hüpfprozesses kann sowohl aus der Prozesssicht als auch aus der Objektsicht erfolgen, indem sie entweder tatsächlich die Hüpfer als solches beim Zählen fokussiert oder lediglich bei der zweiten Position erst mit dem Zählprozess beginnt. Da sie allerdings auch bei ihrem letzten Hüpfer auf den imaginären 5er-Kugelturm, bei dem keinerlei Kugeln vorhanden sind, entsprechend weiterzählt und nicht verunsichert zu sein scheint (Z. 6 f.), scheint die Einnahme der Prozesssicht als wahrscheinlicher zu gelten. Unabhängig davon kann Henrieke auf die Frage der Förderlehrkraft, wie viele Kugeln sich auf dem 5er-Kugelturm befinden würden, wobei die imaginären Kugeln auf dem Turm angedeutet werden, die entsprechende Anzahl nennen. An dieser Stelle nimmt Henrieke allerdings ihre Finger zu Hilfe, wobei nicht deutlich wird, was genau sie abzählt.

Dieses Phänomen lässt den Schluss zu, dass erste Zusammenhänge zwischen den Prozessen des Hüpfens und den Kugelanzahlen hergestellt werden können. Deutlich wird das insbesondere am imaginären 5er-Kugelturm, da hierbei die Anzahl der durchgeführten Hüpfer in explizite Verbindung mit der entsprechenden nicht visualisierten Anzahl der Kugeln gebracht und diese über die

Anzahl der Hüpfer beziehungsweise durchgeführten Prozesse ermittelt werden kann. Es wird deutlich, dass Einblicke in diese Zusammenhänge, die sich durch eine Kombination der Prozess- und der Objektsicht ergeben, neue Möglichkeiten eröffnen und Rückschlüsse auf fehlende Informationen gezogen werden können. Dabei lassen sich keine spezifischen Hürden feststellen, vielmehr zeigen sich über das Material hinausführende mentale Zahlvorstellungen, indem ein weiterer Kugelturm imaginär ergänzt wird und sogar in Arbeitsanweisungen und -durchführungen integriert werden kann. Unterstützend können Zeigegesten wirken (siehe Abschnitt 9.2), indem beispielsweise bei der Frage nach der Anzahl der Kugeln des imaginären Turms auf die Plätze der imaginären Kugeln gezeigt wird, worüber möglicherweise der Wechsel zur oder die Kombination mit der anderen Sichtweise angeregt werden kann.

Auf enaktiver Ebene zeigt sich auch im erweiterten Zahlbereich bis 19 im Bereich ‚Kombination' im Zuge des Phänomens *Kombination als Kontrolle*, dass ein Bewusstsein für die Möglichkeit der Verbindung beider Sichtweisen vorhanden ist. In einer Beispielszene geht es um die Frage, wie oft das Häschen vom Ausgangspunkt bis zur 19er-Kugelstange gehüpft ist. Hajo hüpft dafür erneut mit dem Häschen. Dabei beginnt er beim Ausgangspunkt, zählt diesen jedoch mit, sodass er hierbei eine Objektsicht (Positionen) einnimmt. Als Ergebnis gibt er an, dass das Häschen zwanzigmal gehüpft ist. Daraus schließt er gleichzeitig, dass an dieser Position zwanzig Kugeln auf der Stange sind. Nach Aufforderung, die Kugeln an dieser Position einmal zu zählen, sowie der präzisen Umsetzung der Aufforderung und dem Zählen von neunzehn Kugeln schließt Hajo selbstständig daraus, dass das Häschen nur neunzehnmal vom Ausgangspunkt gehüpft ist.

Bei diesem Phänomen wird offensichtlich, dass ein grundsätzliches Bewusstsein für beide Sichtweisen vorhanden zu sein scheint. Zwar fällt die Einnahme der Prozesssicht beim Hüpfprozess noch schwer beziehungsweise gelingt nicht, allerdings können ohne Schwierigkeiten ein Zusammenhang zwischen den Kugelanzahlen (Objektsicht) und der Anzahl der Hüpfer (Prozesssicht) hergestellt und diesbezüglich selbstständig Korrekturen durchgeführt werden. Somit kann über eine Kombination der Sichtweisen die Hürde in der Einnahme der Prozesssicht erkannt sowie überwunden werden und die Verknüpfung der Objekt- und der Prozesssicht kann dazu führen, dass eigene Angaben und Lösungen kontrolliert beziehungsweise überprüft werden. Das Lehr-Lernarrangement leistet an der Stelle einen zentralen Beitrag für diese Kombination, da es durch Handlungsoffenheit sowohl die Prozess- als auch die Objektsicht abbilden kann und beide Sichtweisen bewusst und aktiv mit dem Material unterstützt werden.

Auf enaktiver Ebene können demnach die in Abbildung 10.7 dargestellten Phänomene festgestellt werden.

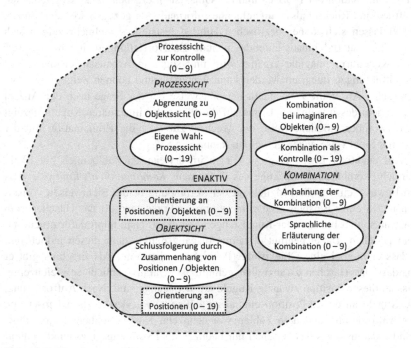

Abb. 10.7   Handlung am Material (0–9 / 0–19): enaktiv

Ikonisch

Auf ikonischer Ebene der Kategorie ‚Handlung am Material (0–9 / 0–19)' und dort im Bereich ‚Objektsicht' lässt sich das Phänomen *Irritation über zu zählende Elemente* ausmachen. Bei diesem Phänomen entstehen Irritationen und Unsicherheiten, ob bei der ikonischen Abbildung des ZARAOs, auf der die Hüpfer durch Pfeile eingezeichnet sind, die Pfeile selbst oder die durch Pfeile berührten Kugeltürme beziehungsweise Positionen gezählt werden. Die folgende Szene zeigt eine für die fokussierte Kategorie exemplarische Situation mit Hannes:

Transkript Hannes zum Phänomen *Irritation über zu zählende Elemente*

1		[Dauer: 1:07 Min. und 0:23 Min.] [Auf zwei Tischen sind zwei Magnettafeln aufgestellt.
2		Auf der linken Tafel sind die Start-Karte, die Richtung-Karte und die Ziel-Karte
3		aufgehängt. Auf der rechten Tafel ist eine Abbildung des ZARAOs 0–9 aufgehängt
4		und auf der Abbildung sind drei Hüpfer vom 2er-Kugelturm bis zum 5er-Kugelturm
5		abgebildet. AZ steht links neben den beiden Magnettafeln und hält die Wie oft?-Karte
6		in ihrer Hand, die beantwortet werden soll.]
7	Hannes	Dreimal.
8	AZ	Hannes, erklär du mal [zeigt in Richtung Hannes.] Warum dreimal hüpfen [zeigt in
9		Richtung der Magnettafel]? Wie erkennst du das?
10	Hannes	Wegen das er ist bei Zwei gelandet und dann macht der zwei, ehm drei, ein.
11	AZ	Komm mal nach vorne, zeig mal [deutet Hannes, nach vorne zu kommen.]
12	Hannes	Er macht so [steht auf und geht zu der Magnettafel.] Da ist drei [fährt mit seinem
13		Finger hin und her über die drei eingezeichneten Pfeile als Hüpfer.]
14	AZ	Was genau?
15	Hannes	So, eins [macht währenddessen mit dem Finger eine Hüpfbewegung auf dem
16		ikonischen 2er-Kugelturm, bleibt somit an gleicher Stelle], zwei [macht währenddessen
17		eine Hüpfbewegung vom 2er-Kugelturm auf den 3er-Kugelturm], drei [macht
18		währenddessen eine einzige Hüpfbewegung vom 3er-auf den 5er-Kugelturm]?
19	AZ	Mach nochmal vor [setzt sich auf den linken Tisch und lehnt sich zu Hannes und der
20		rechten Magnettafel hin.] Ich muss nochmal genau hingucken, ich hab nicht
21		genau geguckt.

22	Hannes	Eins [macht währenddessen mit dem Finger eine Hüpfbewegung vom 2er- auf den
23		3er-Kugelturm], zwei [in dem Moment, in dem er auf dem 3er-Kugelturm landet], drei
24		[tippt auf den 4er-Kugelturm], vier [tippt auf den 5er-Kugelturm.] Es sind vier [guckt
25		AZ an.]
26	AZ	Mh [nachdenklich]
27	Hannes	Vier, vier [tippt mit seinem Finger auf die Abbildung des ZARAOs 0–9.]
28	AZ	Vier meinst du jetzt?
29	Hannes	Ja [fährt mit seinem Zeigefinger zunächst den 5er-Kugelturm herauf und herunter und
30		spurt dann die Pfeile nach.]
31	AZ	Okay, willst du nochmal probieren? Jetzt hast du einmal drei, einmal vier.
32	Hannes	[Fährt mit seinem Finger über die drei eingezeichneten Pfeile.] Das sind ja drei Bögen
33		[dreht sich zu AZ.]
34	AZ	Mh [nachdenklich] komisch, oder? …Was könnte es denn jetzt sein?
35	… [0:14 Min.]	
36	Helen	Eins *[spurt währenddessen den eingezeichneten Hüpfer vom 2er-Kugelturm auf den*
37		*3er-Kugelturm nach.]*
38	AZ	Hannes, du musst gucken [tippt Hannes auf die Schulter.]
39	Helen	Zwei *[spurt währenddessen den eingezeichneten Hüpfer vom 3er-Kugelturm auf den*
40		*4er-Kugelturm nach], drei [spurt währenddessen den eingezeichneten Hüpfer vom 4er-*
41		*Kugelturm auf den 5er-Kugelturm nach.]*
42	Hannes	Hab ich ja gesagt drei.
43	AZ	Ja versuch du nochmal das vorzumachen [zeigt auf die Abbildung des ZARAOs.]
44	Hannes	[Geht zur Abbildung des ZARAOs 0–9] eins [spurt währenddessen mit dem Finger
45		den Pfeil vom 2er-Kugelturm auf den 3er-Kugelturm nach] … eins [tippt auf den 3er

46		Kugelturm], zwei [tippt auf den 4er Kugelturm], drei [tippt auf den 5er Kugelturm]
47		//hab ich gesagt.//
48	AZ	//Mach mal die Hüpfer.//
49	Helen	So [spurt mit ihrem Zeigefinger die eingezeichneten Pfeile nach.]
50	Hannes	Eins [spurt währenddessen mit dem Finger den Pfeil vom 2er-Kugelturm auf den 3er-
51		Kugelturm nach], zwei [spurt währenddessen mit dem Finger den Pfeil vom 3er- auf
52		den 4er-Kugelturm nach], drei [spurt währenddessen mit dem Finger den Pfeil vom
53		4er- auf den 5er-Kugelturm nach.] Hab ich gesagt.

Hannes soll an der Stelle die Fragekarte ‚Wie oft?' beantworten. Zunächst versucht er es auf rein sprachlicher Ebene aus der Entfernung von seinem Sitzplatz aus (Z. 10). Das fällt ihm jedoch recht schwer, sodass er die Hüpfer dann konkret an der ikonischen Abbildung zeigen und erläutern soll. Hier fokussiert er zunächst die Pfeilabbildungen selbst als Zählobjekte, indem er sagt „da ist drei" (Z. 12 f.) und dabei auf die Pfeile zeigt. Auffallend ist, dass Hannes zu wissen scheint, dass die Pfeile als Abbildung für die Hüpfer dienen, denn er spurt mit dem Finger die Hüpfbewegungen an der Abbildung nach und zählt währenddessen (Z. 15 ff.). Dabei scheint er sich jedoch nicht sicher zu sein, da er bei wiederholter Durchführung zwar die Hüpfbewegungen tätigt, jedoch die Positionen auf den Kugeltürmen, von denen ein Pfeil ausgeht beziehungsweise die von einem Pfeil erreicht werden, zählt (Z. 22 ff.). Somit wechselt Hannes von einer Objektsicht (Anzahlen) auf eine andere Objektsicht (Positionen) und erhält deshalb ein abweichendes Ergebnis zu seiner ersten Antwort. Ihm wird die Differenz bewusst, denn er bezieht sich noch einmal auf die Anzahl der Bögen, die er ermittelt hatte (Z. 32 f.). Nach einem exemplarischen Handeln der Mitschülerin, die beim Zählen die Prozesse fokussiert (Z. 36 f.), zeigen sich bei Hannes erste Anzeichen, dass auch er in die Prozesssicht wechselt. Allerdings scheint diese noch nicht gefestigt zu sein, denn beim erneuten Zählen fokussiert er nicht seine Bewegungen und damit die Prozesse, sondern die Positionen auf den Kugeltürmen. Er beginnt dabei jedoch erst bei der zweiten Position, sodass sein ermitteltes Ergebnis mit dem Ergebnis der Mitschülerin übereinstimmt (Z. 44 ff.). Nach einem mündlichen und gestischen Hinweis der Förderlehrkraft, die Hüpfer nachzuspüren, gelingt Hannes schließlich die Einnahme der Prozesssicht (Z. 50 ff.).

Somit lässt sich bei dem Phänomen auf ikonischer Ebene festhalten, dass die Objektsicht noch klar präferiert wird, hier allerdings Unsicherheiten durch die Darstellungsform entstehen. Die Pfeilabbildungen führen in dem Kontext zu einer Hürde, indem sie sowohl als zu zählende Objekte angesehen werden können als auch mit den Positionen durch einen Start- und einen Zielpunkt in Verbindung stehen. So entstehen deutliche Irritationen bezüglich der zu zählenden Objekte, wobei es sich dabei durchgehend um eine Objektsicht handelt. Bei dem Phänomen zeigt sich zunächst noch keine Verknüpfung zwischen der Pfeilabbildung und damit dargestellten Handlungen, konkret den Hüpfprozessen, sodass diese Vorstellung noch nicht ausgebildet zu sein scheint. Insbesondere die rein ikonische Ebene der Hüpferdarstellung stellt also eine Hürde für die Einnahme der Prozesssicht dar. Allerdings lassen sich auch hilfreiche Unterstützungen wie ein mündlicher Hinweis auf die Handlung des Hüpfens sowie ein erneutes exemplarisches Handeln am abgebildeten Material (siehe Abschnitt 9.2), bei dem der Fokus auf den Hüpfern selbst liegt, feststellen, die schließlich eine erste Einnahme der Prozesssicht ermöglichen.

Im Bereich ‚Prozesssicht' lässt sich auf ikonischer Ebene, wie bereits auf enaktiver Ebene, das Phänomen *Eigene Wahl: Prozesssicht* feststellen. Als Material ist dabei eine ikonische Abbildung des ZARAOs 0–9 vorliegend, auf der die Startposition der eingezeichneten Bewegung bestimmt werden soll:

Transkript Heidi zum Phänomen *Eigene Wahl: Prozesssicht*

1		[Dauer: 0:15 Min.] [Zwei Magnettafeln sind vorne aufgebaut. Auf der linken
2		Magnettafel sind von links nach rechts die Start-Karte, die Richtung-Karte, die Wie
3		oft?-Karte und die Ziel-Karte mit Magneten befestigt. An der rechten Tafel ist ein
4		ikonischer ZARAO 0–9 angeheftet, auf dem die Bewegung 6+2=8 mit Hilfe
5		abgebildeter Pfeile eingetragen ist. AZ sitzt neben der rechten Tafel auf einem Tisch.
6		Heidi steht vor den beiden Magnettafeln, Helen sitzt am Tisch.]
7	AZ	Was ist die erste Frage?
8	Helen	Plus.
9	Heidi	[Guckt auf die linke Magnettafel zu den Fragestruktur-Karten.]
10	AZ	Als aller erstes. Was müssen wir wissen? [Macht die Gebärde für Start.]
11	Heidi	Start, Start [springt auf und macht die Gebärde für Start.]
12	AZ	Und wo ist der?

13 Heidi Ich bin bei, warte, warte [zählt leise mit ihrem Finger, indem sie die Hüpfer
            vom
14   Ausgangspunkt bis zur 6er-Kugelstange zu zählen scheint und mit dem Finger
15   nachspurt.] Ich bin bei Sechs gestartet.

Heidi weiß, nachdem die Förderlehrkraft die Gebärde für Start gemacht hat
(Z. 10), dass zunächst der Start angegeben werden soll (Z. 11). Um diesen zu
bestimmen, scheint sie die Hüpfer vom Ausgangspunkt bis zur Startposition, von
der aus die Pfeile als Hüpferabbildungen beginnen, zu zählen (Z. 13 ff.). Möglicherweise zählt sie auch die Kugelstangen, allerdings ermittelt sie den Startpunkt
in jedem Fall nicht über die Anzahl der Kugeln auf der 6er-Stange, sondern im
Verhältnis zum Ausgangspunkt, was auf die Einnahme der Prozesssicht hindeutet.

Bei dem Phänomen zeigt sich auf der ikonischen Ebene ebenfalls, dass die
Prozesssicht gewählt und als Lösung für die Bestimmung des Starts eingenommen wird. Da nicht gezielt nach Hüpfern gefragt wird, sondern lediglich der Start
als statische Position bestimmt werden soll und damit keinerlei Fokussierungen
bezüglich einer Prozess- oder Objektsicht in der Aufgabenstellung enthalten sind,
scheint die Prozesssicht für die Ermittlung des Starts und somit für den Denk-
prozess favorisiert zu werden. Im Sinne der Objektsicht wären erwartungsgemäß
die Kugelanzahlen zur Startbestimmung gezählt worden. Auffallend ist, dass der
Begriff des Starts mit unterstützender Gebärde verwendet wird. Dadurch scheint
keinerlei Hürde im sprachlichen Verständnis des Aufgabenformats vorhanden zu
sein, sodass die Gebärde an der Stelle für das Verstehen der Aufgabenstellung
hilfreich ist (siehe Abschnitt 9.2). Für die Ermittlung der Startposition wird selbstständig eine Handlung am Material vollzogen, indem die Hüpfer nachgespurt
werden (siehe Abschnitt 9.2).

Im Bereich ‚Kombination‘ zeigt sich auf ikonischer Ebene das Phänomen
Eingeschränkte Kombination → *abhängig von Fragestellung*. Dabei geht es
konkret um eine Kombination der beiden Sichtweisen in Verbindung mit der
Zielbestimmung und nicht um die Beantwortung der Frage ‚Wie oft?‘:

Transkript Helen zum Phänomen *Eingeschränkte Kombination → abhängig von Fragestellung*

1   [Dauer: 1:20 Min.] [Zwei Magnettafeln sind vorne aufgebaut. Auf
             der linken

2   Magnettafel sind von links nach rechts die Start-Karte, die
             Richtung-Karte, die Wie

3   oft?-Karte und die Ziel-Karte mit Magneten befestigt. An der
             rechten Tafel ist ein

4		ikonischer ZARAO 0–9 angeheftet, auf dem die Bewegung 6+2=8 mit Hilfe
5		abgebildeter Pfeile eingetragen ist. AZ sitzt neben der rechten Tafel auf einem Tisch.
6		Heidi und Helen sitzen an jeweils einem Tisch vor den beiden Magnettafeln.]
7	AZ	Was können wir zählen //für die Acht?//
8	Helen	//Die Kugeln.//
9	AZ	Die Kugeln, genau [tippt mit dem Bleistift die Kugeln des 8er-Kugelturms nacheinander
10		von oben nach unten an.]
11	Heidi	Eins, zwei, drei, vier, fünf, sechs, sieben, acht, neun [zählt schnell, während AZ den
12		Kugelturm nachspurt.] Acht.
13	AZ	Genau. Was können wir noch zählen?
14	Heidi	Äh bis zehn [hält beide Hände vor sich und zeigt zehn Finger.]
15	Helen	Hüpfer.
16	AZ	Ja, gut Helen. Wie kann ich die Hüpfer zählen? Wo muss ich da anfangen zu
17		zählen?
18	Helen	Die, da wo die die [zeigt mit dem Finger in Richtung der Tafel] äh sechs wo die, wo
19		der Pfeil da ist.
20	AZ	Aber hier komme ich nur auf wie viele Hüpfer? [Spurt währenddessen mit dem Stift
21		die Bögen nach.]
22	Helen	Zwei.
23	AZ	Auf zwei. Aber ich muss ja auf acht Hüpfer kommen [zeigt währenddessen mit dem
24		Stift auf die Kugeln des 8er-Kugelturms.] //Wo muss ich dann anfangen mit den//
25		Hüpfern?
26	Heidi	//Warte. Warte, warte, warte, warte.// [Steht auf und läuft zur Tafel] eins, zwei, drei,
27		vier, fünf, sechs, sieben, acht [zeigt währenddessen jeweils auf eine Kugel des 8er-
28		Kugelturms.] Acht bin ich gelandet.

29	AZ	Genau. Ich mach euch mal was vor. Und dann können wir nächste Woche
30		nochma- nochmal drüber sprechen. [Zeigt mit dem Stift auf den Ausgangspunkt]
31		Helen, wenn ich hier beim Ausgangspunkt anfange //zu zählen// [währenddessen
32		betreten andere Kinder den Raum.]
33	Heidi	//Schon fertig// [dreht sich um und läuft in Richtung ihres Platzes.]
34	AZ	Guck mal Heidi, einmal hingucken. [Heidi bleibt stehen und dreht sich wieder zur
35		Tafel.] Eins [spurt währenddessen mit dem Stift vom Ausgangspunkt auf den 1er-
36		Kugelturm.]
37	Heidi	Zwei [AZ spurt währenddessen mit dem Stift vom 1er- auf den 2er-Kugelturm] du malst,
38		//drei// [AZ spurt währenddessen mit dem Stift vom 2er- auf den 3er-Kugelturm.]
39	AZ	//Macht nichts.//
40	Heidi	Vier [AZ spurt währenddessen mit dem Stift vom 3er- auf den 4er-Kugelturm], fünf [AZ
41		spurt währenddessen mit dem Stift vom 4er- auf den 5er-Kugelturm], sechs [AZ spurt
42		währenddessen mit dem Stift vom 5er- auf den 6er-Kugelturm], sieben [AZ spurt
43		währenddessen mit dem Stift vom 6er- auf den 7er-Kugelturm], acht [AZ spurt
44		währenddessen mit dem Stift vom 7er- auf den 8er-Kugelturm].
45	AZ	Wie viele Hüpfer?
46	Heidi	Äh achtmal.
47	AZ	Genau.

Für die Zielbestimmung, die Helen ohne Schwierigkeiten gelingt, gibt sie an, die Kugeln zählen zu können (Z. 8). Somit nimmt sie eine Objektsicht (Anzahlen) ein. Auf die Frage, was alternativ gezählt werden kann, antwortet sie direkt „Hüpfer" (Z. 15), was wiederum auf die Prozesssicht hinweist. Sie beschreibt dann allerdings nicht die Hüpfer vom Ausgangspunkt aus bis zum Ziel, durch die die Zielangabe erfolgen kann, sondern die Hüpfer, die in der Darstellung des

ZARAOs vom 6er- auf den 7er- und den 8er-Kugelturm durch Pfeile eingezeichnet sind (Z. 18 f.). In dieser Hinsicht gelingt ihr die Angabe der Anzahl der Prozesse aus der Prozesssicht. Ein exemplarisches Zählen durch die Förderlehrkraft, indem sie die Hüpfer vom Ausgangspunkt aus nachspürt und zu zählen beginnt, kann Heidi übernehmen und schließlich die Anzahl der Hüpfer angeben (Z. 35 ff.).

Somit scheint bei dem Phänomen im Hinblick auf die Frage ‚Wie oft?' die Einnahme der Prozesssicht zu gelingen, allerdings noch nicht im Hinblick auf die Zielbestimmung und damit die Bestimmung der Anzahl der jeweils durchzuführenden Hüpfer vom Ausgangspunkt aus bis zur jeweiligen Zielposition in der Darstellung. Die Hürde liegt somit in der direkten Verknüpfung der beiden Sichtweisen. Möglicher-weise entsteht die Hürde durch die Variation der Fragestellung, indem nicht wie üblich die Prozesssicht mit ‚Wie oft?' verbunden wird, sondern mit der Zielangabe. In dem Zusammenhang kann für die Ermittlung der Hüpfer vom Ausgangspunkt unter Umständen die Abweichung von der ikonischen Darstellung, in der wiederum nur die entsprechende Anzahl der Hüpfer auf die Frage ‚Wie oft?' durch Pfeile abgebildet ist, herausfordernd sein. Somit wird für die abweichende Frageformulierung zur Zielbestimmung aus der Prozesssicht heraus keine direkte ikonische Ebene durch eingezeichnete Pfeile dargestellt, vielmehr muss sie sich aus der ikonischen Abbildung des ZARAOs selbstständig erschlossen werden. Insgesamt deutet das Phänomen darauf hin, dass grundsätzlich eine Objekt- und Prozesssicht eingenommen werden kann. Deren direkte Kombination gelingt jedoch nur eingeschränkt, was unter Umständen durch Variationen in der Fragestellung beeinflusst wird. Ein exemplarisches Zählen stellt eine mögliche Hilfestellung dar (siehe Abschnitt 9.2).

Die auf der ikonischen Ebene in der Kategorie ‚Handlung am Material (0–9 / 0–19)' herausgearbeiteten Phänomene werden in Abbildung 10.8 abgebildet.

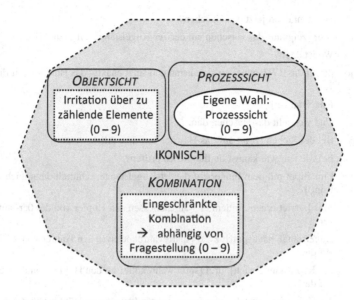

Abb. 10.8 Handlung am Material (0–9 / 0–19): ikonisch

Vernetzung enaktiv – ikonisch
Bei der Vernetzung der enaktiven und ikonischen Ebene im Bereich ,Kombination' kann, wie bereits auf enaktiver Ebene, das Phänomen *Kombination als Kontrolle* festgestellt werden, zu dem die folgende Szene einen Einblick gibt:

Transkript Hajo zum Phänomen *Kombination als Kontrolle*

| 1 | [Dauer: 0:30 Min.] [Vor Hajo stehen die RWT und der Zähler auf dem Tisch. Er bearbeitet |
| 2 | ein Arbeitsblatt.] |

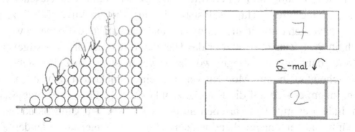

3	AZ	Wo steht denn jetzt das Häschen?
4	Hajo	Hier [zeigt auf das Häschen auf der 7er-Kugelstange auf dem AB.]
5	AZ	Wo ist das?
6	Hajo	[Zieht die RWT näher zu sich heran und setzt enaktiv das Häschen auf die 7er-
7		Kugelstange.]
8	AZ	Und wo steht das Häschen dann?
9	Hajo	Bei der Sieben [zeigt auf das Häschen auf dem AB.]
10	AZ	Bei Sieben, wie kannst du die Sieben prüfen?
11	Hajo	Eins [tippt mit dem Finger auf die 0er-Kugelstange, schüttelt dann leicht den Kopf.]
12		Eins [startet erneut, indem er währenddessen den Hüpfer von der 0er- auf die 1er-
13		Kugelstange nachspurt], zwei [spurt währenddessen den Hüpfer von der 1er- auf die
14		2er-Kugelstange nach], drei [spurt währenddessen den Hüpfer von der 2er- auf die
15		3er-Kugelstange nach], vier [spurt währenddessen den Hüpfer von der 3er- auf die
16		4er-Kugelstange nach], fünf [spurt währenddessen den Hüpfer von der 4er- auf die
17		5er-Kugelstange nach], sechs [spurt währenddessen den Hüpfer von der 5er- auf die
18		6er-Kugelstange nach], sieben [spurt währenddessen den Hüpfer von der 6er- auf die
19		7er-Kugelstange nach.]
20	AZ	Okay, gut.
21	Hajo	[Spurt mit der Hand die Kugelstange entlang] sind sieben.

Zur Bestimmung und Überprüfung der Startposition des Häschens auf iko-nischer Ebene greift Hajo selbstständig auf die enaktive RWT zurück (Z. 6 f.) und vernetzt somit die ikonische und die enaktive Ebene bewusst (siehe Abschnitt 9.2). Zunächst setzt er das Häschen direkt auf die 7er-Kugelstange und antwortet dann auf die Frage, wo das Häschen steht: „bei der Sieben" (Z. 9). Somit scheint er in dem Moment verstärkt eine Objektsicht (Anzahlen) zu fokus-sieren, indem er sich auf die Kugelanzahl bezieht. Er überprüft seine Startangabe dann, indem er mit dem Häschen an der RWT vom Ausgangspunkt aus sieben-mal hüpft und dementsprechend wieder auf der 7er-Kugelstange landet (Z. 11 ff.).

Zunächst scheint er dabei die Positionen zu fokussieren und damit eine Objektsicht einzunehmen, da er bereits den Ausgangspunkt mitzählt. Er korrigiert sich jedoch direkt und zählt die Hüpfer als Prozesse. Somit wechselt er in die Prozesssicht. Auf der 7er-Kugelstange angelangt, spurt er zudem mit dem Finger die Kugeln an der 7er-Kugelstange entlang und sagt erneut „sind sieben" (Z. 21), was wiederum auf die Objektsicht hindeutet.

Bei dem Phänomen zeigt sich somit, dass die Kombination der beiden Sichtweisen bei der Vernetzung der enaktiven und ikonischen Ebene selbstständig zur Kontrolle der eigenen Angaben eingesetzt wird. Es ist festzustellen, dass die Kombination nicht mit offensichtlichen Hürden verbunden ist, sondern vielmehr eigenständige Korrekturen im Zuge des Hüpfprozesses vorgenommen werden. Die Flexibilität, zwischen den beiden Sichtweisen wechseln beziehungsweise diese in Verbindung bringen zu können, was durch die Konzeption des Lehr-Lernarrangements ermöglicht wird, scheint Sicherheit geben zu können. Allerdings scheint hierbei insbesondere die Vernetzung mit der enaktiven Ebene eine zentrale und unterstützende Rolle einzunehmen, durch die die Kombination der Objekt- und der Prozesssicht gelingt.

Das Phänomen, das in der Vernetzung der enaktiven und symbolischen Ebene zu analysieren ist, wird in Abbildung 10.9 dargestellt.

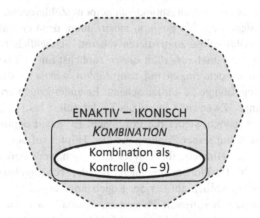

Abb. 10.9   Handlung am Material (0–9 / 0–19): enaktiv – ikonisch

Vernetzung enaktiv – symbolisch
Im Bereich ‚Objektsicht' lassen sich bei dieser Darstellungsvernetzung die Phänomene *Irritation über zu zählende Elemente*, wie bereits auf ikonischer Ebene, *Orientierung an Kugeln* und *Fehlinterpretation von Zahlzeichen* identifizieren.

Bei erstgenanntem Phänomen wird enaktiv an der RWT gehandelt, indem ein Zahlzeichen angezeigt wird, das die Anzahl der durchzuführenden Hüpfer vorgibt. Es entsteht eine Irritation im Hinblick auf die Zählobjekte, da zwischen der Fokussierung der Positionen auf den Kugelstangen und den Kugelanzahlen gewechselt wird. In einer Beispielszene steht Hajos Häschen zu Beginn auf dem Ausgangspunkt, von wo aus er fünfmal nach oben hüpfen soll. In seinem ersten Versuch hüpft er fünfmal nach oben und endet passend auf der 5er-Kugelstange. Dabei bleibt offen, ob er die Positionen, beginnend bei der 1er-Kugelstange, oder die Hüpfer gezählt hat, also eine Objektsicht (Positionen) oder eine Prozesssicht eingenommen hat. Bei erneutem Zählen beginnt er dann bereits beim Ausgangspunkt und zählt diesen als Position ebenfalls mit. Somit endet er bereits bei der 4er-Kugelstange, was zu Irritationen führt, weshalb er die Hüpfer noch einmal wiederholt. Allerdings scheint er dabei erneut die Positionen zu fokussieren. Auf Nachfrage nach der Anzahl der Kugeln nennt er zunächst fünf, korrigiert sich dann jedoch, nachdem er die Kugeln auf der 4er-Stange nachgezählt hat. Bei erneuter Durchführung der Hüpfer und dem Nachkommen der Aufforderung, laut zu zählen, kann er sich direkt zu Beginn selbst korrigieren und dann scheinbar verstärkt in Ansätzen die Prozesse zählen, also eine Prozesssicht einnehmen. Allerdings hat er dabei die 4er-Kugelstange als Ziel im Kopf und endet entsprechend auf dieser. Bei nochmaligen Wiederholungen beginnt er erneut beim Ausgangspunkt mit seinem Zählprozess, scheint jedoch wieder die 0er-Kugelstange als Position mitzuzählen, denn er endet auf der 4er-Kugelstange, was ihn selbst zu irritieren scheint. Schließlich beginnt er noch einmal vom Ausgangspunkt aus, zählt diesen zunächst mit und beginnt dann auf der 1er-Kugelstange noch einmal mit dem Zählen, sodass er dann die Positionen ab der 1er-Kugelstange zu zählen scheint. Er endet jedoch erneut bereits auf der 4er-Kugelstange. Zwar stellt er seinen Fehler selbst fest, weshalb er erneut beginnt, fokussiert jedoch wieder die Positionen. Er äußert deutlich seine Irritation darüber, dass er mit seiner Zählung der fünf Hüpfer auf der 4er-Kugelstange ankommt. Nach dem Hinweis, die Hüpfer zu zählen, verändert Hajo sein Vorgehen, indem er die Positionen, beginnend bei der 1er-Kugelstange, zu zählen scheint und somit schließlich auf der 5er-Kugelstange endet.

Die Hürde entsteht bei diesem Phänomen, ebenfalls wie auf der ikonischen Ebene, dadurch, dass die Zählobjekte nicht klar und eindeutig sind. Anders als auf der ikonischen Ebene, bei der zwischen den Pfeilen als Objekten und den Positionen gewechselt wird, führt bei dem Phänomen hier die Differenz zwischen den Kugelanzahlen und der Anzahl an Positionen zu Irritation und Unsicherheit. Um eine solche Irritation jedoch erreichen zu können, muss bereits ein gewisses Verständnis dafür vorhanden sein, dass die Anzahl der Kugeln der Anzahl an Hüpfern vom Ausgangspunkt, welche im Zuge des Zählens der Positionen versucht wird zu ermitteln, entspricht. Somit zeichnen sich Anzeichen für ein allererstes Bewusstsein für die Kombination der Objektsicht mit der Prozesssicht ab. Allerdings gelingt die erwartete Einnahme der Prozesssicht zur erfolgreichen Bewältigung der Anweisung zur Anzahl der durchzuführenden Hüpfer nicht, sondern stellt eine große Hürde dar. Hervorzuheben ist, dass, anders als auf ikonischer Ebene, keine visuellen Unterstützungen wie die Pfeilabbildung bestehen, da ausschließlich die symbolische Ebene durch das Anzeigen des Zahlzeichens mit der enaktiven Ebene vernetzt wird. Der Zählprozess als solches findet dann im Zuge der Umsetzung auf enaktiver Ebene statt, bei der sowohl der Hüpfprozess als auch der Zählprozess selbstständig durchgeführt werden müssen. Beide innerhalb dieses Phänomens vorgenommenen Fokussierungen, auf die Positionen und die Kugelanzahlen, entsprechen einer Objektsicht, weshalb das Phänomen als solches dem Bereich ‚Objektsicht‘ zugeordnet ist. Insgesamt kann durch das Herstellen von Zusammenhängen auf Schüler*innenseite eine erste Anbahnung der Prozesssicht angenommen werden und die Irritation bezüglich der Zählobjekte kann somit einen Ansatzpunkt für intensivere Erarbeitungen und Auseinandersetzungen mit den verschiedenen Fokussierungen im Hinblick auf die Zählhandlung darstellen, die durch die Konzeption des Lehr-Lernarrangements ermöglicht werden.

Beim Phänomen *Orientierung an Kugeln* kann die vorgegebene Anweisung für eine Zielposition des Häschens auf der RWT korrekt erfüllt werden, wobei sich hierfür nicht an Prozessen, also an den Hüpfern, orientiert wird, sondern an den Kugelanzahlen. In einer exemplarischen Szene wird die Anweisung zur Anzahl der Hüpfer, wie auch in der Beispielszene zum Phänomen *Irritation über zu zählende Elemente*, über das Anzeigen einer Zahlkarte mit entsprechendem Zahlzeichen vorgegeben. Henrieke beginnt daraufhin, die Kugeln an der 8er-Kugelstange zu zählen, führt dies jedoch nicht bis zum Ende aus und setzt dann ihr Häschen auf die 8er-Kugelstange. Als Reaktion auf das Kopfschütteln der Mitschülerin verändert sie die Position des Häschens und setzt es auf die 7er-Kugelstange. Die Kugeln an der Stange scheint sie mit den Augen nachzuzählen und hüpft dann selbstständig als Korrektur auf die 6er-Kugelstange. Im Zuge der mündlichen Erläuterung beginnt sie bei der 9er-Kugelstange und weist ihr zunächst neun, dann zehn Kugeln zu, zählt dann abwärts, bricht jedoch bei acht Kugeln ab, da sie nicht entsprechend bei der Position ihres Häschens angelangt und deshalb irritiert ist. Sie beginnt erneut bei der 9er-Kugelstange, dieses Mal mit dem Zahlwort Neun, und zählt dann bis Sechs abwärts. Da sie explizit bei der 9er-Kugelstange mit der sprachlichen Begleitung ‚weil da neun‘ zu zählen beginnt und außerdem nicht vom Ausgangspunkt aus den Zählprozess startet, kann davon ausgegangen werden, dass sie sich klar auf die Kugelanzahlen fokussiert und daran orientiert.

Bei dem Phänomen kann die Aufgabenstellung insgesamt ohne größere Hürde gelöst werden, die Vernetzung der symbolischen Anweisung mit der enaktiven Ebene stellt also keine Herausforderung dar. Dabei lässt sich insbesondere feststellen, dass die Aufgabenstellung nicht aus der Prozesssicht bearbeitet wird, sondern der kardinale Zahlaspekt über die Anzahl an Kugeln auf den Stangen durch die Einnahme der Objektsicht (Anzahlen) fokussiert wird. Da die Aufgabenstellung jedoch offen formuliert ist, kann sie auch auf diesem Wege korrekt bearbeitet werden. Das Einnehmen der Objektsicht (Anzahlen) stellt somit an der Stelle keine Herausforderung dar. Einschränkend muss jedoch erwähnt werden, dass die Angabe für die Anzahl der Hüpfer als entsprechende Angabe für die Anzahl an Kugeln nur übernommen werden kann, da es sich um eine aufwärtsgewandte Bewegung vom Ausgangspunkt handelt und somit die Anzahl an Kugeln der Anzahl an Hüpfern entspricht. Bei weiterführenden Aufgaben und Anweisungen bedarf es einer intensiveren Auseinandersetzung, wenn weiterhin eine Orientierung an den Kugelanzahlen verfolgt wird.

Beim Phänomen *Fehlinterpretation von Zahlzeichen* wird das in Verbindung mit einer Richtung (plus beziehungsweise minus) angezeigte Zahlzeichen beziehungsweise die Anweisung, die eigentlich die Anzahl der Hüpfer angeben soll, als Ziel fehlinterpretiert. Das Phänomen lässt sich sowohl in Bezug auf die Zahl Null als auch bei anderen Zahlen feststellen. Folgender Transkriptausschnitt zeigt eine Szene, in der die Angabe für die Anzahl der Hüpfer nullmal ist:

Transkript Henrieke zum Phänomen *Fehlinterpretation von Zahlzeichen*

1		[Dauer: 1:05 Min.] [Henrieke sitzt mit AZ vor dem ZARAO 0–4. Die Katze sitzt auf dem
2		4er-Kugelturm und schaut nach unten. AZ hält das Plus-Zeichen hoch.]
3	AZ	Wohin muss sie gucken?
4	Henrieke	Nach oben? [Dreht die Katze, sodass sie nach oben schaut.]
5	AZ	Genau.
6	Henrieke	Aber kann die nicht mehr springen [nimmt die Katze und hüpft mit ihr nach rechts in
7		die Luft und setzt sie zurück auf den 4er-Kugelturm.]
8	AZ	Achtung. Die Anweisung ist, wie oft hüpft sie? [Formt mit dem Daumen und
9		Zeigefinger eine Null und hält die Hand hinter dem ZARAO hoch.]
10	Henrieke	Null.

11	AZ	Passt das?
12	Henrieke	[Schüttelt den Kopf. Dann nickt sie.] Ja.
13	AZ	Was muss die machen?
14	Henrieke	[Nimmt die Katze und dreht sie, sodass sie nach unten schaut.] Nach unten.
15	AZ	Bei nullmal hüpfen.
16	Henrieke	[Niest.]
17	AZ	Gesundheit. Was muss die machen bei nullmal hüpfen?
18	Henrieke	Hm [überlegend.] ... Springen?
19	AZ	Hüpft sie bei nullmal? [Formt mit dem Daumen und Zeigefinger eine Null. AZ
20		gähnt.]
21	Henrieke	Ja [gähnt.]
22	AZ	Bist du auch müde? [Tippt auf die Katze.] Wenn sie nullmal hüpfen soll, hüpft sie
23		dann oder nicht?
24	Henrieke	[Schüttelt den Kopf.] Doch.
25	AZ	Ja? Wie oft denn?
26	Henrieke	Vier.
27	AZ	Dann kommt sie bei null Kugeln an. [Zeigt auf den 0er-Kugelturm.] Genau. Aber
28		wenn sie nullmal hüpfen soll [tippt auf die Katze und macht mit der Hand eine
29		Hüpfbewegung in der Luft] ... dann heißt das [bewegt ihre flache Hand zur Seite.]
30		Hüpft sie dann?
31	Henrieke	[Schüttelt den Kopf.]
32	AZ	[Schüttelt den Kopf.] Genau. Die bleibt einfach stehen.

Henrieke kann die Figur zunächst dem angezeigten Rechenzeichen entsprechend nach oben ausrichten (Z. 4). Da sie vom 4er-Kugelturm aber nicht mehr weiter hüpfen kann, ist sie verunsichert. Die von der Förderlehrkraft mit den Fingern vorgegebene symbolische Darstellung der Zahl Null für die Anzahl der Hüpfer führt dazu, dass Henrieke die Katze wieder nach unten schauen lässt (Z. 14) und dann vorschlägt, bis zum Ausgangspunkt beziehungsweise zum 0er-Kugelturm zu hüpfen (Z. 26). Im Dialog mit der Förderlehrkraft zeigt Henrieke insgesamt eine deutliche Irritation und Unsicherheit. Schließlich scheint für sie das Zahlzeichen 0 in Kombination mit der Anzahl an Kugeln zu dominieren und nicht als Angabe für die Anzahl an Hüpfern. Die Anweisung scheint also insbesondere durch die Zahl Null eine Hürde darzustellen.

Aber auch in einer anderen Szene, in der am Zahlenstrahl die durch ein angezeigtes Zahlzeichen vorgegebene Anzahl an Hüpfern mit einer Figur durchgeführt werden soll, wird das Zahlzeichen als Ziel anstatt als Anzahl an Hüpfern interpretiert. Dabei steht Henrieke mit dem Hasen auf Zahlkarte Sechs und erhält die symbolische Anweisung, viermal zu hüpfen, indem die Zahlkarte mit dem Zahlzeichen Vier hochgehalten wird. Anstatt viermal nach unten zu hüpfen, hüpft Henrieke zweimal und landet somit auf der Zahlkarte Vier. Auch nach erneuter Aufforderung und Durchführung mit lautem Zählen hüpft sie lediglich zweimal und landet auf der Zahlkarte Vier. Erst ihre Mitschülerin führt dann den Hüpfprozess weiter und ergänzt ihn, sodass das Häschen schließlich viermal gehüpft ist und auf der Zahlkarte Zwei landet. Auch in dieser Szene stellt die mit der Anweisung verbundene Handlung eine Hürde dar, obwohl die Zahl Null keine Rolle spielt. Im Unterschied zur zuvor dargestellten Szene dominieren für Henrieke in diesem Fall aber nicht die Kugelanzahlen, sondern das Zahlzeichen als solches. Somit scheint an der Stelle die Vernetzung der symbolischen Ebene durch das angezeigte Zahlzeichen mit der vollständig enaktiven Ebene am Zahlenstrahl, indem der Bezug nicht zur symbolischen Darstellung der Zahlzeichen auf den Zahlkarten, sondern zur Anzahl der durchzuführenden Hüpfer hergestellt wird, (noch) nicht zu gelingen. Auffallend ist, dass Henrieke bei ihrer Umsetzung die Hüpfer laut mitzählt und somit in gewisser Weise eine Prozesssicht einnimmt, sodass diese als solches nicht die zentrale Hürde darzustellen scheint.

Es lässt sich feststellen, dass auf die vorgegebene Anweisung grundsätzlich eine Handlung folgt und eine Aufgabe durchgeführt wird, die nicht gänzlich falsch ist. Allerdings liegt die Hürde darin, dass die vorgegebene Anweisung fehlinterpretiert wird, indem sie nicht als Angabe zur Anzahl der durchzuführenden Prozesse, sondern als Ziel verstanden wird. Die Einnahme der Prozesssicht, die für die Aufgabenumsetzung fokussiert wird, scheint zwar als solches keine Hürde darzustellen, jedoch im Hinblick auf die hier fokussierte Anweisung nicht eingenommen zu werden. Grundsätzlich könnten die Anweisungen auch aus einer Objektsicht korrekt umgesetzt werden, indem beispielsweise vier Positionen abwärts gezählt wird (Zahlkarte Sechs wird nicht mitgezählt) oder die Kugelstange mit null Kugeln mehr ermittelt wird. Dies geschieht hier jedoch nicht. Somit lässt sich eine Fehlinterpretation der Anweisung als Ziel und dadurch eine fälschliche Fokussierung der Kugelanzahlen beziehungsweise des Zahlzeichens feststellen, wodurch eine Hürde in der Umsetzung der Anweisung, explizit in der Vernetzung der enaktiven und symbolischen Ebene, entsteht. Exemplarisches Handeln einer*s Mitschüler*in scheint an der Stelle eine mögliche hilfreiche Unterstützung zu sein (siehe Abschnitt 9.2). Unter Umständen könnte auch eine Strukturierungshilfe bezüglich der Anweisungen für das schrittweise Vorgehen, wie zum Beispiel ein zusätzliches Sprachgerüst für die einzelnen Handlungsschritte, eine Hilfestellung darstellen.

Im Bereich ‚Prozesssicht' lassen sich die Phänomene *Prozesssicht mit Fehlinterpretation, Prozesssicht bei nullmal* und *Zähler als Unterstützung für Prozesssicht* ausmachen.

Beim Phänomen *Prozesssicht mit Fehlinterpretation* ist auffällig, dass hierbei die Prozesssicht scheinbar eingenommen werden kann, allerdings eine Hürde durch die mündlich gestellte Anweisung entsteht. In einer exemplarischen Szene scheint Henrieke die mündliche Anweisung, die in dem Fall zunächst die Anzahl der Hüpfer angibt und dann den Startpunkt, in umgekehrter Reihenfolge wahrzunehmen. Möglicherweise hat sie bereits für sich eine innere Struktur der Anweisungen entwickelt, nach der zunächst die Angabe zum Start und dann zur Richtung und zur Anzahl der Hüpfer erfolgt. Bei ihrer Umsetzung von der Zahlkarte Drei, dreimal nach unten zu hüpfen, scheint sie jedoch klar die Prozesssicht einnehmen zu können und nicht die Zahlzeichen zu fokussieren, was einer Objektsicht entspräche, da sie trotz abwärts gerichteter Bewegung in aufsteigender Richtung zählt. Nach Wiederholung der Anweisung durch die Förderlehrkraft in veränderter Reihenfolge kann sie auch diese Anweisung, voraussichtlich aus Prozesssicht, umsetzen.

Bei dem Phänomen wird deutlich, dass dabei nicht die Prozesssicht die eigentliche Herausforderung darstellt, denn diese kann ohne Hürde eingenommen werden. Vielmehr entsteht die Hürde im Verständnis der Arbeitsanweisung auf sprachlicher Ebene. Hierbei wird die feste sonst genutzte Struktur aufgebrochen, sodass die Angaben fehlinterpretiert werden (siehe Abschnitt 9.2). Die direkte Anpassung der Handlung an die veränderte formulierte Anweisung, ebenfalls aus der Prozesssicht heraus, deutet darauf hin, dass im Hinblick auf diese bereits eine gewisse Flexibilität der mentalen Zahlvorstellung vorhanden zu sein scheint, da keinerlei Irritationen durch die veränderte Bewegungsrichtung und die andere Reihenfolge der Zahlzeichen bei der wiederholten Durchführung festzustellen sind.

Beim Phänomen *Prozesssicht bei nullmal* zeigt sich, dass auch beim Anzeigen der Zahlkarte Null schließlich eine Prozesssicht eingenommen werden kann. In der beispielhaften Szene bekommt Helen die Zahlkarte Null gezeigt und soll entsprechend oft mit ihrer Figur am Zahlenstrahl hüpfen. Auf die Frage, wie oft sie hüpfen muss, antwortet Helen zunächst ‚bis zu der Null', korrigiert sich jedoch direkt selbst und antwortet stattdessen ‚nullmal'. Die Mitschülerin erläutert daraufhin, dass sie nicht hüpfen soll, weil auf der Zahlkarte das Zahlzeichen 0 steht. Auf die Frage der Förderlehrkraft, was die Figur also macht, kann Helen selbstständig antworten, dass sie einfach stehen bleibt.

Somit wird bei dem Phänomen das Zahlzeichen schließlich nicht als Objekt beziehungsweise Position für das Ziel interpretiert, was aus einer Objektsicht der Fall wäre, sondern es scheint die Handlung des Hüpfens im Vordergrund zu stehen. Somit lassen sich Erkenntnisse bezüglich des Phänomens *Fehlinterpretation von Zahlzeichen* bei dem Phänomen nicht bestätigen, eine geringe Verunsicherung in diese Richtung kann zu Beginn dennoch festgestellt werden. Die Vernetzung der symbolischen mit der enaktiven Ebene scheint für dieses Phänomen keine Herausforderung darzustellen und auch die sprachliche Begleitung dessen gelingt, sogar mit unterschiedlichen Formulierungen und Ausführungen zur Beschreibung der Handlung im Kontext des Zahlzeichens Null als Anweisung.

Ein anderer Aspekt zeigt sich beim Phänomen *Zähler als Unterstützung für Prozesssicht*. Hierbei scheint der Zähler als Unterstützung für die Einnahme der Prozesssicht verwendet zu werden. Eine exemplarische Szene ist folgende:

Transkript Hajo zum Phänomen *Zähler als Unterstützung für Prozesssicht*

1		[Dauer: 0:44 Min.] [Vor Hajo stehen der Innenkreis der RWT und der Zähler auf dem
2		Tisch. Das Häschen sitzt auf der 7er-Kugelstange.]
3	AZ	Und zwar muss das Häschen [Hajo setzt das Häschen auf die 9er-, dann auf die
4		0er-Kugelstange] beginnt das Häschen [Hajo setzt das Häschen wieder auf die 9er-,
5		dann auf die 0er- und wieder auf die 9er-Kugelstange] auf sieben Kugeln.
6	Hajo	[Setzt das Häschen auf die 7er-Kugelstange, setzt es dann auf die 6er-Kugelstange.]
7	AZ	Beziehungsweise ist das Häschen //siebenmal// vom Ausgangspunkt gehüpft.
8	Hajo	[//Hüpft mit dem Häschen zurück auf die 7er-Kugelstange.// Scheint zu überlegen, er
9		tippt auf die 8er- und 9er-Kugelstange.]
10	AZ	Prüf mal, ob es //siebenmal// vom Ausgangspunkt dahingehüpft ist.
11	Hajo	[//Setzt das Häschen zunächst auf die 9er-Kugelstange.// Dann setzt er das Häschen
12		auf die 0er-Kugelstange und hüpft auf die 1er-Kugelstange. Daraufhin stellt er den

13		Zähler ein. Diesen Hüpfer von der 0er- auf die 1er-Kugelstange wiederholt er noch
14		einmal, wobei er den Zähler entsprechend der Position des Häschens einzustellen
15		scheint. Dann hüpft er in einzelnen Hüpfern bis zur 7er-Kugelstange und dreht nach
16		jedem Hüpfer das Einerrädchen des Zählers um eins weiter.] So.
17	AZ	Siebenmal?
18	Hajo	Ja [zeigt seinen Zähler, der voraussichtlich auf 7 eingestellt ist.]

Hajo erhält eine mündliche Anweisung zum Start des Häschens, wobei sie sowohl aus der Objektsicht zur Anzahl der Kugeln (Z. 3 ff.) als auch aus der Prozesssicht zur Anzahl der Hüpfer vom Ausgangspunkt formuliert ist (Z. 7). Bei der Aufforderung zum Prüfen der Startposition des Häschens wird die Prozesssicht eingenommen und es soll die Anzahl der Hüpfer vom Ausgangspunkt zur gewählten Position überprüft werden (Z. 10). Hajo startet beim Ausgangpunkt und stellt hierfür zusätzlich den Zähler entsprechend ein (Z. 11 ff.). Somit findet die Darstellungsvernetzung nicht durch das Anzeigen einer Zahlkarte statt, sondern über die Zahlzeichen des Zählers. Im Folgenden dreht er bei jedem Hüpfer, den er mit dem Häschen macht, den Zähler um eins weiter. So stimmt das Zahlzeichen am Zähler zum einen mit der Kugelanzahl, zum anderen aber auch mit der Anzahl an Hüpfern überein. Zur Bestätigung, dass er siebenmal gehüpft ist, zeigt Hajo seinen Zähler (Z. 15 f.).

Bei dem Phänomen wird der Zähler selbstständig als Hilfsmittel eingesetzt, um beim Zählprozess konkret die Hüpfer zu zählen. Zwar werden dabei die Hüpfer selbst stärker als Objekte und nicht als Prozesse angesehen. Gleichzeitig zeigt sich jedoch auch, dass das Material des Zählers und damit die aktive Vernetzung der symbolischen mit der enaktiven Ebene die Chance bietet, die Prozesse konkret und sichtbar werden zu lassen, sodass möglicherweise eine Fokussierung der Handlungen als Prozesse ermöglicht und damit eine Prozesssicht angebahnt wird. Die Vernetzung selbst und auch die sprachliche Anweisung scheinen keine Hürde darzustellen. Durch die Hinzunahme des Zählers wird bei diesem Phänomen im Hinblick auf die Handlungsorientierung in Verbindung mit der Schüler*innenorientierung die eigentlich geforderte Handlung des Hüpfens mit dem Häschen um eine weitere alternative Handlung ergänzt, wodurch Sicherheit entsteht und die Einnahme der geforderten Prozesssicht erleichtert wird (siehe Abschnitt 9.2).

In der Vernetzung der enaktiven und symbolischen Ebene lassen sich folgende Phänomene zusammenstellen (siehe Abb. 10.10):

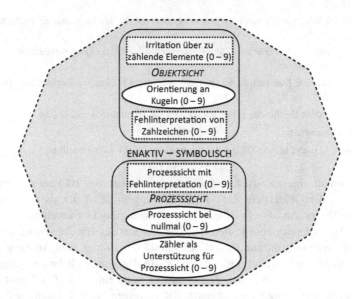

Abb. 10.10 Handlung am Material (0–9 / 0–19): enaktiv – symbolisch

Vernetzung ikonisch – symbolisch
Bei dieser Darstellungsvernetzung der ikonischen und symbolischen Ebene im Bereich ‚Objektsicht' lässt sich, wie bereits auf enaktiver Ebene, das Phänomen der *Orientierung an Positionen* ausmachen. Die Anweisung erfolgt hierbei über das Anzeigen einer Zahlkarte mit dem entsprechenden Zahlzeichen. Diese Anweisung soll dann auf einem Arbeitsblatt entweder der Anzahl der Kugeln der Zielkugelstange oder der Anzahl der Hüpfer entsprechen. Dazu findet keine Vorgabe statt. Bei diesem Phänomen wird sich jedoch nicht an den Kugelanzahlen oder den Hüpfern orientiert, sondern an den Positionen des Häschens:

Transkript Hajo zum Phänomen *Orientierung an Positionen*

1	[Dauer: 1:23 Min.] [Heidi und Hajo haben den Innenkreis der RWT vor sich stehen und
2	bearbeiten ein Arbeitsblatt. Bei der Aufgabe steht das Häschen auf der 4er-Kugelstange
3	und schaut nach unten. AZ zeigt Zahlkarte Vier, die entweder die Anzahl der Hüpfer
4	oder die Anzahl der Kugeln am Ziel angeben kann.]

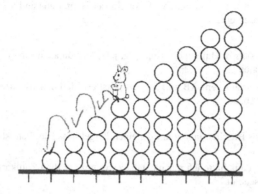

Das Häschen landet auf __1__ Kugeln.

Das Häschen ist __4__-mal gehüpft.

5	Hajo	Vier. [Scheint die Positionen des Häschens zu zählen, indem er mit dem Bleistift auf die
6		Kugelstangen tippt. Dabei zählt er die Startposition mit. Daraufhin trägt er als Ziel für
7		die Anzahl der Kugeln eine 1 ein. Dann zählt er noch einmal die Anzahl der Hüpfer,
8		indem er auf die Kugelstangen tippt und erneut die Startposition mitzählt. Er trägt eine
9		4 für die Anzahl der Hüpfer ein.] Schon fertig.
10	AZ	Die Pfeile noch eintragen [macht mit dem Finger Hüpfbewegungen in der Luft.]
11	Hajo	[Zeichnet einen Pfeil von der 4er- auf die 3er-, von der 3er- auf die 2er- und von der
12		2er- auf die 3er-Kugelstange ein.]
13	AZ	[Zeigt Hajo erneut Zahlkarte Vier.]
14	Hajo	[Spurt mit dem Bleistift die eingezeichneten Pfeile nach und scheint sie zu zählen.] Eh?
15	AZ	Wie oft ist dein Häschen jetzt gehüpft?
16	Hajo	Drei.
17	AZ	//[Dreht sich zu Heidi] Spitze Heidi, perfekt.//

18	Hajo	//[Radiert seine Eintragung zur Anzahl der Hüpfer aus und trägt stattdessen eine 3
19		ein.]//
20	AZ	[Dreht sich zu Hajo und flüstert.] Ja, jetzt hast du auch (unv.) … [Schaut sich Hajos
21		Korrektur auf dem AB an.] Ja, jetzt passt es. Ließ mal vor, was du geschrieben
22		hast.
23	Hajo	Das, das Häschen landet auf der einen Kugel. Das Häschen ist dreimal gehüpft.
24	AZ	Genau, dann hätte ich nur nicht die Zwei gezeigt [hält Zahlkarte Vier hoch, scheint
25		ein Versprecher zu sein], sondern welche Zahl hätte ich dann gezeigt?
26	Hajo	Drei.
27	AZ	Genau, aber so passt es auch. Kannst du so lassen.

Hajo erarbeitet zunächst die Zielposition des Häschens mit der entsprechenden Anzahl an Kugeln. Hierfür zählt er an der ikonischen RWT die Positionen des Häschens von der 4er-Kugelstange abwärts, wobei er die Startposition mitzählt, und landet dementsprechend auf der 1er-Kugelstange (Z. 5 ff.). Für die Angabe der Anzahl an Hüpfern zählt er erneut die Positionen und trägt daraufhin eine 4 zur Anzahl der Hüpfer ein (Z. 7 ff.). Er interpretiert deshalb das angegebene Zahlzeichen als Anzahl der Hüpfer und nicht im Hinblick auf die Anzahl der Kugeln am Ziel. Hervorzuheben ist bei dieser konkreten Aufgabe, dass das Ziel nach der Interpretation zur Anzahl der Hüpfer dem Ausgangpunkt entspricht und somit bei null Kugeln ist. Dies scheint jedoch für Hajo nicht die eigentliche Herausforderung zu sein, da er präzise und sicher die Positionen zählt.

Die Hürde bei dem Phänomen ist vielmehr, dass eine Objektsicht einge-nommen wird und dabei insbesondere die Positionen fokussiert werden. Da insbesondere die Startposition mitgezählt wird, stimmen die notierten Angaben auf dem Arbeitsblatt zur Anzahl an Hüpfern und zur Anzahl an Kugeln auf der Zielkugelstange nicht überein. Eine Verknüpfung der beiden Objektsichten zu Positionen und Anzahlen stellt hingegen keine Hürde dar. Das Eintragen der Pfeile für die Hüpfer scheint ein erster Ansatz zu sein, die Einnahme der Pro-zesssicht zu fokussieren. In der exemplarischen Szene erkennt Hajo selbstständig seinen Fehler, korrigiert die Angabe, indem er für die Anzahl der Hüpfer eine 3 einträgt (Z. 18 f.) und kann auch auf Nachfrage der Förderlehrkraft, welches Zahlzeichen sie dafür angezeigt hätte, korrekt die Drei nennen (Z. 24 ff.).

Das Phänomen zeigt, dass über das Handeln am (abgebildeten) Material durch das Einzeichnen der Pfeile als Hüpfer zumindest in Ansätzen eine Prozesssicht angebahnt beziehungsweise der Fokus auf die Hüpfer gelegt werden und eine erste Einsicht entstehen kann (siehe Abschnitt 9.2). Dies wird insbesondere durch den selbstständigen Rückschluss zum alternativ gezeigten Zahlzeichen deutlich. Somit scheint auch die Vernetzung der beiden Ebenen keine Hürde als solches darzustellen.

Im Bereich ‚Kombination' lassen sich die Phänomene *Null als Herausforderung* und *Angepasste Kombination* ausmachen.

Beim ersten Phänomen wird die Zahlkarte Null als Anweisung für die Anzahl der Hüpfer des Häschens auf ikonischer Ebene angezeigt. Das Besondere dabei ist, dass das Ziel hierbei nicht bei null Kugeln sein kann, da das Häschen nicht bereits auf der 0er-Kugelstange steht und zudem in die entgegengesetzte Richtung nach oben schaut, somit also rückwärts hüpfen müsste (siehe Abb. 10.11). Deshalb muss das Zahlzeichen ausschließlich als Anzahl der Prozesse des Hüpfens interpretiert werden. Das führt jedoch zu einiger Irritation, wie es in einer Beispielszene deutlich wird. Heidi erkennt in dieser Szene direkt, dass die 0er-Kugelstange eigentlich nicht das Ziel sein kann, da das Häschen nach oben schaut. Als Lösung zeichnet sie Hüpfer bis zur 9er-Kugelstange ein. Nach dem Hinweis der Mitschülerin, dass ihre Eintragung nicht korrekt sei, radiert sie ihre Eintragungen und trägt als Ziel für die Anzahl der Kugeln das Zahlzeichen 0 und für die Anzahl der Hüpfer eine 2 ein. Währenddessen erläutert der Mitschüler seine Eintragungen, jedoch in umgekehrter Weise. Allerdings scheint Heidi auf die Erklärung des Mitschülers nicht zu achten, da sie keinerlei Anzeichen macht, ihre Angaben erneut zu korrigieren. Im Gespräch mit der Förderlehrkraft wird deutlich, dass sie zu wissen scheint, dass das Häschen auf zwei Kugeln landet, allerdings ist ihr noch nicht bewusst, wie sie dies notieren muss. Auf den Hinweis des Mitschülers, dass ihre Angaben in umgekehrter Reihenfolge eingetragen werden müssen, kann sie dann beide Angaben entsprechend korrigieren. Auffallend dabei ist, dass Heidi bisher bei vorherigen Bearbeitungen gleichen Aufgabenformats das angezeigte Zahlzeichen zur Angabe des Ziels beziehungsweise der Kugelanzahlen am Ziel interpretiert und daraus die Anzahl der Hüpfer als Prozesse selbstständig ermittelt hat. Somit muss sie für diese Aufgabe explizit davon abweichen.

Abb. 10.11 Arbeitsblatt
zum Phänomen *Null als
Herausforderung*

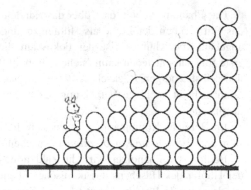

Das Häschen landet auf _2_ Kugeln.

Das Häschen ist _0_-mal gehüpft.

Das scheint bei dem Phänomen mit einer Hürde verbunden zu sein, da ein
Umdenken und gewisse Flexibilität bezüglich der Aufgabenumsetzung gefordert
wird (siehe Abschnitt 9.2). Möglicherweise hängt damit auch zusammen, dass
die Vernetzung der ikonischen und symbolischen Ebene bei dem Phänomen nicht
gänzlich gelingt, indem die Eintragungen der Zahlzeichen nicht den Eintragungen
in der ikonischen Abbildung der RWT entsprechen, sondern die bisher gewohnte
Zuordnung des angezeigten Zahlzeichens zur Anzahl der Kugeln vorgenommen
wird. Außerdem wird deutlich, dass das Zahlzeichen 0 eine zentrale Hürde darzustellen scheint, vor allem als Angabe für die Anzahl der Hüpfer. Es muss also
aus der Prozesssicht heraus interpretiert werden (siehe Abschnitt 9.2). Dadurch
wird die Einnahme der Objekt- und Prozesssicht als Kombination eingeschränkt.
Es wird offensichtlich, dass die Zahl Null gesondert berücksichtigt und explizit
erarbeitet werden muss. Dies ist insbesondere nötig, um eine flexible Einnahme
der Prozess- und Objektsicht sowie deren Kombination zu ermöglichen, damit sie
nicht eine längerfristige Hürde im Lernprozess einnimmt, sondern eine mentale
Zahlvorstellung ausgebildet werden kann.

Bei einer späteren Szene zeigt sich, dass die Schülerin Heidi die Variation
der Aufgabe mittlerweile erfassen konnte und das angezeigte Zahlzeichen nicht
mehr als Anzahl der Kugeln im Ziel interpretiert, sondern als Anzahl der Hüpfer.
Durch die veränderte Interpretation des angezeigten Zahlzeichens als Angabe für

die Anzahl der Hüpfer und nicht als Angabe für die Anzahl der Kugeln am Ziel, treten keine Schwierigkeiten mehr beim Zahlzeichen 0 auf. Es gelingt zum einen, die Kugeln am Ziel zu bestimmen, zum anderen aber auch die Anzahl der Hüpfer. Somit scheint die Hürde, auch bezüglich des Zahlzeichens 0, bei der Schülerin gelöst worden zu sein. Daraus kann als ein möglicher Schluss gezogen werden, dass Aufgabenvariationen, die sich insbesondere aus der Aufgabenform heraus als notwendig ergeben, somit also von den Schüler*innen selbst herausgearbeitet werden, hilfreich sein können, um neue Zusammenhänge und Erkenntnisse, unter anderem zur Zahl Null im Kontext der Kombination von Prozess- und Objektsicht, zu erlangen.

Beim Phänomen *Angepasste Kombination* zeigt sich, dass individuell nach Fragestellung sowohl die Objektsicht als auch die Prozesssicht eingenommen werden kann:

Transkript Heidi zum Phänomen *Angepasste Kombination*

1	[Dauer: 0:28 Min.] [Heidi, Henrieke, Hajo und Hannes haben den Innenkreis der RWT
2	vor sich stehen und bearbeiten ein Arbeitsblatt. Bei der Aufgabe steht das Häschen auf
3	der 7er-Kugelstange und schaut nach unten. AZ zeigt Zahlkarte Zwei, die entweder die
4	Anzahl der Hüpfer oder die Anzahl der Kugeln am Ziel angeben kann].

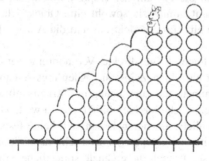

Das Häschen landet auf _2_ Kugeln.

Das Häschen ist _5_-mal gehüpft.

| 5 | Heidi | //Zwei.// |
| 6 | Hannes | //Zwei.// |

7	AZ	Versucht das mal mucksmäuschenstill zu schaffen.
8	Henrieke	Eins.
9	AZ	Pscht!
10	Heidi	[Zeichnet die Pfeile für die Hüpfer auf die 6er-, die 5er-, die 4er, //die 3er- und die
11		2er-Kugelstange ein. Daraufhin trägt sie für die Anzahl der Kugeln eine 2 auf dem AB
12		ein. Dann spurt Heidi die eingezeichneten Pfeile noch einmal nach, scheint diese zu
13		zählen und trägt für die Anzahl der Hüpfer eine 5 auf dem AB ein.//]
14	Hannes	//Fertig. [AZ schaut das AB von Hannes an.]//
15	Henrieke	Fertig.
16	Heidi	Fertig.

Beim Anzeigen der Zahlkarte Zwei und damit der symbolischen Anweisung trägt Heidi ohne Schwierigkeiten in der ikonischen Abbildung der RWT zunächst die Pfeile als Hüpfer auf dem Arbeitsblatt ein, sodass das Häschen auf zwei Kugeln endet (Z. 10 f.). Somit entspricht das angezeigte Zahlzeichen nicht der Anzahl der Hüpfer, sondern der Anzahl an Kugeln auf der Zielkugelstange. Die entsprechende Angabe trägt sie auch auf dem Arbeitsblatt zur Anzahl der Kugeln ein (Z. 11 f.). Daraufhin spurt sie die eingetragenen Hüpfer noch einmal nach und schließt aus den Bögen die Anzahl der Hüpfer, welche sie ebenfalls korrekt einträgt (Z. 12 f.). Somit nimmt sie sowohl eine Objektsicht bezogen auf die Kugelanzahlen als auch eine Prozesssicht ein, um die Anzahl der Hüpfer zu ermitteln.

Bei diesem Phänomen findet keine direkte Verknüpfung der Prozess- und Objektsicht bezüglich einer einzelnen Zahl statt. Allerdings scheinen insgesamt beide Sichtweisen eingenommen und zur Lösung des Arbeitsauftrags eingesetzt werden zu können. Somit zeigt sich eine Flexibilität, die im weiteren Lernprozess hilfreich sein könnte. Sprachliche Barrieren lassen sich keine feststellen, da die Angaben ohne Schwierigkeiten an entsprechender Stelle nach Ermittlung eingetragen werden können und somit auch die ergänzte sprachliche Komponente zur ikonischen Darstellung verstanden zu werden scheint. Ebenfalls scheint bei dem Phänomen, anders als beim Phänomen *Null als Herausforderung*, die Vernetzung der ikonischen und symbolischen Ebene keine Hürde darzustellen, da sowohl das Anzeigen der Zahlkarte als auch das selbstständige Eintragen entlang der ikonisch abgebildeten RWT ohne weiteres umgesetzt werden können. Bezüglich der

Ermittlung der Anzahl an Prozessen ist auffallend, dass die eingezeichneten Hüpfer erneut nachgespurt werden und somit bewusst eine wiederholte Handlung am Material durchgeführt wird, durch die die Prozesssicht noch einmal fokussiert wird.

In Abbildung 10.12 sind die herausgearbeiteten Phänomene in der Vernetzung der ikonischen und symbolischen Ebene aufgeführt.

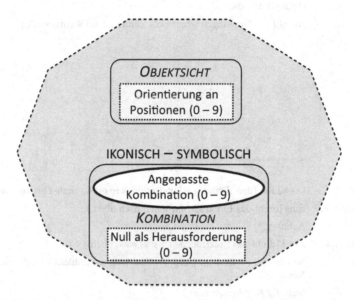

Abb. 10.12 Handlung am Material (0–9 / 0–19): ikonisch – symbolisch

Vernetzung enaktiv – ikonisch – symbolisch
Bei der Vernetzung der drei Ebenen kann im Bereich ‚Objektsicht' das Phänomen der *Fokussierung von Zahlzeichen* festgestellt werden. Dieses tritt bei der Bearbeitung von Aufgaben mit dem Zähler auf. Über eine ikonische Abbildung der RWT und des Zählers sind die Start- und Zieleinstellungen für den Zähler vorgegeben beziehungsweise werden ermittelt und eingetragen. Es fehlt die Angabe zur Anzahl der Drehungen. Der enaktive Zähler wird als Hilfestellung hinzugenommen, um die Drehungen als Prozesse abbilden und zählen zu können:

Transkript Henrieke zum Phänomen *Fokussierung von Zahlzeichen*

1		[Dauer: 0:39 Min.] [Henrieke, Heidi und Hannes haben jeweils den Innenkreis der RWT
2		und den Zähler auf dem Tisch stehen und bearbeiten ein Arbeitsblatt. Henrieke hat
3		bereits die Start- und Zieleinstellung des Zählers eingetragen und ermittelt nun die
4		Anzahl der Drehungen. Henriekes Zähler ist auf 9 eingestellt.]

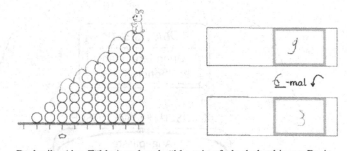

5	AZ	Drehe ihn (den Zähler) mal und zähle, wie oft du drehst bis zur Drei.
6	Henrieke	Eins [dreht das Einerrädchen 1-mal nach oben.]
7	AZ	Achtung.
8	Henrieke	Zwei [dreht das Einerrädchen 1-mal nach oben.]
9	AZ	So herum geht es nicht [zeigt die Richtung am Zähler.] Es geht nie von Neun auf
10		Null. Es geht immer nur-
11	Henrieke	[*Dreht das Einerrädchen 1-mal, sodass es auf 9 eingestellt ist*] neun, [dreht 1-mal am
12		Einerrädchen] acht, [dreht 1-mal am Einerrädchen] sieben, [dreht 1-mal am
13		Einerrädchen] sechs, [dreht 1-mal am Einerrädchen] fünf, [dreht 1-mal am
14		Einerrädchen] vier, [dreht 1-mal am Einerrädchen] drei, [dreht 1-mal am
15		Einerrädchen] zwei, [dreht 1-mal am Einerrädchen] eins, [dreht 1-mal am
16		Einerrädchen] null. [Schaut AZ an.]
17	AZ	Und bis wohin wolltest du eigentlich?
18	Henrieke	Hm, Drei?
19	AZ	Ah ja.

20	Henrieke	[Dreht das Einerrädchen zurück auf 9] Neun, [dreht 1-mal am Einerrädchen] acht,
21		[dreht 1-mal am Einerrädchen] sieben, [dreht 1-mal am Einerrädchen] sechs, [dreht 1-
22		mal am Einerrädchen] fünf, [dreht 1-mal am Einerrädchen] vier, [dreht 1-mal am
23		Einerrädchen] drei.
24	AZ	Ok. Und wie oft hast du jetzt gedreht?
25	Henrieke	Ach keine Ahnung.
26	AZ	Versuch das mal zu zählen.

Der Zähler ist zu Beginn der Startposition entsprechend eingestellt. Auffallend ist, dass Henrieke diesen zunächst aufwärts drehen möchte (Z. 6), worauf die Förderlehrkraft sie hinweist. Beim erneuten Beginn des Drehens liest Henrieke jeweils die eingestellten Zahlzeichen vor, indem sie das Einerrädchen um eins weiterdreht und dann das Zahlwort des Zahlzeichens nennt (Z. 11 ff.). Dabei vergisst sie jedoch, die Anzahl der Drehungen zu zählen, die für die Aufgabenstellung relevant ist.

Bei dem Phänomen liegt die volle Konzentration und Aufmerksamkeit auf den eingestellten beziehungsweise durch das Drehen erzeugten Zahlzeichen am Einerrädchen des Zählers und nicht auf den Prozessen des Drehens selbst. Somit entsteht eine offensichtliche Hürde, da (noch) nicht die Prozesssicht eingenommen werden kann. Die vorherrschende Objektsicht auf die Zahlzeichen führt bei dieser Aufgabenstellung nicht zum gewünschten Ziel beziehungsweise zur Beantwortung der fehlenden Angabe zur Anzahl der Drehungen des Zählers. Möglicherweise ist insbesondere die nicht abgebildete Anzahl der durchgeführten Drehungen die Herausforderung, da sie nicht dem eingestellten Zahlzeichen entspricht und somit nicht am Material ablesbar ist. Die Vernetzung der Ebenen insgesamt scheint bei dem Phänomen keine Hürde darzustellen, sondern vielmehr ein erster Ansatz der Hilfestellung zu sein, da die Starteinstellung auf den enaktiven Zähler ohne Schwierigkeiten übertragen und auch das eigentliche Ziel benannt werden kann. Eine ergänzende mögliche Hilfestellung könnte eine Entlastung durch die Förderlehrkraft sein, indem sie die Drehungen am Zähler übernimmt und der*die Schüler*in sich so nicht auf die Durchführung der Handlung des Drehens fokussieren muss und dadurch die durchgeführten Drehungen leichter zählen kann.

In der Vernetzung der enaktiven, ikonischen und symbolischen Ebene können demnach die in Abbildung 10.13 aufgeführten Phänomene festgestellt werden.

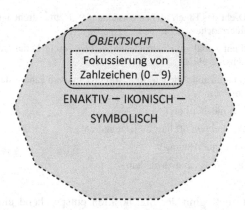

Abb. 10.13 Handlung am Material (0–9 / 0–19): enaktiv – ikonisch – symbolisch

Insgesamt lässt sich bei Betrachtung der Phänomene aus der Kategorie ‚Handlung am Material (0–9 / 0–19)' feststellen, dass die Einnahme der Prozesssicht bereits angebahnt werden konnte und auch eine Kombination beider Sichtweisen nicht ausgeschlossen ist. Ein Bewusstsein, dass grundsätzlich verschiedene Sichtweisen eingenommen werden können, zeigt sich unter anderem im Phänomen *Irritation über zu zählende Elemente*, sowohl auf ikonischer Ebene als auch bei der Vernetzung der enaktiven und symbolischen Ebene. Es zeigt sich zudem auch, dass die Prozesssicht durchaus als präferierte oder überprüfende Sichtweise eingenommen wird. Somit wird eine Förderung der Prozesssicht und der Kombination als sinnvoll erachtet, insbesondere vor dem Hintergrund, eine umfassende und flexible mentale Zahlvorstellung ausbilden zu können. Bezüglich der Zahl Null werden zusätzliche Herausforderungen deutlich, sodass deren Erarbeitung und Thematisierung einen besonderen Stellenwert beziehungsweise eine durchgehende Berücksichtigung erhalten sollte, vor allem vor dem Hintergrund des dezimalen Stellenwertsystems. Der Zähler als Material scheint im Bezug zur Prozesssicht sowohl herausfordernd zu sein, indem der Fokus beispielsweise auf den Drehungen und nicht den eingestellten Zahlzeichen liegt, als auch unterstützend, indem genau die durch Drehungen eingestellten Zahlzeichen die Prozesse sichtbar und transparent zählbar machen lassen. Somit erscheint die Verknüpfung des Zählers mit der RWT bezüglich der Ausbildung einer Objekt- und insbesondere einer Prozesssicht eine gute Grundlage darzustellen. Im Hinblick auf die Darstellungsvernetzung scheint die enaktive Ebene beziehungsweise deren Vernetzung tendenziell unterstützend zu sein (zum Beispiel Phänomen *Kombination als Kontrolle*), gleichzeitig jedoch auch mit Herausforderungen insbesondere bei der Vernetzung mit der symbolischen Ebene verbunden sein zu können (zum Beispiel Phänomen *Fehlinterpretation von Zahlzeichen*), sodass sich kein einheitliches Bild ausmachen lässt. Gleiches gilt für die Vernetzung der ikonischen und symbolischen Ebene (zum Beispiel Phänomene *Null als Herausforderung* und *Angepasste Kombination*) (siehe Abb. 10.14).

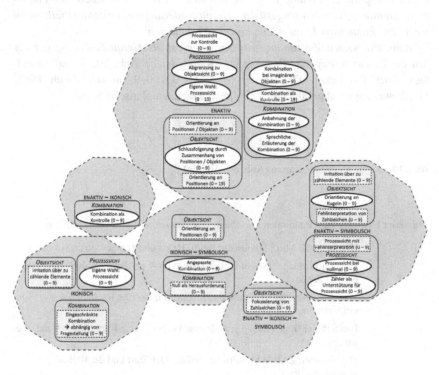

Abb. 10.14 Handlung am Material (0–9 / 0–19) gesamt

10.1.4 Phänomene in der Kategorie ‚Rechnung (0–9)'

Als Weiterführung und konkrete Anwendung der Prozess- und Objektsicht werden im Zahlenraum 0 bis 9 als Vorbereitung zur Erarbeitung des Zehnerübergangs auch Rechnungen mit den Schüler*innen erarbeitet. Hierunter fällt auch die

Bestimmung einzelner Elemente einer Rechnung, die insbesondere im Kontext des Sprachgerüsts thematisiert werden. Im Folgenden sollen die in dem Zusammenhang auftretenden Phänomene auf den verschiedenen Darstellungsebenen genauer beleuchtet werden.

Ikonisch

In der Kategorie ‚Rechnung (0–9)‘ zeigen sich auf ikonischer Ebene die Phänomene *Zuordnung zum Sprachgerüst als Herausforderung* und *Irritation Pfeilsymbol* sowie das Phänomen *Entwicklung eigener Rechnungen*.

Beim Phänomen *Zuordnung zum Sprachgerüst als Herausforderung* geht es um die Beantwortung der Fragestruktur-Karten (siehe Abb. 10.15) auf Grundlage einer ikonischen Darstellung des ZARAOs 0–9, in der durch Pfeile Hüpfbewegungen abgebildet sind. Folgend eine exemplarische Szene:

| Start | Richtung | Wie oft? | Ziel |

Abb. 10.15 Fragestruktur-Karten (Abb. der Autorin)

Transkript Henrieke zum Phänomen *Zuordnung zum Sprachgerüst als Herausforderung*

1		[Dauer: 0:18 Min.] [Henrieke, Heidi, Helen und Hannes sitzen vor einer
2		Projektionsfläche. Darauf ist der ZARAO 0–9 per Beamer abgebildet und es sind Pfeile
3		vom 4er-Kugelturm bis zum 8er-Kugelturm, also die Rechnung $4 + 4 = 8$, eingezeichnet.
4		Die Schüler*innen haben jeweils eine Fragestruktur-Karte in der Hand, die sie am
5		abgebildeten ZARAO bestimmen sollen. Der Start und die Richtung wurden bereits
6		bestimmt, Henrieke hat nun die Frage ‚Wie oft?‘.]
7	AZ	Kannst du sie beantworten?
8	Henrieke	Wie oft [AZ zeigt auf die ZARAO-Abbildung.]
9	Hannes	Hüpfen wir? [AZ nickt und zeigt einen Daumen.]
10	Henrieke	Acht.
11	AZ	Von hier aus [zeigt auf den 4er-Kugelturm.] Wie oft?
12	Henrieke	Eins [AZ spurt währenddessen den Pfeil vom 4er- auf den 5er-Kugelturm nach], zwei

13	[AZ spurt währenddessen den Pfeil vom 5er- auf den 6er-Kugelturm nach], drei [AZ
14	spurt währenddessen den Pfeil vom 6er- auf den 7er-Kugelturm nach], vier [AZ spurt
15	währenddessen den Pfeil vom 7er- auf den 8er-Kugelturm nach. AZ schaut Henrieke
16	an.] Vier.

In dieser Szene geht es konkret um die Frage ‚Wie oft?', die Henrieke auf ihrer Fragestruktur-Karte stehen hat. Sie nennt hierfür die Angabe Acht (Z. 10), welche dem Ziel in der Darstellung entspricht. An dieser Stelle bleibt unklar, ob die Hürde im Zusammenhang mit der Bedeutung der Fragestruktur-Karte auftritt oder ob sie die Angabe falsch aus der ikonischen Darstellung abliest. Da es sich bei den Bewegungen jedoch nur um vier Hüpfer handelt, lässt die Szene die Vermutung zu, dass die Hürde im Zusammenhang mit der Bedeutung der Fragestruktur-Karte auftritt. Henrieke scheint nicht klar zu sein, welche Angabe in der Darstellung die Antwort auf ihre Frage darstellt. Durch die Hilfestellung der Förderlehrkraft, indem sie die Hüpfbewegungen an der Abbildung nachspurt und so den Fokus auf die Pfeile und damit die Hüpfer lenkt, kann Henrieke die Hüpfer zählen und die korrekte Antwort angeben (Z. 12 ff.).

Bei dem Phänomen wird deutlich, dass ein Unterstützungssystem wie die Fragestruktur-Karten zur Erzeugung von Rechnungen erst intensiv erarbeitet werden muss, um die Schüler*innen wirklich entlasten zu können. Hürden können in dem Kontext in der Erfassung der Bedeutung einzelner Teilaspekte einer Rechnung, hier konkret im Bezug zum Sprachgerüst, auftreten (siehe Abschnitt 9.2). Diese können sich zum einen auf die rein sprachliche Ebene beziehen, indem die Frage auf der Strukturkarte nicht verstanden wird, oder zum anderen auf das Herstellen von Bezügen zwischen der Fragestruktur-Karte und der ikonischen Darstellung, wobei die Darstellung selbst unter anderem nicht nachvollzogen werden kann. Da es sich bei der ikonischen Darstellung des ZARAOs und den eingetragenen Pfeilen als Hüpfer jedoch um eine durchgehend genutzte und somit bekannte Abbildung handelt, kann die Vermutung aufgestellt werden, dass die Bedeutung der Fragestruktur-Karten nicht klar ist und dadurch auch der Bezug zur Darstellung nicht hergestellt werden kann. Somit stellt das Erarbeiten von Unterstützungssystemen selbst ebenfalls einen Lernprozess dar, der gegebenenfalls weiterer Hilfestellungen, wie die Handlung der Förderlehrkraft, bedarf.

Auch beim Phänomen *Irritation Pfeilsymbol* zeigt sich eine Hürde bezüglich der Bedeutungen der Fragestruktur-Karten im Zusammenhang mit der ikonischen Abbildung von Hüpfern am ZARAO. Im Gespräch zur Bestimmung des Starts in der ikonischen Abbildung des ZARAOs (siehe Abb. 10.16) äußert Helen, dass der Pfeil an dem Ende beginnt, an dem die Pfeilspitze eingetragen ist:

Abb. 10.16 Abbildung zum Phänomen *Irritation Pfeilsymbol*

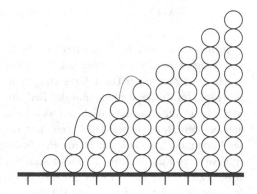

Transkriptauszug Helen zum Phänomen *Irritation Pfeilsymbol*

1 Helen Der Pfeil beginnt doch hier. [Steht auf und läuft zur Tafel.] Da beginnt er doch [zeigt

2   auf die Pfeilspitze am Ende des Pfeils über dem 5er-Kugelturm.]

Durch das gemeinsame Kommunizieren über diese Abbildung wird das unterschiedliche Verständnis dieser Abbildung offensichtlich (Z. 1 f.). Gelöst werden kann die Unstimmigkeit, indem die Förderlehrkraft die jeweiligen Gebärden für Start und insbesondere Ziel hinzunimmt. Darüber scheint die Bedeutung des Pfeilsymbols verstanden und auch mit der ikonischen Abbildung in Verbindung gebracht werden zu können.

Bei dem Phänomen zeigt sich eine uneinheitliche Bedeutungszuschreibung der ikonischen Abbildung der Hüpfer konkret durch das Symbol des Pfeils in Zusammenhang mit den Fragen zum Start beziehungsweise Ziel. Somit tritt die Hürde hierbei einerseits erneut im Herstellen des Bezugs zwischen der sprachlichen Ebene der Fragen und der ikonischen Darstellung auf. Andererseits scheint zudem das Symbol des Pfeils nicht durchgehend bekannt zu sein beziehungsweise dessen Verwendung und Abbildung nicht einheitlich verstanden zu werden (siehe

Abschnitt 9.2). Damit hat die aufgetretene Hürde keinen direkten mathematischen Bezug, sondern es wird vielmehr deutlich, dass Bedeutungszuschreibungen ein individueller Prozess sind, die gegebenenfalls durch Konventionen geprägt sind und zunächst abgeglichen werden müssen. Nur dann können weitere Hürden im Lernprozess verhindert werden. Eine zusätzliche Ebene der Kommunikation über unterstützende Gebärden scheint eine hilfreiche Ergänzung zum Herstellen von Bezügen und Aufbauen von einheitlichen Bedeutungszuschreibungen darstellen zu können.

Dass mit Hilfe des Sprachgerüsts bei einer einheitlichen und konventionellen Bedeutungsausbildung jedoch auch Potenziale bezüglich des Inhaltsschwerpunkts ‚Rechnung (0–9)' entstehen können, zeigt sich im Phänomen *Entwicklung eigener Rechnungen*. Hierbei wird an der ikonischen Abbildung des ZARAOs ein eigenes Beispiel einer Bewegung entwickelt und anhand dessen werden die Fragestruktur-Karten beantwortet. In einer exemplarischen Szene entwickelt Heidi, ausgehend von der Bestimmung des durch eingezeichnete Pfeile vorgegebenen Ziels, ein eigenes Beispiel. Dieses stellt sie selbstständig am ZARAO dar, wobei ihre Bewegung von der im ZARAO eingezeichneten Bewegung abweicht. Zur Erläuterung ihrer Bewegung beziehungsweise Rechnung orientiert sie sich an den Fragestruktur-Karten und zeigt dafür auf die jeweilige Kugelstange am ZARAO beziehungsweise spurt zur Beantwortung der Frage ‚Wie oft?' die Hüpfer nach. Die Handlung begleitet sie sprachlich, indem sie jeweils sowohl die Fragestruktur-Karten benennt als auch ihre ermittelte Antwort äußert. Dabei wird deutlich, dass sie den Prozess des Hüpfens zu fokussieren und diesen mit der Rechnung in Verbindung zu bringen scheint: Für die Angabe der Richtung wählt sie bereits den Begriff ‚plus', sodass an der Stelle eine gewisse erste Vernetzung mit der symbolischen Ebene stattfinden könnte. Nachdem die Förderlehrkraft den Fokus auf die tatsächliche Aufgabe zurücklenkt und nach dem speziellen Ziel fragt, wobei die abgebildete Rechnung $3 + 0 = 3$ ist und somit die Zahl Null enthält, erläutert Heidi ‚dann bleibt man noch da'. Als Ziel gibt sie die Zahl Null an, korrigiert sich jedoch selbstständig auf die Zahl Drei.

Bei dem Phänomen scheint somit ein erstes Verständnis für Rechnungen auf ikonischer Ebene anhand des ZARAOs vorhanden und eine mentale Zahlvorstellung hierzu ausgebildet zu sein. Es lassen sich keine Hürden im Zusammenhang mit den Fragestruktur-Karten und den jeweiligen Angaben am ikonischen ZARAO feststellen. Vielmehr wird selbstständig darüber hinaus eine eigene Bewegung entwickelt, die mit Hilfe des Sprachgerüsts strukturiert wird und so alle notwendigen Elemente einer Rechnung beinhaltet. Somit wird das Sprachgerüst als strukturgebende Hilfestellung genutzt und darüber die mentalen Vorstellungen anhand der ikonischen Darstellung des ZARAOs im Hinblick auf das Bestimmen von Bewegungen beziehungsweise Rechnungen offensichtlicher gemacht. Hierbei spielt zudem die ergänzende Handlung am Material eine zentrale Rolle (siehe Abschnitt 9.2). Auch im Kontext der Zahl Null scheint in dem Sinne ein Verständnis aufgrund der sprachlichen Ausführung also dahingehend vorzuliegen, dass bei der Zahl Null als zweiten Summanden keine Hüpfer zu einem anderen Kugelturm stattfinden. Damit wird der zweite Summand mit der Anzahl an durchzuführenden Hüpfern in Verbindung gebracht und somit die Prozesssicht eingenommen.

Auf ikonischer Ebene lassen sich die in Abbildung 10.17 dargestellten Phänomene in der Kategorie ‚Rechnung (0–9)‘ zusammenfassen.

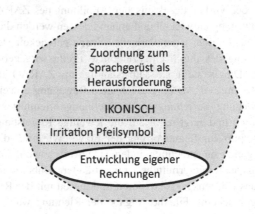

Abb. 10.17 Rechnung (0–9): ikonisch

Vernetzung enaktiv – symbolisch
Bei der Vernetzung der enaktiven und symbolischen Ebene zeigt sich unter anderem das Phänomen *Symbolische Darstellung als Herausforderung*. Dabei liegt zunächst eine enaktive Darstellung am Zahlenstrahl vor, die dann als Rechnung auf symbolischer Ebene notiert werden soll:

Transkript Hannes zum Phänomen *Symbolische Darstellung als Herausforderung*

1	[Dauer: 1:19 Min.] [Heidi und Hannes sitzen auf dem Boden vor einem Zahlenstrahl
2	0–9, an dem die Zahlkarten bereits angelegt sind. Auf dem Zahlenstrahl stehen eine

3		Katze auf Zahlkarte Fünf und ein Hase auf Zahlkarte Sieben. Außerdem befindet sich
4		außerhalb des Bildes eine Tafel, auf der die enaktiv durchgeführte Rechnung
5		symbolisch notiert werden soll.]
6	AZ	[Zeigt auf den Hasen auf Zahlkarte Sieben.] Was muss der Hase machen, damit der
7		zur Katze kommt?
8	Hannes	Wie viel Mal? [Macht eine Hüpfbewegung von Zahlkarte Sieben zu Zahlkarte Sechs.]
9		Einsmal... Einmal. Einmal hüpfen [macht währenddessen eine Hüpfbewegung von
10		Zahlkarte Sieben zu Zahlkarte Sechs.]
11	AZ	Mach mal.. Mach mal [deutet auf den Zahlenstrahl.]
12	Hannes	Der? [AZ nickt.] [Hüpft mit dem Hasen von der Zahlkarte Sieben auf Zahlkarte Sechs.]
13		Auf Sechs.
14	AZ	Okay. [Deutet auf den Hasen] was hat der jetzt gemacht der Hase? //Schreib mal
15		die Aufgabe auf.//
16	Hannes	//Er ist bei Sechs// Er ist bei Sechs gelandet. Sechs plus.., minus? Sechs minus..
17		Eins gleich Fünf?
18	AZ	Aber sitzt der bei Fünf [deutet auf den Hasen]?
19	Hannes	Ne.
20	AZ	Schreib mal auf [deutet auf die Tafel.]
21	Hannes	Sechs [*notiert eine 6 an der Tafel.*] ...
22	AZ	Weiter?
23	Hannes	Plus oder minus?
24	AZ	Was hat der gemacht?
25	Hannes	Minus [*notiert ein – an die Tafel und schaut dann wieder zum Zahlenstrahl.*] Fünf.. Fünf.
26	AZ	Schreib mal auf.
27	Hannes	Fünf?
28	AZ	Wenn Du meinst [*nickt.*]
29	Hannes	[*Notiert eine 5 an der Tafel.*] Fünf, gleich [*notiert ein = an der Tafel.*].. Nein plus [*zeigt
30		auf das – und schaut AZ an.*]

31 AZ   Lass mal so, wir gucken mal.

Hannes soll mit dem Hasen, der am Zahlenstrahl auf der Zahlkarte Sieben sitzt, neben die Katze, die auf der Zahlkarte Fünf sitzt, hüpfen. Zunächst macht er mit seiner Hand den Hüpfer von der Zahlkarte Sieben auf die Zahlkarte Sechs in der Luft und zählt diesen (Z. 8 f.). Somit scheint er eine Prozesssicht einnehmen zu können und gibt korrekt einen Hüpfer an. Nach Aufforderung setzt er die Handlung noch einmal aktiv mit dem Hasen um, sodass dieser dann auf Zahlkarte Sechs steht und Hannes nennt das Ziel Sechs (Z. 12 f.). Beim Erzeugen der dazugehörigen entsprechenden Rechnung formuliert er dann die Rechnung $6 - 1 = 5$ (Z. 16 f.). Es fällt auf, dass die Rechnung, die er bis zu dem Zeitpunkt nur mündlich formuliert hat, nicht zu seiner enaktiven Darstellung am Zahlenstrahl ($7 - 1 = 6$) passt. Beim Aufschreiben an der Tafel notiert er dann die symbolische Aufgabe $6 - 5 =$. . Dabei ist er sich zunächst beim Rechenzeichen unsicher und dann auch beim Subtrahenden (Z. 21 ff.). Nachdem die Aufgabe symbolisch an der Tafel notiert ist, scheint Hannes zu erkennen, dass sie nicht zu seiner enaktiven Darstellung passt, kann aber nicht eine entsprechende Korrektur vornehmen (Z. 29 f.). Offen bleibt bei dieser Szene, welches Ergebnis Hannes bei der Aufgabe notiert hätte, da er dann, vermutlich aus Unsicherheit, abbricht.

Hürden treten bei dem Phänomen insbesondere bei der Vernetzung der enaktiven und symbolischen Darstellung auf. Die enaktive Darstellung am Zahlenstrahl gelingt ohne Hürden und kann aus einer Prozesssicht, die in dem Fall notwendig ist, um die Hüpfer zu fokussieren, umgesetzt werden. Anders sieht es bei der entsprechenden Darstellung auf symbolischer Ebene aus. Bereits bei der mündlichen Formulierung wird von der enaktiven Darstellung abgewichen, indem nicht die Startzahl als Minuend genannt wird, sondern bereits das Ziel. Möglicherweise dominiert dabei die aktuelle Position der Figur am Zahlenstrahl, sodass die Ausgangszahl als Subtrahend nicht mehr abgerufen wird. Was wiederum der enaktiven Darstellung entspricht, ist die Anzahl der Hüpfer. Diese wiederum wurden explizit mit einer Handlung durchgeführt, sodass darüber unter Umständen ein stärkeres Bewusstsein für die Anzahl der Hüpfer vorhanden ist. Das ermittelte Ergebnis der mündlich formulierten Rechnung ist für diese Rechnung korrekt, entspricht jedoch nicht der Zielposition der Figur am Zahlenstrahl. Entweder scheint die Position der anderen Figur am Zahlenstahl, die dem Ergebnis entspricht, eine Rolle zu spielen und gegebenenfalls verwechselt worden zu sein oder das Ergebnis für die mündlich genannte symbolische Rechnung $6 - 1$ ist so verinnerlicht, dass es unabhängig von der enaktiven Ebene genannt wird. Da jedoch auch die schriftlich notierte symbolische Ebene mit großen Hürden verbunden ist, scheint die zweite Möglichkeit wahrscheinlicher zu sein. Denn auch bei der Vernetzung der enaktiven mit der symbolischen Ebene, indem die umgesetzte Rechnung symbolisch aufgeschrieben wird, tritt erneut eine Hürde auf: Hier wird wiederum eine abweichende, jedoch nicht der Handlung entsprechende Rechnung notiert. Sie setzt sich zwar aus Zahlen der enaktiv dargestellten und mündlich formulierten Rechnung zusammen ($6 - 5$), allerdings entspricht sie in keiner Weise mehr der ursprünglichen Rechnung, die enaktiv am Zahlenstrahl umgesetzt wurde. Es wird offensichtlich, dass die Vernetzung vertieft gefördert werden muss, um ein Verständnis von Rechnungen weiter ausbilden zu können. Insbesondere die symbolische Ebene von Rechnungen scheint noch nicht mit einer verstehensorientierten Vorstellung verbunden zu sein, nach der ein Verständnis der konzeptuellen Bedeutung des mathematischen Konzepts von Rechnungen vorhanden sein müsste (u. a. Knipping et al., 2017, S. 53 ff.; Oehl, 1962, S. 14 ff.; Prediger, 2013a, S. 169 ff.). Somit stellt auch die Vernetzung mit der enaktiven Ebene eine große Hürde dar. Hilfreich könnte dabei sein, die enaktive und symbolische Ebene bewusst zeitgleich miteinander zu vernetzen und zu erzeugen, sodass jede einzelne Handlung direkt mit der entsprechenden symbolischen Darstellung verknüpft wird. Unterstützend könnten in dem Zusammenhang die Fragestruktur-Karten eingesetzt werden, um darüber einen ergänzenden strukturellen Rahmen bieten zu können, sodass die beiden Ebenen noch enger, auch über die sprachliche Begleitung, vernetzt werden könnten.

Eine zusätzliche Herausforderung scheint auch im Kontext von Rechnungen die Zahl Null zu sein, was sich beim Phänomen *Null als Herausforderung* zeigt. Hierbei kann eine enaktiv dargestellte Rechnung mit der Zahl Null als Summand auf symbolischer Ebene dargestellt werden, wobei jedoch beim Ergebnis Unsicherheiten auftreten. In einer beispielhaften Szene dieses Phänomens führt die Förderlehrkraft die Rechnung $0 + 6 = 6$ enaktiv am Zahlenstrahl durch, indem sie entlang der Fragestruktur-Karten als sprachliche Begleitung die einzelnen Angaben umsetzt. Für Hannes scheint zunächst die entsprechende parallel daraus entwickelte symbolische Darstellung, die in einer dem Sprachgerüst entsprechend gegliederten Tabelle notiert wird, keine Hürde darzustellen. Jedoch nennt er für das Ziel die Zahl Null, obwohl die Katze am Ende der Handlung auf der Zahlkarte Sechs steht. Dabei ist auffallend, dass die Förderlehrkraft das Ziel nicht explizit sprachlich als solches benennt, sondern mit den Hüpfern endet. Möglicherweise deutet diese Tatsache darauf hin, dass die Einbindung des Sprachgerüsts sich als hilfreich für die Darstellungsvernetzung erweisen kann (siehe Abschnitt 9.2).

Es wird deutlich, dass bei dem Phänomen grundsätzlich die Vernetzung der enaktiven und symbolischen Ebene gelingt, das Ergebnis jedoch die Herausforderung darstellt. In dem Kontext scheint die Zahl Null eine Ursache für die Hürde zu sein, da sie als ein Summand in der Aufgabe enthalten ist und deshalb unter Umständen sehr präsent und prominent ist. Möglicherweise sind Fehlvorstellungen zur Addition mit der Zahl Null vorhanden, weshalb sie als Ergebnis benannt wird. Eine mögliche Hilfestellung könnte die durchgehende Verwendung des Sprachgerüsts mit den Elementen *Start, Richtung, Wie oft?* und *Ziel* sein, sodass explizit auch das Ziel berücksichtigt wird. Dadurch könnte letzteres konkreter bei der enaktiven Handlung hervorgehoben und darüber eine Brücke zur symbolischen Darstellung hergestellt werden. Grundsätzlich zeigt sich, dass ein wiederholtes Einbeziehen der Zahl Null bei verschiedenen Aufgabenformaten von Bedeutung ist, um das Verständnis vollumfänglich ausbilden zu können, auch für die Zahl Null. Das parallele Erzeugen der symbolischen Darstellung zur enaktiven Handlung am Zahlenstrahl, das im Zuge des Phänomens *Symbolische Darstellung als Herausforderung* als mögliche Hilfestellung entwickelt wurde, scheint grundsätzlich eine Unterstützung darzustellen, da die Rechnung bis auf das Ergebnis korrekt auf symbolischer Ebene notiert werden kann und eine Vernetzung der enaktiven und symbolischen Ebene somit in großen Teilen gelingt.

Beim Phänomen *Fokus auf Zahlzeichen* zeigt sich eine ähnliche Herausforderung in umgekehrter Form der Darstellungsvernetzung. Hier geht es um die Übertragung einer symbolisch vorgegebenen Rechnung auf die enaktive Darstellung am Zahlenstrahl, wobei genau diese Übertragung die Herausforderung darstellt. In einer exemplarischen Szene erhält Hannes auf einem Rätsel-Kärtchen die Aufgabe $4 - 4 = 0$. Die beiden Mitschülerinnen kennen die Rechnung nicht und sollen aus seiner enaktiven Darstellung am Zahlenstrahl wiederum die Rechnung ableiten und auf einem Arbeitsblatt eintragen. Eigentlich müsste Hannes zur Darstellung mit dem Panda auf der Zahlkarte Vier beginnen, dann nach unten schauen und viermal hüpfen, sodass er schließlich auf der Zahlkarte Null endet. Hannes allerdings setzt den Panda zum Start zunächst auf die Zahlkarte Null. Nach einem Hinweis der Förderlehrkraft setzt er ihn korrekt auf die Zahlkarte Vier, hüpft dann in einem großen Sprung auf die Zahlkarte Null und wieder zurück auf die Zahlkarte Vier. Sprachlich begleitet er es mit der Rechnung: $4 - 0 = 4$. . Nach Hinweisen der Mitschülerinnen, die mittlerweile die Rechnung sehen konnten, wiederholt er seine Darstellung am Zahlenstrahl, indem er auf der Zahlkarte Vier beginnt, den Panda auf dieser Zahlkarte kurz anhebt und den Panda dann auf die Zahlkarte Null setzt (Z. 1 ff.). Sprachlich begleitet er diese Darstellung mit $4 - 4 = 0$:

Transkriptauszug Hannes zum Phänomen *Fokus auf Zahlzeichen*

1 Hannes [Hüpft mit dem Panda von Zahlkarte Null bis Zahlkarte Vier] Vier minus Vier
         [hüpft

2   mit dem Panda kurz hoch und setzt ihn wieder auf Zahlkarte Vier] gleich Null
         [setzt

3   den Panda auf Zahlkarte Null.]

   Somit stimmt nun seine dargestellte Rechnung mit der symbolischen Rechnung auf dem Kärtchen überein, allerdings entspricht die Form seiner Darstellung
noch nicht dem vereinbarten Vorgehen. Er erläutert daraufhin sein Vorgehen
sprachlich, indem er ausdrückt, dass er zweimal auf der Zahlkarte Vier gehüpft
ist und dann auf Zahlkarte Null. Die Förderlehrkraft weist ihn bei einer erneuten Wiederholung der Darstellung auf die Fragestruktur-Karten hin. Auffallend
ist, dass Hannes auch bei der Verbindung mit dem Sprachgerüst seine bisherige
Form der Darstellung wählt und nicht die Hüpfer als Prozesse darstellt, sondern
über das Positionieren auf den entsprechenden Zahlkarten die Elemente der Rechnung anzeigt. Allerdings kann er auf die Rückfrage, wie oft er nun zur Zahlkarte
Null, also zum Ziel, von der Zahlkarte Vier gehüpft sei, korrekt angeben, dass
er viermal gehüpft sei und kann dies nach mehrmaliger Aufforderung als Prozess enaktiv umsetzen und zählend begleiten. An dieser Stelle gelingt ihm die
Einnahme der Prozesssicht, indem er die Hüpfer als Prozesse zählt.
   Bei dem Phänomen wird deutlich, dass auch die Vernetzung der symbolischen mit der enaktiven Ebene eine Herausforderung darstellen kann. Konkret
liegt bei der Übertragung in die enaktive Ebene der Fokus auf den Zahlzeichen als einzelne Objekte, es wird daher eine Objektsicht auf die Zahlzeichen
eingenommen. Bei der gewählten Darstellung über die Zahlzeichen muss der
enaktive Charakter deutlich eingeschränkt werden, da die Zahlzeichen als solche
ebenfalls symbolisch am Zahlenstrahl abgebildet sind und somit nicht gänzlich eine Vernetzung mit der enaktiven Ebene stattfindet. Die Hilfestellung der
Fragestruktur-Karten gelingt nur eingeschränkt, denn die vollständige enaktive
Darstellung der Rechnung mit Hilfe von Hüpfern kann nicht erfolgen. Dennoch können die umgesetzte Handlung in Verbindung mit dem Sprachgerüst und
sprachlicher Begleitung rhythmisiert und die einzelnen Elemente der Rechnung
strukturiert dargestellt werden, sodass in Ansätzen eine erste Vernetzung der symbolischen und teils der enaktiven Ebene erzielt werden kann (siehe Abschnitt 9.2).
Insgesamt zeigt sich bei dem Phänomen somit, dass die Vernetzung der enaktiven und der symbolischen Ebene durch die Fokussierung der Zahlzeichen noch
eine Hürde im Lernprozess darstellt. Dies deutet unter Umständen auf noch nicht
ausreichende mentale Zahlvorstellungen im Hinblick auf Rechnungen hin. Der
Einsatz der Fragestruktur-Karten muss zudem vertieft erarbeitet werden, damit

diese als Hilfestellung dienen können. Da die Handlung selbst die Herausforderung darstellt, kann unter Umständen ein ergänzendes exemplarisches Handeln zur Vernetzung der beiden Ebenen hilfreich sein.

Eine ähnliche Situation stellt sich auch beim Phänomen *Fokus auf Zahlzeichen – Prozesssicht zur Korrektur* dar. Hierbei wird die Rechnung auf symbolischer Ebene ausschließlich mündlich genannt. Bei der Vernetzung mit der enaktiven Ebene werden zunächst ebenfalls die Zahlzeichen fokussiert. Es kann dann jedoch eine Anpassung bezüglich der umgesetzten Rechnung vorgenommen werden. In einer exemplarischen Szene wird die Rechnung 4 + 5, orientiert an der symbolischen Ebene, ausschließlich mündlich formuliert. Heidi soll diese auf den Zahlenstrahl und damit die enaktive Ebene übertragen. Hierfür setzt sie die Katze korrekt auf die Zahlkarte Vier und hüpft dann auf die Zahlkarte Fünf (Z. 1) und begleitet es sprachlich folgendermaßen:

Transkriptauszug Heidi zum Phänomen *Fokus auf Zahlzeichen – Prozesssicht zur Korrektur*

1	Heidi	[Setzt die Katze auf Zahlkarte Vier] Vier, [setzt die Katze auf Zahlkarte Fünf] Fünf
2		gleich… [zieht ihre rechte Schulter kurz hoch.]

Die Katze steht demnach zum Ende ihrer Handlung auf Zahlkarte Fünf (Z. 2), wobei dieses Ergebnis nicht dem Ergebnis der Rechnung 4 + 5 entspricht. Möglicherweise hat Heidi letzteres jedoch im Kopf, weshalb sie ihre mündliche Ausführung nicht weiterführt, sondern abbricht. Auf die Nachfrage der Förderlehrkraft hin, was die Katze für diese Aufgabe machen muss, kann Heidi jedoch direkt klarstellen, dass sie einmal hüpfen muss. Ergänzend dazu macht Heidi den Hüpfprozess noch einmal vor und erläutert währenddessen, dass sie einmal hüpft. Somit nimmt sie nun die Prozesssicht ein. Daraufhin verändert die Förderlehrkraft ihre Fragestellung, indem sie nach der der durchgeführten Handlung entsprechenden Rechnung fragt. Dabei orientiert sie sich an den Fragestruktur-Karten, wobei Heidi teilweise noch Schwierigkeiten in der Reihenfolge der Beantwortung der Karten zeigt. Schließlich kann sie jedoch die entsprechende Rechnung aus ihrer Handlung ableiten.

Bei dem Phänomen zeigt sich, dass bei der Vernetzung der symbolischen, insbesondere mündlich formulierten, Rechnung mit der enaktiven Darstellung am Zahlenstrahl eine Hürde auftritt. Vor allem die sprachliche Begleitung der Handlung lässt den Schluss zu, dass die nicht korrekte Umsetzung auf enaktiver Ebene nicht auf sprachliche Hürden zurückzuführen ist, indem die formulierte Aufgabe nicht verstanden wird. Vielmehr werden zunächst ausschließlich die Zahlzeichen fokussiert, sodass dieses Phänomen an der Stelle dem Phänomen *Fokus auf Zahl-zeichen* entspricht. Eine gezielte Nachfrage mit Fokus auf der Handlung kann jedoch die Perspektive verändern und den Prozess fokussieren. Dabei wird die Vernetzung der Ebenen vertauscht, indem aus der enaktiven Darstellung die symbolische rekonstruiert wird. Es wird deutlich, dass die Einnahme der Prozesssicht an der Stelle die Lösung darzustellen scheint, um aus der enaktiven Darstellung wiederum die entsprechende symbolische Darstellung abzuleiten. Dieser gelungene Prozess ist hervorzuheben, da die Handlung eigentlich mit einer anderen Rechnung in Verbindung gebracht wurde, aber dennoch eine neue Rechnung, nämlich die für die Handlung passende, genannt wird und somit die vorige Annahme korrigiert werden kann. Offen bleibt, ob eine erzeugte symbolische Darstellung auf rein schriftlicher Ebene ebenfalls der enaktiven Ebene entspräche oder ob dabei erneut eine Hürde aufträte. Insgesamt zeigt sich, dass die Prozess-sicht auf enaktiver Ebene im Kontext von Rechnungen besser beziehungsweise erfolgreicher eingenommen werden kann, sodass dadurch die Vernetzung mit der symbolischen Ebene gelingt. Durch die symbolische Ebene hingegen scheint die Einnahme der Objektsicht stärker fokussiert zu werden, wodurch wiederum Hürden in der Vernetzung entstehen können. Die Handlung selbst führt dazu, dass die Aufgabenstellung individuell angepasst und daraufhin erfolgreich bearbeitet werden kann (siehe Abschnitt 9.2).

Auch beim Phänomen *Sprachliche Begleitung als Herausforderung* entstehen Schwierigkeiten bei der enaktiven Darstellung einer symbolisch dargestellten Rechnung. Einen Einblick liefert hierzu eine exemplarische Szene, in der Heidi die Rechnung $4-4 = 0$ auf symbolischer Ebene anhand einer Rätselkarte vorliegt. Ihre Aufgabe ist es, diese Rechnung auf den Zahlenstrahl enaktiv zu übertragen und die Handlung sprachlich zu begleiten, damit die Mitschüler*innen wiederum die symbolische Rechnung daraus erschließen und aufschreiben können. Für den Start setzt Heidi das Häschen entsprechend auf die Zahlkarte Vier und begleitet es sprachlich, indem sie diese Zahlkarte als Start kennzeichnet. Auch die Angabe zur Richtung kann sie durch die Äußerung zur Blickrichtung des Häschens ‚nach unten' korrekt formulieren. Eine Hürde entsteht bei der Angabe und Umsetzung der vier Hüpfer, die den Subtrahenden darstellen. Sie wendet sich an die Förder-lehrkraft, die auf das Sprachgerüst hinweist. Daraufhin nennt sie ausschließlich die Frage ‚Wie oft?', gibt dazu jedoch keine konkrete Angabe an und führt auch keine Handlung durch. Auch nach Hinweisen der Förderlehrkraft, die Hüpfer zu fokussieren, wiederholt sie zunächst nur die Frage. Nach Aufforderung der Förderlehrkraft, zu hüpfen, hüpft Heidi mit der Katze viermal nach unten, was der Rechnung $4 - 4 = 0$ auf der Rätselkarte entspricht. Bei dieser Handlung scheint sie klar eine Prozesssicht einnehmen zu können. Heidi erkennt bei den Mitschüler*innen, dass bei ihren notierten Rechnungen auf dem Arbeitsblatt ein Fehler enthalten ist, da sie jeweils das Zahlzeichen 0 als Anzahl der Hüpfer eingetragen haben. Heidi erklärt die Rechnung erneut, indem sie ihre gesamte Handlung als Prozess noch einmal wiederholt und sprachlich begleitet. Dabei treten keine Hürden mehr auf.

Das Phänomen deutet darauf hin, dass die sprachliche Begleitung zur Vernetzung der symbolischen und der enaktiven Ebene eine Herausforderung darstellt, da die Frage ‚Wie oft?' zunächst nicht mit einer Handlung verknüpft werden kann. Gleichzeitig scheint das Bewusstsein zu bestehen, dass eine sprachliche Begleitung notwendig ist, um den Mitschüler*innen darüber eine gewisse Struktur geben und schließlich daraus eine Rechnung erzeugen zu können. Somit kann über die Sprache eine Vernetzung möglich werden. Zunächst scheinen die Fragestruktur-Karten keine Hilfestellung darzustellen. Bei der erneuten Fokussierung der aktiven Hüpfhandlung durch die Förderlehrkraft gelingt jedoch die Vernetzung mit der enaktiven Ebene. Ein bewusster Hinweis auf die umzusetzende Handlung und damit möglicherweise auch ein Auslöser für ein Fokussieren der Prozesse scheint in dem Moment die Hürde lösen zu können. Das lässt den Schluss zu, dass auf der rein symbolischen Ebene ein (Wieder-)Erkennen der Prozesssicht unter Umständen noch schwerfällt, was für die Vernetzung mit der enaktiven Ebene hinderlich ist. Hier lassen sich gewisse Parallelen zum Phänomen *Fokus auf Zahlzeichen – Prozesssicht zur Korrektur* erkennen. Die Zahl Null, die bei der Rechnung das Ergebnis ist, scheint hingegen kein Auslöser für eine Hürde zu sein, denn zum einen werden Aufgaben der Mitschüler*innen, bei denen die Zahl Null an falscher Stelle notiert ist, ohne Unsicherheiten korrigiert. Zum anderen kann bei der wiederholten Darstellung auf enaktiver Ebene die Handlung mit entsprechender sprachlicher Begleitung vollzogen und somit die symbolische mit der enaktiven Ebene erfolgreich vernetzt werden. Das deutet darauf hin, dass das Sprachgerüst strukturgebend unterstützen kann (siehe Abschnitt 9.2) und insbesondere grundsätzlich ein Verständnis von Rechnungen und den Funktionen der verschiedenen Elemente innerhalb einer Rechnung vorhanden zu sein scheint.

Beim Phänomen *Vorstufe symbolische Rechnung ohne Hürde* zeigt sich, dass das Anzeigen einzelner Anweisungen einer Rechnung auf symbolischer Ebene ohne Hürden auf enaktiver Ebene umgesetzt und aus der enaktiven Darstellung wiederum die vollständige Rechnung abgeleitet werden kann. In einer beispielhaften Szene erhält Helen auf symbolischer Ebene zunächst die Anweisung zur Richtung, indem das Rechenzeichen Minus angezeigt wird. Daraus kann sie ohne Schwierigkeiten die Bewegungsrichtung herleiten. Es folgt eine Angabe zur Anzahl der Hüpfer über das Anzeigen der Zahlkarte Zwei, somit ebenfalls auf symbolischer Ebene. Auch diese Anweisung kann problemlos auf enaktiver Ebene am Zahlenstrahl umgesetzt werden. Schließlich fordert die Förderlehrkraft Helen auf, die entsprechende Rechnung zu nennen. Helen kann ohne Hürden die korrekte Rechnung mündlich angeben.

Es lässt sich bei dem Phänomen feststellen, dass die Vernetzung der aufgeteilten symbolischen Darstellung einer Rechnung in deren einzelne Elemente mit der enaktiven Ebene keine Herausforderungen darzustellen scheint und auch die Zahl Null als Ergebnis nicht mit Hürden verbunden ist. Aufgrund dessen kann der Rückschluss gezogen werden, dass ein Aufteilen der symbolischen Rechnung möglicherweise eine Entlastung darstellen kann, da darüber eine Struktur zu den jeweiligen Handlungsanweisungen vorgegeben wird und die Informationen nacheinander bearbeitet werden können (siehe Abschnitt 9.2). Außerdem wird die Information auf vorgegebener symbolischer Ebene zunächst reduziert, indem ausschließlich das Rechenzeichen und der zweite Summand beziehungsweise der Subtrahend vorgegeben werden. Auffallend ist, dass über diese Herangehensweise im Anschluss auch wiederum die Übertragung in die symbolische Ebene und somit eine erneute Vernetzung der beiden Ebenen gelingt. Hierbei wird wiederum die gesamte Rechnung ohne Reduzierung genannt, sodass insgesamt ein erstes Verständnis bezüglich Rechnungen und der Bedeutung der einzelnen Elemente einer Rechnung als gewisse Vorstufe durch die Vernetzung der enaktiven und symbolischen Ebene vorhanden zu sein scheint.

Schließlich lässt sich auch das Phänomen *Keine Hürde bei Vernetzung enaktiv – symbolisch* feststellen. Hierbei soll eine symbolisch dargestellte Rechnung auf die RWT und den Zähler auf enaktiver Ebene übertragen werden. In einer exemplarischen Szene notiert Hannes an der Tafel auf symbolischer Ebene eine eigene Rechnung, $1 + 2 = 3$. Der Zähler wird von der Förderlehrkraft entsprechend bedient, Hajo überträgt die Rechnung auf die RWT. Hannes erklärt daraufhin, dass man auf der Zahl Eins beginnen und dann zweimal hüpfen muss. Für den Zähler präzisiert er es noch einmal, indem er erklärt, dass das orange Rädchen zweimal gedreht werden muss. Nachdem die Förderlehrkraft die Handlung durchgeführt hat, überprüft er den eingestellten Zähler noch einmal und bestätigt seine Richtigkeit.

Bei dem Phänomen findet nicht direkt eine aktive Vernetzung der beiden Ebenen statt, da die jeweiligen Handlungen von anderen Personen durchgeführt werden. Allerdings gelingt es, die Handlungsanweisungen zu versprachlichen und für das jeweilige Material zu spezifizieren, sodass sprachlich explizit ohne erkennbare Herausforderungen eine Vernetzung der beiden Ebenen stattfindet. Das lässt den Schluss zu, dass im Hinblick auf Rechnungen ein Verständnis vorliegt, welches sich insbesondere durch die gelungene Vernetzung der symbolischen und enaktiven Ebene zeigt. Dass außerdem das zu drehende Rädchen spezifiziert werden kann, deutet auf eine Berücksichtigung des Stellenwertes des zweiten Summanden hin. Da eine Bestätigung der Endeinstellung vorgenommen wird, kann unter Umständen auch ein bewusster Bezug zwischen den beiden symbolischen Darstellungen am Zähler und an der Tafel hergestellt werden. Darauf wird jedoch nicht weiter eingegangen, weshalb diese Aussage nicht abschließend bestätigt werden kann.

Die für die Vernetzung der enaktiven und symbolischen Ebene herausgearbeiteten Phänomene werden in Abbildung 10.18 dargestellt.

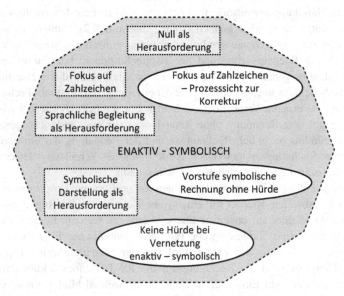

Abb. 10.18   Rechnung (0–9): enaktiv – symbolisch

Vernetzung ikonisch – symbolisch
Wie bereits bei der Vernetzung der enaktiven und symbolischen Ebene lässt sich auch bei der Vernetzung der ikonischen und symbolischen Ebene das Phänomen *Symbolische Darstellung als Herausforderung* feststellen, wobei hier aus der ikonischen Darstellung die symbolische Darstellung entlang des Sprachgerüsts entwickelt werden soll. Dabei treten Schwierigkeiten bei der Ableitung der verschiedenen Angaben auf. Henrieke bearbeitet in einer exemplarischen Szene

eine Aufgabe, in der in dem ikonisch dargestellten ZARAO 0–9 die Bewegung $9 + 0 = 9$ eingezeichnet ist und diese anhand einer Tabelle entlang des Sprachgerüsts mit der symbolischen Ebene vernetzt werden soll (siehe Abb. 10.19). Dabei trägt Henrieke selbstständig den Start ein, weiß dann jedoch nicht weiter und wendet sich an die Förderlehrkraft. Im gemeinsamen Gespräch kann Henrieke auch für die Richtung die korrekte Angabe ‚nach oben' angeben und das mit Hilfe des Pfeils begründen. Somit scheint sie grundsätzlich die ikonische Abbildung interpretieren zu können. Beim Eintragen der symbolischen Darstellung jedoch zeigt Henrieke Schwierigkeiten und will in das Feld zur Richtung die Zahl Neun eintragen. Nach Konkretisierung der Förderlehrkraft, ob das Rechenzeichen Plus oder Minus eingetragen wird, kann sie entsprechend Plus nennen und eintragen. Bei der Frage ‚Wie oft?' scheint Henrieke einen kurzen Moment irritiert zu sein, kann sie dann jedoch korrekt beantworten und eintragen, gleiches trifft auf das Ziel zu.

Abb. 10.19 Arbeitsblatt
zum Phänomen
Symbolische Darstellung
als Herausforderung

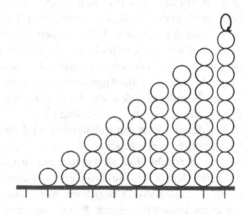

Start	Wohin __?	Wie oft __?	Ziel
9	+	0	9

Bei dem Phänomen zeigt sich, dass die Vernetzung der ikonischen mit der symbolischen Ebene im Kontext von Rechnungen eine Hürde darstellen kann. Im Gespräch wird dazu deutlich, dass die ikonische Abbildung durchaus interpretiert werden kann, die Übertragung auf die symbolische Ebene jedoch herausfordernd ist. Insgesamt scheint vor allem das Aufgabenformat noch unklar zu sein.

Eine Orientierung am Sprachgerüst zur Interpretation und Strukturierung dient jedoch als Hilfestellung und übernimmt die Rolle des Bindeglieds zwischen der ikonischen und symbolischen Ebene (siehe Abschnitt 9.2). Die Hürde in der Vernetzung wird insbesondere bei der Angabe zur Richtung und deren Darstellung auf symbolischer Ebene deutlich. Hierbei müssen durch die Förderlehrkraft eine klare Eingrenzung getätigt und die beiden Möglichkeiten auf symbolischer Ebene, die sich dabei auch sprachlich von der Darstellung auf ikonischer Ebene abgrenzen, aufgezeigt werden. Erst dann kann das entsprechende Rechenzeichen eingetragen werden. Als mögliche zusätzliche Herausforderung kommt hinzu, dass es sich um eine Rechnung handelt, bei der der zweite Summand Null ist. Da die Hürden jedoch auch im Kontext des Rechenzeichens auftreten, welches nicht direkt mit der Zahl Null in Verbindung steht, scheint das Verständnis von Rechnungen insgesamt aufgrund der Schwierigkeiten bei der Vernetzung der ikonischen und symbolischen Ebene noch nicht umfassend ausgebildet zu sein.

Zu dem Phänomen lässt sich außerdem eine andere Szene ergänzend genauer beleuchten, in der die gleiche Aufgabe $9+0=9$ bearbeitet wird. Auch bei dieser Szene kann der Start ohne Schwierigkeiten korrekt in die symbolische Darstellung übertragen werden. Die Richtung identifiziert Heidi als ‚nichts' und trägt in der entsprechenden Spalte ein Gleichheitszeichen ein. Auf Nachfrage erklärt sie, dass es gleichbleibt, hat allerdings Schwierigkeiten, es sprachlich zu erklären. Als die Förderlehrkraft nach dem Ziel fragt, korrigiert sich Heidi selbstständig und trägt die jeweiligen Angaben vollständig ein.

Bei dieser Szene zum Phänomen wird der Aspekt zur Zahl Null noch einmal deutlich hervorgehoben. Es scheint ein Verständnis vorhanden zu sein, dass bei der Zahl Null als zweiten Summanden sich das Ergebnis nicht verändert, also dem ersten Summanden entspricht. Somit stellt die Zahl Null selbst keine Herausforderung beziehungsweise Hürde dar, sondern scheint vielmehr mit einer kontextbezogenen Bedeutung verbunden zu werden. Allerdings tritt im Zuge des Verschriftlichens entlang des Sprachgerüsts als Struktur für das Ermitteln der Elemente einer Rechnung eine Hürde auf, indem zunächst keine ausführliche Rechnung mit der Zahl Null als zweiten Summanden aufgeschrieben werden kann. An der Stelle scheint noch kein umfassendes Verständnis dafür vorzuliegen, dass auch die Zahl Null in Rechnungen eine zu allen anderen Zahlen gleichwertige Rolle einnimmt. Es liegt hierbei somit zunächst eine Hürde bei der Vernetzung der ikonischen mit der symbolischen Ebene nach der im Lehr-Lernarrangement vereinbarten Konvention vor. Der Verweis auf das Sprachgerüst als struktureller Rahmen und insbesondere die Versprachlichung der mathematischen Ideen im gemeinsamen Dialog scheinen hilfreich zu sein (siehe

Abschnitt 9.2), indem dadurch die jeweiligen Angaben selbstständig korrigiert und angepasst werden.

Bei der Vernetzung der beiden Ebenen kann auch das Phänomen *Keine Hürde bei Vernetzung ikonisch – symbolisch* ausgemacht werden. Dabei wird zunächst selbst in der ikonischen Abbildung der RWT eine Bewegung eingetragen, diese auf die jeweiligen Zählereinstellungen übertragen und dann als symbolische Rechnung an der Tafel aufgeschrieben. In einer Szene trägt Hannes eine Bewegung in die Abbildung der RWT für das Häschen ein und füllt daraufhin korrekt auch die jeweiligen Zählereinstellungen aus. Dabei findet eine erste Vernetzung mit der symbolischen Ebene statt, da er für die Zählereinstellungen bereits die symbolischen Zahlzeichen nutzt. Allerdings ist an der Stelle noch nicht die vollständige Rechnung symbolisch notiert (siehe Abb. 10.20). Diese schreibt er dann jedoch im Anschluss selbstständig an die Tafel. Dabei treten keinerlei Hürden auf. Auffallend ist jedoch, dass er die Rechnung zunächst frei an eine beliebige Stelle der Tafel aufschreibt. Als er jedoch das Ergebnis aufschreiben will, überträgt er die einzelnen Elemente noch einmal strukturiert unter die Fragestruktur-Karten, wobei er als Richtung einen Pfeil nach oben notiert. Das Ziel trägt er daraufhin direkt als Ergebnis hinter die zunächst aufgeschriebene Rechnung ein.

Abb. 10.20 Arbeitsblatt
zum Phänomen *Keine
Hürde bei Vernetzung
ikonisch – symbolisch*

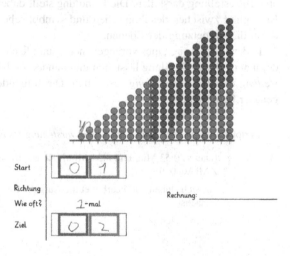

Bei der frei gewählten Rechnung handelt es sich zwar mit $1 + 1 = 2$ um eine sehr simple Aufgabe. Dennoch scheint das Phänomen darauf hinzudeuten, dass grundsätzlich ein Verständnis von der Struktur von Rechnungen vorhanden und die Bedeutung der einzelnen Zahlen und Rechenzeichen verstanden ist, was sich insbesondere durch die Vernetzung der symbolischen und ikonischen Ebene zeigt. Die zusätzliche Beantwortung der Fragestruktur-Karten, die für die Ermittlung des Ziels unter Umständen als eine bekannte Struktur hinzugezogen werden (siehe Abschnitt 9.2), hebt hervor, dass die Elemente einer Rechnung mit einem bedeutungsbezogenen Verständnis verbunden sind. Unter letzterem versteht Prediger (2013b, S. 29), dass die genutzten Sprachmittel, hier konkret die Elemente einer Rechnung, primär die mathematische Bedeutung fokussieren und dabei (noch) von formalbezogenen Sprachmitteln abweichen können. Darüber kann jedoch „die Entwicklung eines tragfähigen Verständnisses" (Prediger, 2013b, S. 29) gelingen (siehe auch Niederhaus et al., 2016, S. 145 ff.; Prediger, 2017, S. 232 ff.). Insbesondere die Bestimmung der Richtung, die beim Sprachgerüst mit einem Pfeil und nicht mit einem Rechenzeichen angegeben wird, führt zu keiner Hürde, sodass die Bedeutung des Rechenzeichens verstanden zu sein scheint. Ein relevanter Aspekt für die erfolgreiche Vernetzung könnte möglicherweise sein, dass die ikonische Darstellung selbst eingetragen wird und somit durch Handlungen am abgebildeten Material aktiv erzeugt wird (siehe Abschnitt 9.2). Somit kann der Prozess stärker fokussiert werden, der wiederum den zweiten Summanden abbildet. Diese Herangehensweise kann deshalb eine Hilfestellung darstellen. Die Handlung stellt dabei unter Umständen eine Art Bindeglied zwischen der ikonischen und symbolischen Ebene dar und erleichtert damit die Vernetzung der Ebenen.

In der Vernetzung einer vorgegebenen symbolisch dargestellten Rechnung mit der ikonischen Darstellung lässt sich unter anderem das Phänomen *Ikonische Darstellung als Herausforderung* feststellen. Die folgende Szene wird exemplarisch genauer beschrieben:

Transkript Helen zum Phänomen *Ikonische Darstellung als Herausforderung*

1	[Dauer: 0:53 Min. und 0:34 Min.] [Helen sitzt an einem Tisch, hat den ZARAO 0–9
2	vor sich stehen und bearbeitet die Aufgabe 8-0 auf dem Arbeitsblatt. AZ sitzt zunächst
3	neben Helen.]

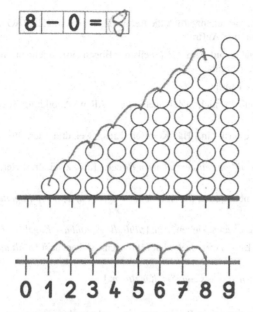

4	Helen	Acht minus Null [trägt eine 0 als Ergebnis ein.] Da muss ich keins machen.
5	AZ	Mhm, warum? Warum nicht? Warum braucht man da keinen Pfeil zu machen?
6	Helen	Weil Acht minus Null gleich Null.. Ne Acht.
7	AZ	Warum Helen? Das ist richtig, aber warum?
8	Helen	Was?
9	AZ	Warum? Wieso muss man da [zeigt auf die ZARAO-Abbildung auf dem AB] keine
10		Pfeile machen? … An der Stelle?
11	Helen	Weil das keine- [zuckt mit den Schultern] [7 sec.]
12	AZ	Ist richtig…
13	Helen	Weil das minus ist.
14	AZ	Minus und wie oft dann [macht mit den Händen Hüpfbewegungen in der Luft]? Wie
15		oft soll der denn hüpfen?
16	Helen	Acht. … Null (?) [flüsternd.]
17	AZ	Sag nochmal.
18	Helen	Null.

19 AZ   Nullmal.

20   ... [Helen hat zwischenzeitlich die Rechnung enaktiv am ZARAO umgesetzt
           und erhält nun den Auftrag,

21   bei den Aufgaben auf dem AB jeweils die Bögen einzuzeichnen. Sie
           bearbeitet die Aufgabe

22   alleine.] [3:24 Min.]

23 Helen Aber wie, weiß ich nicht. [Zeichnet in der ZARAO-Abbildung Bögen von
           dem 1er- bis

24   zum 8er-Kugelturm ein.] Hä? Komisch. Eins, zwei, drei, vier, fünf, sechs,
           sieben

25   [*zählt die Anzahl der eingezeichneten Bögen.*] Eins, zwei, drei, vier, fünf,
           sechs,

26   sieben, acht, neun [*zählt die Anzahl der Kugeln auf dem 9er-Kugelturm.*]
           Eins, zwei,

27   drei, vier, fünf, sechs, sieben, acht [*zählt die Anzahl der Kugeln auf dem 8er-*

28   *Kugelturm.*] Eins, zwei, drei, vier, fünf, sechs, sieben, acht [*zählt die Anzahl
           der*

29   *Positionen vom 1er- bis zum 8er-Kugelturm.*]

Auf dem Arbeitsblatt ist eine Rechnung in symbolischer Form notiert, allerdings fehlt noch das Ergebnis. Helen trägt hier als erstes eine Null ein und kann
dann sofort angeben, dass sie bei der ikonischen ZARAO-Darstellung nichts eintragen muss (Z. 4). Als Begründung nennt Helen dafür, dass die Lösung der
Rechnung 8 − 0 gleich Null ist. Nach wenigen Sekunden korrigiert sie sich
selbstständig auf Acht (Z. 6). Die Rückfrage der Förderlehrkraft, warum in der
ikonischen Darstellung des ZARAOs bei der Rechnung keine Pfeile eingezeichnet werden, scheint Helen schwer zu fallen, da sie lange nicht antwortet und dann
nur unsicher (Z. 11). Schließlich begründet sie es mit dem Rechenzeichen Minus
(Z. 13). Die Förderlehrkraft fragt nach, wie oft die Figur denn dann hüpft, woraufhin Helen zunächst mit achtmal, dann jedoch korrekt mit nullmal antworten
kann (Z. 16 ff.). Wenige Minuten später trägt Helen in eben diese Abbildung des
ZARAOs Bögen ein, wobei sie beim 1er-Kugelturm beginnt und dann bis zum
8er-Kugelturm die Hüpfer als Bögen einzeichnet (Z. 23 f.). Sie zählt unterschiedliche Elemente, sowohl die Kugeln auf dem 9er- und 8er-Kugelturm als auch die
Bögen und die Positionen (Z. 24 ff.). Es scheint ihr völlig unklar zu sein, was
genau sie zählen muss. Der Auslöser für das Einzeichnen der Bögen bleibt an
der Stelle unklar und es findet dazu auch kein vertieftes Gespräch statt, da die
Schülerin die Aufgabe in Einzelarbeit bearbeitet.

Es zeigt sich bei dem Phänomen jedoch, dass zunächst das Lösen der Rechnung 8 − 0 als solches zu einer Hürde führt. Dies hängt vermutlich mit der Zahl Null als Subtrahend zusammen. Allerdings scheint insbesondere die Vernetzung mit der ikonischen Ebene die Herausforderung zu sein, da im Gespräch mit der Förderlehrkraft zwar erläutert werden kann, dass für die symbolische Rechnung keine Hüpfer eingezeichnet werden. So wird die Vernetzung zunächst entsprechend korrekt beschrieben. Im Anschluss werden dann allerdings bei der selbstständigen weiteren Bearbeitung Hüpfer in der Abbildung eingezeichnet, sodass an der Stelle eine eindeutige Hürde in der Vernetzung festzustellen ist. Somit gelingt insgesamt die Vernetzung der symbolischen und der ikonischen Ebene in der gesamten Umsetzung nicht, weshalb die mentale Vorstellung der Rechnung noch nicht umfassend vorhanden zu sein scheint. Das scheinbar wahllose Zählen unterschiedlicher Elemente (Z. 24 ff.) bestärkt die Annahme, dass die vorgenommene Eintragung in die ikonische Abbildung noch nicht mit einem Verständnis im Hinblick auf die symbolische Rechnung als Ganzes verbunden ist. Stattdessen werden verstärkt einzelne Elemente, insbesondere die Acht als Minuend, in der ikonischen Abbildung gesucht, jedoch ohne weitere Bedeutungszusammenhänge herzustellen. Eine mögliche Ursache für das Auftreten der Hürde könnte zudem eine nicht klar verstandene Aufgabenstellung sein, da der Fehler auftritt, als die Aufgabe ohne Unterstützung durch die Förderlehrkraft weiterbearbeitet wird. Des Weiteren könnte die ausbleibende Handlung durch die Zahl Null als Subtrahend für Unsicherheit sorgen, da auf ikonischer Ebene deshalb keinerlei Handlung stattfindet beziehungsweise vielmehr keine Darstellungen für die Hüpfprozesse eingezeichnet werden (siehe Abschnitt 9.2). In beiden Fällen wäre ein vertiefendes Gespräch der Förderlehrkraft mit den Lernenden zu den Eintragungen in der ikonischen Abbildung notwendig gewesen, um detailliertere Aussagen treffen zu können. Deshalb kann hier keine der Vermutungen bestätigt oder widerlegt werden. Insgesamt scheint bei dem Phänomen jedoch eine Struktur für das Vorgehen der Vernetzung zu fehlen, die beispielsweise durch die Fragestruktur-Karten entstehen kann. Diese könnten gleichzeitig als sprachliche Entlastung für eingeforderte Erklärungen dienen. Auch die Aufforderung zur beziehungsweise der Einsatz von Darstellungsvernetzung kann hilfreich sein, indem zum Beispiel die enaktive Ebene hinzugezogen wird (siehe Abschnitt 9.2).

Aber auch bei der Ausgangslage, dass eine symbolisch dargestellte Rechnung vorgegeben ist und diese auf die ikonische Ebene übertragen werden soll, lässt sich das Phänomen *Flexible Vernetzung* ausmachen, bei dem ein Verständnis für Rechnungen durch eine erfolgreiche Vernetzung der Ebenen vorhanden zu sein scheint. In einer beispielhaften Szene notiert der Mitschüler eine symbolische Rechnung an der Tafel, die Hajo ohne Hürde auf die ikonische Abbildung der

RWT übertragen kann. Bei der Übertragung auf die ikonische Abbildung des Zählers auf dem Arbeitsblatt (siehe Abb. 10.21) notiert er hingegen für die Anzahl der Drehungen das Ergebnis, welches er jedoch auch bei der Zieleinstellung einträgt. Somit gelingt die Vernetzung zwar bei der Abbildung der RWT, nicht aber bei der Zählerdarstellung. Möglicherweise handelt es sich hierbei jedoch nur um einen Flüchtigkeitsfehler. Seine ikonisch erstellte Abbildung überträgt er dann noch einmal in die symbolische Darstellung der Rechnung, die er auf dem Arbeitsblatt selbst aufschreibt. Hierbei übernimmt er den Fehler aus der Zählerabbildung, indem er die Rechnung $1 + 2 = 2$ trotz Irritationsmomenten und eigenständiger Überprüfung der abweichenden Rechnung an der Tafel aufschreibt. Als Hajo seine Angabe zur Anzahl der Drehungen korrigiert, verändert er ohne Aufforderung auch seine Rechnung.

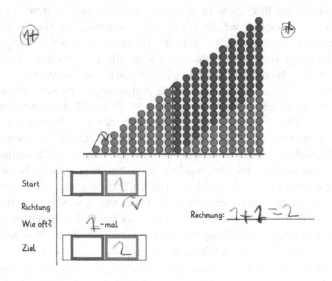

Abb. 10.21 Arbeitsblatt zum Phänomen *Flexible Vernetzung*

Bei dem Phänomen zeigt sich ein erstes Verständnis für Rechnungen und deren mentalen Vorstellungen, da die verschiedenen Darstellungsebenen (symbolisch und ikonisch) erfolgreich miteinander vernetzt werden können und das Herstellen von Bezügen zwischen den Darstellungen sichtbar wird. Deutlich wird das zum einen durch die Übernahme des Fehlers in der Zählerabbildung, indem die nicht korrekt notierte Anzahl der Drehungen als zweiter Summand übernommen wird. Eine gewisse Irritation wird durch mehrfaches Zögern beim Summanden und auch beim Ergebnis auf symbolischer Ebene deutlich, dennoch wird sich an der ikonischen Darstellung orientiert. Zum anderen zeigt sich die erfolgreiche Vernetzung noch einmal im Umgang mit dem Fehler und dessen Korrektur. Sobald die Angabe zur Anzahl der Drehungen verändert wird, wird auch der zweite Summand in der Rechnung angepasst. Des Weiteren fällt auf, dass sich scheinbar primär an der ikonischen Abbildung des Zählers und nicht der RWT orientiert wird, da nur bei der Zählerabbildung der Fehler vorhanden ist. Diese Abbildung ist entlang des Sprachgerüsts strukturiert, sodass die dadurch vorhandene Strukturierung möglicherweise als Hilfestellung genutzt wird (siehe Abschnitt 9.2).

In der Kategorie ‚Rechnung (0–9)' lassen sich in der Vernetzung der ikonischen und symbolischen Ebene die in Abbildung 10.22 aufgeführten Phänomene feststellen.

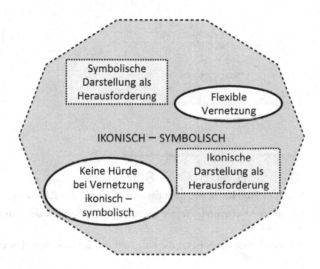

Abb. 10.22 Rechnung (0–9): ikonisch – symbolisch

Vernetzung enaktiv – ikonisch – symbolisch
Bei der Vernetzung der enaktiven, ikonischen und symbolischen Ebene lässt sich das Phänomen *Vernetzung als Herausforderung* feststellen. Hierbei tritt eine

große Hürde bei der Vernetzung der symbolisch dargestellten Rechnung mit der ikonischen und vor allem der enaktiven Ebene auf:

Transkript Helen zum Phänomen *Vernetzung als Herausforderung*

1		[Dauer: 0:50 Min.] [Helen sitzt an einem Tisch, hat den ZARAO 0–9 vor sich stehen
2		und bearbeitet die Aufgabe 5+0 auf dem Arbeitsblatt. Sie hat bereits ein Ergebnis und
3		die Bögen eingetragen. AZ fordert sie nun auf, die Aufgabe am ZARAO enaktiv
4		umzusetzen.]

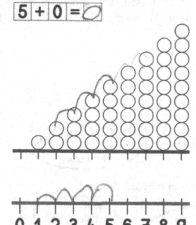

5	AZ	Nimm mal die Katze und hüpf das mal [zeigt auf den ZARAO.]
6	Helen	[Nimmt die Katze und setzt sie auf den 0er-Kugelturm] null. Eins [setzt die Katze auf den
7		1er-Kugelturm], zwei [setzt die Katze auf den 2er-Kugelturm], drei [setzt die Katze auf
8		den 3er-Kugelturm], vier [setzt die Katze auf den 4er-Kugelturm], fünf [setzt die Katze
9		auf den 5er-Kugelturm]. Hab ich Frau Zurnieden.
10	AZ	Und wo ist er dann?
11	Helen	Bei der Fünf. [Schiebt das Podest und die Katze an der Stange des 5er-Kugelturms hoch
12		und wieder runter.]

13	AZ	Und dann probier mal aus mit plus, wohin guckt er dann und wie oft hüpft er?
14	Helen	Hä? [Hüpft mit der Katze vom 5er- auf den 4er-Kugelturm.] Verstehe nicht [setzt die
15		Katze wieder auf den 5er-Kugelturm.]
16	AZ	Welches Zeichen? Plus oder minus?
17	Helen	Min- plus.
18	AZ	Okay [legt das Plus-Zeichen auf den Tisch.]
19	Helen	Aber kann da nicht weiter [nimmt die Katze vom Podest und setzt sie auf den Tisch.]
20	AZ	Und wie oft hüpft der dann?
21	Helen	Wieder fünf.
22	AZ	Was steht denn da für eine Zahl? Plus?
23	Helen	Plus.
24	AZ	Plus? [Zeigt auf das +0 in der Aufgabe.]
25	Helen	Fünf plus Null gleich Null.
26	AZ	Hüpft die Katze das auch so?
27	Helen	Was?
28	AZ	Hüpft die Katze das auch so?
29	Helen	Hä? Hä verstehe ich nicht was du meinst.

Helen hat bei der symbolisch dargestellten Rechnung auf dem Arbeitsblatt für die Rechnung 5 + 0 als Ergebnis das Zahlzeichen 0 notiert und dafür bei der entsprechenden ikonischen Darstellung Hüpfer vom 2er- bis zum 5er-Kugelturm eingezeichnet. Bei der Vernetzung mit der enaktiven Darstellung am ZARAO beginnt sie beim 0er-Kugelturm und hüpft dann bis zum 5er-Kugelturm (Z. 5 ff.). Es fällt auf, dass sie jeweils die Anzahl der Kugeln angibt, da sie bereits beim 0er-Kugelturm laut Null zählt (Z. 5). Beim Versuch der Förderlehrkraft, die abgebildete Rechnung vom 5er-Kugelturm aus weiter darzustellen, äußert Helen Unverständnis. Helen nennt zwar das Rechenzeichen, kann allerdings nicht die durch die Rechnung vorgegebene Anzahl an Hüpfern angeben (Z. 13 ff.). Nach erneutem Auffordern liest sie noch einmal die Rechnung mit falschem Ergebnis vor und Helen zeigt keinerlei Anzeichen, dass sie das Ergebnis korrigieren will (Z. 24). Auch auf die Nachfrage, ob die Katze entsprechend der Rechnung gehüpft ist, äußert Helen erneut Unverständnis (Z. 28).

Das Phänomen deutet darauf hin, dass die Vernetzung der symbolischen, ikonischen und enaktiven Ebene noch mit größeren Herausforderungen verbunden sein kann. Grund dafür könnte zum einen eine sprachliche Barriere sein, indem die Aufgabenstellung den Lernenden unklar ist und nicht verstanden wird. Hier könnte ein exemplarisches Handeln als Hilfestellung unterstützen, damit die Anforderung bezüglich der Vernetzungen der drei Ebenen konkretisiert werden kann. Zum anderen könnte die Hürde durch ein noch nicht ausgeprägtes Verständnis von Rechnungen entstehen, das insbesondere durch die Vernetzung der drei Ebenen offensichtlich wird. Bei diesem Phänomen wird von Schüler*innenseite keinerlei Vernetzung mit der ikonischen Ebene hergestellt, obwohl diese ebenfalls vorhanden ist und möglicherweise einen Übergang zwischen der symbolischen und enaktiven Ebene darstellen könnte. Denn auch die Vernetzung der symbolischen und enaktiven Ebene und in dem Kontext zudem die Handlung mit dem Material (siehe Abschnitt 9.2) gelingt nicht und kann auch nach Aufforderung durch die Förderlehrkraft nicht hergestellt werden. Als weitere Hürde lässt sich der Umgang mit der Zahl Null nennen, da im Zuge der enaktiven Umsetzung und der Nachfrage zum zweiten Summanden in der exemplarischen Szene konkret die Aussage getroffen wird „Aber kann da nicht weiter" (Z. 18). Dieses Verständnis der Zahl Null, indem sie nicht mit einem Hüpfer auf der Stelle beziehungsweise keinem Hüpfer verbunden wird, sondern mit einer nicht umsetzbaren Handlung, führt dazu, dass nach alternativen Summanden gesucht wird. Dies wiederum hebt die Herausforderung der Vernetzung hervor. Insgesamt zeigt sich durch die nicht gelungene Vernetzung der drei Ebenen und die Herausforderungen mit der Zahl Null, dass bezüglich der mentalen Vorstellungen im Hinblick auf ein grundlegendes arithmetisches Verständnis von Rechnungen noch deutliche Lücken im Zahlenraum 0 bis 9 vorzuliegen scheinen.

In der Vernetzung der enaktiven, ikonischen und symbolischen Ebene kann das in Abbildung 10.23 dargestellte Phänomen analysiert werden.

Abb. 10.23 Rechnung (0–9): enaktiv – ikonisch – symbolisch

Insgesamt lässt sich in der Kategorie ‚Rechnung (0–9)' anhand der Phänomene feststellen, dass die Vernetzung der symbolischen und enaktiven sowie der symbolischen und ikonischen Ebene mit deutlichen Herausforderungen verbunden sein kann. In dem Zusammenhang stellt die Zahl Null als ein Element der Rechnung eine besondere Hürde dar, die insbesondere in der Vernetzung offensichtlich wird. Als ein relevanter Aspekt lässt sich die Einnahme der Prozesssicht ausmachen, die vor allem bei der Vernetzung der symbolischen und enaktiven Ebene zentral ist, um den zweiten Summanden oder den Subtrahenden zu ermitteln beziehungsweise zu erzeugen. Bei gelungener Einnahme der Prozesssicht kann eine Vernetzung (leichter) gelingen. Außerdem kann das Sprachgerüst insgesamt als hilfreiche Ergänzung festgestellt werden, indem es zum einen sprachlich eine Orientierung gibt, zum anderen aber auch eine Struktur für die Handlung oder vielmehr die Vernetzung anbietet. Über die deutlich erkennbaren Hürden im Zuge von Rechnungen hinaus lassen sich jedoch auch Phänomene finden, die (erste) Erkenntnisse und verstehensorientierte mentale Vorstellungen aufweisen, sodass ein Verständnis von Rechnungen ausgebildet zu sein scheint. Zwar können auch dann Fehler in der Vernetzung nicht ausgeschlossen werden, grundsätzlich findet aber eine erfolgreiche Vernetzung der Darstellungen statt und lässt somit ein Verständnis von Rechnungen, deren Konstruktion und die Bedeutung der einzelnen Elemente einer Rechnung erkennen (siehe Abb. 10.24).

Wie sich die mentalen Zahlvorstellungen insbesondere im Hinblick auf den Zehnerübergang bezüglich des dezimalen Stellenwertsystems im erweiterten Zahlenraum 0 bis 19 verhalten, wird im nächsten Abschnitt anhand von Phänomenen herausgearbeitet.

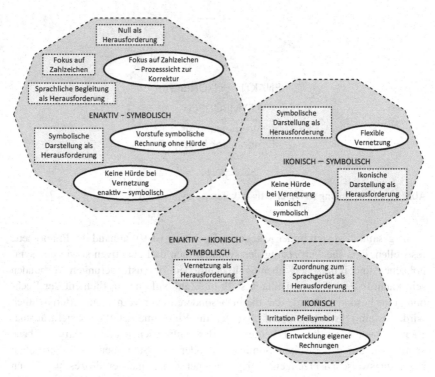

Abb. 10.24 Rechnung (0–9) gesamt

10.2   Ergebnisse zum Zahlverständnis beim Zehnerübergang – Zahlenraum 0 bis 19

Als Weiterführung des kleinen Zahlenraums 0 bis 9 wird im Zuge des Lehr-Lernarrangements als zentraler Inhalt der Zehnerübergang mit Blick auf das dezimalen Stellenwertsystems erarbeitet. Hierzu werden zunächst auffallende Phänomene der Kategorie ‚Verknüpfung RWT und Zähler (0–19)' dargestellt. Zwar wird eben diese Kategorie bereits im kleinen Zahlenraum insbesondere für die Weiterentwicklung des Lehr-Lernarrangements beleuchtet; allerdings lassen sich die im erweiterten Zahlenraum auftretenden Hürden nicht ausschließlich dem Lehr-Lernarrangement zuschreiben und sollen deshalb auch mit Blick auf die mentalen Zahlvorstellungen analysiert werden. Die Auswertung der Kategorie ‚Handlung am Material (0–19)' erfolgt bereits in Abschnitt 10.1, weshalb sie an dieser Stelle nicht erneut aufgegriffen wird. Weitere dem Kategoriensystem entsprechende Kategorien für den Zahlenraum 0 bis 19 sind:

- Zehnerübergang
- Zahlkonstruktion
- Rechnung (0–19)

Auch für die Analyse im erweiterten Zahlenraum wird zwischen den Darstellungsebenen beziehungsweise -vernetzungen differenziert, sodass diese strukturgebend sind. Im Zentrum der Analyse stehen ebenfalls auftretende Hürden und Auffälligkeiten (hier einzuordnende Phänomene in den Visualisierungen in rechteckigen Kästchen dargestellt), Aspekte, die sich in dem Zusammenhang als hilfreiche Unterstützung erweisen, sowie Hinweise auf erste Erkenntnisse im Zahlverständnis (hier einzuordnende Phänomene in den Visualisierungen in Ellipsen dargestellt).

10.2.1 Phänomene in der Kategorie ‚Verknüpfung RWT und Zähler (0–19)'

Vernetzung enaktiv – symbolisch
In der Kategorie ‚Verknüpfung RWT und Zähler (0–19)' lassen sich bei der Vernetzung der enaktiven und symbolischen Ebene die Phänomene *Einer- und Zehnerdrehung pro Hüpfer*, *Orientierung an der Farbe* und *Erkenntnis zum Zusammenhang zwischen Hüpfen und Drehen* feststellen. Die symbolische Ebene wird dabei insbesondere durch die Einstellung des Zählers repräsentiert.

Bei erstgenanntem Phänomen kann die Startposition des Häschens auf der RWT korrekt auf den Zähler übertragen werden. Eine Hürde entsteht dann bei der Übertragung der Hüpfer an der RWT auf den Zähler (siehe auch Zurnieden, 2022, S. 1406):

Transkript Hajo zum Phänomen *Einer- und Zehnerdrehung pro Hüpfer*

1		[Dauer: 2:08 Min.] [Vor Hajo stehen die RWT und der Zähler. Das Häschen sitzt auf der
2		19er-Kugelstange der RWT. Hajo erhält eine Hüpfanweisung für das Häschen.]
3	AZ	Wo ist denn jetzt dein Häschen gelandet? Weißt du das noch? [Währenddessen

4		dreht Hajo am Zähler, 7 sec. Hajo zeigt AZ den Zähler, der auf 19 eingestellt ist.] Da
5		steht das Häschen?
6	Hajo	Ja.
7	AZ	Super. Okay, jetzt guckt das Häschen nach unten //und hüpft// dreimal, versuch
8		das noch einzustellen.
9	Hajo	[//Dreht das Häschen, sodass es nach unten schaut.// Er guckt auf den Zähler, setzt
10		das Häschen auf die 18er-Kugelstange, dreht an beiden Rädchen des Zählers, stellt
11		dann das Häschen auf die 17er-Kugelstange und dreht erneut an beiden Rädchen des
12		Zählers.] Dreimal?
13	AZ	Ja.
14	Hajo	[Spurt mit dem Finger den Hüpfer von der 19er- auf die 18er-Kugelstange und dann
15		auf die 17er-Kugelstange nach und hüpft dann mit dem Häschen mit Zögerungen auf
16		die 16er-Kugelstange. Dann stellt er den Zähler ein, wobei er erneut an beiden
17		Rädchen dreht. Er zeigt AZ seinen Zähler.]
18	AZ	Wo ist es denn jetzt gelandet, meinste?
19	Hajo	Die Zahl war auch total durcheinander [dreht am Zehnerrädchen und zeigt AZ den
20		Zähler, der nun auf 33 eingestellt ist.]
21	AZ	Bei Dreiunddreißig steht dein Häschen?
22	Hajo	Hö? [Tippt mit dem Finger auf die 19-Kugelstange, die 18er-Kugelstange und auf die
23		17er-Kugelstange, wobei er die Hüpfer zu zählen scheint. Dann stellt Hajo den Zähler
24		erneut ein, indem er am Einer- und Zehnerrädchen mehrfach dreht, 13 sec. Hajo zeigt
25		AZ den Zähler, der auf 16 eingestellt ist.]
26	AZ	Okay. Welches muss man denn jetzt drehen, wenn du von der Neunzehn aus
27		kommst? Dreht man dann am grünen oder dreht man das hier? [Deutet auf das
28		Einerrädchen.] Das orangene?

29	Hajo	Grün. Ne orange.
30	AZ	Warum meinst du?
31	Hajo	Ja, weil [spurt mit den Händen die Kugelstangen der RWT entlang, 6 sec.] weil die
32		Zeilen ändern sich immer [spurt erneut die Kugelstangen der RWT bis zur 0er-
33		Kugelstange entlang.]

Hajo startet mit dem Häschen auf der 19er-Kugelstange, was er auch am Zähler korrekt darstellen kann (Z. 3 ff.). Dann erhält er die mündliche Anweisung für das Häschen, dreimal nach unten zu hüpfen. Parallel zum Hüpfen soll der Zähler entsprechend mit bedient werden. Pro Hüpfer dreht er daraufhin sowohl das Einer- als auch das Zehnerrädchen jeweils einmal (Z. 9 ff.). Dabei scheint er mit seiner Endeinstellung nicht zufrieden zu sein, bezeichnet sie als „durcheinander" (Z. 19) und verändert den Zähler dahingehend, dass er schließlich das Zahlzeichen 33 zeigt (Z. 19 f.). Auf die Rückfrage, ob das Häschen auf der RWT auf der 33er-Kugelstange sitzt, kann Hajo selbstständig die Einstellung des Zählers korrekt anpassen, indem er diesen entsprechend der Zielposition des Häschens auf der 16er-Kugelstange einstellt (Z. 22 ff.). Auf die Rückfrage, welches Rädchen für die Hüpfer von der 19er-Kugelstange aus gedreht werden muss, antwortet Hajo zunächst grün, korrigiert sich aber direkt auf orange. Sprachlich begründet er es folgendermaßen: „weil die Zeilen ändern sich immer" (Z. 31 f.).

Dieses Phänomen zeigt, dass die Bedienung des Zählers insbesondere im Hinblick auf den Prozess der Subtraktion beziehungsweise des Abwärtshüpfens noch nicht verinnerlicht ist und somit eine Hürde darzustellen scheint. Bei der Aufgabe geht es um das Verständnis, dass für jeden Hüpfer das Einerrädchen am Zähler einmal gedreht werden muss, also ein Hüpfer auf der RWT einer Drehung am Einerrädchen entspricht. Lediglich beim Zehnerübergang wird das Zehnerrädchen ebenfalls einmal gedreht. Es wird deutlich, dass dieses Verständnis im Hinblick auf die Verknüpfung des Zählers mit der RWT und damit den einzelnen Hüpfern noch fehlt, da zur Vorgängerbildung jeweils das Einer- und Zehnerrädchen um eins zurückgedreht werden. Die Bedeutung der einzelnen Ziffern scheint in dem Zusammenhang also noch nicht erfasst worden zu sein (siehe auch Zurnieden, 2022, S. 1406). Auffallend ist an der Stelle, dass sich die Hürde auf den Prozess beschränkt und damit auf die erzeugende Handlung, denn sowohl der Start als feste Position als auch das Ziel können jeweils für sich korrekt auf die Zählereinstellung übertragen werden. Dies lässt den Schluss zu, dass die Einnahme der Prozesssicht im Hinblick auf die Verknüpfung der beiden Materialien eine Herausforderung darstellt. Somit scheint jedoch insgesamt die Funktionsweise des

Stellenwertsystems zur Vorgänger- und Nachfolgerbildung noch nicht verstanden zu sein. Dennoch kann in Ansätzen eine Begründung zur Zählereinstellung erfolgen, die sich wiederum an der RWT und ihrer Struktur der Kugelstangen orientiert, sodass selbstständig Bezüge zwischen den Materialien hergestellt werden. Hier fallen allerdings deutliche sprachliche Hürden auf: Die mündliche Erklärung ist nicht präzise und es wird nicht klar, worauf genau dabei Bezug genommen wird (siehe Abschnitt 9.2). Möglicherweise wird die Vorgängerbildung als solches fokussiert, die bedingt, dass der Zähler entsprechend verändert werden muss. Insgesamt sollte die Bedienung des Zählers im Zahlenraum 0 bis 19 intensiv erarbeitet werden, um auch in dem Bereich ein Verständnis zur Bedienung und Bedeutung der beiden Rädchen am Zähler ausbilden zu können.

Des Weiteren lässt sich das Phänomen *Orientierung an der Farbe (thematisch: Zehnerübergang)* herausstellen. Bei diesem wird für die entsprechende Zählereinstellung beim Zehnerübergang die Farbe der Kugeln als Orientierung genutzt. In einer ausgewählten Szene bedient Henrieke entsprechend der Hüpfer, die Hajo mit seinem Häschen an der RWT umsetzt, den Zähler. Die Starteinstellung kann sie, wie es auch beim Phänomen *Einer- und Zehnerdrehung pro Hüpfer* der Fall ist, ohne Hürden einstellen. Bereits beim Vornehmen dieser Einstellung wird die Orientierung an der Kugelfarbe deutlich (Z. 2), indem Henrieke selbst hinterfragt, wo die Acht ist (Z. 1 f.):

Transkriptauszug Henrieke zum Phänomen *Orientierung an der Farbe (thematisch: Zehnerübergang)*

1	Henrieke	Achtmal. [Dreht am Zehner- und Einerrädchen.] Keine Ahnung, ja wo ist denn
2		Acht? [Schaut erneut zu Hannes RWT.] Bei- die ist bei Orange [dreht am Einer- und
3		Zehnerrädchen.] Ja, ok ich habe es [zeigt den Zähler, der auf 08 eingestellt ist.]

Den Prozess des Hüpfens kann sie durch Drehen des orangen Rädchens am Zähler auf diesen übertragen. Beim Zehnerübergang dreht sie allerdings nur das Zehnerrädchen, sodass der Zähler auf 19 eingestellt ist. Henrieke scheint sich zunächst keines Fehlers bewusst zu sein. Erst auf die Nachfrage der Förderlehrkraft, ob bei der 10er-Kugelstange neun orange Kugeln vorhanden sind, kann sie sich korrigieren und den Zähler entsprechend am Einerrädchen auf 0 einstellen.

Bei dem Phänomen wird deutlich, dass der Zusammenhang der Farbcodierung der Kugeln mit der entsprechenden farblichen Umrandung der Rädchen am Zähler erkannt und als eine Hilfestellung angenommen wird. Der Zehnerübergang kann angesprochen sowie konkretisiert werden und die zentralen Merkmale für die Einstellung des Zahlzeichens 10 im Vergleich zur Einstellung des Zahlzeichens 09 können durch eine gelungene Verknüpfung der RWT und des Zählers schließlich erarbeitet werden. Auffallend dabei ist, dass durch die Fokussierung der Farben primär eine Objektsicht eingenommen wird und darüber der Hüpfer als Prozess zur Nachfolgerbildung in den Hintergrund rückt. Grundsätzlich scheint ein Verständnis dafür vorhanden zu sein, dass pro Hüpfer an der RWT eine Drehung am Zähler durchgeführt wird. Die Ausnahme beim Zehnerübergang stellt bei dem Phänomen die Hürde dar, kann jedoch über die Farborientierung überwunden werden. Diese wird vor allem durch eine erneute Aufforderung zur Darstellungsvernetzung und somit durch ein aktives Herstellen von Bezügen zwischen den Materialien unterstützt (siehe Abschnitt 9.2), sodass darüber schließlich die Vernetzung der enaktiven und symbolischen Ebene auch beim Zehnerübergang gelingt.

Dass die Farborientierung auch über den Zehnerübergang hinaus ein wichtiger Aspekt für die Verknüpfung der Materialien und schließlich zur Anbahnung eines ersten Stellenwertverständnisses zu sein scheint, zeigt sich auch in einer anderen exemplarischen Szene, in der Henrieke selbst sowohl mit dem Häschen an der RWT aufwärts hüpft als auch den Zähler entsprechend einstellt *(thematisch: Zahlkonstruktion – Zehner / Einer)*. Beim Zehnerübergang unterbricht die Förderlehrkraft ihre Handlung, woraufhin Henrieke selbstständig ihre Einstellung überprüfen und anpassen kann. Für die weiteren Hüpfer dreht sie wiederum ausschließlich das Einerrädchen. Nach einigen Hüpfern entsteht ein Irritationsmoment, bei dem sie unsicher ist, ob das Drehen des orangen Rädchens korrekt ist. Hier kann sie sich ihr Handeln jedoch direkt selbst bestätigen und anhand der orangen Kugeln, auf die sie an der RWT zeigt, begründen. Das Phänomen *Orientierung an der Farbe* lässt sich somit um den Aspekt der Erkundungsmöglichkeit der Funktionsweise des Stellenwertsystems ergänzen, indem die Nachfolgerbildung selbstständig durchgeführt werden kann und darüber Zusammenhänge erkannt und überprüft werden können, auch im erweiterten Zahlenraum bis 19.

Bei der Vernetzung der enaktiven und symbolischen Ebene durch die Zählereinstellung lässt sich auch das Phänomen *Erkenntnis zum Zusammenhang zwischen Hüpfen und Drehen* feststellen. Hierbei entsteht ein Aha-Effekt bei der passenden Bedienung des Zählers zu Hüpfern an der RWT. In einer beispielhaften Szene hüpft die Förderlehrkraft nach mündlicher Ansage von Heidi mit zwei Häschen, die die Partnerbeziehung darstellen, an der RWT von der

15er- beziehungsweise der 5er-Kugelstange abwärts. Henrieke bedient gleichzeitig den Zähler für das höhere Häschen auf der 15er-Kugelstange. Zunächst dreht Henrieke das Einerrädchen in die falsche Richtung, korrigiert sich jedoch selbstständig und dreht daraufhin das Einerrädchen zweimal nach unten. Für den weiteren Hüpfprozess dreht sie das Einerrädchen jeweils einmal, allerdings zählt sie über die drei Hüpfer hinaus. Die Mitschülerin stoppt sie, was zu ihrer Verwirrung führt. Henrieke beginnt daraufhin noch einmal von vorne und zählt dann entsprechend drei Drehungen. Bei der Handlung ist auffallend, dass sie sich nicht an den Hüpfern des Häschens zu orientieren scheint, sondern lediglich die mündliche Anweisung, die jedoch für das Häschen und somit als Hüpfer formuliert ist, auf den Zähler überträgt. Nach Durchführung des Drehprozesses äußert Henrieke die Erkenntnis, dass sie es nun verstanden hat. Dabei bezieht sie sich konkret auf den Zusammenhang der Hüpfer, die man dann auf dem Zähler entsprechend nachdrehen muss.

Bei dem Phänomen scheint die Bedienung des Zählers keine Hürde darzustellen; vielmehr kann die Handlung am Zähler noch einmal wiederholt und verbessert werden, nachdem zu viele Drehungen vorgenommen wurden. In dem Zusammenhang scheint die Aufmerksamkeit nicht auf der konkret benannten Anzahl an Hüpfern beziehungsweise Drehungen zu liegen, sondern auf der Drehhandlung als solche, sodass die Handlung zunächst nicht an entsprechender Stelle beendet wird (siehe Abschnitt 8.2). Bei wiederholter Durchführung jedoch lässt sich keine Hürde mehr feststellen. Stattdessen scheint gezielt die Prozesssicht zur Einstellung des Zählers eingenommen werden zu können und darüber eine grundsätzliche Erkenntnis zur verknüpfenden Handlung des Hüpfens mit dem Häschen an der RWT und des Drehens an den Rädchen des Zählers zu entstehen. Somit gelingt über den Einsatz von Darstellungsvernetzung (siehe Abschnitt 9.2) ein bewusstes Wahrnehmen der Verknüpfung beider Materialien und darüber auch der enaktiven und symbolischen Ebene, wodurch wiederum erste Erkenntnisse bezüglich der Funktionsweise des Stellenwertsystems festzustellen sind. Denn die regelhafte Nachfolger- beziehungsweise Vorgängerbildung, die an der RWT durch die Hüpfer vollzogen wird, kann in bewusste Verbindung mit der Drehung am Einerrädchen gebracht werden. Es ist darauf hinzuweisen, dass die exemplarische Szene gegen Ende des Zyklus einzuordnen ist, wodurch deutlich wird, dass es gegebenenfalls einer Vielzahl an Handlungsgelegenheiten bedarf, um solche Zusammenhänge zu erkennen.

In Abbildung 10.25 sind die Phänomene in der Vernetzung der enaktiven und symbolischen Ebene der Kategorie ‚Verknüpfung RWT und Zähler (0–19)‘ dargestellt.

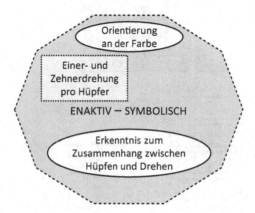

Abb. 10.25 Verknüpfung RWT und Zähler (0–19): enaktiv – symbolisch

Vernetzung ikonisch – symbolisch
Bei der Vernetzung der ikonischen und symbolischen Ebene lässt sich feststellen, dass hierbei keine auffallenden Hürden auftreten. Allerdings zeigen sich teilweise andere Herausforderungen, die wiederum Auswirkungen auf die Verknüpfung der beiden Materialien haben. So sieht es beim Phänomen *Hürde bei der Ziel-bestimmung* aus. Dabei soll aus der ikonisch abgebildeten RWT die Angabe des Ziels für das Häschen, dargestellt durch einen Diamanten, in die Zählereinstellung übertragen werden:

Transkript Hajo zum Phänomen *Hürde bei der Zielbestimmung*

1	[Dauer: 0:20 Min.] [Vor Hajo stehen eine RWT und ein Zähler auf dem Tisch. Er hat
2	bereits die einzelnen Zählereinstellungen auf dem Arbeitsblatt eingetragen, jetzt geht es

3   um die Zieleinstellung auf der rechten Seite.]

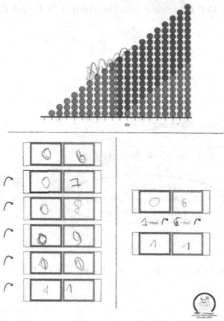

4	AZ	Wo ist das Ziel? [Macht die Gebärde für Ziel.].. Das Ziel? [Macht erneut die
5		Gebärde für Ziel.]
6	Hajo	[Tippt erst auf die 11er-Kugelstange an der RWT, dann auf die 19er-Kugelstange.]
7		Hier oben [tippt wieder auf die 11er-Kugelstange.]
8	AZ	Guck wo der Diamant liegt, das ist immer das Ziel.
9	Hajo	Hier [tippt auf die Diamantabbildung auf dem AB.]
10	AZ	Ja.
11	Hajo	Also [schreibt eine 1 in das Einerrädchen der Zählerabbildung. Er scheint auf die RWT
12		zu schauen und trägt dann eine 1 in das Zehnerrädchen der Zählerabbildung ein.]
13	AZ	Genau.

Die Förderlehrkraft leitet die Bearbeitung der Aufgabe an und ergänzt bei der Eintragung der Zählereinstellung für das Ziel die entsprechende Gebärde für Ziel. Daraufhin orientiert sich Hajo statt an der ikonischen RWT-Abbildung an der enaktiven RWT und zeigt dort zunächst auf die 11er-Kugelstange, dann jedoch auf die 19er-Kugelstange (Z. 6 f.). Die Förderlehrkraft weist auf den Diamanten hin, woraufhin Hajo sich wieder auf das Arbeitsblatt fokussiert und dort in der ikonischen Abbildung der RWT auf den Diamanten zeigt (Z. 9). Daraufhin trägt er die entsprechende Zählereinstellung ein, wobei auffällt, dass er sich zusätzlich mit Blicken an der enaktiven RWT zu orientieren scheint (Z. 11 f.).

Das Phänomen zeigt, dass mögliche Hürden im Kontext der Verknüpfung der RWT und des Zählers anscheinend nicht auf Hürden bei der Umsetzung der Verknüpfung der Materialien selbst zurückzuführen sind, sondern ihre Ursache an anderer Stelle verortet ist. Bei dieser Szene liegt die Hürde beispielsweise im Begriff ‚Ziel‘. Dieser kann in der ikonischen Abbildung nicht mit dem Diamanten in Verbindung gebracht werden, sondern wird dem festen Platz der 19er-Kugelstange an der RWT zugeordnet, wodurch Hürden in der Darstellungsvernetzung entstehen (siehe Abschnitt 9.2). Auch die Hinzunahme der Gebärde scheint bei dem Phänomen noch kein ausreichender Hinweis zu sein. Erst der mündliche konkrete Verweis auf den Diamanten führt dazu, dass die Aufgabe gelöst werden kann. Nach Erfassung des Ziels in der ikonischen Abbildung kann dann die Zählereinstellung ohne weitere Hürde korrekt eingetragen werden und damit eine Darstellungsvernetzung beziehungsweise die Verknüpfung der Materialien gelingen. Des Weiteren zeigt sich bei dem Phänomen, dass eine mögliche Orientierung an enaktiven Darstellungen unter Umständen präferiert wird, sodass eine zusätzliche Vernetzung der enaktiven Ebene möglicherweise hilfreich sein kann.

Ein anderes festzustellendes Phänomen ist die *Differenzierung von Einer- und Zehnerrädchen*. Dabei ist in einer ikonisch dargestellten RWT der Start durch eine Häschen- und das Ziel durch eine Diamantenabbildung markiert und es soll jeder notwendige Hüpfer auf die entsprechende ikonische Zählereinstellung übertragen werden. In einer exemplarischen Szene zählt Henrieke, zunächst mit Anleitung der Förderlehrkraft, Schritt für Schritt die jeweiligen Kugelanzahlen auf den Stangen und trägt in das Einerrädchen das entsprechende Zahlzeichen und in das Zehnerrädchen eine 0 in der Zählerabbildung ein. Für die Zählereinstellung 10 trägt sie zunächst 00 ein, orientiert sich dann aber erneut an der RWT und kann sich selbstständig korrigieren. Bei der Zählereinstellung für den Hüpfer auf die 11er-Kugelstange trägt Henrieke eine 1 in das Einerrädchen ein, bei der Eintragung des Zehnerrädchens zögert sie jedoch und scheint zunächst verunsichert zu sein. Nach einem erneuten Zählen der Kugeln kann sie auch in das Zehnerrädchen eine 1 eintragen.

Bei dem Phänomen wird deutlich, dass die Verknüpfung der RWT und des Zählers auch bei der Vernetzung der ikonischen und symbolischen Ebene gelingen kann. Die Hürde beim Zehnerübergang kann zum einen auf ein noch nicht umfassend ausgeprägtes Verständnis der Zahlkonstruktion hindeuten, zum anderen aber auch auf eine Herausforderung der Verknüpfung der RWT und des Zählers am Zehnerübergang. Bei Letzterem kann die Hürde unter anderem dadurch entstehen, dass der Bezug zwischen den orangen Kugeln und dem Einerrädchen sowie den grünen Kugeln und dem Zehnerrädchen am Zähler noch nicht selbsterklärend beziehungsweise verinnerlicht ist. Da die Hürde jedoch selbstständig korrigiert werden kann, indem die beiden Darstellungen erneut vernetzt werden, scheint die Verknüpfung als solche gelungen zu sein. Ein Herausstellen der Bezüge zwischen Einerrädchen und orangen Kugeln an der RWT sowie Zehnerrädchen und grünen Kugeln an der RWT (ein Zehner) und somit eine Orientierung an den Farben, die sich als hilfreich erwiesen hat (siehe Phänomen *Orientierung an der Farbe*), könnte weiter vertieft werden, damit hierdurch der Bezug zwischen den Darstellungen noch stärker hergestellt wird.

In Abbildung 10.26 sind die in der Vernetzung der ikonischen und symbolischen Ebene analysierten Phänomene zusammengestellt.

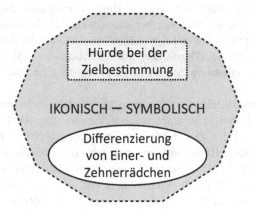

Abb. 10.26   Verknüpfung RWT und Zähler (0–19): ikonisch – symbolisch

Vernetzung enaktiv – ikonisch – symbolisch
Bei der Vernetzung der enaktiven, ikonischen und symbolischen Ebene lässt sich, wie bereits bei der Vernetzung der ikonischen und symbolischen Ebene, ebenfalls das Phänomen *Differenzierung von Einer- und Zehnerrädchen* feststellen, wobei es bei der Vernetzung aller drei Ebenen noch mit Hürden verbunden ist. In einer

exemplarischen Szene wird ein Arbeitsblatt bearbeitet, auf dem die RWT ikonisch abgebildet ist und ein Häschen die Start- sowie eine Diamantenabbildung die Zielposition markiert. Entsprechend dazu sollen für jeden Hüpfer die jeweiligen Zählereinstellungen eingetragen werden:

Transkript Hajo zum Phänomen *Differenzierung von Einer- und Zehnerrädchen*

1		[Dauer: 0:27 Min. und 1:29 Min.] [Heidi und Hajo haben jeweils die RWT und den
2		Zähler vor sich. Es wird ein Arbeitsblatt bearbeitet, wobei es um die erste Einstellung
3		des Zählers zum Start des Häschens geht.]

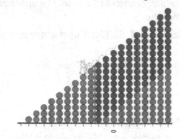

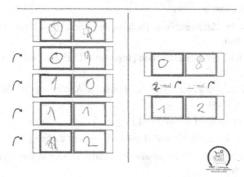

4	AZ	Wie ist das Zahlenschloss [nimmt Heidis Zähler in die Hand] am Anfang
5		eingestellt, wenn es (das Häschen) bei Acht startet?
6	Hajo	[Nimmt seinen enaktiven Zähler in die Hand und dreht mehrfach sowohl am Einer- als
7		auch am Zehnerrädchen.] So, schon eingestellt. [Dreht seinen Zähler zu AZ, der auf
8		80 eingestellt ist.]

9	AZ	Kontrolliere nochmal ob so rum, was steht da jetzt für eine Zahl, wenn du die
10		vorliest [nimmt Hajos Zähler in die Hand und hält ihn so, dass er sein eingestelltes
11		Zahlzeichen lesen kann.]
12	Hajo	Upsi, Achtzig. [Verändert die Zählereinstellung.]
13	... [2:03 Min.]	
14	AZ	Ihr könnt ja mal gucken, wo ist der Start [macht die Gebärde für Start] vom
15		Häschen? Der Start!
16	Hajo	[Trägt eine 8 in das Zehnerrädchen ein. Daraufhin zählt er in der ikonischen RWT die
17		Hüpfer von der 8er- auf die 12er-Kugelstange und trägt dementsprechend eine 4 in
18		das Einerrädchen in der Zählerabbildung ein.]
19	Heidi	(unv.)
20	AZ	Bitte?
21	Heidi	Ich möchte nichts sagen.
22	AZ	Du möchtest gar nichts sagen? Okay, dann gucke ich mal bei Hajo. Also.
23	Hajo	Ich sag es auch nicht.
24	AZ	Das ist das Zahlenschloss. [Nimmt den Zähler von Hajo in die Hand.] Guckt mal,
25		so, du hast den perfekt schon eingestellt. Und das musst du da eintragen, guck
26		mal. [Hält den Zähler über die ikonische Abbildung des Zählers auf dem AB, in die der
27		Start eingetragen werden soll.]
28	Hajo	[Nimmt den Zähler in die Hand und verstellt diesen.]
29	AZ	So wie es da ist. Nein [nimmt den Zähler wieder in die Hand], du hast das doch
30		hier [stellt den Zähler wieder um.]
31	Hajo	Man, ich will jetzt sofort in die Pause.
32	AZ	Hüpf mal mit dem Häschen dahin, wo das startet [schiebt Hajo die enaktive RWT
33		weiter auf den Tisch und zeigt auf das Häschen auf der 19er-Kugelstange.]

34	Hajo	[Nimmt das Häschen in die Hand und setzt es auf den Tisch.] Whoa! Schon auf dem
35		Boden. [Setzt das Häschen auf die 8er-Kugelstange und hüpft von da aus auf die 9er-,
36		die 10er- und die 11er-Kugelstange.]
37	AZ	Wo fängt es an? [Zeigt auf das Häschen auf der ikonisch dargestellten RWT.]
38	Hajo	[Setzt das Häschen auf die 8er-Kugelstange.] Bei der Acht.
39	AZ	Genau
40	Hajo	[Hüpft mit dem Häschen auf die 9er-, //die 10er-, die 11er- und die 12er-
41		Kugelstange.//]
42	AZ	//So, aber warte mal, warte mal, warte mal.// Das hier [zeigt auf die ikonische
43		Abbildung des Zählers auf dem AB] ist das Fenster [zeigt auf das Fenster am
44		enaktiven Zähler.] Und wenn da, der jetzt bei Acht startet, wie viele grüne
45		Kugeln sind bei Acht?
46	Hajo	Null.
47	AZ	Aha, also muss hier eine Null hin [zeigt auf das Zehnerrädchen am enaktiven
48		Zähler.] Und was muss ich bei Orange eintragen? [Zeigt auf das Einerrädchen am
49		enaktiven Zähler.] //Wenn der auf Acht steht?//
50	Hajo	[Setzt das Häschen an der enaktiven RWT auf die 8er-Kugelstange.]
51	AZ	Auf wie viel orangenen steht er?
52	Hajo	[Radiert seine Eintragung in der Zählerabbildung zum Start aus. Stattdessen trägt er
53		dann eine 0 in das Zehnerrädchen und eine 8 in das Einerrädchen ein.]

Für den Start, der bereits anhand der Position des Häschens auf der RWT identifiziert wurde, nimmt Hajo den Zähler auf enaktiver Ebene hinzu und stellt dort 80 statt 08 ein (Z. 6 ff.). Er erkennt seinen Fehler selbst, nachdem ihn die Förderlehrkraft auffordert, die Zahl vorzulesen, und kann die Einstellung am enaktiven Zähler entsprechend korrigieren (Z. 12). Bei der Übertragung der Zählereinstellung auf das Arbeitsblatt trägt Hajo in das Zehnerrädchen die Ziffer 8 ein. Hierfür hat er zuvor die Kugeln an der Position des Häschens auf der 8er-Kugelstange gezählt. Daraufhin zählt er die Hüpfer, die das Häschen bis zum Diamanten macht und trägt die entsprechende Anzahl in das Einerrädchen des

Zählers ein (Z. 16 ff.). Im weiteren Gespräch mit der Förderlehrkraft wird offensichtlich, dass Hajo die ikonische Abbildung des Zählers und dabei insbesondere die beiden Rädchen innerhalb des Fensters nicht mit dem enaktiven Zähler und dessen Einstellung in Verbindung bringt. Nachdem Hajo das Häschen enaktiv auf der RWT auf die 8er-Kugelstange gesetzt (Z. 38) und im Gespräch mit der Förderlehrkraft herausgearbeitet hat, dass auf der entsprechenden Stange keine grünen Kugeln sind (Z. 42 ff.), erkennt er seinen Fehler auf dem Arbeitsblatt und korrigiert ihn entsprechend, sodass schließlich 08 als Starteinstellung in der ikonischen Zählerabbildung eingetragen ist (Z. 52 f.).

Bei dem Phänomen tritt zunächst eine Hürde in der Verknüpfung der ikonischen RWT und der ikonischen Zählerdarstellung auf, indem der Start auf der ikonischen RWT zwar als solcher erkannt wird und auch auf den enaktiven Zähler übertragen werden kann, jedoch die Eintragung im ikonisch abgebildeten Zähler nicht gelingt. Hierbei wird die Anzahl der orangen Kugeln in das Zehnerrädchen übernommen und die Angabe zur Anzahl der Hüpfer in das Einerrädchen, sodass das Herstellen des Bezugs zum Stellenwertsystem und damit auch die Vernetzung mit der symbolischen Ebene nicht gelingt. Beeinflusst wird diese Hürde durch ein fehlendes Verständnis der ikonischen Zählerdarstellung, indem diese nicht als entsprechende Abbildung zur Fensteransicht am enaktiven Zähler erkannt wird, sondern in der Verknüpfung mit der RWT als zwei unabhängige Felder wahrgenommen wird, in die die Information der ikonischen RWT zum Start und zur Anzahl der Hüpfer eingetragen wird. Ein bewusstes Vergleichen der enaktiven und der ikonischen Darstellung sowie das Hinzunehmen der enaktiven RWT, anhand derer die Anzahl der grünen Kugeln ermittelt und darüber wiederum ein Bezug zum enaktiven Zähler durch die Farbcodierung (siehe Abschnitt 9.2) hergestellt wird, scheint hilfreich und zielführend zu sein. Insgesamt zeigt sich somit bei dem Phänomen, dass die Differenzierung zwischen dem Einer- und dem Zehnerrädchen in der Vernetzung der enaktiven, ikonischen und symbolischen Darstellung noch mit Herausforderungen verbunden sein kann und insbesondere die Verknüpfung der enaktiven und ikonischen Zählerdarstellung mit der ikonisch abgebildeten RWT intensiver herausgearbeitet werden muss. Erst wenn die unterschiedlichen Darstellungsformen der Materialien miteinander verknüpft und die Darstellungen als solche verstanden sind, also auch die Differenzierung zwischen dem Einer- und dem Zehnerrädchen in der enaktiven und ikonischen Darstellung, kann daran anknüpfend ver-stehensorientiert ein Zahlenkonstruktionssinn sowie ein Stellenwertverständnis angebahnt werden.

Beim Phänomen *Hürde bei ikonischer und symbolischer Verknüpfung (thematisch: Zehnerübergang)* wird ebenfalls an einer ikonischen Abbildung der RWT eine Bewegung des Häschens vorgegeben und es sollen dazu die jeweiligen Zählereinstellungen eingetragen werden. In einer Szene wird der Hüpfer von der 9er-Kugelstange auf die 10er-Kugelstange bearbeitet (siehe Abb. 10.27). Henrieke kann an der ikonisch abgebildeten RWT auf den entsprechenden Hüpfer zeigen. Statt die entsprechende Einstellung des Zählers einzutragen, überträgt sie den Hüpfer des Häschens auf den enaktiven Zähler. Somit gelingt ihr in dem Moment prinzipiell die Verknüpfung der ikonischen RWT mit dem enaktiven Zähler im Hinblick auf die Verbindung eines Hüpfers und einer Drehung am Zähler; allerdings dreht sie nur das orange Rädchen, sodass am Zähler eine 00 eingestellt ist. Nach Aufforderung durch die Förderlehrkraft hüpft Henrieke mit dem Häschen enaktiv an der RWT von der 9er-Kugelstange auf die 10er-Kugelstange. An dieser Stelle scheint Henrieke noch keine Verknüpfung der Zählereinstellung und der Position des Häschens an der RWT herzustellen. Auf Nachfrage der Förderlehrkraft nach der Anzahl der grünen Kugeln kann sie diese korrekt benennen. Auf Nachfrage zur Einstellung des Zählers will sie zunächst eine 10 im grünen Rädchen einstellen, korrigiert sich jedoch selbstständig auf 1.

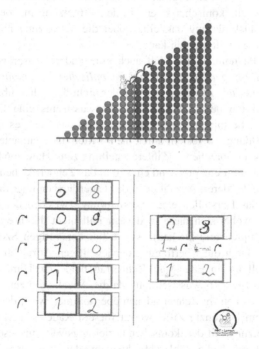

Abb. 10.27 Arbeitsblatt zum Phänomen *Hürde bei ikonischer und symbolischer Verknüpfung (thematisch: Zehnerübergang)*

Bis zu diesem Zeitpunkt scheint das Phänomen darauf hinzudeuten, dass die Verknüpfung der RWT und des Zählers auf enaktiver Ebene grundsätzlich gelingt, indem die Hüpfer mit Drehungen verbunden werden, wobei noch nicht alle Informationen mit Blick auf das Stellenwertsystem miteinander in Verbindung gebracht werden können. Vor allem der Zehnerübergang scheint eine besondere Herausforderung darzustellen, da hierbei sowohl das Einer- als auch das Zehnerrädchen gedreht werden muss. Somit stellt vor allem die dezimale Zahlschrift eine Hürde dar, die jedoch durch die Aufforderung zur sowie den Einsatz von Darstellungsvernetzung gelöst werden kann (siehe Abschnitt 9.2). Dass insbesondere die Vernetzung mit der ikonischen Darstellung des Zählers eine Hürde darstellt, zeigt sich im zweiten Teil der exemplarischen Szene: Hier orientiert sich Henrieke nicht an der Darstellung der RWT oder ihrer bereits eingestellten Zählereinstellung, sondern schaut lediglich auf das Arbeitsblatt ihres Mitschülers. Damit deutet das Phänomen insgesamt darauf hin, dass die Verknüpfung der RWT und des Zählers auf ikonischer Ebene in der Vernetzung mit der symbolischen Ebene eine Herausforderung darstellt, wobei die Vernetzung mit der enaktiven Ebene bereits hergestellt werden kann.

Bei diesem Phänomen lässt sich auch eine andere Ausprägung feststellen, nämlich eine *Hürde bei ikonischer und symbolischer Verknüpfung (thematisch: Zahlkonstruktion – Stellenbewusstsein)*, bei der nicht der Zehnerübergang, sondern die Zahlkonstruktion bezüglich des Stellenbewusstseins eine Herausforderung darstellt. In einer beispielhaften Szene kann Hajo das Ziel des Häschens in der ikonischen Abbildung, dargestellt durch die Position des Diamanten, korrekt identifizieren. Für die entsprechende Zählereinstellung zählt Hajo zunächst die grünen Kugeln und trägt dafür entsprechend eine 10 in das Zehnerrädchen ein sowie dann die orangen Kugeln, deren Anzahl er in das Einerrädchen überträgt.

Somit wird das Herstellen einer Verknüpfung zwischen der RWT und dem Zähler deutlich, wobei sich diese in diesem Fall nicht durch eine Verknüpfung der Prozesse (Hüpfen und Drehen), wie es bei der vorigen Szene der Fall ist, äußert, sondern durch die Übertragung der jeweiligen Anzahlen der Kugeln auf die Zählereinstellung im Einer- und Zehnerrädchen. Eine Hürde jedoch tritt im Hinblick auf das Stellenbewusstsein auf, da die Anzahl von zehn grünen Kugeln so für das Zahlzeichen im Zehnerrädchen übernommen wird, dass der durch das Stellenwertsystem begrenzte Ziffernvorrat für ein Rädchen nicht berücksichtigt wird. Die Vernetzung mit der ikonischen beziehungsweise insbesondere der symbolischen Ebene durch die Zählerabbildung mit der ikonischen Darstellung der RWT stellt somit die Herausforderung dar. An dieser Stelle können die beiden Materialien der RWT und des Zählers noch nicht dem Stellenwertsystem entsprechend miteinander verknüpft werden. Die Hinzunahme des enaktiven Zählers dient als Unterstützung, indem das Ziel des Häschens in der ikonischen Darstellung auf den Zähler übertragen und dieser entsprechend eingestellt wird. Da beim enaktiven Zähler der Ziffernvorrat durch das Material selbst vorgegeben ist, kann im grünen Rädchen keine 10 eingestellt werden, sodass die Verknüpfung mit der enaktiven Darstellung am Zähler, also eine Handlung mit Material (siehe Abschnitt 9.2), eine Entlastung darstellt und darüber schließlich eine eigene Korrektur stattfinden kann. Somit können durch die Vernetzung mit der enaktiven Ebene mögliche Hürden in der Vernetzung der ikonischen und symbolischen Ebene überwunden werden.

Weiterhin kann bei der Vernetzung der enaktiven, ikonischen und symbolischen Ebene das Phänomen *Enaktive Erweiterung* festgestellt werden. Hierbei treten bei der Verknüpfung der auf ikonischer Ebene dargestellten Hüpfer des Häschens auf der RWT mit den jeweiligen Zählereinstellungen keinerlei Hürden auf. Vielmehr können die Hüpfer zusätzlich mit der enaktiven Ebene vernetzt werden, indem jeder dargestellte Hüpfer als einzelne Drehung am Zähler durchgeführt wird. In einer Szene spurt Hannes zunächst einen Hüpfer des Häschens in der ikonischen Abbildung der RWT auf dem Arbeitsblatt (siehe Abb. 10.28) nach und trägt dann die jeweilige Zählereinstellung symbolisch in die ikonische Darstellung des Zählers ein. Hierbei treten keine erkennbaren Hürden auf und Hannes kann diese Aufgabe selbstständig ohne Hilfestellung vollständig bis zur Zieldarstellung des Zählers, das Zahlzeichen 09, umsetzen. Bei der letzten Eintragung schreibt er zunächst eine 1 in das Zehnerrädchen, korrigiert sich jedoch direkt selbstständig, sodass auch die Veränderung im Zehnerrädchen keine Hürde darzustellen scheint. Im Anschluss daran greift er selbst auf das Material des Zählers zurück und stellt somit eine eigene Vernetzung mit der enaktiven Ebene her. Hierbei stellt er zunächst den Zähler auf die Startposition des Häschens ein (ob diese korrekt ist, ist nicht zu erkennen, scheint dabei jedoch keine Schwierigkeiten zu haben) und spurt dann jeweils den Hüpfer des Häschens in der Abbildung mit dem Finger nach und dreht anschließend das Einerrädchen um eins weiter. Da er dieses Vorgehen fünfmal wiederholt, scheint zumindest das Einerrädchen schließlich dem Ziel entsprechend eingestellt zu sein, sodass er korrekt die Anzahl der Drehungen des Einerrädchens bestimmen kann.

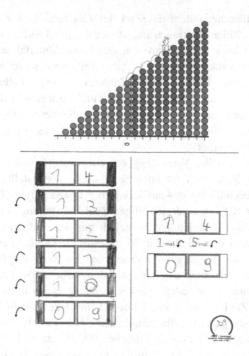

Abb. 10.28 Arbeitsblatt zum Phänomen *Enaktive Erweiterung*

Das Phänomen zeigt, dass grundsätzlich eine Verknüpfung der beiden Materialien RWT und Zähler gelingen kann und sogar darüber hinaus eine Erweiterung der Aufgabe durch die Vernetzung mit der enaktiven Ebene ohne weitere Aufforderung von Seiten der Lehrperson möglich wird. Möglicherweise stellt auch bei dem Phänomen die enaktive Ebene, und damit konkret die Handlung mit Material, eine Entlastung beziehungsweise Unterstützung dar (siehe Abschnitt 9.2), auf die selbstständig zurückgegriffen wird. Über die durchgehende Verknüpfung der Materialien scheint zudem ein erstes Verständnis der Funktionsweise des Stellenwertsystems angebahnt worden zu sein, da auch der Zehnerübergang in der Vernetzung mit der symbolischen Ebene keine Hürde darstellt.

Die erfassten Phänomene in der Vernetzung der enaktiven, ikonischen und symbolischen Ebene sind in Abbildung 10.29 dargestellt.

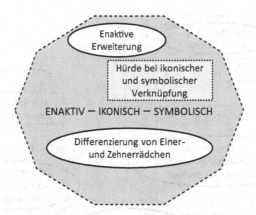

Abb. 10.29 Verknüpfung RWT und Zähler (0–19): enaktiv – ikonisch – symbolisch

Insgesamt wird durch die Phänomene deutlich, dass eine Verknüpfung der beiden Materialien der RWT und des Zählers mit Herausforderungen verbunden zu sein scheint. Diese beziehen sich im erweiterten Zahlenraum 0–19 und somit im Umgang mit dem um das Zehnerrädchen erweiterten Zähler insbesondere auf Bedienungsaspekte im Hinblick auf die Funktionsweise des dezimalen Stellenwertsystems. So muss zunächst verstanden werden, dass ein Hüpfer einer Drehung am Einerrädchen entspricht und nur beim Zehnerübergang das Zehnerrädchen ebenfalls gedreht wird. Die Orientierung an der Kugel- und Rädchenfarbe scheint dabei eine hilfreiche Unterstützung zu sein, durch die auch über inhaltliche Aspekte Gespräche angeregt werden und ein erstes Verständnis angebahnt werden kann. Die Vernetzung mit der ikonischen Ebene scheint mit besonderen Herausforderungen verbunden zu sein, was möglicherweise an der fehlenden Einschränkung des Ziffernvorrats innerhalb eines Rädchens liegt. Eine Vernetzung mit der enaktiven Ebene stellt dabei eine Entlastung dar (siehe Abb. 10.30).

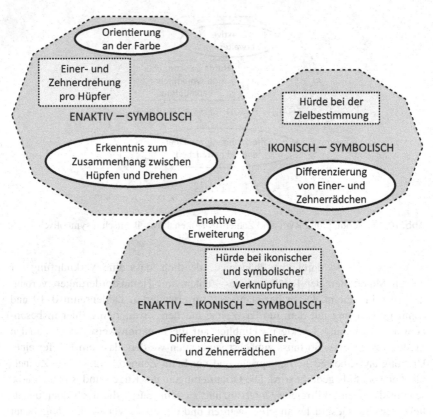

Abb. 10.30 Verknüpfung RWT und Zähler (0–19) gesamt

10.2.2 Phänomene in der Kategorie ‚Zehnerübergang'

Vernetzung enaktiv – symbolisch

Bei der Vernetzung der enaktiven und symbolischen Ebene lassen sich in der Kategorie ‚Zehnerübergang' die Phänomene *Neu von Null aus beginnen, Hinzufügen weiterer Rädchen, Orientierung an der Farbe und der Kugelanzahl, Das geht so weiter* und *Keine Hürde bei Zählereinstellung* feststellen. Bei den Phänomenen *Neu von Null aus beginnen* sowie *Hinzufügen weiterer Rädchen* stehen Ideen auf Seiten der Schüler*innen im Vordergrund, wie der Nachfolger zur Zahl Neun gebildet werden kann. Das Lehr-Lernarrangement ist dabei jeweils noch auf den Zahlenraum bis 9 beschränkt.

Bei *Neu von Null aus beginnen* soll eine aufwärtsgerichtete Hüpfanweisung, die jedoch den Zehnerübergang beinhaltet und somit durch den Innenkreis sowie das Einerrädchen am Zähler nicht vollständig abgebildet beziehungsweise umgesetzt werden kann, auf die RWT und den Zähler übertragen werden. In einer exemplarischen Szene erhält Heidi die mündliche Anweisung, mit dem Häschen von der 3er-Kugelstange aus achtmal nach oben zu hüpfen, um beim Diamanten anzukommen. Sie hüpft Hüpfer für Hüpfer und stellt jeweils den Zähler entsprechend ein. Bei dieser Handlung scheint sie eine Prozesssicht einnehmen zu können. Schließlich steht sie auf der 9er-Kugelstange, muss jedoch entsprechend der Anweisung noch zweimal weiterhüpfen. Sie schlägt vor, mit dem Häschen wieder bei Null beziehungsweise der 0er-Kugelstange zu beginnen. Auf die Frage, was das Häschen bräuchte, um weiterhüpfen zu können beziehungsweise wie es weitergehen würde, hat Heidi keine Idee. Stattdessen überprüft sie mehrfach erneut den Hüpfprozess vom Start aus. Hierbei beschränkt sie sich auf das Handeln mit dem Häschen an der RWT, wobei sie zusätzlich mit Hilfe eines Stifts die Hüpfprozesse mit der anderen Hand nachspurt und darüber noch stärker die Prozesse zu fokussieren und ihre Handlung zu überprüfen scheint. Auf die Frage, was danach käme, antwortet Heidi, dass noch zwei Hüpfer fehlen.

Bei diesem Phänomen wird deutlich, dass in der Handlung und der nicht abzuschließenden Anweisung noch keinerlei Bezug zum dezimalen Stellenwertsystem auf symbolischer Ebene hergestellt wird, sondern der Fokus klar auf dem enaktiven Material liegt. Dass an der Stelle des Zehnerübergangs bezüglich der Zahlschrift ein großer Umbruch stattfindet, scheint noch nicht erfasst worden zu sein, da in den wiederholten Handlungen als Überprüfung der Zähler selbst nicht mehr genutzt und damit der Bezug zur symbolischen Ebene vernachlässigt wird. Es wird stattdessen verstärkt die Grenze des Materials der RWT durch den Innenkreis erforscht, indem der Hüpfprozess mehrfach wiederholt wird. Allerdings zeigen sich bei dem Phänomen möglicherweise auch erste Ansätze zur Idee des Umgangs mit dem beschränkten Ziffernvorrat bis 9 und der daran anschließenden weiteren Verwendung, indem die Ziffern 0 bis 9 jeweils durchlaufen werden und dann für den Nachfolger zur Zahl Neun in der Einerstelle wieder mit der Ziffer 0 begonnen wird. Diese Funktionsweise wird zumindest als erste konkrete Lösungsidee bei dem Phänomen vorgeschlagen, indem das Häschen von der 9er-Kugelstange wieder auf die 0er-Kugelstange hüpft und so die restlichen Hüpfer durchgeführt werden können. Die Idee beschränkt sich somit allerdings auf die enaktive Umsetzung an der RWT und bezieht sich (noch) nicht auf die symbolische Ebene. Deshalb kann nicht von einem Wahrnehmen der Funktionsweise des Stellenwertsystems bei der Nachfolgerbildung zur Zahl Neun gesprochen werden. Dennoch wird durch das Fokussieren der Prozesse zum einen die Nachfolgerbildung als solche umgesetzt beziehungsweise wahrgenommen und zum anderen werden über die Handlung des Hüpfens erste kreative Ideen zur Nachfolgerbildung zur Zahl Neun insgesamt entwickelt, die in einem ganz geringen Ansatz der Idee des dezimalen Stellenwertsystems entsprechen können. Die Handlungsorientierung ermöglicht somit einerseits das Entwickeln kreativer Ideen zum Umgang mit dem begrenzten Ziffernvorrat und ein Ausbilden des Bewusstseins, dass ein Bedarf für ein System vorhanden ist, um auch Zahlzeichen größer als 9 darstellen zu können. Andererseits steht dem das komplexe Stellenwertsystem, das nicht in Gänze selbstständig von den Schüler*innen entwickelt werden kann, gegenüber. In diesem Spannungsfeld muss ein Mittelweg gefunden werden, der zum einen die Entwicklung und Ausbildung eigener Ideen zur mathematischen Umsetzung durch Erkundungsmöglichkeiten des Zehnerübergangs und dadurch unter Umständen entstehende Irritationen ermöglicht (siehe Abschnitt 9.2). Zum anderen sollten keine falschen Vorstellungen angebahnt und vertieft werden, die nicht anschlussfähig und erweiterbar sind. Insgesamt deutet das Phänomen darauf hin, dass über Erkundungsmöglichkeiten durch Handlungsorientierung ein erster Ansatz in Richtung der Nachfolgerbildung zur Zahl Neun angebahnt werden kann, wobei die umfangreiche Funktionsweise des Stellenwertsystems jedoch zunächst vernachlässigt wird.

Eine andere Idee wird beim Phänomen *Hinzufügen weiterer Rädchen* offensichtlich. Hierbei wird primär der Zähler bedient und fokussiert, indem er entsprechend der Anweisung zur Hüpferanzahl für das Häschen gedreht wird. Wie beim Phänomen *Neu von Null aus beginnen* existiert bisher lediglich der Innenkreis der RWT und nur das Einerrädchen am Zähler. In einer Szene bedient Hannes entsprechend der Anweisung für das Häschen, von der 4er-Kugelstange aus siebenmal zu hüpfen, den Zähler. Dafür dreht er das Einerrädchen von der Einstellung 4 aus siebenmal, sodass es schließlich auf 1 eingestellt ist. Dabei kann er die Drehungen fokussieren und somit eine Prozesssicht einnehmen. Daraufhin äußert Hannes, dass der Zähler nicht weitergedreht werden kann. Er erklärt, dass er laut des Zählers bei Eins gelandet ist, das aber nicht korrekt sein kann. Er überprüft es noch einmal. Als Lösung schlägt Hannes das Hinzufügen weiterer Rädchen vor (Z. 2 f.):

Transkriptauszug Hannes zum Phänomen *Hinzufügen weiterer Rädchen*

1 AZ   Verrückt, wieso klappt das denn nicht?

2 Hannes   Da brauchen wir noch mehr diese Dinger [zeigt auf die Rädchen des Zählers]. Hab

3   ich doch gesagt bis Zwanzig.

Anders als beim Phänomen *Neu von Null aus beginnen* liegt der Fokus bei dem Phänomen auf der Handlung am Zähler und nicht an der RWT, sodass darüber auch die symbolische Ebene stärker in den Vordergrund rückt. Dabei zeigt sich, dass erste Erkenntnisse bezüglich des Bedarfs des dezimalen Stellenwertsystems erkannt werden, um nach Neun folgende Zahlen weiter abbilden zu können. Dafür wird eine alternative Idee zur Nachfolgerbildung der Zahl Neun entwickelt. Hierbei lassen sich mit der Forderung, weitere Rädchen zu ergänzen, auf enaktiver und konkreter Ebene Bezüge zu weiteren Stellen im Stellenwertsystem herstellen, indem erkannt zu werden scheint, dass weitere Stellen über die Einerstelle, am Material konkret das Einerrädchen, hinaus benötigt werden, um die Nachfolger zur Zahl Neun bilden zu können. Allerdings wird nicht präzisiert, was genau auf den weiteren Rädchen notiert wird, welche Zahlzeichen also verwendet werden, und wie dann die weitere Funktionsweise des Zählers mit mehreren Rädchen ist. Möglicherweise besteht auch die Idee, ein Rädchen mit den Zahlzeichen 10, 11, 12, ... als neues Rädchen zu ergänzen. Hierbei würden der Ziffernvorrat und die Stellenwerte, die sich durch die dezimale Zahlschrift ergeben, nicht berücksichtigt, sodass insgesamt die symbolische Ebene nicht dem Stellenwertsystem entspräche. Es zeigt sich damit bei dem Phänomen auch, dass durch die Handlungsorientierung ein Spannungsfeld durch offene Handlungen im Hinblick auf die unter Umständen nicht korrekte mathematische Anwendung und Umsetzung des Stellenwertsystems entsteht. Gleichzeitig können durch Erkundungsmöglichkeiten des Zahlenraums, insbesondere des Zehnerübergangs, die durch die Handlungsorientierung entstehen (siehe Abschnitt 9.2), veränderten Anforderungen begegnet werden. Insbesondere kann ein Bewusstsein für den Bedarf eines Stellenwertsystems ausgebildet und erste Lösungsideen von den Schüler*innen entwickelt werden.

In Kontexten, in denen sowohl die RWT um den Außenkreis als auch der Zähler um das Zehnerrädchen erweitert sind, lässt sich unter anderem das Phänomen *Orientierung an der Farbe und der Kugelanzahl* feststellen. Bei diesem geht es um die Übertragung einer Handlung an der RWT auf die Zählereinstellung, konkret um den Hüpfer von der 10er-Kugelstange auf die 9er-Kugelstange und die entsprechende Veränderung der Einstellung am Zähler vom Zahlzeichen 10 auf das Zahlzeichen 09. In einer exemplarischen Situation erhält Henrieke für das Häschen die mündliche Anweisung, von der 10er-Kugelstange noch einmal nach unten zu hüpfen, sodass es auf der 9er-Kugelstange landet. Henrieke hüpft zunächst mit dem Häschen, bedient dann zu dieser Handlung den Zähler, indem sie das Einerrädchen einmal nach oben und das Zehnerrädchen einmal nach unten dreht und er schließlich auf 01 eingestellt ist. Sie merkt selbst, dass diese Einstellung nicht passt und dreht das Einerrädchen auf 0. Zur Korrektur zählt sie die

Kugeln auf der 9er-Kugelstange, allerdings nennt sie bereits während des Zählens als Lösung ‚zehn‘, korrigiert sich dann aber selbst und nennt die korrekte Anzahl von neun Kugeln. Am Zähler dreht sie daraufhin das Einerrädchen korrekt auf 9, sodass der Zähler insgesamt das Zahlzeichen 09 zeigt und demnach der Position des Häschens auf der 9er-Kugelstange entsprechend eingestellt ist. Sie liest das Zahlzeichen jedoch als Neunzig. Die Förderlehrkraft fragt nach, welche Rädchen sie für diesen Hüpfer beziehungsweise die Veränderung genau am Zähler gedreht hat, woraufhin Hajo ‚die Orangenen‘ antwortet. Henrieke schaut sich die RWT noch einmal an und begründet dann, dass im Innenkreis nur orange und im Außenkreis orange und grüne Kugeln sind. Eine vergleichbare Szene des Zehnerübergangs lässt sich auch in der Nachfolgerbildung zur Zahl Neun finden, bei der das Einerrädchen entsprechend zum Hüpfer zunächst zweimal gedreht wird, sodass 01 eingestellt ist, sich dann jedoch noch einmal an der Kugelfarbe orientiert wird und darüber das der Position des Häschens entsprechende Zahlzeichen 10 eingestellt werden kann.

Im Hinblick auf den Zehnerübergang zeigt sich bei dem Phänomen, dass wahrgenommen wird, dass sich die Kugelfarben zwischen den beiden Kreisen der RWT unterscheiden beziehungsweise die grünen Kugeln ausschließlich auf dem Außenkreis vorhanden sind. Die Tatsache, dass der Zähler zunächst auf 01 eingestellt ist und damit entweder sowohl das Zehner- als auch das Einerrädchen einmal oder das Einerrädchen zweimal gedreht wurde, könnte darauf hindeuten, dass zumindest ein erstes Verständnis dafür besteht, dass an der Stelle des Zehnerübergangs über die einfache Drehung des Einerrädchens hinaus eine weitere Drehung umgesetzt werden muss: Da der Hüpfprozess als einfache Vorgänger- beziehungsweise Nachfolgerbildung durch einen einzigen Hüpfer von der 10er- auf die 9er- beziehungsweise von der 9er- auf die 10er-Kugelstange umgesetzt wird, scheint ein Bewusstsein dafür vorhanden zu sein, dass die Vorgängerbildung der Zahl Zehn beziehungsweise die Nachfolgerbildung der Zahl Neun auf symbolischer Ebene am Zähler durch insgesamt zwei Prozesse eine besondere Veränderung darstellt. Allerdings wird entweder noch nicht die einheitliche Drehrichtung oder das Drehen beider Rädchen und somit die Veränderung beider Stellen berücksichtigt, sodass durch die Erzeugung des Vorgängers beziehungsweise Nachfolgers und damit die Überschreitung des Zehnerübergangs eine Hürde in der symbolischen Zahldarstellung entsteht. Es scheint dabei jedoch erkannt zu werden, dass das eingestellte Zahlzeichen nicht der Position des Häschens beziehungsweise der Kugelanzahl auf der Kugelstange entspricht, weshalb als eigenständige Überprüfung die Anzahl der Kugeln nachgezählt und somit auf eine alternative Handlung zurückgegriffen wird (siehe Abschnitt 9.2). Die ermittelte Anzahl kann wiederum auf den Zähler übertragen und demnach mit der symbolischen Ebene vernetzt werden. Da die Einstellung jedoch nicht über die Vorgänger- beziehungsweise Nachfolgerbildung als Prozess stattfindet, wird der Zehnerübergang nicht über die Funktionsweise des Stellenwertsystems durch die Vorgänger- beziehungsweise Nachfolgerbildung am Zehnerübergang überschritten, sondern es wird lediglich eine statische Anzahl an Objekten als Zahlzeichen abgebildet. Die Abbildung wiederum ist korrekt, wobei die Orientierung an der Kugelfarbe hierfür sehr hilfreich zu sein scheint und zu ersten Erkenntnissen bezüglich der Stellenverteilung führt. Auch diese Tatsache bestärkt die Vermutung, dass die Vorstellung zur Funktionsweise des Stellenwertsystems am Zehnerübergang als eine Vorgänger- beziehungsweise Nachfolgerbildung noch nicht ausgebildet ist, sondern die Kugelanzahlen sowie die Kugelfarbe zur Orientierung für die Vernetzung mit der symbolischen Ebene im Vordergrund stehen. Dennoch lassen sich bei dem Phänomen zumindest allererste Anzeichen insbesondere durch die Drehung des Einer- und Zehnerrädchens ausmachen, die auf ein erstes Wissen zur Besonderheit des Zehnerübergangs hindeuten können. Die Orientierung an Kugelfarbe und -anzahl, also ein Herstellen von Bezügen zwischen den Materialien und dem Einsatz von Darstellungsvernetzung, kann zu Erkenntnissen führen (siehe Abschnitt 9.2). Sie stellt in dem Zusammenhang unter Umständen die Möglichkeit dar, den Prozess der Vorgänger- und Nachfolgerbildung auf symbolischer Ebene zu entlasten sowie als Orientierungs- und Überprüfungsmerkmal für die Schüler*innen zur Verfügung zu stehen. Hierfür müsste jedoch die Vernetzung der symbolischen mit der enaktiven Ebene noch stärker fokussiert und eingebunden werden, um das Verständnis des Erzeugens vertiefen und erweitern zu können.

Erste Ansätze der mentalen Zahlvorstellung des Zehnerübergangs im Hinblick auf das dezimale Stellenwertverständnis zeigen sich beim Phänomen *Das geht so weiter*. Hierbei wird ebenfalls eine mündliche Anweisung zum Hüpfen für das Häschen gegeben, die parallel auf den Zähler übertragen werden soll. Die Umsetzung der Anweisung umfasst auch den Zehnerübergang von 9 auf 10 (siehe auch Zurnieden, 2022, S. 1407 f.):

Transkript Henrieke zum Phänomen *Das geht so weiter*

1		[Dauer: 0:47 Min.] [Henrieke und Hannes haben die RWT und den Zähler vor sich. Der
2		Zähler ist auf 03 eingestellt und das Häschen sitzt auf der 3er-Kugelstange. AZ diktiert
3		als Fee eine Anweisung.]
4	AZ	Dein Häschen hüpft noch einmal. Stell mit [zeigt auf Hannes.]

5	Henrieke	[Dreht 1-mal am Einerrädchen.]
6	Hannes	Dann Vier [dreht 1-mal am Einerrädchen.]
7	Henrieke	Vier [hüpft mit dem Häschen auf die 4er-Kugelstange.]
8	AZ	Okay, //Achtung!// [Hebt den Zeigefinger in Richtung Hannes.]
9	Hannes	//Dann noch einmal: Fünf [dreht 1-mal am Einerrädchen.]//
10	AZ	Sehr gut.
11	Hannes	Dann noch einmal: Sechs [dreht 1-mal am Einerrädchen.]
12	AZ	Stopp, //Henrieke muss mitkommen [Henrieke greift nach dem Häschen, hüpft
13		jedoch nicht.]//
14	Hannes	//Dann noch einmal: Sieben [dreht 1-mal am Einerrädchen.]// Noch einmal: Acht
15		[dreht 1-mal am Einerrädchen.]
16	Henrieke	[Henrieke dreht 1-mal das Einerrädchen.]
17	AZ	//Jetzt stopp [zeigt auf Hannes.] Stopp, Henrieke muss mitkommen. ... Super
18		Henrieke.//
19	Henrieke	[//Hüpft mit dem Häschen auf die 5er-Kugelstange. Henrieke dreht 1-mal das
20		Einerrädchen und hüpft mit dem Häschen auf die 6er-Kugelstange.// Sie dreht 1-mal
21		das Einerrädchen und hüpft mit dem Häschen auf die 7er-Kugelstange. Henrieke dreht
22		1-mal das Einerrädchen und hüpft mit dem Häschen auf die 8er-Kugelstange. Henrieke
23		dreht 1-mal das Einerrädchen, hüpft aber nicht mit dem Häschen.]
24	Hannes	Bist du soweit?
25	Henrieke	Danach geht das so weiter von hier [dreht den Zähler zu AZ und zeigt auf das
26		Zehnerrädchen.]
27	AZ	Wo ist denn dein Häschen jetzt?
28	Henrieke	Bei Neun. [Scheint für diese Angabe auf den Zähler zu schauen. Sie hüpft mit dem
29		Häschen von der 8er- auf die 9er-Kugelstange] Zehn [dreht 1-mal das Einerrädchen
30		und 1-mal das Zehnerrädchen.]
31	AZ	Und was denn jetzt?

32 Henrieke Elf [hüpft mit dem Häschen von der 9er-Kugelstange auf den Übergang zum

33   Außenkreis.]

34 AZ   Stopp! Wir haben-

35 Henrieke Zwölf [hüpft währenddessen mit dem Häschen vom Übergang zum Außenkreis auf die

36   10er-Kugelstange], dreizehn [hüpft währenddessen mit dem Häschen von der 10er-

37   auf die 11er-Kugelstange], vierzehn [hüpft währenddessen mit dem Häschen von der

38   11er- auf die 12er-Kugelstange], fünfzehn [hüpft währenddessen mit dem Häschen

39   von der 12er- auf die 13er-Kugelstange], sechszehn [hüpft währenddessen mit dem

40   Häschen von der 13er- auf die 14er-Kugelstange.]

41 AZ   //Halt das Zahlenschloss nicht vergessen!//

42 Henrieke //Siebzehn [hüpft währenddessen mit dem Häschen von der 14er- auf die 15er-

43   Kugelstange], achtzehn [hüpft währenddessen mit dem Häschen von der 15er-

44   Kugelstange auf die 16er-Kugelstange], neunzehn [hüpft währenddessen mit dem

45   Häschen von der 16er- auf die 17er-Kugelstange], zwanzig [hüpft währenddessen mit

46   dem Häschen von der 17cr- auf die 18er-Kugelstange], einundzwanzig [hüpft

47   währenddessen mit dem Häschen von der 18er- auf die 19-Kugelstange.]//

In dieser exemplarischen Szene dreht Henrieke jeweils einmal das Einerrädchen um eins weiter und hüpft dann mit dem Häschen einmal (Z. 19 ff.). In dem Moment, in dem sie das Einerrädchen auf 9 dreht, äußert sie die Erkenntnis, „danach geht das so weiter von hier" (Z. 25) und zeigt auf das Zehnerrädchen, hüpft jedoch, vermutlich aufgrund der Unterbrechung, nicht mit dem Häschen auf die 9er-Kugelstange. Auf Nachfrage der Förderlehrkraft gibt sie an, das Häschen stehe auf der 9er-Kugelstange und sie nimmt ihren Handlungsprozess wieder auf, indem sie mit dem Häschen einmal hüpft und am Zähler sowohl das Einer- als auch das Zehnerrädchen um eins weiterdreht (Z. 28 ff.). Die weiteren Hüpfer führt sie dann jedoch nur noch an der RWT durch und bedient den Zähler nicht mehr entsprechend (Z. 32 ff.).

Die konkreten Vorstellungen zur Aussage „danach geht das so weiter von hier" (Z. 25) lassen sich zwar nicht präzisieren, allerdings deutet das Phänomen darauf hin, dass eine erste Erkenntnis bezüglich der Funktionsweise des dezimalen Stellenwertsystems in der Hinsicht angebahnt werden konnte, dass die regelhafte Nachfolgerbildung auch im Zuge des Zehnerübergangs erkannt wird (siehe auch Zurnieden, 2022, S. 1407 f.). Die Besonderheit des Zehnerübergangs, dass sowohl das Einer- als auch das Zehnerrädchen gedreht werden, wird berücksichtigt, sodass dem Stellenwertsystem entsprechend die enaktive Ebene mit der symbolischen Ebene erfolgreich vernetzt wird. Was im Zuge des Phänomens offen bleibt, ist die weitere Nachfolgerbildung über die Zahl Zehn hinaus, da hierbei keine Vernetzung mehr mit der symbolischen Ebene stattfindet. Dennoch macht das Phänomen deutlich, dass durch die Erarbeitung des Zehnerübergangs mit Hilfe des entwickelten Lehr-Lernarrangements und dabei insbesondere durch den Einsatz von Darstellungsvernetzung erste Erkenntnisse bezüglich der regelhaften Nachfolgerbildung erfolgen können (siehe Abschnitt 9.2) und damit eine erste Anbahnung zur Funktionsweise des Stellenwertsystems gelingen kann.

Ein weiteres Phänomen, bei dem ebenfalls keine Hürden auftreten, sondern vielmehr der Zehnerübergang erfolgreich in der Vernetzung der enaktiven und symbolischen Ebene abgebildet werden kann, ist das Phänomen *Keine Hürde bei Zählereinstellung*. Dabei findet ein Hüpfprozess von der 10er- auf die 9er-Kugelstange in Verbindung mit der entsprechenden Einstellung am Zähler statt. In einer Beispielszene hüpft Hajo mit dem Häschen von der 10er- auf die 9er-Kugelstange und stellt selbstständig den Zähler korrekt von 10 auf 09 ein, indem er sowohl das Einer- als auch das Zehnerrädchen einmal dreht. Auf die Nachfrage, welche Rädchen Hajo gedreht hat, gibt er zunächst nur das orange an. Auf Rückfrage, wie das grüne Rädchen vorher eingestellt war, kann Hajo entsprechend ‚Eins' angeben und daraus schließen, dass er auch das Zehnerrädchen einmal gedreht hat.

Bei dem Phänomen zeigt sich, dass das Stellenwertsystem konkret beim Zehnerübergang von 10 auf 9 auch auf symbolischer Ebene umgesetzt und angewandt werden kann und somit die Darstellungsvernetzung der enaktiven Ebene durch einen einzigen Hüpfer mit der symbolischen Ebene durch zweifaches Drehen gelingt. Auffallend ist, dass die sprachliche Ausführung zur durchgeführten Handlung mit Herausforderungen verbunden ist, dazu ein erneutes Fokussieren der Handlung mit dem Material jedoch hilfreich zu sein scheint (siehe Abschnitt 9.2). Inwieweit sich bereits eine Anbahnung eines Stellenwertverständnisses abzeichnet, bleibt offen. Allerdings gelingt die Verbindung der einfachen Nachfolger- beziehungsweise Vorgängerbildung im Hinblick auf die Darstellung natürlicher Zahlen mit der komplexen Zahldarstellung entlang des dezimalen

Stellenwertsystems, ohne das Hinzunehmen weiterer Hilfen wie das Zählen der Kugelanzahl. Somit scheint am Zehnerübergang eine erste mentale Vorstellung der Funktionsweise des Stellenwertsystems als prozesshaftes Erzeugen vorhanden zu sein.

Die in der Vernetzung der enaktiven und symbolischen Ebene in der Kategorie ‚Zehnerübergang' erfassten Phänomene werden in Abbildung 10.31 zusammengestellt.

Abb. 10.31   Zehnerübergang: enaktiv – symbolisch

Vernetzung ikonisch – symbolisch
Das Phänomen *Hürde bei Präzisierung des Zahlworts* tritt bei der Bearbeitung eines Arbeitsblatts auf, bei dem die als Pfeile in der ikonisch abgebildeten RWT eingetragenen Hüpfer des Häschens auf die jeweiligen Zählereinstellungen hupferweise übertragen werden. Innerhalb des Hüpf- sowie des Drehprozesses des Zählers wird auch der Zehner überschritten, sodass eine Veränderung des Zehnerrädchens notwendig ist. Die folgende Szene zeigt eine exemplarische Situation, in der über die bereits getätigten Eintragungen, insbesondere die Veränderung beim Zehnerübergang, gesprochen wird:

Transkript Henrieke zum Phänomen *Hürde bei Präzisierung des Zahlworts*

| 1 | [Dauer: 0:40 Min.] [Henrieke und Hannes haben die RWT und den Zähler vor sich und |

2		bearbeiten ein Arbeitsblatt. Die Eintragungen zu den einzelnen Hüpfern sind bereits in
3		der Zählerdarstellung ergänzt und auch die Anzahl der Drehungen des Einer- und
4		Zehnerrädchens sind ermittelt. Nun geht es um die Frage, bei welchem Hüpfer das
5		Zehnerrädchen gedreht werden muss.]

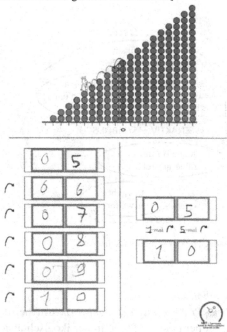

6	AZ	Und in welchem Moment ist der grüne gedreht worden? Bei welchem Hüpfer?
7		[Zeigt nacheinander auf die einzelnen Zählereintragungen auf der linken Seite des
8		ABs.] Hier, bei welchem Hüpfer?
9	Henrieke	Hm, bei hier? [Zeigt auf die letzte Zählereintragung 10.] Hier [tippt erneut auf die
10		Zählereintragung 10.]
11	AZ	Aha, also von dem [zeigt von der Seite des Einerrädchens auf die Zählereintragung
12		09], was steht hier für eine Zahl?

13	Henrieke	Neun [tippt auf die eingetragene 9 im Einerrädchen.]
14	AZ	Auf? [Zeigt von der Seite des Einerrädchens auf die Zählereintragung 10.]
15	Henrieke	Null [tippt auf die eingetragene 0 im Einerrädchen.]
16	AZ	Was steht da für eine Zahl insgesamt [spurt über die ganze Zählereintragung 10]?
17		//Von [zeigt von der Seite des Einerrädchens auf die Zählereintragung 09.]//
18	Henrieke	//Wo?// Hier? [Spurt über die ganze Zählereintragung 09.]
19	AZ	Ja!
20	Henrieke	Nullti [zeigt nacheinander erst auf die eingetragene Ziffer im Zehner-, dann im
21		Einerrädchen.]
22	AZ	Neun [spurt über die ganze Zählereintragung 09], auf [zeigt von der Seite des
23		Zehnerrädchens auf die Zählereintragung 10.]
24	Henrieke	Einszehn. Zehn.
25	AZ	Ja! Das liest man als eine Zahl [umkreist die Zählereintragung 10], also welche
26		steht da [zeigt von der Seite des Zehnerrädchens auf die Zählereintragung 10]?
27	Henrieke	Zehn.

Auf die Frage, in welchem Moment beziehungsweise bei welchem Hüpfer das Zehnerrädchen gedreht wird, wobei auf die Zählerdarstellungen gedeutet wird, zeigt Henrieke auf die Zählerdarstellung mit der symbolischen Eintragung 10 (Z. 9 f.). Die Förderlehrkraft präzisiert den Prozess der Veränderung, indem sie zunächst auf die Einstellung 09 zeigt, zu der Henrieke das richtige Zahlwort nennt, und dann auf die Einstellung 10. Hier liest Henrieke Null vor (Z. 15), wobei auffällt, dass die Förderlehrkraft von der Seite des Einerrädchens auf die Darstellung zeigt und Henrieke somit unter Umständen lediglich die Ziffer im Einerrädchen nennt. Beim wiederholten Besprechen und einem Hervorheben der Zahleintragung als Ganzes tritt nun auch eine Hürde im Nennen des Zahlworts zur Zählereintragung 09 auf, indem Henrieke „Nullti" (Z. 20) sagt und nacheinander auf die einzelnen Ziffern zeigt. Die Förderlehrkraft korrigiert und zeigt dann auf die Zählereinstellung 10, welche Henrieke als „Einszehn" (Z. 24) liest. Hier kann sie sich aber direkt selbst korrigieren und das Zahlwort Zehn für das eingetragene Zahlzeichen angeben.

Bei dem Phänomen wird deutlich, dass bei der Vernetzung der ikonischen und symbolischen Darstellung durch die Zählerabbildung durchaus erkannt wird, an welcher Stelle das Stellenwertsystem greifen muss, wobei es ausschließlich um ein Wahrnehmen der Veränderung in der Zehnerstelle geht. Das zeigt sich, indem die Zählereinstellung 10 als Einstellung identifiziert werden kann, bei der sich die Eintragung des Zehnerrädchens verändert hat und somit das Drehen des Zehnerrädchens notwendig wurde. Eine Hürde entsteht bei der Fokussierung des Drehprozesses und insbesondere bei der Präzisierung der jeweiligen Zahlwörter: Beim Nennen der in der Zählerdarstellung eingetragenen Zahlzeichen werden die Ziffern der Zahlzeichen einzeln genannt, anstatt das eingetragene Zahlzeichen als Ganzes wahrzunehmen (siehe Abschnitt 9.2). Somit scheinen die Zahlwörter Neun und Zehn in Verbindung mit den jeweiligen Zahlzeichen auf symbolischer Ebene noch nicht sehr verinnerlicht zu sein. Vor allem die Darstellungsform der farbig umrandeten Stellen in der Zählerdarstellung, die das Stellenbewusstsein im Hinblick auf das Stellenwertsystem hervorheben sollen, scheint herausfordernd zu sein, sodass möglicherweise die Zählereintragungen noch nicht als zusammenhängende Zahl aufgefasst werden. Das deutet wiederum darauf hin, dass unter Umständen die Wahrnehmung der symbolischen Zahldarstellung als eine Zusammensetzung mehrerer Stellen, hier konkret der Einer- und Zehnerstelle, noch nicht ausgebildet ist und die Abhängigkeit der beiden Stellen noch nicht beziehungsweise nur sehr eingeschränkt erfasst ist und deshalb auch das Angeben der Zahlwörter nur unter großer Herausforderung und mit Unterstützung gelingt.

Bei der Vernetzung der ikonischen und symbolischen Darstellung lässt sich außerdem das Phänomen *Hürde durch die Fragestellung* feststellen. Es tritt ebenfalls im Zusammenhang mit der Bearbeitung eines Arbeitsblatts (siehe Abb. 10.32), auf dem Hüpfer des Häschens auf der RWT ikonisch dargestellt sind und diese in die jeweiligen Zählerdarstellungen eingetragen werden, auf. Eine exemplarische Szene lässt sich im anschließenden Gespräch über die einzelnen Zählereintragungen verorten. Die Förderlehrkraft fragt nach dem Moment, in dem das Zehnerrädchen gedreht werden musste, woraufhin Hajo an der ikonischen RWT der Reihe nach auf die Kugelstangen, auf die das Häschen hüpft, zeigt und deren Kugelanzahl benennt. Die Förderlehrkraft präzisiert ihre Frage, bei welchem Hüpfer genau das grüne Rädchen gedreht werden muss und zeigt dabei auf die einzelnen Zählerdarstellungen. Hajos Antwort hierzu ist ‚immer einmal'. Daraufhin zeigt die Förderlehrkraft auf die erste Zählerdarstellung und gibt dafür entsprechend an, dass das Zehnerrädchen auf 1 eingestellt ist, woraufhin Hajo für die ersten drei Zählereinstellungen jeweils ebenfalls die 1 angibt. Auf die Frage, wann sich das grüne Rädchen beziehungsweise das Zehnerrädchen verändert, gibt Hajo an, dass es noch einmal gedreht wird. Diese Aussage kann Hajo konkretisieren und auf die Zählereinstellung zeigen, bei der das Zehnerrädchen dann auf 0 eingestellt ist. Auf die Rückfrage, welche Zahlen in den Zählerabbildungen um den Zehnerübergang eingestellt sind, also 10 und 09, kann Hajo korrekt die beiden Zahlwörter nennen.

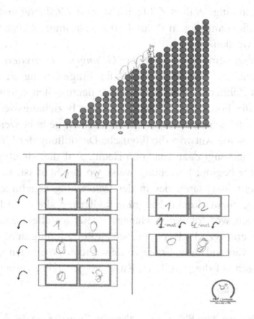

Abb. 10.32 Arbeitsblatt zum Phänomen *Hürde durch die Fragestellung*

Bei dem Phänomen wird deutlich, dass sprachliche Hürden bei den Rückfragen der Förderlehrkraft auftreten und der inhaltliche Aspekt der Fragestellung, bei welchem Hüpfer sich das Zehnerrädchen verändert und somit der Zehnerübergang stattfindet, nicht durchdrungen wird. Die Antworten deuten darauf hin, dass zwar das Zehnerrädchen mit den jeweiligen symbolischen Eintragungen in den Blick genommen wird, allerdings nicht konkret die Veränderung der Eintragung fokussiert wird. Dies lässt wiederum den möglichen Schluss zu, dass der Zehnerübergang als solches noch nicht als zentraler Moment bezüglich der symbolischen Zahldarstellung im Kontext des Stellenwertsystems wahrgenommen wird. Allerdings führen veränderte Fragestellungen und schließlich das Aufgreifen der Schüler*innen-äußerungen, die sich vor allem auf der beschreibenden Ebene verorten lassen, dazu, dass präzisiert werden kann, an welcher Stelle das

Zehnerrädchen noch einmal gedreht wird beziehungsweise bei welchem Übergang von einem zum nächsten Zahlzeichen eine Veränderung in der Zehnerstelle stattfindet. Somit scheint das selbstständige Beschreiben von Schüler*innenseite eine mögliche Hilfestellung darzustellen (siehe Abschnitt 9.2). Anders als beim Phänomen *Hürde bei Präzisierung des Zahlworts* treten keine Hürden bei der Nennung des gesamten eingestellten Zahlzeichens in der Zählerabbildung auf, sodass an dieser Stelle die Zahlzeichen 09 und 10 als zusammenhängende Zahlzeichen wahrgenommen werden können.

Es lässt sich zudem das Phänomen *Gelungene Fokussierung des Zehnerübergangs* ausmachen, bei dem genau die Fragestellung zum Moment der Veränderung des Zehnerrädchens keine Hürde darzustellen scheint. In einer Beispielszene fragt die Förderlehrkraft ebenso, wann beziehungsweise bei welchem Hüpfer das grüne Rädchen, also das Zehnerrädchen, gedreht werden muss. Hannes fokussiert für seine Antwort die ikonische Darstellung der RWT, zeigt auf die 9er-Kugelstange und sagt dazu ‚nach äh Neun'. Auf die Rückfrage, wo der entsprechende Hüpfer beginnt beziehungsweise wo der Start ist, nennt Hannes den Start des Häschens insgesamt, der in der Darstellung abgebildet wird. Auf die Nachfrage, bei welchem Hüpfer das grüne Rädchen gedreht wird und der Ergänzung ‚von wo nach wo' fokussiert Hannes erneut vor allem das Ziel und nennt „Rädchen nach Neun" (Z. 1). Bei der erneuten Präzisierung durch die Förderlehrkraft, indem sie während ihrer Frage zu den beiden Positionen beziehungsweise Zählereinstellungen auf die jeweiligen Kugelstangen zeigt, vertauscht Hannes die Präpositionen:

Transkriptauszug Hannes zum Phänomen *Gelungene Fokussierung des Zehnerübergangs*

1	Hannes	Rädchen nach Neun [zeigt mit dem Stift auf die 9er-Kugelstange.]
2	AZ	Super. Also von [zeigt auf die 10er-Kugelstange] hier.
3	Hannes	Nach Zehn [spurt die 10er-Kugelstange entlang.]
4	AZ	Ne, von Zehn [zeigt auf die 10er-Kugelstange] nach [zeigt auf die 9er-Kugelstange.]
5	Hannes	Neun.

Daraufhin gibt die Förderlehrkraft die erste Angabe zur Position beziehungsweise Einstellung durch „von Zehn nach" (Z. 4) als sprachlichen Rahmen vor und Hannes kann die zweite Position beziehungsweise Einstellung entsprechend ergänzen.

Bei dem Phänomen zeigt sich, dass die Fragestellung bezüglich der Veränderung des Zehnerrädchens korrekt verstanden wird und der entsprechende Hüpfer fokussiert werden kann. Dabei wird insbesondere der Hüpfer zur 9er-Kugelstange beziehungsweise die Zählereinstellung, bei der sich das Zehnerrädchen verändert hat, in den Blick genommen. Auffallend ist, dass zur Beantwortung der Frage nicht die Zählerabbildungen selbst genutzt werden, sondern die Abbildung der RWT, bei der die symbolische Darstellung nicht enthalten ist. Dennoch scheint ein Bewusstsein dafür vorhanden zu sein, dass beim Zehnerübergang auf symbolischer Ebene, dargestellt durch die Zählereinstellungen, eine besondere Veränderung stattfindet. Der Zehnerübergang wird dabei gezielt mit einer Veränderung des Zehnerrädchens verbunden, die nur einmal im gesamten abgebildeten Hüpfprozess stattfindet. Hürden treten bei der Konkretisierung des einen Hüpfers, der den Zehnerübergang enthält, auf, insbesondere in der Präzisierung der Start- und Zielposition von der 10er- auf die 9er-Kugelstange. Somit scheint möglicherweise der sprachliche Bezug der Fragestellung nicht klar zu sein (siehe Abschnitt 9.2). Insgesamt kann bei dem Phänomen jedoch der Moment der Veränderung des Zehnerrädchens, der Zehnerübergang, auf symbolischer Ebene anhand einer ikonischen Darstellung identifiziert werden.

In Abbildung 10.33 sind die analysierten Phänomene in der Vernetzung der ikonischen und symbolischen Ebene dargestellt.

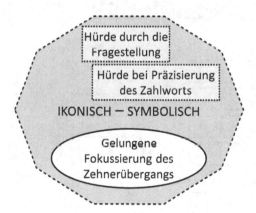

Abb. 10.33   Zehnerübergang: ikonisch – symbolisch

Vernetzung enaktiv – ikonisch – symbolisch
Bei der Vernetzung der drei Ebenen zeigt sich das Phänomen *Keine Hürde bei symbolischer Eintragung*. Es tritt ebenfalls bei der Bearbeitung eines Arbeitsblatts auf, bei der die einzelnen Hüpfer des Häschens in der ikonisch dargestellten RWT

vom Start zum Ziel auf die jeweiligen Zählereinstellungen übertragen werden sollen. Die folgende Beispielszene lässt sich, anders als die Phänomene bei der Vernetzung der ikonischen und symbolischen Ebene, beim Ausfüllen der Zähler-einstellung 10 verorten und nicht im Gespräch über die bereits vorgenommenen Eintragungen:

Transkript Hajo zum Phänomen *Keine Hürde bei symbolischer Eintragung*

1   [Dauer: 0:15 Min.] [Heidi und Hajo haben die RWT und einen Zähler vor sich. Es wird

2   ein Arbeitsblatt bearbeitet. Hajo befindet sich genau an der Zählereinstellung zum

3   Hüpfer von der 9er- auf die 10er-Kugelstange.]

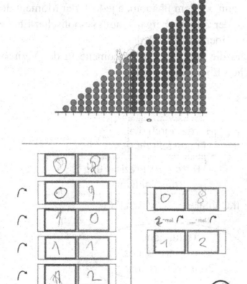

4   AZ   Und jetzt noch einmal.

5   Hajo [Hüpft mit dem Häschen enaktiv an der RWT von der 9er- auf die 10er-Kugelstange.]

6   AZ   Was ist denn jetzt passiert?

7   Hajo [Trägt in das Einerrädchen der ikonischen Darstellung des Zählers eine 0 ein. Dann

8	schaut Hajo noch einmal auf die enaktive RWT und notiert daraufhin eine 1 in das
9	Zehnerrädchen.]
10 AZ	Aha!

Hajo hüpft jeden Hüpfer des Häschens zusätzlich an der RWT mit, so auch den Hüpfer von der 9er- auf die 10er-Kugelstange (Z. 5). Er kann selbstständig, ohne weitere Unterstützung, die neue enaktiv ermittelte Position des Häschens auf der RWT in die ikonische Zählerdarstellung übertragen und dort 10 eintragen, indem er in das Einerrädchen eine 0 und in das Zehnerrädchen eine 1 einträgt. Dabei wird deutlich, dass er für die einzelnen Eintragungen jeweils die enaktive RWT in den Blick nimmt (Z. 7 ff.).

Bei dem Phänomen zeigt sich, dass das Eintragen der Zählereinstellungen auf symbolischer Ebene keine Herausforderung darzustellen scheint. Auffallend dabei ist jedoch, dass sich primär an der enaktiven RWT und nicht an der ikonischen orientiert wird, obwohl letztere auf dem Arbeitsblatt abgebildet ist und die enaktive RWT lediglich unterstützend hinzugenommen wird. Somit scheint die freie Wahl der Handlung am beziehungsweise mit Material für die Ermittlung der symbolischen Zahldarstellung in der Zählerabbildung hilfreich zu sein (siehe Abschnitt 9.2). Da keinerlei sprachliche Begründung oder Ausführung zur Vernetzung der Ebenen stattfindet, können an der Stelle leider keine tiefergehenden Aussagen zum Zahlverständnis des Zehnerübergangs getätigt werden. Ob also die Erzeugung des Nachfolgers zur in der Zählerabbildung eingetragenen Einstellung 09 im Hinblick auf die Funktionsweise des Stellenwertsystems wahrgenommen wird oder der an der enaktiven RWT durch das Hüpfen mit dem Häschen erzeugte Nachfolger als gewisses unabhängiges Zahlzeichen abgebildet wird, lässt sich nicht bestimmen. Allerdings kann festgestellt werden, dass die Vernetzung mit der symbolischen Ebene und die mit dem Zehnerübergang verbundenen Veränderungen in der Zahldarstellung insgesamt keine Hürde darzustellen scheinen. In dem Kontext führt auch die Hervorhebung der einzelnen Ziffern aufgrund der Zählerabbildung zu keinerlei erkennbaren Hürden, sondern kann dem Stellenwertsystem entsprechend ausgefüllt werden. Bei dem Phänomen ist hervorzuheben, dass die sprachlichen Anforderungen deutlich von denen in den Phänomenen der ikonischen und symbolischen Ebene abweichen und zudem die enaktive Ebene unterstützend hinzugenommen wird. Somit lassen sich die Anforderungen zwischen den Phänomenen nicht vergleichen. Stattdessen wird deutlich, dass sich verschiedene Aufgabenformate, Öffnungen auf andere Ebenen sowie tiefergehende Gespräche eignen, die mentalen Vorstellungen des Zehnerübergangs auch im Hinblick auf die der Funktionsweise des Stellenwertsystems entsprechende Nachfolger- beziehungsweise Vorgängerbildung anzuregen und anzubahnen.

In Abbildung 10.34 sind die in der Vernetzung der enaktiven, ikonischen und symbolischen Ebene analysierten Phänomene zusammengefasst.

Abb. 10.34   Zehnerübergang: enaktiv – ikonisch – symbolisch

Insgesamt weisen die Phänomene der Kategorie ‚Zehnerübergang' darauf hin, dass über offene und handlungsorientierte Herangehensweisen an den Zehner-übergang kreative Ideen bei den Schüler*innen angeregt werden können. Diese dienen als erste Denkanstöße und -anlässe, über systematische Strukturen weitere Zahlen beziehungsweise Zahlzeichen abbilden zu können. Dass das komplexe System des Stellenwertes nicht als Ganzes oder auch nur in Teilen selbststän-dig entwickelt werden kann, ist selbstredend. Allerdings können Anregungen entstehen, die in minimalen Ansätzen bereits den Regeln des Stellenwertsys-tems entsprechen und somit eine Heranführung und einen ersten Kontakt an den Zehnerübergang mit dem Stellenwertsystem erleichtern können. Die durch das Lehr-Lernarrangement ermöglichte Orientierung an Kugelanzahlen und -farben scheint hilfreich zu sein und als Unterstützung von Schüler*innenseite angenommen zu werden. Somit kann darüber ebenfalls eine erste Anbahnung zur symbolischen Zahldarstellung mit Fokussierung auf die Ziffern erfolgen. Dabei sollte allerdings eine Vertiefung der Stellenwertbedeutung beziehungs-weise Funktionsweise des Stellenwertsystems in der Hinsicht anschließen, dass die Vorgänger- beziehungsweise Nachfolgerbildung am Zehnerübergang durch die Vernetzung mit der symbolischen Ebene fokussiert wird. Die farblichen Käs-ten um die Ziffern in der ikonischen Darstellung des Zählers (siehe Abb. 10.35) können zudem insofern eine mögliche Herausforderung darstellen, dass die Zahlzeichen nicht als Ganzes, sondern die Ziffern als einzelne Zahlzeichen wahrgenommen und dann nicht mit dem entsprechenden Zahlwort verbunden werden.

Abb. 10.35 Ikonischer
Zähler (Abb. der Autorin)

Die Phänomene dieser Kategorie geben aber Anlass zur Zuversicht, indem erste Ansätze eines Erkenntnisses zum Stellenwertsystem deutlich werden beziehungsweise die Vernetzung mit der symbolischen Ebene auch am Zehnerübergang mit keiner Hürde verbunden ist. Dabei scheint insbesondere die Vernetzung der enaktiven und symbolischen Ebene hilfreich zu sein (siehe Abb. 10.36).

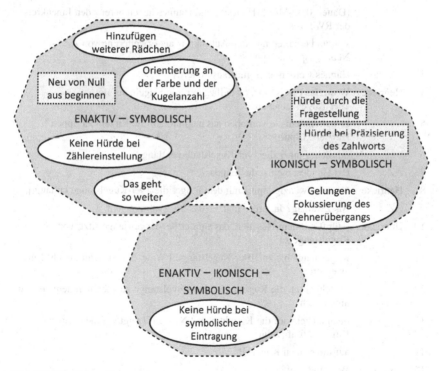

Abb. 10.36 Zehnerübergang gesamt

10.2.3 Phänomene in der Kategorie ‚Zahlkonstruktion'

In der Kategorie ‚Zahlkonstruktion' werden die Bereiche ‚Stellenbewusstsein',
‚Zehner / Einer', ‚Partnerbeziehung' sowie ‚Zahlerzeugung' betrachtet.

Enaktiv
Im Bereich ‚Stellenbewusstsein' aus der Kategorie ‚Zahlkonstruktion' lässt sich
auf enaktiver Ebene das Phänomen *Vermutung Struktur: 5/5* feststellen. Hierbei
wird die RWT um den Außenkreis erweitert, sodass eine Zahlraumerweiterung
bis 19 stattfindet, und es nun um die Einschätzung zur Anzahl der Kugeln auf
der 19er-Kugelstange geht:

Transkript Henrieke zum Phänomen *Vermutung Struktur: 5/5*

1		[Dauer: 0:32 Min.] [Henrieke und Hannes haben bereits den Innenkreis der RWT vor
2		sich und erhalten nun den Außenkreis als Erweiterung von AZ. Nebengespräche von
3		Hannes werden nicht mittranskribiert.]
4	Henrieke	Wow, das ist bis eins, zwei [beginnt, die Kugeln auf der 19er-Kugelstange zu
5		zählen, indem sie von oben aus beginnt, auf die Kugeln zu tippen.] Hundert! [Spurt
6		mit dem Finger die 19er-Kugelstange entlang.]
7	AZ	Bis Hundert meinst du geht das?
8	Henrieke	Ne, bis Zwanzig [spurt mit dem Finger die 19er-Kugelstange entlang.]
9	AZ	Bis Zwanzig? Ja, prüfe mal, ob das bis Zwanzig geht.
10	Henrieke	[Hüpft mit dem Häschen, das auf der 9er-Kugelstange sitzt, von Kugelstange zu
11		Kugelstange bis zur 19er-Kugelstange.] Wow, das ist richtig hoch! Eins, zwei, drei,
12		vier [beginnt, die Kugeln der 19er-Kugelstange zu zählen, indem sie von unten nach
13		oben einzeln auf die Kugeln tippt.] Ne, fünf [zeigt auf die orangen Kugeln], fünf [zeigt
14		auf die grünen Kugeln]!
15	AZ	Was sind fünf?
16	Henrieke	[Zählt die Kugeln der 19er-Kugelstange, indem sie von oben nach unten einzeln auf die

17   Kugeln tippt.] Neunzehn!

Henrieke nennt verschiedene Einschätzungen zur Anzahl der Kugeln. Zunächst schätzt sie, dass es hundert sind und korrigiert sich auf zwanzig (Z. 5 / 8). Nach der Aufforderung durch die Förderlehrkraft, diese Schätzung zu überprüfen, hüpft sie erst mit dem Häschen auf den Kugelstangen nach oben und beginnt dann, die Kugeln auf der 19er-Kugelstange zu zählen. Sie bricht jedoch recht schnell ab, da sie sich dann an eine Struktur zur Einteilung in jeweils fünf Elemente zu erinnern scheint. Dementsprechend nennt sie sowohl für die Anzahl der orangen Kugeln als auch für die Anzahl der grünen Kugeln die Lösung fünf (Z. 10 ff.). Auf die Rückfrage der Förderlehrkraft, was das genau bedeutet beziehungsweise was genau fünf Elemente sind, zählt Henrieke gezielt alle Kugeln auf der 19er-Kugelstange und erhält so schließlich die passende Anzahl (Z. 16 f.).

Bei dem Phänomen wird deutlich, dass bereits bekannte Strukturen bezüglich Zahlen und Mengen auf das Material der RWT übertragen werden. So scheinen zum einen die Zahlen Hundert oder Zwanzig sehr dominant und mit ‚viele‘ verbunden zu werden. Zum anderen scheint insbesondere durch die farbliche Differenzierung auf eine Unterteilung in jeweils fünf Elemente geschlossen zu werden. Dies legt die Vermutung nahe, dass die Technik ‚Kraft der Fünf‘ (u. a. Wittmann et al., 2017, S. 20 ff.; Abschnitt 3.3) genutzt wird. Dadurch entsteht hier jedoch eine Hürde, da die erlernte Struktur in 5er-Bündelungen sich aufgrund der unterschiedlichen Bündelungseinheiten nicht eins-zu-eins auf die Struktur des dezimalen Stellenwertsystems übertragen lässt. Denn hierbei werden, von der Bündelungsidee ausgehend, 10er-Bündelungen vorgenommen. Deshalb entspräche die entsprechende Schlussfolgerung zur Anzahl der Kugeln auf der 19er-Kugelstange insgesamt nicht der tatsächlichen Kugelanzahl (siehe Abschnitt 9.2). Bei dem Phänomen zeigt sich somit, dass die Zahlvorstellungen auch in dem kleinen Zahlenraum noch nicht sehr ausgeprägt sind, da das Einschätzen von Anzahlen noch mit großen Hürden verbunden ist. Vor allem wird jedoch offensichtlich, dass mögliche bestehende Zahlvorstellungen zu Bündelungen beziehungsweise Strukturierungen von Anzahlen im Hinblick auf das Stellenbewusstsein korrigiert und angepasst werden müssen, um ein dezimales Stellenwertverständnis anbahnen zu können. An der Stelle kann ein Bezug zur Bündelungsidee hergestellt werden, indem insgesamt als mögliche Bündelgröße zehn Elemente wahrgenommen werden anstelle von fünf, damit die Anzahl der Elemente pro Bündel der dezimalen Struktur entspricht und somit eine Verknüpfung hergestellt werden kann.

Auf enaktiver Ebene lassen sich im Bereich ‚Zehner / Einer' die beiden Phänomene *Kein eigenes Erkennen der dezimalen Struktur* und *Zahlzerlegung in Zehner und Einer* ausmachen.

Beim Phänomen *Kein eigenes Erkennen der dezimalen Struktur* geht es um die Frage, wie viele grüne Kugeln auf verschiedenen Kugelstangen der RWT im Außenkreis zu finden sind. Die exemplarische Szene zeigt, dass es nicht selbstverständlich ist, dass die gleichbleibende Anzahl an grünen Kugeln, nämlich immer zehn, auf allen Stangen erfasst wird. In der exemplarischen Szene fragt die Förderlehrkraft für fünf verschiedene Kugelstangen nach der entsprechenden Anzahl der vorhandenen grünen Kugeln. Hajo zählt jeweils an jeder Kugelstange die Anzahl grüner Kugeln nach und zieht keinerlei erkennbare Rückschlüsse auf Auffälligkeiten hinsichtlich der Anzahl der Kugeln. Dennoch scheint er eine gewisse Regelmäßigkeit zu bemerken, da er an einer Stelle, bei der er sich verzählt hat und als Anzahl neun grüne Kugeln erhält, die Kugeln erneut abzählt. Allerdings äußert er auf die Nachfrage der Förderlehrkraft, was er feststellt, nicht, dass es immer zehn grüne Kugeln sind, sondern erläutert, dass es immer mehr grüne Kugeln als orange sind. Auf die Bitte, das genauer zu erklären, äußert er, dass er das nicht kann. Erst auf die gezielte Nachfrage zur konkreten Anzahl grüner Kugeln auf jeder Stange kann Hajo angeben, dass es sich immer um zehn grüne Kugeln handelt. Diese Aussage kann er dann auf erneute Rückfrage auch verallgemeinern und weiß, dass es auf alle Kugelstangen (im Außenkreis) zutrifft.

Es zeigt sich bei dem Phänomen, dass die dezimale Struktur des Materials der RWT, an der durch die Zahlkonstruktion in Zehner und Einer farblich hervorgehoben wird und bei der auf dem Außenkreis immer zehn grüne Kugeln auf jeder Kugelstange sind, nicht automatisch von Schüler*innen erfasst beziehungsweise genutzt wird. Im Beispiel muss mehrfach geprüft werden, wie viele Kugeln vorhanden sind und es werden keinerlei selbstständige Vermutungen von Seiten des*der Schüler*in geäußert oder Rückschlüsse zu vorhandenen Strukturen gezogen. Auch bei Rückfragen zu Auffälligkeiten steht die gleichbleibende Anzahl nicht primär im Vordergrund, sondern der Vergleich der Anzahlen grüner und oranger Kugeln. Dies deutet darauf hin, dass die Besonderheiten des dezimalen Stellenwertsystems und damit der Zahl Zehn im Zahlenraum bis 19 sowohl als Teilmenge am enaktiven Material als auch möglicherweise auf symbolischer Ebene in der Zahlschrift noch nicht wahrgenommen und die regelhaften Strukturen noch nicht erkannt werden. Vielmehr bedarf es möglicher Anregungen und Konkretisierungen von außen sowie Handlungen für Erkundungsmöglichkeiten, beispielsweise durch gezielte Rückfragen oder Handlungen mit dem Material, damit sie genauer in den Blick genommen werden (siehe Abschnitt 9.2). Zudem wird im Kontext des Phänomens offensichtlich, dass sprachliche Erläuterungen zu Auffälligkeiten an sich eine Herausforderung für Lernende darstellen können und unter Umständen auftretende Hürde auch durch Sprachbarrieren entstehen beziehungsweise verstärkt werden können (siehe Abschnitt 9.2).

Beim zweiten Phänomen in dieser Ebene, *Zahlzerlegung in Zehner und Einer*, geht es zunächst um die korrekte Positionierung des Häschens auf der RWT durch eine mündliche Anweisung und dann um die Erläuterung dieser Position. In einer exemplarischen Szene erhält Henrieke die Anweisung, ihr Häschen auf die 17er-Kugelstange zu setzen:

Transkript Henrieke zum Phänomen *Zahlzerlegung in Zehner und Einer*

1		[Dauer: 0:51 Min.] [Henrieke und Hajo haben die RWT und den Zähler vor sich. Das
2		Häschen soll auf die 17er-Kugelstange gesetzt werden.]
3	Henrieke	Siebzehn?
4	AZ	Wo ist Siebzehn?
5	Henrieke	[Setzt das Häschen auf die 12er-Kugelstange.]
6	AZ	Warum da?
7	Henrieke	Ach ne. [Setzt das Häschen auf die 16er-Kugelstange, parallel zählt Hajo. //Henrieke
8		zählt die orangen Kugeln der 16er-Kugelstange//, setzt danach das Häschen auf die
9		17er-Kugelstange.]
10	AZ	//Psst!// Da ist Siebzehn?
11	Henrieke	Ja.
12	AZ	Warum?
13	Henrieke	Eins, zwei, drei, vier, fünf, sechs, sieben, acht, neun, zehn, elf, zwölf, dreizehn,
14		vierzehn, fünfzehn, sechszehn, siebzehn, achtzehn, neunzehn, zwanzig [zählt
15		ohne erkennbaren Bezug aufwärts.]
16	AZ	Okay, wie viele orange Kugeln sind da?
17	Henrieke	[Nickt 10-mal mit dem Kopf, sie scheint die Kugeln zu zählen.]
18	Henrieke	Zehn ro-, zehn grü-, zehn. Also hier sind grün [spurt die grünen Kugeln auf der
19		17er-Kugelstange entlang], diese hier sind zehn.
20	AZ	Ja.
21	Henrieke	Und hier sind [tippt einzeln auf die orangen Kugeln] sieben!

22   AZ   Okay.

23   Henrieke   Und dann sind das siebzehn!

Für den ersten Arbeitsauftrag, das Häschen auf die 17er-Kugelstange zu setzen, zählt Henrieke ausschließlich die orangen Kugeln und kann anhand dessen
letztendlich das Häschen auf die passende Kugelstange setzen (Z. 7 ff.). Auf die
Nachfrage, weshalb an dieser Stelle genau siebzehn Kugeln sind, zählt Henrieke
die Zahlwortreihe ohne Bezug zur RWT von eins aus aufwärts, endet jedoch nicht
bei siebzehn (Z. 13 ff.). Auf die Nachfrage, wie viele orange Kugeln an der Position des Häschens auf der Kugelstange sind, beginnt Henrieke zunächst, mit den
Augen die Kugeln zu zählen und nickt dabei mit dem Kopf. Da sie zehnmal mit
ihrem Kopf nickt, scheint sie sich auf die grünen Kugeln zu fokussieren (Z. 17).
Sie äußert, dass es genau zehn grüne Kugeln sind (Z. 18 f.). Für die Angabe
der Anzahl an orangen Kugeln zählt sie, diesmal durch Tippen, erneut nach und
kommt auf sieben (Z. 21). Aus diesen beiden Angaben schließt sie selbstständig,
dass es insgesamt also siebzehn Kugeln sind (Z. 23).

Bei dem Phänomen lässt sich feststellen, dass bereits auf die Zahlzerlegung
in Einer und Zehner zurückgegriffen werden kann und diese genutzt wird, da
zunächst ausschließlich die orangen Kugeln gezählt werden und darüber die
Position des Häschens insgesamt bestimmt wird. Somit kann auf das Wissen
zurückgegriffen werden, dass auf jeder Stange zehn grüne Kugeln vorhanden sind
und diese den Zehner der Zahl, zum Beispiel des Zahlzeichens 17, abbilden. Die
Nachfrage, weshalb an dieser Stelle genau die entsprechende Anzahl an Kugeln
ist, löst möglicherweise eine Verunsicherung aus, sodass eine alternative Zählhandlung begonnen wird. Auf die konkretisierte Fragestellung zu den jeweiligen
Anzahlen oranger und grüner Kugeln kann jedoch wiederum eine gezielte Antwort gegeben werden. Hierfür werden primär die orangen Kugeln gezählt. Das
wiederholte Nachzählen der Anzahl oranger Kugeln zeigt, dass unter Umständen
die ursprünglich durchgeführte Anweisung, das Häschen auf die vorgegebene
Anzahl an Kugeln zu setzen, bereits wieder vergessen wurde und deshalb neu
überprüft werden muss, auf wie vielen Kugeln das Häschen sitzt. Somit scheint
die Gedächtnisleistung an dieser Stelle teilweise eingeschränkt zu sein (siehe
Abschnitt 9.2), was bei Formulierungen von Arbeitsaufträgen berücksichtigt werden muss. Hinsichtlich der zweiten Frage findet die Zuordnung von Zahl und
Kugelstange in entgegengesetzter Reihenfolge zur ursprünglichen Arbeitsanweisung statt, da zu Beginn eine Zahl einer Kugelstange zugeordnet wurde und nun
aus einer Position auf einer Kugelstange eine Zahl geschlossen wird. Auch bei
letzterer Frage können die Kugeln auf der Stange in Zehner und Einer unterteilt
werden, sodass die Zahlzerlegung, orientiert an der dezimalen Struktur der RWT,

produktiv genutzt werden kann und sich diese für die Bestimmung der Gesamtzahl zu Nutze gemacht wird. Auffallend dabei ist, dass sich dabei stark an den
Kugelfarben orientiert wird, die jedoch auch beim Material der RWT dominant
sichtbar sind und genau auf die Zahlzerlegung in Einer und Zehner abzielen.
Insgesamt scheint eine erste Anbahnung zur Vorstellung der möglichen Zahlzerlegung in Zehner und Einer erfolgt zu sein, sodass diese bereits zur Bestimmung
einer Position genutzt werden kann.

Im Bereich ‚Partnerbeziehung' der Kategorie ‚Zahlkonstruktion' lassen sich
folgende Phänomene feststellen: *Beschreibung der Partnerbeziehung: neben* und
Beschreibung der Partnerbeziehung: parallel.

Beim erstgenannten Phänomen geht es um die Bestimmung der Positionen
zweier Häschen auf der enaktiven RWT, die den Vorgaben für eine Partnerbeziehung entsprechen. In einer beispielhaften Szene gibt Henrieke eine mündliche
Anweisung zur Bewegung der Häschen vor, wobei sie zunächst die beiden Start-
positionen angibt: Das eine Häschen soll auf der 1er-Kugelstange starten und
das andere soll auf der 8er-Kugelstange beginnen. Somit berücksichtigt sie dabei
nicht, dass die beiden Häschen exakt zehn Hüpfer voneinander entfernt sind
beziehungsweise das eine Häschen zehn Kugeln höher beziehungsweise tiefer
als das jeweils andere Häschen sitzen soll. Die Förderlehrkraft präzisiert diese
Bedingung noch einmal, woraufhin Henrieke einen anderen Start für das Häschen
angibt. Dieser befindet sich zwar entsprechend auf dem Außenkreis der RWT,
allerdings handelt es sich nicht um die korrekte Partnerzahl. Möglicherweise orientiert sie sich dafür an der derzeitigen Position eines Häschens auf ihrer RWT,
welches auf der 14er-Kugelstange sitzt. Bis zu diesem Zeitpunkt hat Henrieke
noch kein Häschen enaktiv auf der RWT positioniert, sie zeigt lediglich auf die
Kugelstangen. Nach einem Hinweis der Förderlehrkraft, es an der eigenen RWT
ebenfalls umzusetzen, fragt Henrieke nach ihrem angegebenen Start des inneren
Häschens, setzt das eine Häschen auf die entsprechende Kugelstange und nennt
dann direkt den entsprechenden Start für das Häschen auf dem Außenkreis. Auf
die Nachfrage, warum das zweite Häschen genau auf dieser Kugelstange startet,
erklärt Henrieke:

Transkriptauszug Henrieke zum Phänomen *Beschreibung der Partnerbeziehung: neben*

1	Henrieke	Ja, bei Eins [setzt ein Häschen auf die 1er-Kugelstange]. Ok dann ist die bei Elf
2		[spurt die 11er-Kugelstange entlang.]
3	AZ	Ah ok, //warum? Warum bei Elf?//

4 Henrieke //Dann, dann [setzt das zweite Häschen auf die 11er-Kugelstange]// Weil das
5   daneben so ist [macht die Gebärde für neben.]

Sie konkretisiert ihre Aussage, indem sie erläutert, dass die „daneben" (Z. 5)
sind, damit die Häschen ‚springen können' und kann dann zudem angeben, dass
sowohl auf der 1er- als auch auf der 11er-Kugelstange jeweils eine orange Kugel
vorhanden ist.

Bei diesem Phänomen zeigt sich, dass zunächst eine Hürde bei der Erzeugung
von Partnerbeziehungen entsteht, obwohl die Positionen – unter der Voraussetzung des vorgegebenen Abstands – frei wählbar sind. Da bei der Hinzunahme
der enaktiven Positionierung der Häschen auf der RWT die Partnerbeziehungen
direkt berücksichtigt werden können, scheint die Hürde insbesondere durch die
fehlende Orientierung in der rein mündlichen Formulierung der Anforderung zu
entstehen. Möglicherweise fehlt ein sichtbarer und vor allem langfristiger Orientierungspunkt (Start des einen Häschens), um von diesem aus die Partnerzahl
bestimmen und eine entsprechende sprachliche Anweisung formulieren beziehungsweise eine Handlung sprachlich ausführen zu können (siehe Abschnitt 9.2).
Sobald dies gegeben ist, scheint die Hürde überwunden zu sein und die Partnerbeziehungen können korrekt angegeben werden. Die Handlung mit dem Material
führt demnach zur Erkenntnis der sprachlichen Ausführung der Partnerbeziehung,
gleichzeitig stellt sie aber auch eine sprachliche Entlastung dar. Gestützt wird die
mündliche Erklärung zudem durch die Hinzunahme der Gebärde für neben zur
Beschreibung der Partnerzahlen, die als ‚daneben' charakterisiert werden (siehe
Abschnitt 9.2). Somit wird sich sprachlich noch eng an das Material der RWT
angelehnt, bei dem die Partnerzahlen als Kugelstangen nebeneinander angeordnet
sind. Diese Erkenntnis kann eine gute Ausgangslage darstellen, um die dezimale
Struktur vertieft zu thematisieren. Bei dem Phänomen deutet die Begründung des
Hüpfens zur Wahl der beiden Positionen darauf hin, dass die Zahlstruktur und insbesondere die Zahlraumorientierung im Hinblick auf die Partnerbeziehungen noch
nicht umfassend ausgebildet ist. Die Antwort auf die gezielte Nachfrage zu der
Anzahl der orangen Kugeln und deren gleicher Anzahl auf beiden Kugelstangen
bestätigt die Vermutung, da hier nur unsicher geantwortet werden kann.

Auf enaktiver Ebene lässt sich außerdem ein sehr ähnliches Phänomen
feststellen: *Beschreibung der Partnerbeziehung: parallel.* Dabei geht es um
das Beschreiben der Positionen der beiden Häschen auf der RWT, die eine
Partnerbeziehung darstellen, und deren Bewegungen:

Transkript Hajo zum Phänomen *Beschreibung der Partnerbeziehung: parallel*

1		[Dauer: 0:35 Min.] [Hannes und Hajo haben die RWT vor sich. In der letzten Stunde
2		wurde das zweite Häschen eingeführt (Hannes war nicht anwesend) und Hajo soll
3		Hannes erklären, was die Besonderheit daran ist. Auf Hajos RWT sitzt ein Häschen auf
4		der 10er- und eins auf der 0er-Kugelstange
5	AZ	Wie mussten die Häschen sitzen?
6	Hajo	Parallel [macht eine Handbewegung, welche den Innen- und den Außenkreis
7		verbindet.] //So [wiederholt seine Handbewegung an der RWT.]//
8	AZ	//[Spricht zu Hannes.] Guck mal. Guck mal, Hannes.. zu Hajo.//
9	Hannes	Neun, auf Neun.
10	AZ	Ne, erkläre nochmal.
11	Hajo	Ne, auf Eins und auf Zehn.
12	AZ	[Spricht zu Hannes.] Guck mal hin!
13	Hajo	[Dreht die RWT zu Hannes.] Unten [zeigt auf das Häschen auf der 0er-Kugelstange]
14		und oben [zeigt auf das Häschen auf der 10er-Kugelstange.]
15	AZ	Und wie mussten sie hüpfen, wenn jetzt das eine Geschwisterchen hüpft?
16	Hajo	[Hüpft mit beiden Häschen zeitgleich 1-mal nach oben.] Hüpfen a- hüpfen alle zwei.

Auf die Frage, wie die beiden Häschen auf der RWT positioniert sind, antwortet Hajo „parallel" (Z. 6) und zeigt hierzu mit der flachen Hand jeweils zwischen zwei Kugelstangen des Innen- und Außenkreises der RWT. Außerdem setzt er seine beiden Häschen auf die 0er- und 10er-Kugelstange, zeigt es Hannes und erläutert „unten und oben" (Z. 13 f.). Bezüglich der Nachfrage, wie die Häschen hüpfen müssen beziehungsweise was passiert, wenn ein Häschen hüpft, antwortet Hajo, dass beide Häschen hüpfen. Zusätzlich macht er es enaktiv vor (Z. 16).

Bei dem Phänomen zeigen sich im Hinblick auf die Orientierung im Zahlenraum 0 bis 19 erste Erkenntnisse bezüglich der Partnerbeziehungen, indem sowohl die statische Bestimmung der Partnerzahlen als auch der Prozess des parallelen Hüpfens ohne Hürden gelingt. Dabei scheint die Handlung mit Material eine Konkretisierung der sprachlichen Ausführungen zu ermöglichen (siehe Abschnitt 9.2). Unter Umständen können diese Erkenntnisse auch über die enaktive Ebene hinaus mit den anderen Darstellungsebenen vernetzt werden: Die Beschreibung ‚parallel' lässt sich bezogen auf die dezimale Zahlschrift auf die Einerziffer übertragen, die bei den Partnerzahlen jeweils identisch ist. Die Bezeichnung ‚parallel' im Gegensatz zu ‚neben' entspricht dabei stärker dem mathematischen Konzept der Partnerbeziehungen, da ‚neben' vielmehr mit direkten Nachbarzahlen in Verbindung gebracht wird und nur auf enaktiver Ebene am Material der Eigenschaft der Partnerbeziehungen entspricht. Da das Phänomen hier nur auf enaktiver Ebene zu verorten ist, bleibt offen, inwiefern diese Zahlraumorientierung tatsächlich mit den anderen Ebenen vernetzt werden kann und ob die Vorstellung von ‚parallel' in diesem Sinne auch bei der Zahlschrift wiedererkannt wird oder ob diesbezüglich Hürden auftreten würden. Insgesamt scheint aber ein erstes Bewusstsein in Richtung der dezimalen Zahlkonstruktion erzielt worden zu sein, welches nun auch auf symbolischer Ebene weiter vertieft werden muss.

Auf enaktiver Ebene lassen sich die in Abbildung 10.37 aufgeführten Phänomene feststellen.

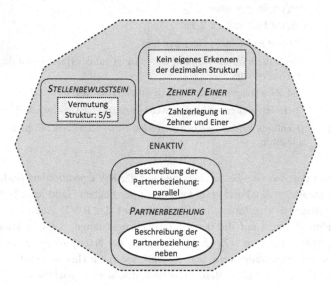

Abb. 10.37 Zahlkonstruktion: enaktiv

Vernetzung enaktiv – symbolisch
Bei der Vernetzung der enaktiven und symbolischen Ebene lässt sich im Bereich ‚Stellenbewusstsein' unter anderem das Phänomen *Einfaches Weiterzählen ohne*

Stellenberücksichtigung feststellen. Bei Überlegungen, welche Ziffern auf dem Zehnerrädchen notiert werden müssen, wird einfach von Neun aus weitergezählt. In einer exemplarischen Szene zu diesem Phänomen nennt Hannes zunächst die Zahl Zwanzig und die Zahl Zehn, wobei er auf die obere und untere Grenze des Streifens zeigt. Dies deutet darauf hin, dass er diese Zahlen als obere beziehungsweise untere Grenze für die Zahlen oder vielmehr Ziffern, die auf dem Zehnerrädchen notiert werden müssen, annimmt. Daraufhin beginnt er selbstständig von Zehn aus zu zählen und zeigt dabei gezielt jeweils auf das nächste Feld des Zehnerrädchens. Dementsprechend endet er bei Neunzehn als letzte Zahl, die auf dem Rädchen als Ziffer notiert wird.

Es zeigt sich bei dem Phänomen, dass noch keinerlei Bewusstsein für den Ziffernvorrat je Stelle vorhanden zu sein scheint. Vielmehr wird die einfache Nachfolgerbildung angewandt, die wiederum ohne Hürden gelingt. Hierbei wird bedacht, dass die Zahl Zehn als Nachfolger zur Zahl Neun noch gebildet werden muss, da auf dem Einerrädchen lediglich die Zahlen bis Neun dargestellt sind. Allerdings bleibt das Stellenwertsystem als solches unberücksichtigt, indem die stellenweise Notation von Zahlzeichen durch die Kombination des Einer- und Zehnerrädchens am Material des Zählers nicht umgesetzt wird. Stattdessen wird jedes Rädchen und das darauf eingetragene Zahlzeichen für sich gelesen, sodass eine Hürde beim Verknüpfen der beiden Rädchen als Einer- und Zehnerstelle entsteht. Da es sich um erste Überlegungen zu den Eintragungen auf dem Zehnerrädchen handelt und dieses noch nicht am Zähler sichtbar neben dem Einerrädchen eingefügt wurde, wird unter Umständen deshalb der Zusammenhang der beiden Rädchen im Hinblick auf die systematische Zahlschrift, der das dezimale Stellenwertsystem zugrunde liegt, noch nicht erkannt.

Diese Vermutung wird beim Phänomen *Erfassung des Zusammenhangs der Rädchen* bestätigt. Hierbei wird durch die Förderlehrkraft der Fokus auf die Verknüpfung der beiden Rädchen gelenkt und somit auf die Zusammensetzung des eingestellten Zahlzeichens durch das Einer- und Zehnerrädchen. Daraus folgt schließlich die selbstständige Erkenntnis, dass auch auf dem Zehnerrädchen die Ziffern 0 bis 9 eingetragen werden müssen. In einer Szene antwortet Hannes auf die Frage, welche Zahl am Zähler eingetragen wäre, wenn am Zehnerrädchen eine 10 eingestellt wäre und am Einerrädchen eine 9, mit Neunzehn. Er scheint die beiden eingestellten Ziffern beziehungsweise Zahlen addiert und dabei noch nicht das Stellenwertsystem, konkret die Zusammensetzung der einzelnen Ziffern zu einem Zahlzeichen, berücksichtigt zu haben. Auf den Hinweis der Förderlehrkraft, dass für das Einstellen des Zahlzeichens ein Trick angewandt wird, folgt Hannes Erkenntnis, dass die Ziffern bis 9 eingetragen werden und mit der Ziffer 0 begonnen wird.

Bei dem Phänomen scheint der Zusammenhang der Rädchen erfasst zu werden, indem erkannt wird, dass je Stelle und damit auf jedem Rädchen die Ziffern 0 bis 9 eingetragen werden können und deren Verknüpfung wiederum dazu führt, dass durch die Zusammensetzung mehrerer Stellen andere Zahlzeichen entstehen. Somit kann von einem Stellenbewusstsein im Hinblick auf den Ziffernvorrat ausgegangen werden, das unter anderem eine erste Grundlage für das Anbahnen eines Stellenwertverständnisses darstellt. Es bleibt jedoch offen, inwieweit bereits ein Verständnis für die unterschiedlichen Bedeutungen der Ziffern, abhängig von ihrer Position, also die Stellenwerte – am Material des Zählers konkret für die verschiedenen Rädchen – vorhanden ist.

Als weiteres Phänomen bei der Vernetzung der enaktiven und symbolischen Ebene lässt sich *Keine Berücksichtigung des Ziffernvorrats in Zehnerstelle* ausmachen. Hierbei wird als Nachfolger der Zahl Neunzehn die Zahl Hundert genannt:

Transkript Hajo zum Phänomen *Keine Berücksichtigung des Ziffernvorrats in Zehnerstelle*

1		[Dauer: 0:16 Min.] [Henrieke und Hajo haben die RWT und den Zähler vor sich. Die
2		Häschen sitzen auf der 9er- und 19er-Kugelstange, Henrieke und Hajo sollen nun den
3		Zähler für das höhere Häschen einstellen. Hajo hat seinen Zähler bereits auf 19
4		eingestellt.]
5	Hajo	Wenn man ein bei eins da mehr machen würde dann hätte man Hundert.
6	AZ	Hundert hätte man dann?
7	Hajo	Ja.
8	AZ	Wo meinst du eins mehr?
9	Hajo	Wäre hier noch eine Stange höher [deutet an der RWT neben der 19er-Kugelstange
10		eine weitere Stange an.]
11	AZ	Noch eine mehr, dann wären es Hundert? Hui.

Hajo hat den Zähler entsprechend dem Hüpfer von der 18er-Kugelstange auf die 19er-Kugelstange auf 19 eingestellt und äußert dann von sich aus, dass bei einem weiteren Hüpfer 100 eingestellt werden müsste (Z. 5). Auf die Nachfrage der Förderlehrkraft, wo genau „eins mehr" (Z. 8) wäre, zeigt Hajo an der RWT neben die 19er-Kugelstange und erläutert, „wäre hier noch eine Stange höher" (Z. 9).

Das Phänomen deutet darauf hin, dass bezüglich des Ziffernvorrats noch kein Verständnis dafür vorhanden zu sein scheint, dass in allen Stellen der gleiche Ziffernvorrat vorhanden ist und damit auch an der Zehnerstelle die Ziffern 0 bis 9 eingestellt werden können. Mündlich wird als Nachfolger für die Zahl Neunzehn die Zahl Hundert gebildet und damit bei Erschöpfung des Ziffernvorrats in der Einerstelle eine dritte Stelle ergänzt, anstatt die Ziffer an der Zehnerstelle um eins zu erhöhen. Die Funktionsweise des Stellenwertsystems wird bei der Nachfolgerbildung somit nicht berücksichtigt. Möglicherweise wird die Überlegung zum Nachfolger der Zahl Neunzehn durch die RWT beeinflusst, bei der der Außenkreis die Zahlen bis Neunzehn umfasst und dann ein weiterer Kreis ergänzt werden müsste, um die Nachfolgerzahl zu Neunzehn bilden zu können. Der Wechsel vom Innen- auf den Außenkreis ist dabei mit der Hinzunahme der nächsten Stelle, der Zehnerstelle beziehungsweise des Zehnerrädchens am Zähler, verbunden, was beim Nachfolger zur Zahl Neunzehn nicht mehr der symbolischen Zahldarstellung entspricht. Allerdings scheint insgesamt das Verständnis zum Ziffernvorrat, der in allen Stellen beziehungsweise auf allen Rädchen der gleiche ist, noch nicht umfassend ausgeprägt zu sein. Zum einen werden keinerlei weitere Überlegungen von Schüler*innenseite vorgenommen und zum anderen entsteht keine Irritation bei der Nachfolgerbildung zur Zahl Neunzehn, sondern die Zahl Hundert wird als Nachfolger der Zahl Neunzehn angesehen. Somit scheint auch die Zahlraumorientierung insgesamt im Zahlenraum größer 19 noch sehr eingeschränkt zu sein.

Das Phänomen *Symbolische Darstellung des Zehners als Herausforderung* tritt bei der Vernetzung der enaktiven und symbolischen Ebene im Bereich ‚Zehner / Einer‘ auf. Hierbei wird der Zähler entsprechend der Position des Häschens auf der RWT eingestellt. Konkret geht es dabei um die Übertragung des Zehners beziehungsweise der zehn grünen Kugeln an der RWT auf den Zähler. Der Zähler ist in einer beispielhaften Szene von Henrieke bereits entsprechend der Position des Häschens auf der 11er-Kugelstange der RWT eingestellt worden. Die Frage zu den Anzahlen der orangen und grünen Kugeln kann Henrieke jeweils korrekt beantworten, wobei sie auf die Frage zu der Anzahl der grünen Kugeln zunächst ‚eins‘ sagt, sich dann aber bei Wiederholung der Frage selbstständig korrigieren kann. Daraufhin stellt Henrieke wiederum die Frage, wie die Zehn am Zähler eingestellt werden kann. Auf die Nachfrage der Förderlehrkraft, was für die Zehn am Zähler eingestellt ist, antwortet Henrieke: ‚Elf. Also braucht man nicht die Zehn einstellen‘. Sie weiß nicht, welche eingestellte Ziffer am Zähler angibt, dass sich an der Position des Häschens zehn grüne Kugeln befinden. Was Henrieke schließlich wiederum weiß und auch äußern kann, ist, dass die eingestellte 1 am grünen Rädchen des Zählers eine Zehn darstellt.

Bei dem Phänomen wird offensichtlich, dass die Vernetzung der enaktiven und der symbolischen Ebene als solches eine Herausforderung darstellen kann. Zunächst kann das Häschen entsprechend der Zählereinstellung 11 auf der RWT positioniert werden, sodass das eingestellte Zahlzeichen 11 mit einer Position an der RWT verbunden werden kann. Außerdem ist das Wissen vorhanden, dass die Kugelanzahl in Teilmengen, konkret in Zehner und Einer, zerlegt werden kann. Die symbolische Darstellung des Zehners beziehungsweise der zehn grünen Kugeln scheint hingegen, ausgehend vom enaktiven Material der RWT, noch nicht mit der Ziffer 1 am grünen Rädchen verbunden, also noch nicht mit der symbolischen Darstellung vernetzt werden zu können. Die Veränderung der Vernetzungsrichtung scheint somit zu Herausforderungen zu führen (siehe Abschnitt 9.2). Hervorzuheben ist, dass hierzu die Nachfrage vom Kind selbstständig und gezielt gestellt werden kann, sodass daran vertieft weitergearbeitet werden kann. Die Aussage zur Einstellung des Zählers auf das Zahlzeichen 11 mit der Schlussfolgerung, dass man deshalb die Zehn nicht explizit benötigt beziehungsweise einstellen muss, könnte einerseits darauf hindeuten, dass erkannt wurde, dass in dieser Zahldarstellung die Zehn enthalten ist. Andererseits könnte sie jedoch auch vermuten lassen, dass noch kein Zusammenhang zwischen den elf Kugeln und der Einstellung des Zählers hergestellt werden kann und diese Aussage ausschließlich erfolgt, da die Förderlehrkraft die Verknüpfung zum Zähler herstellt und keine Korrektur der Zählereinstellung vornimmt. Die Schwierigkeiten hinsichtlich der Antwort auf die Nachfrage, welche eingestellte Ziffer die zehn grünen Kugeln abbildet, deutet verstärkt auf die zweite Annahme hin. Somit kann der Rückschluss gezogen werden, dass bezüglich der symbolischen Ebene die Bedeutungen der jeweiligen Ziffern im Hinblick auf das dezimale Stellenwertsystem, somit also letztendlich die Stellenwerte, noch nicht verinnerlicht wurden und insbesondere auch noch nicht mit dem Material und der jeweiligen Anzahl an Kugeln in Verbindung gebracht werden (siehe auch Zurnieden, 2022, S. 1406 f.). Insgesamt scheint das am Zähler eingestellte Zahlzeichen als Ganzes wahrgenommen zu werden, was unter anderem der untersten Entwicklungsstufe zum Stellenwertverständnis nach Fuson et al. (1997, S. 140) entspricht (siehe Abschnitt 3.2). Erste Anzeichen eines Verständnisses der Stellenwerte zeigen sich in der korrekten Angabe zur bereits eingestellten 1 am Zehnerrädchen, die als Zehn verstanden wird. Somit scheint die Aufforderung zur Darstellungsvernetzung und die bewusste Verwendung von Sprache zur Vernetzung hilfreich zu sein (siehe Abschnitt 9.2). Ob hier auch ein Zusammenhang zu den zehn grünen Kugeln hergestellt sowie damit konkret die symbolische mit der enaktiven Ebene vernetzt werden kann und somit auch bereits ein tieferes Verständnis angebahnt ist beziehungsweise werden kann, bleibt offen.

Als weiteres Phänomen lässt sich, wie bereits auf enaktiver Ebene, das Phänomen *Zahlzerlegung in Zehner und Einer* auch bei der Vernetzung der enaktiven und symbolischen Ebene feststellen. Hierbei gelingt die Differenzierung der Kugeln an der Kugelstange der RWT in einen Zehner und die jeweiligen Einer, wobei außerdem ein erster Bezug zur jeweiligen Ziffer am Zähler hergestellt wird. In einer Szene zu diesem Phänomen erkennt Hannes bei Überlegungen der Mitschülerin, wie der Zähler zur Position des Häschens auf der 11er-Kugelstange eingestellt werden muss, dass sich die Kugelstange in einen Zehner und einen Einer zerlegen lässt. Dabei scheint er einen Bezug zur Darstellung am Zähler, also der symbolischen Ebene, herzustellen, da diese Ebene den Auslöser seiner Überlegungen darstellt (Z. 1 f.). Es fällt auf, dass er Formulierungsschwierigkeiten mit der Angabe ‚ein Zehner' hat, da er mehrmals mit Zehn beginnt (Z. 4 f.). Er kann jedoch selbstständig die korrekte Formulierung erarbeiten (Z. 5) und daraus wiederum die Gesamtzahl der Kugeln bestimmen (Z. 9):

Transkriptauszug Hannes zum Phänomen *Zahlzerlegung in Zehner und Einer*

1	Hannes	//Ah guck das sieht man weißt du das sind [spurt mit der Hand die 11er-Kugelstange
2		nach.]//
3	AZ	//Super Henrieke.//
4	Hannes	[Spurt mit der Hand die 11er-Kugelstange nach] das sind zehn Einer das sind zehn
5		Einer das sind ähm das sind ein Zehner [spurt mit der Hand die grünen Kugeln an
6		der 11er-Kugelstange nach] und da ein Einer [zeigt mit dem Finger auf die orange
7		Kugel an der 11er-Kugelstange.]
8	AZ	Super.
9	Hannes	Dann sind elf [spurt mit dem Finger die 11er-Kugelstange nach.]

Die Zerlegung in einen Zehner und die Einer zeigt er noch an einer weiteren Kugelstange und nennt bei den folgenden Kugelstangen jeweils direkt die Gesamtanzahl. Er scheint sich dabei jedoch vor allem an den Einern zu orientieren. Auf die Frage, wofür die am grünen Rädchen seines Zählers eingestellte 1 steht, kann Hannes antworten, dass sie für Zehn steht. Auf die Frage, welche Kugeln das sind, zeigt er an der 10er-Kugelstange auf die zehn grünen Kugeln.

Bei dem Phänomen wird eine erste Erkenntnis auf Schüler*innenseite deutlich, nämlich dass alle Kugelstangen im Außenkreis der RWT in einen Zehner und die jeweilige Anzahl an Einern zerlegt werden können. Eine sprachliche Herausforderung stellt die Formulierung EIN Zehner dar, da es sich sichtbar um zehn Kugeln handelt, die dann wiederum zusammengefasst werden (siehe Abschnitt 9.2). Die zunächst an einer Kugelstange festgestellte Erkenntnis kann zudem auf die anderen Kugelstangen im Außenkreis übertragen werden. Es scheint also so, dass die Regelhaftigkeit und darüber in gewissem Maße auch die dezimale systematische Struktur durch einen Zehner und jeweils variierende Einer erkannt worden ist. Als Erweiterung zum entsprechenden Phänomen auf enaktiver Ebene kann an dieser Stelle außerdem die symbolische Ebene mit der Zerlegung vernetzt werden. Es wird klar definiert, dass die am grünen Rädchen eingestellte 1 und somit die erste Ziffer des Zahlzeichens für den Zehner steht beziehungsweise für zehn Kugeln. Die Handlungskombination des Hüpfens an der RWT sowie des Einstellens des Zählers, insgesamt also der Einsatz von Darstellungsvernetzung, führt schließlich zu einem Erkennen mathematischer Zusammenhänge (siehe Abschnitt 9.2). Das Phänomen deutet darauf hin, dass ein erstes Verständnis der Stellenwerte, beschränkt auf Einer und einen Zehner, sowie der dezimalen Struktur auch auf symbolischer Ebene im Sinne der Zahlkonstruktion bereits angebahnt ist.

Als Steigerung zum Phänomen *Zahlzerlegung in Zehner und Einer* kann das Phänomen *Weiterführung auf folgende Zehner* festgestellt werden. Die folgende exemplarische Szene soll dazu einen Einblick geben:

Transkript Hannes zum Phänomen *Weiterführung auf folgende Zehner*

1		[Dauer: 0:18 Min.] [Hannes und Hajo haben die RWT und den Zähler vor sich auf dem
2		Tisch. Hajos Häschen sitzt auf der 17er-Kugelstange und sein Zähler ist auf 17
3		eingestellt.]
4	AZ	Wofür steht denn die Eins [nimmt Hajos Zähler und hält ihn so, dass beide die
5		eingestellte Zahl sehen können und zeigt auf das Zehnerrädchen] hier, // Hannes?//
6	Hajo	//Für Zehn.// //Und sieben.//
7	Hannes	//Für Zeh-// ein für den Zehner.
8	AZ	Aha. Zeigt mal drauf wo der ist bei euch. [Hajo zeigt mit dem Finger an der 17er-
9		Kugelstange der RWT auf die grünen Kugeln.]

10	Hannes	Und wenn der nächste Zehner kommt, zwei Zehner [zeigt mit seiner rechten Hand
11		zwei Finger], muss da Zwei [zeigt auf den Zähler, den AZ in ihren Händen hält] und
12		da Null, dann sind Zwanzig.
13	AZ	Aha, super Hannes.

Auf die Frage, wofür die am Zehnerrädchen des Zählers eingestellte 1 steht, antwortet Hannes, dass sie für den Zehner steht (Z. 7). Der Aufforderung, diesen an der RWT zu zeigen, kommt Hannes im Gegensatz zu Hajo nicht nach, er scheint nachzudenken. Daraufhin äußert er von sich aus, dass bei einem nächsten Zehner und somit bei insgesamt zwei Zehnern am Zehnerrädchen eine 2 eingestellt werden muss und am Einerrädchen eine 0, sodass es 20 ergibt (Z. 10 ff.).

Das Phänomen zeigt bereits eine Weiterführung der Erkenntnis zur dezimalen Struktur im Vergleich zum Phänomen *Zahlzerlegung in Zehner und Einer*. Es erfolgt selbstständig die Schlussfolgerung, dass ein weiterer Zehner durch eine 2 am Zehnerrädchen dargestellt wird. Somit scheint bezüglich der Zahlkonstruktion das Wissen zu bestehen, dass jeweils zehn Elemente als ein Zehner zusammengefasst werden und somit einen Zehner darstellen. Diese Zehner werden am Zehnerrädchen eingestellt, bei zweistelligen Zahlen also an erster Stelle. Weiterhin kann die Erkenntnis bezüglich der Zahlkonstruktion zu Zehnern und Einern mit der symbolischen Ebene und damit mit der Funktionsweise des Stellenwertsystems in Verbindung gebracht und erläutert werden. Ein Denkanlass zur Handlung am Material kann somit zu einer ersten Erkenntnis führen (siehe Abschnitt 9.2). Inwieweit das dezimale Stellenwertsystem bereits umfänglicher verstanden ist, lässt sich an dieser Stelle nicht klären, da die Weiterführung lediglich für einen weiteren Zehner stattfindet und somit die durchgehende Regelhaftigkeit des Systems noch nicht offensichtlich wird. Dennoch können erste Ansätze für ein Verständnis zur Funktionsweise des Stellenwertsystems auf symbolischer Ebene festgestellt werden, da die Erkenntnis und Weiterführung nicht von der Lehrperson initiiert werden, sondern selbstständig von Schüler*innenseite geäußert werden.

Zunächst lässt sich im Bereich ‚Partnerbeziehung‘ das Phänomen *Hürde durch äußere Anforderungen (Sprache / Koordination)* feststellen. Hierbei werden mündlich Anweisungen für den Start eines Häschens gegeben, aus denen der Start des zweiten Häschens geschlossen werden soll. Es folgen Anweisungen für die Anzahl der Hüpfer der beiden Häschen, wobei dieser Hüpfprozess eine zentrale Herausforderung darzustellen scheint. Das Ziel der Häschen wird zudem auf den Zähler übertragen, sodass eine Vernetzung der enaktiven und symbolischen Ebene stattfindet. In einer Beispielszene kann Hajo die Anweisung für den Start (11) ohne Schwierigkeiten an der enaktiven RWT umsetzen und auch das zweite Häschen entsprechend auf dem Innenkreis auf die Partnerzahl (1) setzen. Die Anweisung, fünfmal nach oben zu hüpfen, führt hingegen zu einer Hürde: Hajo nimmt mit jeder Hand ein Häschen und versucht, mit ihnen gleichzeitig zu hüpfen. Das gelingt ihm zunächst noch nicht simultan. Stattdessen beginnt er mit einem Häschen, hüpft dann aber mit beiden gleichzeitig weiter. Nach mehreren Hüpfern stellt Hajo die Differenz zwischen den Häschen selbstständig fest und beginnt daraufhin noch einmal an der Startposition. Im zweiten Anlauf gelingt ihm das parallele Hüpfen größtenteils. Allerdings tritt auch in diesem Prozess eine Hürde auf, indem er einmal mit dem Häschen im Innenkreis direkt zwei Kugelstangen weiterhüpft. Hajo bemerkt seinen Fehler jedoch direkt selbst und hüpft entsprechend einmal zurück. Bei diesem zweiten Versuch hüpft Hajo dann allerdings insgesamt für die vorgegebene Anweisung einmal zu wenig. Nach einem Hinweis durch die Förderlehrkraft kann er das korrigieren, indem er noch einmal mit beiden Häschen nach oben hüpft. Auf die Nachfrage, was das Ziel ist, deutet Hajo, statt auf die 16er- oder 6er-Kugelstange zu zeigen, auf die 19er-Kugelstange und benennt diese auch als Ziel. Die Förderlehrkraft präzisiert daraufhin ihre Frage und fragt konkret nach dem Ziel der Häschen. Daraufhin zählt er die orangen Kugeln an der 16er-Kugelstange und kann dann direkt angeben, dass das Ziel die 16er-Kugelstange ist. Eine Begründung, weshalb er es so schnell wusste, fällt Hajo schwer: ‚Ich wusste es einfach nur'. Die Vernetzung der symbolischen mit der enaktiven Ebene gelingt wiederum ohne Hürden, Hajo stellt zunächst das Ziel des Häschens auf dem Außenkreis ein und kann den Zähler auf Nachfrage zum Ziel des anderen Häschens direkt anpassen. Er erklärt hierzu, dass er das Zehnerrädchen einmal gedreht hat.

Bei dem Phänomen zeigt sich, dass die auftretenden Hürden primär nicht mit der Zahlraumorientierung und dem Zahlverständnis zusammenhängen. Vielmehr scheint dieses bereits in dem Sinne vorhanden zu sein, dass die Partnerbeziehungen erkannt sowie auf Prozesse übertragen werden können und auch die mathematischen Zusammenhänge im Hinblick auf die dezimale Zahlkonstruktion (Differenz genau Zehn) sowohl am enaktiven Material der RWT zur Bestimmung der Kugelanzahl als auch auf symbolischer Ebene durch die ausschließliche Drehung des Zehnerrädchens erfasst werden. Zudem spricht die erfolgreiche Vernetzung der enaktiven und symbolischen Ebene insgesamt für ein erstes Verständnis der symbolischen Zahlschrift und dessen Konstruktionsprinzipien aufgrund des Stellenwertsystems. Die Hürden lassen sich stattdessen in äußeren Anforderungen verorten. Zum einen scheint die koordinative Anforderung, mit zwei Häschen gleichzeitig auf der RWT zu hüpfen, eine Herausforderung darzustellen, da mehrere Anläufe und Korrekturen für das parallele zeitgleiche Hüpfen notwendig sind. Außerdem wird die volle Konzentration beansprucht, sodass das gleichzeitige Zählen der Hüpfer als Prozesse nicht mehr gelingt (siehe Abschnitt 9.2). Zum anderen entsteht eine Hürde bei der Bestimmung des Ziels. Hier wird kein Bezug zum Ziel der Häschen hergestellt, sondern die höchstmögliche Position auf der RWT, die 19er-Kugelstange, als Ziel genannt (siehe Abschnitt 9.2). Diese beiden Hürden sind insbesondere im Hinblick auf die Design-Prinzipien zur Schüler*innen- und Handlungsorientierung relevant. Allerdings wird bei dem Phänomen deutlich, dass durch Hürden in der Koordination oder im sprachlich inhaltlichen Verständnis die primäre Konzentration nicht auf den mathematischen Zusammenhängen liegen kann, sondern diese unter anderem für die reine Umsetzung der Arbeitsanweisung beansprucht wird. Das kann wiederum bewirken, dass die Zahlraumorientierung beziehungsweise das Erfassen der Zahlkonstruktion deutlich beeinflusst wird beziehungsweise beeinträchtigt ist. Unter Umständen können dadurch auch Hürden bezüglich der mathematischen Anforderungen entstehen. Somit sollte grundsätzlich ein Bewusstsein und eine Sensibilisierung für alternative Hürden, wie koordinative Herausforderungen, vorhanden sein, um äußere Anforderungen wahrzunehmen, diese zu erleichtern und darüber schließlich den Zugang zu mathematischen Zusammenhängen zu erleichtern. Durch eine Entlastung der äußeren Anforderungen können wiederum gegebenenfalls auch mögliche Hürden bezüglich des mathematischen Zusammenhangs gelöst werden.

Als weiteres Phänomen lässt sich die *Veränderung des Zählers bei Partnerbeziehung als Herausforderung* feststellen. Hierbei geht es darum, die Einstellung des Zählers, die der Position des Häschens auf dem Außenkreis entspricht, so zu verändern, dass der Zähler der Position des Häschens auf dem Innenkreis entspricht. Die exemplarische Szene zeigt, dass dabei große Hürden auftreten können:

Transkript Henrieke zum Phänomen *Veränderung des Zählers bei Partnerbeziehung als Herausforderung*

1	[Dauer: 1:10 Min.] [Henrieke und Hajo haben die RWT und den Zähler vor sich. Hajo
2	hat als Fee eine Anweisung für die Häschen diktiert: AZ ist mit den Häschen von der
3	9er- bzw. 19er-Kugelstange 5-mal nach unten gehüpft und Henrieke hat den Zähler

4		entsprechend für das obere Häschen bedient. Nun geht es um die Frage, wie der
5		Zähler für das andere Häschen verändert werden muss.]
6	AZ	Wie wäre der Zäh- das Zahlenschloss denn für das andere Häschen eingestellt?
7	Henrieke	Dann Dreizehn, ne bei Drei.
8	AZ	Für dieses hier [*zeigt an ihrer RWT auf das Häschen auf der 4er-Kugelstange.*]
9	Henrieke	[Setzt an ihrer RWT das Häschen von der 7er-Kugelstange auf die 4er-Kugelstange.]
10		Eh, bei Null [bewegt das Häschen zur 0er-Kugelstange und wieder zurück zur 4er-
11		Kugelstange.]
12	AZ	Guck mal, wo mein Häschen sitzt! [Hält Henrieke ihre RWT näher hin.] Das
13		Andere?
14	Hajo	Auf der Vier.
15	AZ	Was musst du hierdran verändern dann? [Hält Henrieke ihren Zähler hin.] Was
16		fehlt- was kommt hier weg bei dem Häschen? [Zeigt auf das Häschen im
17		Innenkreis.] Was fällt dir auf? Guck mal!.. Welche Kugeln fehlen denn? Bei
18		dem? [Tippt auf das Häschen auf der 4er-Kugelstange.]
19	Henrieke	Die andere.
20	AZ	Was sind die anderen?
21	Henrieke	Grüne.
22	AZ	Aha! Also welches Rädchen [zeigt auf Henriekes Zähler] müsstest du für dieses
23		Zahlen- //für das-//
24	Henrieke	//Drei!// [Dreht das Einerrädchen 1-mal.]
25	AZ	Das orangene? Ist da eine orangene weniger? [Deutet erst auf die orangen Kugeln
26		auf der 14er-Kugelstange und dann auf der 4er-Kugelstange.]
27	Henrieke	//[Schüttelt den Kopf. Dann nickt sie.]//
28	Hajo	//Nein.//
29	AZ	Ja?
30	Henrieke	Ne, ne, ne [schüttelt den Kopf.]

31	AZ	Genau gleich, ne? [Hält einen Finger auf Höhe der orangen Kugeln der 4er- und
32		14er-Kugelstange.] Was ist weg?
33	Henrieke	Drei. Ne bei Grün Null [dreht das Einerrädchen zurück auf 4 und das Zehnerrädchen
34		auf 0.]
35	AZ	Ah ja!
736	Henrieke	Vierzig!
37	Hajo	Vierzehn!
38	AZ	Achtung, das ist eine Vier. Lies mal die Zahl.
39	Henrieke	Ja, ist doch Vierzehn. [Legt ihren Zähler auf den Tisch und stützt den Kopf ab.]
40	AZ	Vier und Vierzehn.

Der Zähler ist der Position des Häschens auf der 14er-Kugelstange entsprechend eingestellt, also auf das Zahlzeichen 14. Als Veränderung der Einstellung für das Häschen auf dem Innenkreis schlägt Henrieke zunächst den direkten Vorgänger der eingestellten Zahl vor, korrigiert sich dann selbst und nennt Drei (Z. 7). Die Förderlehrkraft zeigt an ihrer RWT noch einmal auf das Häschen auf dem Innenkreis, woraufhin Henrieke an ihrer eigenen RWT das Häschen auf die 4er-Kugelstange setzt und als Antwort Null angibt (Z. 9 f.). Hajo nennt, auf Nachfrage der Förderlehrkraft, wo das Häschen im Innenkreis sitzt, die entsprechende Kugelanzahl (Z. 17). Auf die Frage, was ihr bezüglich des Unterschieds der beiden Häschen auffällt, antwortet Henrieke zunächst nicht. Daraufhin präzisiert die Förderlehrkraft die Frage und fragt, welche Kugeln fehlen. Hierauf antwortet Henrieke „die andere" (Z. 19). Die Förderlehrkraft fragt nach, was die anderen genau sind, woraufhin Henrieke die Grünen expliziert (Z. 21). Auf die Frage, welches Rädchen Henrieke entsprechend am Zähler anpassen müsste, antwortet Henrieke „Drei" (Z. 24) und dreht das Einerrädchen einmal nach unten (Z. 24). Die Förderlehrkraft fragt dazu nach, ob sich die Anzahl der orangen Kugeln zwischen den Kugelstangen unterscheidet, was Henrieke zunächst verneint, dann durch ein Nicken bestätigt, es sich dann jedoch erneut anders überlegt und den Kopf schüttelt. Daraufhin kann Henrieke für den Zähler angeben, dass beim Zehnerrädchen eine 0 eingestellt werden muss und verändert ihren Zähler entsprechend, wobei sie auch das Einerrädchen korrigiert und auf 4 einstellt (Z. 33 f.). Das dann eingestellte Zahlzeichen, 04, liest Henrieke als „Vierzig" (Z. 36) vor, die Förderlehrkraft korrigiert sie.

Bei dem Phänomen wird deutlich, dass ein Einblick in die Zahlkonstruktion bezüglich der Partnerbeziehungen noch nicht vorhanden zu sein scheint, insbesondere bei der Vernetzung der enaktiven und symbolischen Ebene. Auf der ausschließlich enaktiven Ebene kann das Häschen im Innenkreis selbstständig positioniert werden – orientiert am Häschen auf dem Außenkreis der RWT der Lehrperson. Die Übertragung auf den Zähler beziehungsweise dessen Anpassung für das innere Häschen gelingt nicht, sondern stellt vielmehr die zentrale Hürde dar. Das Konzept der Partnerzahlen in Verbindung mit der symbolischen Ebene scheint noch nicht verstanden zu sein, da zunächst der Vorgänger beziehungsweise die Partnerzahl des Vorgängers als Lösung vorgeschlagen werden. Somit wird jeweils das Einerrädchen verändert, welches bei Partnerbeziehungen explizit nicht verändert werden sollte. Auch ein erneutes Hinweisen auf das Häschen auf der RWT, dessen Position auf den Zähler übertragen werden soll, scheint nicht hilfreich zu sein, denn daraufhin wird der Ausgangspunkt Null als Zieleinstellung genannt. Erst die Fokussierung auf die Kugelfarben und auf das entsprechende Fehlen der grünen Kugeln im Innenkreis der RWT führt zu einer erfolgreichen Vernetzung der symbolischen Zahldarstellung am Zähler und der Position des Häschens auf dem Innenkreis und damit zu einer entsprechenden Veränderung der Zählereinstellung der Partnerzahl. Die Fokussierung der Kugelfarbe scheint somit eine unterstützende Funktion einzunehmen (siehe Abschnitt 9.2). Allerdings ist fraglich, inwieweit der eigentliche Zusammenhang der Partnerzahlen erfasst und darüber auch ein erstes Verständnis der entsprechenden Zahlkonstruktion angebahnt werden kann. Denn bei der Lösung scheint insbesondere die Verbindung der Position des Häschens auf der RWT mit der entsprechenden Einstellung auf dem Zähler im Vordergrund zu stehen, ohne die Konstruktionsprinzipien der Partnerzahlen im Blick zu haben. Auch die sprachliche Differenzierung der Partnerzahlen gelingt noch nicht, indem zunächst das Zahlwort zu dem Zahlzeichen mit vertauschten Ziffern und dann als Korrektur das Zahlwort zur entsprechenden Partnerzahl, die bereits zu Beginn eingestellt war, genannt wird. Insgesamt zeichnet sich bei dem Phänomen ein noch fehlendes Verständnis der Partnerzahlen und damit ein noch unzureichender Zahlenkonstruktionssinn im Hinblick auf Partnerzahlen, bezogen auf das Stellenwertsystem, ab. Dabei ist auffallend, dass insbesondere die Vernetzung mit der symbolischen Ebene und damit verbunden der Bedarf des Stellenwertsystems besonders herausfordernd ist und ein erstes Verständnis dessen in dem vorliegenden Kontext noch nicht angebahnt zu sein scheint.

Im Zusammenhang mit dem Phänomen *Veränderung des Zählers bei Partnerbeziehung als Herausforderung* kann zudem das Phänomen *Erkenntnis zur Zahlkonstruktion* erfasst werden. Dieses tritt ebenfalls im Einstellungsprozess am

Zähler auf, wenn dieser für das äußere Häschen entsprechend verändert werden soll. In einer beispielhaften Szene ist Henriekes Zähler bereits entsprechend der Position des Häschens auf dem Innenkreis der RWT eingestellt und soll nun so verändert werden, dass der Zähler die Position des Häschens auf dem Außenkreis anzeigt. Genau diese Handlung wird im Rahmen des hier fokussierten Phänomens als Hürde erfasst. Bei der Szene übernimmt nun die Mitschülerin diese Handlung und verändert den Zähler, sodass er entsprechend der Position des Häschens auf dem Außenkreis eingestellt ist. Die Förderlehrkraft fragt daraufhin Henrieke, was genau von der Mitschülerin am Zähler verändert wurde. Henrieke liest dafür zunächst das eingestellte Zahlzeichen vor. Die Förderlehrkraft fragt bezüglich der gedrehten Rädchen noch einmal konkret nach, woraufhin Henrieke die Einstellung überprüft. Beim Fokussieren der eingestellten 1 am Zehnerrädchen scheint sie die Erkenntnis zu erlangen, dass diese Einstellung am Zehnerrädchen für die zehn grünen Kugeln und die eingestellte 5 am Einerrädchen für die fünf orangen Kugeln steht (Z. 2):

Transkriptauszug Henrieke zum Phänomen *Erkenntnis zur Zahlkonstruktion*

1   Henrieke   Bei Fünf bei Orange, ja richtig. Und bei Eins.. Jaa jetzt habe ich das

2   verstanden! Weil da ist zehn [zeigt auf AZs RWT] und da ist fünf Kugeln.

Das Phänomen deutet darauf hin, dass eine erste Erkenntnis bezüglich der Zahlkonstruktion im Hinblick auf Partnerbeziehungen erfolgen konnte. Der Unterschied zwischen den Partnerzahlen, also die zehn grünen Kugeln beziehungsweise auf symbolischer Ebene die 1 am Zehnerrädchen, wird zwar nicht explizit noch einmal benannt, allerdings scheint genau die vorgenommene Veränderung der Zählereinstellung zur Erkenntnis der Konstruktion des dann eingestellten Zahlzeichens zu führen. Diese kann sogar noch einmal sprachlich ausgeführt werden. Insbesondere die dabei erfolgreiche Vernetzung der enaktiven und symbolischen Ebene deutet darauf hin, dass, unabhängig vom tieferen Verständnis von Partnerbeziehungen an sich, ein erster Einblick in die dezimale Zahlschrift und deren Konstruktionsprinzipien bezüglich des Stellenwertes anhand der Bearbeitung von Partnerzahlen gelingt. Die Übernahme der Handlung durch die Mitschülerin stellt hier dabei die notwendige Hilfestellung dar (siehe Abschnitt 9.2), durch die die Veränderung der Einstellung des Zählers noch einmal reflektiert werden kann.

Als weiteres Phänomen im Bereich ‚Partnerbeziehung' lässt sich das Phänomen *Partnerbeziehung an Zähler erzeugen* feststellen. Dabei wird zunächst der Zähler für das Häschen auf dem Innenkreis eingestellt und dann entsprechend für die Position des Häschens auf dem Außenkreis verändert. In einer exemplarischen Szene sitzen die Häschen auf der 4er- und 15-Kugelstange der RWT. Hannes stellt den Zähler für das Häschen auf dem Innenkreis ein und dreht dann zehnmal am Einerrädchen und entsprechend einmal am Zehnerrädchen. Dabei zählt er laut die Anzahl der Drehungen mit. Bei der Endeinstellung des Zählers ist er zunächst irritiert. Möglicherweise liegt es daran, dass das Häschen auf dem Außenkreis nicht der Partnerbeziehung entsprechend auf der 14er-Kugelstange sitzt, sondern auf der 15er-Kugelstange. Auf Nachfrage, wo das Häschen im Außenkreis sitzt, kann Hannes direkt Fünfzehn angeben und den Zähler korrigieren, indem er das Einerrädchen entsprechend noch einmal weiterdreht. Die Förderlehrkraft hüpft mit dem Häschen auf dem Innenkreis auf die 5er-Kugelstange, damit die beiden Häschen die Partnerbeziehung darstellen und fragt Hannes nach seiner Einstellung am Zähler. Daraufhin scheint Hannes zur Erkenntnis zu gelangen, dass immer beide Häschen gemeinsam hüpfen müssen. Auf die Rückfrage der Förderlehrkraft, was genau nun am Zähler eingestellt ist, kann er korrekt auf die Kugelstange im Außenkreis, auf der das Häschen sitzt, zeigen.

Bei dem Phänomen wird die Partnerbeziehung über die Verwendung des Zählers erzeugt, indem von der Starteinstellung des Zählers für das Häschen auf dem Innenkreis der Zähler zehnmal gedreht wird. Die Beobachtung, dass die neue Einstellung des Zählers mit der Position des Häschens auf dem Außenkreis übereinstimmt, scheint schließlich in der Erkenntnis zu münden, dass die beiden Häschen immer gleich oft hüpfen müssen. Durch diese Erkenntnis kann möglicherweise die Zahlraumorientierung erweitert und ein erster Schritt zum Verständnis der Zahlkonstruktion der Zahlzeichen im Hinblick auf das dezimale Stellenwertsystem insofern angebahnt werden, dass über die zehnfache Nachfolgerbildung die Partnerbeziehung erzeugt und schließlich deren System erfasst wird. Da dieses System gewisse dezimale Strukturen abbildet, kann die dazu erlangte Erkenntnis als eine Grundlage für die Anbahnung der Funktionsweise des Stellenwertsystems angesehen werden. Es bleibt jedoch offen, ob der Zusammenhang bezüglich der Zählereinstellungen und somit der symbolischen Ebene für die Partnerbeziehungen deutlich werden konnte; konkret, ob erkannt wird, dass lediglich das Zehnerrädchen im Zahlzeichen variiert und entweder auf 0 oder 1 eingestellt ist. Hervorzuheben ist, dass die Fokussierung der Prozesse und damit die Einnahme der Prozesssicht bei dem Phänomen den Schlüssel für die Erkenntnis darzustellen scheint. Damit kann die aktive Handlung, ergänzend zur exemplarischen Handlung durch Mitschüler*innen, wie es auf das Phänomen *Erkenntnis zur Zahlkonstruktion* zutrifft, zu neuen Einsichten führen (siehe Abschnitt 9.2).

In Abbildung 10.38 sind die analysierten Phänomene in der Vernetzung der enaktiven und symbolischen Ebene dargestellt.

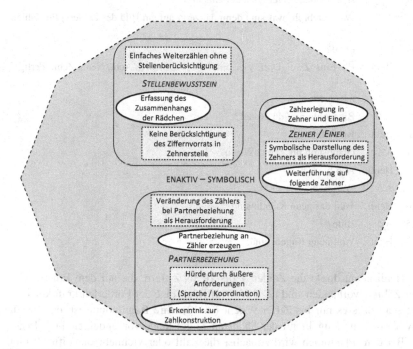

Abb. 10.38 Zahlkonstruktion: enaktiv – symbolisch

Vernetzung ikonisch – symbolisch
Bei der Vernetzung der ikonischen und symbolischen Ebene lässt sich im Bereich ‚Stellenbewusstsein' das Phänomen *Keine Berücksichtigung der Null* feststellen. Bei Überlegungen, welche Zahlen beziehungsweise Ziffern auf dem Einerrädchen des Zählers zu finden sind, werden die Zahlen Eins bis Zehn genannt:

Transkript Heidi zum Phänomen *Keine Berücksichtigung der Null*

1	[Dauer: 0:21 Min.] [Zur Einführung des Zählers zeigt AZ Heidi und Hajo Bilder des
2	Zählers (nur mit einem Einerrädchen) aus verschiedenen Perspektiven und mit

3		unterschiedlichen Einstellungen. Es geht nun um die Frage, welche Zahlen bzw. Ziffern
4		sich auf dem Einerrädchen befinden.]
5	AZ	Was glaubt ihr was sind denn da [zeigt auf ein Bild des Zählers] für Zahlen noch
6		drauf?
7	Heidi	Eh, Eins, Zwei, Drei, Vier, Fünf, Sechs, Sieben, Acht, Neun, Zehn. Fertig jetzt
8		haben wir alle.
9	AZ	Bis wohin hast du gesagt?
10	Heidi	Bis Zehn.
11	AZ	Glaubst du bis Zehn? Wieso?
12	Heidi	Ach bis Neun.
13	AZ	Warum bis Neun?
14	Heidi	Weil das neun Kugeln sind.
15	AZ	Bitte?
16	Heidi	Weil neun Kugeln sind.

Heidi nennt direkt die Zahlen 1 bis 10 als Ziffern, die auf dem Einerrädchen des Zählers vorhanden sind (Z. 7 f.). Auf Rückfrage der Förderlehrkraft korrigiert sie sich, dass es nur bis Ziffer 9 geht (Z. 12). Ihre Begründung ist, dass an der RWT nur neun Kugeln auf der höchsten Kugelstange vorhanden sind (Z. 14).

Bei dem Phänomen wird zunächst die Zahl oder vielmehr die Ziffer 0 nicht berücksichtigt. Es wird der häufig vorgegebene Zahlenraum von 1 bis 10 für den Ziffernvorrat am Einerrädchen des Zählers vorgeschlagen. Allerdings führt die selbstständige Verknüpfung mit der RWT zur Korrektur und zu der Erkenntnis, dass die größte Ziffer nicht 10, sondern 9 ist. Allerdings findet keine Korrektur bei der unteren Grenze statt, indem die Ziffer 0 mit einbezogen wird. Somit scheint die gleichwertige Bedeutung der Zahl beziehungsweise Ziffer 0 zu den anderen Zahlen beziehungsweise Zahlzeichen des Ziffernvorrats noch nicht verinnerlicht worden zu sein. Diesbezüglich bedarf es einer vertieften Auseinandersetzung. Grundsätzlich lässt sich jedoch feststellen, dass die Verknüpfung unterschiedlicher Materialien mit verschiedenen Fokussen, wie RWT und Zähler, hilfreich sein, zu neuen Erkenntnissen führen und Denkanlässe in Richtung des dezimalen Stellenwertsystems darstellen können (siehe Abschnitt 9.2). Über eine erneute bewusste Darstellungsvernetzung könnte beispielsweise auch die untere Grenze des Ziffernvorrats, die 0, erarbeitet werden.

Im Bereich ‚Zehner / Einer' lassen sich bei der Vernetzung der ikonischen und symbolischen Ebene die Phänomene *Additive Notation, Fehlende Notation der Null in Einerstelle* und *Erläuterung zur einstelligen Zahl* feststellen. Beim erstgenannten Phänomen werden zur Ermittlung der Startposition des Häschens auf einer ikonisch abgebildeten RWT zunächst die grünen Kugeln gezählt und deren Anzahl, zehn, als eine Zahl in das Zehnerrädchen des ikonisch dargestellten Zählers eingetragen. In das Einerrädchen wird die entsprechende Anzahl der orangen Kugeln eingetragen. In einer exemplarischen Szene zählt Henrieke die Anzahl der grünen Kugeln nach und trägt ihr Ergebnis in das Zehnerrädchen als 10 ein. Danach zählt sie die übrigen orangen Kugeln und trägt auch diese Anzahl im Einerrädchen des Zählers ein. Somit ist im Zähler insgesamt das Zahlzeichen 104 eingetragen. Auf die Nachfrage der Förderlehrkraft, was sie eingetragen hat, korrigiert sie jedoch direkt selbstständig die 10 in eine 1 und kann auch erläutern, dass diese 1 für einen Zehner steht.

Bei dem Phänomen zeigt sich ein additives Notieren der Anzahl der jeweiligen Kugeln in grün und orange. Es wird mit den grünen Kugeln begonnen, deren Anzahl ermittelt und die Summe in das Zehnerrädchen im Zähler eingetragen, gleiches wird für die orangen Kugeln durchgeführt. Somit gelingt an dieser Stelle die Differenzierung zwischen grünen und orangen Kugeln, die den Zehner und die Einer abbilden, wobei voraussichtlich die Orientierung an der Kugelfarbe leitend ist. Die Hürde lässt sich mit Hilfe der aktiven Vernetzung der ikonischen und symbolischen Ebene bei der Notation der symbolischen Ebene unter Berücksichtigung der Struktur des dezimalen Stellenwertsystems auf Grundlage der ikonischen Darstellung verorten, wobei die mentale Vorstellung offengelegt wird (siehe Abschnitt 9.2). Das dezimale Stellenwertsystem und dessen Funktionsweise im Hinblick auf das Stellenwertprinzip wird auf symbolischer Ebene nur insofern berücksichtigt, dass die grünen Kugeln dem Zehnerrädchen und die orangen Kugeln dem Einerrädchen zugeordnet werden. Diese werden dann allerdings additiv notiert. Dass im Zehnerrädchen die Ziffer 1 für zehn Kugeln steht beziehungsweise andersherum zehn Kugeln als 1 an der ersten Stelle des zweistelligen Zahlzeichens, somit im Zehnerrädchen, dargestellt werden, wird hingegen nicht bedacht. Allerdings scheinen bereits erste Ansätze eines Stellenwertverständnisses vorhanden zu sein, da eine unkonkrete Rückfrage der Lehrperson ausreicht, die eigene Notation entsprechend der Stellenwertschreibweise zu korrigieren. Die Nachfrage zur Bedeutung der 1 im Zehnerrädchen führt dazu, dass die Bedeutung der korrigierten Eintragung erklärt und somit verbalisiert wird und darüber möglicherweise ein erstes vertieftes Verständnis zu Stellenwerten angebahnt werden kann.

Bei einem Arbeitsblatt, auf dem die ikonisch an der RWT dargestellten Hüpfer des Häschens jeweils in eine Zählerdarstellung eingetragen werden sollen (siehe Abb. 10.39), lässt sich ein weiteres Phänomen, die *Fehlende Notation der Null in Einerstelle*, feststellen. Hier treten insbesondere bei der Eintragung zum Hüpfer auf die 10er-Kugelstange Unsicherheiten auf. In einer beispielhaften Szene kann Hannes die Eintragung für den Hüpfer auf die 9er-Kugelstange ohne Schwierigkeiten in die Zählerabbildung eintragen, indem er eine 9 in das Einer- und eine 0 in das Zehnerrädchen schreibt. Für den nächsten Hüpfer auf die 10er-Kugelstange trägt er selbstständig eine 1 in das Zehnerrädchen ein. Daraufhin zählt er die Kugeln auf der nächsten Kugelstange, erhält das Ergebnis ‚elf' und will in die Zählerabbildung, die eigentlich für das Zahlzeichen 10 vorgesehen ist, eine 11 in das Zehnerrädchen und eine 1 in das Einerrädchen notieren. Die Förderlehrkraft rekonstruiert daraufhin den Hüpfprozess von der 9er- auf die 10er-Kugelstange noch einmal und fragt in dem Zuge, wo das Häschen bei der vorigen Zählereinstellung steht. Daraufhin liest Hannes ausschließlich das Zahlzeichen 0 im Zehnerrädchen vor. Nach dem Hinweis der Förderlehrkraft, dass es sich bei der Zählerabbildung um ein zusammenhängendes Zahlzeichen handelt, kann er entsprechend die Zahl Neun benennen und auf die passende Kugelstange zeigen. Nach der Angabe, dass das Häschen von der 9er-Kugelstange noch einmal hüpft, folgert Hannes selbstständig, dass das Häschen auf der 10er-Kugelstange landet und erklärt, dass im Einerrädchen der Zählerdarstellung eine 0 eingetragen werden muss. Er kann erläutern, dass an dieser Position null orange Kugeln sind und dass die 1 im Zehnerrädchen für die grünen Kugeln steht, von denen zehn vorhanden sind. Dann zeigt er noch einmal Unsicherheiten und fragt, ob er in das grüne Feld eine 10 schreiben soll. Für den nächsten Hüpfer des Häschens kann er ohne Schwierigkeiten die korrekten Angaben in das Einer- und Zehnerrädchen der Zählerdarstellung eintragen.

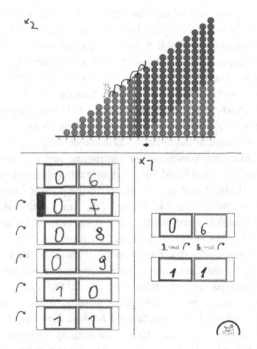

Abb. 10.39 Arbeitsblatt zum Phänomen *Fehlende Notation der Null in Einerstelle*

Bei dem Phänomen treten Hürden bei der Eintragung in den ikonisch dargestellten Zähler auf, und zwar genau beim Hüpfer von der 9er- auf die 10er-Kugelstange, somit also bei der Vernetzung der ikonischen und der symbolischen Ebene am Zehnerübergang. Hierfür lassen sich zwei mögliche Auslöser herauskristallisieren: Die ikonische Darstellung des Zählers als solches wird, bestehend aus einem Zehner- und einem Einerrädchen, noch nicht als zusammenhängende Zahl wahrgenommen, sodass hier eine Hürde primär durch das Material entsteht. Auf diese Überlegung deutet die Tatsache hin, dass auch die bereits korrekt eingetragene Einstellung der vorigen Position (09) beim erneuten Nennen ziffernweise vorgelesen wird und ein Hinweis durch die Lehrperson notwendig ist, dass es sich um eine einzige Zahl, bestehend aus zwei Ziffern, handelt. Auch die Tatsache, dass nach Eintragung der 1 in das Zehnerrädchen die Anzahl der Kugeln auf der nächsten Kugelstange gezählt wird und diese als Summe in das Zehnerrädchen und die darin enthaltene Anzahl an orangen Kugeln zusätzlich in das Einerrädchen eingetragen werden soll, deutet gegebenenfalls auf ein Fehlverständnis der Abbildung des Zählers hin. Unter Umständen entsteht diese Hürde des Überschreibens der bereits eingetragenen 1 in das Zehnerrädchen für die Eintragung des Zahlzeichens 10 jedoch auch, weil die Eintragung zur Zahl Zehn als abgeschlossen angesehen und bereits die folgende Zählereintragung ermittelt wird. Diese wiederum soll durch ein gegebenenfalls zu voreiliges Vorgehen auf Schüler*innenseite oder durch Unsicherheit in der Formulierung beziehungsweise Präzisierung der eingeforderten Erklärung durch die Lehrperson (siehe Abschnitt 9.2) fälschlicherweise die Zählerdarstellung zur Zahl Zehn ersetzen, anstatt entsprechend in die nächste Zählerdarstellung eingetragen zu werden. Allerdings wird mit dem Vorschlag zur Eintragung des Zahlzeichens 11 in das Zehnerrädchen an der Stelle zudem die dem Stellenwertsystem entsprechende Schreibweise im Hinblick auf das Stellenwertprinzip nicht mehr berücksichtigt. Daraus ergibt sich die zweite Möglichkeit, die im Kontext der aufgetretenen Hürde eine Rolle spielen kann, nämlich die dekadische Zahldarstellung mit der Ziffer 0 an letzter beziehungsweise hinterster Position, um dem Stellenwertprinzip entsprechen zu können. Für das Zahlzeichen 10 muss in das Einerrädchen dem Stellenwertsystem entsprechend die Ziffer 0 eingetragen werden, damit die 1 im Zehnerrädchen ihren passenden Stellenwert erhält. Die Ziffer 0 scheint jedoch bei dem Phänomen nicht berücksichtigt zu werden, sodass zunächst nichts im Einerrädchen eingetragen und daraufhin die nächste Position ermittelt wird. Das deutet daraufhin, dass die symbolische Zahldarstellung noch eng an die ikonische Darstellung der Anzahl der grünen und orangen Kugeln gebunden ist, indem die jeweils ermittelte Anzahl als Ziffer im Zahlzeichen übernommen wird. Da bei der 10er-Kugelstange jedoch keine orangen Kugeln sind, wird das Einerrädchen nicht weiter ausgefüllt. Jedoch scheint grundsätzlich bereits ein erstes Verständnis der Zahlzerlegung in Einer und Zehner, auch in Verbindung mit der dezimalen Zahlnotation, vorhanden zu sein, denn: Bei der Erarbeitung der Zählereinstellung zur Zahl Zehn über die Vernetzung mit der ikonischen Darstellung des Hüpfers des Häschens an der RWT auf die 10er-Kugelstange wird ohne Hürden zunächst die 0 im Einerrädchen und daraufhin eine 1 im Zehnerrädchen eingetragen und zudem die Bedeutung der Ziffern jeweils erläutert. Dass auch die Eintragungen des folgenden Hüpfers korrekt in der Zählerabbildung erfolgen, verstärkt die Vermutung, dass insbesondere im Hinblick auf das Zahlzeichen 0 noch Hürden in der dem dezimalen Stellenwertsystem entsprechenden Notation auftreten und das Verständnis des Stellenwertes innerhalb des Zahlzeichens noch nicht vertieft ist. Allerdings kann insbesondere mit Hilfe der erneuten Vernetzung der ikonischen Darstellung der RWT an der Stelle eine Differenzierung in Einer und Zehner erfolgen, sodass anhand dessen auch die symbolische Zahldarstellung gelingt (siehe Abschnitt 9.2).

Dass die Null an vorderer beziehungsweise erster Stelle im Einerrädchen unter Umständen eine geringere Hürde darstellt, zeigt das Phänomen *Erläuterung zur einstelligen Zahl*. Hierbei geht es um die Eintragung des Zählers, nachdem das Häschen auf der ikonisch abgebildeten RWT einmal gehüpft ist und noch nicht den Zehner überschritten hat:

Transkript Hannes zum Phänomen *Erläuterung zur einstelligen Zahl*

1	[Dauer: 0:34 Min.] [Henrieke und Hannes haben jeweils die RWT und den Zähler auf
2	dem Tisch und bearbeiten ein Arbeitsblatt. Im Gespräch mit AZ geht es um die
3	Eintragung des Zählers für den Hüpfer von der 6er- auf die 7er-Kugelstange.]

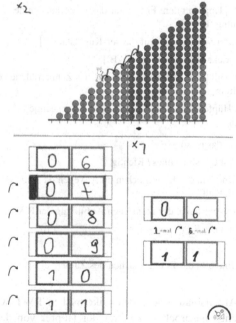

4	AZ	Vom Start aus einmal.
5	Hannes	//Ein Hüpfer sind Sieben.//
6	AZ	//Wo ist der Start? [Macht die Gebärde für Start.]// Wo ist der Start vom Häschen?
7		[Macht die Gebärde für Start.] [Henrieke zeigt mit dem Bleistift auf dem AB auf die 6er-

8		Kugelstange.] Einmal hüpfen [macht mit dem Zeigefinger eine Hüpfbewegung in der
9		Luft.]
10	Hannes	Bei Sechs.
11	Henrieke	Sechs. //[Notiert etwas auf ihrem AB.]//
12	AZ	//Bei Sechs ist der Start [macht die Gebärde für Start], super [zeigt einen Daumen
13		hoch]. Und jetzt der nächste. Stopp Henrieke, warte.//
14	Hannes	Wo landet der?
15	AZ	Wenn es einmal hüpft [macht mit dem Finger eine Hüpfbewegung in der Luft.]
16	Hannes	Ist der bei Sieben.
17	AZ	Ja.
18	Hannes	Das da? [Tippt mit dem Finger auf das Einerrädchen des Zählers der Einstellung für
19		den Hüpfer von der 6er- auf die 7er-Kugelstange.]
20	AZ	Ja. [Henrieke radiert auf ihrem AB.]
21	Hannes	Und da Null [tippt mit dem Finger auf das Zehnerrädchen des Zählers der Einstellung
22		für den Hüpfer von der 6er- auf die 7er-Kugelstange.]
23	AZ	Warum?
24	Hannes	Ja wegen das ist so.
25	AZ	Warum ist das so Hannes? Richtig.
26	Hannes	[Trägt eine 7 in das Einerrädchen ein.] Wegen da keine grünen Kugeln sind [zeigt auf
27		die 7er-Kugelstange der ikonischen Abbildung der RWT auf seinem AB.]
28	Henrieke	//Zeig Hannes.//
29	AZ	//Aha.//
30	Hannes	[Trägt eine 0 in das Zehnerrädchen des Zählers ein.]

An der auf dem Arbeitsblatt abgebildeten ikonischen RWT wird ein weiterer Hüpfer vom Häschen besprochen, konkret der Hüpfer von der 6er- auf die 7er-Kugelstange. Dabei geht es um die Frage der entsprechenden Eintragung der daraus erzeugten Position auf der 7er-Kugelstange und die ikonische Zählerdarstellung. Hannes kann erläutern, dass in das Einerrädchen eine 7 und in das Zehnerrädchen eine 0 eingetragen werden müssen (Z. 16 / 21 f.). Weiterhin kann er diese Entscheidung über den Aspekt begründen, dass an der Position keine grünen Kugeln zu finden sind (Z. 26 f.).

Bei dem Phänomen wird deutlich, dass die Zahlzerlegung in Einer und Zehner bei einer Zahl kleiner als Zehn und damit der Ziffer 0 im Zehnerrädchen gelingen kann. Die Zahl beziehungsweise Ziffer 0 scheint keine Hürde darzustellen, da sie von sich aus im Zahlzeichen innerhalb der Zählerabbildung ergänzt und dann sogar über das Nichtvorhandensein grüner Kugeln an entsprechender Position an der ikonisch abgebildeten RWT begründet wird. Fraglich bleibt jedoch, ob die Position der Ziffer innerhalb des Zahlzeichens bereits mit einer Bedeutung im Hinblick auf das dezimale Stellenwertverständnis in der Hinsicht verbunden werden kann, dass die Ziffer 0 für die Anzahl der Zehner steht oder ob vielmehr die Kugelanzahl pro Farbe ermittelt wird und das entsprechende Zahlzeichen als Ziffer in das jeweilige Feld eingetragen wird. Allerdings scheint grundsätzlich ein Verständnis zur Differenzierung zwischen beziehungsweise zur Zahlzerlegung in grüne und orange Kugeln für die symbolische Ebene, unter Umständen in dem Kontext sogar in Zehner und Einer, vorhanden zu sein. Die Zahl oder vielmehr Ziffer 0 kann in dem Zusammenhang mit einer Bedeutung verknüpft und bei der Notation von Zahlen, also bei Zahlzeichen, angewandt werden kann.

Bei der Vernetzung der ikonischen und symbolischen Ebene im Bereich ‚Partnerbeziehung' zeigt sich beim Phänomen *Kein Nutzen der Partnerbeziehung*, dass noch keine Verbindungen zwischen den Partnerzahlen hergestellt werden beziehungsweise die Partnerbeziehung nicht zur Bearbeitung des Arbeitsblatts (siehe Abb. 10.40) herangezogen wird. Bei der dem Phänomen zugrunde liegenden Aufgabe sollen die einzelnen Angaben zum Start des Häschens, zur Hüpfrichtung, zur Anzahl der Hüpfer und zum Ziel, dargestellt durch eine Diamantenabbildung, aus der ikonisch dargestellten RWT abgelesen und in Zählerdarstellungen übertragen werden. Im Hinblick auf Partnerzahlen ist dabei sowohl ein Häschen auf dem Innenkreis der ikonischen RWT als auch auf dem Außenkreis abgebildet und die Angaben sollen jeweils für beide Häschen eingetragen werden. In einer exemplarischen Szene wurden die Eintragungen für das Häschen auf dem Innenkreis bereits vorgenommen und überarbeitet, nun geht es um die Überarbeitung der Angaben für das Häschen auf dem Außenkreis. Zur Bestimmung des Starts zählt Henrieke die Kugeln der Kugelstange, auf der das Häschen eingezeichnet ist. Beim Eintragen in den Zähler notiert sie eine 1 in das Zehnerrädchen, scheint dann jedoch beim Eintragen des Einerrädchens kurz irritiert zu sein und beginnt, die Hüpfer zu zählen. Die Förderlehrkraft bestätigt daraufhin, dass erst der Start angegeben wird und macht die entsprechende Gebärde dazu. Henrieke trägt direkt eine 1 entsprechend in das Einerrädchen ein. Dann fragt die Förderlehrkraft nach

der Anzahl der Hüpfer, woraufhin Henrieke die Hüpfer des Häschens zum Diamanten nachspurt und korrekt zählt. Auch die Richtung kann Henrieke angeben
und eintragen. Für die Angabe des Ziels nennt Henrieke zunächst Null, wobei sie
sehr unmotiviert und unkonzentriert zu sein scheint, da zeitgleich die große Pause
stattfindet. Nachdem sie sich hingesetzt hat, zeigt Henrieke auf die entsprechende
Kugelstange für das obere und das untere Häschen. Beim erneuten Fragen nach
der Kugelanzahl am Ziel für das obere Häschen zählt Henrieke die Kugeln auf der
Kugelstange beim Diamanten und trägt die Zählereinstellung für das Ziel richtig
ein, indem sie eine 8 in das Einer- und eine 1 in das Zehnerrädchen notiert. Bei
allen Aufgabenschritten fällt auf, dass Henrieke sich ausschließlich an der ikonischen RWT zu orientieren und keine Verbindung zu den Zählereinstellungen der
Partnerzahl herzustellen scheint. Die Förderlehrkraft fokussiert diese schließlich
durch das Zeigen auf die Eintragungen zum Ziel des oberen und unteren Häschens sowie der konkreten Nachfrage, was ihr bei den Eintragungen und deren
Vergleich auffällt. In dem Zuge nennt Henrieke die Null und die Eins, wobei
jedoch unklar bleibt, worauf sie sich genau bezieht. Bei der Angabe der Kugeln,
für die die eingestellte 1 am Zehnerrädchen steht, ist sie zudem unsicher und
tippt auf die verschiedenen eingetragenen Einsen in den Zählerdarstellungen.

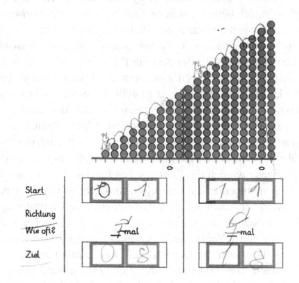

Abb. 10.40 Arbeitsblatt zum Phänomen *Kein Nutzen der Partnerbeziehung*

Es zeigt sich bei dem Phänomen, dass die Zusammenhänge der Partnerbeziehungen insbesondere auf symbolischer Ebene (noch) nicht effektiv genutzt
werden. Vielmehr wird auf die Verknüpfung der ikonischen Darstellungen der
RWT und des Zählers eines einzelnen Prozesses (Hüpfprozess eines Häschens
mit Start, Richtung, Anzahl der Hüpfer und Ziel) zurückgegriffen, die wiederum
gut gelingt. Zudem werden die jeweiligen Zählerangaben, auch im Hinblick auf
zweistellige Zahlen, korrekt erfasst. Bezüglich der Partnerzahlen scheint auch
das Fokussieren der Zusammenhänge beziehungsweise Unterschiede durch die
Lehrperson nicht zu einer neuen Erkenntnis zu führen. Zwar wird dabei möglicherweise der Unterschied bezüglich der Einstellung des Zehnerrädchens am
Zähler festgestellt, allerdings wird dies nicht expliziert und ebenfalls nicht für
den gesamten Prozess, unter anderem auch für die gleiche Anzahl der Hüpfer beziehungsweise Drehungen, erfasst. Somit deutet das Phänomen darauf hin,
dass die Partnerbeziehungen in der Vernetzung der ikonischen und symbolischen
Ebene nicht genutzt werden und die Besonderheit der Zahlkonstruktion im Hinblick auf das Stellenwertsystem dabei noch nicht erkannt wird. Der fehlende
Bezug zwischen den Partnerzahlen stellt als solches keine tatsächliche Hürde
im Lernprozess dar, da auf alternative Lösungsmöglichkeiten wie der intensiven
Vernetzung der Darstellung der RWT und des Zählers zurückgegriffen werden
kann. Allerdings bedürfen Partnerbeziehungen mit Blick auf das Erkennen dezimaler Strukturen zur Anbahnung eines Verständnisses des Stellenwertsystems
und der damit verbundenen Zahlkonstruktion einer intensiven Fokussierung. Das
Phänomen *Kein Nutzen der Partnerbeziehung* lässt offensichtlich werden, dass
das Nutzen von Partnerbeziehungen kein triviales Anwenden ist, sondern einer
intensiven Erarbeitung bedarf, denn hierbei gelingt auf symbolischer Ebene das
Erfassen der besonderen Zahlkonstruktionen durch das Stellenwertsystem noch
nicht. Möglicherweise könnte in dem Zusammenhang ein direktes paralleles Erarbeiten der jeweiligen Angaben zum Start, zur Richtung, zur Anzahl der Hüpfer
beziehungsweise Drehungen sowie zum Ziel hilfreich sein, um den Blick auf die
Gemeinsamkeiten und Unterschiede der Partnerbeziehungen zu lenken und diese
somit stärker zu fokussieren und zu thematisieren. Zudem könnten darüber mögliche, den Lernprozess negativ beeinflussende Überforderungen, die gegebenenfalls
zu einer demotivierten Einstellung führen, durch engmaschige Begleitung, unter
anderem im Sinne von Rückfragen und Bestätigungen, umgangen werden (siehe
Abschnitt 9.2).

Auch bei der Vernetzung der ikonischen und symbolischen Ebene lässt sich,
wie bereits bei der Vernetzung der enaktiven und symbolischen Ebene das Phänomen der *Hürde durch äußere Anforderungen* ausmachen. Dieses Phänomen tritt
im Zuge der Bearbeitung eines Arbeitsblattes zu Partnerbeziehungen auf, das

auch in der Beispielszene des vorigen Phänomens bearbeitet wird. Verorten lässt sich das Phänomen zu Beginn der Bearbeitung des Arbeitsblattes. In einer exemplarischen Szene äußert Heidi direkt zu Beginn, dass sie nicht versteht, wie die Aufgabe bearbeitet werden soll. Die Förderlehrkraft greift auf das Sprachgerüst zurück und fragt nach dem Start als erste zu identifizierende Angabe aus der ikonischen Darstellung der RWT, die dann als symbolisches Zahlzeichen in den Zähler übertragen werden soll. Auch dann weiß Heidi noch nicht, was von ihr erwartet wird. Als die Förderlehrkraft die Gebärde für Start hinzunimmt, zeigt Heidi auf das untere Häschen, also das Häschen im Innenkreis. Für dieses kann Heidi dann den Start nennen, weiß jedoch zunächst nicht, an welcher Stelle sie das notieren soll. Die Förderlehrkraft fragt nach, wo sie es hinschreiben würde, woraufhin Heidi in die Zählerdarstellung entsprechend 07 einträgt. Selbstständig notiert Heidi auch die Starteinstellung für das obere Häschen. Dafür zählt sie die Kugeln auf der 17er-Kugelstange nicht nach. Die anschließende Frage der Förderlehrkraft nach der Hüpfrichtung kann Heidi ebenfalls korrekt beantworten und für das untere Häschen auf der 7er-Kugelstange eintragen. Daraufhin fragt die Förderlehrkraft gezielt nach der Hüpfrichtung des oberen Häschens, woraufhin Heidi selbstständig die Angaben des unteren Häschens auf dem Innenkreis für das obere Häschen auf dem Außenkreis übernimmt und die weiteren Angaben zur Anzahl der Hüpfer und zum Ziel jeweils selbstständig parallel für beide Häschen bearbeitet und einträgt.

Das Phänomen macht deutlich, dass für die Bearbeitung von Aufgaben zu Partnerbeziehungen Hilfestellungen benötigt werden, die sich nicht auf die inhaltliche Bearbeitung, sondern ausschließlich auf das Aufgabenformat als solches beziehen. Es treten zum einen Hürden bei der Verwendung und dem Nutzen der Begriffe des Sprachgerüsts auf. Diese entstehen möglicherweise auch durch Schwierigkeiten beim Lesen der Begriffe, die jedoch mit der Hinzunahme der entsprechenden begleitenden Gebärde gelöst werden können. Zum anderen scheint der Arbeitsauftrag insgesamt nicht eindeutig zu sein. Diese Hürde kann dadurch gelöst werden, dass durch die Förderlehrkraft eine Strukturierung der Bearbeitung vorgenommen wird. Auffallend dabei ist, dass diese Hilfestellung der Strukturierung zu Beginn notwendig ist, dann jedoch zurückgenommen werden kann und somit selbstständiges Arbeiten möglich ist (siehe Abschnitt 9.2). Eine inhaltliche Besonderheit dieser exemplarischen Szene ist das Vorkommen der Zahl Null für die Anzahl der Hüpfer. Unter Umständen führt auch das zu ersten Schwierigkeiten bei der Bearbeitung der Aufgabe, da die Häschen und die Diamanten jeweils an gleicher Position verortet sind und somit das übliche Vorgehen durch Einzeichnen der Hüpfer nicht umsetzbar ist. Allerdings scheint die Zahl Null bei der weiteren Bearbeitung keine Hürde mehr darzustellen, auch nicht bei der

Ermittlung und Angabe der Drehungen für die Zähler. Auffallend ist, dass im Hinblick auf die Überlegungen zum Phänomen *Kein Nutzen der Partnerbeziehung* bei dem Phänomen unter anderem durch die konkrete Nachfrage bereits während der Aufgabenbearbeitung zum jeweils anderen Häschen, das die Partnerbeziehung darstellt, der Fokus auf die Partnerbeziehung gelenkt werden kann. In diesem Phänomen gelingt nach Überwindung der Hürden durch die äußeren Anforderungen das bewusste Herstellen und Nutzen der Partnerbeziehungen, sodass von einem ersten Erfassen der Zahlkonstruktion im Sinne des dezimalen Stellenwertverständnisses auszugehen ist. Inwieweit bereits die Bedeutungen der Stellenwerte über die Vernetzung der ikonischen und symbolischen Ebene hinaus erkannt werden, bleibt jedoch offen.

Schließlich lässt sich im Bereich ‚Partnerbeziehung' bei der Vernetzung der ikonischen und symbolischen Ebene auch das Phänomen *Zahlkonstruktion über Partnerbeziehung* feststellen. Das Phänomen tritt ebenfalls bei der Bearbeitung eines Arbeitsblattes zu Partnerbeziehungen auf. Die Bearbeitung hat bereits stattgefunden, es geht um die Beschreibung der Auffälligkeiten der Partnerbeziehung:

Transkript Hannes zum Phänomen *Zahlkonstruktion über Partnerbeziehung*

1	[Dauer: 0:34 Min.] [Hannes und Hajo haben jeweils die RWT und den Zähler vor sich
2	auf dem Tisch. Sie bearbeiten ein Arbeitsblatt zu Partnerbeziehungen. Die Aufgabe zur
3	Partnerbeziehung wurde von Hannes bereits bearbeitet, nun geht es im Gespräch mit AZ
4	um die Auffälligkeiten.]

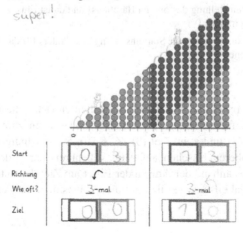

5	AZ	Was fällt dir auf? [Zeigt auf die beiden Häschen auf der ikonischen RWT.] //Wo sta-//
6	Hannes	//Der steht// doch bei Drei [zeigt auf das Häschen auf der 3er-Kugelstange] und der
7		hüpft dreimal [spurt währenddessen die Hüpfer an der ikonischen RWT nach.]
8	AZ	Genau.
9	Hannes	Dann ist der auf Null gelandet.
10	AZ	Super.
11	Hannes	Wenn der da hüpft [zeigt auf das Häschen auf der13er-Kugelstange und spurt auf
12		dem AB die Hüpfer bis zur 10er-Kugelstange nach] ist der auf Zehn [spurt die 10er-
13		Kugelstange entlang] wegen da [zeigt auf die 0er-Kugelstange] Null ist. Dann
14		bedeutet Null und Eins, dann Zehn.
15	AZ	Aha, okay. Das heißt, was ist daran verschieden [zeigt dabei abwechselnd auf die
16		Starteinstellung des Zählers für das untere und das obere Häschen.]
17	Hannes	Da ist Drei [verdeckt die eingetragene 0 der Starteinstellung des Zählers für das untere
18		Häschen] und da ist Dreizehn [zeigt auf die Starteinstellung für das obere Häschen.]
19	AZ	Super.
20	Hannes	Und da ist Null [zeigt auf die eingetragene Null im Zehnerrädchen der
21		Starteinstellung für das untere Häschen] und da ist Zehn [spurt über die
22		Starteinstellung des oberen Häschens] und da ist Eins [verdeckt die eingetragene 0
23		im Einerrädchen der Starteinstellung des Zählers für das obere Häschen.]
24	AZ	Super.

Hannes erläutert im Hinblick auf Auffälligkeiten zunächst die Bewegung des unteren Häschens auf dem Innenkreis mit den Erklärungen zum Start (3), zur Anzahl der Hüpfer (3) und zum Ziel (0) (Z. 6 ff.). Selbstständig stellt er direkt einen Bezug zum oberen Häschen auf dem Außenkreis her, indem er das Ziel (10) nennt und dieses anhand der Anzahl der Einer am Ziel des unteren Häschens bestimmt. Er zeigt dabei sogar explizit auf die Zielposition, die 0er-Kugelstange, des unteren Häschens. Daraufhin konstruiert er das Ziel des oberen Häschens, indem er dieses aus den Einern als Ziffer 0 und den Zehnern als Ziffer 1 zusammensetzt. Er nennt dann noch einmal das Ziel Zehn für das obere Häschen (Z. 11 ff.). Auf die Frage der Förderlehrkraft, inwieweit sich die Darstellungen für die beiden Häschen unterscheiden, nennt er jeweils noch einmal die einzelnen Angaben im Zehner- und Einerrädchen der Starteinstellungen beider Häschen, wobei es scheint, dass er je Rädchen einen direkten Vergleich der Starteinstellungen der beiden Zählerdarstellungen durchführt (Z. 17 ff.).

Bei dem Phänomen zeigt sich, dass zum einen die Vernetzung der ikonischen und symbolischen Ebene vollständig gelingt, denn die Angaben aus der ikonisch abgebildeten RWT können ohne Hürden mit der symbolischen Darstellung der Zahlzeichen im Zähler verbunden und die ziffernweise Schreibweise kann sogar anhand dessen erläutert werden. Damit können die Ziffern mit einer Bedeutung verbunden werden (Z. 14 ff.). In dem Zusammenhang zeigt sich zum anderen, dass ein bewusster Bezug zwischen den Partnerzahlen hergestellt wird, indem auf symbolischer Ebene explizit die Einerziffer des Ziels für das obere Häschen aus der Anzahl an Kugeln des Ziels des unteren Häschens heraus erschlossen wird. Des Weiteren werden die Angaben zum Hüpfprozess des oberen Häschens ausschließlich aus den Angaben für das untere Häschen erfasst, ohne erneut unter anderem die konkreten Kugelanzahlen am Ziel des oberen Häschens zu zählen. Außerdem können die in den ikonisch dargestellten Zählern eingetragenen Zahlzeichen untereinander in Beziehung gesetzt werden, indem die einzelnen Ziffern verglichen und die Unterschiede herausgestellt werden. Insgesamt scheint somit ein Verständnis der Partnerbeziehungen, das sich insbesondere in einem vertiefenden reflektierenden Gespräch im Anschluss an die eigene Bearbeitung äußert und konkretisiert, vorhanden zu sein, sodass eine erste mentale Zahlvorstellung der Zahlkonstruktion im Hinblick auf die dezimale Struktur sowie Zahlschrift erfolgreich angebahnt ist und von dieser sogar auf symbolischer Ebene bereits Gebrauch gemacht wird.

Die herausgearbeiteten Phänomene in der Vernetzung der ikonischen und symbolischen Ebene sind in Abbildung 10.41 aufgeführt.

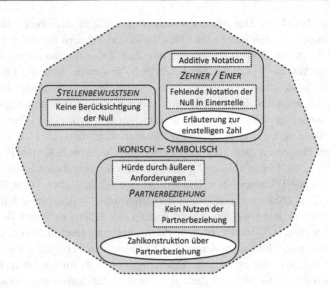

Abb. 10.41 Zahlkonstruktion: ikonisch – symbolisch

Vernetzung enaktiv – ikonisch – symbolisch
Im Bereich ,Stellenbewusstsein' lässt sich bei der Vernetzung der enaktiven, ikonischen und symbolischen Ebene das Phänomen *Erläuterung zum Bedarf des
Zehnerrädchens als Herausforderung* feststellen. Bei der Bearbeitung einer Aufgabe, bei der auf der ikonischen Ebene die Hüpfer des Häschens zum Diamanten
und dazu entsprechend die jeweiligen Zählereinstellungen eingetragen werden,
sodass die ikonische und symbolische Ebene vernetzt werden, geht es in einem
zweiten Aufgabenteil um die Anzahl der Drehungen des Zehner- und Einerrädchens. Für deren Ermittlung wird zusätzlich der enaktive Zähler hinzugezogen,
sodass auch die enaktive Ebene vernetzt wird. Das Phänomen lässt sich konkret
im Gespräch zum zweiten Aufgabenteil verorten, in dem es insbesondere um die
Begründung des Bedarfs zum Drehen des Zehnerrädchens geht:

Transkript Hajo zum Phänomen *Erläuterung zum Bedarf des Zehnerrädchens als Herausforderung*

1	[Dauer: 0:26 Min.] [Vor Hajo steht eine RWT und ein Zähler. Er bearbeitet ein
2	Arbeitsblatt. Es geht um die Eintragung zur Anzahl der Drehungen des Zehnerrädchens

3   auf der rechten Seite.]

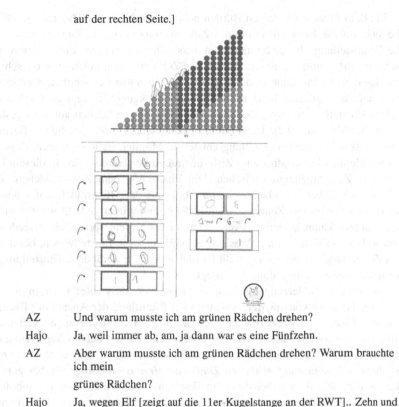

4   AZ   Und warum musste ich am grünen Rädchen drehen?

5   Hajo   Ja, weil immer ab, am, ja dann war es eine Fünfzehn.

6   AZ   Aber warum musste ich am grünen Rädchen drehen? Warum brauchte
              ich mein

7   grünes Rädchen?

8   Hajo   Ja, wegen Elf [zeigt auf die 11er-Kugelstange an der RWT].. Zehn und
              Elf [zeigt auf

9   die 10er- und auf die 11er-Kugelstange an der RWT.]

10   AZ   Genau.

Auf die Frage, warum bei dieser Aufgabe das Zehnerrädchen einmal gedreht
werden muss, scheint Hajo zunächst unsicher zu sein und nennt schließlich die
Zahl Fünfzehn (Z. 5). Da bezieht er sich vermutlich auf die beiden Zahlen zur
Anzahl der Drehungen des Zehnerrädchens, eine, und die des Einerrädchens,
fünf, und setzt diese beiden Zahlen als Ziffern zu einer Zahl zusammen. Auf
die erneute Frage, warum das grüne Rädchen in der Situation benötigt wird,
nennt er die Zahlen Zehn und Elf als Grund (Z. 8) und damit die beiden Zählereinstellungen, bei denen das Zehnerrädchen auf 1 und nicht auf 0 eingestellt
ist.

Bei dem Phänomen werden Hürden bei der sprachlichen Erläuterung deutlich, die sich auf die Konkretisierung des Ziffernvorrats beziehen. Zum einen scheint die Fragestellung als solche nicht klar verstanden zu werden, zum anderen fällt auch die Erklärung zur Frage, warum das Zehnerrädchen benötigt wird, schwer und kann nicht im Kontext des Ziffernvorrats beantwortet werden. Stattdessen wird auf das konkrete Material der RWT zurückgegriffen und es werden die beiden Einstellungen angegeben, bei denen das Zehnerrädchen auf 1 eingestellt ist (siehe Abschnitt 9.2). Diese Hürde könnte durch eine sprachliche Barriere zum Verständnis der Fragestellung entstehen. Möglich ist jedoch auch, dass ein noch fehlendes Verständnis zum Ziffernvorrat zu der Hürde führt. In diesem Fall wird der Zusammenhang zwischen dem Einer- und dem Zehnerrädchen, also dass das Erreichen der oberen Grenzzahl, 9, auf dem Einerrädchen der Auslöser dafür ist, dass das Zehnerrädchen bedient und einmal gedreht werden muss, noch nicht erkannt beziehungsweise kann er noch nicht sprachlich ausgedrückt und so konkretisiert werden. Was erfasst wird, sind die Einstellungen, bei denen das Zehnerrädchen auf 1 eingestellt ist und somit eine veränderte Einstellung im Vergleich zur Starteinstellung 0 vorliegt.

Im Bereich ‚Zahlerzeugung' lässt sich feststellen, dass unter anderem mit den in dieser Hinsicht konzipierten Aufgaben zur Ermittlung der Anzahl der Drehungen des Einer- und Zehnerrädchens noch einige Herausforderungen verbunden sind. Die Phänomene dieses Bereichs lassen sich allesamt bei der Vernetzung der enaktiven, ikonischen und symbolischen Ebene einordnen. Das erste Phänomen ist die *Übertragung auf enaktiven Zähler als Herausforderung*. Hierbei geht es darum, eine auf dem Arbeitsblatt im ikonisch dargestellten Zähler symbolisch eingetragene Zahl auf den enaktiven Zähler zu übertragen. Diese Übertragung stellt eine unüberwindbare Hürde dar:

Transkript Henrieke zum Phänomen *Übertragung auf enaktiven Zähler als Herausforderung*

1	[Dauer: 0:44 Min.] [Henrieke und Hannes haben die RWT und den Zähler vor sich. Sie
2	bearbeiten ein Arbeitsblatt, wobei die einzelnen Eintragungen für die Hüpfer bereits
3	vorgenommen sind und auch auf der rechten Seite die Starteinstellung des Zählers bereits
4	eingetragen ist. Zur Ermittlung der Anzahl der Drehungen des Einer- und des

5   Zehnerrädchens soll Henrieke den Start 14 nun am enaktiven Zähler
         einstellen.]

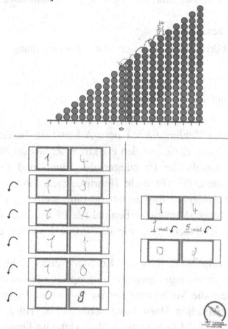

6   AZ   Stell es mal so ein [zeigt auf die Starteinstellung des Zählers auf der
          rechten Seite auf

7   dem AB]. Wie steht es hier [umkreist die Starteinstellung des Zählers] ...,
          dein

8   Zahlenschloss, an dieser Stelle? [Tippt auf die Starteinstellung des
          Zählers.]

9   Henrieke   Ja, was muss ich da machen?

10 AZ   Wie steht es? Lies vor, was steht da? [Umkreist die Starteinstellung des
          Zählers.]

11 Henrieke   Vierzehn.

12 AZ   Ja, kannst du das mal einstellen? Stell das mal hier ein [reicht Henrieke
          den

13   Zähler.]

14 Henrieke   Eins, zwei, drei, vier, fünf, sechs, sieben, acht, neun, zehn, elf, zwölf,
          dreizehn,

15   vierzehn [dreht währenddessen jeweils das Einerrädchen um eins weiter.]

16	AZ	Und wie ist das grüne? Guck genau.
17	Henrieke	Eins, zwei, drei, vier, fünf, sechs, sieben- [dreht währenddessen jeweils das
18		Zehnerrädchen um eins weiter.]
19	AZ	Auf was ist denn das grüne [zeigt auf die Starteinstellung des Zählers auf dem AB]
20		eingestellt?
21	Henrieke	[Legt sich auf den Tisch] Boa, maaaaan!

Die Starteinstellung des Zählers ist auf dem Arbeitsblatt bereits richtig eingetragen. Nun geht es darum, diese auf den enaktiven Zähler zu übertragen, um daran anschließend die Anzahl der Drehungen des Einer- und Zehnerrädchens enaktiv ermitteln zu können. Hierfür dreht Henrieke vierzehnmal am Einerrädchen (Z. 14 f.). Ob der Zähler zu Beginn auf 00 eingestellt ist, lässt sich nicht erkennen. Am Zehnerrädchen dreht sie siebenmal (Z. 17 f.), dann wird sie durch die Förderlehrkraft mit der Nachfrage, wie das grüne Rädchen eingestellt ist, unterbrochen.

Bei dem Phänomen zeigt sich, dass das Erzeugen einer Zahl am enaktiven Zähler auf Grundlage einer vorgegebenen Einstellung eine Herausforderung darstellen kann. Insbesondere die Vernetzung der ikonischen und symbolischen mit der enaktiven und symbolischen Darstellung scheint eine Hürde zu sein. Die Erzeugung der Einstellung des Einerrädchens über vierzehn Drehungen, vorausgesetzt, es wird beim Zahlzeichen 0 begonnen, wird noch korrekt umgesetzt, indem das Rädchen vierzehnmal gedreht wird. Somit scheint in der Hinsicht möglicherweise eine erste Einsicht zur Nachfolgerbildung vorhanden zu sein. Bei der Einstellung des Zehnerrädchens allerdings lässt sich keinerlei Verständnis bezüglich der Zahlkonstruktion im Hinblick auf die Zahlerzeugung durch Nachfolgerbildung auch über den Zehnerübergang hinaus feststellen. Dass das Überschreiten des Zehners bei der Drehung des Einerrädchens von 9 auf 0 dazu führt, dass auch das Zehnerrädchen gedreht wird, und zwar genau einmal, wird nicht berücksichtigt. Auch der alternative Weg, indem ausschließlich die notwendige Veränderung der Grundeinstellung 00 zur Einstellung 14, für das Zehnerrädchen also von 0 auf 1, betrachtet wird, wird nicht genutzt. Vielmehr scheint die Zieleinstellung 14 vollkommen aus dem Blick geraten zu sein, obwohl bereits die symbolische Ebene in Verbindung mit der ikonischen Ebene erarbeitet wurde und diese Eintragung lediglich auf die enaktive Darstellung übertragen werden müsste. Somit scheint die enaktive Zahlerzeugung einer zweistelligen Zahl selbst die Hürde darzustellen (siehe Abschnitt 9.2).

Ein weiteres Phänomen im Bereich ‚Zahlerzeugung' ist *Zehnerrädchen als Herausforderung*. Dieses tritt bei der Bearbeitung einer Aufgabe auf, bei der die Start- und die Zieleinstellung des Zählers bereits eingetragen sind und es jeweils um die Bestimmung der Anzahl der Drehungen des Einer- und des Zehnerrädchens geht (siehe Abb. 10.42). Bei dem Phänomen entsteht eine Hürde bei der Angabe der Einstellung des Zehnerrädchens. In einer exemplarischen Szene trägt Hannes in die ikonische Abbildung des Zählers für die Starteinstellung die Zieleinstellung 09 ein. Daraufhin nimmt er den enaktiven Zähler hinzu und dreht das Einerrädchen, wobei er die Anzahl der Drehungen zu zählen scheint. Wo er beginnt und endet, lässt sich nicht erkennen, er erhält als Ergebnis für die Drehungen jedoch die Anzahl fünfmal. Die Förderlehrkraft weist daraufhin auf die Zuordnung der Start- und Zieleinstellung hin, indem sie die jeweiligen Gebärden hinzunimmt. Hannes korrigiert seine Angaben und trägt sowohl den Start als auch das Ziel korrekt in die beiden Zählerabbildungen ein. Zur Angabe der Anzahl an Drehungen des Zehnerrädchens dreht Hannes mehrmals am Zehnerrädchen des enaktiven Zählers und notiert schließlich, dass das Zehnerrädchen von der Einstellung des Zahlzeichens 14 auf das Zahlzeichen 09 sechsmal gedreht wird. Die Nachfrage, weshalb er für das Einerrädchen als Anzahl fünf Drehungen angegeben hat, scheint ihn zu verunsichern und er will seine Angabe ändern. Gleiches gilt für die Angabe zur Anzahl an Drehungen des Zehnerrädchens. Auf erneute Nachfrage, wie Hannes auf die Angabe beim Einerrädchen kommt, kann er erläutern, dass das Einerrädchen fünfmal gedreht werden muss, damit es schließlich auf 9 eingestellt ist. Für das Zehnerrädchen nimmt er erneut den enaktiven Zähler hinzu, stellt das Zehnerrädchen auf 0 ein, dreht fünfmal und sieht diese Angabe als Lösung für die Anzahl an Drehungen des Zehnerrädchens. Nach Rückfrage, wie der Zähler beim Start eingestellt ist, antwortet Hannes stattdessen für die Anzahl an Drehungen des Zehnerrädchens ‚Ah, da kommt Eins' und begründet diese Entscheidung damit, dass das Zehnerrädchen auf 1 eingestellt ist. Nach Aufforderung der Förderlehrkraft führt er den Prozess des Erzeugens noch einmal vollständig am Zähler durch. Hierfür zählt Hannes zunächst die Drehungen des Einerrädchens von 4 auf 9 und bestätigt sein Ergebnis. Für das Zehnerrädchen wird im Zuge seiner Erklärung deutlich, dass er aus der eingestellten 1 bei der Starteinstellung auf die gesamte Anzahl der Drehungen des Zehnerrädchens schließt. Nach Aufforderung verändert er die Einstellung des Zehnerrädchens am Zähler entsprechend auf 0, woraufhin er als Angabe zur Anzahl nullmal eintragen möchte. Auf die gezielte Frage, wie oft er das Zehnerrädchen nun von 1 auf 0 drehen musste, kann Hannes einmal angeben und notiert dies korrekt auf seinem Arbeitsblatt.

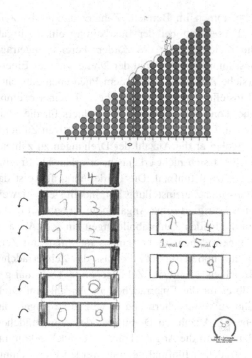

Abb. 10.42 Arbeitsblatt zum Phänomen *Zehnerrädchen als Herausforderung*

Bei dem Phänomen zeigt sich, dass zunächst eine erste Hürde durch ein Missverstehen der Aufgabenstellung entsteht, indem die Zieleinstellung in die Abbildung des Zählers für die Starteinstellung eingetragen wird. Diese Hürde kann jedoch leicht durch einen Hinweis der Lehrperson unter Hinzunahme der jeweiligen Gebärden für Start und Ziel gelöst werden (siehe Abschnitt 9.2). Insgesamt fällt auf, dass die Anzahl der Drehungen des Einerrädchens ohne Schwierigkeiten durch ein Erzeugen am enaktiven Zähler bestimmt werden kann. Dieser Vorgang wird mehrfach erläutert und beschrieben, sodass davon auszugehen ist, dass bezüglich des Einerrädchens das Erzeugende über die Nachfolgerbildung von der Starteinstellung zur Zieleinstellung in der Einerstelle verstanden ist. Anders sieht es bei der Angabe der Drehungen des Zehnerrädchens aus. Hier scheinen unter anderem die symbolischen Zahlzeichen beziehungsweise Ziffern im Vordergrund zu stehen und nicht mehr die Erzeugungsprozesse (siehe

Abschnitt 9.2). Erst nach einem erneuten Durchführen der Drehung des Zehnerrädchens von der Starteinstellung 1 zur Zieleinstellung 0 kann der Prozess fokussiert und die korrekte Anzahl an Drehungen zum Erzeugen der Zieleinstellung auch auf symbolischer Ebene festgehalten werden (siehe Abschnitt 9.2). Es wird deutlich, dass grundsätzlich ein Verständnis der Idee zum Erzeugen vorhanden zu sein scheint, diese allerdings noch nicht auf alle Stellen beziehungsweise Rädchen übertragen werden kann, sondern durch ein Hinzunehmen weiterer Stellen zusätzliche Hürden entstehen können. Auffallend ist zudem, dass die Drehung des Zehnerrädchens während des Drehprozesses noch nicht mit der Überschreitung des Zehnerübergangs in Verbindung gebracht wird, da unter anderem zur Ermittlung der Anzahl an Drehungen des Einerrädchens das Zehnerrädchen am Zehnerübergang nicht entsprechend gedreht wird. Diese Verknüpfung wird zwar bei der Aufgabenstellung nicht direkt verlangt, die enaktive Umsetzung könnte aber die Erkenntnis zum Bedarf des Drehens durch den Zehnerübergang unterstützen.

Ein anders Phänomen ist *Drehen als Herausforderung*. Bei diesem stellt insbesondere das Drehen in Verbindung mit dem Zählen der Anzahl an Drehungen eine Herausforderung und Hürde dar. Die Aufgabe ist ebenfalls, wie beim Phänomen *Zehnerrädchen als Herausforderung*, die Anzahl an Drehungen des Einer- und Zehnerrädchens von der Start- zur Zieleinstellung zu bestimmen (siehe Abb. 10.43). Die Darstellung auf dem Arbeitsblatt lässt sich auf der ikonischen und symbolischen Ebene einordnen, die enaktive Ebene wird zusätzlich hinzugenommen. In einer Beispielszene hat Hajo beim zweiten Aufgabenteil auf der rechten Seite bereits die Startangabe 06 und die Zielangabe 11 im ikonisch dargestellten Zähler eingetragen. Für die Frage, wie oft das Einerrädchen von der Starteinstellung zur Zieleinstellung gedreht werden muss, nennt Hajo ohne längere Überlegung und Prüfung die Anzahl sechsmal. Er erklärt es über die Anzahl an Drehungen. Es bleibt an dieser Stelle jedoch offen, auf welche Drehungen er sich genau bezieht. Nach Aufforderung zur Überprüfung am enaktiven Zähler stellt er den Zähler ein, dreht jedoch nur das Zehnerrädchen und erhält das Ergebnis dreimal. Daraufhin fordert die Förderlehrkraft dazu auf, erneut bei der Starteinstellung zu beginnen. Diese kann Hajo ohne Hürden am Zähler einstellen und es gelingt ihm, den Zähler Schritt für Schritt zur Zieleinstellung zu drehen. Allerdings vergisst er dabei, die Anzahl der Drehungen zu zählen. Die Förderlehrkraft übernimmt daraufhin den Drehprozess am Zähler und Hajo zählt die Drehungen. Das gelingt ihm, wobei er beim Zehnerübergang, als der Zähler auf 10 eingestellt wird, zunächst das eingestellte Zahlzeichen nennt, anstatt im Zählprozess fortzufahren. Auf die Frage, wie oft das Zehnerrädchen schließlich gedreht werden muss, antwortet Hajo zweimal und begründet es über die Einstellungen 0 und 1. Auf Rückfrage der Förderlehrkraft, wie oft gedreht wurde, kann er einmal angeben und es entsprechend auf dem Arbeitsblatt eintragen.

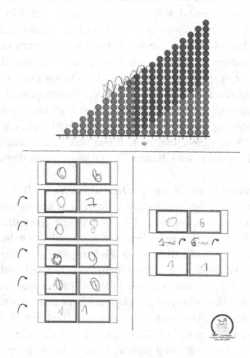

Abb. 10.43 Arbeitsblatt zum Phänomen *Drehen als Herausforderung*

Das Phänomen macht deutlich, dass bereits ein Fokus auf die Drehungen für die Zahlerzeugung gelegt werden kann, da diese als Begründung für die Angabe zur Anzahl der Drehungen des Einerrädchens explizit genannt werden. Allerdings fällt in dem Zuge sowohl eine Erklärung zur Ermittlung der Anzahl sowie insbesondere die enaktive Umsetzung am Zähler noch schwer. So wird zunächst der Zähler nicht den Eintragungen entsprechend eingestellt, da lediglich am Zehnerrädchen gedreht wird. Bei wiederholter Handlung, die wiederum durch die Lehrperson strukturiert wird, können die Drehungen korrekt umgesetzt werden, allerdings wird dabei der Zählprozess der Drehungen vernachlässigt. Die Kombination aus aktivem Drehen und Zählen scheint somit eine koordinatorische Herausforderung darzustellen. Gelöst werden kann die Hürde, indem die

Drehhandlung von der Lehrperson übernommen wird und der Fokus so auf das Zählen gelegt werden kann (siehe Abschnitt 9.2). Außerdem zeigt sich bei dem Phänomen, dass das Einnehmen der Prozesssicht im Kontext des Drehens und damit der Zahlerzeugung immer wieder mit Herausforderungen verbunden ist. Zum einen wird beim Zählen der Drehungen des Einerrädchens beim Einstellen des Zahlzeichens 10 am Zähler zunächst vom Fokus auf die Drehungen hin zum Fokus auf das Zahlzeichen gewechselt, sodass eine Objektsicht (Positionen) eingenommen wird. Zum anderen werden bei der Angabe der Drehungen des Zehnerrädchens beide Einstellungen 0 und 1 für sich gezählt, anstatt den Prozess des Drehens von 0 zu 1 in den Blick zu nehmen. Eine veränderte Fokussierung gelingt jedoch, indem durch die Lehrperson sprachlich, in Begleitung einer unterstützenden Gebärde, der Fokus auf die Drehung gelegt wird. Insgesamt scheint bei dem Phänomen die zentrale Hürde im Drehprozess selbst zu liegen, sowohl aufgrund koordinatorischer Fähigkeiten im Hinblick auf die Kombination aus Dreh- und Zählprozess als auch durch die Notwendigkeit der durchgehenden Einnahme der Prozesssicht. Diese führt wiederum zu Hürden im Bereich ‚Zahlerzeugung‘. Bezüglich des Zahlverständnisses zur Zahlerzeugung durch Nachfolger- beziehungsweise Vorgängerbildung selbst lassen sich bei dem Phänomen keine eindeutigen Hürden ausmachen, da grundsätzlich die Herangehensweise der Erzeugung durch Drehungen des Einer- und Zehnerrädchens verstanden zu sein scheint.

In der Vernetzung der enaktiven, ikonischen und symbolischen Ebene lassen sich die in Abbildung 10.44 dargestellten Phänomene in den Bereichen ‚Stellenbewusstsein‘ und ‚Zahlerzeugung‘ feststellen.

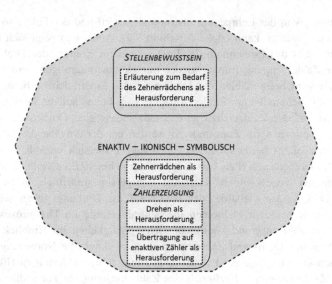

Abb. 10.44 Zahlkonstruktion: enaktiv – ikonisch – symbolisch

Insgesamt zeigt sich in der Kategorie ‚Zahlkonstruktion' ein sehr vielfältiges Bild. So wird insbesondere auf enaktiver Ebene deutlich, dass mögliche bekannte Strukturen (wie zum Beispiel Kraft der Fünf), die nicht zwangsläufig dem Stellenwertsystem entsprechen, zu Hürden führen können. Somit bedarf es für ein Anbahnen eines Stellenwertverständnisses einer Anpassung beziehungsweise Erweiterung dieser Vorstellungen, wobei diese unter Umständen explizit thematisiert und abgegrenzt werden können. Außerdem wird anhand der Phänomene deutlich, dass in der Hinsicht ein Erkennen dezimaler Strukturen längst nicht trivial ist. Daraus kann wiederum geschlossen werden, dass eine Anpassung beziehungsweise Veränderung vorhandener (mentaler) Strukturen hin zu dezimalen Strukturen einer intensiven Auseinandersetzung bedarf. Mit Hilfe des entwickelten Lehr-Lernarrangements lassen sich erste Erkenntnisse bezüglich der Zerlegung in Zehner und Einer und somit in dezimale Strukturen feststellen. Auch die Erarbeitung von Partnerbeziehungen kann im Rahmen des Lehr-Lernarrangements erfolgreich erfolgen, indem diese zum Beispiel als ‚neben', was noch eng am Material orientiert ist, oder als ‚parallel' beschrieben werden. Letzteres zeigt dabei bereits eine gute Ausgangslage für das weitere Erarbeiten des Stellenwertsystems.

Bei der Vernetzung der enaktiven und symbolischen Ebene zeigt sich einerseits, dass noch keine Stellenberücksichtigung oder Idee des Ziffernvorrats vorhanden sein und auch die Vernetzung der enaktiven und symbolischen Ebene selbst unter Umständen eine Herausforderung darstellen kann. Andererseits können aber auch bereits erste Erkenntnisse zum Ziffernvorrat und zur Zahlzerlegung in Einer und Zehner ausgebildet sein beziehungsweise mit Hilfe des Lehr-Lernarrangements erfolgreich angebahnt werden, sodass eine eigenständige Weiterführung des Stellenwertsystems auf den folgenden Zehner gelingen kann. Im Bereich ,Partnerbeziehung' stellen äußere Anforderungen der parallelen Handlungen besondere Herausforderungen dar, die gegebenenfalls individuell berücksichtigt werden müssen. Aber auch die Vernetzung der enaktiven und symbolischen Ebene im Kontext der Partnerbeziehungen muss intensiv bearbeitet werden, damit die dezimalen Strukturen erkannt werden und von ihnen Gebrauch gemacht werden kann. Exemplarisches Handeln und eigenes Erzeugen stellen in diesem Zusammenhang erfolgreiche Herangehensweisen dar, durch die wiederum ein erstes Stellenwertverständnis mit dem Fokus auf Partnerbeziehungen mit Hilfe des Lehr-Lernarrangements angebahnt werden können.

Bei Aufgaben zur Vernetzung der ikonischen und symbolischen Ebene kann festgestellt werden, dass additive Zusammensetzungen von Zahlen teilweise als intuitiv angenommen werden. Dies lässt die Bedeutung des frühen Aufbaus des Stellenwertverständnisses deutlich werden, um bereits von Beginn an Fehlvorstellungen zu vermeiden. Die Zahl beziehungsweise Ziffer 0 stellt gerade bei der Vernetzung der ikonischen und symbolischen Ebene eine zentrale Hürde dar, vor allem an der Einerstelle. Hier muss das Verständnis angebahnt werden, dass die Ziffer 0 auch an der Einerstelle von besonderer Bedeutung ist, damit der Stellenwert entsprechend erhalten bleibt. Die Phänomene deuten aber auch darauf hin, dass mit Hilfe des Lehr-Lernarrangements die Zahl beziehungsweise Ziffer 0 mit einer Bedeutung verbunden werden kann, vor allem an der Zehnerstelle. Unter Umständen stehen dabei noch vor allem die jeweiligen Anzahlen der Kugelfarben im Vordergrund und weniger die Stellenwerte selbst, hier müssten weitere Förderungen folgen. Die Phänomene im Bereich ,Partnerbeziehung' deuten darauf hin, dass einerseits das Herstellen von Bezügen zwischen den Partnerzahlen mit großen Herausforderungen verbunden sein kann und diese primär über die ikonische Abbildung von Elementen ermittelt werden, der Bezug dabei jedoch nicht im Vordergrund steht. Andererseits lässt sich jedoch auch ausmachen, dass mit Hilfe des entwickelten Lehr-Lernarrangements die Partnerbeziehungen explizit zur Zahlkonstruktion genutzt werden, somit also die dezimale Struktur selbstständig erkannt und angewandt werden kann.

Bei der Vernetzung der enaktiven, ikonischen und symbolischen Ebene kann schließlich festgestellt werden, dass die Sprachhandlung des Erklärens im Kontext des Stellenwertbewusstseins mit Hürden verbunden sein kann. Dabei muss auch die Vernetzung der Ebenen nicht zwangsläufig eine Entlastung darstellen. Über ein vielfältiges Angebot im Rahmen des Lehr-Lernarrangements kann diesen Herausforderungen gegebenenfalls begegnet werden. Außerdem zeigt sich im Bereich ‚Zahlerzeugung', dass das aktive Erzeugen zweistelliger Zahlen am Zähler Hürden evozieren kann, obwohl die Einstellungen auf ikonischer beziehungsweise symbolischer Ebene vorgegeben sind. Somit scheinen die vielfältigen aktiven Angebote im Rahmen des Lehr-Lernarrangements sinnvoll zu sein, um dem Bedarf der Förderung eigenständiger Erzeugungen zur Zahlkonstruktion ausreichend entsprechen zu können. Gegebenenfalls können die Angebote verstärkt den Übergang der Zahlerzeugung von ein- und zweistelligen Zahlen fokussieren. Außerdem stellt insbesondere die Ermittlung der Anzahl an Drehungen an der Zehnerstelle zur Zahlerzeugung eine Hürde dar. Aber auch in dem Zusammenhang deuten die Ergebnisse darauf hin, dass das Lehr-Lernarrangement das Fokussieren der Drehungen, wobei deren Umsetzung selbst durchaus mit Hürden verbunden sein kann, für die Zahlerzeugung erfolgreich anzubahnen scheint, sodass darüber ein erstes Stellenwertverständnis im Sinne der Nachfolger- beziehungsweise Vorgängerbildung erreicht werden kann (siehe Abb. 10.45).

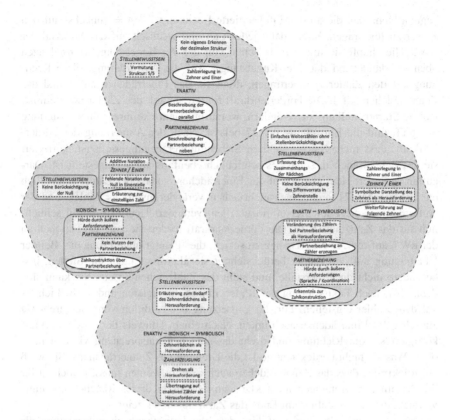

Abb. 10.45 Zahlkonstruktion gesamt

10.2.4 Phänomene in der Kategorie ‚Rechnung (0–19)'

Vernetzung enaktiv – symbolisch
In der Kategorie ‚Rechnung (0–19)' lassen sich bei der Vernetzung der enaktiven und symbolischen Ebene zwei Phänomene feststellen: *Umsetzung Rechnung am Zähler als Herausforderung* und *Zähler verknüpft mit RWT*.

Beim erstgenannten Phänomen geht es um die Übertragung einer symbolisch aufgeschriebenen Rechnung auf die RWT und den Zähler und somit um die Vernetzung mit der enaktiven Ebene. Die Übertragung der Rechnung auf die RWT gelingt dabei ohne weitere Schwierigkeiten, wohingegen die Umsetzung der Rechnung am Zähler einige Hürden beinhaltet. In einer exemplarischen Szene

beginnt Henrieke, die an der Tafel notierte Rechnung $7 + 4 =$ zunächst auf den
Zähler zu übertragen, bricht dann jedoch ab und wechselt auf das Material der
RWT. Hier hüpft sie mit dem Häschen von der 7er-Kugelstange viermal nach
oben und landet auf der 11er-Kugelstange. Auf die Aufforderung, diese Rechnung auf den Zähler zu übertragen, dreht sie das Einerrädchen auf 7 und das
Zehnerrädchen auf 4. Die Förderlehrkraft fordert sie auf, den Zähler noch einmal
auf die Starteinstellung zu verändern, woraufhin Henrieke ihre Zählereinstellung
überprüft und die Einstellung bei 47 belässt. Nach der Anmerkung der Förderlehrkraft, dass nicht Sieben sondern Siebenundvierzig eingestellt ist, korrigiert
sie das Zehnerrädchen, sodass es schließlich ebenfalls auf 7 eingestellt ist. Daraufhin verändert Henrieke erneut das Einerrädchen, sodass der Zähler schließlich
das Zahlzeichen 71 zeigt. Nach mehrfachen Veränderungen des Zählers und der
Aufforderung, die Zahl Sieben einzustellen, verändert Henrieke diesen schließlich auf das Zahlzeichen 70. Die Förderlehrkraft fordert sie auf, das Häschen an
der RWT auf die 7er-Kugelstange zu setzen, dies gelingt ohne Probleme. Bei der
Übertragung auf den Zähler berücksichtigt sie allerdings nicht die Stellen, insbesondere nicht die Einerstelle, und stellt das Zahlzeichen 75 ein. Sie kann sich
dann aber, nach Fokussierung der Rädchenfarbe, korrigieren und schließlich 07
auf dem Zähler einstellen. Für die Umsetzung der Addition von Vier dreht sie
zunächst das Einerrädchen nach unten. Nach einem Hinweis der Förderlehrkraft
korrigiert sie die Richtung und dreht das Rädchen entsprechend viermal nach
oben. Was sie nicht berücksichtigt, ist die Drehung des Zehnerrädchens. Sie weiß
auf Rückfrage, dass das Zehnerrädchen auch gedreht werden muss, jedoch ist ihr
die Anzahl der Drehungen nicht klar, denn sie dreht dieses Rädchen ebenfalls
viermal, sodass der Zähler am Ende das Zahlzeichen 41 zeigt.

Das Phänomen deutet darauf hin, dass die Umsetzung einer Rechnung als
Prozess auf der RWT gelingen, am Zähler allerdings mit großen Hürden verbunden sein kann. Es wird selbstständig auf die RWT als Material zurückgegriffen
und auch im weiteren Verlauf zeigt sich, dass die Umsetzungen an der RWT auf
enaktiver Ebene keine Hürden darstellen, sondern vielmehr als Hilfestellung zu
dienen scheinen. Der Einsatz der Darstellungsvernetzung stellt somit eine hilfreiche Unterstützung dar. Bei der Übertragung der Rechnung auf den Zähler
hingegen treten verschiedene Hürden auf (siehe Abschnitt 9.2). Zunächst werden die beiden Rädchen nicht als ein Zahlzeichen wahrgenommen, sondern es
wird am Einerrädchen die Startzahl und am Zehnerrädchen der zweite Summand
eingestellt. Somit scheint insbesondere das Zehnerrädchen eine zentrale Herausforderung und ein erstes Verständnis von Stellenwerten noch nicht angebahnt zu
sein. Vielmehr wird den Stellen beispielsweise die Funktion der Darstellung der
beiden Summanden zugeordnet. Die Annahme, dass den Rädchen und damit den

Stellen noch keine Bedeutung im Hinblick auf das dezimale Stellenwertsystem beigemessen wird, wird außerdem durch die Tatsache bestärkt, dass zum einen für die Einstellung der Startzahl die Rädchen nicht berücksichtigt werden, indem ausschließlich relevant zu sein scheint, dass das Zahlzeichen 7 innerhalb des Zählers an einem Rädchen abgebildet ist. Eine Hilfestellung scheint dabei der Bezug zur Rädchenfarbe zu sein, von der schließlich die Startposition des Häschens auf den Zähler korrekt übernommen werden kann (siehe Abschnitt 9.2). Zum anderen wird auch im weiteren Prozess des Erzeugens entsprechend der vorgegebenen Rechnung das Zehnerrädchen nicht bedient und damit der Zehnerübergang nicht berücksichtigt. Vielmehr wird anschließend das Zehnerrädchen erneut dem zweiten Summanden entsprechend oft gedreht, sodass die einzelnen Ziffern scheinbar als für sich stehende Zahlzeichen wahrgenommen werden. Insgesamt scheint der Unterschied des Materials der RWT und des Zählers im Hinblick auf die Umsetzung der Rechnung von besonderer Relevanz zu sein: Die mathematische Idee der Rechnung, die dem zweiten Summanden entsprechende Anzahl an Nachfolgerbildungen von einer vorgegeben Startzahl, dem ersten Summanden, durchzuführen, wird an der RWT als entsprechend viele Hüpfer, am Zähler als entsprechend viele Drehungen dargestellt. Allerdings wird bei der RWT ausschließlich auf enaktiver Ebene gearbeitet und es findet keine Vernetzung mit der symbolischen Ebene im Erzeugungsprozess statt. Es wird lediglich die Rechnung selbst zunächst auf symbolischer Ebene dargestellt. Anders sieht es am Zähler aus. Hier muss während des Erzeugungsprozesses der Nachfolgerbildung zusätzlich das dezimale Stellenwertsystem auf symbolischer Ebene berücksichtigt werden, sowohl bereits für die Starteinstellung, indem das Zahlzeichen korrekt mit Hilfe der Rädchen eingestellt wird, als auch insbesondere im Drehprozess, sobald der Ziffernvorrat ausgeschöpft ist und der Zehner damit überschritten wird. Da die Umsetzung der symbolischen Rechnung auf die enaktive RWT, also die einfache Nachfolger-beziehungsweise Vorgängerbildung, ohne Hürden gelingt, scheint die zentrale Schwierigkeit bei der Vernetzung der enaktiven und symbolischen Ebene am Material des Zählers zu liegen. Das deutet darauf hin, dass noch keinerlei erstes Verständnis beziehungsweise Bewusstsein der Bedeutung von Stellenwerten, einzelnen Ziffern innerhalb eines Zahlzeichens und vom Zehnerübergang als solches bei dessen Anwendung über den Erzeugungsprozess einer Rechnung angebahnt ist und weitere Förderung notwendig ist. Die Vernetzung mit der enaktiven Ebene an der RWT scheint eine erste erfolgreiche Unterstützung zu sein, da hierbei die Anwendung der Nachfolger- beziehungsweise Vorgängerbildung entsprechend der vorgegebenen Rechnung gelingt. Über die Vernetzung kann der Erzeugungsprozess auch am Zähler und damit auf symbolischer Ebene stärker fokussiert und schließlich ein Verständnis dessen angebahnt werden. Daran anknüpfend kann dann die Bedeutung der Stellenwerte weiter vertieft werden.

Anderes zeigt sich beim Phänomen *Zähler verknüpft mit RWT*. Hierbei wird ebenfalls eine symbolische Rechnung vorgegeben, die dann auf die enaktive RWT und den enaktiven Zähler schrittweise übertragen werden soll:

Transkript Hajo zum Phänomen *Zähler verknüpft mit RWT*

1		[Dauer: 1:35 Min.] [Hajo hat eine RWT und einen Zähler vor sich stehen. AZ schreibt
2		unter die Fragestruktur-Karten an der Tafel die Rechnung $9 + 4 =$. Diese soll Hajo
3		sowohl an der RWT als auch am Zähler umsetzen.]
4	AZ	Neun plus Vier [schreibt währenddessen die Aufgabe an die Tafel.]
5	Hajo	Das ist immer- [hüpft mit dem Häschen von der 9er-Kugelstange 1-mal nach oben,
6		beginnt dann erneut auf der 9er-Kugelstange und hüpft 4-mal nach oben. Dann nimmt
7		er den Zähler in die Hand und *stellt diesen auf 13 ein.*]
8	AZ	Wie hast du es? Ich kann es nicht sehen [dreht den Zähler zu sich.] Okay jetzt mit
9		dem Drehen, wo startest du?
10	Hajo	Bei der [*stellt den Zähler auf 09 ein.*] Bei der [setzt das Häschen zurück auf die 9er-
11		Kugelstange] Neun.
12	AZ	Genau, und jetzt?
13	Hajo	[Hüpft mit dem Häschen 1-mal nach oben *und dreht sowohl am Einer- als auch am*
14		*Zehnerrädchen. Er hüpft mit dem Häschen auf die 11er-Kugelstange und dreht das*
15		*Einerrädchen weiter.* Dann hüpft er auf die 12-Kugelstange und *dreht erneut das*
16		*Einerrädchen.* Schließlich hüpft er auf die 13er-Kugelstange und *dreht ebenfalls das*
17		*Einerrädchen, sodass der Zähler schließlich auf 13 eingestellt ist.*]
18	AZ	Super, zeig mal dein Zahlenschloss? [Hajo zeigt seinen Zähler, der auf 13
19		eingestellt ist.] Sehr gut, also an welchem Rädchen hast du jedes Mal gedreht?
20	Hajo	Mhm.. [*dreht am Einer- und Zehnerrädchen hin und her.*] Ja.. bei Orange.
21	AZ	Genau, gut. Und das grüne, wann hast du das grüne genau gedreht?

22 Hajo   Ähm, ja bei .. [deutet mit dem Finger auf die 11er-Kugelstange], bei Zehn
            [deutet
23   mit dem Finger auf die 10er-Kugelstange.]
24 AZ   Super, perfekt. Bei dem Hüpfer von da [zeigt auf die 9er-Kugelstange] nach da
25   [zeigt auf die 10er-Kugelstange], ne?

Die symbolisch von der Förderlehrkraft aufgeschriebene Rechnung $9 + 4$ wird von Hajo zunächst auf die RWT übertragen. Hierfür hüpft er mit dem Häschen von der 9er-Kugelstange viermal nach oben. Daraufhin stellt er am Zähler die Zielposition beziehungsweise das Ergebnis 13 ein (Z. 5 ff.). Als die Förderlehrkraft ihn auffordert, den Prozess der Rechnung als Drehungen am Zähler umzusetzen, stellt er den Zähler auf 09 ein und setzt zusätzlich das Häschen passend auf die 9er-Kugelstange (Z. 10 f.). Bei jeder weiteren Drehung hüpft Hajo ebenfalls mit dem Häschen um eins nach oben. Er endet am Zähler bei der Einstellung 13 beziehungsweise mit dem Häschen auf der 13er-Kugelstange (Z. 13 ff.). Die Frage, an welchem Rädchen er jedes Mal drehen musste, kann er korrekt mit dem Einerrädchen beantworten (Z. 20). Für das Zehnerrädchen kann er angeben, dass dieses für die Zahl Zehn gedreht werden musste und zeigt zusätzlich auf die entsprechende Kugelstange (Z. 22 f.).

Bei dem Phänomen zeichnet sich ein Verständnis für das Erzeugen von Rechnungen unter Berücksichtigung des dezimalen Stellenwertsystems ab: Die Übertragung der symbolischen Rechnung auf die enaktive RWT gelingt wie beim Phänomen *Umsetzung Rechnung am Zähler als Herausforderung* ohne Hürden. Bei der Einstellung des Zählers wird jedoch zunächst direkt die Zielzahl beziehungsweise das Ergebnis eingestellt, sodass der Prozess der Umsetzung der Rechnung nicht stattfindet. Hier ist das Aufgabenformat vermutlich nicht klar genug kommuniziert. Nach der Aufforderung zum detaillierten Umsetzen des Drehprozesses am Zähler und einem Rückgriff auf das Sprachgerüst kann dieser allerdings ohne weitere Hürden durchgeführt werden (siehe Abschnitt 9.2). Auffallend dabei ist, dass die RWT selbstständig hinzugenommen wird und jeweils mit dem Häschen einmal gehüpft und das Einerrädchen entsprechend einmal gedreht wird (siehe Abschnitt 9.2). Hervorzuheben ist, dass dabei am Zähler auch der Zehnerübergang korrekt umgesetzt wird, sodass auf symbolischer Ebene aktiv das dezimale Stellenwertsystem im Prozess Berücksichtigung findet. Die Annahme, dass ein grundlegendes Verständnis hiervon in diesem Kontext vorhanden zu sein scheint, wird durch die Erläuterung verstärkt, dass das Einerrädchen bei jeder Drehung beziehungsweise vielmehr bei jedem Prozess der Nachfolger- beziehungsweise Vorgängerbildung gedreht wird, das Zehnerrädchen jedoch nur beim Erreichen des Zahlzeichens 10, also beim Zehnerübergang. Die RWT kann in diesem

Zusammenhang möglicherweise eine Hilfestellung und Orientierung darstellen, indem der Wechsel vom Innen- in den Außenkreis oder vom Außen- in den Innenkreis einen Hinweis darauf gibt, dass auch das Zehnerrädchen gedreht werden muss. Gleichzeitig erfordert die Kombination der Materialien auch eine Abgrenzung voneinander: Am Zähler müssen für den Zehnerübergang aufgrund der symbolischen Zahldarstellung insgesamt zwei Drehungen durchgeführt werden, wohingegen das Häschen auf der RWT weiterhin nur einmal hüpft. Somit zeigt dieses Phänomen im Hinblick auf die Vernetzung der enaktiven und symbolischen Ebene im Kontext von Rechnungen ein erstes Verständnis der Funktionsweise des Stellenwertsystems in dem Sinne, dass die Nachfolger- beziehungsweise Vorgängerbildung auch in der Anwendung des Zehnerübergangs erfolgreich unter Berücksichtigung des Stellenwertsystems umgesetzt werden kann.

In der Kategorie ‚Rechnung (0–19)' lassen sich bei der Vernetzung der enaktiven und symbolischen Ebene die in Abbildung 10.46 aufgeführten Phänomene herausstellen.

Abb. 10.46 Rechnung (0–19): enaktiv – symbolisch

Vernetzung ikonisch – symbolisch
Bei der Vernetzung der ikonischen und symbolischen Ebene lässt sich zunächst das Phänomen *Begriff ‚Rechnung' als Herausforderung* feststellen. Dieses tritt bei der Bearbeitung eines Arbeitsblatts (siehe Abb. 10.47) auf, bei dem die RWT und der Zähler ikonisch dargestellt sind. In der RWT ist der Start durch die Position des Häschens und das Ziel durch eine Abbildung des Diamanten markiert. Die Hüpfer des Häschens müssen als Pfeile eingetragen und die Angaben zum Start, zur Richtung, zur Anzahl der Hüpfer beziehungsweise Drehungen und zum Ziel

müssen auf die Zählerabbildung übertragen werden. Schließlich soll daraus eine
Rechnung entwickelt werden.

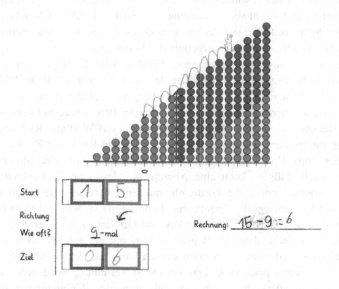

Abb. 10.47 Arbeitsblatt zum Phänomen *Begriff ,Rechnung' als Herausforderung*

Hierfür steht rechts neben den Zählerabbildungen das Wort ,Rechnung'. Allerdings stellt genau dieser Begriff eine Hürde dar. In einer Beispielszene trägt Heidi
selbstständig ohne Schwierigkeiten zunächst die Startposition des Häschens in
die Zählerabbildung sowie die Hüpfer des Häschens auf der RWT ein und überträgt die Hüpferanzahl auf die Anzahl an Drehungen in der Zählerabbildung.
Schließlich zählt sie die Kugeln an der Zielposition des Häschens und überträgt
auch diese Angabe in die entsprechende Abbildung des Zählers. An die Stelle
der Rechnung auf der rechten Seite trägt sie initial einen Pfeil für die Hüpfrichtung des Häschens ein. Nach Aufforderung der Förderlehrkraft notiert sie
den Richtungspfeil innerhalb der Zählerabbildung neben den Begriff ,Richtung'.
Heidi äußert, dass sie nicht versteht, was sie bei der Rechnung machen muss.
Daraufhin erarbeitet die Förderlehrkraft gemeinsam mit Heidi die Rechnung und
orientiert sich dabei am Sprachgerüst. Den Start kann Heidi identifizieren, sie
weiß aber nicht, wo sie das Zahlzeichen genau hinschreiben soll. Die Förderlehrkraft erläutert, dass der Start als Zahlzeichen bei der Rechnung als erstes
notiert wird. Auch die Richtung, nach der die Förderlehrkraft daraufhin fragt,

kann Heidi korrekt angeben. Auf Nachfrage zum entsprechenden Rechenzeichen kann sie dieses ebenfalls bestimmen, weiß jedoch auch hierbei nicht, an welcher Stelle sie dieses notieren soll. Daraufhin stellt die Förderlehrkraft die Frage ‚Wie oft?‘, welche Heidi beantwortet und dann das entsprechende Zahlzeichen selbstständig als Subtrahend bei der Rechnung einträgt. Sie ergänzt ohne weitere Hilfe das Gleichheitszeichen und das Ergebnis der Rechnung.

Bei dem Phänomen treten keinerlei Hürden beim Eintragen der Angaben in die ikonisch dargestellte RWT oder den ikonisch dargestellten Zähler auf. In diesem Zuge scheint auch der Zehnerübergang und damit die Veränderung der Ziffer im Zehnerrädchen keine Hürde darzustellen. Allerdings entsteht beim Begriff ‚Rechnung‘ eine sprachliche Hürde, indem das Wort als ‚Richtung‘ gelesen sowie interpretiert und die Bewegungsrichtung an RWT und Zähler als Pfeil eingetragen wird. Hierbei handelt es sich möglicherweise um eine förderschwerpunktspezifische Hürde. Auch eine Abgrenzung des Begriffs ‚Rechnung‘ zum Begriff ‚Richtung‘ durch die Förderlehrkraft, indem diese vorgibt, an welcher Stelle in der Darstellung die Angabe zur Richtung notiert wird, ist nicht hilfreich und es bestehen weiterhin Unverständnis und Unklarheiten in der Aufgabenbearbeitung. Es scheint, dass der Begriff ‚Rechnung‘ als solches noch nicht mit einer konkreten Bedeutung verbunden werden kann und der grundsätzliche Aufbau einer Rechnung noch nicht klar ist. Diese Vermutung wird unter anderem dadurch bestärkt, dass die gesamte Entwicklung der Rechnung aus den ikonischen Darstellungen Schritt für Schritt mit Anleitung durch die Lehrperson erarbeitet werden muss. Dabei muss auch bei bereits korrekter Angabe beispielsweise der Richtung beziehungsweise des Rechenzeichens die Schreibposition geklärt werden (siehe Abschnitt 9.2). Beim Erarbeiten wird sich am Sprachgerüst orientiert, welches in dem Zuge eine Hilfestellung darzustellen scheint, weil darüber sowohl die einzelnen Elemente der Rechnung ermittelt und schließlich das Ziel und damit das Ergebnis der Rechnung ohne weitere Hilfe eingetragen werden kann (siehe Abschnitt 9.2). Bei dem Phänomen lassen sich keine Hürden im Hinblick auf das dezimale Stellenwertsystem oder dessen Funktionsweise in der Anwendung im Zuge von Rechnungen feststellen. Vielmehr zeigt sich, dass eine sprachliche Hürde bezüglich des Begriffs ‚Rechnung‘ vorliegt, die dazu führt, dass die Aufgabe der Erzeugung einer symbolischen Rechnung aus den ikonischen Abbildungen nicht bewältigt werden kann. Durch die Hinzunahme des Sprachgerüsts als Strukturhilfe scheint ein erster Bedeutungsaufbau zum Begriff ‚Rechnung‘, deren Erzeugung durch die ikonischen Abbildungen der RWT und des Zählers und somit auch eine Vernetzung zwischen der ikonischen und symbolischen Ebene erfolgt zu sein. Daran anknüpfend kann auch auf der rein symbolischen Ebene die Anwendung des Stellenwertsystems anhand von Rechnungen mit Zehnerübergang weiter vertieft werden.

Ein ausgebildetes Verständnis für die Zusammensetzung von Rechnungen zeigt sich im Phänomen *Erfolgreiche Vernetzung bei der Erzeugung von Rechnungen trotz Schwierigkeiten bei Stellenwertschreibweise.* Dieses lässt sich ebenfalls bei der Bearbeitung eines Arbeitsblatts in der bereits beschriebenen Form feststellen. Hierbei treten keinerlei Hürden bei der Erzeugung der Rechnung entsprechend der in der ikonisch abgebildeten RWT dargestellten Hüpfer und den Zählerangaben auf:

Transkript Hannes zum Phänomen *Erfolgreiche Vernetzung bei der Erzeugung von Rechnungen trotz Schwierigkeiten bei Stellenwertschreibweise*

1	[Dauer: 0:27 Min. und 1:15 Min.] [Auf Hannes Tisch befindet sich eine RWT und ein
2	Zähler. Er bearbeitet ein Arbeitsblatt. Die Eintragungen in der RWT und in der
3	Zählerabbildung sind bereits vorgenommen, wobei fälschlicherweise als Ziel die 14er-
4	Kugelstange bestimmt wurde. Nun geht es um die Ermittlung der Rechnung auf der
5	rechte Seite. Nebengespräche zwischen AZ und Hajo werden nicht mittranskribiert.]

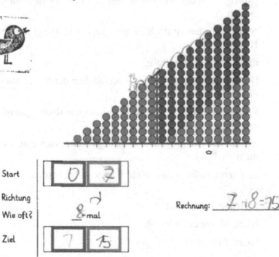

6   Hannes   [Notiert die Rechnung $7 + 7 = 14$ auf der rechten Seite. Dafür orientiert er sich an den

7   Zählerangaben bzw. der Abbildung der RWT. Dann schaut er zu AZ.]

8   AZ   Super.

9   Hannes   Richtig?

10   AZ   Ja perfekt. Guck mal die Richtung musst du noch machen [zeigt auf das Feld zur

11   Richtung.] Nach oben [zeigt einen Daumen nach oben] oder nach unten [zeigt einen

12   Daumen nach unten.]

13   Hannes   [Trägt einen nach oben zeigenden Pfeil für die Richtung ein.]

14   ... [1:11
     Min.]

15   AZ   Guck mal Hannes [spurt mit dem Finger die 15er-Kugelstange auf dem AB nach und

16   zeigt auf den Diamanten darunter], der Diamant ist einen weiter, wir haben uns

17   vertan.

18   Hannes   Hä? [Zeichnet einen weiteren Pfeil von der 14er- auf die 15er-Kugelstange ein.]

19   AZ   Ja.

20   Hannes   [Korrigiert in der Starteinstellung des Zählers die 7 im Einerrädchen zu einer 8.]

21   AZ   Ne ne, der Start ist doch richtig. Guck mal, [zeigt mit dem Finger auf das Häschen]

22   der Start ist doch richtig.

23   Hannes   [Radiert die Eintragung im Einerrädchen der Starteinstellung weg.] Hä? [Trägt eine 7 im

24   Einerrädchen ein.] Oh man ey [nimmt das Radiergummi und radiert die eingetragene

25   Anzahl der Drehungen aus und trägt stattdessen eine 8 ein], dann ist das nicht

26   Fünfzehn. Dann ist das nicht Fünfzehn [radiert die Zahl im Einerrädchen der

27   Zieleinstellung aus.]

28   AZ   Nicht Vierzehn meinst du?

29   Hannes   Nicht, Fünfzehn.

30   AZ   Ist es, ne? //Ja genau, super.//

31	Hannes	//[Trägt eine 15 in das Einerrädchen der Zieleinstellung ein.]// Ich hab keine Lust jetzt
32		die Aufgabe zu schreiben.
33	AZ	Achtung, was hast du jetzt hingeschrieben? [Zeigt mit dem Finger auf die
34		Zieleinstellung. Hajo meckert von der Seite, dass er ebenfalls keine Lust mehr hat.]
35		//Sch! Nicht wieder schimpfen!//
36	Hannes	[//Radiert die beiden Summanden der notierten Rechnung weg.//] Acht [trägt als ersten
37		Summanden eine 8 bei der Rechnung ein. //Dann notiert er eine 8 als zweiten
38		Summanden.//]
39	AZ	//Achtung, was ist der Start [zeigt auf die Starteinstellung des Zählers]//, Hannes,
40		//konzentrier dich. Ganz in Ruhe. Konzentrier dich.//
41	Hannes	//[Schaut kurz in Richtung von Hajo] Oh, Sieben [radiert den ersten Summanden wieder
42		aus.]// Sieben [notiert eine 7 als ersten Summanden.]
43	AZ	Genau.
44	Hannes	Plus Acht.
45	AZ	Super.
46	Hannes	Gleich Fünfzehn [notiert als Ergebnis 51.]
47	AZ	Ja, genau. Achtung, wie schreibt man denn die Fünfzehn?
48	Hannes	[Radiert die 51 aus.] Oh, Hajo darf nicht gucken. [Notiert stattdessen 15 als Ergebnis.]

Hannes hat die Hüpfer des Häschens in der RWT eingezeichnet, wobei er eine Kugelstange vor dem Diamanten endet. Die Eintragungen in den Zählerabbildungen für Start, Anzahl der Drehungen und Ziel entsprechen seinen Pfeileintragungen. Er erzeugt selbstständig aus den Abbildungen der RWT und des Zählers eine Rechnung, wobei er seine ermittelten Werte übernimmt (Z. 6 f.). Er scheint etwas unsicher zu sein, da er sich bei der Förderlehrkraft rückversichert, ob seine Bearbeitung richtig ist. Im Anschluss an einen Hinweis der Förderlehrkraft, dass er einen Hüpfer zu wenig eingetragen hat, zeichnet er diesen direkt in die RWT ein (Z. 18) und beginnt selbstständig, die Zählereintragungen zu korrigieren. Zunächst verändert er seine Starteinstellung des Zählers (Z. 20), wobei er sehr unkonzentriert und unter Zeitdruck zu stehen scheint. Auf den Hinweis, dass die Startangabe vorher bereits korrekt gewesen sei, korrigiert er diese erneut, passt die Anzahl der Drehungen an und äußert, dass die Zieleinstellung nicht 14, sondern 15 ist (Z. 23 ff.). Sprachlich äußert er mehrfach, „dann ist das nicht Fünfzehn" (Z. 25 f.), scheint jedoch eigentlich ausdrücken zu wollen, dass es nicht das Zahlzeichen 14, sondern 15 ist, da er dieses auch verschriftlicht. Hierbei berücksichtigt er allerdings nicht mehr die Unterteilung in Einer- und Zehnerrädchen, sondern schreibt 15 in das Einerrädchen (Z. 31). Auch hierbei scheint Hannes durch seinen Mitschüler abgelenkt zu sein und ignoriert den Hinweis der Förderlehrkraft zur Schreibweise des Zahlzeichens 15. Stattdessen beginnt er selbstständig, seine erzeugte Rechnung in Gänze noch einmal anzupassen, wobei er weiterhin abgelenkt zu sein scheint. Dabei verändert er auch den ersten Summanden (Z. 36 ff.). Auf Hinweis der Förderlehrkraft erkennt er seinen Fehler und passt die Rechnung erneut an (Z. 41 f.). Bei der Korrektur des Ergebnisses schreibt er statt 15 zunächst 51, nennt aber das Zahlwort Fünfzehn als Ergebnis (Z. 46). Nachdem die Förderlehrkraft auf die Schreibweise hingewiesen hat, korrigiert er das Zahlzeichen selbstständig (Z. 48).

Bei dem Phänomen lassen sich Hürden bezüglich der Stellenwertschreibweise, aber auch Anzeichen für ein Verständnis von Rechnungen feststellen: Da im ersten Schritt aus den Eintragungen in der RWT und in den Zählerdarstellungen die entsprechende Rechnung erzeugt werden kann, scheint grundsätzlich ein Verständnis von Rechnungen und der Bedeutung der einzelnen Elemente einer Rechnung vorhanden zu sein. Die vorgenommene Korrektur einer Angabe in der Darstellung der RWT führt dazu, dass sowohl in der Zählerdarstellung als auch in der Rechnung ebenfalls Änderungen vorgenommen werden. Es scheint, als bestünde dabei grundsätzlich Wissen darüber, welche Angaben welche Veränderungen beeinflussen. Somit findet eine deutliche Vernetzung zwischen der ikonischen und symbolischen Ebene statt, die auf ein grundlegendes Verständnis von Rechnungen und deren Zusammensetzung hindeutet. Allerdings treten in der Korrekturphase verschiedene Hürden auf. Insbesondere die parallele Bearbeitung des Arbeitsblatts durch Mitschüler*innen scheint ein hoher Ablenkungsfaktor zu sein, der die Konzentration sehr zu beeinträchtigen scheint. Die Hinzunahme des Sprachgerüsts erweist sich in dem Zusammenhang als hilfreich, indem es eine äußere Struktur bietet (siehe Abschnitt 9.2). Zudem fällt auf, dass die Stellenschreibweise noch nicht durchgehend verinnerlicht ist, da für die Zielangabe diese bei der Korrektur nicht berücksichtigt wird und stattdessen eine zweistellige Zahl als Einerziffer notiert wird. Auffallend ist weiterhin, dass im Ergebnis der Rechnung ein Zahlendreher enthalten ist, der jedoch selbstständig korrigiert werden kann. Bei dem Phänomen zeigt sich somit insgesamt ein Verständnis von Rechnungen sowie den Bedeutungen der einzelnen Elemente einer Rechnung, was durch die Vernetzung der ikonischen und symbolischen

Ebene deutlich wird. Gleichzeitig wird offensichtlich, dass, unter anderem bedingt durch eine eingeschränkte Konzentration, Hürden im Hinblick auf die Stellenschreibweise des dezimalen Stellenwertsystems entstehen und somit diese auch im geringen Zahlenraum noch nicht sicher verinnerlicht zu sein scheint. Das legt aufgrund teilweise richtiger Anwendungen (zum Beispiel in der ersten Start- und Zieleintragung) die Vermutung nahe, dass ein erstes Bewusstsein der Stellen eines Zahlzeichens und deren Bedeutungen und Funktionen angebahnt ist, dieses jedoch weiterer intensiver Förderung zur Sicherung bedarf.

Ein weiteres Phänomen bei der Vernetzung der ikonischen und symbolischen Ebene ist die *Vernetzung in beide Richtungen.* Bei diesem Phänomen wird zunächst eine Rechnung auf symbolischer Ebene von den Schüler*innen an der Tafel selbst entwickelt, diese wird auf die ikonische Abbildung der RWT und den Zähler übertragen und daraus wird schließlich noch einmal die Rechnung erzeugt und auf einem Arbeitsblatt notiert. In einer exemplarischen Szene schreibt Heidi die selbst überlegte Rechnung $18 - 8 =$ an die Tafel. Dabei nutzt sie das am oberen Ende der Tafel angeheftete Sprachgerüst nicht. Die Bitte der Förderlehrkraft, die Elemente ihrer Rechnung den Begriffen des Sprachgerüsts zuzuordnen, versucht sie umzusetzen, indem sie die Fragestruktur-Karten an die einzelnen Elemente heften möchte. Allerdings ist sie nicht groß genug, um an die Karten zu gelangen. Die Förderlehrkraft hat erwartet, dass die Elemente der Rechnung selbst unter die jeweilige Fragestruktur-Karte notiert werden. Aufgrund des Missverständnisses wird nichts verändert. Daraufhin setzt sich Heidi an ihren Tisch und überträgt ohne weitere Blicke an die Tafel die notierte Rechnung auf die ikonische Darstellung der RWT. Hierzu zeichnet sie als erstes ein Häschen auf die passende Startposition ein und als nächstes die Hüpfer. Anschließend trägt sie in der Zählerdarstellung die Startposition, die Anzahl an Drehungen und die Zieleinstellung als Zahlzeichen korrekt ein, wobei sie die Aufteilung in Einer- und Zehnerrädchen berücksichtigt. Schließlich entwickelt sie aus diesen Eintragungen erneut ihre Ausgangsrechnung. Dafür schaut sie nicht noch einmal zur Tafel, sondern orientiert sich an den RWT- beziehungsweise Zählereintragungen. Bei einem abschließenden Blick ergänzt sie innerhalb der ikonischen Darstellung des Zählers die Drehrichtung.

Bei dem Phänomen zeigt sich bereits ein umfassendes Verständnis von Rechnungen und der Bedeutung der einzelnen Elemente einer Rechnung in diesem Kontext: Ohne Hürden gelingt die Vernetzung der rein symbolischen Ebene mit der ikonischen Ebene und vice versa. Im Hinblick auf das Rechenzeichen und die Drehrichtung findet sogar eine erneute Vernetzung der symbolischen mit der ikonischen Ebene statt. An keiner Stelle werden offensichtliche Herausforderungen deutlich. Vielmehr wird innerhalb der Zählerdarstellungen die Stellenschreibweise des dezimalen Stellenwertsystems berücksichtigt, sodass die Anwendung des Zehnerübergangs und damit des Stellenwertsystems im Zusammenhang mit Rechnungen gelingt. Inwieweit an der Stelle bereits ein tieferes Verständnis der Funktionsweise des Stellenwertsystems vorliegt, lässt sich jedoch nicht sagen, da einschränkend ergänzt werden muss, dass in der exemplarischen Szene kein Zehnerübergang stattfindet. Als einzige Hürde tritt ein Missverständnis auf, das durch die nicht präzise formulierte Aufgabenstellung entsteht. Die Anforderung, die Elemente der symbolischen Rechnung unter der jeweiligen Fragestruktur-Karten einzuordnen, war nicht im Arbeitsauftrag formuliert worden. Auch die Konkretisierung dieser Anforderung wird sprachlich nicht eindeutig geäußert, sodass in dem Moment eine Hürde auftritt, die jedoch eindeutig in der Aufgabenstellung beziehungsweise -formulierung zu verorten ist. Gleichzeitig hebt gerade diese Hürde hervor, dass das Sprachgerüst an dieser Stelle nicht mehr als Hilfestellung notwendig ist, sondern die Vernetzung der Ebenen auch ohne dessen Orientierung gelingt. Insgesamt zeigt das Phänomen, dass bezüglich Rechnungen unter Berücksichtigung des Stellenwertsystems im Zahlenraum 0 bis 19 ein grundlegendes Verständnis im Rahmen des entwickelten Lehr-Lernarrangements ausgebildet werden kann, das sich unter anderem durch die aktive Vernetzung der ikonischen und symbolischen Ebene auszeichnet.

Die erarbeiteten Phänomene in der Vernetzung der ikonischen und symbolischen Ebene sind in Abbildung 10.48 dargestellt.

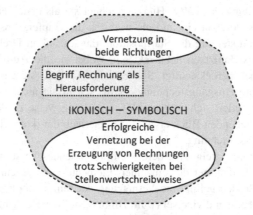

Abb. 10.48 Rechnung (0–19): ikonisch – symbolisch

In der Kategorie ‚Rechnung (0–19)‘ kann festgestellt werden, dass die Vernetzung der symbolischen Ebene und damit der Anwendung des Stellenwertsystems im Zuge von Rechnungen sowohl mit der enaktiven als auch mit der ikonischen Ebenen mit Herausforderungen verbunden ist. So stellt die einfache Nachfolger- und Vorgängerbildung an der RWT keine Hürde dar, wohingegen die Nachfolger- und Vorgängerbildung am Zähler, bei der konkret das Stellenwertsystem berücksichtigt werden muss, herausfordernd ist. Es zeigt sich jedoch auch, dass mit Hilfe des Lehr-Lernarrangements eine Förderung dessen möglich ist und schließlich eine Anwendung des Zehnerübergangs und damit des Stellenwertsystems in der Vernetzung der enaktiven und symbolischen Ebene gelingen kann. Des Weiteren zeigen sich sprachliche Barrieren hinsichtlich des Begriffs ‚Rechnung‘. Dieser kann teilweise noch nicht mit einer Bedeutung verbunden werden und somit fällt auch dessen Transfer bei der Anwendung mathematischer Inhalte schwer. Eine schrittweise Herangehensweise entlang des Sprachgerüsts stellt dabei eine mögliche erfolgreiche Hilfestellung im Lehr-Lernarrangement dar. Außerdem deuten die erfassten Phänomene darauf hin, dass die Bedeutung des Begriffs ‚Rechnung‘ und ein Wissen zum Aufbau angebahnt werden kann, sich gleichzeitig jedoch auch unter anderem durch Ablenkungen noch Unsicherheiten in der Stellenwertschreibweise offenbaren. Somit lassen die Anwendungen des Stellenwertsystems, wie das Erzeugen von Rechnungen, mögliche Herausforderungen und Unsicherheiten offensichtlich werden und weisen auf den Bedarf weiterer vertiefter Förderung hin. Dass diese unter anderem mit Hilfe des entwickelten Lehr-Lernarrangements gelingen kann, zeigen die erfassten Phänomene, denn eine Vernetzung von Rechnungen sowohl von der symbolischen mit der ikonischen Ebene als auch vice versa kann erfolgreich umgesetzt werden. Somit wird insgesamt weiterer Förderbedarf offensichtlich, um die Anwendung des Stellenwertsystems zu vertiefen, gleichzeitig lassen sich aber auch erste erfolgreiche Anbahnungen eines solchen Verständnisses mit Hilfe des entwickelten Lehr-Lernarrangements feststellen (siehe Abb. 10.49).

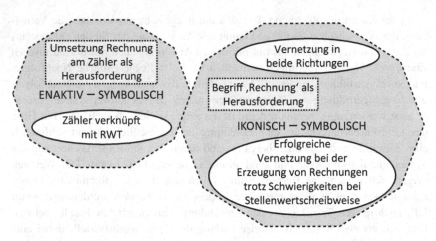

Abb. 10.49 Rechnung (0–19) gesamt

10.3 Zusammenfassung der Bearbeitung der Forschungsprodukte

Die Analyse der Lernprozesse zum Zehnerübergang bei Schüler*innen mit dem Förderschwerpunkt Hören und Kommunikation zeigt, dass in vielen Bereichen anscheinend Handlungs- und Förderbedarf besteht und dieser sich nicht nur auf den erweiterten Zahlenraum 0 bis 19 erstrecken, sondern auch im Zahlenraum 0 bis 9 vorhanden sein kann. Die in Abschnitt 10.1 zu mentalen Zahlvorstellungen im Zahlenraum 0 bis 9 analysierten Phänomene deuten darauf hin, dass in den unterschiedlichen Inhaltsschwerpunkten – der ,Anzahlerfassung', der ,Zahlraumorientierung', bei ,Handlung am Material' und bei ,Rechnungen' – (noch) verschiedene Hürden im Lernprozess auftreten können, denen aktiv und bewusst begegnet werden muss. Beispielsweise treten insbesondere beim Herstellen von Bezügen im Zusammenhang mit Nachbarzahlen und im Vergleichen von Zahlen oder Anzahlen Hürden auf (siehe Abschnitt 10.1.2). Somit ist bei den fokussierten Lernenden die Ebene 3 des tiefen Zahlverständnisses nach Krajewski (2013) noch nicht durchgehend erreicht (siehe Abschnitt 3.1.2). Gleichzeitig können jedoch auch Phänomene festgestellt werden, die auf erste Fortschritte und Erkenntnisse hindeuten. Beispielsweise scheint die Einnahme der Prozesssicht und darüber hinaus eine Kombination von Prozess- und Objektsicht größtenteils erfolgreich umgesetzt und genutzt zu werden, indem diese explizit von

Schüler*innen als favorisierte Sichtweise gewählt beziehungsweise eine Kombination der Sichtweise zur Kontrolle der eigenen Angaben eingesetzt wird (siehe Abschnitt 10.1.3). Auch bei Anwendungen der Prozesssicht im Zuge von Rechnungen deuten Phänomene darauf hin, dass diese grundsätzlich eingenommen und darüber hinaus zielführend eingesetzt werden kann (siehe Abschnitt 10.1.4). Somit scheint ein Teilziel der vorliegenden Forschungsarbeit, eine prozessfokussierende Sichtweise zu fördern, als Vorbereitung für und Heranführung an den Zehnerübergang gelungen zu sein.

Im Zuge der Analyse der Phänomene zu Lernprozessen lassen sich im Hinblick auf die Lehrprozesse zudem eine Vielzahl an Schnittstellen zu den Design-Prinzipien (siehe Abschnitt 9.2) feststellen, auf die jeweils an entsprechenden Stellen verwiesen wird. Dabei handelt es sich zum einen um die zu berücksichtigenden Herausforderungen, denen im Rahmen des Lehrprozesses begegnet werden muss, zum anderen aber insbesondere um die konkretisierten Strategien zum Umgang mit diesen, die in dem Kapitel mit Blick auf den mathematischen Inhalt fokussiert werden.

Damit können mit den Ergebnissen zu mentalen Zahlvorstellungen im Zahlenraum 0 bis 9 (siehe Abschnitt 10.1) folgende konkretisierte Fragestellungen zum Forschungsinteresse bearbeitet werden:

– FF 1: Welche Aspekte eines Zahlverständnisses lassen sich im Zahlenraum 0 bis 9 bei Schüler*innen mit dem Förderschwerpunkt Hören und Kommunikation feststellen?

   o FF 1.1: Welche Herausforderungen beziehungsweise Hürden sowie erste Erkenntnisse zum Zahlverständnis im Zahlenraum 0 bis 9 lassen sich im Lernprozess bei Schüler*innen mit dem Förderschwerpunkt Hören und Kommunikation feststellen?

   o FF 1.2: Welche Aspekte lassen sich bezüglich der Lehrprozesse mit Blick auf die Design-Prinzipien im spezifischen Kontext von Lernprozessen im Zahlenraum 0 bis 9 feststellen?

Im erweiterten Zahlenraum 0 bis 19 schließlich, der dann den Zehnerübergang beinhaltet, können im Zuge der Analyse eine Vielzahl an Phänomenen zu Hürden und ersten Anzeichen für Erkenntnisse festgestellt werden. So zeigt sich beispielsweise in der Verknüpfung der beiden Materialien der RWT und des Zählers, dass die Funktionsweise des Stellenwertsystems über die Nachfolger- und Vorgängerbildung teilweise noch nicht verstanden ist, da für jeden Hüpfer eine Drehung am Einer- und am Zehnerrädchen vorgenommen wird. Gleichzeitig scheint aber ein Erkennen der Zusammenhänge des Hüpfens an der RWT und des Drehens am Zähler angebahnt zu werden, worüber die Vernetzung mit der symbolischen Ebene und damit die Verwendung der dezimalen Zahlschrift gelingen kann (siehe Abschnitt 10.2.1). Konkret im Zusammenhang des Zehnerübergangs wird deutlich, dass der Bedarf weiterer Stellen erkannt wird, sich die Vorschläge der Schüler*innen qualitativ jedoch unterscheiden: Diese sind, neu von Null aus zu beginnen sowie weitere Rädchen hinzuzufügen. Zwar scheinen die Zahlwörter und das Lesen mehrstelliger Zahlzeichen noch mit Hürden verbunden zu sein, grundsätzlich deuten die Phänomene jedoch darauf hin, dass der Zehnerübergang als solches auf den verschiedenen Darstellungsebenen gelingt und die Funktionsweise des Stellenwertsystems im Moment des Übergangs erfasst zu sein scheint. Die farbliche Codierung an den Materialien scheint dabei eine hilfreiche Orientierung darzustellen, wobei Hinweise bestehen, dass die Lernenden unterschiedlich stark auf diese zurückgreifen. Da die Auswertung jedoch schüler*innenübergreifen erfolgt ist (siehe Abschnitt 7.3.2), wurden hierzu keine weiteren vertiefenden Untersuchungen durchgeführt. Insbesondere das Phänomen *Das geht so weiter* lässt den Schluss zu, dass mit Hilfe des Lehr-Lernarrangements bezüglich des Zehnerübergangs ein erstes Verständnis zum Bedarf des Stellenwertsystems aufgrund des beschränkten Ziffernvorrats und auch zu dessen regelhafter Funktionsweise im Groben ausgebildet werden kann. Dieses kann dabei noch nicht zwangsläufig spezifisch auf die Prinzipien (Stellenwertprinzip, Bündelungsprinzip) übertragen werden, sondern bezieht sich ausschließlich auf die regelgeleitete und systemhafte Vorgänger- und Nachfolgerbildung (siehe Abschnitt 10.2.2). Im Kontext des Inhaltsschwerpunkts ‚Zahlkonstruktion' bezüglich des dezimalen Stellenwertsystems kann wiederum festgestellt werden, dass gerade ein Verständnis der Zahlerzeugung sowie ein Stellenbewusstsein im Hinblick auf den Ziffernvorrat bei den Lernenden nur sehr eingeschränkt ausgeprägt sind. So scheint im Bereich ‚Zahlerzeugung' das Ermitteln der Anzahl der durchzuführenden Drehungen beziehungsweise der bereits durchgeführten Drehungen, also die entsprechende Anzahl der Nachfolger- beziehungsweise Vorgängerbildung, noch mit Hürden verbunden zu sein. Dabei spielen zum einen koordinative Anforderungen eine Rolle, die erfordern, dass die Anzahl der durchgeführten Drehungen zusätzlich gezählt wird. Zum anderen führt vor allem die Ermittlung der Anzahl der Drehungen des Zehnerrädchens zu einer Hürde. Somit ist davon auszugehen, dass der Zehnerübergang zwar im Prozess der Nachfolger- und Vorgängerbildung korrekt umgesetzt werden kann, dies allerdings noch nicht mit einem tieferen Bewusstsein beziehungsweise Verständnis zur Zahlkonstruktion geschieht und deshalb der Prozess im Nachhinein nicht zwangsläufig nachvollzogen und rekonstruiert werden kann. Allerdings deuten die Phänomene im Bereich ‚Zehner / Einer' auch auf erste Erkenntnisse bei den Lernenden hin. So können Anzahlen von Elementen so zerlegt werden, dass sie zu einem Zehner und entsprechend vielen Einern gebündelt sind. Auch die dezimale Struktur innerhalb eines Zahlzeichens auf symbolischer Ebene durch Einer und Zehner kann teilweise erfasst und eine Zahlzerlegung in Zehner und Einer gelingen sowie sogar auf folgende Zehner selbstständig erweitert werden. Dennoch lassen sich auch hierbei Hürden feststellen, indem beispielsweise bei der bewussten Vernetzung der enaktiven und symbolischen Ebene die Darstellung von zehn Elementen auf symbolischer Ebene teilweise zu Herausforderungen führt oder die Notation der Ziffer 0 nicht berücksichtigt wird. Des Weiteren werden bezüglich der Partnerbeziehungen im Hinblick auf die dezimale Struktur, wie zum Beispiel 5 und 15, Hürden offensichtlich, wobei auch äußere Anforderungen, beispielsweise das Verstehen der Aufgabenstellung, eine Rolle spielen. Hier können zudem Unterschiede zwischen den Lernenden festgestellt werden, inwieweit Partnerbeziehungen bereits erzeugt werden können oder deren Nutzen mit Herausforderungen verbunden ist. Es zeichnen sich insgesamt aber auf unterschiedlichen Darstellungsebenen erste Erkenntnisse zur Zahlkonstruktion ab, sodass die dabei fokussierten dezimalen Strukturen im Kontext der Partnerbeziehungen wahrgenommen werden (siehe Abschnitt 10.2.3).

Die Anwendung des Zehnerübergangs beziehungsweise des Stellenwertsystems im Kontext von Rechnungen ist teilweise bei Umsetzung auf den Zähler mit Hürden verbunden, indem Rechnungen nicht als Prozesse auf den Zähler übertragen, sondern jeweils die einzelnen Angaben der Rechnung dargestellt werden. Insgesamt überwiegen jedoch Phänomene, die darauf hindeuten, dass die Anwendung des Stellenwertsystems und unter anderem des Zehnerübergangs im Zuge von Rechnungen am Zähler gelingt (siehe Abschnitt 10.2.4).

Auch im Zahlenraum 0 bis 19 lassen sich unterschiedliche Herausforderungen und Strategien bezüglich der Lehrprozesse feststellen, die bereits im Zusammenhang der Konkretisierung der Design-Prinzipien aufgeführt sind (siehe Abschnitt 9.2) und bei der Analyse der Phänomene bezüglich der Lernprozesse nun auf den konkreten mathematischen Inhalt bezogen werden. So kann beispielsweise die Übernahme der Drehhandlung am Zähler den Prozess der Zahlerzeugung entlasten und damit auch ein Fokussieren der Anzahl an Drehungen zur Ermittlung der Angaben zur Zahlerzeugung ermöglichen (siehe Abschnitt 10.2.3).

Schließlich können damit folgende konkretisierte Fragestellungen zum Forschungsinteresse bearbeitet werden:

– FF 2: Welche Phänomene im Hinblick auf den Zehnerübergang bezüglich des dezimalen Stellenwertsystems können bei Schüler*innen mit dem Förderschwerpunkt Hören und Kommunikation im Laufe der Förderung ausgemacht werden?

  o FF 2.1: Welche Herausforderungen beziehungsweise Hürden sowie erste Erkenntnisse zum Zahlverständnis im Zahlenraum 0 bis 19 lassen sich im Lernprozess bei Schüler*innen mit dem Förderschwerpunkt Hören und Kommunikation feststellen?
  o FF 2.2: Welche Aspekte lassen sich bezüglich der Lehrprozesse mit Blick auf die Design-Prinzipien im spezifischen Kontext von Lernprozessen zum Zehnerübergang im Zahlenraum 0 bis 19 feststellen?

Zusammenfassend lässt sich somit aus den Ergebnissen schließen, dass der Zehnerübergang selbst aus der Nachfolger- beziehungsweise Vorgängerbildung heraus gut überschritten beziehungsweise unterschritten werden kann und hierbei nur wenige Hürden festzustellen sind. Vielmehr zeichnen sich erste Erkenntnisse zur Funktionsweise des Stellenwertverständnisses ab. In der tieferen Erarbeitung der Zahlkonstruktion im Hinblick auf das Stellenwertsystem wird jedoch deutlich, dass das Bewusstsein für die Stellenwerte und den Ziffernvorrat im Ganzen noch mit vielen Hürden verbunden ist, die wiederum deutlich machen, dass weiterer Förderbedarf besteht. Mit Blick auf die Modelle zur Strukturierung des Stellenwertverständnisses (siehe Abschnitt 3.2) ist dies nicht verwunderlich, da es sich dabei um höhere Entwicklungsstufen handelt, die im Zuge des entwickelten Lehr-Lernarrangements nur als große Zielperspektive gelten. Ziel ist lediglich deren erste Anbahnung. Die ersten Tätigkeiten nach Fromme (2017, S. 57 ff.; siehe Abschnitt 3.1.3), insbesondere das Zählen bis neun beziehungsweise zwölf, das Strukturieren sowie das Nutzen der Teil-Ganzes-Beziehung, zur Vorbereitung eines Stellenwertverständnisses (siehe Abschnitt 3.1.3) werden hingegen größtenteils erfolgreich umgesetzt. Es zeigt sich dementsprechend auch, dass teilweise bereits ein Bewusstsein für die Zahlkonstruktion ausgebildet ist und dieses beispielsweise im Kontext der Partnerbeziehungen angewandt werden kann. Auch die Vernetzungen der verschiedenen Ebenen können zwar mit Hürden verbunden sein und stellen keine triviale Anforderung dar. Dennoch zeigt sich häufig auch ein bewusstes Nutzen der Vernetzung, beispielsweise durch die Hinzunahme der enaktiven RWT, sodass auch hier eine erste Verbindung zur Auffassung eines Stellenwertverständnisses nach Fromme (2017, S. 221; siehe Abschnitt 2.2.1) wahrgenommen werden kann. Somit lassen die Ergebnisse den möglichen Schluss zu, dass zwar weitere, intensive Förderung zum Aufbau eines Stellenwertverständnis notwendig ist. Gleichzeitig kann jedoch das Erarbeiten des Zehnerübergangs im Rahmen des Lehr-Lernarrangements über eine Prozesse und Übergänge fokussierende Perspektive erfolgreich und für eine Anbahnung des Stellenwertverständnisses zielführend sein.

Abschließend kann damit die Fragestellung zum Forschungsinteresse insgesamt bearbeitet werden:

– Welche Phänomene lassen sich im Lernprozess zum Zehnerübergang insbesondere bei Schüler*innen mit dem Förderschwerpunkt Hören und Kommunikation feststellen?

Eine Reflexion der Ergebnisse sowie das Formulieren von Implikationen für die fachdidaktische Forschung und die Schulpraxis werden im folgenden Kapitel, dem Fazit, vorgenommen.

Teil V
Fazit

Zusammenfassung und Ausblick 11

In diesem Kapitel sollen nun noch einmal überblicksartig die zentralen Ergebnisse der vorliegenden Arbeit zusammengefasst und im Hinblick auf ihre Grenzen reflektiert werden. Dabei wird sowohl auf die Entwicklungs- als auch auf die Forschungsprodukte der Arbeit eingegangen (Abschnitt 11.1). Daran anknüpfend werden mögliche Anschlussstudien sowie die aus den Ergebnissen resultierenden möglichen Implikationen für die Schulpraxis aufgezeigt (Abschnitt 11.2).

11.1 Zusammenfassung und Reflexion zentraler Ergebnisse

Die in der fachdidaktischen Entwicklungsforschung verortete Studie zielt zum einen darauf ab, zum Lerngegenstand des Zehnerübergangs zur Anbahnung eines dezimalen Stellenwertverständnisses Entwicklungsprodukte im Rahmen gegenstandsbezogener Design-Prinzipien sowie eines Lehr-Lernarrangements zu erschaffen und zum anderen, Forschungsprodukte im Hinblick auf die initiierten Lehr-Lernprozesse zu generieren (siehe Abb. 11.1 rechts). Bei den Forschungsprodukten handelt es sich explizit (noch) um lokale Theorien, sodass sich die Ergebnisse auf die Stichprobe der vorliegenden Studie beschränken. Grund hierfür ist die geringe Stichprobengröße und Anzahl an Design-Experiment-Zyklen. Daher wird nicht der Anspruch erhoben, allgemeingültige Theorien aufstellen zu können – hierzu müssten weitere Folgestudien durchgeführt werden. Vielmehr stehen erste Einblicke in Lehr- und Lernprozesse im Vordergrund.

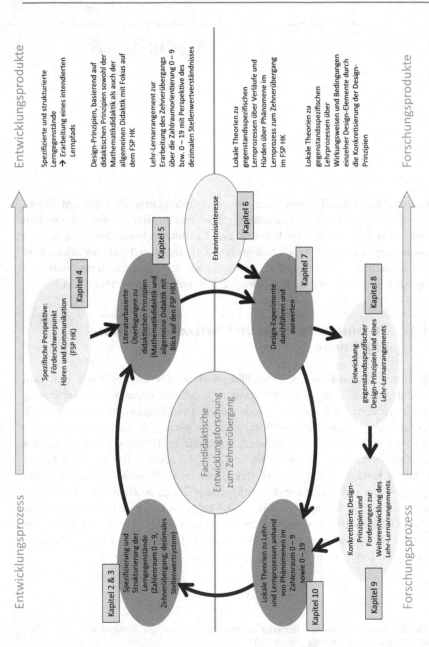

Abb. 11.1 Überblick zum Entwicklungs- und Forschungsprozess sowie den generierten Entwicklungs- und Forschungs-produkten (adaptiert nach Prediger et al., 2012, S. 453)

Realisiert wurde die Studie in Form des Dortmunder FUNKEN-Modells (Prediger et al., 2012). Die klassischen vier Arbeitsbereiche des Modells (Prediger et al., 2012, S. 453; siehe Abb. 11.1 im Zentrum) wurden allerdings um drei weitere ergänzt (siehe Abb. 11.1), denn über die mathematischen und mathematikdidaktischen Aspekte hinaus wurde eine sonderpädagogische Perspektive eingenommen und Schüler*innen mit dem Förderbedarf Hören und Kommunikation fokussiert (siehe Abb. 11.1 oben). Diese Schüler*innen bedürfen einer besonderen Beachtung in mathematikdidaktischer Forschung, da hier die Forschungslage bisher noch relativ gering ist, bestehende Studien jedoch häufig auf Schwierigkeiten in der mathematischen Entwicklung hindeuten (siehe Abschnitt 4.5). Dementsprechend war in der vorliegenden Studie diese Zielgruppe richtungsweisend für die theoretische sowie die auf empirischen Daten basierende (Weiter-)Entwicklung der gegenstandsspezifischen Design-Prinzipien und des zum Zehnerübergang generierten Lehr-Lernarrangements ‚Herzlich willkommen im Diamantenland' (siehe Abb. 11.1 unten).

Die gewonnenen Erkenntnisse der vorliegenden Studie beruhen auf Daten, die im Rahmen von zwei Design-Experiment-Zyklen mit je neun bis elf Fördereinheiten von vier bis sechs Schüler*innen des Förderschwerpunkts Hören und Kommunikation (zweites bis viertes Schulbesuchsjahr) erhoben wurden. Als konkrete Produkte sind dabei zum einen ein Lehr-Lernarrangement zum Zehnerübergang entstanden, welches erste Ansätze zur Anbahnung eines dezimalen Stellenwertverständnisses verfolgt. Für die Entwicklung des Lehr-Lernarrangements leitend waren unter anderem Design-Prinzipien, die anhand theoriebasierter didaktischer Prinzipien aus der Mathematikdidaktik sowie der allgemeinen Didaktik mit Blick auf den Förderschwerpunkt Hören und Kommunikation (siehe Kapitel 5) gegenstandsorientiert formuliert wurden (siehe Abschnitt 8.1) (siehe Abb. 11.1 rechts für einen Überblick). Zum anderen standen auf Forschungsebene die initiierten Lehr- und Lernprozesse der Lernenden im Fokus.

Anhand von herausgearbeiteten Phänomenen aus den empirisch im Kontext des Förderschwerpunkts Hören und Kommunikation gewonnenen Daten wurden erste Erkenntnisse und Hürden im Lernprozess fokussiert und analysiert. Sie bilden die lokalen Theorien zu Lernprozessen ab. Erste lokale Theorien zu Lehrprozessen wurden ebenfalls generiert. Diese setzen sich zum einen aus den Konkretisierungen der Design-Prinzipien zusammen, insbesondere den dabei herausgearbeiteten Strategien zum Umgang mit herausfordernden Situationen (siehe Abschnitt 9.2; Abb. 11.2 für die Strategien). Zum anderen wurden im Zuge der Analyse der Lernprozesse zu den spezifischen mathematischen Inhalten die Konkretisierungen der Design-Prinzipien noch einmal aufgegriffen und daraus Rückschlüsse für die Lehrprozesse gezogen (siehe Kapitel 10). Die sonderpädagogische Perspektive spiegelt sich somit zum einen in den formulierten

Design-Prinzipien wider, zum anderen in den herausgearbeiteten Phänomenen zum Lernprozess sowie den Erkenntnissen zu Lehrprozessen (siehe Abb. 11.1 rechts für einen Überblick).

Mit dieser Studie konnten somit sowohl Entwicklungsprodukte als auch Forschungsprodukte generiert werden (für einen Überblick siehe Abb. 11.1). Diese konnten entlang der jeweils formulierten Interessen aus den empirisch erhobenen und ausgewerteten Daten gewonnen werden. Somit wurden die beiden großen Fragestellungen bearbeitet:

Entwicklungsinteresse:
Welche Design-Prinzipien eignen sich zur Erarbeitung des Zehnerübergangs mit Blick auf die Anbahnung eines dezimalen Stellenwertverständnisses durch Schüler*innen mit dem Förderschwerpunkt Hören und Kommunikation und wie kann ein konkretes Lehr-Lernarrangement aussehen, dem diese Design-Prinzipien zugrunde liegen?

Forschungsinteresse:
Welche Phänomene lassen sich im Lernprozess zum Zehnerübergang insbesondere bei Schüler*innen mit dem Förderschwerpunkt Hören und Kommunikation feststellen?

Tabelle 11.1 zeigt anhand der konkretisierten Fragestellungen zum Entwicklungsinteresse (FE) und zum Forschungsinteresse (FF) (siehe Kapitel 6) überblicksartig die jeweiligen in der Studie generierten Produkte.

Tabelle 11.1 Generierte Produkte auf Forschungs- und Entwicklungsebene

		Generierte Produkte
Entwicklungsinteresse	FE 1:	entwickelte Design-Prinzipien auf Grundlage der allgemeinen didaktischen Theorien mit Blick auf den Förderschwerpunkt Hören und Kommunikation (FSP HK) und den mathematikdidaktischen Theorien
	FE 2:	konkretisierte Design-Prinzipien der allgemeinen didaktischen Theorien auf Basis der empirisch gewonnenen Daten mit Blick auf den FSP HK
	FE 3:	entwickeltes Lehr-Lernarrangements für Schüler*innen mit dem FSP HK zur Förderung des Zehnerübergangs im Hinblick auf die Anbahnung eines dezimalen Stellenwertverständnisses
	FE 4:	weiterentwickeltes Lehr-Lernarrangement auf Grundlage empirischer Untersuchungen

(Fortsetzung)

Tabelle 11.1 (Fortsetzung)

		Generierte Produkte
Forschungsinteresse	FF 1:	lokale Theorien zum Zahlverständnis im Zahlenraum 0 bis 9 bei Schüler*innen mit dem FSP HK ➜ Herausforderungen bzw. Hürden sowie erste Erkenntnisse in Lernprozessen ➜ Aspekte zu Lehrprozessen
	FF 2:	lokale Theorien im Hinblick auf den Zehnerübergang bzgl. des dezimalen Stellenwertsystems bei Schüler*innen mit dem FSP HK ➜ Herausforderungen bzw. Hürden sowie erste Erkenntnisse in Lernprozessen ➜ Aspekte zu Lehrprozessen

Auf die spezifischen Produkte, differenziert nach Entwicklungs- und For-schungsebene, soll im Folgenden noch einmal genauer eingegangen werden.

Im Rahmen der Studie gewonnene Entwicklungsprodukte
Wie bereits ausgeführt und in Tabelle 11.1 erkennbar, handelt es sich bei den Entwicklungsprodukten zum einen um konkretisierte Design-Prinzipien (FE 1 und FE 2), zum anderen um ein Lehr-Lernarrange-ment zum Zehnerübergang (FE 3 und FE 4). Auf Grundlage der mathematikdidaktischen und der all-gemeinen didaktischen Theorie mit Blick auf den Förderschwerpunkt Hören und Kommunikation wurden gegenstandsbezogene Design-Prinzipien formuliert (siehe Abschnitt 8.1; FE 1), die wiederum grundlegend für die Entwicklung des Lehr-Lernarrangements waren (siehe Abschnitt 8.3 und 7.4; FE 3). Die auf der allgemeinen didaktischen Theorie mit Blick auf den Förderschwerpunkt Hören und Kommunikation formulierten Design-Prinzipien wurden daraufhin auf Basis der empirisch gewonnenen Daten konkretisiert (siehe Abschnitt 9.2; FE 2). Hierbei lassen sich sowohl spezifische Herausforderungen als auch hilfreiche Strategien für den Umgang mit eben diesen festmachen. Die dabei gewonnenen Erkenntnisse beruhen auf Daten, die im Förderschwerpunkt Hören und Kommuni-kation erhoben wurden (siehe Abschnitt 7.3.1), sodass sich die Konkretisierungen auf diese Zielgruppe fokussieren. Allerdings wird explizit nicht ausgeschlossen, sondern vielmehr angenommen, dass eine Vielzahl an Konkretisierungen zu Her-ausforderungen sowie Strategien auch auf eine andere Zielgruppe, beispielsweise im inklusiven Kontext, zutrifft und für diese relevant sein können. So lassen sie sich teilweise im Rahmen der „Prinzipien zur Lernförderung" (Qualitäts-und UnterstützungsAgentur – Landesinstitut für Schule, 2023) im Zuge der

Gestaltung eines inklusiven Fachunterrichts sowie als Anregung für sprachsensiblen Mathematikunterricht wiederfinden, wie zum Beispiel die Verwendung von Sprachgerüsten (Prediger & Wessel, 2012, S. 32). Somit beschränken sich die Erkenntnisse nicht zwangsläufig ausschließlich auf den Förderbedarf Hören und Kommunikation. Anschlussstudien müssten hierzu jedoch weitere Daten im Rahmen von Design-Experiment-Zyklen gegenstandsspezifisch erheben und beforschen, um konkretere Aussagen im Hinblick auf andere Lernendengruppen tätigen zu können.

Insbesondere die Strategien zum Umgang mit herausfordernden Situationen bilden konkrete Handlungsmöglichkeiten für die Unterrichtsgestaltung und das Lehrverhalten ab, sodass daraus gewisse Implikationen für die Schulpraxis abzuleiten sind. Hierzu zählen unter anderem die *Hinzunahme von Gebärden*, das *Stellen gezielter Rückfragen zur Fokussierung* oder das *Anbieten von Möglichkeiten der eigenen Handlung mit Objekten* (siehe Abschnitt 9.2 und 11.2). An den aufgeführten Beispielen wird deutlich, dass sich die Strategien gegebenenfalls auch auf andere Lerngegenstände übertragen lassen, obwohl sie gegenstandsspezifisch herausgearbeitet sind. Für fundierte Aussagen dazu bedarf es jedoch weiterer gegenstandsbezogener Forschung (siehe Abschnitt 11.2). Die auf mathematikdidaktischen Theorien basierenden formulierten Design-Prinzipien wurden anhand der Daten nicht weiter konkretisiert, vielmehr waren sie leitend für die Entwicklung und Weiterentwicklung des Lehr-Lernarrangements.

Abbildung 11.2 gibt eine Übersicht über die generierten Strategien zum Umgang mit herausfordernden Situationen für den Unterricht im Förderschwerpunkt Hören und Kommunikation, die im Zuge der Analyse der drei Design-Prinzipien ‚Grundsätzliche Ausrichtung an Bedürfnissen der Schüler*innen aufgrund des Förderbedarfs Hören und Kommunikation und den individuellen Lernvoraussetzungen, insbesondere im Hinblick auf sprachliche und kommunikative Herausforderungen' (kurz: Design-Prinzip zur Schüler*innenorientierung), ‚Mathematische Aspekte und Zusammenhänge durch aktives und eigenes Handeln mit (mathematikdidaktischen) Materialien entdecken und erfassen' (kurz: Design-Prinzip zur Handlungsorientierung) sowie der Kombination der Schüler*innen- und Handlungsorientierung entstanden sind.

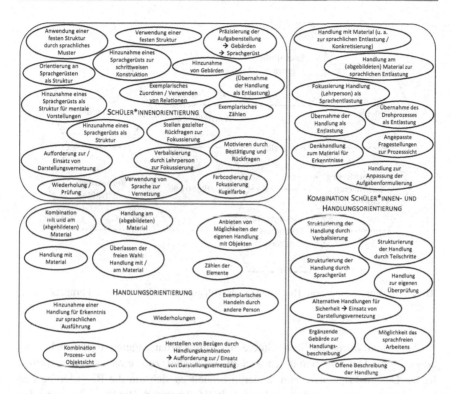

Abb. 11.2 Generierte Strategien der Design-Prinzipien

Darüber hinaus konnte bezüglich des Design-Prinzips zur Handlungsorientierung eine Differenzierung zwischen Handlungen als Hilfsmittel und Handlungen als Lerngegenstand herausgearbeitet werden, wobei für beide Formen wiederum verschiedene Funktionen identifiziert wurden (siehe Abschnitt 9.2.2; Abb. 11.3).

Diese Funktionen von Handlungen stellen ebenfalls ein konkretes Produkt der Arbeit dar, mit dem die Vielfalt von Handlungen aufgezeigt werden kann. Dadurch kann das Bewusstsein für die Vielfalt von Handlungen im Kontext eines handlungsorientierten Unterrichts geschärft werden. Wie sich diese Funktionen im Zusammenhang mit anderen Lerngegenständen verändern beziehungsweise sich die Schwerpunkte zwischen den Funktionen verlagern oder weitere Funktionen hinzukommen könnten, müsste in Anschlussstudien untersucht werden.

Abb. 11.3 Funktionen von Handlungen als Hilfsmittel (links) und als Lerngegenstand (rechts)

Außerdem wurde in dieser Studie das Lehr-Lernarrangement ‚Herzlich willkommen im Diamantenland' entwickelt. Es basiert zum einen auf den formulierten Design-Prinzipien, zum anderen handelt es sich um die Realisierung des herausgearbeiteten intendierten Lernpfads (Hußmann & Prediger, 2016, S. 38; siehe Abschnitt 3.5). Letzterer setzt sich aus den in der Spezifizierung und Strukturierung des kleinen Zahlenraums im Hinblick auf die Entwicklung eines Zahlverständnisses (siehe Abschnitt 3.1) sowie mit Fokus auf die Anbahnung eines dezimalen Stellenwertverständnisses (siehe Abschnitt 3.2) herausgearbeiteten Aspekten und Entwicklungsphasen zum Lerngegenstand des Zehnerübergangs zusammen und bildet deren chronologische Verknüpfung (Hußmann & Prediger, 2016, S. 35 ff.; Pöhler, 2018, S. 37 f.). Im Rahmen des Lehr-Lernarrangements wird zunächst der Zahlenraum 0 bis 9 intensiv erarbeitet, um in dem Bereich ein Zahlverständnis erzielen und davon ausgehend den Zehnerübergang erarbeiten zu können (siehe Abschnitt 8.3). Mit Hilfe der Verknüpfung der Lern- und Spielwelt der Rechenwendeltreppe (RWT) (u. a. Schwank, 2003, S. 76; 2010; 2013a; 2013b, S. 127 ff.; 2017; Schwank et al., 2005, S. 560 ff.) und des Zählers (Müller & Wittmann, 1984, S. 269 sowie Ruf & Gallin, 2014,

S. 244 f.; siehe Abschnitt 8.2) werden verschiedene Darstellungsebenen miteinander vernetzt und es werden unterschiedliche Handlungsangebote ermöglicht. Im Besonderen wird dabei eine Übergänge fokussierende Perspektive auf den Zehnerübergang im Sinne von Hefendehl-Hebeker und Schwank (2015, S. 98) ermöglicht, sodass nicht primär die Bündelungsidee im Vordergrund steht, sondern die Veränderung der Zahlzeichen über die bewusste Nachfolgerbildung beim Zehnerübergang von 9 auf 10. An dieser Stelle grenzt sich das entwickelte Lehr-Lernarrangement von bereits bestehenden, das Stellenwertverständnis fördernden Materialien wie den Mehrsystemblöcken, der Stellenwerttafel, dem Hunderter-Rechenrahmen oder dem Hunderterfeld ab (siehe Einleitung) und bietet somit eine neue alternative Herangehensweise bereits im kleinen Zahlenraum 0 bis 19, den Zehnerübergang zur Anbahnung eines Stellenwertverständnisses zu erarbeiten. Auf Grundlage der empirischen Daten konnten konkrete Anforderungen an eine Weiterentwicklung des Lehr-Lernarrangements für dessen weiteren Einsatz, speziell bezüglich der Verknüpfung der Materialien der RWT und des Zählers, ermittelt werden (siehe Abschnitt 9.1). So ist beispielsweise vor allem eine fehlende Struktur für die Verknüpfung der Materialien herausfordernd, indem unter anderem nicht zwangsläufig offensichtlich ist, wie Hüpfer auf der RWT als Drehungen auf den Zähler übertragen werden können, die Vernetzung der beiden Materialien also nicht immer direkt gelingt. Ein schrittweises Herausarbeiten einer Struktur, auch bei der Vernetzung der ikonischen und symbolischen Ebene, erweist sich dabei als hilfreich. Vor allem die Bedienung des Zählers erfordert zudem einen gewissen Lernprozess (siehe Abschnitt 9.1). Es zeigt sich jedoch ebenso, dass mit gewissen Unterstützungen und Strategien die Materialien des Lehr-Lernarrangements insgesamt von den Schüler*innen selbstständig für inhaltliche Bearbeitungen genutzt werden können, Anwendungen erfolgreich sind und Erkenntnisse erzielt werden können (siehe Abschnitt 9.1 und Kapitel 10). Da es sich bei der vorliegenden Arbeit um eine Entwicklungsforschungsstudie handelt und diese keine Wirksamkeitsstudie beinhaltet, können keine konkreten Rückschlüsse auf die tatsächliche Wirksamkeit des Lehr-Lernarrangements erfolgen. Dennoch ist das entwickelte Lehr-Lernarrangement, das den Zehnerübergang im Hinblick auf die Anbahnung eines Stellenwertverständnisses erarbeitet, erprobt und im schulischen Kontext gewinnbringend einsetzbar.

Im Rahmen der Studie gewonnene Forschungsprodukte
Als Forschungsprodukte wurden anhand von Phänomenen sowohl zum Zahlverständnis im Zahlenraum 0 bis 9 (siehe Tabelle 11.1, FF 1) als auch zum Verständnis des Zehnerübergangs bezüglich des dezimalen Stellenwertsystems

im Zahlenraum 0 bis 19 (FF 2) erste lokale Theorien zu Lernprozessen aufgestellt. Zusätzlich konnten, in Verbindung mit den Entwicklungsprodukten, auch
lokale Theorien zu Lehrprozessen entwickelt werden (siehe Tabelle 11.1, FF 1
und FF 2). Es zeigt sich bei den in der Arbeit fokussierten Lernenden, dass im
Zahlenraum 0 bis 9 noch Nachholbedarf bezüglich eines ausgebildeten Zahlverständnisses vorliegt. So ist unter anderem das Herstellen von Bezügen zwischen
Zahlen, beispielsweise im Kontext des Zahlvergleichs, noch mit Hürden verbunden (siehe auch Krajewski, 2013; Abschnitt 10.1.2 und 10.3). Ein anderer
Schwerpunkt wird im Kontext der eingenommenen Sichtweisen der Lernenden
bei Handlungen offensichtlich. Hier lassen die Phänomene den Schluss zu, dass
die Einnahme der Prozesssicht beziehungsweise die Kombination der Prozess-
und Objektsicht im Zahlenraum 0 bis 9 im Laufe der Förderung größtenteils zielführend eingesetzt und genutzt werden kann (siehe Abschnitt 10.1.3 und 10.3).
Somit besteht eine gute Grundlage für die Übergänge fokussierende Perspektive zur Erarbeitung des Zehnerübergangs. Dieser wiederum stellt zwar unter
Umständen eine Herausforderung im Lernprozess dar, indem der Gebrauch des
Stellenwertsystems notwendig wird und ein festes System, nämlich unser dezimales Stellenwertsystem, zum Umgang mit dem begrenzten Ziffernvorrat von 0
bis 9 greifen muss. Allerdings deuten die Ergebnisse darauf hin, dass der Übergang selbst nicht mit besonderen Hürden verbunden ist. Vielmehr gelingt bei
unterschiedlichen Vernetzungen der Übergang durch die bewusste Nachfolger-
beziehungsweise Vorgängerbildung ohne besondere Hürden und es können erste
Erkenntnisse bezüglich des Stellenwertsystems beziehungsweise der Zahlschrift
erzielt werden (siehe Abschnitt 10.2.2). Somit scheint sich dabei die Übergänge
fokussierende Sichtweise als hilfreich zu erweisen. Anders zeichnet sich der
Lernprozess zum Inhaltsschwerpunkt der Zahlkonstruktion mit Blick auf dezimale Strukturen ab. An der Stelle lassen sich noch einige Hürden finden (siehe
Abschnitt 10.2.3). Bei auftretenden Hürden im Zahlenraum 0 bis 9 sowie 0 bis
19 lässt sich insgesamt feststellen, dass sowohl die Vernetzung unterschiedlicher
Darstellungsebenen als auch das Arbeiten auf einzelnen Ebenen Schwierigkeiten bereitet (siehe Abschnitt 10.1 und 10.2). Die Darstellungsvernetzung selbst
stellt somit immer wieder eine Herausforderung dar, kann aber auch als Strategie
zum Umgang mit den Herausforderungen genutzt werden (siehe Abschnitt 9.2;
Abb. 11.2). Es wird deutlich, dass bereits frühzeitig im Lernprozess Darstel-
lungsvernetzungsaktivitäten eingesetzt werden sollten, da so ein Lerngegenstand
möglichst vielfältig über verschiedene Herangehensweisen erarbeitet und damit
verstehensorientiert gefördert werden kann.

Bezüglich lokaler Theorien zum Zahlverständnis sowie zum Zehnerübergang im Hinblick auf das dezimale Stellenwertsystem kann mit Hilfe der Forschungsergebnisse zusammenfassend formuliert werden, dass bei den fokussierten Lernenden weiterer Förderbedarf besteht, um ein tieferes Verständnis ausbilden und den Hürden individuell begegnen zu können, insbesondere im Hinblick auf die Zahlkonstruktion, bei der im weiteren Lernverlauf schließlich auch das Bündelungs- und Stellenwertprinzip zu verorten sind (siehe Kapitel 2 und 3). Gleichzeitig zeigt sich aber auch, dass im Rahmen des Lehr-Lern-arrangements die nach Fromme (2017, S. 57 ff.) vorgeschlagenen ersten Tätigkeiten zur Vorbereitung eines Stellenwertverständnisses (siehe Abschnitt 3.1.3) vielfach erfolgreich umgesetzt werden, sodass die anvisierten Lernprozesse zum Zehnerübergang zielführend zu sein scheinen und eine erste Grundlage für die weitere vertiefte Erarbeitung des Stellenwertsystems und dessen Verständnis darstellen. Weiterführende Forschungsprojekte könnten daran anknüpfend untersuchen, inwieweit die Förderung des Zehnerübergangs längerfristige Wirkungen erzielen kann, vor allem mit Blick auf die umfangreiche Ausbildung eines dezimalen Stellenwertverständnisses.

Im Hinblick auf lokale Theorien zu Lehrprozessen kann in Zusammenführung der im Zuge der Konkretisierung der Design-Prinzipien analysierten Strategien zum Umgang mit Herausforderungen (siehe Abschnitt 9.2; Abb. 11.2) und den jeweiligen Bezügen zu konkreten mathematischen Inhalten (siehe Abschnitt 10.1 und 10.2) herausgestellt werden, dass im Förderschwerpunkt Hören und Kommunikation verschiedene Entlastungen unter anderem auf sprachlicher sowie koordinativer Ebene hilfreich sind. Hierzu gehört unter anderem die (teilweise) *Übernahme von Handlungen*, sodass der Fokus der Schüler*innen ausschließlich auf einer Handlung liegen kann (siehe Abschnitt 9.2.3). Das ist unter anderem konkret im Kontext des mathematischen Inhalts der Zahlerzeugung relevant, bei dem es zum Beispiel um die Bestimmung der Anzahl an Drehungen des Einer- und Zehnerrädchens von der Start- zur Zieleinstellung am Zähler geht (siehe Abschnitt 10.2.3). Aber auch *exemplarisches Handeln durch die Lehrperson beziehungsweise Mitschüler*innen* (siehe Abschnitt 9.2.2), beispielsweise im Zusammenhang von Partnerbeziehungen wie 4 und 14 zur Erlangung von Einsichten in die Zahlkonstruktion (siehe Abschnitt 10.2.3), oder ein bewusstes *Herstellen von Bezügen zwischen den Materialien durch eine Handlungskombination und damit auch die Aufforderung zur beziehungsweise der Einsatz von Darstellungsvernetzung*, zum Beispiel in der Verknüpfung der RWT und des Zählers beziehungsweise dessen Bedienung am Zehnerübergang (siehe Abschnitt 10.2.1 und 10.2.2), können zielführend sein (siehe Abschnitt 9.2.2). Schließlich erweist sich unter anderem die *Hinzunahme eines Sprachgerüst* zur Einnahme der Prozesssicht (siehe Abschnitt 10.1.3) oder beim Erzeugen von

Rechnungen (siehe Abschnitt 10.2.4) als strukturgebende Hilfestellung in unterschiedlichen Kontexten als Unterstützung (siehe Abschnitt 9.2.1). Somit kann bezüglich lokaler Lehrprozesse insgesamt festgestellt werden, dass die eingesetzten Handlungen, die sowohl durch die Schüler*innen mit dem Förderbedarf Hören und Kommunikation selbst als auch durch Lehrkräfte erfolgen, für die fokussierten Schüler*innen einerseits herausfordernd sein können, andererseits mit Hilfe von Handlungen aber auch Unterstützungsmöglichkeiten entstehen. Hier bedarf es also individueller Entscheidungen. Aufgrund der potentiellen Hilfestellungen durch Handlungen scheint es sinnvoll zu sein, Handlungen in Lehrprozesse zum Zehnerübergang einzubinden.

Des Weiteren übernehmen Strukturen bei Schüler*innen mit dem Förderschwerpunkt Hören und Kommunikation eine zentrale Funktion im Lehrprozess, der beispielsweise über eine *Orientierung an Sprachgerüsten* oder die *Verwendung fester Strukturen* bei Fragestellungen und Aufgabenformulie-rungen begegnet werden kann (siehe Abb. 11.2). Auch die für den fokussierten Förderbedarf in der Literatur geforderten unterstützenden Gesten beziehungsweise *Gebärden* (u. a. Kaul & Leonhardt, 2016, S. 68; siehe Abschnitt 4.3) sollten im Kontext des Lerngegenstands des Zehnerübergangs im Lehrprozess Berücksichtigung finden (siehe Abschnitt 9.2.1; Abb. 11.2), um unter anderem inhaltliche Hürden bei Darstellungsvernetzungen zu vermeiden (siehe Abschnitt 10.2.3). Es wird deutlich, dass insbesondere im Kontext des Förderschwerpunkts Hören und Kommunikation auf verschiedenen Darstellungsebenen Entlastungen sinnvoll sind, um mathematische Inhalte wie den Zehnerübergang erarbeiten beziehungsweise ein Stellenwertverständnis anbahnen zu können und einen Zugang zu diesen Inhalten darüber zu ermöglichen.

Für gewisse Herausforderungen lassen sich in der vorliegenden Studie keine direkten konkreten Strategien feststellen oder es können mögliche Strategien erfasst werden, die jedoch nicht im direkten Bezug zu einer Herausforderung stehen. An der Stelle besteht weiterer Forschungsbedarf, um die jeweils offenen Aspekte genauer untersuchen zu können. Es wird somit eine Grenze im Hinblick auf die vorliegende Studie offensichtlich. Im folgenden Abschnitt sollen weitere Grenzen kurz aufgezeigt und auf die Güte der Forschung eingegangen werden.

Güte und Grenzen der Forschung
Mit Blick auf das Gütekriterium der Glaubwürdigkeit (siehe Abschnitt 7.2) kann abschließend bestätigt werden, dass diesem durch intensiven kollegialen Austausch sowohl im Rahmen von Arbeitsgruppentreffen und Forschungskolloquien als auch von Tagungen durch kommunikative Überprüfung der Daten sowie der

vorgenommenen Analysen und Interpretationen nachgekommen wurde. Bezüglich der Forschungsergebnisse lassen sich jedoch, wie es in jeder Forschungsarbeit der Fall ist, Grenzen aufzeigen. Im Zuge der Darstellung der Entwicklungs- und Forschungsergebnisse wurde bereits auf einige Aspekte eingegangen, diese sollen nun allerdings noch einmal gebündelt aufgeführt werden. Eine erste Einschränkung beziehungsweise Grenze bezieht sich auf die Zielgruppe der vorliegenden Studie. Zum einen orientiert sich die Auswahl und Entwicklung der Design-Prinzipien an Schüler*innen mit dem Förderbedarf Hören und Kommunikation, zum anderen wurden die Daten mit Schüler*innen dieses Förderschwerpunkts generiert und hier auch nur mit wenigen Schüler*innen. Allerdings lässt sich bei den Ergebnissen aufgrund fehlender Vergleichsstudien nicht festmachen, was spezifisch für diesen Förderschwerpunkt ist beziehungsweise welche Ergebnisse sich auch auf andere Förderschwerpunkte oder Schüler*innen ohne Förderbedarf beziehen lassen. Es kann lediglich die Aussage getroffen werden, dass die erfassten Ergebnisse zum Entwicklungs- und Forschungsprodukt auf die spezifischen Schüler*innen mit Förderschwerpunkt Hören und Kommunikation zutreffen. Aufgrund der geringen Forschungslage zum gewählten Forschungsfokus liegt der Schwerpunkt der vorliegenden Arbeit auf einer ersten Orientierung und Erprobung des Lehr-Lernarrangements im Kontext dieser spezifischen Lernendengruppe. Auf Vergleichsstudien wurde deshalb im Hinblick auf den Umfang der Studie bewusst verzichtet. Dennoch lässt sich die Vermutung aufstellen, dass beispielsweise eine Vielzahl der Herausforderungen und Strategien im Zuge der Konkretisierungen der Design-Prinzipien sowie das Lehr-Lernarrangement für den inklusiven Kontext, wobei die Regelschule explizit eingeschlossen wird, geeignet sind. Hier könnten vertiefende Folgestudien ansetzen.

Darüber hinaus umfasst die Entwicklungsforschungsstudie designbedingt keine direkte und methodenbasierte Überprüfung der Wirksamkeit des Lehr-Lernarrangements. Somit können keine validen Aussagen dazu getroffen werden, ob die ersten Erkenntnisse der Schüler*innen im Hinblick auf das Stellenwertsystem zielführend beziehungsweise hilfreich sind. Auch der weitere Lernprozess ist aufgrund der vorgenommenen notwendigen Eingrenzung nicht erfasst. Somit bezieht sich diese Grenze sowohl auf das Entwicklungs- als auch auf das Forschungsprodukt. Da das Ziel der vorliegenden Studie jedoch ist, einen ersten Schritt in Richtung dieser zielgerichteten Forschung vom Zehnerübergang unter Hinzunahme der sonderpädagogischen Perspektive zu beschreiten, mindert die benannte Grenze die Ergebnisse der Arbeit nicht. Es kann aber weiterer Forschungsbedarf hervorgehoben werden, um im Folgenden auch die Wirksamkeit des Lehr-Lernarrangements genauer untersuchen zu können. Gleiches trifft auf die Betrachtung der Lernprozesse zu. Auch hier lassen sich Grenzen feststellen, indem die erfassten und analysierten Phänomene auf konkrete Hürden und erste Erkenntnisse im Lernprozess hinweisen. Allerdings wird nicht der Prozess als Ganzes betrachtet. Begründen lässt sich die vorgenommene Fokussierung durch pandemiebedingte Einschränkungen, indem häufig einzelne Schüler*innen während der durchgeführten Design-Experimente aufgrund aktueller Quarantänevorschriften nicht an der Förderung teilnehmen konnten. Daher war ein Betrachten der Prozesse in Gänze nur schwer umsetzbar, weshalb sich bewusst dagegen entschieden wurde. Gleiches gilt für die Größe der Stichprobe. Hier mussten ebenfalls Einschränkungen durch die Coronapandemie akzeptiert werden, weshalb sich auf die kleinen Stichprobenkonstellationen beschränkt und keine anschließende Erprobung im Klassensetting ergänzt wurde. Auch hier bieten sich weitere Anschlussstudien zur Erfassung der Einsatzmöglichkeiten in größeren Stichproben wie Klassensettings sowie der Prozesse an. Ergänzend könnte hierbei zudem überprüft werden, inwieweit sich die erfassten Phänomene im Lernprozess auch bei einer größeren Stichprobe bestätigen und es sich somit nicht um Einzelfälle handelt.

Im Folgenden wird noch einmal ein Ausblick auf weitere mögliche fachdidaktische Forschung und damit verbundene Implikationen sowie Folgerungen für die Unterrichtspraxis gegeben.

11.2 Ausblick und Implikationen für mathematikdidaktische und sonderpädagogische Forschung und Entwicklung sowie die Unterrichtspraxis

Implikationen für mathematikdidaktische und sonderpädagogische Forschung und Entwicklung

Auf Grundlage der vorliegenden Arbeit lassen sich zum einen ein Ausblick, zum anderen aber auch Implikationen für weitere fachdidaktische Forschungen formulieren. Auf einige davon wurde bereits im Zuge der Darstellung der Entwicklungs- und Forschungsprodukte eingegangen, dennoch sollen sie nun noch einmal konkretisiert werden. In Zusammenhang mit den Entwicklungsprodukten der Studie können Anschlussstudien sowohl am Lehr-Lernarrangement als auch an den Design-Prinzipien ansetzen. Dabei könnte der Einsatz und die Gestaltung des Lehr-Lernarrangements noch stärker in den Blick genommen, Wirkungsweisen beforscht und eine Bewertung des Lehr-Lernarrangements ‚Herzlich willkommen im Diamantenland' vorgenommen werden, auch im Hinblick auf die folgenden Lernprozesse zum tieferen Stellenwertverständnis. Damit verbunden kann auch eine Erweiterung des Lehr-Lernarrangements auf einen größeren Zahlenraum, zum Beispiel bis 99 oder sogar 999, erprobt und untersucht werden. Bezogen auf das zweite Entwicklungsprodukt der Arbeit, die konkretisierten Design-Prinzipien, können speziell die formulierten Herausforderungen, für die jedoch noch keine Strategien analysiert werden konnten, beispielsweise das Herstellen *sprachlicher Vergleiche*, das Erfassen von *Bezügen in Formulierungen* (siehe Abschnitt 9.2.1) oder das Bewältigen *koordinativer Anforderungen* (siehe Abschnitt 9.2.3), genauer beforscht werden. Gleiches gilt für mögliche Strategien, die allerdings nicht mit spezifischen Herausforderungen verbunden werden können wie die *Anpassung von Fragestellungen zur Prozesssicht*, die *Strukturierung von Handlungen durch Verbalisierung* oder die *Möglichkeit des sprachfreien Arbeitens* (siehe Abschnitt 9.2.3). So kann die entwickelte Sammlung (siehe Abschnitt 9.2) weiter ergänzt und vervollständigt werden. Daran anknüpfend können die in der vorliegenden Studie entwickelten Strategien in anderen Kontexten, zum Beispiel in heterogenen Settings und damit auch in der Regelschule oder mit anderen Förderschwerpunkten untersucht und überprüft sowie bei Bedarf angepasst werden. Somit könnte eine Verallgemeinerung des Entwicklungsprodukts vorgenommen werden und der effektive Nutzen beziehungsweise die Unterrichtsrelevanz könnten weiter erhöht werden. Gleiches trifft auf die Übertragung der Strategien auf andere Lerngegenstände wie die schriftliche Addition und Subtraktion oder auch das Messen von Größen zu. Auch in dem Zusammenhang können die Herausforderungen und insbesondere die Strategien überprüft, angepasst und erweitert werden, sodass ebenfalls ein umfassenderer schulpraktischer Einsatz ermöglicht wäre.

Im Hinblick auf anknüpfende Forschungen bezüglich der Forschungsprodukte lassen sich Studien zur Erfassung der Lernprozesse als Ganzes nennen. Wie bereits im Zusammenhang der Grenzen der vorliegenden Arbeit erläutert, fehlt bisher ein Fokussieren der Lernprozesse im Gesamten, sodass genau dort Folgestudien anknüpfen könnten, durch die spezifischere Aussagen über Lernverläufe, ausgehend vom Zahlenraum 0 bis 9 und dann im erweiterten Zahlenraum 0 bis 19 ermöglicht würden. Damit verbunden könnte der theoriebasierte ausgearbeitete intendierte Lernpfad (siehe Abschnitt 3.5) im Detail überprüft werden. Bisher bleibt offen, inwiefern die vorgenommene Strukturierung in Gänze zielführend ist. Vertiefende Studien könnten untersuchen, ob gewisse Veränderungen und Anpassungen für die Erarbeitung des Zehnerübergangs sinnvoll wären. Darüber hinaus handelt es sich bei den in der vorliegenden Studie formulierten Theorien explizit um ganz lokale Theorien im Kontext des Förderschwerpunkts Hören und Kommunikation. Diese könnten weiter ausgeschärft sowie für andere Förderschwerpunkte oder ein heterogenes Setting überprüft und angepasst werden, sodass schließlich globalere Theorien entstehen. Dazu bedarf es jedoch umfangreicher weiterer Forschungen, beispielsweise im Zuge mehrerer iterativer Zyklen im Rahmen fachdidaktischer Entwicklungsforschung.

Implikationen für die Unterrichtspraxis
Insbesondere die Entwicklungsprodukte bieten für die Unterrichtspraxis konkrete Implikationen. So sind zunächst die formulierten Strategien zum Umgang mit Herausforderungen zu nennen. Im Kontext der Erarbeitung des Zehnerübergangs zur Anbahnung eines Stellenwertverständnisses wird in dieser Arbeit sichtbar, dass eine Vielzahl an Hürden im Lernprozess auftreten kann. Das wird insbesondere im Hinblick auf das Stellenwertverständnis durch die Literatur bestätigt (siehe Abschnitt 2.2). Um den Herausforderungen zielgerichtet begegnen zu können, eignen sich unter anderem die ausgearbeiteten Strategien (siehe Abb. 11.2). Diese können als gewisse Handlungsempfehlungen genutzt und bereits vorbereitend eingesetzt werden, um Hürden möglichst umgehen zu können. Exemplarisch ist dabei insbesondere die *Aufforderung zur beziehungsweise der Einsatz von Darstellungsvernetzung* zu nennen. Dabei handelt es sich zwar um keine triviale Anforderung, allerdings kann diese Strategie vielfältig und verstehensorientiert eingesetzt werden. Somit bestätigt sich auch die Entscheidung zum zugrunde gelegten Design-Prinzip zur Darstellungsvernetzung (siehe Abschnitt 5.1 und 8.1). Auch sprachliche unterstützende Strategien wie das *Sprachgerüst* sind explizit zu erwähnen und erweisen sich in verschiedenen Kontexten als sehr hilfreich (siehe Abschnitt 9.2 und 10.1 und 10.2). Insgesamt können die im Rahmen des Forschungsprodukts erfassten Phänomene unter Umständen zu einer sensibilisierten Wahrnehmung führen, indem sowohl Hürden als auch erste Erkenntnisse im Lernprozess in der schulischen Praxis stärker und schneller in den Blick genommen werden. Zudem kann hervorgehoben werden, dass bereits der Zehnerübergang im Kontext des Stellenwertsystems zu betrachten ist und dieser nicht ausschließlich als Zahlraumbegrenzung (Hasemann & Gasteiger, 2020, S. 103 ff.) genutzt wird. Damit verbunden kann ein Bewusstsein geschaffen werden, dass gewisse Hürden bereits im Kontext des Stellenwertverständnisses aufzufassen sind und als solche bearbeitet werden sollten.

Des Weiteren stellt das entwickelte und erprobte Lehr-Lernarrangement ‚Herzlich willkommen im Diamantenland' ein konkretes Material dar, welches zur Erarbeitung des Zehnerübergangs aus eben dieser neuen Perspektive mit Blick auf das Stellenwertsystem eingesetzt werden kann. Sicherlich bedarf es, wie bereits erwähnt, weiterer Forschung, um den effektiven Einsatz weiter zu verbessern.

Dennoch kann das Lehr-Lernarrangement bereits heute im Unterricht eingesetzt werden und ein Bearbeiten erster Tätigkeiten zur Vorbereitung des Stellenwertverständnis (siehe u. a. Abschnitt 10.3) anhand des Zehnerübergangs erzielen. Somit handelt es sich um ein bestehendes Angebot, welches in der Schuleingangsphase eingesetzt werden kann.

Sowohl die konkretisierten Design-Prinzipien als auch das Lehr-Lernarrangement stellen zudem Entwicklungsprodukte dar, die explizit den Umgang mit Schüler*innen mit dem Förderschwerpunkt Hören und Kommunikation fokussieren und bei denen deren (speziellen) Bedarfe Berücksichtigung finden. Sicherlich müssen in der Unterrichtspraxis individuelle Anpassungen an die Schüler*innen erfolgen, um den jeweiligen Bedarfen der Lernenden gerecht zu werden. Die Produkte der vorliegenden Studie zeigen aber erste konkrete Möglichkeiten und Ideen auf, Mathematikunterricht mit erweiterter Perspektive auf den Zehnerübergang für diese spezifische Lernendengruppe zu gestalten.

Auch die Forschungsprodukte der vorliegenden Arbeit können hilfreiche und relevante Hinweise für die Schulpraxis darstellen. So zeigt sich, dass eine Förderung der Einnahme der Prozesssicht gelingen kann. Darüber hinaus kann die alternative Betrachtung des Stellenwertsystems durch eine Übergänge fokussierende Sichtweise zielführend sein und damit verbunden auch die alternative Herangehensweise an den Zehnerübergang, indem erste Erkenntnisse bezüglich des Stellenwertsystems als gewisse Grundlage erreicht werden. Somit sollte die aktuell in der Literatur vertretene Fokussierung der Förderung des kardinalen Zahlaspekts (siehe Kapitel 2 und 3) erweitert und eine Förderung des ordinalen Zahlaspekts nicht gänzlich vernachlässigt werden. Mit Blick auf das Ausbilden des Zahlverständnisses, vor allem eines Einblicks in die Zahlkonstruktion in Bezug zum dezimalen Stellenwertsystem, scheint insbesondere eine Kombination der Objekt- und Prozesssicht relevant zu sein.

Abschließend kann mit dieser Entwicklungsforschungsstudie eine neue Perspektive für eine frühzeitige und zielführende Förderung des Stellenwertverständnisses aufgezeigt werden, indem bereits der Zehnerübergang als erster Moment für den Bedarf des Stellenwertsystems genutzt wird und damit unter Umständen den vielfältigen Herausforderungen im Kontext des Stellenwertverständnis auch im weiteren Lernprozess begegnet und vorgebeugt werden kann.

Literaturverzeichnis

AG Inge Schwank (2023). *MINT-Lernraum.* https://mathedidaktik.uni-koeln.de/mint-kiz ihtml

Amrhein, P. (2018). Hals-, Nasen-, Ohren-Heilkunde. In P. Amrhein & G. K. Lang (Hrsg.), *Endspurt Klinik: Skript 12. HNO, Augenheilkunde* (2. vollst. überarb. Aufl., S. 7–73). Thieme.

Ansell, E. & Pagliaro, C. M. (2006). The relative difficulty of signed arithmetic story problems for primary level deaf and hard-of-hearing students. *Journal of deaf studies and deaf education, 11*(2), 153–170. https://doi.org/10.1093/deafed/enj030

Beauftragte der Bundesregierung für die Belange von Menschen mit Behinderung (2008). *Die UN-Behindertenrechtskonvention: Übereinkommen über die Rechte von Menschen mit Behinderungen.* https://www.behindertenbeauftragter.de/SharedDocs/Downloads/ DE/AS/PublikationenErklaerungen/Broschuere_UNKonvention_KK.pdf;jsessionid=1F4 0C27AA02BCA5D2E5BDF7F8B4BB77F.intranet232?__blob=publicationFile&v=7

Becherer, J. & Schulz, A [Andrea]. (2018). *Jo-Jo: Mathematik 1* (3. Druck). Cornelsen.

Bennewitz, H. (2013). Entwicklungslinien und Situation des qualitativen Forschungsansatzes in der Erziehungswissenschaft. In B. Friebertshäuser, A. Langer & A. Prengel (Hrsg.), *Handbuch Qualitative Forschungsmethoden in der Erziehungswissenschaft* (4. durchges. Aufl., S. 43–59). Beltz Juventa.

Betz, B., Bezold, A., Dolenc-Petz, R., Hölz, C., Gasteiger, H., Ihn-Huber, P., Kullen, C., Plankl, E., Pütz, B., Schraml, C. & Schweden, K.-W. (2020). *Zahlenzauber 1: Mathematikbuch für die Grundschule* (3. Druck). Cornelsen.

Born, S. (2009). *Schulische Integration Hörgeschädigter in Bayern. Dissertation.* https://doi. org/10.5282/EDOC.10204

BQEducacion (2018). *Rabbit.* Rabbit byBQEducacionis licensed under theCreative Commons – Attribution – Share Alikelicense. https://www.thingiverse.com/thing:2776738

Brainerd, C. J. (1979). *The origins of the number concept. Praeger special studies.* Praeger.

Brockhaus Enzyklopädie Online (o. J.a). *Phänomen (allgemein).* https://brockhaus.de/ecs/ enzy/article/phänomen-philosophie

Brockhaus Enzyklopädie Online (o. J.b). *Phänomen (Philosophie).* https://brockhaus.de/ecs/ enzy/article/phänomen-philosophie

© Der/die Herausgeber bzw. der/die Autor(en), exklusiv lizenziert an Springer Fachmedien Wiesbaden GmbH, ein Teil von Springer Nature 2024
A.-K. Zurnieden, *Der Zehnerübergang zur Anbahnung eines Stellenwertverständnisses*, Kölner Beiträge zur Didaktik der Mathematik, https://doi.org/10.1007/978-3-658-44000-8

Brophy, J. (2000). *Teaching. Educational Practices Series – 1*. International Bureau of Education; International Academy of Education. https://files.eric.ed.gov/fulltext/ED440066. pdf

Bruner, J. S. (1971). *Toward a theory of instruction*. Beknap Pr.

Bruner, J. S. (1974). *Entwurf einer Unterrichtstheorie. Sprache und Lernen: Bd. 5*. Berlin Verlag und pädagogischer Verlag Schwann.

Bryant, D. P., Bryant, B. R., Gersten, R., Scammacca, N. & Chavez, M. M. (2008). Mathematics Intervention for First- and Second-Grade Students With Mathematics Difficulties: The Effects of Tier 2 Intervention Delivered as Booster Lessons. *Remedial and Special Education, 29*(1), 20–32. https://doi.org/10.1177/0741932507309712

Bull, R. (2008). Deafness, Numerical Cognition, and Mathematics. In M. Marschark & P. C. Hauser (Hrsg.), *Deaf Cognition: Foundations and outcomes* (S. 170–200). Oxford University Press. https://doi.org/10.1093/acprof:oso/9780195368673.003.0006

Bundesarbeitsgemeinschaft der Integrationsämter und Hauptfürsorgestellen e. V. (2022). *Hörbehinderung*. https://www.bih.de/integrationsaemter/medien-und-publikationen/fac hlexikon-a-z/detail/hoerbehinderung/

Burkhart, S., Echtermeyer, S., Franz, P., Rohr, E., Strakerjahn, A. & Weisse, S. (2014a). *Klick! Mathematik 1. Arbeitsbuch 1* (8. Druck). Cornelsen.

Burkhart, S., Echtermeyer, S., Franz, P., Rohr, E., Strakerjahn, A. & Weisse, S. (2014b). *Klick! Mathematik 1. Arbeitsbuch 2* (8. Druck). Cornelsen.

Burscheid, H. J. & Struve, H. (2020). *Mathematikdidaktik in Rekonstruktionen: Band 1: Grundlegung von Unterrichtsinhalten* (2. Aufl.). *Kölner Beiträge zur Didaktik der Mathematik*. Springer Spektrum. https://doi.org/10.1007/978-3-658-29452-6

Büter, D. (2019). *Statistik der gehörlosen Menschen – Sachthemen – DGB e.V: Der Deutsche Gehörlosen-Bund nimmt Stellung zu den Zahlen der Schwerbehindertenstatistik – 0,1 Prozent der Gesamtbevölkerung sind gehörlos, also ca. 83.000 Menschen in Deutschland*. http://www.gehoerlosen-bund.de/sachthemen/statistik%20der%20geh% C3%B6rlosen%20menschen

Carpenter, T. P., Franke, M. L., Jacobs, V. R., Fennema, E. & Empson, S. B. (1998). A Longitudinal Study of Invention and Understanding in Children's Multidigit Addition and Subtraction. *Journal for Research in Mathematics Education, 29*(1), 3–20. https://doi. org/10.2307/749715

Cawley, J. F., Parmar, R. S., Lucas-Fusco, L. M., Kilian, J. D. & Foley, T. E. (2007). Place Value and Mathematics for Students with Mild Disabilities: Data and Suggested Practices. *Learning Disabilities: A Contemporary Journal, 5*(1), 21–39. https://files.eric.ed.gov/ fulltext/EJ797668.pdf

Clements, D. H. (1999). Subitizing: What Is It? Why Teach It? *Teaching Children Mathematics, 5*(7), 400–405. https://doi.org/10.5951/TCM.5.7.0400

Cobb, P., Confrey, J., diSessa, A., Lehrer, R. & Schauble, L. (2003). Design Experiments in Educational Research. *Educational Researcher, 32*(1), 9–13. https://doi.org/10.3102/001 3189X032001009

Cornelsen Verlag (2023a). *Eins zwei drei: Mathematik*. https://www.cornelsen.de/reihen/ eins-zwei-drei-mathematik-lehrwerk-fuer-kinder-mit-sprachfoerderbedarf-360002320 000/mathematik-360002320002

Cornelsen Verlag (2023b). *Klick! Mathematik – Unterstufe. Alle Bundesländer – Förderschule.* https://www.cornelsen.de/reihen/klick-mathematik-unterstufe-360002350 000/alle-bundeslaender-foerderschule-360002350002

Cornelsen Verlag (2023c). *Phänomen.* https://www.duden.de/rechtschreibung/Phaenomen

Cotton, T., Clissold, C., Glithro, L., Moseley, C. & Rees, J. (2014). *International Primary Maths.* Oxford University Press.

Dedekind, R. (1965). *Was sind und was sollen die Zahlen?* (10. Aufl.). Vieweg.

Dehaene, S. (1992). Varieties of numerical abilities. *Cognition, 44*(1–2), 1–42. https://doi. org/10.1016/0010-0277(92)90049-N

Demirel, Ü., Deseniss, A., Drews, C., Hohenstein, C., Grulich, C., Schachner, A., Ullrich, S., Winter, C. & Cornelsen Redaktion Primarstufe (2015a). *eins zwei drei: Mathematik 1 – Teil A* (4. Druck). Cornelsen.

Demirel, Ü., Deseniss, A., Drews, C., Hohenstein, C., Grulich, C., Schachner, A., Ullrich, S., Winter, C. & Cornelsen Redaktion Primarstufe (2015b). *eins zwei drei: Mathematik 1 – Teil B* (4. Druck). Cornelsen.

Deutsche Gesellschaft der Hörbehinderten – Selbsthilfe und Fachverbände e. V. (2004). *Einige Informationen zum Thema Hörschädigung.* https://www.deutsche-gesellschaft.de/ fokus/einige-informationen-zum-thema-hoerschaedigung

Deutscher Berufsverband der Hals-Nasen-Ohrenärzte e. V. (o. J.). *Schwerhörigkeit: Definition und Häufigkeit.* https://www.hno-aerzte-im-netz.de/krankheiten/schwerhoerigkeit/ definition-und-haeufigkeit.html

Deutscher Schwerhörigenbund e. V. (2021). *Statistiken.* https://www.schwerhoerigen-netz. de/statistiken/?L=0

Deutsches Institut für Medizinische Dokumentation und Information (2020). *ICD-10-GM Version 2020.* https://www.dimdi.de/static/de/klassifikationen/icd/icd-10-gm/kode-suche/htmlgm2020/chapter-viii.htm

Dinkelaker, J. & Herrle, M. (2009). *Erziehungswissenschaftliche Videographie: Eine Einführung. Qualitative Sozialforschung.* VS Verlag für Sozialwissenschaften. https://doi.org/ 10.1007/978-3-531-91676-7

Dohle, A. & Prediger, S. (2020). Algebraische Terme durch Darstellungsvernetzung und Scaffolding verstehen: Einblicke in einen sprachbildenden Mathematikunterricht. *Sprachförderung und Sprachtherapie in Schule und Praxis, 9*(1), 16–24.

Döring, N. & Bortz, J. (2016). *Forschungsmethoden und Evaluation in den Sozial- und Humanwissenschaften* (5. vollst. überarb., aktual. und erw. Aufl.). *Springer Lehrbuch.* Springer. https://doi.org/10.1007/978-3-642-41089-5

Dornheim, D. (2008). *Prädiktion von Rechenleistung und Rechenschwäche: Der Beitrag von Zahlen-Vorwissen und allgemein-kognitiven Fähigkeiten.* Dissertation. Logos.

Duval, R. (2006). A Cognitive Analysis of Problems of Comprehension in a Learning of Mathematics. *Educational Studies in Mathematics, 61*(1–2), 103–131. https://doi.org/10. 1007/s10649-006-0400-z

Ebbinghaus, H.-D. (2021). *Einführung in die Mengenlehre* (5. Aufl.). Springer Spektrum. https://doi.org/10.1007/978-3-662-63866-8

Edwards, A., Edwards, L. & Langdon, D. (2013). The mathematical abilities of children with cochlear implants. *Child neuropsychology: a journal on normal and abnormal development in childhood and adolescence, 19*(2), 127–142. https://doi.org/10.1080/09297049. 2011.639958

Ellinger, S. (2015). Grundsätzliche Überlegungen zum qualitativen Forschungsprozess. In K. Koch & S. Ellinger (Hrsg.), *Empirische Forschungsmethoden in der Heil- und Sonderpädagogik: Eine Einführung* (S. 229–234). Hogrefe.

European Commission – Scientific Committee on Emerging and Newly Identified Health Risks (2008). *Potential health risks of exposure to noise from personal music players and mobile phones including a music playing function.* https://ec.europa.eu/health/ph_risk/committees/04_scenihr/docs/scenihr_o_018.pdf

Forster, O. (2015). *Algorithmische Zahlentheorie* (2. überarb. und erw. Aufl.). *Springer Lehrbuch.* Springer Spektrum. https://doi.org/10.1007/978-3-658-06540-9

Freesemann, O. (2014). *Schwache Rechnerinnen und Rechner fördern: Eine Interventionsstudie an Haupt-, Gesamt- und Förderschulen.* Dissertation. *Dortmunder Beiträge zur Entwicklung und Erforschung des Mathematikunterrichts: Bd. 16.* Springer Spektrum. https://doi.org/10.1007/978-3-658-04471-8

Frings, S. & Müller, F. (2010). Auditorisches System, Stimme und Sprache. In J. C. Behrends, J. Bischofberger, R. Deutzmann, H. Ehmke, S. Frings, S. Grissmer, M. Hoth, A. Kurtz, J. Leipziger, F. Müller, C. Pedain, J. Rettig, C. Wagner & E. Wischmeyer (Hrsg.), *Duale Reihe. Physiologie* (S. 674–694). Thieme.

Fritz, A. & Ricken, G. (2008). *Rechenschwäche. UTB Profile: Bd. 3017.* Ernst Reinhardt. https://doi.org/10.36198/9783838530178

Fromme, M. (2017). *Stellenwertverständnis im Zahlenraum bis 100: Theoretische und empirische Analysen.* Dissertation. *Springer Research.* Springer Spektrum. https://doi.org/10.1007/978-3-658-14775-4

Frostad, P. (1996). Mathematical achievement of hearing impaired students in Norway. *European Journal of Special Needs Education, 11*(1), 67–81. https://doi.org/10.1080/0885625960110105

Fuson, K. C., Wearne, D., Hiebert, J. C., Murray, H. G., Human, P. G., Olivier, A. I., Carpenter, T. P. & Fennema, E. (1997). Children's Conceptual Structures for Multidigit Numbers and Methods of Multidigit Addition and Subtraction. *Journal for Research in Mathematics Education, 28*(2), 130–162. https://doi.org/10.2307/749759

Gablenz, P. von, Hoffmann, E. & Holube, I. (2017). Prävalenz von Schwerhörigkeit in Nord- und Süddeutschland. *HNO, 65*(8), 663–670. https://doi.org/10.1007/s00106-016-0314-8

Gaidoschik, M. (2010). Rechenstörungen: Die „didaktogene Komponente": Kritische Thesen zur „herkömmlichen Unterrichtspraxis" in drei Kernbereichen der Grundschulmathematik. In F. Lenart, N. Holzer & H. Schaupp (Hrsg.), *Rechenschwäche, Rechenstörung, Dyskalkulie: Erkennung, Prävention, Förderung* (S. 128–153). Leykam.

Gaidoschik, M. (2012). *Zehnerüberschreitung: Viele Wege führen über den Zehner! Einige Anregungen zur Behandlung von Aufgaben mit Zehnerübergang im ersten Schuljahr.* http://www.recheninstitut.at/mathematische-lernschwierigkeiten/fordertips/zehneruberschreitung/

Gaidoschik, M. (2017). Zur Rolle des Unterrichts bei der Verfestigung des zählenden Rechnens. In A. Fritz, S. Schmidt & G. Ricken (Hrsg.), *Beltz Pädagogik. Handbuch Rechenschwäche: Lernwege, Schwierigkeiten und Hilfen bei Dyskalkulie* (3. vollst. überarb. und erw. Aufl., S. 111–125). Beltz.

Gerke, C. (2016). *Arithmetische Vorstellungen von Kindern mit Unterschieden in ihrer Reaktion auf Unterstützungsmaßnahmen zur Einnahme einer funktional-logischen Sichtweise: Qualitative Einzelfallstudie.* Dissertation. *Schriftenreihe des Forschungsinstituts für Mathematikdidaktik: Bd. 65.* Forschungsinstitut für Mathematikdidaktik e. V.

Gerstenmaier, J. & Mandl, H. (1995). Wissenserwerb unter konstruktivistischer Perspektive. *Zeitschrift für Pädagogik, 41*(6), 867–888. https://doi.org/10.25656/01:10534

Gerster, H.-D. (2009). Schwierigkeiten bei der Entwicklung arithmetischer Konzepte im Zahlenraum bis 100. In A. Fritz, G. Ricken & S. Schmidt (Hrsg.), *Beltz Pädagogik. Handbuch Rechenschwäche: Lernwege, Schwierigkeiten und Hilfen bei Dyskalkulie* (2. erw. und aktual. Aufl., S. 248–268). Beltz.

Gervasoni, A. & Sullivan, P. (2007). Assessing and teaching children who have difficulty learning arithmetic. *Educational & Child Psychology, 24*(2), 40–53.

Gottardis, L., Nunes, T. & Lunt, I. (2011). A Synthesis of Research on Deaf and Hearing Children's Mathematical Achievement. *Deafness & Education International, 13*(3), 131–150. https://doi.org/10.1179/1557069X11Y.0000000006

Govindan, N. P. & Ramaa, S. (2014). Mathematical difficulties faced by deaf/hard of hearing children. *Conflux Journal of Education, 2*(7), 28–38. https://doi.org/10.13140/RG.2.2.18528.99842

Gravemeijer, K. & Cobb, P. (2006). Design research from a learning design perspective. In J. van den Akker, K. Gravemeijer, McKenney S. & N. Nieveen (Hrsg.), *Educational design research* (S. 45–85). Routledge.

Gross, M., Finckh-Krämer, U. & Spormann-Lagodzinski, M. (2000). Angeborene Erkrankungen des Hörvermögens bei Kindern: Teil 1: Erworbene Hörstörungen. *HNO, 48*(12), 879–886.

Ha'am, B. A. (2019). Taubheit als Behinderung: Argumente gegen die medizinische Sichtweise von Taubheit. *Das Zeichen, 33*(113), 408–425.

Hallenbeck, T. L. (2020). *The One-Step Arithmetic Story Problem-Solving of Deaf/Hard-of-Hearing Children Who Primarily Use Listening and Spoken English.* Dissertation. https://libres.uncg.edu/ir/uncg/f/Hallenbeck_uncg_0154D_13155.pdf

Hanich, L. B., Jordan, N. C., Kaplan, D. & Dick, J. (2001). Performance Across Different Areas of Mathematical Cognition in Children With Learning Difficulties. *Journal of Educational Psychology, 93*(3), 615–626. https://doi.org/10.1037/0022-0663.93.3.615

Hasemann, K. & Gasteiger, H. (2020). *Anfangsunterricht Mathematik* (4. überarb. Aufl.). *Mathematik Primarstufe und Sekundarstufe I + II.* Springer Spektrum. https://doi.org/10.1007/978-3-662-61360-3

Hassan, A. S. & Mohamed, A. H. H. (2019). Mathematical Ability of Deaf, Average-Ability Hearing, and Gifted Students: A Comparative Study. *International Journal of Special Education, 33*(4), 815–827. https://files.eric.ed.gov/fulltext/EJ1219308.pdf

Heckmann, K. (2006). *Zum Dezimalbruchverständnis von Schülerinnen und Schülern: Theoretische Analyse und empirische Befunde.* Dissertation. Logos.

Hefendehl-Hebeker, L. & Schwank, I. (2015). Arithmetik: Leitidee Zahl. In R. Bruder, L. Hefendehl-Hebeker, B. Schmidt-Thieme & H.-G. Weigand (Hrsg.), *Handbuch der Mathematikdidaktik* (S. 77–115). Springer Spektrum.

Hefendehl-Hebeker, L. (2017). Entwicklung des Zahlenverständnisses im Mathematikunterricht. In A. Fritz, S. Schmidt & G. Ricken (Hrsg.), *Beltz Pädagogik. Handbuch Rechenschwäche: Lernwege, Schwierigkeiten und Hilfen bei Dyskalkulie* (3. vollst. überarb. und erw. Aufl., S. 172–189). Beltz.

Heitzer, J. & Weigand, H.-G. (2020). Mathematikdidaktische Prinzipien: (mit)teilbar und handlungsleitend. *mathematiklehren. Erfolgreich unterrichten: Konzepte und Materialien, 223,* 2–7.

Helmke, A. (2021). *Unterrichtsqualität und Lehrerprofessionalität: Diagnose, Evaluation und Verbesserung des Unterrichts* (8. Aufl.). *Schule weiterentwickeln – Unterricht verbessern.* Klett und Kallmeyer.

Herrle, M. & Dinkelaker, J. (2016). Qualitative Analyseverfahren in der videobasierten Unterrichtsforschung. In U. Rauin, M. Herrle & T. Engartner (Hrsg.), *Grundlagentexte Methoden. Videoanalysen in der Unterrichtsforschung: Methodische Vorgehensweisen und Anwendungsbeispiele* (S. 76–129). Beltz Juventa.

Herzog, M., Fritz, A. & Ehlert, A. (2017). Entwicklung eines tragfähigen Stellenwertverständnisses. In A. Fritz, S. Schmidt & G. Ricken (Hrsg.), *Beltz Pädagogik. Handbuch Rechenschwäche: Lernwege, Schwierigkeiten und Hilfen bei Dyskalkulie* (3. vollst. überarb. und erw. Aufl., S. 266–285). Beltz.

Hiebert, J. & Wearne, D. (1996). Instruction, Understanding, and Skill in Multidigit Addition and Subtraction. *Cognition and Instruction, 14*(3), 251–283. https://doi.org/10.1207/s15 32690xci1403_1

Hischer, H. (2021). *Grundlegende Begriffe der Mathematik: Entstehung und Entwicklung: Struktur – Funktion – Zahl* (2. überarb. und erw. Aufl.). Springer Spektrum. https://doi.org/10.1007/978-3-662-62233-9

Ho, C. S.-H. & Cheng, F. S.-F. (1997). Training in Place-Value Concepts Improves Children's Addition Skills. *Contemporary educational psychology, 22*(4), 495–506. https://doi.org/10.1006/ceps.1997.0947

Huber, M., Kipman, U. & Pletzer, B. (2014). Reading instead of reasoning? Predictors of arithmetic skills in children with cochlear implants. *International journal of pediatric otorhinolaryngology, 78*(7), 1147–1152. https://doi.org/10.1016/j.ijporl.2014.04.038

Humbach, M. (2009). Arithmetisches Basiswissen in der Jahrgangsstufe 10. In A. Fritz & S. Schmidt (Hrsg.), *Beltz Pädagogik. Fördernder Mathematikunterricht in der Sekundarstufe I: Rechenschwierigkeiten erkennen und überwinden* (S. 58–72). Beltz.

Hußmann, S. & Prediger, S. (2016). Specifying and Structuring Mathematical Topics: A Four-Level Approach for Combining Formal, Semantic, Concrete, and Empirical Levels Exemplified for Exponential Growth. *Journal für Mathematik-Didaktik, 37*(1), 33–67. https://doi.org/10.1007/s13138-016-0102-8

Hußmann, S., Thiele, J., Hinz, R., Prediger, S. & Ralle, B. (2013). Gegenstandsorientierte Unterrichtsdesigns entwickeln und erforschen: Fachdidaktische Entwicklungsforschung im Dortmunder Modell. In M. Komorek & S. Prediger (Hrsg.), *Fachdidaktische Forschungen: Bd. 5. Der lange Weg zum Unterrichtsdesign: Zur Begründung und Umsetzung fachdidaktischer Forschungs- und Entwicklungsprogramme* (S. 25–42). Waxmann.

Hyde, M., Zevenbergen, R. & Power, D. (2003). Deaf and Hard of Hearing Students' Performance on Arithmetic Word Problems. *American annals of the deaf, 148*(1), 56–64. https://doi.org/10.1353/aad.2003.0003

Jensen, S. (2016). *Die Unterstützung einer Prozesssicht durch die Mathematische Spielwelt Lopserland: Analyse von Spielereignissen mit Schulanfängerinnen und -anfängern zu Zahlkonstruktion sowie Addition und Subtraktion.* Dissertation. *Schriftenreihe des Forschungsinstituts für Mathematikdidaktik: Bd. 66.* Forschungsinstitut für Mathematikdidaktik e. V.

Käpnick, F. & Benölken, R. (2020). *Mathematiklernen in der Grundschule* (2. überarb. und erw. Aufl.). *Mathematik Primarstufe und Sekundarstufe I + II.* Springer Spektrum. https://doi.org/10.1007/978-3-662-60872-2

Katzenbach, D. (2016). Qualitative Forschungsmethoden in sonderpädagogischen Forschungsfeldern – zur Einführung. In D. Katzenbach (Hrsg.), *Qualitative Forschungsmethoden in der Sonderpädagogik* (S. 9–14). Kohlhammer.

Kaul, T. & Leonhardt, A. (2016). Förderschwerpunkt Hören und Kommunikation. In Ministerium für Schule und Weiterbildung des Landes Nordrhein-Westfalen (Hrsg.), *Sonderpädagogische Förderschwerpunkte in NRW: Ein Blick aus der Wissenschaft in die Praxis* (S. 65–70). http://gsg.intercoaster.de/icoaster/files/sonderp_d_f_rderschwerpunkte_nrw_stand01_07_2016.pdf

Kelly, R. R. (2008). Deaf Learners and Mathematical Problem Solving. In M. Marschark & P. C. Hauser (Hrsg.), *Deaf Cognition: Foundations and outcomes* (S. 226–249). Oxford University Press. https://doi.org/10.1093/acprof:oso/9780195368673.003.0008

Klein, E., Bahnmueller, J., Mann, A., Pixner, S., Kaufmann, L., Nuerk, H.-C. & Moeller, K. (2013). Language influences on numerical development – Inversion effects on multi-digit number processing. *Frontiers in Psychology, 4,* 1–6. https://doi.org/10.3389/fpsyg.2013.00480

Knipping, C., Korff, N. & Prediger, S. (2017). Mathematikdidaktische Kernbestände für den Umgang mit Heterogenität – Versuch einer curricularen Bestimmung. In C. Selter, S. Hußmann, C. Hößle, C. Knipping, K. Lengnink & J. Michaeli (Hrsg.), *Diagnose und Förderung heterogener Lerngruppen: Theorien, Konzepte und Beispiele aus der MINT-Lehrerbildung* (S. 39–59). Waxmann.

Krajewski, K. (2013). Wie bekommen die Zahlen einen Sinn? Ein entwicklungspsychologisches Modell der zunehmenden Verknüpfung von Zahlen und Größen. In M. von Aster & J. H. Lorenz (Hrsg.), *Rechenstörungen bei Kindern: Neurowissenschaft, Psychologie, Pädagogik* (2. überarb. und erw. Aufl., S. 155–179). Vandenhoeck & Ruprecht. https://doi.org/10.13109/9783666462580.155

Kramer, F. (2007). *Kulturfaire Berufseignungsdiagnostik bei Gehörlosen und daraus abgeleitete Untersuchungen zu den Unterschieden der Rechenfertigkeiten bei Gehörlosen und Hörenden.* Dissertation. http://publications.rwth-aachen.de/record/62286/files/Kramer_Florian.pdf

Krauthausen, G. (2018). *Einführung in die Mathematikdidaktik – Grundschule* (4. Aufl.). *Mathematik Primarstufe und Sekundarstufe I + II.* Springer Spektrum. https://doi.org/10.1007/978-3-662-54692-5

Kritzer, K. L. (2009). Barely Started and Already Left Behind: A Descriptive Analysis of the Mathema-tics Ability Demonstrated by Young Deaf Children. *Journal of deaf studies and deaf education, 14*(4), 409–421. https://doi.org/10.1093/deafed/enp015

Kuckartz, U. & Rädiker, S. (2022). *Qualitative Inhaltsanalyse: Methoden, Praxis, Computerunterstützung* (5. Aufl.). *Grundlagentexte Methoden.* Beltz Juventa.

Kügelgen, R. von (1994). *Diskurs Mathematik: Kommunikationsanalysen zum reflektierenden Lernen. Arbeiten zur Sprachanalyse: Bd. 17.* Peter Lang.

Kühme, N. (2020). *Bildungs- und Fachsprache im arithmetischen Anfangsunterricht: Eine empirische Untersuchung zu sprachlichen Ausdrucksformen in der Interaktion des arithmetischen Anfangsunterrichts. Diversität und Inklusion im Kontext mathematischer Lehr-Lern-Prozesse: Bd. 4.* WTM. https://doi.org/10.37626/GA9783959871488.0

Kuhnke, K. (2013). *Vorgehensweisen von Grundschulkindern beim Darstellungswechsel: Eine Untersuchung am Beispiel der Multiplikation im 2. Schuljahr. Dissertation. Dortmunder Beiträge zur Entwicklung und Erforschung des Mathematikunterrichts: Bd. 10.* Springer Spektrum. https://doi.org/10.1007/978-3-658-01509-1

Kultusministerkonferenz (1996). *Empfehlungen zum Förderschwerpunkt Hören* [Beschluß der Kultusministerkonferenz vom 10.05.1996]. https://www.kmk.org/fileadmin/Dateien/veroeffentlichungen_beschluesse/1996/1996_05_10-FS-Hoeren.pdf

Kultusministerkonferenz (2022). *Bildungsstandards für das Fach Mathematik: Primarbereich* [Beschluss der Kultusministerkonferenz vom 15.10.2004, i.d.F. vom 23.06.2022]. https://www.kmk.org/fileadmin/Dateien/veroeffentlichungen_beschluesse/2022/2022_06_23-Bista-Primarbereich-Mathe.pdf

Landesbetrieb IT.NRW (2023). *Gebiet und Bevölkerung.* https://www.it.nrw/statistik/gesellschaft-und-staat/gebiet-und-bevoelkerung

Landesdolmetscherzentrale für Gebärdensprache (o. J.). *Taktile Gebärdensprache & taktiles Gebärden.* https://landesdolmetscherzentrale-gebaerdensprache.de/lernen/ueber-die-gebaerdensprache/taktiles-gebaerden/

Lee, C. & Paul, P. V. (2019). Deaf Middle School Students' comprehension of relational language in arithmetic compare problems. *Human Research in Rehabilitation, 9*(1), 4–23. https://doi.org/10.21554/hrr.041901

Leisen, J. (2004). Konkret – symbolisch – abstrakt: Der Wechsel der Darstellungsformen, eine wichtige Strategie im Deutschsprachigen Fachunterricht. *Fremdsprache Deutsch, 30,* 15–21.

Leisen, J. (2005). Wechsel der Darstellungsformen: Ein Unterrichtsprinzip für alle Fächer. *Der fremdsprachliche Unterricht. Englisch, 78,* 9–11.

Leonhardt, A. (2019). *Grundwissen Hörgeschädigtenpädagogik* (4. vollst. überarb. Aufl.). Ernst Reinhardt. https://doi.org/10.36198/9783838550626

Lorenz, J. H. (2016). *Kinder begreifen Mathematik: Frühe mathematische Bildung und Förderung* (2. Aufl.). *Entwicklung und Bildung in der frühen Kindheit.* Kohlhammer.

Marcelino, L., Sousa, C. & Costa, C. (2019). Cognitive foundations of mathematics learning in deaf students: A systematic literature review. In L. Gómez Chova, A. López Martínez & I. Candel Torres (Hrsg.), *EDULEARN Proceedings, EDULEARN19 Proceedings* (S. 5914–5923). IATED. https://doi.org/10.21125/edulearn.2019.1425

Marotzki, W. & Tiefel, S. (2013). Qualitative Bildungsforschung. In B. Friebertshäuser, A. Langer & A. Prengel (Hrsg.), *Handbuch Qualitative Forschungsmethoden in der Erziehungswissenschaft* (4. durchges. Aufl., S. 73–88). Beltz Juventa.

Marschark, M. & Knoors, H. (2012). Sprache, Kognition und Lernen: Herausforderungen an die Inklusion gehörloser und schwerhöriger Kinder. In M. Hintermair (Hrsg.), *Inklusion und Hörschädigung: Diskurse über das Dazugehören und Ausgeschlossensein im Kontext besonderer Wahrnehmungsbedingungen* (S. 129–176). Median.

Mayring, P. (2015). *Qualitative Inhaltsanalyse: Grundlagen und Techniken* (12. überarb. Aufl.). Beltz.

Mayring, P. (2016). *Einführung in die qualitative Sozialforschung: Eine Anleitung zu qualitativem Denken* (6. überarb. Aufl.). *Pädagogik*. Beltz.

McKenney, S., Nieveen, N. & Van den Akker, J. (2006). Design research from a curriculum perspective. In J. van den Akker, K. Gravemeijer, McKenney S. & N. Nieveen (Hrsg.), *Educational design research* (S. 110–143). Routledge.

Meijer, H. G. (1967). Uniform Distribution of g-Adic Integers. *Indagationes Mathematicae (Procee-dings), 70*, 535–546. https://doi.org/10.1016/S1385-7258(67)50070-7

Ministerium für Schule und Bildung des Landes Nordrhein-Westfalen (2005a). Schulgesetz für das Land Nordrhein-Westfalen (Schulgesetz NRW – SchulG) (Fassung vom 23.02.2022), *Bereinigte Amtliche Sammlung der Schulvorschriften NRW*. https://bass. schul-welt.de/6043.htm

Ministerium für Schule und Bildung des Landes Nordrhein-Westfalen (2005b). Verordnung über die sonderpädagogische Förderung, den Hausunterricht und die Klinikschule (Ausbildungsordnung sonderpädagogische Förderung – AO-SF) (Fassung vom 23.03.2022), *Bereinigte Amtliche Sammlung der Schulvorschriften NRW*. https://bass.schul-welt.de/6225.htm

Ministerium für Schule und Bildung des Landes Nordrhein-Westfalen (2022). *Das Schulwesen in Nordrhein-Westfalen aus quantitativer Sicht: 2021/22*. https://www.schulministerium.nrw/system/files/media/document/file/quantita_2021.pdf

Ministerium für Schule und Bildung des Landes Nordrhein-Westfalen (2023). Kapitel 15: Gültigkeitsliste (BASS), *Bereinigte Amtliche Sammlung der Schulvorschriften NRW*. https://bass.schul-welt.de/5667.htm#15-42

Miura, I. T., Okamoto, Y., Kim, C. C., Chang, C.-M., Steere, M. & Fayol, M. (1994). Comparisons of Children's Cognitive Representation of Number: China, France, Japan, Korea, Sweden, and the United States. *International Journal of Behavioral Development, 17*(3), 401–411. https://doi.org/10.1177/016502549401700301

Moeller, K., Pixner, S., Zuber, J., Kaufmann, L. & Nuerk, H.-C. (2011). Early place-value understanding as a precursor for later arithmetic performance – a longitudinal study on numerical development. *Research in developmental disabilities, 32*(5), 1837–1851. https://doi.org/10.1016/j.ridd.2011.03.012

Moll, K. J. & Moll, M. (2003). *Anatomie: Kurzlehrbuch zum Gegenstandskatalog* (17. überarb. Aufl.). Urban & Fischer.

Mosandl, C. & Sprenger, L. (2017). Ausbau des Zahlverständnisses bei großen Zahlen und Stellenwerten. In U. Häsel-Weide & M. Nührenbörger (Hrsg.), *Beiträge zur Reform der Grundschule: Bd. 144. Gemeinsam Mathematik lernen: Mit allen Kindern rechnen* (S. 143–152). Grundschulverband.

Moser Opitz, E. (2013). *Rechenschwäche / Dyskalkulie: Theoretische Klärungen und empirische Studien an betroffenen Schülerinnen und Schülern* (2. Aufl.). *Beiträge zur Heil- und Sonderpädagogik: Bd. 31*. Haupt.

Müller, G. N. & Wittmann, E. C. (1984). *Der Mathematikunterricht in der Primarstufe: Ziele, Inhalte, Prinzipien, Beispiele* (3. neubearb. Aufl.). Vieweg. https://doi.org/10.1007/978-3-663-12025-4

Myers, D. G. (2014). *Psychologie* (3. vollst. überarb. und erw. Aufl.). *Springer Lehrbuch*. Springer. https://doi.org/10.1007/978-3-642-40782-6

Nathanson, M. B. (2011). Problems in additive number theory, IV: Nets in groups and shortest length g-adic representations. *International Journal of Number Theory, 7*(8), 1999 – 2017. https://doi.org/10.1142/S1793042111004940

Niederhaus, C., Pöhler, B. & Prediger, S. (2016). Relevante Sprachmittel für mathematische Textaufgaben – Korpuslinguistische Annäherung am Beispiel Prozentrechnung. In E. Tschirner, O. Bärenfänger & J. Möhring (Hrsg.), *Deutsch als Fremd- und Zweitsprache. Schriften des Herder-Instituts: Bd. 7. Deutsch als fremde Bildungssprache: Das Spannungsfeld von Fachwissen, sprachlicher Kompetenz, Diagnostik und Didaktik* (S. 135 – 162). Stauffenburg.

Nolte, M. (2009). Auswirkungen von sprachlicher Verarbeitung auf die Entwicklung von Rechenschwächen. In A. Fritz, G. Ricken & S. Schmidt (Hrsg.), *Beltz Pädagogik. Handbuch Rechenschwäche: Lernwege, Schwierigkeiten und Hilfen bei Dyskalkulie* (2. erw. und aktual. Aufl., S. 214–229). Beltz.

Nunes, T. & Moreno, C. (2002). An Intervention Program for Promoting Deaf Pupils' Achievement in Mathematics. *Journal of deaf studies and deaf education, 7*(2), 120–133. https://doi.org/10.1093/deafed/7.2.120

Oehl, W. (1962). *Der Rechenunterricht in der Grundschule.* Schroedel.

Padberg, F. & Benz, C. (2011). *Didaktik der Arithmetik: Für Lehrerausbildung und Lehrerfortbildung* (4. erw., stark überarb. Aufl.). *Mathematik Primarstufe und Sekundarstufe I + II.* Spektrum Akademischer Verlag.

Padberg, F. & Benz, C. (2021). *Didaktik der Arithmetik: fundiert, vielseitig, praxisnah* (5. überarb. Aufl.). *Mathematik Primarstufe und Sekundarstufe I + II.* Springer Spektrum.

Padberg, F. (2008). *Elementare Zahlentheorie* (3. Aufl.). *Mathematik Primar- und Sekundarstufe.* Spektrum Akademischer Verlag.

Pagliaro, C. M. & Ansell, E. (2012). Deaf and hard of hearing students' problem-solving strategies with signed arithmetic story problems. *American annals of the deaf, 156*(5), 438–458. https://doi.org/10.1353/aad.2012.1600

Pagliaro, C. M. & Kritzer, K. L. (2013). The Math Gap: A Description of the Mathematics Performance of Preschool-aged Deaf/Hard-of-Hearing Children. *Journal of deaf studies and deaf education, 18*(2), 139–160. https://doi.org/10.1093/deafed/ens070

Peano, I. (1889). *Arithmetices Principia: Nova Methodo Exposita.* Fratres Bocca.

Pixner, S., Leyrer, M. & Moeller, K. (2014). Number processing and arithmetic skills in children with cochlear implants. *Frontiers in Psychology, 5*, 1–10. https://doi.org/10.3389/fpsyg.2014.01479

Plomp, T. (2013). Educational Design Research: An Introduction. In T. Plomp & N. Nieveen (Hrsg.), *Educational Design Research: Part A: An introduction* (S. 10–51). SLO.

Pöhler, B. (2018). *Konzeptuelle und lexikalische Lernpfade und Lernwege zu Prozenten: Eine Entwicklungsforschungsstudie. Dissertation. Dortmunder Beiträge zur Entwicklung und Erforschung des Mathematikunterrichts: Bd. 35.* Springer Spektrum. https://doi.org/10.1007/978-3-658-21375-6

Prediger, S. & Link, M. (2012). Fachdidaktische Entwicklungsforschung – ein lernprozessfokussierendes Forschungsprogramm mit Verschränkung fachdidaktischer Arbeitsbereiche. In H. Bayrhuber, U. Harms, B. Muszynski, B. Ralle, M. Rothgangel & L.-H. Schön (Hrsg.), *Fachdidaktische Forschungen: Bd. 2. Formate Fachdidaktischer Forschung: Empirische Projekte – historische Analysen – theoretische Grundlegungen* (S. 29–45). Waxmann.

Prediger, S. & Wessel, L. (2011). Darstellen – Deuten – Darstellungen vernetzen: Ein fach- und sprachintegrierter Förderansatz für mehrsprachige Lernende im Mathematikunterricht. In S. Prediger & E. Özdil (Hrsg.), *Mehrsprachigkeit: Bd. 32. Mathematiklernen unter Bedingungen der Mehrsprachigkeit: Stand und Perspektiven der Forschung und Entwicklung in Deutschland* (S. 163–184). Waxmann.

Prediger, S. & Wessel, L. (2012). Darstellungen vernetzen: Ansatz zur integrierten Entwicklung von Konzepten und Sprachmitteln. *Praxis der Mathematik in der Schule, 54*(45), 28–33.

Prediger, S. (2013a). Darstellungen, Register und mentale Konstruktion von Bedeutungen und Beziehungen – mathematikspezifische sprachliche Herausforderungen identifizieren und bearbeiten. In M. Becker-Mrotzek, K. Schramm, E. Thürmann & H. J. Vollmer (Hrsg.), *Fachdidaktische Forschungen: Bd. 3. Sprache im Fach: Sprachlichkeit und fachliches Lernen* (S. 167–183). Waxmann.

Prediger, S. (2013b). Sprachmittel für mathematische Verstehensprozesse – Einblicke in Probleme, Vorgehensweisen und Ergebnisse von Entwicklungsforschungsstudien. In A. Pallack (Hrsg.), *Impulse für eine zeitgemäße Mathematiklehrer-Ausbildung: MNU-Dokumentation der 16. Fachleitertagung Mathematik.* (S. 26–36). Seeberger.

Prediger, S. (2017). „Kapital multiplizirt durch Faktor halt, kann ich nicht besser erklären" – Gestufte Sprachschatzarbeit im verstehensorientierten Mathematikunterricht. In B. Lütke, I. Petersen & T. Tajmel (Hrsg.), *DaZ-Forschung: Bd. 8. Fachintegrierte Sprachbildung: Forschung, Theoriebildung und Konzepte für die Unterrichtspraxis* (S. 229–252). De Gruyter. https://doi.org/10.1515/9783110404166-011

Prediger, S., Freesemann, O., Moser Opitz, E. & Hußmann, S. (2013). Unverzichtbare Verstehensgrundlagen statt kurzfristiger Reparatur – Förderung bei mathematischen Lernschwierigkeiten in Klasse 5. *Praxis der Mathematik in der Schule, 55*(51), 12–17.

Prediger, S., Gravemeijer, K. & Confrey, J. (2015). Design research with a focus on learning processes: an overview on achievements and challenges. *ZDM Mathematics Education, 47*(6), 877–891. https://doi.org/10.1007/s11858-015-0722-3

Prediger, S., Komorek, M., Fischer, A., Hinz, R., Hußmann, S., Moschner, B., Ralle, B. & Thiele, J. (2013). Der lange Weg zum Unterrichtsdesign: Zur Begründung und Umsetzung fachdidaktischer Forschungs- und Entwicklungsprogramme. In M. Komorek & S. Prediger (Hrsg.), *Fachdidaktische Forschungen: Bd. 5. Der lange Weg zum Unterrichtsdesign: Zur Begründung und Umsetzung fachdidaktischer Forschungs- und Entwicklungsprogramme* (S. 9–23). Waxmann.

Prediger, S., Link, M., Hinz, R., Hußmann, S., Ralle, B. & Thiele, J. (2012). Lehr-Lernprozesse initiieren und erforschen – Fachdidaktische Entwicklungsforschung im Dortmunder Modell. *Der mathematische und naturwissenschaftliche Unterricht (MNU), 65*(8), 452–457.

Prengel, A., Friebertshäuser, B. & Langer, A. (2013). Perspektiven qualitativer Forschung in der Erziehungswissenschaft – eine Einführung. In B. Friebertshäuser, A. Langer & A. Prengel (Hrsg.), *Handbuch Qualitative Forschungsmethoden in der Erziehungswissenschaft* (4. durchges. Aufl., S. 17–39). Beltz Juventa.

Ptok, M., Kiese-Himmel, C. & Nickisch, A. (2019). Leitlinie „Auditive Verarbeitungs- und Wahrnehmungsstörungen": Definition. In Deutsche Gesellschaft für Phoniatrie und Pädaudiologie (Hrsg.), *S1-Leitlinie 2019. Auditive Verarbeitungs- und Wahrnehmungsstörungen (AVWS)* (S. 5–15). https://www.awmf.org/uploads/tx_szleitlinien/049-012l_S1_Audi tive-Verarbeitungs-Wahrnehmungsstoerungen-AVWS_2020-01.pdf

Putz, R. & Pabst, R. (2007). *Sobotta: Anatomie des Menschen: Allgemeine Anatomie, Bewegungsapparat, Innere Organe, Neuroanatomie. Der komplette Atlas in einem Band* (22. neubearb. Aufl.). Urban & Fischer.

Qualitäts- und UnterstützungsAgentur – Landesinstitut für Schule (2023). *Schulentwicklung NRW – Inklusiver Fachunterricht – Lernumgebungen gestalten – Lernförderung.* https:// www.schulentwicklung.nrw.de/cms/inklusiver-fachunterricht/lernumgebungen-gestal ten/lernfoerderung/lernfoerderung.html

Reichertz, J. (2016). *Qualitative und interpretative Sozialforschung: Eine Einladung. Studientexte zur Soziologie.* Springer VS. https://doi.org/10.1007/978-3-658-13462-4

Rekus, J. & Mikhail, T. (2013). *Neues schulpädagogisches Wörterbuch* (4. überarb. Aufl.). *Juventa Paperback.* Beltz Juventa.

Remmert, R. & Ullrich, P. (2008). *Elementare Zahlentheorie* (3. Aufl.). *Grundstudium Mathematik.* Birkhäuser.

Resnick, L. B. (1983). A Developmental Theory of Number Understanding. In H. P. Ginsburg (Hrsg.), *Developmental psychology series. The Development of Mathematical Thinking* (S. 109–151). Academic Press.

Rinkens, H.-D., Rottmann, T. & Träger, G. (2015). *Welt der Zahl 1: Mathematisches Unterrichtswerk für die Grundschule* (Druck A2). Schroedel.

Rodríguez-Santos, J. M., García-Orza, J., Calleja, M., Damas, J. & Iza, M. (2018). Nonsymbolic Com-parison in Deaf Students: No Evidence for a Deficit in Numerosity Processing. *American annals of the deaf, 163*(3), 374–393. https://doi.org/10.1353/aad.2018.0024

Ross, S. H. (1986). *The Development of Children's Place-Value Numeration Concepts in Grades Two through Five.* Paper presented at the Annual Meeting of the American Educational Research Association (67th, San Francisco, CA, April 16–20, 1986). San Franscisco. https://eric.ed.gov/?id=ed273482

Ross, S. H. (1989). Parts, Wholes, and Place Value: A Developmental View. *Arithmetic Teacher, 36*(6), 47–51. https://deniseflicknumeracy.files.wordpress.com/2012/09/full-acc ess-parts-wholes-and-place-value-a-developmental-view.pdf

Ruf, U. & Gallin, P. (2014). *Austausch unter Ungleichen: Grundzüge einer interaktiven und fächerübergreifenden Didaktik* (5. Aufl.). *Dialogisches Lernen in Sprache und Mathematik: Bd. 1.* Klett und Kallmeyer.

Schäfer, J. (2005). *Rechenschwäche in der Eingangsstufe der Hauptschule: Lernstand, Einstellungen und Wahrnehmungsleistungen. Eine empirische Studie.* Dissertation. *Didaktik in Forschung und Praxis: Bd. 27.* Dr. Kovač.

Scherer, P. & Moser Opitz, E. (2010). *Fördern im Mathematikunterricht der Primarstufe. Mathematik Primar- und Sekundarstufe.* Spektrum Akademischer Verlag.

Scherer, P. (2009). Diagnose ausgewählter Aspekte des Dezimalsystems bei lernschwachen Schülerinnen und Schülern. In M. Neubrand (Hrsg.), *Beiträge zum Mathematikunterricht 2009: Vorträge auf der 43. Tagung für Didaktik der Mathematik vom 02.03.2009 bis 06.03.2009 in Oldenburg* (S. 835–838). WTM. https://doi.org/10.17877/DE290R-11614

Schiefele, U. (2014). Förderung von Interessen. In G. W. Lauth, M. Grünke & J. C. Brunstein (Hrsg.), *Interventionen bei Lernstörungen: Förderung, Training und Therapie in der Praxis* (2. überarb. und erw. Aufl., S. 251–261). Hogrefe.

Schipper, W. (2011). *Handbuch für den Mathematikunterricht an Grundschulen* (Druck A2). Schroe-del.

Schipper, W., Wartha, S. & Schroeders, N. von (2016). *BIRTE 2: Bielefelder Rechentest für das zweite Schuljahr. Handbuch zur Diagnostik und Förderung* (Druck A3). Schroedel.

Schmassmann, M. (2009). „Geht das hier ewig weiter?": Dezimalbrüche, Größen, Runden und der Stellenwert. In A. Fritz & S. Schmidt (Hrsg.), *Beltz Pädagogik. Fördernder Mathematikunterricht in der Sekundarstsufe I: Rechenschwierigkeiten erkennen und überwinden* (S. 167–185). Beltz.

Schneider, W., Küspert, P. & Krajewski, K. (2021). *Die Entwicklung mathematischer Kompetenzen* (3. aktual. und erw. Aufl.). *Standard Wissen Lehramt: Bd. 3899.* UTB. https://doi.org/10.36198/9783838557472

Schöttler, C. (2019). *Deutung dezimaler Beziehungen: Epistemologische und partizipatorische Analysen von dyadischen Interaktionen im inklusiven Mathematikunterricht.* Dissertation. *Paderborner Beiträge zur Didaktik der Mathematik.* Springer Spektrum. https://doi.org/10.1007/978-3-658-26771-1

Schröder, H. (1995). *Studienbuch allgemeine Didaktik: Grund- und Aufbauwissen zu Lernen und Lehren im Unterricht. Wissenschaft und Schule: Bd. 8.* Arndt.

Schulz, A [Andreas]. (2009). *Kinder auf dem Weg ins Zehnersystem.* http://www.luw5.de/pdf/weg_zehnersystem.pdf

Schulz, A [Axel] & Reinold, M. (2017). Stellenwerte gemeinsam verstehen. In C. Selter (Hrsg.), *Mathe ist Trumpf. Guter Mathematikunterricht: Konzeptionelles und Beispiele aus dem Projekt PIKAS* (S. 49–53). Cornelsen.

Schulz, A [Axel]. (2014). *Fachdidaktisches Wissen von Grundschullehrkräften: Diagnose und Förderung bei besonderen Problemen beim Rechnenlernen.* Dissertation. *Bielefelder Schriften zur Didaktik der Mathematik: Bd. 2.* Springer Spektrum.

Schwank, I. & Schwank, E. (2015). Mathematical Concepts during Early Childhood Across Cultures, Development of. In J. D. Wright (Hrsg.), *International Encyclopedia of the Social & Behavioral Sciences* (2. Aufl., S. 772–784). Elsevier. https://doi.org/10.1016/B978-0-08-097086-8.23068-7

Schwank, I. (2003). Einführung in prädikatives und funktionales Denken. *Zentralblatt für Didaktik der Mathematik, 35*(3), 70–78.

Schwank, I. (2008). Mathematiklernen: Die verkannte Bedeutung des sprachlosen Denkens. In S. Kliemann (Hrsg.), *Diagnostizieren und Fördern in der Sekundarstufe I: Schülerkompetenzen erkennen, unterstützen und ausbauen* (S. 174–185). Cornelsen.

Schwank, I. (2010). *Erlebniswelt Zahlen: Spielereien mit der Rechenwendeltreppe für Vorschulkinder. Schriftenreihe des Forschungsinstituts für Mathematikdidaktik: Bd. 51.* Forschungsinstitut für Mathematikdidaktik e. V.

Schwank, I. (2011). Mathematisches Grundverständnis: Denken will erlernt werden. In H. Keller (Hrsg.), *Handbuch der Kleinkindforschung* (4. vollst. überarb. Aufl., S. 1154–1174). Huber.

Schwank, I. (2013a). *Rechenwendeltreppe: Mathematische Spielwelt zum ereignisgebundenen Grundverständnis von Addition und Subtraktion.* https://mathedidaktik.uni-koeln.de/fileadmin/home/ischwank/literatur/flyer_rechenwendeltreppe_rwt_k.pdf

Schwank, I. (2013b). Die Schwierigkeit des Dazu-Denkens. In M. von Aster & J. H. Lorenz (Hrsg.), *Rechenstörungen bei Kindern: Neurowissenschaft, Psychologie, Pädagogik* (2. überarb. und erw. Aufl., S. 93–138). Vandenhoeck & Ruprecht. https://doi.org/10.13109/9783666462580.93

Schwank, I. (2013c). Wenn Würfelspielen schwer fällt … zur Bedeutung von Ereignissen für das Rechnenlernen: Vorstellung der Mathematischen Spielwelt ZARAO. In G. Greefrath, F. Käpnick & M. Stein (Hrsg.), *Beiträge zum Mathematikunterricht 2013: Vorträge auf der 47. Tagung für Didaktik der Mathematik vom 04.03.2013 bis 08.03.2013 in Münster* (S. 934–937). WTM. https://doi.org/10.17877/DE290R-14042

Schwank, I. (2017). *Erlebniswelt Zahlen: Erstunterricht mit der Rechenwendeltreppe. Arbeitsheft für Schülerinnen und Schüler.* (4. überarb. und erw. Aufl.). *Schriftenreihe des Forschungsinstituts für Mathematikdidaktik: Bd. 52.* Forschungsinstitut für Mathematikdidaktik e. V.

Schwank, I. (2018a). *Erstes Rechnen: Grundgedanken zur Mathematischen Frühförderung* (2. überarb. und erw. Aufl.). https://mathedidaktik.uni-koeln.de/fileadmin/home/ischwank/literatur/flyer_mathe-erstes-rechnen_komp.pdf

Schwank, I. (2018b). *ZARAO. Zahlraum-Orientierungssystem: Mathematische Spielwelt zur ZAhlRAumOrientierung [Einstieg]* (2. überarb. und erw. Aufl.). https://mathedidaktik.uni-koeln.de/fileadmin/home/ischwank/literatur/flyer_zarao_einstieg_komp.pdf

Schwank, I. (2018c). *ZARAO. Zahlraum-Orientierungssystem: Mathematische Spielwelt zur ZAhlRAumOrientierung [Hintergrund-Information]* (2. überarb. und erw. Aufl.). https://mathedidaktik.uni-koeln.de/fileadmin/home/ischwank/literatur/flyer_zarao_hintergrund_komp.pdf

Schwank, I., Aring, A. & Blocksdorf, K. (2005). Betreten erwünscht – die Rechenwendeltreppe. In G. Graumann (Hrsg.), *Beiträge zum Mathematikunterricht 2005: Vorträge auf der 39. Tagung für Didaktik der Mathematik vom 28.2. bis 4.3.2005 in Bielefeld* (S. 545–548). Franzbecker. https://doi.org/10.17877/DE290R-6193

Schwill, A. (1993). Fundamentale Ideen der Informatik. *Zentralblatt für Didaktik der Mathematik, 25*(1), 20–31.

Sprenger, L. (2018). *Zum Begriff des Dezimalbruchs: Eine empirische Studie zum Dezimalbruchverständnis aus inferentialistischer Perspektive.* Dissertation. *Dortmunder Beiträge zur Entwicklung und Erforschung des Mathematikunterrichts: Bd. 32.* Springer Spektrum. https://doi.org/10.1007/978-3-658-19160-3

Stangl, W. (2022). *Online Lexikon für Psychologie und Pädagogik: Subitizing – Simultanerfassung.* https://lexikon.stangl.eu/28749/subitizing-simultanerfassung/

Stecher, M. (2011). *Guter Unterricht bei Schülern mit einer Hörschädigung* (5. Nachdr.). Median.

Steinbring, H. (1994). Frosch, Känguruh und Zehnerübergang – Epistemologische Probleme beim Verstehen von Rechenstrategien im Mathematikunterricht der Grundschule. In H. Maier & J. Voigt (Hrsg.), *IDM-Reihe: Bd. 19. Verstehen und Verständigung: Arbeiten zur interpretativen Unterrichtsforschung* (S. 182–217). Aulis-Verlag Deubner.

Sun, X. H. & Bartolini Bussi, M. G. (2018). Language and Cultural Issues in the Teaching and Learning of WNA. In M. G. Bartolini Bussi & X. H. Sun (Hrsg.), *New ICMI Study Ser. Building the Foundation: Whole Numbers in the Primary Grades: The 23rd ICMI Study* (S. 35–70). Springer Open.

Sun, X. H., Chambris, C., Sayers, J., Siu, M. K., Cooper, J., Dorier, J.-L., González de Lora Sued, S. I., Thanheiser, E., Azrou, N., McGarvey, L., Houdement, C. & Ejersbo, L. R. (2018). The What and Why of Whole Number Arithmetic: Foundational Ideas from History, Language and Societal Changes. In M. G. Bartolini Bussi & X. H. Sun (Hrsg.), *New ICMI Study Ser. Building the Foundation: Whole Numbers in the Primary Grades: The 23rd ICMI Study* (S. 91–124). Springer Open.

Swanwick, R., Oddy, A. & Roper, T. (2005). Mathematics and Deaf Children: An Exploration of Barriers to Success. *Deafness & Education International, 7*(1), 1–21. https://doi.org/10.1179/146431505790560446

Thiel, A. (2014). *Zahlbegriffsentwicklung und Zehnerübergang: Voraussetzungen und Probleme im mathematischen Anfangsunterricht.* Diplomica.

Thompson, I. & Bramald, R. (2002). *An investigation of the relationship between young children's understanding of the concept of place value and their competence at mental addition: Final Report April 2002.* https://www.atm.org.uk/write/mediauploads/journals/mt184/non-member/atm-mt184-14-15-extra.pdf

Thompson, I. (2003). Place Value: The English Disease? In I. Thompson (Hrsg.), *Enhancing primary mathematics teaching* (S. 181–190). Open University Press.

Traxler, C. B. (2000). The Stanford Achievement Test, 9th Edition: National Norming and Performance Standards for Deaf and Hard-of-Hearing Students. *Journal of deaf studies and deaf education, 5*(4), 337–348. https://doi.org/10.1093/deafed/5.4.337

Truckenbrodt, T. & Leonhardt, A. (2020). *Schüler mit Hörschädigung im inklusiven Unterricht: Praxis-tipps für Lehrkräfte* (3. überarb. Aufl.). *Inklusiver Unterricht kompakt.* Ernst Reinhardt.

Van de Walle, J. A., Karp, K. S. & Bay-Williams, J. M. (2020). *Elementary and Middle School Mathematics: Teaching Developmentally* (10. Aufl.). Pearson Education.

Verband Sonderpädagogik NRW (2001). *Richtlinien für den Förderschwerpunkt Hören und Kommunikation: (Entwurf).* https://www.verband-sonderpaedagogik-nrw.de/filead min/uploads_user_LV_NRW/pdf_Richtlinien/Hoeren_und_Kommunikation.pdf

Walz, G. (Hrsg.). (2017). *Lexikon der Mathematik: Band 1: A bis Eif* (2. Aufl.). Springer Spektrum. https://doi.org/10.1007/978-3-662-53498-4

Wartha, S. & Schulz, A [Axel]. (2019). *Rechenproblemen vorbeugen* (6. Aufl.). *Lehrerbücherei Grundschule.* Cornelsen.

Weißhaupt, S. & Peucker, S. (2009). Entwicklung arithmetischen Vorwissens. In A. Fritz, G. Ricken & S. Schmidt (Hrsg.), *Beltz Pädagogik. Handbuch Rechenschwäche: Lernwege, Schwierigkeiten und Hilfen bei Dyskalkulie* (2. erw. und aktual. Aufl., S. 52–76). Beltz.

Werner, B. (2007). *Klick! Mathematik 2.* Cornelsen.

Werner, V., Masius, M., Ricken, G. & Hänel-Faulhaber, B. (2019). Mathematische Konzepte bei gehörlosen Vorschulkindern und Erstklässlern: Erste Erkenntnisse aus einer deutschen Pilotstudie. *Lernen und Lernstörungen, 8*(3), 155–165. https://doi.org/10.1024/2235-0977/a000216

Wessel, L. (2015). *Fach- und sprachintegrierte Förderung durch Darstellungsvernetzung und Scaffolding: Ein Entwicklungsforschungsprojekt zum Anteilbegriff.* Dissertation. *Dortmunder Beiträge zur Entwicklung und Erforschung des Mathematikunterrichts: Bd. 19.* Springer Spektrum. https://doi.org/10.1007/978-3-658-07063-2

Wiater, W. (2011a). Fundierende Unterrichtsprinzipien. In E. Kiel & K. Zierer (Hrsg.), *Basiswissen Unterrichtsgestaltung: Bd. 3. Unterrichtsgestaltung als Gegenstand der Praxis* (S. 87–94). Schneider Verlag Hohengehren.

Wiater, W. (2011b). Regulierende Unterrichtsprinzipien. In E. Kiel & K. Zierer (Hrsg.), *Basiswissen Unterrichtsgestaltung: Bd. 3. Unterrichtsgestaltung als Gegenstand der Praxis* (S. 95–117). Schneider Verlag Hohengehren.

Winter, H. (2001). *Fundamentale Ideen in der Grundschule.* https://grundschule.bildung-rp. de/fileadmin/user_upload/grundschule.bildung-rp.de/Downloads/Mathemathik/Winter_ Inhalte_math_Lernens.pdf

Wittmann, E. C. (1974). *Grundfragen des Mathematikunterrichts.* Vieweg+Teubner.

Wittmann, E. C. (1992). Mathematikdidaktik als „design science". *Journal für Mathematik-Didaktik, 13*(1), 55–70. https://doi.org/10.1007/BF03339377

Wittmann, E. C. (1995a). Aktiv-entdeckendes und soziales Lernen im Rechenunterricht: Vom Kind und vom Fach aus. In G. N. Müller & E. C. Wittmann (Hrsg.), *Beiträge zur Reform der Grundschule: Bd. 96. Mit Kindern rechnen* (S. 10–41). Arbeitskreis Grundschule – Der Grundschulverband – e. V. https://doi.org/10.25656/01:17495

Wittmann, E. C. (1995b). Mathematics Education as a 'Design Science'. *Educational Studies in Mathematics, 29*(4), 355–374. https://doi.org/10.1007/BF01273911

Wittmann, E. C. (1998). Design und Erforschung von Lernumgebungen als Kern der Mathematikdidaktik. *Beiträge zur Lehrerbildung, 16*(3), 329–342. https://doi.org/10.25656/01: 13385

Wittmann, E. C. (2009). *Grundfragen des Mathematikunterrichts* (Nachdruck der 6. neubearb. Aufl.). *Studium.* Vieweg+Teubner. https://doi.org/10.1007/978-3-322-91539-9

Wittmann, E. C., Müller, G. N., Nührenbörger, M., Schwarzkopf, R., Bischoff, M., Götze, D. & Heß, B. (2017). *Das Zahlenbuch 1.* Klett.

World Health Organization (2023). *Deafness and hearing loss.* https://www.who.int/newsroom/fact-sheets/detail/deafness-and-hearing-loss

Zarfaty, Y., Nunes, T. & Bryant, P. (2004). The Performance of Young Deaf Children in Spatial and Temporal Number Tasks. *Journal of deaf studies and deaf education, 9*(3), 315–326. https://doi.org/10.1093/deafed/enh034

Zevenbergen, R., Hyde, M. & Power, D. (2001). Language, Arithmetic Word Problems, and Deaf Students: Linguistic Strategies Used to Solve Tasks. *Mathematics Education Research Journal, 13*(3), 204–218. https://doi.org/10.1007/BF03217109

Zindel, C. (2019). *Den Kern des Funktionsbegriffs verstehen: Eine Entwicklungsforschungsstudie zur fach- und sprachintegrierten Förderung.* Dissertation. *Dortmunder Beiträge zur Entwicklung und Erforschung des Mathematikunterrichts: Bd. 40.* Springer Spektrum. https://doi.org/10.1007/978-3-658-25054-6

Zuber, J., Pixner, S., Moeller, K. & Nuerk, H.-C. (2009). On the language specificity of basic number processing: Transcoding in a language with inversion and its relation to working memory capacity. *Journal of experimental child psychology, 102*(1), 60–77. https://doi. org/10.1016/j.jecp.2008.04.003

Zurnieden, A.-K. (2022). Zehnerübergang – Erste mentale Vorstellungen mit Blick auf den Förderschwerpunkt Hören und Kommunikation. In IDMI-Primar Goethe-Universität Frankfurt (Hrsg.), *Beiträge zum Mathematikunterricht 2022: Vorträge auf der 56. Jahrestagung der Gesellschaft für Didaktik der Mathematik (GDM)* (S. 1405 – 1408). WTM.

Zurnieden, A.-K. (2020). Bewegungen von Akteuren als Prozesse des Erzeugens. In H.-S. Siller, W. Weigel & J. F. Wörler (Hrsg.), *Beiträge zum Mathematikunterricht 2020: Vorträge auf der 54. Jahrestagung der Gesellschaft für Didaktik der Mathematik (GDM)* (S. 1077 – 1080). WTM.

Zurnieden, A.-K. (2021). Erste Erfahrungen mit dem Stellenwertsystem: Der Zehnerübergang. In K. Hein, C. Heil, S. Ruwisch & S. Prediger (Hrsg.), *Beiträge zum Mathematikunterricht 2021: Vom GDM-Monat 2021 der Gesellschaft für Didaktik der Mathematik (GDM) (1.-25. März 2021)* (S. 351 – 354). WTM. https://doi.org/10.17877/DE290R-22344

Zurnieden, A.-K. (2024). Der Zehnerübergang für die Anbahnung eines dezimalen Stellenwertverständnisses: Entwicklung von Design-Prinzipien sowie eines Lehr-Lernarrangements mit Blick auf den Förderschwerpunkt Hören und Kommunikation. *Fachunterricht inklusiv. (angenommen).*

Printed in the United States
by Baker & Taylor Publisher Services